핵심이 보이는 반도체 공학

기초 이론에서
핵심 응용까지

한빛아카데미
Hanbit Academy, Inc.

지은이 **권기영** kky@kongju.ac.kr

공주대학교 전기전자제어공학부 교수로, 한국과학기술원(KAIST)에서 전기 및 전자공학 박사 학위를 취득하였다. 삼성반도체 선임연구원으로 근무하였으며, 미국 텍사스 주 SMU에서 객원교수를 역임하였다. 역서로는 『현대 반도체 소자 공학(수정판)』(한빛아카데미, 2023), 『전기전자공학 개론(개정 6판)』(한빛아카데미, 2017)이 있다.

핵심이 보이는 반도체 공학 : 기초 이론에서 핵심 응용까지

초판발행 2015년 12월 18일
6쇄발행 2026년 1월 16일

지은이 권기영 / **펴낸이** 전태호
펴낸곳 한빛아카데미(주) / **주소** 서울시 서대문구 연희로2길 62 한빛아카데미(주) 2층
전화 02-336-7112 / **팩스** 02-336-7199
등록 2013년 1월 14일 제2017-000063호 / **ISBN** 979-11-5664-207-7 93560

총괄 박현진 / **책임편집** 김평화 / **기획** 박현진 / **편집** 김은정 / **진행** 심진성
디자인 여동일 / **전산편집** 태을기획 / **제작** 박성우, 김정우
영업 김성삼, 이정훈, 임현기, 이성훈, 김주성, 심지연

이 책에 대한 의견이나 오탈자 및 잘못된 내용에 대한 수정 정보는 아래 이메일로 알려주십시오.
파본은 구매처에서 교환하실 수 있습니다. 책값은 뒤표지에 표시되어 있습니다.
홈페이지 www.hanbit.co.kr / **이메일** question@hanbit.co.kr

Published by HANBIT Academy, Inc. Printed in Korea

반도체 공학은 자연의 원리를 담고 있다 개념과 원리를 직관으로 깨달아 창의적 사고를 기르자!

대한민국은 반도체 강국이다. 미래 지식 정보 사회에서 우리나라가 반도체 강국으로서의 위상을 계속 발전시켜 나가기 위해서는 젊은 학생들이 반도체 공학에 관한 탄탄한 역량을 갖출 필요가 있다. 그러나 저자가 20년 이상 반도체 공학을 강의하면서 안타깝게 생각하고 있는 것은 반도체 공학의 물리적 개념을 이해하는 과정에서 많은 학생들이 어려움을 겪는다는 것이다.

물론 반도체 공학과 관련한 좋은 책들이 많이 나와 있으나, 일부는 학생들이 그 개념을 파악하기 어렵게 수식 설명에 치중되어 있거나 기본 원리에 대한 설명이 부족하여 전체를 이해하는 데 어려운 면이 있다. 필자는 기존의 책들과 달리 반도체 공학에서 다루고 있는 자연의 근본 원리와 개념을 직관적으로 통찰하게 함으로써 창의적 사고를 기를 수 있도록 하는 데 역점을 두어 집필했다. 이와 더불어 반도체 공학의 기초 이론에서 핵심 응용까지, 가능하면 쉬운 기초부터 핵심을 관통하는 직관적인 사고를 할 수 있도록 알기 쉽게 설명하고자 노력을 기울였다.

이 책의 구성

이 책은 크게 5개의 PART로 나눌 수 있다. PART 1은 원자의 구조에서 출발하여 결정 구조와 반도체 물질의 종류를 간략히 살펴본 후, 반도체 공학의 기본을 이해하는 중요한 원리이며 특히 나노 스케일에서 동작하는 소자의 특성을 이해하는 데 필수적인 양자이론의 핵심적 개념을 살펴본다. PART 2에서는 진성 및 외인성 반도체 내에서 열평형 및 비평형상태일 때 캐리어의 농도 분포와 이동현상을 다룬다. 그리고 PART 3에서는 PART 2에서 다루었던 개별 p형 반도체와 n형 반도체를 접합시켰을 때, 그 안에서 일어나는 물리현상과 반도체-금속 접합에서 발생하는 물리현상을 살펴본다. 많은 반도체 소자는 여러 영역에서 pn 접합을 형성하고 있으므로, pn 접합의 특성을 이해하는 것은 반도체 소자의 특성을 이해하는 데 매우 중요하다. PART 4는 pn 접합 다이오드의 확장이라 볼 수 있는 pnp 및 npn 트랜지스터의 동작원리와 비이상적인 동작특성을 폭넓게 다룬다. 마지막으로 PART 5에서는 MOS 커패시터의 동작특성을 살펴본 후, 반도체 집적회로에 많이 사용되고 있는 MOS 트랜지스터의 동작원리와 비이상적인 동작특성을 폭넓게 다룬다. 즉 양자이론, 개별 p형 및 n형 반도체, pn 다이오드, pnp 및 npn BJT, MOS 커패시터와 MOSFET으로 이어지는 탐구여행을 한다.

PART 1_물질의 이해와 양자이론 기본 개념

- **1장** : 물질 이해의 첫 단계로 원자의 구성요소와 원자 간 결합의 원리, 3차원 결정구조와 반도체의 종류를 살펴본다.
- **2장** : 양자이론의 기초로 슈뢰딩거의 파동방정식을 유도한 후, 무한 양자우물과 계단함수, 유한 에너지장벽에 대해 해를 구해보고, 수소 원자에 적용 후 주기율표를 이해한다. 물리적 극한을 이해할 수 있는 불확정성 원리를 소개한다.
- **3장** : 고체에 대하여 양자이론을 적용하여 에너지밴드 다이어그램 개념과 캐리어의 생성 및 이동현상을 이해하고, 반도체 내 입자의 상태밀도함수, 페르미-디랙 분포함수와 페르미 에너지를 살펴본다.

PART 2_진성 및 외인성 반도체

- **4장** : 진성 반도체에서 캐리어 농도와 페르미 에너지, 도펀트와 이온화에너지, 외인성 반도체에서 캐리어 농도와 페르미 에너지, 보상 반도체에서 캐리어 농도와 열평형 과정 등을 살펴본다.
- **5장** : 열평형상태에서 캐리어의 열속도 운동을 이해한 후, 전계에 의한 캐리어의 표동, 캐리어 농도 차이에 의한 확산을 살펴보고, 이동도와 확산계수 간의 아인슈타인 관계식을 살펴본다.
- **6장** : 비평형상태에서 과잉 캐리어의 생성과 재결합, 의사-페르미 준위의 개념, 캐리어의 연속방정식과 앰비폴러 전송방정식, 이를 이용한 과잉 캐리어 농도의 시간 및 공간적 변화와 이동을 해석해본다.

PART 3_pn 접합 다이오드와 금속-반도체 접합

- **7장** : pn 접합의 열평형 동작특성과 에너지밴드 다이어그램, 역방향 바이어스일 때의 동작특성과 에너지밴드 다이어그램의 변화, 접합 커패시턴스 특성을 다룬다.
- **8장** : pn 접합 다이오드의 이상적인 전류-전압 관계, 소신호 동작과 등가 모델, 공핍층의 재결합 전류와 생성 전류, 항복현상, 속도한계 등을 살펴보고, 태양전지와 터널 다이오드를 살펴본다.
- **9장** : 금속-반도체 접합의 종류와 정류성 및 저항성 특성, 터널링 접합, 반도체 이종접합을 다룬다.

PART 4_바이폴라 트랜지스터

- **10장** : 바이폴라 트랜지스터의 구조, 4가지 동작 모드, 이상적인 전류-전압 특성, 비이상적인 여러 동작특성들, 등가회로 모델, 주파수 제약 등을 다룬다.

PART 5_MOS 커패시터와 트랜지스터

- **11장** : MOS 커패시터의 구조, 게이트 전압에 따른 상태 변화, 커패시턴스-전압 특성을 살펴본다.
- **12장** : MOS 트랜지스터의 구조, 이상적인 동작특성과 전류-전압 관계, 비이상적인 동작특성, 채널길이와 폭에 따른 문턱전압 변화와 문턱전압 조절 등을 다룬다.

이 책의 특징

이 책의 최종 목표는 반도체 공학의 기본 개념과 원리 이해에 어려움을 느끼는 학생들이 핵심 내용을 더 쉽게 파악하게 만드는 것이다. 이 주제를 왜 배우는지, 무엇을 배우는지, 어떻게 활용되는지를 깨치게 하면서, 학습동기를 유발하기 위해 항상 [핵심 질문]을 던지면서 내용 설명을 시작했다. 따라서 주제 내용을 학습하기 전에 이 [핵심 질문]에 대한 답을 미리 생각해본 후, 본문의 내용을 학습하는 방법을 권장한다.

감사의 글

우선 이 책의 기획에서 출간까지 수고를 아끼지 않은 한빛아카데미(주) 관계자분들께 진심으로 감사를 드린다. 깔끔한 문장과 그림은 책의 품격을 높여주었다. 이 책의 집필 기간 내내 지원해준 가족에게 감사를 드린다. 반도체 공학을 공부하면서 어떤 개념이 어려운지, 그리고 어떤 내용을 어떻게 생각하는 것이 좋을지 많은 생각을 함께 해 온 제자들에게 감사의 마음을 표한다. 반도체 공학을 배워 대한민국 반도체 산업의 부흥에 기여하고자 하는 많은 이들의 열정에 감사의 마음을 표한다.

지은이 **권기영**

이 책의 집필은 공주대학교 교내학술연구비의 지원에 의해 진행되었다.

미리보기

Chapter 05

캐리어의 표동과 확산

4장에서는 열평형 상태에서 반도체 내에 존재하는 자유전자와 정공의 농도를 계산하였다. 이번 5장에서는 이런 자유전자와 정공이 반도체 내에서 이동하는 현상에 대하여 살펴본다. 이러한 캐리어의 흐름은 곧 반도체의 전류-전압 특성을 결정하게 된다.

먼저 열평형 상태에서 전자 및 정공이 갖는 평균 운동에너지와 캐리어의 열속도를 이해하도록 한다. 기본적으로 열속도로 빠르게 운동하는 가운데, 전계를 인가하거나 캐리어의 농도 차이가 존재하면 어느 특정 방향으로 캐리어의 순흐름이 존재하게 된다. 전류밀도는 전계에 의한 표동전류밀도와 농도 차이에 의한 확산전류밀도를 합해서 계산한다는 것은 앞으로 반도체의 전류-전압 특성을 이해하는 데 중요한 기본개념이 된다. 표동과 확산이 모두 열속도에 실려서 나타나는 현상이기 때문에, 아인슈타인 관계식으로 서로 밀접한 관계에 있음을 이해할 것이며, 캐리어의 흐름을 방해하는 산란 메커니즘을 살펴볼 것이다. 마지막으로 자기장 속에서 움직이는 캐리어가 받는 힘을 이용한 홀 효과로부터 캐리어 형태의 파악과, 다수캐리어의 농도 및 이동도를 측정하는 것을 이해한다. 홀 효과는 자기장의 측정이 가능하여 많은 응용 분야에 활용되는 개념이다.

장 소개글

해당 장의 주요 내용과
다른 장과의 연계성을 설명하여
장의 전체 그림을 그려본다.

핵심 질문

해당 절에서 다룰
핵심 내용을 파악할 수 있는
질문을 제시한다.

반도체 내의 전자와 정공이 갖는 평균 운동에너지는 얼마일까?

전계를 가하지 않은 열적 평형상태에서, 전도대역에 있는 전자의 평균 에너지를 계산해보자. 확률변수 X의 확률밀도함수가 $f(x)$일 때 $g(X)$의 평균값은 다음과 같다.

$$< g(X) > = \int_{-\infty}^{\infty} g(x)f(x)dx \tag{5.1}$$

따라서 전도대역에 있는 전자의 에너지에 대한 확률밀도함수는

$$f(x) = \frac{D_c(E)f_F(E)}{\int_{E_c}^{\infty} D_c(E)f_F(E)dE} \tag{5.2}$$

이므로, $g(X) = E - E_c$의 평균값은 다음과 같이 쓸 수 있다.

예제 5-1

$T = 300\,\text{K}$에서 실리콘 반도체 내에서 전자와 정공의 평균 열에너지는 $\frac{3}{2}kT$이고, 입자의 운동에너지는 $\frac{1}{2}m^* v_{th}^2$이다. 열에너지에 의한 전자와 정공의 열속도 v_{th}는 근사적으로 얼마인가? 전자의 유효질량은 $m_n^* = 0.25m_0$이고, 정공의 유효질량은 $m_p^* = 0.39m_0$라 한다.

풀이

입자의 운동에너지는 열에너지와 같으므로 $\frac{1}{2}m^* v_{th}^2 = \frac{3}{2}kT$이다. 따라서 전자의 열속도는

$$v_{th} = \sqrt{\frac{3kT}{m_n^*}} = \sqrt{\frac{3(1.38 \times 10^{-23})(300)}{0.25 \times 9.11 \times 10^{-31}}} = 2.34 \times 10^5 [\text{m/s}]$$

이고, 정공의 열속도는

$$v_{th} = \sqrt{\frac{3kT}{m_p^*}} = \sqrt{\frac{3(1.38 \times 10^{-23})(300)}{0.39 \times 9.11 \times 10^{-31}}} = 1.87 \times 10^5 [\text{m/s}]$$

예제

본문에서 다룬 개념을 응용한
문제와 풀이를 제시한다.

여기서 잠깐! 이상기체의 운동론이란?

기체의 성질을 분자의 운동으로 설명하는 이론으로, 아래 가정이 성립하는 기체를 이상기체라고 한다.

1. 분자 자체만의 총 부피는 기체 전체가 차지하는 부피 중에서 무시할 수 있을 만큼 작은 부분이다. 즉 분자 자체의 부피는 무시할 수 있다.
2. 어떤 한 기체는 많은 동일한 분자들로 구성된다. '많다'라는 것은 개개의 분자들의 정로를 추적할 수 없음을 의미한다.
3. 분자들은 뉴턴의 운동법칙을 따른다.
4. 모든 분자의 운동은 무작위적random이다. 즉 각각의 분자들은 각각의 운동방향과 속력을 가지고 독립적으로 운동한다.
5. 분자들 간에는 인력이나 반발력과 같은 상호작용이 존재하지 않으며, 분자와 용기 벽면의 충돌은 완전탄성충돌로 에너지의 변화가 없다.

이러한 기체 분자들의 평균 운동에너지는 절대온도에 비례하며, 3차원 단원자 분자 기체의 경우 기체 분자 하나의 평균 운동에너지는 $\frac{3kT}{2}$ 이다.

여기서 잠깐!

본문을 이해하는 데 도움이 되는 참고 내용 및 심화 내용 등을 설명한다.

이다. 여기서 m_p^*는 정공의 유효질량이다. 전계가 일정할 경우 반도체 내에서 가속된 정공은 시간에 따라 속도가 선형적으로 계속 증가할 것이나, 실제로는 이온화된 불순물 원자들이나 열적 진동을 하는 격자 원자들과 충돌하게 된다. 한번 충돌 혹은 **산란 현상**scattering이 발생하면 입자는 자체 에너지를 전부 혹은 대부분 잃어버리게 된다. 그 후 입자는 전계에 의해 다시 가속되기 시작하면서 에너지를 얻다가, 또 다시 충돌하여 에너지를 잃게 되는 현상을 계속 반복한다. 이런 가운데 입자는 평균 표동속도 $v_{d,p}$를 갖고 전계의 방향으로 이동하는 결과를 가져온다. 이 표동속도는 낮은 전계에서는 전계에 직접 비례하는데, 이를 수식으로 쓰면 다음과 같다.

$$v_{d,p} = \mu_p \mathcal{E} \tag{5.12}$$

여기서 μ_p는 비례상수로 **정공 이동도**hole mobility라고 부르며, **단위는 [cm^2/V · sec]**이다. **이동도는 입자가 전계에 의해 얼마나 빠른 평균속도로 이동하는지를 나타내는 파라미터**로, 동일한 전계를 인가하더라도 이동도가 크면 더 빠르게 이동할 수 있다.

식 (5.12)를 (5.10)에 대입하면, 정공에 의한 표동전류밀도는

$$J_{p,drift} = (ep)v_{d,p} = ep\mu_p \mathcal{E} \tag{5.13}$$

주요 수식과 용어

꼭 알아야 하는 주요 수식과 용어를 한눈에 파악할 수 있다.

연습문제

문제를 통해 해당 장에서 배운 내용을 확인한다.

Chapter 05 연습문제

5.1 전계를 가하지 않은 열적 평형상태에서 전도대역에 있는 전자의 평균 에너지를 계산하고자 한다. 페르미 에너지는 금지대역 밴드갭 내에 있고, 전도대역의 전자들은 전도대역의 하단 에너지 E_c보다 크기 때문에 전도대역의 전체 에너지 값에 대해 $E - E_F \geq 3kT$로 가정할 수 있어 페르미-디랙 확률함수의 볼츠만 근사식을 적용할 수 있다. 다음 물음에 답하라.

이때 변수 치환 $\eta = \frac{E - E_c}{kT}$를 이용하고, 다음과 같은 감마함수의 특성을 활용하라.

$$\int_0^\infty \eta^{\frac{1}{2}} \exp(-\eta) d\eta = \Gamma\left(\frac{3}{2}\right), \quad \int_0^\infty \eta^{\frac{3}{2}} \exp(-\eta) d\eta = \Gamma\left(\frac{5}{2}\right)$$

Γ 함수의 정의 및 특징

- **정의** : $\Gamma(n) \equiv \int_0^\infty t^{n-1} e^{-t} dt$
- **특징** : $\Gamma(n+1) = n\Gamma(n)$, $\Gamma\left(\frac{1}{2}\right) = \sqrt{\pi}$, $\Gamma(1) = 1$

학습 로드맵

이 책은 반도체 공학의 기초 이론인 양자이론에서 출발하여, 개별적으로 p형 및 n형 반도체의 특성을 파악한 후 이 둘을 접합한 소자인 pn 다이오드, 다시 셋을 결합한 pnp 및 npn BJT, 마지막으로 MOS 커패시터와 MOSFET으로 마무리된다. 다음 로드맵을 참고하여 학습한다면, 반도체 공학의 전체 내용에 대한 맥락을 이해하고 체계적으로 정리할 수 있을 것이다.

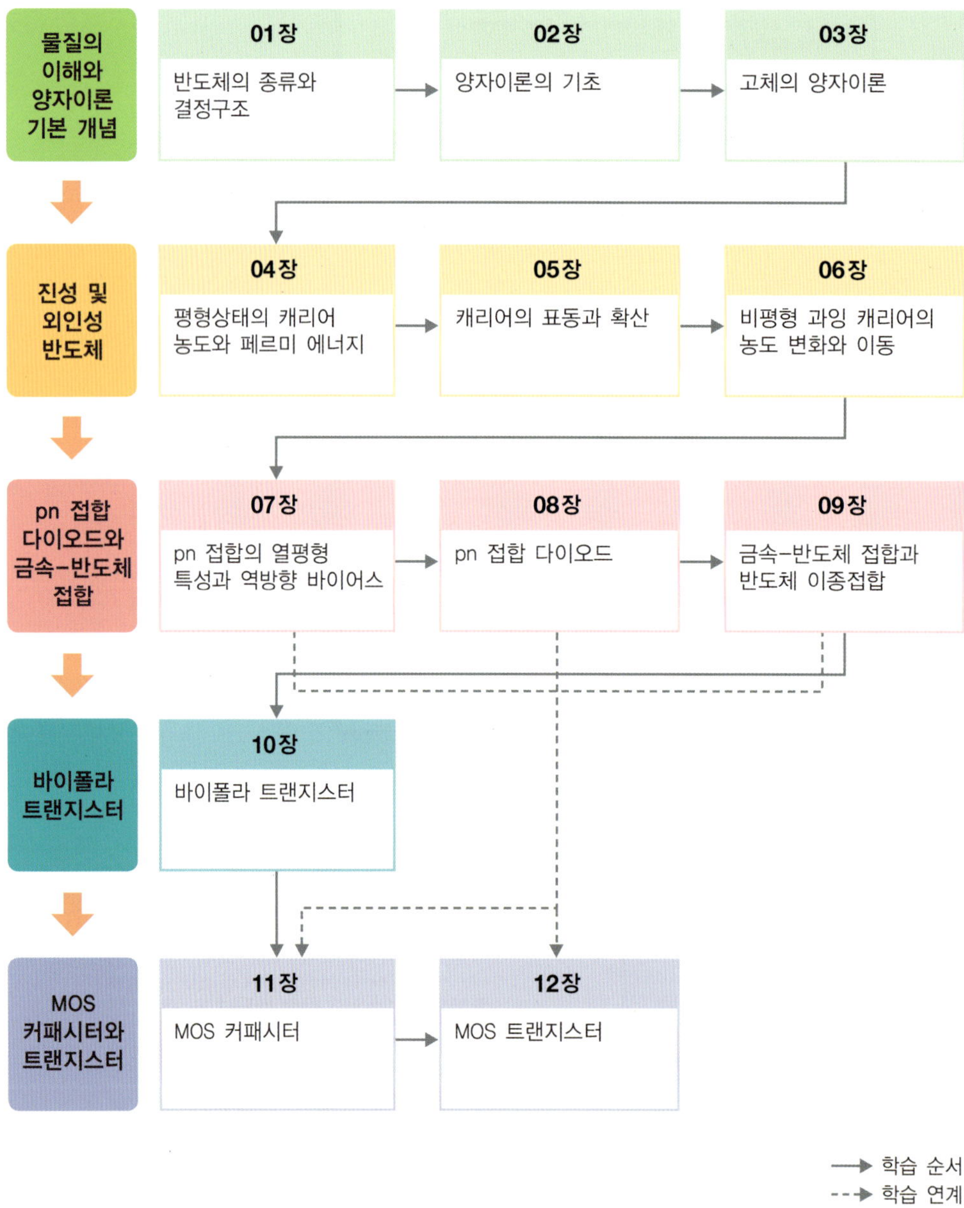

목차

Chapter 01

반도체의 종류와 결정구조

반도체는 물질의 기본 단위인 원자들로 구성된다. 반도체 물질을 이해하기 위한 첫 단계로 먼저 원자의 구성 요소를 살펴보고, 이러한 원자들이 서로 결합하기 위해서 어떠한 힘들이 작용하는지 결합의 종류를 살펴본다. 그런 후, 원자들이 고체를 형성할 때 갖추는 기하학적 3차원 구조의 규칙성을 살펴보고, 결정구조를 이해하기 위한 단위셀, 기본셀, 밀러지수 등의 개념을 이해하도록 한다. 마지막으로 반도체를 구성하는 구성 성분에 따라 반도체의 종류를 구분해본다.

1.1 원자의 구성요소

원자는 무엇으로 구성되어 있을까?

[그림 1-1]의 러시아 인형 마트료시카Matryoshka는 어머니 모습의 인형 가운데를 돌려서 열면, 그 속에서 동일한 인형이 작은 크기로 계속 나오는 민속예술품이다.

[그림 1-1] 러시아 인형 마트료시카에서 분해되어 나오는 인형의 모습

마트료시카처럼 돌리면서 분해하여 쪼개지는 않지만, 모든 물질은 [그림 1-2]처럼 계속하여 더 작은 크기의 입자로 물리적으로 쪼개어 갈 수 있다.

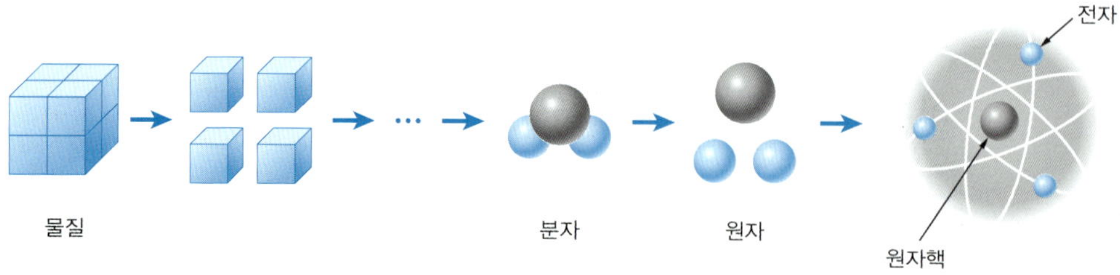

[그림 1-2] **물질을 구성하는 입자의 분해**

물질의 성질을 유지하면서 최소 크기를 가진 기본 단위를 분자molecule라고 부른다. 이 분자를 더 쪼개면, 각종 물질이 갖는 고유의 성질은 상실되면서 수 Å $(=10^{-10}\text{m})$ 정도 크기의 원자atom로 나눌 수 있다. 원자를 더 쪼개면 10^{-4}Å 보다 작은 원자핵atomic nucleus과 전자electron로 나뉘고, 원자핵은 다시 양성자proton와 중성자neutron로 쪼개어진다.

우주에는 수많은 물질이 존재하고 그 수만큼 분자의 종류가 존재하지만, 분자에서 원자로 분해되는 순간 물질 고유의 성질이 사라지므로 원자는 물질 수만큼 존재하지 않아도 된다. 즉 지구상에서 존재하는 원자의 수는 100여 개 정도밖에 안 되지만, 이 원자들을 서로 다양한 방법으로 조합함으로써 수많은 물질 분자들을 탄생시킬 수 있다.

질량을 가진 모든 물체 사이에는 서로 인력이 작용하는데, 이 힘의 장을 중력장이라고 부른다. 유사하게 전하량을 가진 모든 물체 사이에는, 서로 다른 부호인 경우에는 인력이 작용하고 같은 부호인 경우에는 척력이 작용하며, 이 힘의 장을 전기장이라고 부른다. 즉 모든 전기 현상을 발생시키는 힘의 원천을 **전하량**이라 한다. 전하량의 단위로는 이 전하량과 정전기적 힘과의 관계를 밝힌 쿨롱Coulomb의 이름을 딴 **쿨롱[C]**이 사용된다. 전하량의 기본 단위는 전자 한 개가 갖는 전하량이며, 양성자의 전하량은 전자의 전하량과 크기는 같으나 부호가 반대이다. 즉 전자의 전하량은 -1.602×10^{-19}C이고, 양성자의 전하량은 $+1.602\times10^{-19}$C이다. 중성자는 전하량을 갖지 않는다. 앞으로 전자 전하량 크기를 간단히 문자 e를 사용하여 표기하기로 한다.

$$e=1.602\times10^{-19}\text{C} \tag{1.1}$$

전자의 질량은 9.109×10^{-31}kg이고, 양성자의 질량은 1.673×10^{-27}kg, 중성자의 질량은 1.675×10^{-27}kg으로 양성자보다 약간 무겁다. [표 1-1]에 전자, 양성자 및 중성자의 전하량과 질량을 비교하였다.

[표 1-1] 원자의 구성요소인 전자, 양성자 및 중성자의 전하량과 질량의 비교

	전하량	질량
전자(electron)	-1.602×10^{-19}C	9.109×10^{-31}kg
양성자(proton)	$+1.602 \times 10^{-19}$C	1.673×10^{-27}kg(전자의 약 1837배)
중성자(neutron)	중성	1.675×10^{-27}kg(전자의 약 1839배)

예제 1-1

1A의 전류란 1sec에 1C의 전하량이 흘러 지나가는 전류의 크기이다. 도선에 10mA의 전류가 흐를 때, 1sec에 이 도선을 흘러 지나가는 전자의 개수는 몇 개인가?

풀이

전자 한 개가 가진 전하량은 -1.602×10^{-19}C이므로, 전하량의 크기만을 생각하면 $\frac{\text{전자 1개}}{1.602 \times 10^{-19}\text{C}} = 1$이 되고, 이를 대입하면 다음과 같다.

$$10\,\text{mA} = \frac{10\,\text{mC}}{1\,\text{sec}} = \frac{10\,\text{mC}}{1\,\text{sec}} \cdot \frac{\text{전자 1개}}{1.602 \times 10^{-19}\,\text{C}} = \frac{6.242 \times 10^{16}\text{개}}{1\,\text{sec}}$$

따라서 1초에 6.242×10^{16}개의 전자가 흘러 지나간다.

실리콘 원자는 어떻게 구성되어 있을까?

원자를 구성하고 있는 전자, 양성자, 중성자를 조합하면, 지구상에 자연 상태로 존재하거나 혹은 입자가속기를 이용하여 실험실에서만 존재하는 총 118개의 원자를 만들어 낼 수 있다. 이때 가장 가벼운 원자부터 원자번호를 붙여나가는데, 원자번호는 원자 속 양성자의 개수, 즉 전자의 개수와 동일하다. 모든 원자는 전기적으로 중성이고, 전자 전하량과 양성자 전하량은 크기는 같고 부호는 반대이므로, 사용된 음(−)전하인 전자의 개수와 사용된 양(+)전하인 양성자의 개수는 같아야만 한다. 전자, 양성자, 중성자를 조합하여 만들 수 있는 제일 가볍고 간단한 조합은 전자 한 개와 양성자 한 개를 사용한 원자번호 1번인 수소 원자이다. 널리 알려진 반도체인 **원자번호 14번의 실리콘(원자량 28.09)은 전자 14개, 양성자 14개, 중성자 14개로 구성**되어 있다.

$$\text{원자번호} = \text{양성자 수} = \text{전자 수} \qquad (1.2)$$

원자량atomic mass은 **원자 질량 단위(amu)**atomic mass unit로 나타낸 원자의 질량으로, 원자 질량 단위는 '탄소-12 원자 한 개 질량의 12분의 1과 같은 질량'으로 정의된다. **탄소-12 원소 12g에 들어있는 원자의 수를 1mol**이라고 하며, 이를 **아보가드로**Avogadro 수라 부른다. 아보가드로의 수는 다음과 같다.

$$N_A = 6.022 \times 10^{23} \tag{1.3}$$

따라서 원자량이 28.09인 실리콘 원자 1mol(= 6.022×10^{23}개)의 질량은 28.09g이 된다.

원소, 원자, 분자는 무엇이 다를까?

원자atom는 일정한 질량과 크기를 갖고 있으며, 물질 **분자**molecule를 구성하는 실존하는 입자이다. 이러한 성질이 동일한 원자의 무리를 추상화하여 **원소**element라고 부른다. 즉 원자란 직접적이고 구체적인 대상을 일컫는 말이고, 원소는 원자의 종류를 일컫는 추상화된 개념이다. 예를 들면 산소라는 원소로 분류될 수 있는 산소원자는 양성자 8개와 중성자 8개가 포함된 원자핵과, 그 원자핵 주위에 8개의 전자를 갖는 물질이다. 그러나 산소 원자는, 산소기체의 성질을 가지지는 않는다. 산소기체의 성질을 가지면서 가장 작은 입자는 산소분자이다. [표 1-2]에 산소분자, 산소원자, 산소원소의 개념을 비교하여 정리하였다.

[표 1-2] 산소분자, 산소원자, 산소원소의 특징 비교

	실제적 질량 및 크기	산소 기체의 성질
산소분자 O_2	가짐	가짐
산소원자 O	가짐	안 가짐
산소원소 O	추상적 개념	안 가짐

[표 1-3]은 국제순수응용화학연맹(IUPAC)International Union of Pure and Applied Chemistry에서 고안한 **장주기형 주기율표**이다. 이 주기율표에 따르면 총 118개의 원소가 18족으로 분류되어 있다. 주기율표가 갖는 규칙성의 특징에 대한 원인은 2.4절에서 다루도록 한다.

[표 1-3] 장주기형 주기율표

1.2 고체 결정의 결합

원자가 모여 고체 결정을 형성할 때 어떤 인력으로 결합할까?

원자가 모여 형성된 고체를, 입자들을 서로 붙들고 있는 힘에 따라 이온 결정, 공유 결정, 분자 결정, 금속 결정의 네 가지로 구분할 수 있다.

이온 결정

이온 결정ionic crystal은 결정을 이루는 원자들이 이온결합에 의해 묶여 있는 결정이다. 주기율표상에서 1A족 원소들은 원자가전자를 1개 가지므로 이 전자를 잃고 양이온이 되려는 경향이 강하고, 7A족 원소들은 원자가전자를 7개 가지므로 전자 1개를 얻어 음이온이 되려는 경향이 강하다. 즉 1A족 원소는 이온화에너지가 낮아 전자를 방출하고 양이온이 되기 쉬우며, 7A족 원소는 이온화에너지와 전자친화력이 높아 오히려 전자를 받아 음이온이 되기 쉽다. 이와 같이 양이온과 음이온이 된 두 원소가 **정전기적 힘**Coulomb force에 의해 강하게 결합하여 이루어지는 것이 이온 결정ionic crystal이다.

이온 결정은 이온 간에 강한 인력으로 결합되어 있기 때문에 녹는점은 매우 높지만, 충격에 의해 결정이 밀리면 이온 간 반발력이 작용하기 때문에 결정이 쉽게 깨진다. 이온 결정의 안정성의 척도는 격자에너지로 판단하는데, 이 격자에너지가 높을수록 화합물은 더 안정하다. 이온 결정은 고체 상태에서는 구성 입자인 이온이 제자리에 고정되어 있기 때문에 전기 및 열의 부도체이지만, 용융상태나 물에 녹아 있는 상태가 되면 이온이 자유롭게 움직일 수 있어 전기 전도성을 갖는다. 이온결합의 예로는 불화수소(HF), 염화나트륨(NaCl), 산화마그네슘(MgO) 등이 있다.

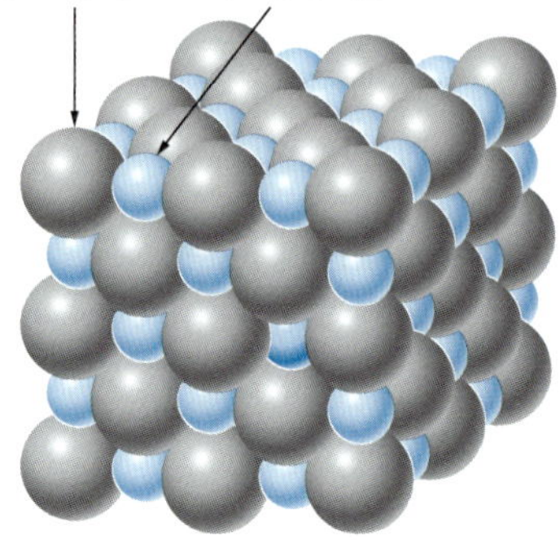

[그림 1-3] 염소 원자와 나트륨 원자로 구성된 염화나트륨 결정

여기서 잠깐! 용어 정리

- **이온화에너지** ionization energy : 가장 낮은 에너지 상태인 바닥 상태 ground state 에 있는 기체 원자로부터 한 개의 전자를 제거하는 데 필요한 최소에너지. 기체 원자 1mol로부터 전자 1mol을 제거하는 데 필요한 에너지[KJ/mol]로 측정한다. 이온화에너지가 높으면 음이온이 되기 쉽고, 낮으면 양이온이 되기 쉽다.

$$X + energy \rightarrow X^{+} + e^{-} \quad \text{(1차 이온화에너지)}$$

- **전자친화력** electron affinity : 독립된 원자가 추가로 여분의 전자를 끌어당기는 힘. 기체 상태에 있는 원자가 전자 하나를 받아들여 음이온을 형성할 때 방출하는 에너지[KJ/mol]로 측정한다. 전자친화력이 클수록 그 입자는 전자를 얻기가 더 쉽다.

$$X + e^{-} \rightarrow X^{-} + energy$$

- **전기음성도** electro-negativity : 다른 원자와 화학결합을 하고 있는 원자가 공유된 전자들을 끌어당기는 능력. 상대적인 개념으로, 측정할 수 없는 추정치이며 단위가 없다. 주기율표의 주기를 따라 왼쪽에서 오른쪽으로 갈수록 증가하고, 같은 족에서는 원자번호가 증가할수록 감소한다. 예로, F(4.0), O(3.5), N(3.0), Cl(3.0), Na(0.9), H(2.1) 등이 있다.

- **격자에너지** lattice energy : 고체 이온결합 화합물 1mol을 기체 상태의 이온으로 만드는 데 필요한 에너지[KJ/mol]. 격자에너지가 높을수록 이온결합 고체 화합물의 안정도가 높다.

공유 결정

공유 결정covalent crystal은 원자들 간에 서로 공유결합을 함으로써 형성된 결정이다. 우리가 관심을 갖는 반도체 중에서, 4A족 원소인 탄소, 실리콘, 게르마늄 등과 같이 하나의 원소로 이루어진 원소반도체와, GaAs, InP, GaN 등의 화합물반도체는 모두 공유결합에 의해 형성된 공유 결정이다. 주기율표상에서 실리콘과 같은 4A족 원소들은 원자가전자를 4개 갖고 있어, 이 원자가전자 4개를 잃고 양이온이 되려는 경향과 전자 4개를 얻어 음이온이 되려는 경향이 비슷하다고 볼 수 있다. 실리콘 원자는 고체를 형성할 때 자신과 이웃하는 실리콘 원자가 4개 존재한다. 이때 자신이 제공한 4개의 원자가전자와 이웃하는 4개의 실리콘 원자가 각각 1개씩 제공하는 원자가전자를 서로 공유하여, 총 8개의 공유 원자가전자를 갖게 된다(**8전자 규칙**). 이와 같이 이웃하는 원자의 **원자가전자를 서로 공유**하면서 결합하여 이루어지는 것을 공유 결정이라고 한다.

다이아몬드는 [그림 1-4(a)]와 같이 공유결합에 의해 각 탄소 원자가 3차원으로 결합되어 있어 결합력이 강하고 경도hardness가 어느 물질보다 커서 '모스Mohs 경도 10'이며, 녹는점(3550℃)이 매우 높다. 공유 결정은 보통 전기 전도성이 거의 없고 열의 부도체가 된다. 탄화실리콘(SiC)과 산화실리콘(SiO_2) 등도 공유 결정이며, 2차원적 구조의 공유 결정에는 흑연과 운모가 있다. [그림 1-4(b)]에서 보는 바와 같이 흑연은 층층으로 되어 있고, 2차원 각 층은 6원자 고리의 비편재화된delocalized 분자 궤도함수를 가진다. 이 비편재화된 분자 궤도함수 속에서 전자들은 광범위하게 자유롭게 움직이므로 탄소 원자의 면을 따르는 방향에서 좋은 전도성을 띤다. 반면에 층들 간에는 반데르발스 힘이 작용하여 서로 약하게 붙들려 있으므로, 층들이 잘 미끄러져 벗겨지는 특성을 갖는다. 이러한 성질을 이용하여 흑연을 연필심으로 사용한다.

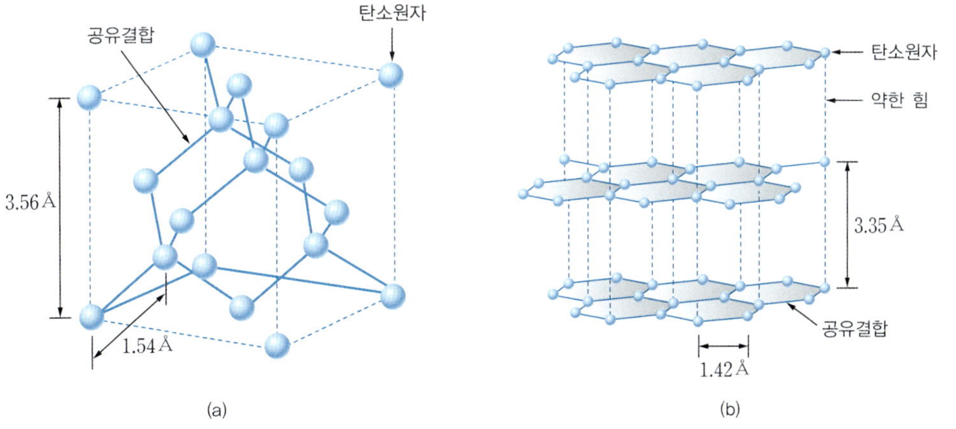

[그림 1-4] (a) 다이아몬드와 (b) 흑연의 공유 결정 구조

이온결합과 공유결합의 확실한 경계는 없지만, 결합하는 두 원자들 간에 **전기음성도** electro-negativity **차이가 2.0 이상**이면 보통 이온결합으로 본다. 전기음성도는 화학결합에서 전자를 끌어당기는 경향의 정도를 나타낸 원소의 성질로서, 전기음성도가 큰 원소는 전기음성도가 작은 원소보다 전자를 더 잘 끌어당긴다. 전기음성도의 차이가 매우 큰 원자들은 이온결합을 형성하는데, 이는 전기음성도가 작은 원자가 전기음성도가 큰 원자에게 전자들을 내어주기 때문이다. 전기음성도가 서로 비슷한 원자들은 전자밀도의 이동이 작기 때문에 극성 공유결합을 잘 형성한다.

전기음성도는 전자친화력 및 이온화에너지와 관련이 있다. 전자친화력이 커서 전자를 쉽게 받아들이고, 이온화에너지가 커서 전자를 쉽게 방출하지 않는 원소인 F는 전기음성도가 제일 커서 4.0의 값을 갖는다. 전자친화력이 낮아 전자를 받아들이기 어렵고, 이온화에너지가 작아서 전자를 쉽게 방출하는 원소인 Na은 전기음성도가 작아서 0.9의 값을 갖는다. NaCl에서 Cl의 전기음성도는 3.0으로, 두 원소 간 전기음성도 차이가 2.1이므로 NaCl은 이온 결정이다. Si의 전기음성도는 1.8이고 O의 전기음성도는 3.5이므로, SiO_2는 전기음성도 차이가 1.7인 공유 결정이다.

분자 결정

분자 결정molecular crystal은 다수의 분자 간에 반데르발스 힘과 수소결합이 결합인력으로 작용하여 형성된 결정이다.

- **반데르발스 힘**Van der Waals force : 이온이나 극성 분자와 같이 양전하 중심과 음전하 중심이 일치하지 않는 것을 **전기쌍극자**electric dipole라 하고, 원자나 비극성 분자가 근처에 있는 이온이나 극성 분자로 인해서 양전하와 음전하의 분리가 일어난 것을 **유도쌍극자**induced dipole라고 한다. 또한 핵에서 일정 거리 떨어져 운동하는 전자가 순간적으로 특정 위치에 존재하면서, 원자에 쌍극자 모멘트가 아주 짧은 순간만 생길 수 있는데 이것을 **순간쌍극자**instantaneous dipole라고 한다. 반데르발스 힘은 이러한 쌍극자-쌍극자 간 힘, 쌍극자-유도쌍극자 간 힘, 그리고 원자나 비극성 분자에 유도된 순간쌍극자가 주위에 쌍극자를 유도하여 작용하는 인력인 **분산력**dispersion force으로 구성된다. 예로 고체 이산화 황(SO_2)은 쌍극자-쌍극자 간 힘이 주된 인력이 되는 분자 결정이다.
- **수소결합** : 수소결합은 전기음성도가 큰 F, O, N과 수소 원자 사이 결합인 F-H, O-H, N-H와 같은 극성결합을 포함한 물질에서, 한 분자의 수소 원자와 다른 분자의 F, O, N 원자 사이에 작용하는 특별히 강한 형태의 쌍극자-쌍극자 상호작용을 뜻한다. 한 예로, 얼음의 삼차원 격자는 주로 분자 사이의 수소결합에 의해 형성된다.

분자 결정은 이온 결정이나 공유 결정과는 달리, 각 분자들 간에 반데르발스 힘이나 수소결합과 같은 매우 약한 결합을 형성하고 있으므로, 독립된 분자의 성질이 보존되어 있는 경우가 많다. 따라서 분자 사이의 배열이 쉽게 끊어질 뿐 아니라, 부서지기 쉬운 특징을 가진다. 대부분 분자 결정의 녹는점과 끓는점은 낮고, 분자량이 클수록 높아지는 경향을 보인다. 분자 결정 물질은 열이나 전기의 부도체이다. 분자 결정에는 탄화수소 및 각종 유기화합물, 비활성 기체, 드라이아이스(CO_2), 요오드, 얼음 등이 있다. [그림 1-5]는 물 분자 사이의 수소결합을 보여준다.

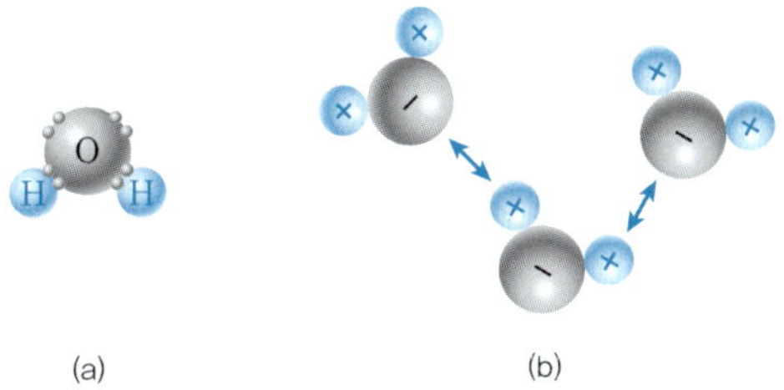

[그림 1-5] (a) 공유결합을 하고 있는 물 분자 하나와 (b) 물 분자 간에 수소결합이 작용하는 현상

금속 결정

금속 결정metallic crystal은 금속 원자로만 이루어진 결정 고체로서, 각 금속 원자는 [그림 1-6]에서 보는 바와 같이 바깥 전자껍질의 전자를 모두 내놓아 생기는 **전자의 바다**(혹은 전자구름) 속에 있게 된다. 금속을 구성하는 원자의 가전자는 특정한 원자핵을 떠나서 금속 전체를 자유롭게 운동할 수 있어, 금속 내 어느 원자핵에나 공유된 상태가 되며, 금속 양이온들과 **정전기적 인력**을 통해 이온들을 서로 결합시켜 결정이 형성된다. 이것을 금속 결정이라 한다. 외부에서 미소한 전계가 가해지기만 해도 원자가전자는 쉽게 이동할 수 있어 전기의 양도체이고, 또한 열의 양도체이다. 금, 은, 구리, 철, 알루미늄 등 모든 금속이 금속 결정에 해당하며, 금속 결정은 다양한 경도와 다양한 녹는점을 갖는다.

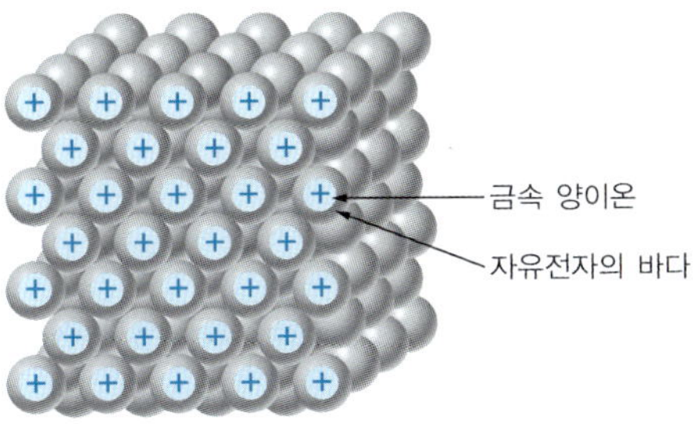

[그림 1-6] 전자의 바다에 존재하는 자유전자들이 금속 양이온들을 결합시키는 금속 결정

1.3 물질의 분류

물질은 어떤 기준에 따라 어떻게 분류될 수 있을까?

물질은 일반적으로 질량과 부피를 가지는 존재로 정의된다. 하지만 양자역학의 도입에 따라 질량과 부피는 물질의 고유 속성이 아니라 어떤 기본 단위의 상호 작용에 의해 변화됨을 알게 되었으며, 그러한 이유로 물질의 개념이 점차 바뀌고 있다. 여기서는 물질을 분류하는 기준과 각각의 특성을 살펴본다.

상태에 따른 분류

우리가 다루는 물질을 상태phase에 따라 **고체상태**solid phase, **액체상태**liquid phase, **기체상태**gas phase의 세 가지로 나눌 수 있다. 고체는 구성 원자 사이의 결합력이 매우 강해서 원자 간 거리가 가깝고, 작고 일정한 부피와 고정된 모양을 가진다. 액체가 되면서 원자 간 결합력이 점점 약해져서 액체의 부피는 거의 일정하지만, 액체의 모양은 액체를 담는 그릇의 모양에 따라 변한다. 기체가 되면 원자 간 결합력이 매우 약하여 부피가 매우 커지고 쉽게 부피 변화를 가져오며, 모양도 자유롭게 변화한다. [표 1-4]는 고체, 액체, 기체의 특성을 부피와 모양의 변화 유무에 따라 정리한 표이다.

[표 1-4] 고체, 액체, 기체의 특성 비교

	고체	액체	기체
부피	일정	(거의) 일정	변화
모양	일정	변화	변화

전기전도성에 따른 분류

물질을 전기전도율electric conductivity을 기준으로 하여 구분하면, 전기전도성이 좋은 **도체**conductor, 전기전도성이 나쁜 **절연체**insulator, 전도율이 도체와 절연체의 중간정도 되는 **반도체**semiconductor의 세 가지로 나눌 수 있다. [표 1-5]는 여러 가지 물질의 전기전도율 값을 보여준다.

물질의 전기전도율은 은(Ag)의 $6.1\times10^{7}\ \Omega^{-1}\mathrm{m}^{-1}$에서 석영의 $\sim10^{-17}\ \Omega^{-1}\mathrm{m}^{-1}$까지 약 10^{24}의 변화를 갖는 매우 광범위한 값을 갖는다. 세 가지 분류의 경계가 불분명하지만, 주요 반도체인 실리콘과 게르마늄은 각각 $4.4\times10^{-4}\ \Omega^{-1}\mathrm{m}^{-1}$과 $2.2\,\Omega^{-1}\mathrm{m}^{-1}$ 정도의 값을 가짐을 알 수 있다.

[표 1-5] 여러 가지 물질의 전기전도율 값 단위 : $[\Omega^{-1}m^{-1}]$

물질	전기전도율	물질	전기전도율	물질	전기전도율
은	6.1×10^{7}	스테인리스 강철	10^{6}	민물	$\sim10^{-2}$
구리	5.7×10^{7}	니크롬	10^{6}	습지토양	$\sim10^{-2}$
금	4.1×10^{7}	수은	10^{6}	실리콘	4.4×10^{-4}
알루미늄	3.5×10^{7}	주철	$\sim10^{6}$	증류수	$\sim10^{-4}$
두랄루민	3×10^{7}	흑연	$\sim10^{5}$	베크라이트	$\sim10^{-9}$
텅스텐	1.8×10^{7}	탄소	$\sim3\times10^{4}$	유리	$\sim10^{-12}$
아연	1.7×10^{7}	페라이트	10^{2}	딱딱한 고무	$\sim10^{-15}$
놋쇠	1×10^{7}	게르마늄	2.2	마이카	$\sim10^{-15}$
주석	9×10^{6}	동물 피	0.7	폴리스티렌	$\sim10^{-16}$
납	5×10^{6}	동물체(평균)	0.2	석영	$\sim10^{-17}$

입자 배열의 규칙성에 따른 분류

고체를 구성하는 입자 배열의 규칙성을 기준으로 하여 구분하면 **단결정**single crystal, **다결정**poly crystal, **비정질**amorphous의 세 가지로 나눌 수 있다.

단결정은 [그림 1-7(a)]와 같이 결정 전체가 하나의 규칙적인 **격자**lattice로 구성된다. 다결정은 [그림 1-7(b)]와 같이 부분적으로만 단결정이고, 전체적으로는 다수의 단결정이 모여 구성된다. 부분적인 단결정 영역을 **그레인**grain이라고 하고, 그레인과 그레인의 경계선을 **그레인 경계**grain boundary라고 한다. 비정질은 [그림 1-7(c)]와 같이 규칙성이 몇 개의 원자 혹은 분자 크기 정도로 매우 작은 영역에 국한되어 있어 규칙성이 거의 없다고 볼 수 있다.

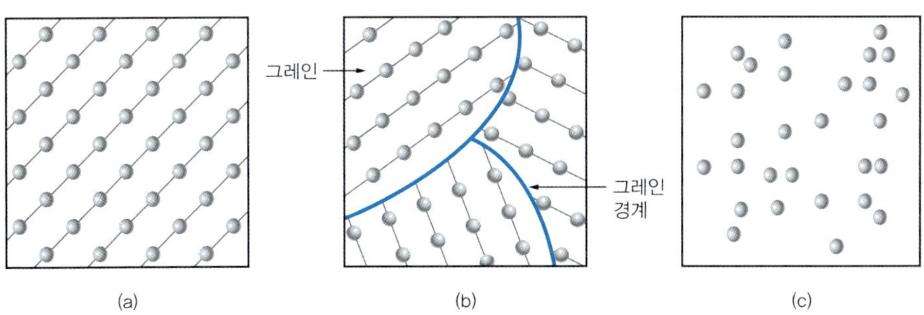

[그림 1-7] (a) 단결정, (b) 다결정, (c) 비정질에서 입자의 규칙성

이 중에서 우리는 입자들이 규칙적으로 배열되어 있는 결정에 대해 집중적으로 학습할 것이다.

1.4 결정구조

결정체로부터 격자구조를 어떻게 그릴 수 있을까?

결정격자crystal lattice란 결정의 규칙적인 배열을 의미하며, 고체를 이룬 결정 내부에서 특정 구성단위가 일정한 규칙에 의해 반복된 배열을 뜻한다. 특정 구성단위는 원자, 원자단atomic group, 분자, 이온 등이며, 이를 **격자점**lattice point으로 표시한다.

[그림 1-8(a)]는 두 개의 원자 A와 B 간의 결합이 반복되어 규칙적 배열을 갖춘 2차원 결정구조의 한 예를 보여준다. [그림 1-8(b)]에서 각 격자점은 한 쌍의 A와 B 간 결합에 해당한다. 격자점의 위치는 [그림 1-8(c)]와 같이 원자 A의 중심으로 정해도 되고, [그림 1-8(d)]와 같이 원자 B의 중심으로 정해도 되며, [그림 1-8(e)]와 같이 원자 A와 원자 B의 중간으로 정해도 된다. 즉 어느 지점을 격자점의 위치로 지정하든 일관된 규칙으로 적용하기만 하면, 그 어떤 경우에도 [그림 1-8(b)]와 같은 동일한 격자점들의 집합을 얻게 된다. 이를 **격자구조**lattice structure라고 한다.

(a) 원자 A와 B로 구성된 2차원 결정

(b) 2차원 결정의 격자 구조

(c) 격자점이 원자 A의 중심에 있는 경우

(d) 격자점이 원자 B의 중심에 있는 경우

(e) 격자점이 원자 A와 B의 중간에 있는 경우

[그림 1-8] **원자 A와 B로 구성된 2차원 결정으로부터 결정의 격자구조를 그리는 방법**

격자점의 위치는 어떻게 표현해야 할까? 또 단위셀과 기본셀은 왜 필요할까?

격자구조의 특성을 연구하기 위해서는 격자점의 위치를 표현할 필요가 있으며, 그러기 위해서는 격자점까지의 거리와 방향을 동시에 나타낼 수 있는 방법이 필요하다. 따라서 거리와 방향을 동시에 표현할 수 있는 벡터 표현 기법을 사용하는 것이 편리하다.

벡터 표현 기법을 사용하여 격자구조상에 있는 모든 격자점의 위치를 표현하기 위해 기본적인 단위가 되는 **기본 벡터**basis vector를 정의하여 사용한다. 2차원에서는 최소 두 개의 기본 벡터가 필요하고, 3차원에서는 최소 3개의 기본 벡터가 필요하다. 우리 몸이 세포들의 집합으로 구성되듯이 전체 격자는 **단위셀**unit cell의 집합으로 구성된다고 볼 수 있다. 즉 단위셀을 **기본벡터의 정수배만큼 이동**하여 공간을 채우면 전체 격자 공간을 누락되거나 중복되는 부분이 없이 모두 채울 수 있다.

[그림 1-9]는 가상적인 2차원 격자구조를 나타낸다. 이 2차원 결정에서 모든 등가 격자점은 **기본 벡터** $\vec{a}$와 $\vec{b}$를 사용하여 다음과 같이 표시할 수 있다.

$$\vec{R} = p\vec{a} + q\vec{b} \ (p\text{와 } q\text{는 정수}) \tag{1.4}$$

[그림 1-9]에서 $\vec{a}$와 $\vec{b}$는 단위셀 A의 기본 벡터이다. [그림 1-9]에서 셀 B는 셀 A를 $\vec{R} = 5\vec{a}$ 만큼 평행이동 시킨 것이고, 셀 C는 셀 A를 $\vec{R} = 3\vec{b}$ 만큼, 그리고 셀 D는 셀 A를 $\vec{R} = 5\vec{a} + 3\vec{b}$ 만큼 평행이동 시킨 것이다. 이와 같이 셀 A를 기본 벡터 $\vec{a}$와 $\vec{b}$ 방향으로 p와 q 값을 바꾸어 정수배만큼 평행이동 시키면서 공간을 채워나가면 2차원 격자 전체를 구성할 수 있다. 따라서 평행사변형 셀 A는 단위셀이 될 수 있다.

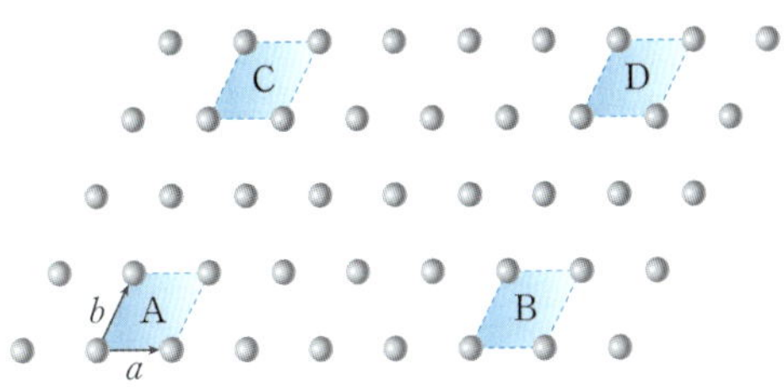

[그림 1-9] 단위셀 A의 평행이동으로 전체 2차원 격자를 채움

주의할 점은 단위셀을 이동하여 전체 격자를 구성할 때, 기본 벡터 $\vec{a}$와 $\vec{b}$ 방향으로 벡터 식 $\vec{R} = p\vec{a} + q\vec{b}$ (p와 q는 정수)에 의해 p와 q 값을 바꾸어 평행이동을 해야만 하며, 회전이동을 하면 안 된다는 것이다. 따라서 [그림 1-10]에서 삼각형 셀 A는 벡터 $\vec{R} = p\vec{a} + q\vec{b}$에 의해서 기본 벡터 $\vec{a}$와 $\vec{b}$ 방향으로 정수배만큼 평행이동을 하더라도, 그림에서 빗금 부분은 채울 수 없으므로 이러한 삼각형 셀 A는 단위셀이 될 수 없다.

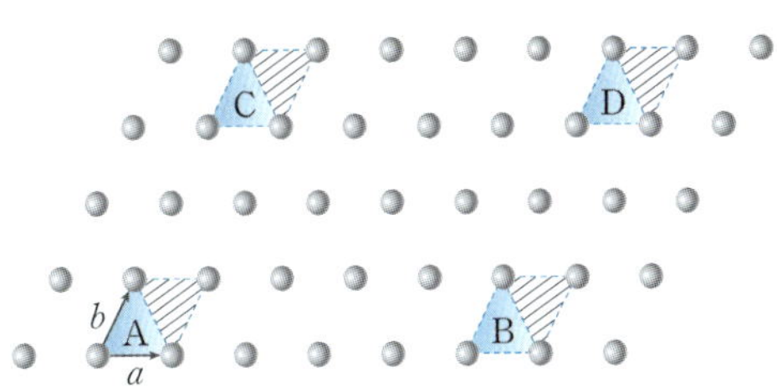

[그림 1-10] 단위셀 A의 평행이동으로 전체 2차원 격자를 채울 수 없음

단위셀은 유일하게 한 개만 존재하는 것이 아니고, 무한히 많이 존재할 수 있다. [그림 1-11]에서 A부터 G까지 모두 단위셀이 될 수 있는데, 이 단위셀 내의 유효 격자점 개수와 기본 벡터를 [표 1-6]에 정리하였다. 단위셀 중에서 최소의 부피를 갖는 셀을 **기본셀**primitive cell이라고 한다. 따라서 [그림 1-11]에서 셀 A부터 셀 E까지의 모든 단위셀은 기본셀에 해당하고, 기본셀의 경우 셀 내의 유효 격자점의 개수는 1개가 된다. 2차원인 경우 기본셀 혹은 단위셀의 면적은 $|\vec{a}\times\vec{b}|$이다.

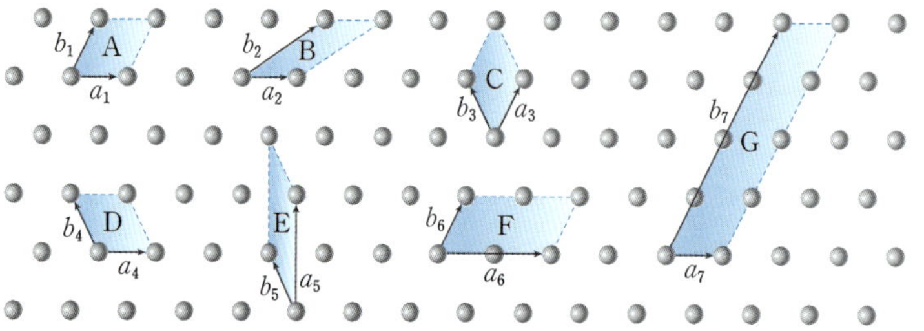

[그림 1-11] 2차원 결정구조에서 여러 가지 가능한 단위셀의 형태

[표 1-6] [그림 1-11]의 7가지 단위셀의 특성 비교표

단위셀 명칭	A	B	C	D	E	F	G
기본 벡터	$\vec{a_1}$, $\vec{b_1}$	$\vec{a_2}$, $\vec{b_2}$	$\vec{a_3}$, $\vec{b_3}$	$\vec{a_4}$, $\vec{b_4}$	$\vec{a_5}$, $\vec{b_5}$	$\vec{a_6}$, $\vec{b_6}$	$\vec{a_7}$, $\vec{b_7}$
유효 격자점 수	1	1	1	1	1	2	4
기본셀 여부	○	○	○	○	○	×	×
단위셀 면적	S	S	S	S	S	$2S$	$4S$

※ $S=|\vec{a_1}\times\vec{b_1}|$

3차원 결정에서는 모든 격자점을

$$\vec{R}=p\vec{a}+q\vec{b}+r\vec{c}\ (p,\ q,\ r\text{은 정수}) \tag{1.5}$$

로 표현할 수 있다. 3차원의 경우에 셀의 부피는

$$V=(\vec{a}\times\vec{b})\cdot\vec{c}=(\vec{b}\times\vec{c})\cdot\vec{a}=(\vec{c}\times\vec{a})\cdot\vec{b} \tag{1.6}$$

가 된다. 여기서 '×'는 벡터 외적을, '·'는 벡터 내적을 의미한다. 최소의 부피를 갖는 기본셀보다는, 생각하기에 편리한 구조의 단위셀을 더 많이 사용한다.

[표 1-7] 14종류 브라베이스 격자구조의 특징

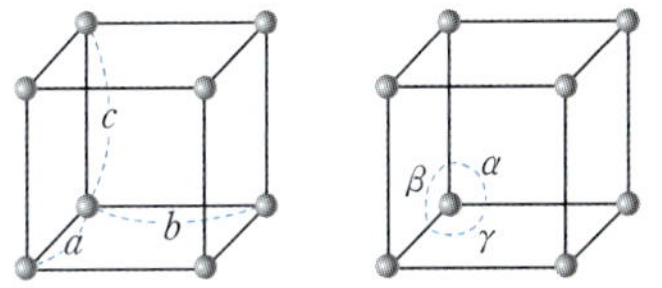

7종의 결정계	14가지 브라베이스 격자구조
삼사정계(triclinic) $a \neq b \neq c,\ \alpha \neq \beta \neq \gamma \neq 90°$	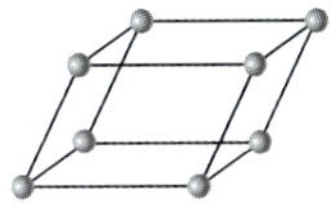 단순
단사정계(monoclinic) $a \neq b \neq c,\ \alpha \neq 90°,$ $\beta = \gamma = 90°$	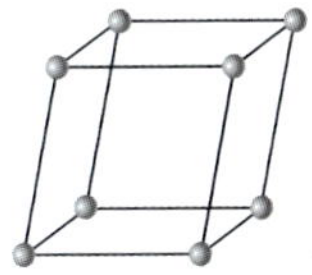 단순 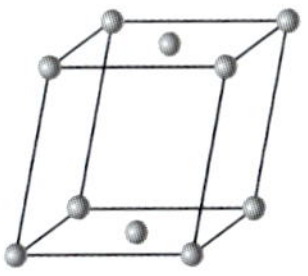 저심
사방정계(orthorhombic) $a \neq b \neq c,\ \alpha = \beta = \gamma = 90°$	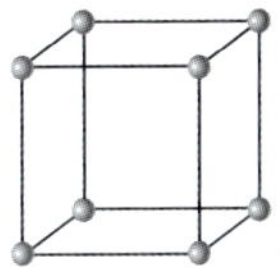 단순 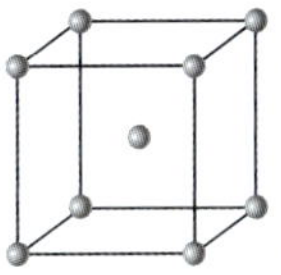 체심 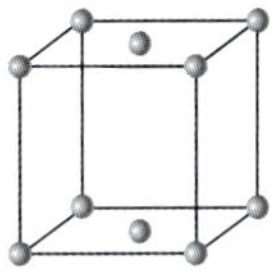 저심 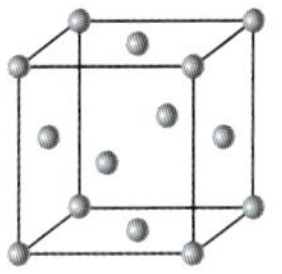 면심
삼방정계(rhombohedral) $a = b = c,\ \alpha = \beta = \gamma \neq 90°$	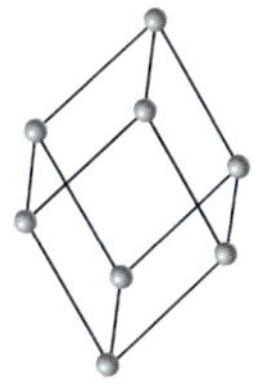 단순
정방정계(tetragonal) $a = b \neq c,\ \alpha = \beta = \gamma = 90°$	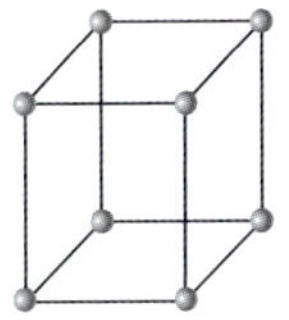 단순 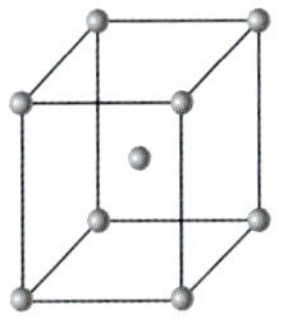 체심
육방정계(hexagonal) $a = b \neq c,\ \alpha = \beta = 90°$ $\gamma = 120°$	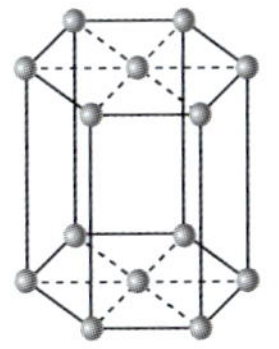 단순
입방정계(cubic) $a = b = c,\ \alpha = \beta = \gamma = 90°$	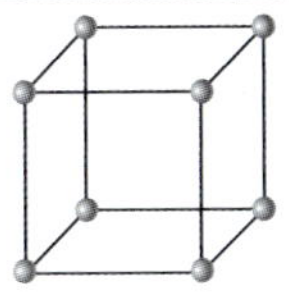 단순 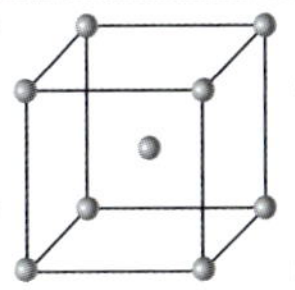 체심 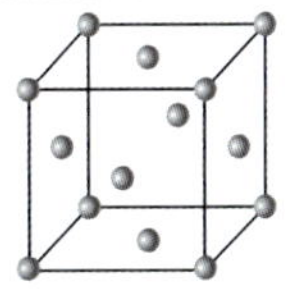 면심

3차원 결정구조에는 어떤 것이 있을까?

[표 1-7]은 3차원 **브라베이스**Bravais **격자구조** 14개를 보여준다. 결정의 기본형을 7종의 결정계, 즉 삼사정계triclinic, 단사정계monoclinic, 사방정계orthorhombic, 삼방정계rhombohedral, 정방정계tetragonal, 육방정계hexagonal, 입방정계cubic로 분류하고, 그 각각에 단순simple, 저심base-centered, 체심body-centered, 면심face-centered이 있어 총 28종류의 기본형이 가능하지만, 평행이동이나 회전을 통해 중복되는 것을 제거하면 14종류의 브라베이스 격자가 존재한다.

입방구조란 무엇일까?

[그림 1-12]는 브라베이스 격자구조 중에서 가장 간단한 형태인 입방cubic 구조의 단위셀을 나타낸 것이다. 동일한 입방구조의 결정이라 하더라도 결정 속에 배열되어 있는 원자 사이의 거리 및 간격은 물질에 따라서 다른데, **단위셀 한 변의 길이**를 그 물질의 **격자상수**lattice constant라 부른다.

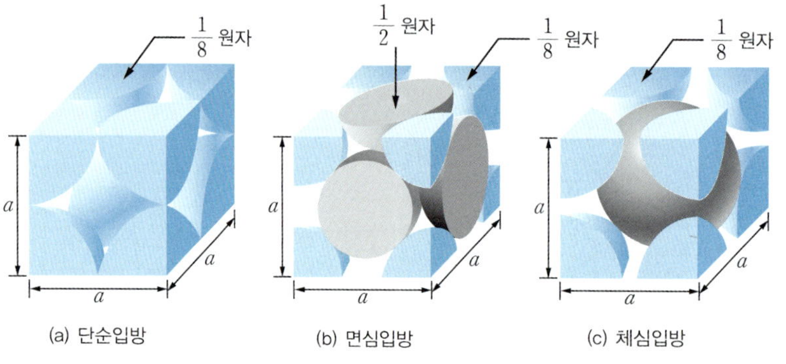

[그림 1-12] 입방 결정의 세 구조(a는 격자상수)

단순입방(sc)simple cubic 구조는 정육면체의 8개 꼭짓점에 원자가 하나씩 위치한 구조이다. **면심입방(fcc)**face centered cubic 구조는 단순입방 구조에 추가해서 6개 면의 중심에 각각 원자가 하나씩 더 위치한 것이다. **체심입방(bcc)**body centered cubic 구조는 단순입방 구조에 추가해서 체적의 중심에 원자가 하나 더 위치한 것이다.

금속은 면심입방 결정인 경우가 많은데, 이 형태의 특징은 전성 및 연성이 뛰어나다. 금, 은, 구리, 납, 알루미늄 등은 면심입방 구조를 하고 있고, 텅스텐, 몰리브덴, 니켈, 탄탈, 바나듐 등은 체심입방 구조를 갖는다.

배위수coordination number는 어떤 결정격자에서 한 원자(또는 이온)를 둘러싸고 있는 최단 거리의 원자(또는 이온)의 수를 말한다. 배위수가 높을수록 조밀하게 쌓여있음을 의미한다. 단순입방의 경우 자신이 속해 있는 층에서 전후와 좌우에 4개 원자와 접해있고 위층과 아래층에 각각 1개의 원자와 접해있어 총 6개의 원자로 둘러싸여 있으므로 배위수는 6이다. 체심입방의 경우에는 한 층에 쌓인 원자의 홈 속에 그 다음 층의 원자들이 들어가 쌓이는 형태가 반복되며, 위층에 4개와 아래층에 4개의 원자와 접해 있어 배위수는 8이다. 면심입방의 경우에는 같은 층에서 원자 6개와 접해 있고, 위층과 아래층에 각각 3개의 원자들과 접해 있어 배위수는 12가 된다. 배위수는 12를 초과할 수 없어, 면심입방을 **입방 최조밀 쌓임**cubic close-packed 구조라고 부른다. 배위수가 12인 또 하나의 구조로 **육방 최조밀 쌓임**hexagonal close-packed 구조가 있으며, 아연, 카드뮴, 마그네슘 등이 이 구조를 갖는다.

예제 1-2

[그림 1-12(b)]의 면심입방(fcc) 구조에서 단위셀 내의 유효원자 개수는 몇 개인가?

풀이

정육면체의 8개 꼭짓점에 원자가 하나씩 위치한 구조가 단순입방 구조이다. 단순입방 구조의 꼭짓점에 위치한 원자는 인접한 총 8개의 단위셀에 공유되어 있으므로, 실질적으로는 $\frac{1}{8}$ 원자가 하나의 단위셀 내부에 있게 된다. 이런 원자가 8개 있으므로 $8\times\frac{1}{8}=1$(개)의 원자가 실질적으로 단위셀 내부에 속한다.

이에 추가하여 면심입방 구조는 6개 면의 중심에 각각 원자가 하나씩 더 위치하고 있는데, 이 원자는 인접한 두 개의 단위셀에 서로 공유되어 있으므로, 실질적으로는 $\frac{1}{2}$ 원자가 하나의 단위셀 내부에 있게 된다. 이런 원자가 6개 면의 중앙에 있으므로 $6\times\frac{1}{2}=3$(개)의 원자가 실질적으로 단위셀 내부에 속한다.

따라서 면심입방 구조에서 단위셀 내의 유효원자 개수는 이 둘을 합해 $8\times\frac{1}{8}+6\times\frac{1}{2}=4$(개)이다.

실리콘과 GaAs 반도체의 결정구조는 어떤 형태일까?

실리콘 반도체는 다이아몬드 구조를 하고 있는데, 다이아몬드 구조는 하나의 면심입방 구조가 위치하고, 그 위에 포개어서 또 하나의 면심입방 구조가 x축으로 $\frac{a}{4}$, y축으로 $\frac{a}{4}$,

z축으로 $\frac{a}{4}$만큼 이동하여 위치한 구조이다. [그림 1-13]은 다이아몬드 구조의 단위셀을 나타낸 것이다. 여기서 a는 **격자상수**lattice constant이며, 실리콘의 격자상수는 5.43Å이다. 격자상수는 대개 원자 반경의 수 배에 해당하므로, 일반적으로 원자반경 정도의 크기에서 기준 단위로 많이 사용하는 Å$(= 10^{-10}\text{m})$ 단위로 표현한다.

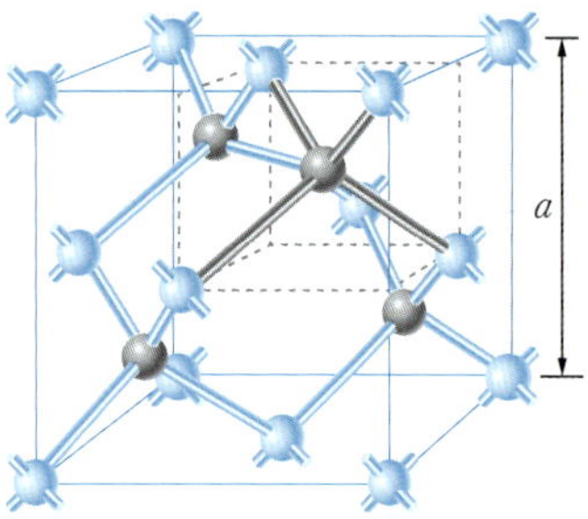

[그림 1-13] **다이아몬드 구조**

예제 1-3

다이아몬드 구조에서 하나의 단위셀 내부에 존재하는 유효원자 개수는 몇 개인가?

풀이

다이아몬드 구조는 [그림 1-14]와 같이 두 개의 면심입방 구조를 이동하여 포개어 놓은 형태이다. 즉 첫 번째 면심입방 구조에서 왼쪽 면의 중심에 있는 원자 A가 두 번째 면심입방 구조의 A′ 원자로 이동하고, 첫 번째 면심입방 구조에서 앞쪽 면의 중심에 있는 원자 B가 두 번째 면심입방 구조의 B′ 원자로, 첫 번째 면심입방 구조에서 아래쪽 면의 중심에 있는 원자 C가 두 번째 면심입방 구조의 C′ 원자로, 첫 번째 면심입방 구조에서 왼쪽 하단의 꼭짓점에 있는 원자 D가 두 번째 면심입방 구조의 D′ 원자로 이동한 형태이다.

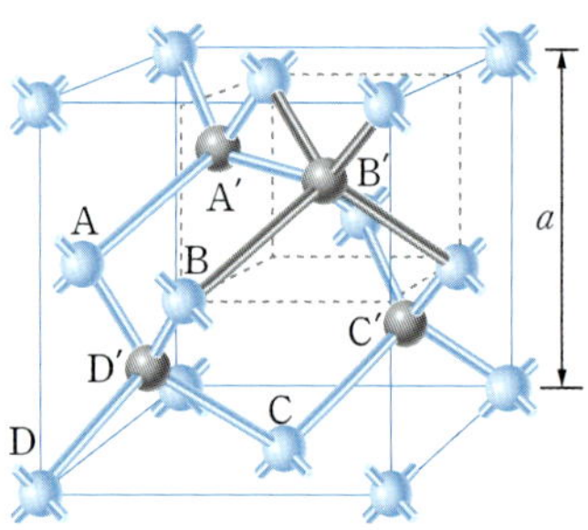

[그림 1-14]

이 네 개의 원자 A′, B′, C′, D′(그림에서 검게 색칠한 원자)은 단위셀 내부에 온전히 들어온다. 결국 다이아몬드 구조에서 단위셀 내부의 유효원자 개수는, 첫 번째 면심입방 구조에서 단위셀 내에 있는 유효원자 개수 4개([예제 1-2] 참조)와 두 번째 면심입방 구조가 단위셀 내부로 온전히 들어오는 4개의 원자를 합하여, 총 8개의 유효원자가 단위셀 내부에 존재한다.

갈륨비소(GaAs) 화합물 반도체의 결정구조는 **섬아연광**[Zincblende] 구조이다. 섬아연광 구조는, 하나의 면심입방(fcc) 구조와 이로부터 $\left(\frac{a}{4}, \frac{a}{4}, \frac{a}{4}\right)$만큼 이동한 또 하나의 면심입방구조로 이루어진다는 점에서 [그림 1-13]의 다이아몬드 구조와 동일하다. 다이아몬드 구조와의 차이점은 다이아몬드 구조는 전부 동일한 종류의 탄소 원자들로만 구성되는 반면, 갈륨비소는 [그림 1-15(a)]에서 보는 바와 같이 하나의 면심입방(fcc) 구조는 비소 원자들로만 구성되고, 검게 색칠한 또 다른 하나의 면심입방(fcc) 구조는 갈륨 원자들로만 구성된다는 것이다. 이때 하나의 갈륨 원자에 가장 가깝게 위치한 원자는 모두 4개로 이들은 비소 원자이며, 역으로 하나의 비소 원자에 가장 가깝게 위치한 원자도 모두 4개이며 이들은 갈륨 원자이다. [그림 1-15(b)]의 위에서 바라본 형상의 그림에서 검은 점이 갈륨 원자이면 파란 점은 비소 원자가 된다. 갈륨비소의 격자상수 a는 5.65 Å 이다.

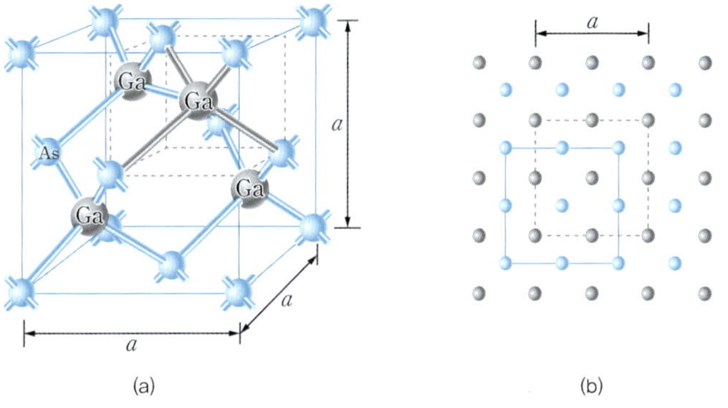

[그림 1-15] GaAs의 (a) 섬아연광 구조와 (b) 결정 위에서 바라본 형상

격자구조에서 특정 면과 방향을 어떻게 지정할까?

격자구조에서 면을 지정하거나 방향을 지정할 필요가 있다. 이에 대한 규칙을 설정한 것이 **밀러지수**[Miller index]이다.

밀러지수로 면을 지정하는 방법은 다음과 같다.

❶ 지정하고자 하는 면이 기본 벡터 방향의 $\vec{a}$축, $\vec{b}$축, $\vec{c}$축과 만나는 점의 좌표 값을 읽는다. 3차원 결정에서 격자점은 $\vec{R} = p\vec{a} + q\vec{b} + r\vec{c}$($p$, q, r은 정수)에 의해서 표현할 수 있는데, [그림 1-16]의 빗금 친 면의 경우 세 축과 만나는 좌표값을 각각 읽으면 $p = 1$, $q = 2$, $r = \infty$가 된다. 면이 축과 만나지 않으면 ∞ 지점에서 만난다는 의미로 ∞를 적는다.

❷ ❶과 같이 하면 ∞ 값이 너무 커서 다루기가 불편하므로, 두 번째 단계로 세 숫자의 역수를 취한다. 그러면 1, $\frac{1}{2}$, 0이 된다. 역수를 취하면 분수로 표현되며, 분모가 1이 아닌 경우에 이 역시 다루기에 불편하다.

❸ 분수의 불편함을 해소하기 위해, 분모의 최소공배수를 곱하여 정수로 변환시킨다. 그러면 2, 1, 0이 된다.

❹ 마지막으로 소괄호 ( ) 안에 쉼표 없이 세 수를 적어 완료하면, 밀러지수는 (210)이 된다. 이때 음의 정수는 양의 정수로 바꾸고 상단에 '–'bar를 붙인다. 즉 분모의 최소공배수를 곱하여 정수화한 숫자가 1, −1, 0인 경우에 $(1\bar{1}0)$과 같이 표기한다.

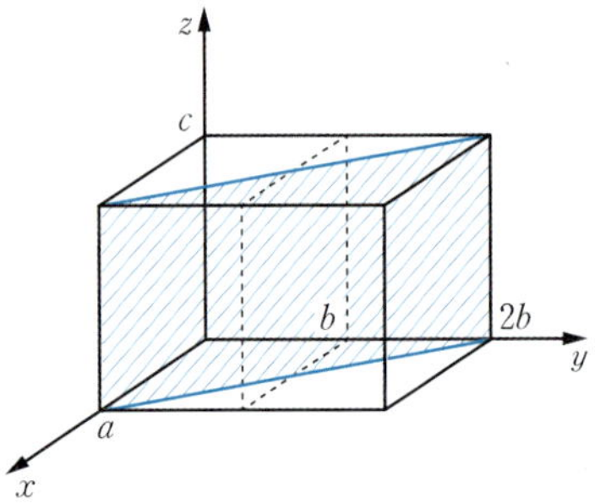

[그림 1-16] 밀러지수 (210)인 면

[그림 1-17]의 입방구조에서 좌표의 절대 원점은 존재하지 않으므로, 빗금 친 면은 원점의 위치와 좌표축의 방향을 어떻게 설정하는가에 따라 (100), (010), (001), $(\bar{1}00)$, $(0\bar{1}0)$, $(00\bar{1})$ 등과 같이 6가지 밀러지수로 표현될 수 있다. 즉 세 결정축은 임의로 설정할 수 있고 90° 회전시키는 것이 가능하며, 정육면체의 여섯 개 면은 대칭성으로 인해 모두 같은 결정면으로 볼 수 있다. 따라서 입방구조에서 (100), (010), (001), $(\bar{1}00)$, $(0\bar{1}0)$, $(00\bar{1})$ 면은 등가 결정면으로 하나의 집단family으로 묶어 중괄호를 사용하여 **{100} 결정면 집단**이라고 표현한다.

격자에서 방향을 나타내는 방법은 간단하다. 방향을 $\vec{R} = p\vec{a} + q\vec{b} + r\vec{c}$ (p, q, r은 정수)로 표현했을 때의 벡터성분인 3개의 정수 집합 p, q, r을 찾은 후, 대괄호를 사용하여 $[pqr]$과 같이 표기한다. 예를 들면 [그림 1-18]의 입방격자에서 화살표 방향을 벡터로 표시하면 $\vec{R} = \vec{a} + \vec{b} + \vec{c}$ 가 되고, 벡터의 세 성분은 1, 1, 1이므로 화살표 방향에 대한 밀러지수는 [111]로 표기한다. [그림 1-18]의 입방구조에서 원점의 위치와 좌표축의 방향은 임의로 설정할 수 있어, [100], [010], [001], $[\bar{1}00]$, $[0\bar{1}0]$, $[00\bar{1}]$ 등 6개 방향은 모두 등가 방향이 되므로, 하나의 집단family으로 묶어 **< 100 > 결정방향 집단**이라고 표현한다. [그림 1-15(b)]는 < 100 > 방향에서 본 그림이다.

입방격자에서 [$\boldsymbol{hkl}$] 방향은 ($\boldsymbol{hkl}$) 결정면에 수직임을 유의한다. 이러한 직교성은 입방구조가 아닌 격자에서는 성립하지 않는다.

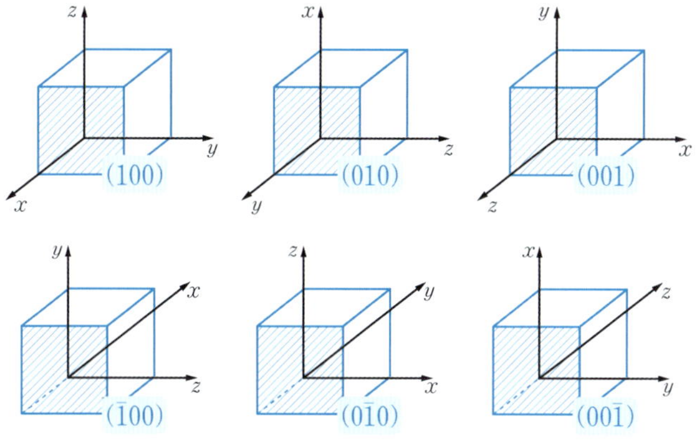

[그림 1-17] 입방구조에서 {100} 결정면 집단

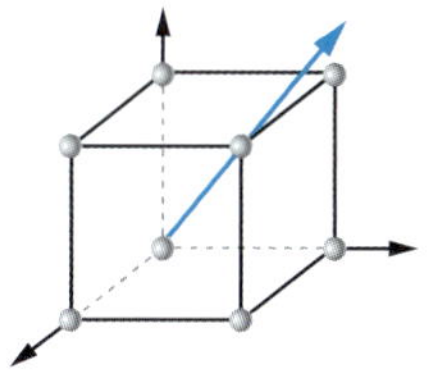

[그림 1-18] 입방구조에서 [111] 방향

여기서 잠깐! 결정면과 방향 표기법 정리

- ( ) : 결정면
- { } : 결정면 집단
- [ ] : 결정방향
- < > : 결정방향 집단

예제 1-4

단순입방(sc), 면심입방(fcc), 체심입방(bcc), 다이아몬드 구조에 대하여 단위셀의 체적을 고체 구로 충전시킬 때 각각 충전비율을 구하라.

풀이

■ **단순입방**

[그림 1-19]와 같이 격자상수가 a인 단순입방(sc) 단위셀의 체적을 고체 구로 충전시킬 때, 충전되는 비율을 구해보자.

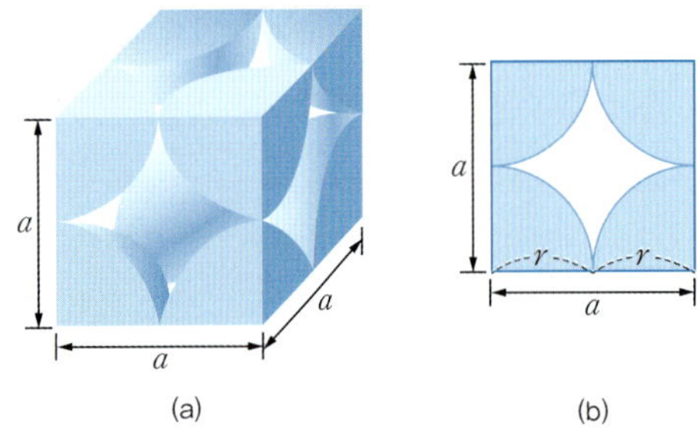

[그림 1-19] (a) 단순입방 구조와 (b) (100)면의 모습

- 단위셀당 원자 수 =(8개 꼭지점)×(꼭지점당 $\frac{1}{8}$ 원자)=1원자
- 가장 근접한 옆 원자와의 거리 $= a$
- 각 원자의 반지름 $r = \frac{a}{2}$
- 각 고체 구(원자)의 체적 $= \frac{4\pi r^3}{3} = \frac{4\pi}{3}\left(\frac{a}{2}\right)^3 = \frac{a^3\pi}{6}$
- 최대 셀 충전 비율 =(구의 수 × 구의 체적)/셀의 체적 $= \frac{\frac{a^3\pi}{6}}{a^3} = \frac{\pi}{6} = 0.52 = 52\,\%$

■ **면심입방**

[그림 1-20]과 같이 격자상수가 a인 면심입방(fcc) 단위셀의 체적을 고체 구로 충전시킬 때, 충전되는 비율을 구해보자.

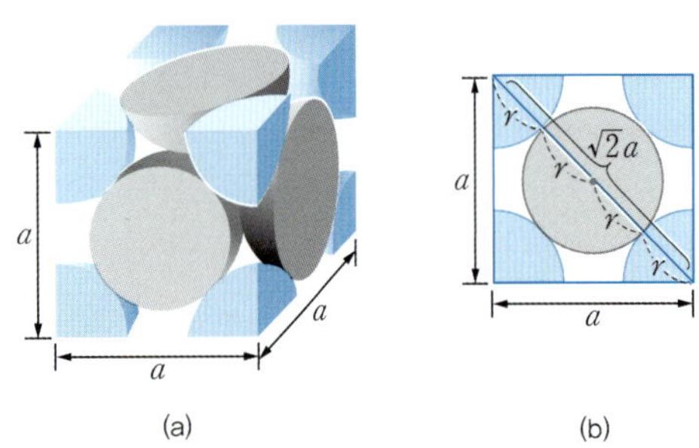

[그림 1-20] (a) 면심입방 구조와 (b) (100)면의 모습

- 단위셀당 원자 수 =(6개 측면)×(측면당 $\frac{1}{2}$ 원자)+(8개 꼭지점)×(꼭지점당 $\frac{1}{8}$ 원자)

  =4원자
- 가장 근접한 옆 원자와의 거리 $= \sqrt{\left(\frac{a}{2}\right)^2 + \left(\frac{a}{2}\right)^2} = \frac{a\sqrt{2}}{2}$
- 각 원자의 반지름 $r = \frac{a\sqrt{2}}{4}$
- 각 고체 구(원자)의 체적 $= \frac{4\pi r^3}{3} = \frac{4\pi}{3}\left(\frac{a\sqrt{2}}{4}\right)^3 = \frac{\pi a^3\sqrt{2}}{24}$

- 최대 셀 충전 비율 =(구의 수 × 구의 체적)/셀의 체적

$$= \frac{4(\pi a^3 \sqrt{2}/24)}{a^3} = \frac{\pi\sqrt{2}}{6} = 0.74 = 74(\%)$$

■ 체심입방

[그림 1-21(a)]와 같이 격자상수가 a인 체심입방(bcc) 단위셀의 체적을 고체 구로 충전시킬 때, 충전되는 비율을 구해보자.

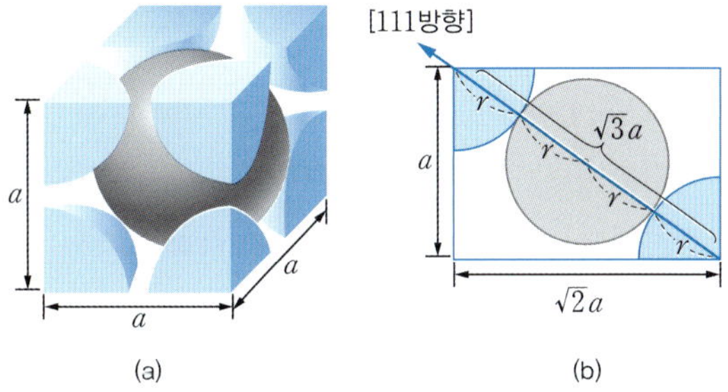

[그림 1-21] (a) 체심입방 구조와 (b) (110)면의 모습

- 단위셀당 원자 수 = (셀 중심 1원자) + (8개 꼭지점) × (꼭지점당 $\frac{1}{8}$ 원자) = 2원자

[그림 1-21(b)]에서 보듯이 체심입방 구조의 (110)면 위에 대각선으로 표시된 [111] 방향으로는, 원자 3개(모서리 위치에 2개와 셀 중심에 1개)가 빈틈없이 연결되어 있는 구조이다. [111] 방향으로 체심 대각선의 길이는 $\sqrt{3}a$이고, 이것은 원자 반지름 r의 4배인 $4r$에 해당한다. 따라서 $4r = \sqrt{3}a$ 이므로 각 원자의 반지름 $r = \frac{\sqrt{3}a}{4}$ 가 된다.

- 각 고체 구(원자)의 체적 $= \frac{4\pi r^3}{3} = \frac{4\pi}{3}\left(\frac{a\sqrt{3}}{4}\right)^3 = \frac{a^3\pi\sqrt{3}}{16}$
- 최대 셀 충전 비율 =(구의 수 × 구의 체적)/셀의 체적 $= \frac{2\left(\frac{a^3\pi\sqrt{3}}{16}\right)}{a^3} = 0.68 = 68\,\%$

■ 다이아몬드 구조

다이아몬드 구조에서 단위셀 내에 있는 유효원자 개수는 8원자([예제 1-3] 참조)이다. 다이아몬드 구조는 하나의 면심입방 구조가 있고, 또 다른 하나의 면심입방 구조가 $\left(\frac{a}{4}, \frac{a}{4}, \frac{a}{4}\right)$ 만큼 이동하여 위치하므로, 원점 (0, 0, 0)에 위치한 한 원자를 택하면 그 원자에 가장 가깝게 위치한 원자는 $\left(\frac{a}{4}, \frac{a}{4}, \frac{a}{4}\right)$에 위치하게 된다. 원자를 고체 구로 취급한다면 [그림 1-22]와 같이 한 변의 길이가 $\frac{a}{4}$인 정육면체의 대각선 길이가 원자 반지름의 두 배에 해당하므로 $2r = \sqrt{\left(\frac{a}{4}\right)^2 + \left(\frac{a}{4}\right)^2 + \left(\frac{a}{4}\right)^2} = \frac{a\sqrt{3}}{4}$ 이 된다. 따라서 원자의 반지름 $r = \frac{a\sqrt{3}}{8}$ 이다.

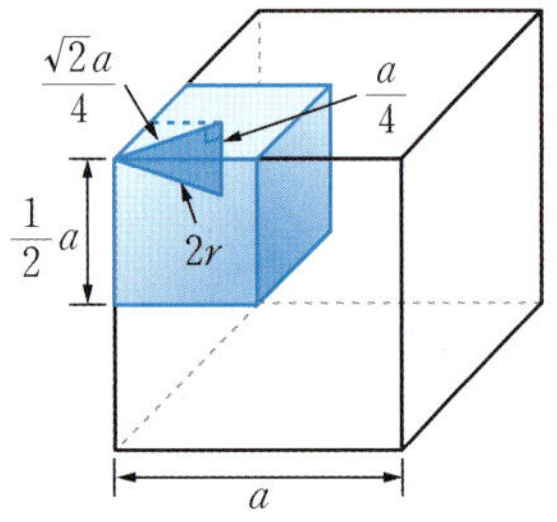

[그림 1-22] 다이아몬드 구조

- 각 고체 구(원자)의 체적 $= \dfrac{4\pi r^3}{3} = \dfrac{4\pi}{3}\left(\dfrac{a\sqrt{3}}{8}\right)^3 = \dfrac{a^3\pi\sqrt{3}}{128}$
- 최대 셀 충전 비율 =(구의 수 × 구의 체적)/셀의 체적 $= \dfrac{8\left(\dfrac{a^3\pi\sqrt{3}}{128}\right)}{a^3} = 0.34 = 34\ \%$

예제 1-5

물 분자 한 개의 질량은 얼마인가? 또한 1g의 물방울 속에는 물 분자가 몇 개 존재하는가?

풀이

물 분자는 산소(O) 원자 한 개와 수소(H) 원자 두 개로 구성된다. 산소는 원자번호가 8번이고 원자량은 16.00이며, 수소는 원자번호가 1번이고 원자량은 1.01이므로 물 분자 한 개의 분자량은 18.02이다. 따라서 물 분자가 1몰(mol), 즉 아보가드로 수인 6.022×10^{23}개만큼 모이면 18.02g의 질량이 되므로, 물 분자 한 개의 질량은 다음과 같다.

$$\frac{18.02\,\text{g}}{1\,\text{mol}} \times \frac{1\,\text{mol}}{6.022\times10^{23}\,\text{분자}} = 2.992\times10^{-23}\,\text{g/분자}$$

또한 $\dfrac{18.02\,\text{g}}{1\,\text{mol}}$의 역수를 취하면 $\dfrac{6.022\times10^{23}\,\text{분자}}{18.02\,\text{g}} = \dfrac{3.342\times10^{22}\,\text{분자}}{\text{g}}$이므로, 1g의 물방울 속에는 3.342×10^{22}개의 물 분자가 존재한다.

예제 1-6

다이아몬드 구조를 갖는 실리콘(Si)의 원자량이 28.09이고, 밀도는 2.33g/cm^3일 때, 단위 체적 1cm^3당 실리콘 원자의 개수와 원자가전자의 개수는 몇 개인가? 아보가드로 수는 6.022×10^{23}이다.

풀이

실리콘 원자가 아보가드로 수만큼 있으면 28.09g의 질량이 되므로, 실리콘 원자 1mol의 질량은 28.09g/mol이다. 따라서 단위체적 1cm^3당 실리콘 원자의 개수는 다음과 같다.

$$\frac{2.33\text{g}}{1\text{cm}^3} \times \frac{1\,\text{mol}}{28.09\,\text{g}} \times \frac{6.022\times 10^{23}\text{원자}}{1\,\text{mol}} = 5.00\times 10^{22}\,\text{원자}/\text{cm}^3$$

실리콘 원자 한 개당 4개의 원자가 전자가 존재하므로, 단위체적 1cm^3당 실리콘의 원자가 전자 개수는 $2.00\times 10^{23}/\text{cm}^3$이다.

1.5 반도체 종류

구성성분에 따라 반도체를 어떻게 분류할 수 있을까?

반도체는 구성성분에 따라 **원소 반도체**elemental semiconductor와 **화합물 반도체**compound semiconductor로 나눌 수 있다. 원소 반도체는 한 가지 원소로 구성된 반도체이며, 주기율표의 4족에 있는 탄소(C), 실리콘(Si), 게르마늄(Ge) 등이 그 예이다. 화합물 반도체는 두 개 이상의 원소로 구성된 반도체이고, 3족과 5족, 혹은 2족과 6족 원소들의 화합물로 구성된다. 화합물 반도체는 구성원소의 개수에 따라 GaAs 혹은 GaN와 같은 **2원소 화합물**binary compound과 AlGaAs나 InGaN과 같은 **3원소 화합물**ternary compound, InGaAsP나 InGaAlP와 같은 **4원소 화합물**quaternary compound 등이 있다.

2원소 화합물 반도체에서 각 원소는 동일한 개수로 존재하며 각각 절반의 점유율을 가진다. 3원소 이상의 화합물 반도체를 살펴보면, 3족과 5족의 화합물인 InGaAsP의 경우, 높은 족인 5족 원소(As과 P)의 총점유율과 낮은 족인 3족 원소(In과 Ga)의 총점유율이 각각 50%로 동일하다. 따라서 3원소 이상의 화합물 반도체에서는 각 원소의 **몰분율**mole fraction을 반영한 화합물 반도체의 표기법이 필요하다. 원소의 몰분율은 각 원소기호에 아래첨자로 표시한다. 예를 들어 3원소 화합물인 $Al_xGa_{1-x}As$의 첨자 x는 원자번호가 작은 Al 원소의 몰분율을 표시한다. $Al_xGa_{1-x}As$의 경우 3족 원소와 5족 원소는 각각 50%의 자리를 점유하는데, 만약 $x = 0.3$인 경우 3족 원소가 점유한 총 50%의 자리 중에서 다시 30%는 Al 원자가, 나머지 70%는 Ga 원자가 점유한다. 5족 원소의 자리는 모두 As 원자가 차지하므로 As 원소기호에는 숫자 '1'을 적어야 하나, 굳이 기록하지 않더라도 혼동의 여지가 없으므로 이 경우 숫자 '1'은 생략한다.

화합물 반도체를 읽는 방법은 낮은 족의 원소들은 원소명을 그대로 읽어주고, 높은 족의 원소들은 원소 명칭의 어미를 '-ide'로 바꾸어 읽는다. 예를 들어 InGaAsP의 경우에 'Indium Gallium Arsenide Phosphide(인듐 갈륨 아세나이드 포스파이드)'라고 읽는다.

화합물 반도체의 결정구조는 어떤 형태일까?

화합물 반도체의 결정구조로, 입방격자인 다이아몬드 구조의 탄소 원자를 하나 걸러 아연과 황으로 바꾸어 놓은 ZnS 구조인 **섬아연광**Zincblende 구조가 있다. 섬아연광 구조는 한 원소가 하나의 면심입방(fcc) 구조를 이루고, 다른 한 원소가 이로부터 $\left(\frac{a}{4}, \frac{a}{4}, \frac{a}{4}\right)$ 만큼 이동한 또 하나의 면심입방 구조를 이루는 것으로, GaAs, InP, GaP 등이 이 구조에 해당한다. 고온에서 ZnS는 황화이온의 육방 최조밀 쌓임 구조의 사면체 틈에 아연 이온이 들어가는 **섬유아연석**Wurtzite 구조를 가지는데, GaN, AlN, BN, Al_2O_3, ZnO, CdS 등이 이 구조에 해당한다. 섬아연광 구조와 섬유아연석 구조의 차이는, [그림 1-23]에서 보는 바와 같이 두 종류의 사면체가 섬아연광에서는 정점이 서로 60°씩 어긋나 있으나, 섬유아연석에서는 중첩형으로 되어 있다는 것이다.

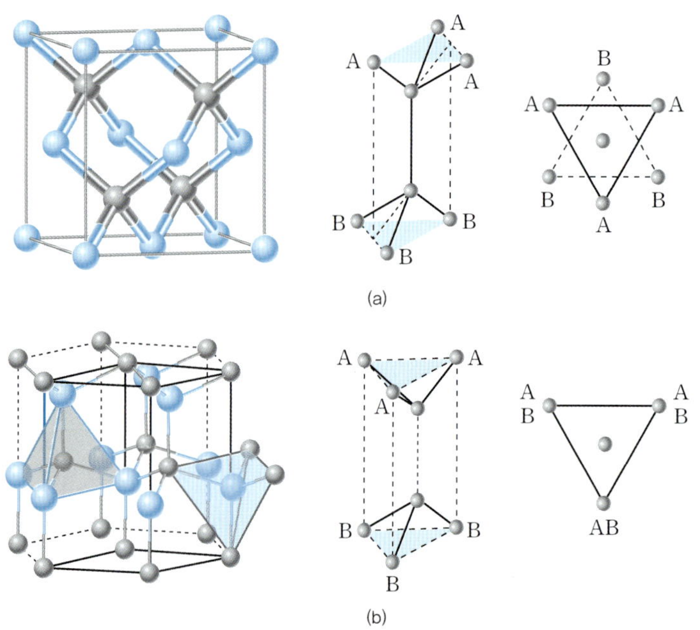

[그림 1-23] (a) 섬아연광 구조와 60° 어긋난 사면체의 연결, (b) 섬유아연석 구조와 중첩형 사면체 연결

Chapter 01 연습문제

1.1 전자 한 개의 전하량은 몇 C인가? 또한 전자 한 개의 질량은 몇 kg인가?

1.2 이온화에너지와 전자친화력을 구분하여 설명하라.

1.3 전기음성도를 설명하라. 또 F, O, N, H의 전기음성도 값은 얼마인가?

1.4 은(Ag)의 전기전도율과 석영의 전기전도율은 몇 배 차이가 나는가?

1.5 단결정, 다결정, 비정질의 차이점을 기술하고, 각각 그림을 그려보라.

1.6 다음과 같은 2차원 결정에 대하여 단위셀을 그려보고, 각 단위셀에 대하여 유효 격자점 수와 셀의 면적을 계산하여 기본셀인지 아닌지를 판별하라.

1.7 단위셀의 격자상수가 $a = 5\,\text{Å}$인 단순입방(sc), 면심입방(fcc), 체심입방(bcc) 구조에 대해, 원자를 고체 구로 가정할 때 (100)면에서 원자의 표면농도[개/cm^2]와 체적농도[개/cm^3]를 구하라.

1.8 입방 최조밀 쌓임cubic close-packed 구조와 육방 최조밀 쌓임hexagonal close-packed 구조를 비교하여, 쌓는 방법의 공통점과 차이점을 설명하라.

1.9 실리콘(Si)의 원자번호가 14번이고 원자량은 28.09임을 이용하여, 실리콘의 밀도[g/cm^3]를 구하라.

1.10 다음 [그림 1-24]에서 면의 밀러지수를 결정하라.

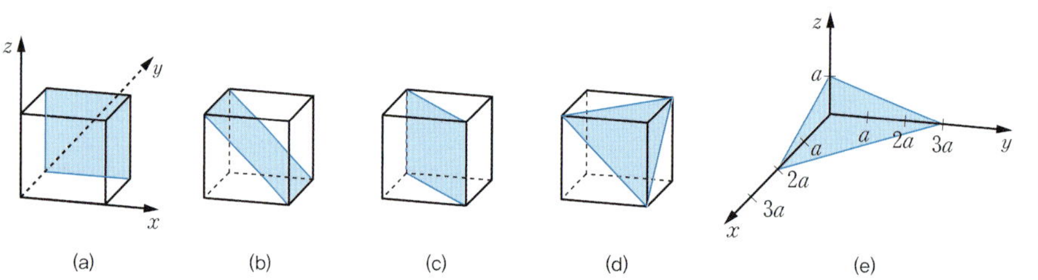

[그림 1-24]

1.11 다음 방향의 밀러지수를 결정하라.

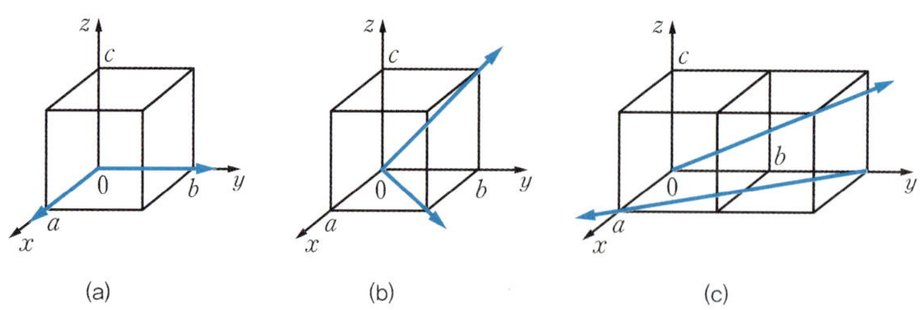

[그림 1-25]

1.12 금(Au)은 면심입방 구조이고, 원자량이 197.0이며 밀도는 $19.3g/cm^3$이다. 다음을 구하라. 단, 아보가드로 수는 6.022×10^{23}이다.

(a) 단위셀의 질량
(b) 단위셀의 부피
(c) 격자상수
(d) 원자 반지름
(e) (100)결정면에서 원자의 표면농도[$개/cm^2$]
(f) 원자의 체적농도[$개/cm^3$]

1.13 실리콘(Si)은 다이아몬드 구조이고, 원자량이 28.09이며 밀도는 $2.33g/cm^3$이다. 다음을 구하라. 단, 아보가드로 수는 6.022×10^{23}이다.

(a) 단위셀의 질량
(b) 단위셀의 부피
(c) 격자상수
(d) 원자 반지름
(e) (100)결정면에서 원자의 표면농도[$개/cm^2$]
(f) 원자의 체적농도[$개/cm^3$]

1.14 격자상수 a인 단순입방, 체심입방, 면심입방, 다이아몬드 구조를 각각 고체 구로 충전시킬 때, 다음 표를 채우라.

	단순입방	체심입방	면심입방	다이아몬드
단위셀당 원자 수				
원자반경				
셀 충전 비율				

1.15 $In_{0.2}Ga_{0.3}Al_{0.5}P$ 화합물 반도체에서 임의의 셀 내에 P 원자 개수가 3×10^{22}개 존재한다고 할 때, 동일한 셀 내에 존재하는 In, Ga, Al 원자의 개수를 구하라.

m.e.m.o

Chapter 02

양자이론의 기초

기술이 발전할수록 반도체 소자의 집적도는 나날이 높아지고, 그와 더불어 반도체 소자의 크기는 점점 작아지고 있다. 소자의 크기가 나노 스케일로 작아지면 현실 세계와 전혀 다른 느낌의 양자 물리현상이 두드러지게 나타나는데, 이를 이해하기 위해서는 작은 세계에서의 물리현상을 설명해주는 양자이론을 학습해야만 한다. 2장에서는 20세기 초 상대성이론과 함께 등장한 양자역학의 세계를 살펴보고, 반도체 물리의 중요한 바탕이 되는 양자이론의 기본을 학습한다.

먼저 물질의 입자 특성과 파동 특성을 살펴본 후 슈뢰딩거 파동방정식을 유도해보고, 위치에너지의 분포함수가 1차원 무한 양자우물, 계단함수, 일정한 폭을 갖는 유한한 전위장벽인 경우 등에 대하여 슈뢰딩거 파동방정식을 풀어 그 의미를 해석해본다. 또한 3차원으로 확장하여 수소원자에 대해서도 해석한 후, 주기율표의 규칙성을 이해한다. 이러한 내용은 다음 장들에서 반도체 내에서의 전자와 정공의 움직임을 이해하는 데 바탕이 되므로 중요한 의미가 있다.

2.1 입자 특성과 파동 특성

초기에 빛은 파동이라고 생각해서 반사, 굴절, 간섭, 회절과 같은 파동 특성을 설명할 수 있었다. 그러나 빛에 대한 기존의 실험결과와 고전적 이론으로는 설명이 되지 않는 광전효과와 콤프턴 효과 등 새로운 실험들과, 보어의 원자 양자 모형을 통하여 빛의 양자화된 에너지특성이 관찰되었다.

물결파의 파동에너지가 매질을 통해 전파되기 위해서는 매질이 흔들려야 하는데, 매질이 흔들리는 모양인 물의 파동은 **파장, 진동수, 주기, 진폭**과 같은 물리량에 의해 설명되는 물리적인 실체이다. 그러나 입자는 **질량, 위치, 운동량, 에너지**와 같은 물리량으로 그 상태를 설명하는 실체이다. 이렇게 서로 다른 파동과 입자의 두 가지 특성을 빛이 모두 가진다는 사실을 이해하기 어려운 상황에서, 드 브로이는 모든 물질이 입자성과 파동성을 동시에 가진다는 혁신적인 제안을 하였고, 데이비슨-저머 실험은 입자라고 생각되었던 전자의 파동성을 실증하였다. 이런 배경 하에 슈뢰딩거는 그 파동을 기술하는 파동방정식을 수립하였으며, 이를 통해 많은 현상을 이해할 수 있게 되었다.

2.1.1 입자 특성

1859년 키르히호프Kirchhoff는, 물체와 복사radiation가 열적 평형상태를 이룰 때 방출 일률은 온도 T와 빛의 진동수 f에만 의존하고, 모든 물체에 대하여 동일하다는 것을 열역학에 기초하여 증명하였다. 그 후 온도 T와 빛의 진동수 f에만 의존하는 우주함수를 찾고자 하는 연구가 진행되었다. 흑체의 복사 스펙트럼 에너지 밀도를 설명하는 빈Wien의 지수법칙이 1893년에 발표되었으나, 이는 고진동수 영역에서는 실험결과와 잘 맞지만 저진동수 영역에서는 실험결과와 일치하지 않았다. 반면에 1900년대 초에 발표된 레일레이-진즈Rayleigh-Jeans의 복사식은 저진동수 영역에서는 실험결과와 잘 맞지만 고진동수 영역에서는 실험결과와 일치하지 않았다. 1900년 **플랑크**Planck는 이 두 식을 모두 만족시키는 공식을 발견하였는데, 이 흑체 복사 수식을 얻기 위해서 다음 두 가지를 가정했다.

1. 역학적 진동수가 f인 전하를 띤 진동자의 에너지는 hf의 정수이어야 한다.
2. 빛의 흡수 또는 방출 동안 진동자의 에너지 변화는 hf이다(h는 플랑크상수).

이렇게 하여 빛의 에너지 양자 개념이 시작되었다.

광전효과란 무엇일까?

광전효과photoelectric effect란, [그림 2-1]과 같이 주파수 f인 단색광을 금속의 깨끗한 표면에 쪼이면 빛의 에너지에 의해 전자가 방출되어 광전류가 흐르는 현상을 말한다. [그림 2-1(b)]는 빛의 주파수 f를 고정시키고 입사광 세기 I를 증가시키면서, 광전류 i와 인가전압 V의 관계를 그래프로 보여준다. 이 그래프에서 방출된 광전자의 최대 운동에너지 T_{max}는 다음과 같이 측정된다.

$$T_{max} = \frac{mv_{max}^2}{2} = eV_{crit} \tag{2.1}$$

[그림 2-1(c)]는 이렇게 측정한 전자의 **최대 운동에너지** T_{max}를 빛의 주파수 f에 따라 그린 그래프이다.

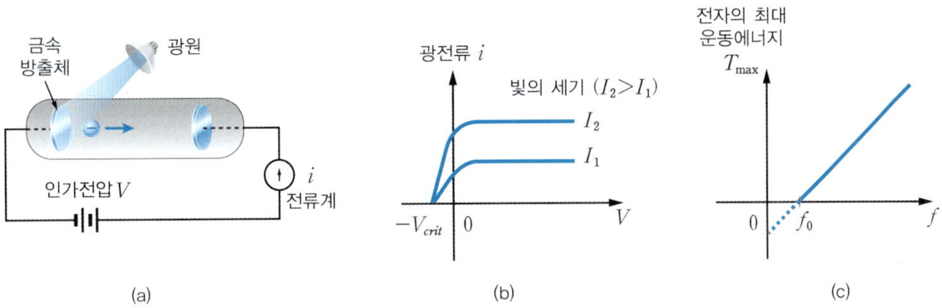

[그림 2-1] (a) 광전효과 실험장치의 개략도, (b) 고정된 빛의 주파수 f에서 빛의 세기에 따른 광전류 i와 인가전압 V의 관계 그래프, (c) 빛의 주파수 f에 따른 전자의 최대 운동에너지 T_{max}의 관계 그래프

광전효과는 고전적인 이론으로는 설명하기 어려운 다음과 같은 실험결과를 나타낸다.

1. 고전적인 이론에 의하면 전자의 최대 운동에너지 T_{max}는 빛의 입사 진동수와는 무관하며, 빛의 세기가 크면 클수록 받는 에너지가 많아 T_{max}가 증가해야 한다. 그러나 실험 결과는 이와 반대로 최대 운동에너지 T_{max}는 빛의 입사 세기에는 무관했고([그림 2-1(b)]), 빛의 진동수에 의존하여 임계 주파수 $f = f_0$ 아래에서는 광전자가 방출되지 않고, 임계 주파수 이상의 주파수에서는 T_{max}가 주파수에 비례하여 증가했다([그림 2-1(c)]). 진동수가 고정되었을 때, 빛의 입사 세기가 증가하면 T_{max}는 변함이 없고 광전류 i만 상승하였다([그림 2-1(b)]).

2. 고전적인 이론에 의하면 빛의 조사 시작과 광전류의 흐름 사이에는, 금속의 일함수work function를 극복하기 위해 빛에너지를 받는 시간이 필요하다. 그러나 실험 결과는 빛의 조사에 대해 1나노초(10^{-9}sec) 이하의 즉각적인 광전류의 반응을 발생시켰다.

광전효과 결과를 설명하기 위해, 1905년 아인슈타인Einstein은 광에너지가 고전적인 파면에 균일하게 분포하고 있는 것이 아니라, 불연속적인 영역에 양자의 형태로 광에너지가 존재한다고 가정하였다. 즉 빛은 그 자체로 양자화되어 있으며, 에너지 E는 빛의 주파수 f와 다음의 관계를 갖는다.

$$E = hf \tag{2.2}$$

여기서 h는 **플랑크상수**로 $h = 6.626 \times 10^{-34}\,\mathrm{J \cdot s}$이다.

[그림 2-1(c)]의 그래프에서 직선 부분의 함수식을 써보면 다음과 같다.

$$T_{\max} = \frac{1}{2}mv_{\max}^2 = h(f - f_0) = hf - hf_0 \quad (f \geq f_0) \tag{2.3}$$

즉 이 직선의 기울기가 플랑크 상수 h와 동일하게 나타났다. 식 (2.3)에서 hf는 입사하는 광자의 에너지이고, hf_0는 **일함수**work function라고 부른다. 이 일함수는 표면으로부터 전자를 방출시키는 데 필요한 최소 에너지이다.

전자에 대한 위치에너지 분포를 그린 [그림 2-2](연습문제 2.1~2.3)에서 광전현상을 설명할 수 있다. E_0는 금속 표면인 진공 준위이고, 금속 내부의 전자 중에서 최고 에너지를 갖는 전자를 A 전자라고 가정하자. A 전자의 에너지 준위는 E_A이며, 그보다 더 낮은 에너지를 갖는 B 전자의 에너지 준위는 E_B이다. 에너지 hf를 갖는 광자를 금속 내 A 전자에 쪼이면, 표면 밖으로 전자를 방출시키는 데 필요한 에너지인 $(E_0 - E_A)$를 뺀 나머지 에너지, 즉

$$T_A = hf - (E_0 - E_A)$$

를 방출된 광전자가 운동에너지 T_A로 사용된다.

반면에 동일한 hf의 광자에너지를 금속 내 더 낮은 에너지 준위에 존재하는 B 전자에 쪼이면, 표면 밖으로 전자를 방출시키기 위해 더 큰 에너지 $(E_0 - E_B)$가 필요하고, 이를 뺀 나머지 에너지, 즉

$$T_B = hf - (E_0 - E_B)$$

를 방출된 광전자가 운동에너지 T_B로 사용된다. 따라서 $T_A > T_B$가 되고, 방출된 전자가 최대 운동에너지 $T_{\max}$를 갖기 위해서는 표면 밖으로 전자를 방출시키기 위해 필요한 에너지가 최솟값이어야 한다. 이 탈출에 필요한 최소 에너지가 일함수 hf_0이다. 따라서 $T_{\max} = T_A$가 되며, 일함수는

$$hf_0 = E_0 - E_A \tag{2.4}$$

가 된다. 방출된 전자 중에서 최대 운동에너지 $T_{\max}$보다 작은 운동 에너지를 갖는 모든 전자들은, A 전자보다 더 낮은 에너지 준위에서 동일한 주파수의 빛을 흡수하여 방출된 전자들이다.

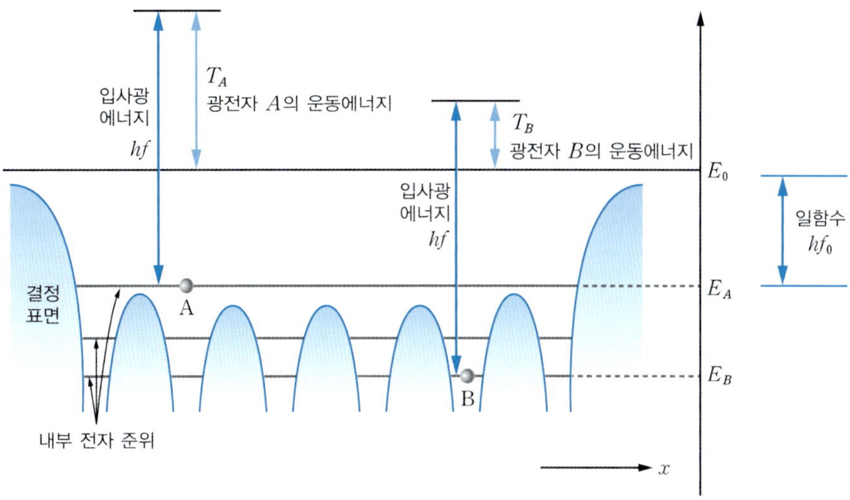

[그림 2-2] **광전효과에서 전자 운동에너지와 일함수(금속 내 최고에너지를 갖는 전자를 A 전자라고 가정한다).**

입사하는 빛의 세기가 아무리 강하더라도 만약 빛의 주파수가 임계 주파수 $f = f_0$보다 낮은 경우에는, 입사한 빛이 전자가 표면을 탈출할 수 있는 최소한의 에너지도 제공하지 못하므로 전자는 방출되지 않는다. 임계 주파수 이상의 주파수에서는 빛의 주파수 f가 증가하면 광자의 에너지 $E = hf$도 비례하여 증가한다. 그러나 전자가 표면을 탈출하기 위해 필요한 최소의 에너지 hf_0는 금속 물질이 정해지면 일정한 값을 가진다. 따라서 방출된 광전자의 최대 운동에너지 $T_{\max}$는 $(hf - hf_0)$이므로 빛의 주파수에 따라 선형적으로 비례하여 증가하게 된다.

빛의 주파수 f가 일정하고 빛의 세기가 증가하면 광자 한 개의 에너지는 hf로 일정하지만, 대신 광자의 개수가 증가하여 총에너지는 증가한다. 따라서 빛의 세기가 증가하면 광자 개수가 증가하여, 방출되는 광전자의 개수가 증가하기 때문에 전자의 방출 비율이 증가한다. 결국 [그림 2-1(b)]와 같이 빛의 세기가 I_1에서 I_2로 증가하면서 광전류 i는 상승한다. 그렇지만 방출된 광전자의 최대 운동에너지 $T_{\max}$는 광자 한 개의 에너지가 hf로 일정하기 때문에, 식 (2.2)에 의해 변함없이 $(hf - hf_0)$로 일정하게 유지된다. 즉 [그림 2-1(b)]에서 빛의 세기가 I_1에서 I_2로 증가하더라도 $T_{\max}$가 동일한 eV_{crit}[eV]로 일정하게 유지됨을 확인할 수 있다. 여기서 **1eV(전자볼트)**는 1개의 전자를 1V 전위차를 가진 두 점 사이를 옮기는 데 필요한 에너지로, $1\ \text{eV} = 1.602 \times 10^{-19}\ \text{J}$ 이다.

일함수는 물질에 따라 다르다. [표 2-1]에 금속에 따른 일함수를 나타내었다.

[표 2-1] 여러 금속의 일함수　　　　단위 : [eV]

금속	일함수	금속	일함수
Pt	5.12 ~ 6.35	Fe	4.50 ~ 4.81
Au	5.1 ~ 5.47	Cr	4.50
Ni	5.04 ~ 5.35	Ti	4.33
W	4.32 ~ 5.22	Zn	3.63 ~ 4.9
Ag	4.26 ~ 4.74	Pb	4.14 ~ 4.25
Cu	4.53 ~ 5.10	Al	4.06 ~ 4.28
Mo	4.36 ~ 4.95	Li	2.90 ~ 2.93

예제 2-1

일함수가 4.08eV인 물질에 파장 255nm인 빛을 쪼일 경우, 발생한 전자 중에서 최대 운동 에너지는 얼마인가?

풀이

광속 $c = f\lambda$(f는 주파수, λ는 파장)를 적용하면, 입사광의 에너지는 다음과 같다.

$$E = hf = \frac{hc}{\lambda} = \frac{(6.626\times10^{-34})(2.998\times10^{8})}{255\times10^{-9}} = 7.790\times10^{-19}\,\mathrm{J} = 4.863\,\mathrm{eV}$$

따라서 최대 운동에너지는 $T_{\max} = hf - hf_0 = 4.863 - 4.08 = 0.783\,\mathrm{eV}$이다.

보어의 원자모델이란 무엇일까?

1913년 보어[Bohr]는 원자 양자 모형을 발표하여, 수소에서 관찰된 모든 스펙트럼 계열의 해석을 가능하게 하였다. 고전적인 원자모형에서는 회전하는 가속 전하는 궤도 진동수와 동일한 진동수의 광파를 복사해야만 하며, 따라서 핵 주위를 회전하는 전자는 에너지를 복사하면서 궤도 반지름이 점점 감소하고, 마침내 전자는 핵으로 떨어지게 된다. 이러한 연속적인 방출 스펙트럼의 문제를 극복하기 위해 보어는 원자 내에서 양자화된 전자 에너지준위의 개념을 도입하였다.

이러한 개념에 맞추어 보어는 그의 **원자모델**에서 다음 사항을 가정하였다. [그림 2-3]은 보어의 원자모델 가정으로부터 원자 내 전자의 에너지와 궤도 반지름, 속도를 구하는 과정을 정리한 것이다.

가정 ❶ 원자 내의 전자는 쿨롱 인력의 영향으로 양성자를 중심으로 원형궤도를 움직인다(고전 모델과 동일). 그러나 단지 특정 궤도만이 안정하며, 이 안정된 궤도는 전자가 광파를 복사하지 않으므로 에너지가 고정되어 있다. 즉 원자의 상태가 안정되고, 복사하지 않으며, 에너지가 일정한 정상상태stationary state의 궤도에 전자가 갇혀 있다.

가정 ❷ 전자가 높은 에너지 상태에서 낮은 에너지 상태로 건너뛸 때 방출되는 광자의 진동수는 전자의 궤도운동 진동수와 무관하고, 원자의 에너지 변화와 관계가 있으며, 다음과 같은 플랑크-아인슈타인 공식으로 주어진다.

$$E_i - E_f = hf \tag{2.5}$$

여기서 E_i는 처음 상태의 에너지이고, E_f는 마지막 상태의 에너지이며, $E_i > E_f$이다.

가정 ❸ 허용된 궤도는 핵에 대한 전자의 **궤도 각운동량**이 $\hbar(=\frac{h}{2\pi}$, **축소된 플랑크 상수**)의 정수배인 궤도이다. 즉

$$mvr_n = n\hbar \quad (n = 1,\ 2,\ 3,\ \cdots) \tag{2.6}$$

이다. 여기서 r_n은 n값에 의존하여 궤도 반지름이 양자화된 것을 의미한다.

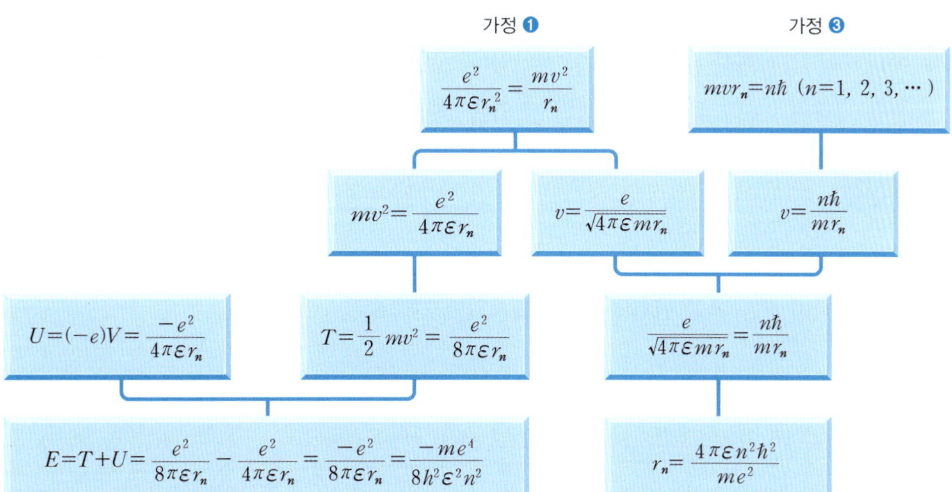

[그림 2-3] 보어 원자모델에 의한 원자 내 전자의 에너지, 궤도 반지름과 속도 계산

가정 ❶에서 고전 모델과 동일하게 안정된 원형궤도 운동이 가능하려면, 양성자와 전자 간 쿨롱인력(구심력) $\dfrac{e^2}{4\pi\epsilon r_n^2}$이 전자 원운동의 원심력 $\dfrac{mv^2}{r_n}$과 동일해야 한다.

$$\frac{e^2}{4\pi\epsilon r_n^2} = \frac{mv^2}{r_n} \tag{2.7}$$

여기서 ϵ은 공간의 유전율이며, e는 전자의 전하량 1.602×10^{-19}C이다. 이 식과 **가정 ❸**의 식 (2.6)에서 출발하여 궤도 반지름과 전자에너지를 계산할 수 있다.

$n=1$인 궤도의 반경은 **보어 반지름**Bohr radius이라고 하는데, 그 값은 다음과 같다.

$$r_1 = \frac{4\pi\epsilon\hbar^2}{me^2} = 0.529\,\text{Å} = 0.0529\text{nm} \tag{2.8}$$

궤도전자의 총에너지 E는 운동에너지 T와 위치에너지 U를 합하여

$$E = T + U \tag{2.9}$$

가 된다. $n=1$인 바닥상태ground state의 에너지 값은 다음과 같다.

$$E_1 = \frac{-me^4}{8h^2\epsilon^2} = -13.6\text{eV} \tag{2.10}$$

가정 ❸에 의해 각운동량이 양자화되는 것은 전자궤도 반지름 및 전자속도의 양자화와 전자 에너지의 양자화를 유발함을 알 수 있다. 보어의 원자모델은 4.2.2절에서 반도체 내 불순물 준위인 도너 준위와 억셉터 준위를 계산할 때에도 활용된다.

예제 2-2

$n=1$인 바닥상태에서의 에너지 E_1과 궤도 반지름 r_1, 속도 v_1을 사용하여, n번째 궤도에서의 전자에너지 E_n, 궤도 반지름 r_n, 속도 v_n을 표현하라.

풀이

에너지 식 $E=T+U=\dfrac{-me^4}{8h^2\epsilon^2 n^2}$에서 $E_n = \dfrac{E_1}{n^2}$이다.

궤도 반지름 식 $r_n = \dfrac{4\pi\epsilon n^2\hbar^2}{me^2}$에서 $r_n = n^2 r_1$이다.

속도 식 $v=\dfrac{e}{\sqrt{4\pi\epsilon m r_n}}$ 혹은 $v=\dfrac{n\hbar}{m r_n}$ 에 $r_n=n^2 r_1$을 대입하면, 결국 $v_n=\dfrac{v_1}{n}$이 된다.

2.1.2 파동 특성

드 브로이의 물질파 개념이란 무엇일까?

1924년 **드 브로이**Louis de Broglie는 광자가 파동의 성질뿐 아니라 입자의 성질도 갖고 있는 것으로 보아, 이와 유사하게 모든 형태의 물질은 입자성과 파동성을 동시에 갖고 있을 것으로 가정하고, **물질파의 파장**과 운동하는 **물체의 운동량**은 다음 식과 같이 연관된다고 제안하였다.

$$\lambda=\frac{h}{p} \tag{2.11}$$

여기서 λ는 물질파의 파장이고, p는 운동하는 물체의 운동량, h는 플랑크상수이다.

1927년에 행해진 **데이비슨-저머**Davisson-Germer 실험은 전자의 파동성을 최초로 실증한 물리학 사상 중요한 실험으로, 니켈 단결정판에 의한 전자빔의 산란실험이다. 이 실험은 드 브로이의 물질파 개념과 브래그 반사 법칙으로 설명이 가능하여, 물질파의 간섭을 확인함으로써 전자의 파동성을 정량적으로 실증했다.

브래그 반사 법칙이란 무엇일까?

1912년에 **브래그**W. L. Bragg는 회절격자 역할을 하는 3차원 고체 결정체에 X선을 쪼였을 때, 고체로부터 강하게 회절되어 나오는 X선이 존재하려면 다음 식의 조건을 만족시켜야 함을 제시하였다.

$$2d\sin\theta=n\lambda\ \ (n=1,\ 2,\ 3,\ \cdots) \tag{2.12}$$

여기서 d는 평면 사이의 거리이고, θ는 입사 광선과 반사 광선이 평면과 이루는 각이며, λ는 입사한 X선의 파장이다. 이 조건은 [그림 2-4]에서 보듯이 이웃한 아래 평면으로부터 반사되어 나오는 광선이, 위 평면으로부터 반사되어 나오는 광선과 비교할 때 $2d\sin\theta$만큼 더 진행하게 되며, 이 광로차가 파장 λ의 정수배가 되어야 보강 간섭으로 회절 광선이 극대로 존재할 수 있음을 의미한다.

이 방법은 평행한 결정면에서의 X선 산란을 분석하는 간단한 방법으로, 브래그가 결정에서 원자의 위치들을 결정하는 데 성공적으로 사용되었다.

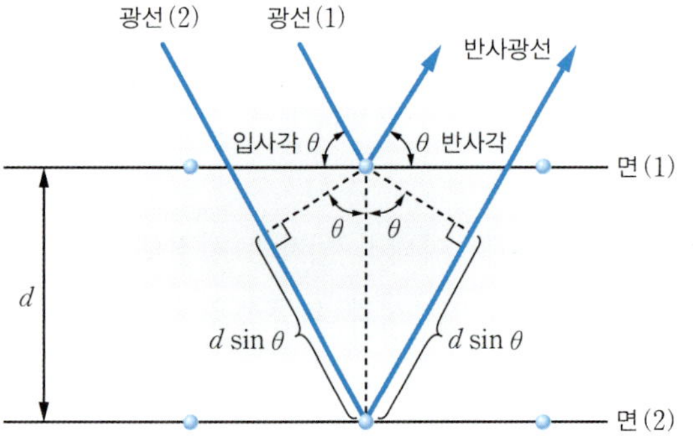

[그림 2-4] 연속적인 원자 면으로부터 광선의 브래그 산란

예제 2-3

[그림 2-5]와 같이 하나의 원자 층에서 각도 θ로 산란되는 전자들이 존재한다고 하자. 샘플 결정격자의 인접한 두 원자 사이의 간격은 $d = 2.15\,\text{Å}$ 이다. 입사 전자들을 50V로 가속시켜 입사시켰을 때, 이 전자들에 대한 브래그 조건을 만족시키는 산란각도 θ를 계산하라 (단, $n=1$ 이라고 가정한다).

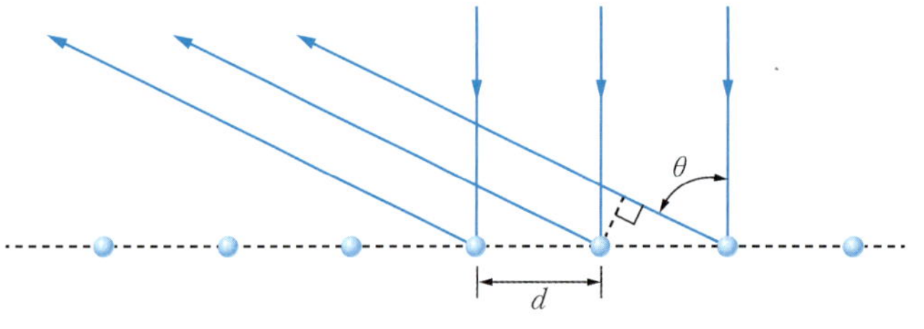

[그림 2-5] 하나의 원자 층에서 각도 θ로 산란되는 전자 물질파의 보강 간섭

풀이

50V로 가속시켜 입사시킨 속도 v이고 질량이 m_e인 전자의 운동에너지는 $T = \dfrac{m_e v^2}{2}$ 이다. 전위차 V에 의한 정전에너지는 전자 전하량 $-e$와 전위차 V를 곱하여 $U = (-e)V$가 된다. 정전에너지를 전부 운동에너지로 사용한다고 하면 $\dfrac{m_e v^2}{2} = eV$이며, 이 식에서 전자의 속도를 구하면 $v = \sqrt{\dfrac{2eV}{m_e}}$ 이고, 전자의 운동량은 $p = m_e v = \sqrt{2m_e eV}$가 된다.

따라서 전자의 드 브로이 파장은 다음과 같다.

$$\lambda = \frac{h}{p} = \frac{h}{\sqrt{2m_e eV}} = \frac{6.626\times10^{-34}}{\sqrt{2(9.11\times10^{-31})(1.602\times10^{-19})(50)}} = 1.73\times10^{-10}\text{m} = 1.73\,\text{Å}$$

그림에서 파 간의 광로차가 $d(\sin\theta)$임을 주의해야 한다. $n=1$이라고 가정하면, 브래그 조건을 만족시키는 산란각도 θ는 다음 식을 만족시킨다.

$$\lambda = d(\sin\theta) = (2.15\,\text{Å})(\sin\theta) = 1.73\,\text{Å}$$

따라서 산란각도 θ는 $\theta = \sin^{-1}\left(\frac{1.73}{2.15}\right) = 53.6°$이다.

입자와 파동의 이중성의 의미는 무엇일까?

먼저 빛이 파동의 성질뿐만 아니라 입자의 성질도 가지고 있는 이중적인 존재임을 밝혀냈다. 그러나 유한한 질량과 불연속 전하 등 전자가 가지는 입자의 성질에 대해서는 잘 알려져 있었지만, 전자가 간섭이나 회절과 같은 파동의 성질을 가진다는 것은 전혀 알려지지 않았다. 따라서 드 브로이가 빛뿐만 아니라 전자나 양성자 같은 입자들도 이런 입자와 파동의 이중성을 가지고 있다고 주장한 물질파 이론은 순수한 직관에 의한 추론이었다. 드 브로이의 주장에 의하면 어떤 입자든지 운동하고 있을 때에 파동적인 성질을 동시에 가진다. 이러한 파동을 드 브로이의 물질파라고 한다. 질량이 m인 입자가 v의 속력으로 운동할 때 물질파의 파장은 $\lambda = \frac{h}{p}$이다. 그 후 데이비슨-저머 실험은 전자의 파동성을 최초로 실증하였다. 그렇다고 전자가 가지고 있던 입자의 성질이 없어진 것은 아니다. 결국 빛과 전자와 양성자 등 모든 물질은 어떤 때는 입자로 행동하고 어떤 때는 파동으로 행동한다는 것이 밝혀진 셈이다. 이런 성질을 입자와 파동의 **이중성**duality이라고 한다. 양자역학의 산물인 이러한 파동과 입자의 이중성 원리는 주로 전자와 같은 작은 입자들에게 적용되며, 대단히 큰 입자에 대해서는 관련된 방정식들이 고전역학의 방정식으로 귀착된다.

그렇다면 파동과 입자의 성질을 모두 가진다는 것은 무슨 뜻일까? 우리의 경험세계에서는 두 가지가 전혀 달라 보인다. 그러나 원자 수준의 작은 세계는 우리의 경험세계와는 전혀 다른 세계이다. 전자를 갖고 실험하는 방법에 따라 전자는 입자도 될 수 있고 파동이 될 수도 있다. 그러나 어떤 경우이든지 입자와 파동의 특성을 동시에 측정할 수는 없다. 전자의 행동을 제대로 기술하기 위해서는 입자와 파동의 두 가지 관점이 모두 필요한 것이고, 서로 보완적이다. 이를 **상보성**complementarity이라고 한다.

2.2 슈뢰딩거의 파동방정식

입자가 파동성을 가진다면 그 파동을 기술하는 파동방정식을 구할 수 있을 것이다. 1925년부터 1926년 사이에 슈뢰딩거와 하이젠베르크 등은 파동방정식을 수립하고, 입자의 위치에너지 분포가 주어졌을 때 파동방정식을 풀어 파동함수 $\Psi(x,\ t)$를 구하였다. 그러나 구한 파동함수가 무엇을 의미하는지 그 물리적 해석에서 다시 문제에 부딪혔다. 막스 보른Max Born은 입자를 발견할 확률밀도함수가 $|\Psi(x,\ t)|^2$이라고 해석하였다. 막스 보른이 해석한 파동함수의 의미가 입자를 발견할 확률과 관계되므로, 슈뢰딩거 방정식으로 표현된 양자역학의 세계는 고전역학과 다르게 입자의 위치가 정확히 결정되는 것이 아니라, 단지 확률밀도함수로서 주어질 뿐이다. 이로부터 1927년 하이젠베르크Heisenberg는 입자의 위치와 운동량을 동시에, 그리고 에너지와 시간을 동시에 제한 없이 정확히 측정하는 것은 불가능하다는 불확정성 원리를 발표하였다.

2.2.1 파동방정식의 유도 및 파동함수의 해석

슈뢰딩거 파동방정식은 어떻게 유도할 수 있을까?

파동방정식을 유도하기 전에 파동과 관련된 주요 개념의 용어와 기호를 [표 2-2]에 정리하였다.

[표 2-2] 파동과 관련된 주요 용어, 기호, 단위와 의미

용어	기호	단위	의미
주기	T	sec	파동의 위상이 2π만큼 변하는 동안 흘러간 시간 (단위진동당 시간)
각속도	ω	rad/sec	단위시간당 위상각 변화량 : $\omega=\frac{2\pi}{T}$, $\omega=2\pi f$
진동수	f	sec^{-1}	단위시간당 파의 진동 횟수 : $f=\frac{1}{T}$
파장	λ	m	파동의 위상이 2π만큼 변하는 동안 파가 진행한 거리 (단위진동당 거리)
파수	k	rad/m	단위길이당 위상각 변화량 : $k=\frac{2\pi}{\lambda}$
파속도	v	m/sec	단위시간당 파가 진행한 거리 : $v=f\lambda=(2\pi f)\left(\frac{\lambda}{2\pi}\right)=\frac{\omega}{k}$

광전효과로부터 광자에너지는 식 (2.2)에서 $E=hf$로 주어지고, 우변에서 2π를 나누어

주고 곱해준 후, 축소된 플랑크상수 $\hbar(=\frac{h}{2\pi})$와 $\omega=2\pi f$를 사용하면 에너지는 다음과 같이 쓸 수 있다.

$$E=hf=\left(\frac{h}{2\pi}\right)(2\pi f)=\hbar\omega \tag{2.13}$$

마찬가지로 드 브로이 물질파의 파장 λ는 식 (2.11)에서 $\lambda=\frac{h}{p}$이고, 식 $k=\frac{2\pi}{\lambda}$를 사용하면 물질의 운동량 p는 다음과 같이 쓸 수 있다.

$$p=\frac{h}{\lambda}=\left(\frac{h}{2\pi}\right)\left(\frac{2\pi}{\lambda}\right)=\hbar k \tag{2.14}$$

속도 v를 가지고 x축의 양의 방향으로 진행하는 코사인 파동을 묘사하는 함수식은, 시간 t가 지나면 파동은 x축의 양의 방향으로 vt만큼 이동하게 되므로 다음과 같이 쓸 수 있다.

$$\begin{aligned} y=f(x-vt)&=A\cos\left[\frac{2\pi}{\lambda}(x-vt)\right]=A\cos[k(x-vt)] \\ &=A\cos(kx-\omega t)=Re[Ae^{j(kx-\omega t)}] \end{aligned} \tag{2.15}$$

여기서 $kv=\left(\frac{2\pi}{\lambda}\right)(f\lambda)=2\pi f=\omega$임을 이용하였다. Re는 실수부분real part을 의미한다. 식 (2.13)과 (2.14)를 사용하여 식 (2.15)의 파동함수 식을 다시 쓰면 다음과 같다.

$$y=Re[Ae^{j(kx-\omega t)}]=Re\left[Ae^{j\frac{(px-Et)}{\hbar}}\right] \tag{2.16}$$

물질파의 파동함수를 $\Psi(x,\ t)$라고 하면, 이 또한 식 (2.16)과 같은 형태가 될 것이다.

$$\Psi(x,\ t)=Re\left[Ae^{j\frac{(px-Et)}{\hbar}}\right] \tag{2.17}$$

이 파동함수 식을 시간 t에 대해 미분한 식과 위치 x에 대해 미분한 식을 쓰면 각각 다음과 같이 된다.

$$\frac{\partial\Psi(x,\ t)}{\partial t}=\frac{\partial}{\partial t}Re\left[Ae^{j\frac{(px-Et)}{\hbar}}\right]=-j\frac{E}{\hbar}Re\left[Ae^{j\frac{(px-Et)}{\hbar}}\right]=-j\frac{E}{\hbar}\Psi(x,\ t) \tag{2.18}$$

$$\frac{\partial\Psi(x,\ t)}{\partial x}=\frac{\partial}{\partial x}Re\left[Ae^{j\frac{(px-Et)}{\hbar}}\right]=j\frac{p}{\hbar}Re\left[Ae^{j\frac{(px-Et)}{\hbar}}\right]=j\frac{p}{\hbar}\Psi(x,\ t) \tag{2.19}$$

식 (2.18)에서 좌변의 시간미분 연산자 $\frac{\partial}{\partial t}$는 우변의 에너지 항 $-j\frac{E}{\hbar}$와 같다고 볼 수 있으므로, 에너지 E에 대응하는 연산자는 다음과 같이 쓸 수 있다.

$$\frac{\partial}{\partial t} \Leftrightarrow -j\frac{E}{\hbar} \quad \text{따라서} \quad E \Leftrightarrow j\hbar\frac{\partial}{\partial t} \tag{2.20}$$

동일하게 식 (2.19)에서 좌변과 우변을 비교하면, 좌변의 위치미분 연산자 $\frac{\partial}{\partial x}$는 우변의 운동량 항 $j\frac{p}{\hbar}$와 같다고 볼 수 있으므로, 운동량 p에 대응하는 연산자는 다음과 같이 쓸 수 있다.

$$\frac{\partial}{\partial x} \Leftrightarrow j\frac{p}{\hbar} \quad \text{따라서} \quad p \Leftrightarrow -j\hbar\frac{\partial}{\partial x} \tag{2.21}$$

고전역학에서 운동에너지는 $T=\frac{mv^2}{2}=\frac{p^2}{2m}$이고, 위치에너지 분포를 $U(x)$라고 하면, 총에너지 E는 이 둘을 합하여 다음과 같이 된다.

$$E=\frac{p^2}{2m}+U(x) \tag{2.22}$$

이 식의 양변에 파동함수 $\Psi(x,t)$를 곱하면 다음과 같다.

$$\frac{p^2}{2m}\Psi(x,\ t)+U(x)\Psi(x,\ t)=E\Psi(x,\ t) \tag{2.23}$$

에너지 E와 운동량 p를 각각 식 (2.20)과 (2.21)을 이용하여 대응 연산자로 대치하면, 다음 식과 같이 된다.

$$\frac{-\hbar^2}{2m}\frac{\partial^2\Psi(x,\ t)}{\partial x^2}+U(x)\Psi(x,\ t)=j\hbar\frac{\partial\Psi(x,\ t)}{\partial t} \tag{2.24}$$

이 식이 **1차원 시변 슈뢰딩거 파동방정식**이다. 여기서 $\Psi(x,\ t)$는 파동함수, $U(x)$는 시간독립 위치에너지 분포함수, m은 입자의 질량, 그리고 j는 허수 $\sqrt{-1}$이다.

이제부터 시변 슈뢰딩거 파동방정식에서 시간독립 슈뢰딩거 파동방정식을 유도해보자. 그러기 위해서는 파동함수 $\Psi(x,\ t)$를 시간 t만의 함수 $\phi(t)$와 위치 x만의 함수 $\psi(x)$의 곱으로 나누어 쓸 수 있다고 가정하고 변수분리 방법을 적용하면 된다. 즉

$$\Psi(x,\ t) = \psi(x)\phi(t) \tag{2.25}$$

라고 가정한다. 식 (2.25)를 식 (2.24)의 시변 슈뢰딩거 파동방정식에 대입하면 다음과 같이 된다.

$$\frac{-\hbar^2}{2m}\phi(t)\frac{\partial^2\psi(x)}{\partial x^2} + U(x)\psi(x)\phi(t) = j\hbar\psi(x)\frac{\partial\phi(t)}{\partial t} \tag{2.26}$$

이 식의 양변을 파동함수 $\Psi(x,\ t) = \psi(x)\phi(t)$로 나누면 식 (2.26)은

$$\frac{-\hbar^2}{2m}\frac{1}{\psi(x)}\frac{\partial^2\psi(x)}{\partial x^2} + U(x) = \frac{j\hbar}{\phi(t)}\frac{\partial\phi(t)}{\partial t} \tag{2.27}$$

가 된다. 이 식의 좌변은 위치 x만의 함수이고 우변은 시간 t만의 함수이다. 따라서 이 방정식의 좌변 및 우변의 계산 값은 x의 함수도 될 수 없고 t의 함수도 될 수 없으며, 단지 정수가 되어야만 방정식을 만족시킬 수 있다. 이 분리정수의 값을 η라고 표시하면 식 (2.27)의 우변인 시간만의 함수 부분은

$$\eta = \frac{j\hbar}{\phi(t)}\frac{\partial\phi(t)}{\partial t} \tag{2.28}$$

가 되고, 이 식 (2.28)의 해는

$$\phi(t) = e^{-j\left(\frac{\eta}{\hbar}\right)t} \tag{2.29}$$

의 형태가 된다(**연습문제 2.11**). 여기서 $\left(\frac{\eta}{\hbar}\right)t$는 위상 θ에 해당하므로 $\frac{\eta}{\hbar} = \frac{\theta}{t}$가 되어, 이것은 '단위시간당 각도의 변화량'인 각속도 ω가 된다. 결국 $\eta = \hbar\omega$가 되고, 이를 식 (2.13)과 비교하면 분리정수 η는 입자의 에너지 E와 같음을 알 수 있다. 따라서 식 (2.28)의 해는 다음과 같이 쓸 수 있다.

$$\phi(t) = e^{-j\left(\frac{\eta}{\hbar}\right)t} = e^{-j\left(\frac{E}{\hbar}\right)t} = e^{-j\omega t} \tag{2.30}$$

슈뢰딩거 방정식의 위치만의 함수 부분은 식 (2.27)의 좌변으로부터

$$\frac{-\hbar^2}{2m}\frac{1}{\psi(x)}\frac{\partial^2\psi(x)}{\partial x^2} + U(x) = E \tag{2.31}$$

로 쓸 수 있다. 여기서 분리정수 η가 입자의 에너지 E임을 적용하였다. 식 (2.31)을 정리하여 다시 쓰면 다음과 같다.

$$\frac{\partial^2\psi(x)}{\partial x^2}+\frac{2m}{\hbar^2}[E-U(x)]\psi(x)=0 \tag{2.32}$$

이 식이 **1차원 시간독립 슈뢰딩거 파동방정식**이다. 여기서 $U(x)$는 시간독립 위치에너지 분포함수이고, m은 입자의 질량이며, E는 입자의 총에너지이다.

파동함수는 물리적으로 어떤 의미를 가질까?

1925년부터 1926년 사이에 슈뢰딩거와 하이젠베르크 등이 개발한 양자역학(파동역학)은 원자, 분자, 고체와 관련된 수많은 현상을 이해할 수 있도록 해 주었다. 1926년의 가장 큰 문제 중 하나는 파동함수 $\Psi(x, t)$의 물리적 해석이었다. 입자의 위치에너지 장벽 분포 $U(x)$가 주어지면, 그 속에서 움직이는 입자의 특성인 파동함수 $\Psi(x, t)$를 슈뢰딩거 방정식을 풀어 계산할 수 있다. 전체 파동함수 $\Psi(x, t)$는 식 (2.25)와 같이 위치만의 함수 $\psi(x)$와 시간만의 함수 $\phi(t)$의 곱으로 표현할 수 있고, $\phi(t)$는 식 (2.30)과 같으므로 파동함수 $\Psi(x, t)$는

$$\Psi(x, t)=\psi(x)\phi(t)=\psi(x)e^{-j(E/\hbar)t} \tag{2.33}$$

과 같이 쓸 수 있다. 그런데 전체 파동함수 $\Psi(x, t)$는 복소함수이기 때문에 그 자체가 물리량이 될 수는 없다. 따라서 이제 이 파동함수로부터 입자의 움직임과 관련된 어떤 필요한 정보를 뽑아낼 수 있는가 하는 것이 문제인 것이다.

막스 보른 Max Born은 1926년에 "**임의의 시간 t에서 x와 $x+dx$ 사이에서 입자를 발견할 확률 $P(x)dx$는 $|\Psi(x, t)|^2dx$이다.**"라고 해석하였다. 여기서 $P(x)$는 **확률밀도함수**probability density function로, 다음과 같이 계산하고 측정할 수도 있는 양이다.

$$P(x)=|\Psi(x, t)|^2=\Psi(x, t)\ \Psi^*(x, t) \tag{2.34}$$

여기서 $\Psi^*(x, t)$는 $\Psi(x, t)$의 공액복소함수complex conjugate function이다. 식 (2.33)으로부터 $\Psi^*(x, t)=\psi^*(x)e^{+j(E/\hbar)t}$이 되고, 따라서 확률밀도함수는 다음과 같이 쓸 수 있다.

$$|\Psi(x,\ t)|^2 = \Psi(x,\ t)\ \Psi^*(x,\ t) = \left[\psi(x)e^{-j(E/\hbar)t}\right]\left[\psi^*(x)e^{+j(E/\hbar)t}\right]$$
$$= \psi(x)\psi^*(x) = |\psi(x)|^2 \tag{2.35}$$

결국 확률밀도함수 $P(x)$는 다음과 같이 시간에 무관한 위치만의 함수로 표현할 수 있다.

$$P(x) = |\psi(x)|^2 \tag{2.36}$$

앞으로 몇 가지 유용한 위치에너지 분포함수 $U(x)$에 대해 식 (2.32)의 시간독립 슈뢰딩거 방정식을 풀어 $\psi(x)$를 계산하고, 그 의미를 생각해볼 것이다. 막스 보른이 해석한 파동함수의 의미가 입자를 발견할 확률과 관계되므로, 슈뢰딩거 방정식으로 표현된 양자역학의 세계가 **고전역학의 세계와 다른 중요한 차이점은 고전역학에서는 입자의 위치가 정확히 결정되는 반면에, 양자역학에서는 입자의 위치가 확률밀도함수로서 주어질 뿐이다**는 것이다.

여기서 잠깐! 복소수와 공액복소수의 곱

복소수 $z = x + jy$일 때, 공액 복소수는 $z^* = x - jy$가 된다. 따라서

$$zz^* = (x+jy)(x-jy) = x^2 + y^2 = (\sqrt{x^2+y^2})^2 = |z|^2$$

이 성립한다. 또는 $z = x + jy = \sqrt{x^2+y^2}\,e^{j(\tan^{-1}\frac{y}{x})} = re^{j\theta}$이고

$z^* = x - jy = \sqrt{x^2+y^2}\,e^{-j\left(\tan^{-1}\frac{y}{x}\right)} = re^{-j\theta}$이므로 $zz^* = (re^{j\theta})(re^{-j\theta}) = r^2 = |z|^2$이 된다.

2.2.2 파동함수의 조건과 물리량과의 관계

파동함수가 만족시켜야 하는 조건에는 어떤 것이 있을까?

일반적으로 확률밀도함수 $P(x)$는 확률변수 x의 전체 구간에 걸쳐 적분을 하면 다음 식과 같이 '1'이 되어야 한다.

$$\int_{-\infty}^{\infty} P(x)dx = 1 \tag{2.37}$$

$|\Psi(x,\ t)|^2$이 확률밀도함수 $P(x)$의 의미를 가지며, 단일입자에 대한 존재 확률을 나타내고, $|\Psi(x,\ t)|^2 = |\psi(x)|^2$임을 적용하면 확률밀도함수 $|\Psi(x,\ t)|^2$을 전체 공간에

대하여 적분한 값은 다음 식을 만족시킨다.

$$\int_{-\infty}^{\infty} |\Psi(x, t)|^2 dx = \int_{-\infty}^{\infty} |\psi(x)|^2 dx = 1 \tag{2.38}$$

즉 공간 어느 곳엔가 반드시 입자는 존재하므로 전체 공간에 대하여 확률밀도함수를 적분한 값은 반드시 '1'이 되어야 한다. 이 식은 파동함수를 정규화하고, 파동함수의 계수를 계산할 때 사용되는 중요한 조건식이다.

파동함수로부터 관측 가능한 물리량의 기댓값을 어떻게 구할 수 있을까?

확률변수 x의 평균값을 $< x >$로 표기하고, 기댓값expectation value이라 부른다. 확률밀도함수를 $P(x)$라고 하면 $< x > = \int_{-\infty}^{\infty} xP(x)dx$이다. 임의의 함수 $f(x)$의 평균 혹은 기댓값의 일반형은 다음과 같이 쓸 수 있다.

$$< f(x) > = \int_{-\infty}^{\infty} f(x)P(x)dx \tag{2.39}$$

양자역학에서는 연산자 개념이 중요한데, 관측 가능한 물리량 O와 그에 대응하는 연산자 $\widetilde{O}$가 있을 때, O의 평균 혹은 기댓값의 일반형은 다음과 같이 쓸 수 있다.

$$< O > = \int_{-\infty}^{\infty} \Psi^* \widetilde{O} \Psi dx \tag{2.40}$$

식 (2.34)에서 확률밀도함수는 $P(x) = |\Psi(x, t)|^2$이므로 가령 $< x > = \int_{-\infty}^{\infty} x|\Psi|^2 dx = \int_{-\infty}^{\infty} \Psi^* x \Psi dx$로 쓸 수 있어, 위치에 대한 대응 연산자는 $\tilde{x} = x$임을 알 수 있다.

예제 2-4

다음 물음에 답하라.

(a) 양자역학에서 운동량 p의 대응 연산자는 $\tilde{p} = -j\hbar\frac{\partial}{\partial x}$이다. 자유공간 내에서 움직이는 전자에 대한, 운동량 p의 평균 $< p >$를 구하라.

(b) 에너지 E의 대응 연산자는 $\widetilde{E} = j\hbar\frac{\partial}{\partial t}$이다. 자유공간 내에서 움직이는 전자에 대한, 에너지 E의 평균 $< E >$를 구하라.

풀이

식 (2.38)에서 $\int_{-\infty}^{\infty} |\Psi(x,\ t)|^2 dx = 1$ 이므로 식 (2.40)은 다음과 같이 쓸 수 있다.

$$< O > = \int_{-\infty}^{\infty} \Psi^* \tilde{O} \Psi dx = \frac{\int_{-\infty}^{\infty} \Psi^* \tilde{O} \Psi dx}{\int_{-\infty}^{\infty} \Psi^* \Psi dx} \qquad (2.41)$$

자유공간을 움직이는 전자의 파동함수는 $\Psi(x,\ t) = A\exp\left[j\left(kx - \frac{E}{\hbar}t\right)\right]$ 이다. 식 (2.41)에 의해 $< p >$와 $< E >$를 구하면 다음과 같다.

$$\text{(a)} \quad < p > = \frac{\int \left(A^*\exp\left[-j\left(kx - \frac{E}{\hbar}t\right)\right]\right)\left(-j\hbar\frac{\partial}{\partial x}\right)\left(A\exp\left[j\left(kx - \frac{E}{\hbar}t\right)\right]\right)dx}{\int \left(A^*\exp\left[-j\left(kx - \frac{E}{\hbar}t\right)\right]\right)\left(A\exp\left[j\left(kx - \frac{E}{\hbar}t\right)\right]\right)dx}$$

$$= (-j\hbar)(jk)\frac{\int \left(A^*\exp\left[-j\left(kx - \frac{E}{\hbar}t\right)\right]\right)\left(A\exp\left[j\left(kx - \frac{E}{\hbar}t\right)\right]\right)dx}{\int \left(A^*\exp\left[-j\left(kx - \frac{E}{\hbar}t\right)\right]\right)\left(A\exp\left[j\left(kx - \frac{E}{\hbar}t\right)\right]\right)dx} = \hbar k$$

$$\text{(b)} \quad < E > = \frac{\int \left(A^*\exp\left[-j\left(kx - \frac{E}{\hbar}t\right)\right]\right)\left(j\hbar\frac{\partial}{\partial t}\right)\left(A\exp\left[j\left(kx - \frac{E}{\hbar}t\right)\right]\right)dx}{\int \left(A^*\exp\left[-j\left(kx - \frac{E}{\hbar}t\right)\right]\right)\left(A\exp\left[j\left(kx - \frac{E}{\hbar}t\right)\right]\right)dx}$$

$$= (j\hbar)\left(-j\frac{E}{\hbar}\right)\frac{\int \left(A^*\exp\left[-j\left(kx - \frac{E}{\hbar}t\right)\right]\right)\left(A\exp\left[j\left(kx - \frac{E}{\hbar}t\right)\right]\right)dx}{\int \left(A^*\exp\left[-j\left(kx - \frac{E}{\hbar}t\right)\right]\right)\left(A\exp\left[j\left(kx - \frac{E}{\hbar}t\right)\right]\right)dx} = E$$

2.3 1차원 슈뢰딩거 파동방정식의 풀이

지금부터는 몇 가지 유용한 위치에너지 분포함수 $U(x)$에 대하여, 시간독립 슈뢰딩거 방정식을 풀어 $\psi(x)$를 계산하고 그 의미를 생각해보자. 먼저 1차원 위치에너지 분포 $U(x)$가 무한 양자우물, 계단함수, 일정한 폭을 갖는 유한한 전위장벽인 경우에 대하여 살펴보고, 3차원으로 확장하여 수소 원자에 대해 해석해본다.

2.3.1 무한 양자우물 내의 입자

1차원 무한 양자우물 내에서 슈뢰딩거 파동방정식을 풀면 어떤 사실을 알 수 있을까?

위치에너지 분포함수 $U(x)$가 [그림 2-6]과 같이 폭이 $x=a$인 무한 양자우물일 때, 이 양자우물 내에 있는 입자 문제를 풀어보자. 이러한 위치에너지 분포 $U(x)$는 우물과 같은 형상을 하고 있으면서, 폭 a가 좁아 양자현상이 두드러지므로 양자우물이라고 부르고, 장벽의 높이가 무한대이므로 무한 양자우물이라고 부른다.

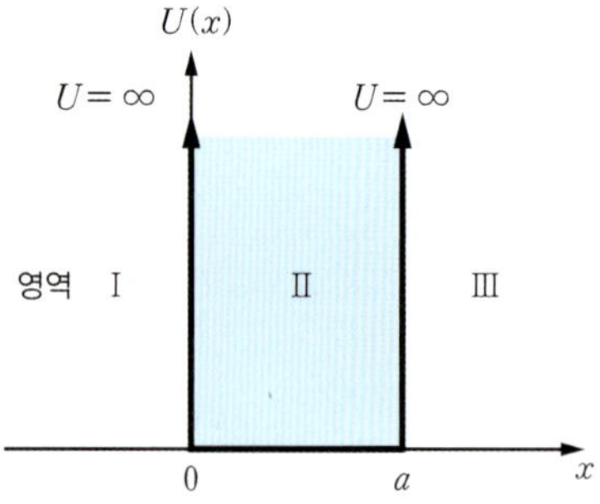

[그림 2-6] 무한 양자우물의 위치에너지 분포함수

이때 풀어야 할 1차원 시간독립 슈뢰딩거 파동방정식은 식 (2.32)와 같다.

입자의 총에너지 E는 유한한 값을 가지지만, $x=0$과 $x=a$인 지점에 무한대의 위치에너지 장벽이 존재하기 때문에, 입자는 무한 양자우물 내 영역 Ⅱ 속에 갇히게 된다. 즉 입자는 무한 에너지장벽을 넘어갈 수 없으므로 영역 Ⅰ과 영역 Ⅲ에서 파동함수는 $\psi(x)=0$이 되고, 영역 Ⅰ과 Ⅲ에서 입자를 발견할 확률은 '0'이 된다. 따라서 영역 Ⅱ에서만 슈뢰딩거 방정식의 해를 구하면 된다.

편의상 영역 Ⅱ에서 $U(x)=0$이라고 하자. 이때 영역 Ⅱ에서 시간독립 슈뢰딩거 파동방정식은 다음과 같이 기술된다.

$$\frac{\partial^2\psi(x)}{\partial x^2}+\frac{2mE}{\hbar^2}\psi(x)=0 \tag{2.42}$$

이 방정식의 해는 다음과 같다.

$$\psi(x)=A\exp\left[j\frac{\sqrt{2mE}}{\hbar}x\right]+B\exp\left[-j\frac{\sqrt{2mE}}{\hbar}x\right] \tag{2.43}$$

오일러 공식인 $e^{j\theta}=\cos\theta+j\sin\theta$를 사용하면 이 해는

$$\psi(x) = C\cos\left[\frac{\sqrt{2mE}}{\hbar}x\right] + D\sin\left[\frac{\sqrt{2mE}}{\hbar}x\right] \tag{2.44}$$

가 되고,

$$K = \frac{\sqrt{2mE}}{\hbar} \tag{2.45}$$

라고 정의하면, 다음과 같이 쓸 수 있다.

$$\psi(x) = C\cos(Kx) + D\sin(Kx) \tag{2.46}$$

여기서 C와 D는 주어진 조건들로부터 결정해야 할 계수이다.

'파동함수 $\psi(x)$는 연속이어야 한다.'는 경계조건을 무한 양자우물의 두 경계지점에서 적용하면 다음과 같다.

$$\psi(x=0) = 0 \text{ 이고, } \psi(x=a) = 0 \tag{2.47}$$

식 (2.46)에 이 두 조건을 적용하면 다음과 같다.

$$\psi(0) = C\cos(0) + D\sin(0) = C = 0 \tag{2.48}$$

$$\psi(a) = C\cos(Ka) + D\sin(Ka) = 0 \tag{2.49}$$

식 (2.48)에서 $C=0$이므로 식 (2.49)에서 $Ka = n\pi$ $(n=1,\ 2,\ 3,\ \cdots)$이다. 따라서 해는

$$\psi(x) = D\sin Kx \tag{2.50}$$

이고, 여기서

$$K = \frac{n\pi}{a} \quad (n=1,\ 2,\ 3,\ \cdots) \tag{2.51}$$

이다. 계수 D를 구하기 위해 식 (2.38)의 정규화 조건식에 대입하면

$$\int_{-\infty}^{\infty} \psi(x)\psi^*(x)dx = \int_0^a D^2\sin^2 Kx dx = 1 \tag{2.52}$$

이 된다. 이 적분을 계산하면

$$\int_0^a D^2\sin^2 Kx dx = \int_0^a D^2\frac{1-\cos(2Kx)}{2}dx = D^2\left(\left[\frac{x}{2}\right]_0^a - \left[\frac{\sin(2Kx)}{4K}\right]_0^a\right)$$
$$= D^2\left(\left[\frac{a-0}{2}\right] - \left[\frac{\sin(2Ka)-0}{4K}\right]\right)$$
$$= D^2\left(\left[\frac{a}{2}\right] - \left[\frac{\sin(2n\pi)}{4K}\right]\right) = \frac{D^2 a}{2} = 1$$

이 되어,

$$D = \sqrt{\frac{2}{a}} \tag{2.53}$$

가 된다. 따라서 시간독립 파동방정식의 해는 식 (2.50)에 식 (2.51)과 (2.53)을 대입하여

$$\psi(x) = \sqrt{\frac{2}{a}}\sin\left(\frac{n\pi x}{a}\right) \quad (n = 1,\ 2,\ 3,\ \cdots) \tag{2.54}$$

가 된다. 이 식 (2.54)로부터 확률밀도함수를 계산하면 다음과 같다.

$$P(x) = \psi(x)\psi^*(x) = \frac{2}{a}\sin^2(Kx) = \frac{2}{a}\sin^2\left(\frac{n\pi}{a}x\right) \quad (n = 1,\ 2,\ 3,\ \cdots) \tag{2.55}$$

파동함수 $\psi(x)$와 확률밀도함수 $P(x) = \psi(x)\psi^*(x)$를 3개의 n 값에 대해 그림으로 그리면 [그림 2-7]과 같다.

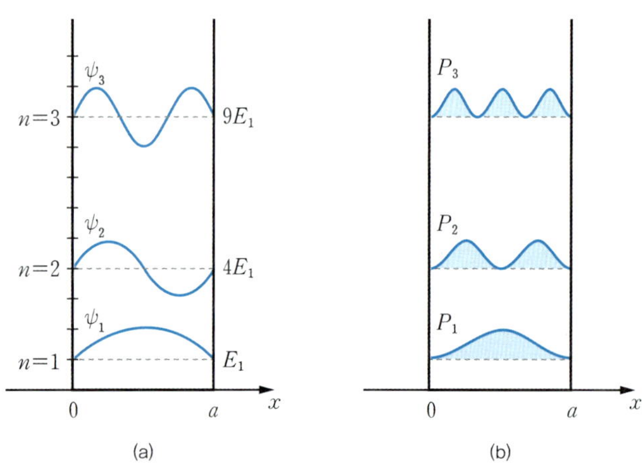

[그림 2-7] 무한 전위우물 속의 입자. (a) 3개의 낮은 불연속 에너지 준위와 그에 해당하는 파동함수 $\psi(x)$, (b) 확률밀도함수 $P(x)$

K에 관한 두 식 (2.45)와 (2.51)로부터 다음 식을 얻을 수 있다.

$$\frac{2mE}{\hbar^2} = \frac{n^2\pi^2}{a^2} \tag{2.56}$$

이를 에너지 E에 대하여 정리하면 총에너지는 다음 식과 같다.

$$E = E_n = \frac{n^2\hbar^2\pi^2}{2ma^2} = \frac{n^2h^2}{8ma^2} \quad (n = 1,\ 2,\ 3,\ \cdots) \tag{2.57}$$

이 결과는 입자가 연속적인 에너지 값을 가질 수 있다는 고전물리 이론의 결과와 상반된다. $n=1$인 경우의 에너지 값을 $E_1 = \frac{\hbar^2\pi^2}{2ma^2} = \frac{h^2}{8ma^2}$이라고 하면, 양자화된 에너지 값은 $E_n = n^2E_1$과 같이 n^2에 비례하여 증가하는 특성을 갖는다. 이는 보어 원자모델에서 전자의 에너지가 $E_n = \frac{E_1}{n^2}$과 같이 n^2에 반비례하는 것과 대조된다.

무한 양자우물 내의 양자화된 에너지 값과 그에 해당하는 파동함수, 그리고 확률밀도함수 식을 정리하면 아래와 같다. 여기서 $n = 1,\ 2,\ 3,\ \cdots$이다.

에너지 $$E_n = \frac{n^2\hbar^2\pi^2}{2ma^2} = \frac{n^2h^2}{8ma^2} \tag{2.57}$$

파동함수 $$\psi(x) = \sqrt{\frac{2}{a}}\sin(Kx) = \sqrt{\frac{2}{a}}\sin\left(\frac{n\pi}{a}x\right) \tag{2.54}$$

확률밀도함수 $$\psi(x)\psi^*(x) = \frac{2}{a}\sin^2(Kx) = \frac{2}{a}\sin^2\left(\frac{n\pi}{a}x\right) \tag{2.55}$$

이러한 좁은 폭의 무한 양자우물 속에서의 입자의 상태를 설명해주는 양자상태의 개념은 나노스케일인 구조물 속에서의 입자의 상태를 이해하는 데 기초가 되는 매우 중요한 양자이론 개념이다.

예제 2-5

무한 양자우물의 폭이 10nm이다. 입자의 질량이 9.1×10^{-31} kg이고, 플랑크 상수가 $h = 6.626 \times 10^{-34}$ Js일 때, 이 입자의 에너지 E_n을 구하라. 또, E_1, E_2, E_3의 에너지를 갖는 입자를 발견할 확률이 가장 높은 위치를 구하라.

풀이

에너지는 식 (2.57)에 의해 다음과 같다.

$$E_n = \frac{n^2h^2}{8ma^2} = \frac{n^2(6.626\times10^{-34}\,\mathrm{Js})^2}{8(9.1\times10^{-31}\,\mathrm{kg})(10\,\mathrm{nm})^2} = n^2(6.031\times10^{-22})\,\mathrm{J} = n^2(3.769\times10^{-3})\,\mathrm{eV}$$

확률밀도함수는 식 (2.55)에 의해 다음과 같이 구할 수 있다.

$$\psi(x)\psi^*(x) = \frac{2}{a}\sin^2(Kx) = \frac{2}{a}\sin^2\left(\frac{n\pi}{a}x\right) \quad (n=1,\ 2,\ 3,\ \cdots)$$

E_1, E_2, E_3의 에너지를 갖는 입자를 발견할 확률이 가장 높은 위치를 구하기 위해, 식 (2.55)와 [그림 2-7]을 참조하면

$n=1$인 경우 $x = \frac{a}{2} = 5\,\mathrm{nm}$에서 최댓값을 갖는다.

$n=2$인 경우 $x = \frac{a}{4} = 2.5\mathrm{nm}$, $x = \frac{3a}{4} = 7.5\,\mathrm{nm}$에서 최댓값을 갖는다.

$n=3$인 경우 $x = \frac{a}{6} = \frac{5}{3}\,\mathrm{nm}$, $x = \frac{a}{2} = 5\,\mathrm{nm}$, $x = \frac{5a}{6} = \frac{25}{3}\,\mathrm{nm}$에서 최댓값을 갖는다.

2.3.2 계단함수의 위치에너지

1차원 계단형 위치에너지 분포함수에서 슈뢰딩거 파동방정식을 풀면 어떤 사실을 알 수 있을까?

[그림 2-8(a)]와 같이 계단형 위치에너지 분포 $U(x)$가 존재할 때, 입자는 $x=0$에 위치한 위치에너지 장벽 U_0보다 작은 에너지를 갖고, 영역 Ⅱ를 향해 입사한다. $x<0$인 영역 Ⅰ과 $x>0$인 영역 Ⅱ로 나누어, 파동방정식 $\frac{\partial^2\psi(x)}{\partial x^2} + \frac{2m}{\hbar^2}[E-U(x)]\psi(x) = 0$과 해를 정리하면 [표 2-3]과 같다.

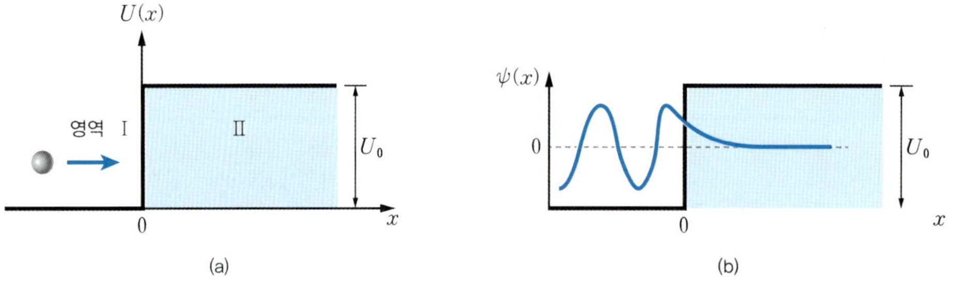

[그림 2-8] (a) 유한한 크기 U_0 높이의 계단형 위치에너지 분포함수와 (b) 파동함수의 한 예

[표 2-3] 영역 Ⅰ과 영역 Ⅱ에 대한 파동방정식의 해와 K 값

	영역 Ⅰ $(x<0)$	영역 Ⅱ $(x>0)$
$U(x)$	$U(x)=0\ \ (0<E)$	$U(x)=U_0\ \ (U_0>E)$
파동방정식	$\dfrac{\partial^2\psi_1(x)}{\partial x^2}+\dfrac{2mE}{\hbar^2}\psi_1(x)=0$	$\dfrac{\partial^2\psi_2(x)}{\partial x^2}-\dfrac{2m}{\hbar^2}(U_0-E)\psi_2(x)=0$
파동함수 해	$\psi_1(x)=A_1e^{jK_1x}+B_1e^{-jK_1x}$	$\psi_2(x)=A_2e^{-K_2x}$
K 값	$K_1=\dfrac{\sqrt{2mE}}{\hbar}>0$	$K_2=\dfrac{\sqrt{2m(U_0-E)}}{\hbar}>0$
파 특성	진행파	감쇄파

파동함수의 계수는 경계조건을 적용해 결정한다. 영역 Ⅱ에서 파동함수 $\psi_2(x)$가 무한대의 값을 가질 수 없으므로, [표 2-3]의 파동함수 $\psi_2(x=\infty)=A_2e^{-K_2x}+B_2e^{+K_2x}$에서 계수 $B_2=0$이어야만 한다. 따라서 영역 Ⅱ에서의 파동함수는

$$\psi_2(x)=A_2e^{-K_2x}\quad(x>0) \tag{2.58}$$

이 되고, [그림 2-8(b)]와 같이 지수함수 형태로 감소하는 파형이 된다.

영역 Ⅰ과 영역 Ⅱ의 경계 지점인 $x=0$에서 $\psi_1(x)=\psi_2(x)$와 $\dfrac{d}{dx}\psi_1(x)=\dfrac{d}{dx}\psi_2(x)$가 만족되어야 한다는 2개 경계조건을 적용하면, 나머지 3개의 계수인 A_1, B_1, A_2 간의 상대적인 크기 관계를 A_1을 기준으로 표시할 수 있다.

영역 Ⅰ에서 우측으로 진행한 입사 입자가 위치에너지 장벽에서 얼마나 반사되는지 살펴보자. 확률밀도함수에 입자속도 v를 곱하면 '단위면적을 단위시간당 통과하는 입자의 수'에 해당하는 입자의 **유속**flux이 얻어진다. **유속의 단위는 [개수/cm²sec]**이다. 입사 입자의 유속이 반사입자의 유속과 같아 모든 입자가 경계면에서 반사되어, 반사계수가 '1'이 됨을 알 수 있다. 이는 위치에너지 장벽이 입자의 총에너지보다 큰 경우 입자는 모두 장벽에서 반사된다는 고전역학 이론과 동일한 결과이다.

고전역학 이론으로는 설명이 안 되는 양자역학만의 특이한 현상을 살펴보자. 영역 Ⅱ에서 확률밀도함수는 0이 아니며, 거리에 따라서 확률밀도함수가 지수함수 형태로 급격히 감소하게 된다. 즉 **입사 입자가 위치에너지 장벽을 투과하여 영역 Ⅱ에 존재할 확률이 있다**는 의미이다. 이러한 양자역학적 투과 현상은 고전역학으로는 설명이 되지 않는다. 입자가 장벽을 침투하여 존재할 확률이 있다고 하더라도, 완전한 반사는 일어난다.

2.3.3 유한한 위치에너지 장벽

유한한 위치에너지 장벽이 있을 때 슈뢰딩거 파동방정식을 풀면 어떤 사실을 알 수 있을까?

[그림 2-9(a)]와 같이 좁은 폭의 유한한 크기 U_0의 위치에너지 장벽함수가 주어진 경우, 영역 Ⅰ에서 우측으로 입사하는 입자의 총에너지가 $E < U_0$일 때, 영역 Ⅰ과 Ⅱ, 그리고 Ⅲ에서 시간독립 슈뢰딩거 파동방정식을 풀어보자.

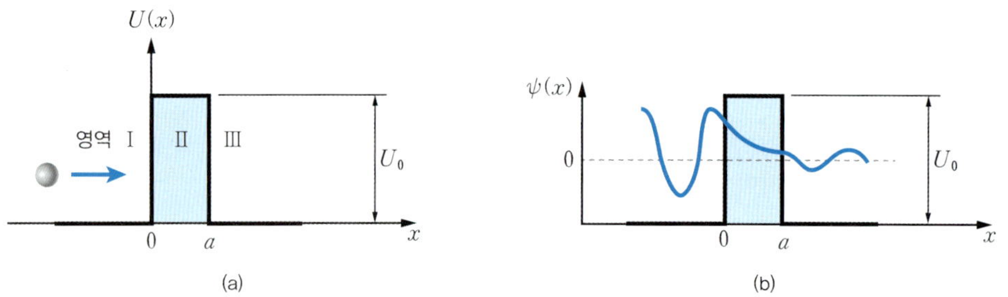

[그림 2-9] (a) 좁은 폭의 유한한 크기 U_0의 위치에너지 장벽을 갖는 경우와 (b) 파동함수의 한 예

2.3.2절의 ❶ $E - U(x) > 0$인 경우를 영역 Ⅰ과 Ⅲ에 적용하고, ❷ $E - U(x) < 0$인 경우를 영역 Ⅱ에 적용하면 [표 2-4]와 같이 정리할 수 있다.

[표 2-4] 영역 Ⅰ과 Ⅲ, 그리고 영역 Ⅱ에 대한 파동방정식의 해와 K 값

	영역 Ⅰ $(x<0)$과 Ⅲ $(a<x)$	영역 Ⅱ $(0<x<a)$
$U(x)$	$U(x)=0 \ (0<E)$	$U(x)=U_0 \ (U_0>E)$
파동방정식	$\frac{\partial^2\psi_1(x)}{\partial x^2}+\frac{2mE}{\hbar^2}\psi_1(x)=0$	$\frac{\partial^2\psi_2(x)}{\partial x^2}-\frac{2m}{\hbar^2}(U_0-E)\psi_2(x)=0$
파동함수 해	$\psi_1(x)=A_1e^{jK_1x}+B_1e^{-jK_1x}$	$\psi_2(x)=A_2e^{-K_2x}+B_2e^{+K_2x}$
K 값	$K_1=\frac{\sqrt{2mE}}{\hbar}>0$	$K_2=\frac{\sqrt{2m(U_0-E)}}{\hbar}>0$
파 특성	진행파	감쇄파

영역 Ⅰ, Ⅱ, Ⅲ에서, 파동방정식의 일반해는 각각 다음과 같이 표현된다.

$$\text{영역 Ⅰ} \quad \psi_1(x)=A_1e^{jK_1x}+B_1e^{-jK_1x},\ K_1=\frac{\sqrt{2mE}}{\hbar} \tag{2.59}$$

$$\text{영역 Ⅱ} \quad \psi_2(x)=A_2e^{K_2x}+B_2e^{-K_2x},\ K_2=\frac{\sqrt{2m(U_0-E)}}{\hbar} \tag{2.60}$$

영역 Ⅲ $\quad \psi_3(x) = A_3 e^{jK_3 x} + B_3 e^{-jK_3 x}, \quad K_3 = \frac{\sqrt{2mE}}{\hbar}$ (2.61)

파동방정식의 해에서 시간만의 함수는 $\phi(t) = e^{-j(E/\hbar)t}$이므로, 영역 Ⅰ과 Ⅲ에서 파동함수의 총 해는 $\Psi(x,\ t) = \psi(x)\phi(t) = Ae^{j\left(Kx - \frac{E}{\hbar}t\right)} + Be^{-j\left(Kx + \frac{E}{\hbar}t\right)}$의 형태가 된다. 즉 영역 Ⅰ과 영역 Ⅲ의 식 (2.59)와 (2.61)에서 파동함수의 첫 번째 항 $\Psi_+(x,\ t) = Ae^{j\left(Kx - \frac{E}{\hbar}t\right)}$은 $+x$ 방향으로 진행하는 입사파이고, 두 번째 항 $\Psi_-(x,\ t) = Be^{-j\left(Kx + \frac{E}{\hbar}t\right)}$은 $-x$ 방향으로 진행하는 반사파가 된다.

파동함수는 경계조건을 적용하여 계수를 결정함으로써 보다 정확하게 표현할 수 있다. 영역 Ⅲ에서 $+x$ 방향 진행파를 반사시킬 어떤 에너지 장벽도 존재하지 않아 $-x$ 방향으로 진행하는 반사파는 존재하지 않으므로, 파동함수 $\psi_3(x)$에 대한 식 (2.61)에서 $B_3 = 0$이어야만 한다. 나머지 5개의 계수 A와 B들은 두 영역의 경계 지점에서

- $x = 0$에서 $\psi_1(x) = \psi_2(x)$와 $\frac{d}{dx}\psi_1(x) = \frac{d}{dx}\psi_2(x)$
- $x = a$에서 $\psi_2(x) = \psi_3(x)$와 $\frac{d}{dx}\psi_2(x) = \frac{d}{dx}\psi_3(x)$

가 만족되어야 한다는 4개 조건을 적용하여, 한 계수를 기준으로 나머지 계수들의 상대적인 크기를 표현할 수 있다.

[그림 2-9(b)]는 3개 영역에서 파동함수의 한 예를 나타낸 것이다. 영역 Ⅰ에서 전위 장벽을 향하여 입사한 진행파는 경계면에서 일부는 영역 Ⅰ로 다시 반사되어 반사파로 진행하고, 나머지는 영역 Ⅱ로 침투해서 지수함수 형태로 감소한다. 영역 Ⅱ인 위치에너지 장벽의 폭이 충분히 좁으면 파동함수는 영역 Ⅲ으로 투과한 후, 다시 영역 Ⅲ의 우측 방향으로 이동하는 진행파가 된다. 영역 Ⅲ에서 우측 방향으로 진행한 파는 이를 반사시키는 에너지 장벽이 존재하지 않으므로 반사는 없다.

영역 Ⅰ에서 에너지 장벽에 입사한 입자가 위치에너지 장벽 U_0보다 작은 에너지 E를 가짐에도 불구하고 장벽을 뚫고 영역 Ⅲ에 나타날 확률이 있는 현상을 **터널링**tunneling이라 한다. 이와 같은 터널링 현상은 고전역학으로는 설명할 수 없고, 양자역학적 해석으로만 설명이 가능하다.

영역 Ⅰ과 영역 Ⅲ에서 움직이는 입자의 운동에너지 T는 입자의 총에너지 E에서 위치에너지 분포 $U(x) = 0$을 뺀 값으로, 이 경우에 $T = E$가 된다. 따라서 식 (2.45)에 의해

$K_1 = K_3$이고, 영역 Ⅰ과 영역 Ⅲ에서 움직이는 입자의 속도는 다음과 같이 서로 같다.

$$v_3 = \frac{\hbar K_3}{m} = \frac{\hbar K_1}{m} = v_1 \tag{2.62}$$

터널링 현상을 정량화하기 위해, 영역 Ⅰ의 입사 입자의 유속에 대한 영역 Ⅲ의 투과 입자의 유속을 비율로 정의한 투과계수 T를 다음과 같이 수식으로 나타낼 수 있다.

$$T = \frac{v_t \, A_3 A_3^*}{v_i \, A_1 A_1^*} = \frac{A_3 A_3^*}{A_1 A_1^*} \tag{2.63}$$

여기서 v_t와 v_i는 각각 투과 및 입사 입자의 속도이다. 투과계수 T는 경계조건 방정식들을 풀어서 구할 수 있는데, $E \ll U_0$를 가정한 경우 다음과 같이 표현할 수 있다.

$$T \simeq 16\left(\frac{E}{U_0}\right)\left(1 - \frac{E}{U_0}\right)\exp(-2K_2 a) \tag{2.64}$$

이 식은 터널링 확률에 영향을 주는 파라미터가 전위장벽 U_0라기보다는 전위장벽의 폭 a가 더 큰 영향을 준다는 것을 의미한다. 따라서 터널링 현상을 이용한 소자를 제작할 때는 위치에너지 장벽의 폭을 좁게 만드는 것이 중요함에 유의한다.

예제 2-6

$E \ll U_0$인 특별한 경우 $T \simeq 16\left(\frac{E}{U_0}\right)\left(1 - \frac{E}{U_0}\right)\exp(-2K_2 a)$이다. 총에너지가 0.01eV이고, 질량이 9.11×10^{-31}kg인 입자가 있다.

(a) $U_0 = 1$eV이고 $a = 10$nm의 에너지 장벽을 투과할 확률을 구하라.
(b) $U_0 = 2$eV이고 $a = 10$nm의 에너지 장벽을 투과할 확률을 구하라.
(c) $U_0 = 1$eV이고 $a = 20$nm의 에너지 장벽을 투과할 확률을 구하라.
(d) $U_0 = 1$eV이고 $a = 1$nm의 에너지 장벽을 투과할 확률을 구하라.

풀이

$K_2 = \frac{\sqrt{2m(U_0 - E)}}{\hbar}$이다.

(a) $T \simeq 16\left(\frac{E}{U_0}\right)\left(1 - \frac{E}{U_0}\right)\exp(-2K_2 a)$

$$=16\left(\frac{0.01\text{eV}}{1\text{eV}}\right)\left(1-\frac{0.01\text{eV}}{1\text{eV}}\right)\exp\left(\frac{-2(10\text{nm})\sqrt{2(9.11\times10^{-31}\text{kg})(1-0.01)(1.6\times10^{-19}\text{J})}}{6.626\times10^{-34}\text{Js}/2\pi}\right)$$
$$=0.1584\exp(-101.9)=0.1584(5.564\times10^{-45})=8.81\times10^{-46}$$

(b) $T\simeq 16\left(\frac{E}{U_0}\right)\left(1-\frac{E}{U_0}\right)\exp(-2K_2a)$

$$=16\left(\frac{0.01\text{eV}}{2\text{eV}}\right)\left(1-\frac{0.01\text{eV}}{2\text{eV}}\right)\exp\left(\frac{-2(10\text{nm})\sqrt{2(9.11\times10^{-31}\text{kg})(2-0.01)(1.6\times10^{-19}\text{J})}}{6.626\times10^{-34}\text{Js}/2\pi}\right)$$
$$=0.0796\exp(-144.5)=0.0796(1.756\times10^{-63})=1.40\times10^{-64}$$

(c) $T\simeq 16\left(\frac{E}{U_0}\right)\left(1-\frac{E}{U_0}\right)\exp(-2K_2a)$

$$=16\left(\frac{0.01\text{eV}}{1\text{eV}}\right)\left(1-\frac{0.01\text{eV}}{1\text{eV}}\right)\exp\left(\frac{-2(20\text{nm})\sqrt{2(9.11\times10^{-31}\text{kg})(1-0.01)(1.6\times10^{-19}\text{J})}}{6.626\times10^{-34}\text{Js}/2\pi}\right)$$
$$=0.1584\exp(-203.8)=0.1584(3.096\times10^{-89})=4.90\times10^{-90}$$

(d) $T\simeq 16\left(\frac{E}{U_0}\right)\left(1-\frac{E}{U_0}\right)\exp(-2K_2a)$

$$=16\left(\frac{0.01\text{eV}}{1\text{eV}}\right)\left(1-\frac{0.01\text{eV}}{1\text{eV}}\right)\exp\left(\frac{-2(1\text{nm})\sqrt{2(9.11\times10^{-31}\text{kg})(1-0.01)(1.6\times10^{-19}\text{J})}}{6.626\times10^{-34}\text{Js}/2\pi}\right)$$
$$=0.1584\exp(-10.19)=0.1584(3.754\times10^{-5})=5.95\times10^{-6}$$

(a)의 조건에서 U_0와 a를 각각 2배로 증가시킨 (b)와 (c)의 경우를 비교해보면, 에너지 장벽의 폭 a가 훨씬 더 터널링 확률에 영향을 크게 미친다는 것을 알 수 있다. 터널링 확률이 매우 작은 값을 가지지만, (d)와 같이 에너지 장벽의 폭이 1nm인 경우에는 10^{-6} 정도의 매우 큰 값을 가짐을 보게 된다.

2.4 3차원 슈뢰딩거 파동방정식의 풀이

2.4.1 수소 원자에 대한 3차원 슈뢰딩거 방정식의 풀이

수소 원자에 대해 슈뢰딩거 파동방정식을 풀면 어떤 사실을 알 수 있을까?

수소 원자에 대하여 슈뢰딩거 시간독립 파동방정식을 풀 수 있다. 수소 원자의 경우 중앙에 무거운 원자핵인 양전하를 갖는 양성자가 위치하고, 그 주위를 가벼운 음전하인 전자가 회전한다. 이 경우 정전 위치에너지 분포함수 $U(r)$은 다음과 같다.

$$U(r) = \frac{-e^2}{4\pi\epsilon_0 r} \tag{2.65}$$

여기서 e는 전자전하의 크기이고, ϵ_0는 자유공간의 유전율permittivity이다. 3차원 구좌표계에서 시간독립 슈뢰딩거 파동방정식은 다음과 같다.

$$\nabla^2\Psi(r,\ \theta,\ \phi) + \frac{2m_0}{\hbar^2}[E - U(r)]\,\Psi(r,\ \theta,\ \phi) = 0 \tag{2.66}$$

여기서 ∇^2은 라플라스 연산자이고, m_0는 전자의 정지질량이다. 2.2절의 식 (2.25)~(2.27)에서 적용했던 변수분리 방법과 유사하게, 식 (2.66)의 파동방정식의 해를 구하기 위해 변수분리 방법을 적용한다. 즉 시간독립 파동방정식의 해를

$$\Psi(r,\ \theta,\ \phi) = R(r)\cdot\Theta(\theta)\cdot\Phi(\phi) \tag{2.67}$$

로 쓸 수 있다고 가정한다. 여기서 R, Θ, Φ는 각각 r, θ, ϕ만의 함수이다. 해를 구하는 과정에서 변수분리 상수 n, l, m_l이 필요한데, 이들을 **양자수**quantum numbers라고 한다. 이 양자수는 다음과 같은 조건을 만족해야 한다.

$$\begin{aligned} &\text{주양자수} \quad n = 1,\ 2,\ 3,\ \cdots \\ &\text{부양자수} \quad l = 0,\ 1,\ 2,\ \cdots,\ n-1 \\ &\text{자기양자수} \quad m_l = 0,\ \pm 1,\ \pm 2,\ \cdots,\ \pm l \end{aligned} \tag{2.68}$$

원자 속의 전자에 대한 양자상태는 이러한 양자수들의 조합으로 표시된다. 전자의 에너지는 보어 원자모델의 결과와 동일하게 다음과 같이 양자화된 에너지가 얻어진다.

$$E_n = \frac{-m_0 e^4}{8h^2\epsilon_0^2 n^2} \tag{2.69}$$

여기서 n은 주양자수이다.

원자핵의 반지름은 5×10^{-5} Å $(=5\times10^{-15}\,\mathrm{m})$ 정도의 크기이고, 원자의 반지름은 핵 주위 전체 전자 밀도의 90%를 포함하는 부피로 정의되는데, 이는 약 1 Å 이다. 전자가 이렇게 좁은 영역에 갇혀있기 때문에 전자에너지의 양자화 현상이 두드러지게 나타나는 것이다. 파동방정식의 해는 Ψ_{nlm_l}로 표시하며, 가장 안정한 에너지 상태인 바닥 상태ground state는 가장 낮은 에너지 상태인 $n=1$, $l=0$, $m_l=0$에 해당한다. 이때 파동함

수는 $\Psi_{100} = \frac{1}{\sqrt{\pi}} \cdot \left(\frac{Z}{a_0}\right)^{\frac{3}{2}} e^{-\frac{Zr}{a_0}}$ 이 된다. 여기서 $a_0 = \frac{4\pi\epsilon_0 \hbar^2}{m_0 e^2} = 0.529\,\text{Å}$ 로 보어 반경과 일치하고, Z는 원자번호에 해당한다. 확률밀도함수는 전자가 핵 주위를 공전하는 불연속 입자라기보다는 핵을 둘러싸고 있는 전자구름의 개념으로 생각할 수 있음을 의미한다.

2.4.2 주기율표의 이해

주기율표의 규칙성은 어떻게 이해할 수 있을까?

주양자수 n은 궤도함수의 에너지와 관련되고, 부양자수(각운동량 양자수) l은 궤도함수의 모양과, 자기양자수 m_l은 궤도함수의 방향과 각각 관련된다. 이 3가지 양자수에 스핀양자수 $m_s(+\frac{1}{2}$ 혹은 $-\frac{1}{2})$를 추가하여 총 4가지 양자수가 탄생한다. 스핀양자수 m_s는 전자의 스핀 각운동량으로 질량이나 전하량과 같은 전자의 고유 성질이며, 고전적으로 기술할 수 없는 양자적 성질이다. 이렇게 4가지 양자수로 결정된 점유 가능한 전자의 에너지 상태 중에서 어떤 상태를 전자가 점유할 것인지를 결정하는 중요한 원리가 **파울리의 배타원리**Pauli's exclusion principle이다.

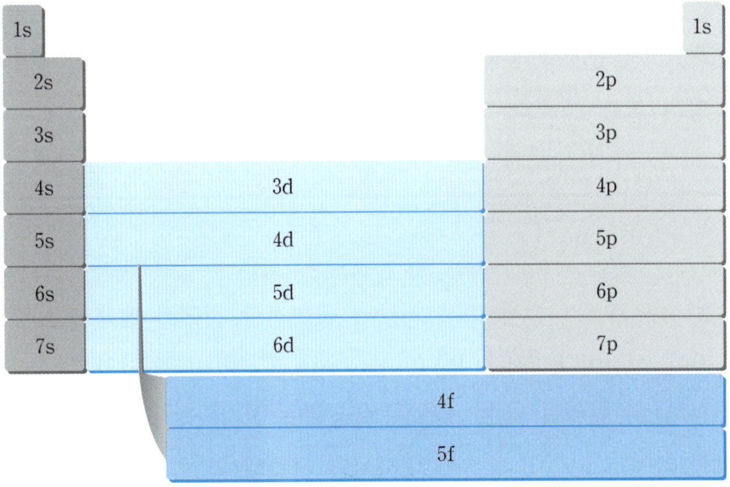

[그림 2-10] 주기율표의 규칙성 ([그림 1-3]과 비교)

파울리 배타원리는 "**어느 두 전자도 동일한 4개의 양자수를 가질 수 없다**"는 규칙으로 '하나의 에너지 준위에 단 하나의 전자만이 점유된다'는 원리이다. 따라서 주기율표에서 원자번호가 증가하면서 양성자와 전자의 수가 증가하고, 이들 전자는 가장 낮은 에너지를 갖는 양자상태부터 점유하기 시작하여, 차츰 에너지가 높은 양자상태를 점유해 가면서 주기율표의 규칙성이 만들어진다. 부양자수를 $s(l=0)$, $p(l=1)$, $d(l=2)$, $f(l=3)$ 등으로 표시하기도 한다. 전자를 채워가는 규칙 중 **훈트 규칙**Hund's rule은 '**부껍질에 있는 전자의 가장 안정한 배열은 가장 큰 수의 평행 스핀을 갖는 배열**'이라는 법칙이다. [그림 2-10]은 식 (2.68)의 규칙에 의해 부껍질의 유형에 따른 주기율표의 규칙성을 보여준다.

2.5 하이젠베르크의 불확정성 원리

2.5.1 운동량-위치 불확정성 원리

운동하는 입자의 운동량과 위치는 얼마나 정확하게 동시에 측정하는 것이 가능할까?

1927년 하이젠베르크는 입자의 위치와 운동량을 동시에 정확하게 측정하는 것이 불가능하다는 개념을 도입하였다. 이는 입자의 위치와 운동량을 원하는 오차 범위 내로 동시에 측정하는 것이 가능하다는 고전 물리의 개념과는 대조적이다. 만약 위치 측정에 대한 불확정도가 Δx이고, x 방향에서 동시에 측정한 운동량의 불확정도가 Δp_x라면, 이 두 불확정도를 곱한 양은 결코 $\frac{\hbar}{2}$보다 작을 수 없다는 것이다.

$$\Delta p_x \Delta x \geq \frac{\hbar}{2} \tag{2.70}$$

이 불가피한 불확정도 Δp_x와 Δx는 실제 측정 기구의 불완전한 것에서 발생하는 것이 아니라 물질의 근본적인 성질이다. 작은 영역 Δx 내에 존재하는 입자의 물질파 묶음을 표현하기 위해서는 넓은 범위의 파수 Δk_x를 사용해야 한다. 즉 $\Delta p_x = \hbar \Delta k_x$가 커질 수밖에 없다. 마찬가지로 y와 z 방향에 대하여도 성립해서

$$\Delta p_y \Delta y \geq \frac{\hbar}{2} \qquad \text{이고} \qquad \Delta p_z \Delta z \geq \frac{\hbar}{2} \tag{2.71}$$

이 된다.

예제 2-7

2.3.1절의 무한 양자우물 내의 입자에 대한 [그림 2-7] 결과에 대하여 하이젠베르크의 불확정성 원리가 만족되는지 점검하라.

풀이

식 (2.51)로부터 $\Delta k_x = \dfrac{\pi}{a}$ 이므로, 운동량의 불확정도가 $\Delta p_x = \hbar \Delta k_x = \dfrac{\hbar\pi}{a}$ 이다.
위치에 대한 불확정도가 $\Delta x = a$ 이므로, 결국

$$\Delta p_x \, \Delta x = \left(\frac{\hbar\pi}{a}\right)a = \frac{h}{2}$$

가 되어, 불확정성원리를 만족시킴을 것을 알 수 있다.

2.5.2 에너지-시간 불확정성 원리

입자의 에너지와 시간은 얼마나 정확하게 동시에 측정하는 것이 가능할까?

입자의 위치와 운동량을 동시에 정확하게 측정하는 것이 불가능한 것과 마찬가지로, 입자의 에너지와 시간을 동시에 정확하게 측정하는 것도 불가능하다. 파동 묶음의 에너지 측정에 대한 불확정도가 ΔE이고, 그 에너지를 측정하는 데 걸린 시간의 불확정도가 Δt라면, 이 두 불확정도를 곱한 양은 결코 $\dfrac{\hbar}{2}$보다 작을 수 없다는 것이다.

$$\Delta E \Delta t \geq \frac{\hbar}{2} \qquad (2.72)$$

예제 2-8

원자 집단이 들뜬 상태에서 복사하는 평균 시간을 $\tau = 1\text{ns}$라고 할 때, 이 들뜬 상태의 붕괴에 의해 방출되는 빛의 스펙트럼 선 폭 Δf를 계산하라.

풀이

$\Delta E \simeq \dfrac{\hbar}{2\Delta t} = \dfrac{6.626\times10^{-34}}{4(3.14)(1\times10^{-9})} = 5.275\times10^{-26}\text{J}$ 이므로

$\Delta f = \dfrac{\Delta E}{h} = \dfrac{5.275\times10^{-26}}{6.626\times10^{-34}} = 7.962\times10^{7}\text{Hz}$ 가 된다.

Chapter 02 연습문제

2.1 $r=0$인 지점에 한 개의 양전하 $+e$가 위치할 때 공간에 형성된 전자에 대한 위치에너지 장벽분포 $U(r)$을 구하고, 그림을 그려라.

2.2 한 개의 양전하 $+e$가 $r=0$에 위치하고, 또 하나의 양전하 $+e$가 $r=a$에 위치할 때 전자의 위치에너지 장벽 분포 $U(r)$을 구하고, 그림을 그려라.

2.3 일차원상에 여러 개의 양전하가 일정 주기로 일직선상에 위치할 때 공간에 형성된 전자의 위치에너지 장벽 분포 $U(r)$의 개형을 그려라.

2.4 [그림 2-1(a)]에서 금속을 탈출한 두 개의 전자 A와 B가 있다. A전자의 운동에너지는 5eV이고 B전자의 운동에너지는 4eV라고 하자. A전자는 전류 흐름에 기여하고 B전자는 전류 흐름에 기여하지 못하도록 하는, 인가전압 V의 범위를 구하라.

2.5 보어의 원자모델로부터 운동에너지가 $T=\dfrac{me^4}{8h^2\epsilon^2n^2}$이고, 위치에너지가 $U=\dfrac{-me^4}{4h^2\epsilon^2n^2}$임을 유도하라. 따라서 총에너지는 $E=T+U=\dfrac{-me^4}{8h^2\epsilon^2n^2}$이 됨을 보여라.

2.6 파장이 600nm인 빨간색과 450nm인 파란색의 광자에너지를 구하라.

2.7 함수 $y=5\cos(120t)$의 그래프를 그리고 주기와 각속도를 구하라.

2.8 함수 $y = 5\cos(120x)$의 그래프를 그리고 파장과 파수를 구하라.

2.9 다음 파동 중 $+x$ 진행파와 $-x$ 진행파를 구별하고, 파의 속력을 구하라.

(a) $y = 2\cos[10(x-2t)]$　　(b) $y = 6\cos(3x - 24t)$

(c) $y = 2\cos[5(x+15t)]$　　(d) $y = 6\cos(4x + 12t)$

2.10 파동 $y_1 = A\cos(k_1 x - \omega_1 t)$와 파동 $y_2 = A\cos(k_2 x - \omega_2 t)$가 더해진 파동의 개형을 그래프로 그려라. $k_1 \simeq k_2 \simeq k$이고 $\omega_1 \simeq \omega_2 \simeq \omega$일 때 포락선 내 파형의 속도와 포락선(파군)의 속도를 구하라.

2.11 미분방정식 (2.28)의 해가 $\phi(t) = e^{-j\left(\frac{\eta}{\hbar}\right)t}$임을 증명하라.

2.12 전자를 채워가는 규칙 중 훈트 규칙은 '부껍질에 있는 전자의 가장 안전한 배열은 가장 큰 수의 평행 스핀을 갖는 배열'이라는 법칙이다. 원자번호 7번인 질소와 8번인 산소, 그리고 원자번호 14번인 실리콘의 전자배열을 아래 껍질 속에 화살표로 나타내라.

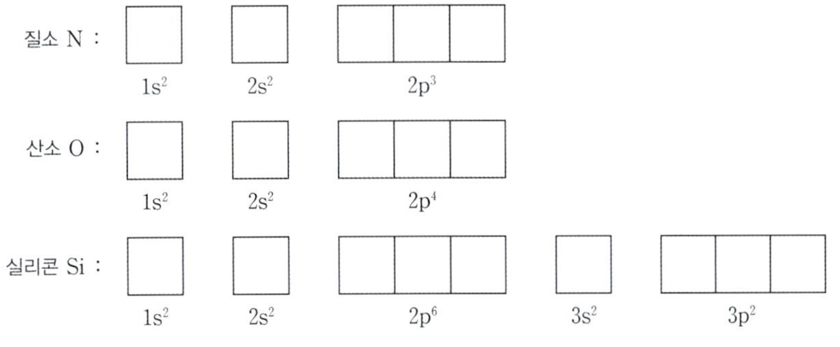

m.e.m.o

Chapter 03

고체의 양자이론

이 장에서는 2장에서 습득한 양자이론의 기초를 바탕으로 다수의 원자들이 모여 형성된 고체 속에서의 양자현상을 이해한다. 2장에서 몇 가지 중요한 위치에너지 분포를 살펴보았고, 수소 원자에 대해 파동방정식의 해를 구했다. 이 결과를 다수의 원자들이 모인 고체에 대해 적용하여 고체 내 에너지밴드가 형성되는 것을 살펴볼 것이나. 반도체의 선기석 특성을 이해하는 데 필수적인 에너지밴드 다이어그램을 사용하여 자유전자와 정공의 쌍생성과 재결합, 가해준 전기장에 의한 캐리어의 이동현상을 살펴본다. 이로써 반도체 내부에서 작용하는 힘을 포괄적으로 반영한 캐리어의 유효질량 개념뿐 아니라 정공의 개념까지 살펴볼 것이다. 또 직접 밴드갭 반도체와 간접 밴드갭 반도체의 개념을 이해하여 왜 광소자를 제작하는 데 직접 밴드갭 반도체를 주로 사용하는지를 이해한다.

반도체 소자의 전류-전압 특성을 해석하기 위한 기초단계로 반도체 내 캐리어의 농도를 계산할 수 있어야 한다. 이를 위해 캐리어 분포를 지배하는 통계법칙을 이해하고, 단위체적당 단위에너지당 캐리어의 양자상태밀도함수와 그 에너지 상태를 전자가 점유할 확률을 기술하는 페르미-디랙 분포함수의 특성을 이해하도록 한다. 이로부터 단위체적당 캐리어의 농도를 계산할 수 있다. 에너지밴드 다이어그램과 페르미 에너지의 개념은 앞으로 반도체 소자의 특성을 이해하는 데 매우 중요한 수단이 되므로 잘 이해할 필요가 있다.

3.1 에너지밴드 다이어그램

고립되어 있는 원자는 띄엄띄엄한 에너지 준위를 갖지만, 이러한 원자들이 많이 모여 고체를 형성하면 파울리의 배타원리에 의해 2개 이상의 전자가 같은 양자상태를 점유할 수 없으므로 에너지밴드가 형성된다. 이러한 에너지밴드의 특성은 물질이 갖는 전류전도에 영향을 주어 도체, 반도체, 절연체의 특성을 설명해준다. 이 절에서는 에너지밴드의 형성을 $E-k$ 다이어그램을 통해 이해하고, 축소된 $E-k$ 다이어그램을 그리는 방법과 결정운동량의 개념을 이해하여, 반도체 내의 전자와 정공의 특성을 이해하는 기초를 마련한다.

다수의 실리콘 원자들이 서로 접근하면 에너지 준위에 어떤 변화가 일어날까?

고체를 형성하기 위해 다수의 원자들이 밀집하면, 양자화된 불연속적인 에너지 준위는 에너지밴드를 형성하게 된다. 결정을 이루기 위해 모인 원자들이 아무리 많더라도 각 원자의 총 양자상태 수는 변하지 않는다. 그러나 **파울리 배타원리**Pauli exclusion principle에 의해 두 개의 전자가 같은 양자상태를 점유할 수 없으므로, 각 전자가 분리된 양자상태를 차지하기 위해서 개별 에너지 준위는 에너지밴드로 분리되어야만 한다.

[그림 3-1]은 원자번호 14번인 실리콘의 원자 간 거리에 따른 에너지 준위의 변화를 나타낸 것이다. 한 개의 실리콘 원자가 있을 때, 1s 궤도에 2개의 전자, 2s 궤도에 2개의 전자, 2p 궤도에 6개의 전자, 3s 궤도에 2개의 전자, 3p 궤도에 2개의 전자(3p 궤도 총 6개의 에너지 상태 중 $\frac{1}{3}$을 점유)로 구성된다. 만약 N개의 실리콘 원자가 모여 있다고 가정하면, 3s 궤도에는 총 $2N$개의 양자상태가 있으며, 이 $2N$개의 양자상태를 $2N$개의 전자가 모두 점유하고 있다. 그렇지만 3p 궤도에는 $3p_x$, $3p_y$, $3p_z$ 각각 $2N$개씩 총 $6N$개의 양자상태가 있으나, 그 중에 $\frac{1}{3}$인 $2N$개의 양자상태만 전자가 점유하고 있다.

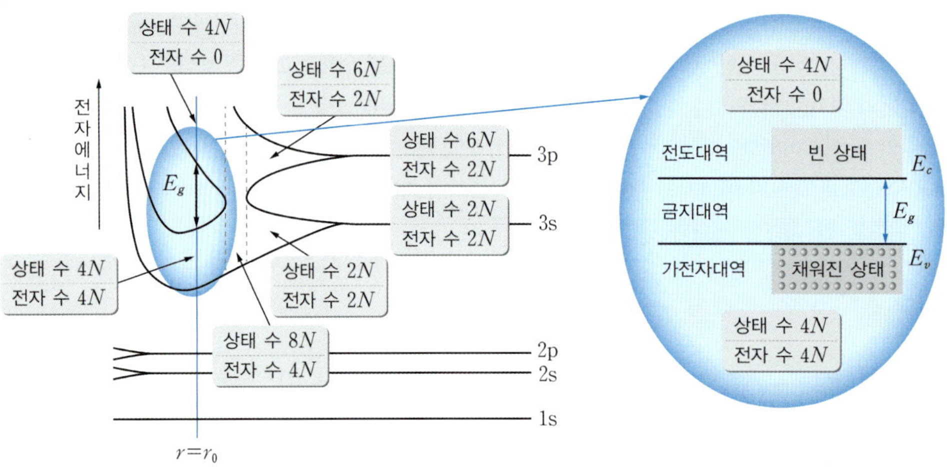

[그림 3-1] **실리콘의 3s와 3p 상태가 허용 에너지밴드와 금지 에너지밴드로 분리되는 것을 보여주는 개념도**

실리콘 원자 간 거리가 점점 가까워지면서 3s 궤도의 $2N$개 양자상태와 3p 궤도의 $6N$개 양자상태가 서로 합쳐졌다가, 다시 각각 $4N$개 양자상태로 구성된 두 개의 에너지밴드로 분리된다. 그 중 아래쪽에 있는 에너지밴드, 즉 낮은 에너지를 갖는 $4N$개 양자상태를 갖는 에너지밴드는, $n=3$인 궤도에 있는 총 $4N$개의 전자들(3s 궤도의 $2N$개 전자와 3p 궤도의 $2N$개 전자의 합)로 채워진다. 반면에 높은 에너지를 갖는 위쪽 $4N$개 양자상태의 에너지밴드는 비워진 상태가 된다. [그림 3-1]에서 원자들이 점점 가까이 접근하면, $n=3$에 있는 최외각 전자들이 가장 먼저 상호작용을 시작하여 불연속 에너지 준위가 에너지밴드로 분리된다. 더 가까이 접근하면 $n=2$에 있는 전자들이 상호작용을 시작하여 불연속 에너지 준위가 에너지밴드로 분리되고, 마지막으로는 $n=1$의 최내각 전자들이 차례로 상호작용하게 되고, 불연속 에너지 준위가 에너지밴드로 분리된다. 실제 실리콘 원자 간 거리는 실리콘 원자들이 평형상태를 이룬 $r=r_0$ 지점으로 결정되며, 이때 $n=3$인 궤도에 각각 $4N$개 양자상태를 갖는 두 개의 에너지밴드가 형성되었음을 볼 수 있다.

$r=r_0$ 지점에서 에너지밴드 그림을 그리면 [그림 3-1]의 원 속의 형태가 된다. N개의 실리콘 원자가 있는 경우 낮은 에너지 준위부터 전자를 채워서 올라가면, 마지막으로 $n=3$ 궤도의 아래쪽 $4N$개의 양자상태를 갖는 에너지밴드를, 3s 궤도의 $2N$개 전자와 3p 궤도의 $2N$개 전자를 가지고 채우게 된다. 이 밴드를 **가전자대역**valence band 이라고 한다. 그리고 그 위쪽에 비어있는 $4N$개의 양자상태를 가진 에너지밴드는 **전도대역**conduction band이라고 한다. 가전자대역 중 최고로 높은 에너지를 E_v로 표시하고, 전도대역 중 최저의 에너지를 E_c로 표시한다. 전도대역과 가전자대역 사이에는 전자가 점유할 수 있는 에너지 상태가 존재하지 않아서 **금지대역**forbidden band이라고 부른다. 이 금지대역의 크기, 즉 $E_c - E_v = E_g$를 **에너지밴드갭**band gap이라고 한다. 실리콘의 경우 이 밴드갭 에너지는 1.1eV이다.

에너지밴드 다이어그램으로 물질의 전기전도성을 어떻게 설명할 수 있을까?

1장에서 물질을 전도성에 따라 절연체, 반도체, 도체로 구분하였다. 이 세 가지 물질의 특성을 에너지밴드 다이어그램으로 이해할 수 있다.

절연체insulator는 [그림 3-2(a)]와 같이 에너지 갭이 보통 5eV 이상으로 매우 커서 가전자대역에 있는 전자가 전도대역으로 올라갈 수가 없다. 따라서 절연체에서는 전도대역 내에 전류전도에 기여할 수 있는 자유전자가 거의 존재하지 않아 전류가 흐르지 않는다. 완전히 채워져 있던지 혹은 완전히 비어있는 에너지밴드를 갖는 물질은 캐리어의 흐름이 없어 절연체가 된다. 절연체의 저항률resistivity은 대단히 크며, 반대로 저항률의 역수인 전도율conductivity은 대단히 작다.

반도체semiconductor는 [그림 3-2(b)]와 같이 에너지 갭이 보통 1eV~3eV 정도로 절연체보다 작아, 온도가 상승하면 가전자대역에 있는 전자의 일부가 전도대역으로 올라갈 수 있다. 따라서 전도대역 내에 전류전도에 기여할 수 있는 자유전자의 수가 증가됨으로써 전류가 어느 정도 흐를 수 있다. 전도대역에 약간의 전자들이 차있는 경우, 전계를 인가하면 전자는 에너지를 얻어 높은 에너지 상태가 되어 결정체 속을 이동하고, 이러한 전하의 순흐름이 전류에 기여한다. 마찬가지로 가전자대역에 약간의 전자가 비워진 에너지 상태가 존재하는 경우, 이때에도 전계를 인가하면 전하의 순흐름이 존재하여 전류흐름에 기여한다. 가전자대역에서 전자가 빈 에너지 상태는 나중에 정공의 개념으로 설명할 것이다. 반도체의 저항률은 불순물의 도핑에 의해 큰 차수의 범위로 크기를 조절하고 변화시킬 수 있다.

도체conductor는 [그림 3-2(c)]와 같이 전도대역과 가전자대역이 겹쳐서 금지대역이 존재하지 않거나, 전도대역의 일부가 전자들로 채워진다. 이 경우에는 외부에서 전계를 가하면 전자는 쉽게 이동할 수 있어 전류전도에 기여하게 된다. 부분적으로 채워진 에너지밴드에는 전도에 이용될 수 있는 많은 전자들이 존재하고, 동시에 전자들이 이동할 수 있는 많은 수의 빈 상태가 존재하므로 높은 전기전도율과 낮은 저항률을 갖는다.

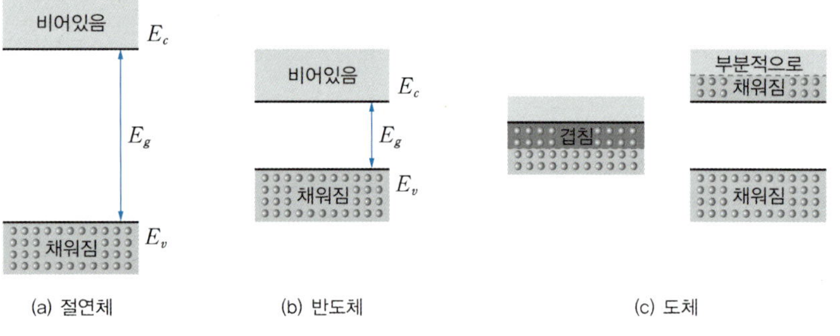

[그림 3-2] (a) 절연체, (b) 반도체, (c) 도체의 에너지밴드 다이어그램

예제 3-1

N개의 원자들이 모여 고체를 이루면서 원자 간 거리에 따른 에너지 준위가 [그림 3-3]과 같이 변화하는 물질이 있다고 가정하자. 평형상태를 이룬 원자 간 거리가 $r=r_1$이라고 하면, 이 물질은 절연체, 반도체, 도체 중 어느 것에 속하는가? 그리고 $r=r_2$인 경우라면 어느 것에 속하는가?

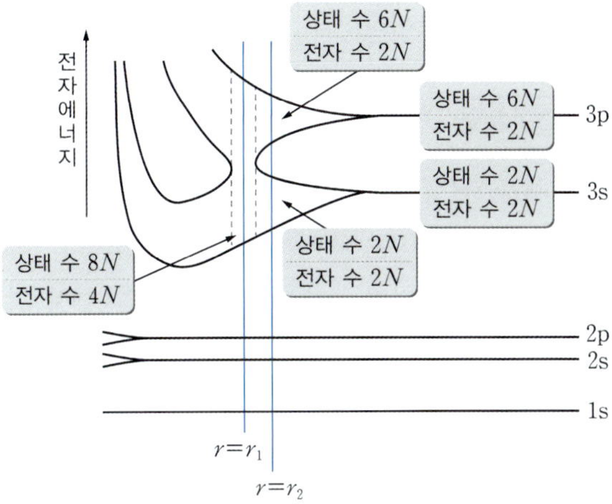

[그림 3-3] 평형상태를 이룬 원자 간 거리가 $r=r_1$ 인 경우 혹은 $r=r_2$ 인 경우

풀이

N개의 원자들이 평형상태를 이룬 원자 간 거리가 $r=r_1$ 인 경우에, 마지막 밴드는 $8N$개의 상태의 수 중에서 $4N$개의 전자가 채워진 상태이다. 따라서 [그림 3-2(c)]에서 전도대역이 가전자대역과 겹친 상태 혹은 전도대역이 부분적으로 채워진 상태로 볼 수 있으므로, 도체에 해당한다.

만약 $r=r_2$ 인 경우에는, 마지막 밴드는 $6N$개의 상태의 수 중에서 $2N$개의 전자가 채워진 상태이다. 따라서 $r=r_1$ 인 경우와 마찬가지로 [그림 3-2(c)]에서 전도대역이 부분적으로 채워진 상태로 볼 수 있으므로, 도체에 해당한다.

3.2 에너지밴드 다이어그램에서 캐리어 생성과 이동

이 절에서는 에너지밴드 다이어그램을 통하여 자유전자와 자유정공의 쌍생성과 재결합을 살펴보고, 외부에서 인가해준 전계에 의한 캐리어의 움직임과 정공의 개념을 이해한다. 또한 $E-k$ 다이어그램에서 캐리어의 유효질량과 속도를 계산하고, 직접 밴드갭 반도체와 간접 밴드갭 반도체의 개념을 이해하도록 한다.

3.2.1 진성 반도체 내 자유전자와 자유정공의 생성

진성 반도체에서 자유전자와 자유정공은 어떻게 생성되고 재결합할까?

불순물이 전혀 없는 순수한 단결정 반도체를 **진성 반도체**intrinsic semiconductor라고 부른다. [그림 3-4(a)]는 공유결합을 형성한 단결정 실리콘 격자의 2차원 그림이다. 실제로 실리콘 결정은 다이아몬드 구조를 하고 있지만, 편의상 이와 같은 2차원 결정 그림을 많이 사용한다. 2차원 결정 그림은 다음 두 가지 관점에서 실제의 다이아몬드 구조가 갖는 특성을 잘 표현하고 있다.

첫째, 각 실리콘 원자는 다이아몬드 구조와 마찬가지로 4개의 원자가전자를 제공한다. 둘째, 이웃하는 근접 실리콘 원자가 4개 존재하며 그 원자들과 함께 8개의 전자를 공유하면서 서로 공유결합을 형성하고 있다.

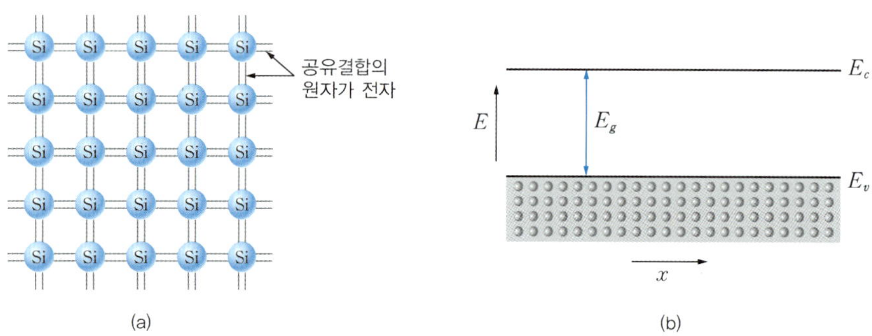

[그림 3-4] (a) $T=0\mathrm{K}$에서 실리콘 반도체의 공유결합에 대한 2차원 그림과 (b) 그때의 에너지밴드 다이어그램

$T=0\mathrm{K}$인 경우에 열에너지가 '0'이므로 공유된 원자가전자들은 모두 속박되어 있다. 따라서 [그림 3-4(b)]와 같이 전도대역에 존재하는 자유전자가 하나도 존재하지 않아, 전류전도가 전혀 일어나지 않고 절연체와 동일한 특성을 나타낸다.

온도가 상승하면 전자는 **평균 $\frac{3}{2}kT$의 에너지**를 가지며, 그 중에는 **실리콘 반도체의 에너지 갭**(**1.1eV**)보다 큰 에너지를 갖고 공유결합을 탈출하여, 자유전자가 되는 전자들이 생겨나기 시작한다. [그림 3-5(a)]는 공유결합을 탈출한 자유전자가 발생하는 모습의 2차원 결정 모습이며, [그림 3-5(b)]는 그때의 $E-x$ 에너지밴드 다이어그램이다. 전도대역에 자유전자가 발생함과 동시에 가전자대역에는 전자의 빈자리가 만들어지는데, 이를 **정공**hole이라고 부른다.

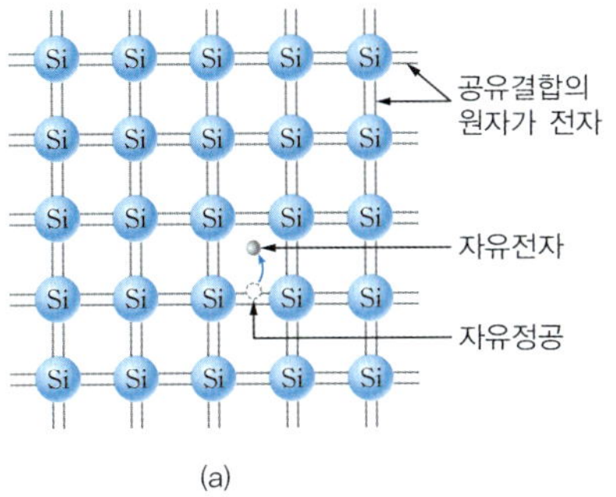

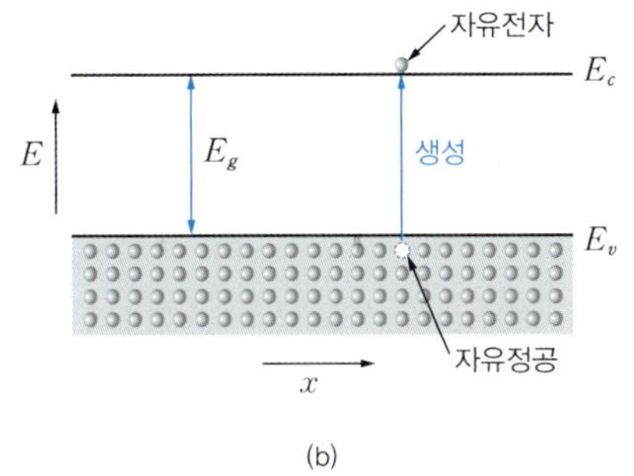

[그림 3-5] (a) 상온에서 자유전자와 자유정공 쌍이 생성될 때의 실리콘 반도체에 대한 2차원 그림과 (b) 그때의 에너지밴드 다이어그램

가전자대역의 전자가 열에너지를 받아 에너지 갭보다 큰 에너지를 갖고 전도대역으로 올라간 경우, [그림 3-6]의 A **자유전자**와 같이 결정 원자와 충돌collision하여 에너지를 잃고 전도대역의 최소준위로 떨어진다. 이때 전자가 잃어버린 에너지는 결정격자에 전달되어 결정체의 온도를 높이는 **줄**Joule 열로 소모된다. 전도대역의 바닥에 있는 자유전자는 수명이 무한하지 않고, 그림에서처럼 B **자유전자**는 가전자대역의 정공, 즉 전자의 빈자리와 **재결합**recombination을 하면서 사라진다. 자유전자와 자유정공은 쌍으로 생성되고, 재결합 또한 쌍으로 결합하여 사라진다. 따라서 불순물이 첨가되지 않은 진성 반도체에서는 전자의 농도 n과 정공의 농도 p는 같아야만 한다.

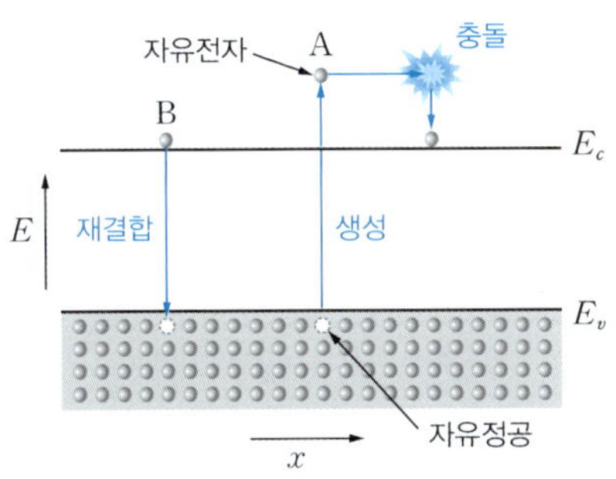

[그림 3-6] 에너지 갭보다 큰 에너지를 받아 전도대역으로 올라간 전자의 재결합까지 과정

[그림 3-6]과 같은 에너지밴드 다이어그램에서 주의할 사항은, 이 그림이 전자에 대한 그림이라는 것이다. 만약 정공을 중심으로 에너지밴드 다이어그램을 그리면 거꾸로 그려야 한다. 에너지 W는 전하량 Q와 전압 V를 곱하여 $W = QV$의 관계를 갖는다. 따라서 전자를 중심으로 에너지를 계산하면 $W = (-e)V$가 되고, 정공을 중심으로 에너지를 계산하면 $W = (+e)V$가 되어 부호가 반대로 되기 때문이다. **에너지밴드 그림에서 전자는 위로 올라가기가 어렵고, 정공은 아래로 내려가기가 어렵다.**

3.2.2 진성 반도체 내 자유전자와 자유정공의 이동

진성 반도체에서 자유전자와 정공은 전계를 가하면 어떻게 이동할까?

[그림 3-5(b)]와 같이 전도대역에 생성된 음전하를 가진 자유전자들은, 외부에서 전계를 가해주면 에너지를 얻어 높은 에너지 상태로 이동하고, 결정체 속을 전계의 반대 방향으로 이동함으로써 결국 전계 방향으로의 전류 흐름에 기여하게 된다. 반면에 가전자대역의 전자 빈자리인 정공은 양전하를 가지고 있어 인가한 전계 $\mathcal{E}$의 방향으로 움직임으로써 전계 방향으로의 전류 흐름에 기여하게 된다. 따라서 전계에 의해 이동하는 캐리어가 전자인지 정공인지에 관계없이 **전류는 항상 전계의 방향으로** 흐르는 것을 알 수 있다.

가전자대역의 정공이 전류 흐름에 기여할 수 있음을 [그림 3-7]에 자세히 나타내었다. [그림 3-7(a)]와 같이 왼쪽 위에 전자의 빈자리인 정공(흰 공)이 존재할 때 외부에서 전계 $\mathcal{E}$를 인가하면 이웃하는 공유결합의 전자(검은 공)가 전계의 반대 방향인 왼쪽으로 이동하여 빈자리를 채움으로써, 빈자리(흰 공)는 전계와 동일한 오른쪽 방향으로 [그림 3-7(b)]와 같이 이동하게 된다. [그림 3-7(b)]에서 다시 외부 전계에 의하여 이웃하는 공유결합의 전자가 전계의 반대 방향인 왼쪽으로 이동하여 빈자리를 채움으로써, 빈자리(흰 공)는 [그림 3-7(c)]와 같이 오른쪽으로 이동하게 된다. 이와 같은 전자의 이동이 계속되면 결국 전계 $\mathcal{E}$의 방향으로 전자의 빈자리인 자유정공(흰 공)도 이동하는 꼴이 되고, 이로 인한 전류의 흐름이 발생하게 된다.

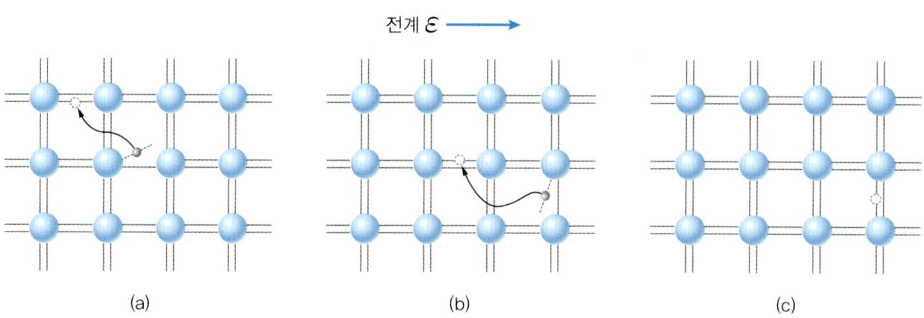

[그림 3-7] 반도체에서 자유정공의 움직임을 시각화한 그림

물이 가득 담긴 컵의 밑바닥에 기포가 생긴 경우를 생각해보자. 이 기포는 물의 빈자리가 되고, 이 물의 빈자리를 기포 바로 위에 있는 물이 아래로 이동하면서 메꾸는 현상이 반복되며, 결국 물의 빈자리인 기포는 차츰 수면 쪽으로 떠오르게 된다. 이때 물은 '전자의 바다'에 해당하고, 기포는 전자의 빈자리인 '정공'에 해당한다고 볼 수 있다.

3.2.3 $E-k$ 다이어그램에서 캐리어 유효질량과 속도

전자와 정공의 유효질량 개념은 왜 필요할까?

자유공간 속에서 움직이는 전자의 운동과 결정격자 내에서 움직이는 전자의 운동이 동일할 수는 없다. 결정격자 속에서 움직이는 전자에게 영향을 주는 힘은 결정 외부에서 인가되는 힘 $F_{외부}$뿐만 아니라, 결정 내의 전하를 띤 각종 이온이나 전자 등에 의한 격자 내부에 존재하는 힘들인 $F_{내부}$가 있다. 따라서 전자에게 작용하는 총 힘 F_{total}은 $F_{외부}$와 $F_{내부}$를 합해야 하고, 그 힘을 받아 전자는 **뉴턴**Newton**의 제2법칙** $F=ma$에 해당하는 가속운동을 하게 된다.

$$F_{total}=F_{외부}+F_{내부}=ma \tag{3.1}$$

여기서 a는 전자의 가속도이고, m은 전자의 정지질량이다. 하지만 내부에 존재하는 모든 힘을 고려해 반영하는 것은 현실적으로 어렵기 때문에, 식 (3.1)을 변경하여 외부의 힘만을 고려한 식으로 수정하면

$$F_{외부}=m^{*}a=ma-F_{내부} \tag{3.2}$$

가 된다. 이 식에서 전자 가속도 a는 외부의 힘과 직접 연관되고, 질량은 본래 입자의 정지질량에 내부의 힘이 작용된 결과를 반영하여 수정된 질량인 **유효질량**effective mass m^{*}를 사용한다. 외부의 힘 $F_{외부}$와 내부의 힘 $F_{내부}$가 방향이 같으면서 양수(>0)이면 유효질량이 정지질량보다 작아 $m^{*}<m$이 되고, 외부의 힘 $F_{외부}$와 내부의 힘 $F_{내부}$가 방향이 반대이면서 양수이면 유효질량이 정지질량보다 커서 $m^{*}>m$이 된다. 이는 다음 예와 같이 생각해볼 수도 있다.

[그림 3-8]과 같이 높은 곳에서 쇠공을 서로 다른 두 매질인 공기와 물속을 각각 통과하도록 떨어뜨려 보면, 공기 중을 통과하는 쇠공이 더 빨리 떨어질 것이다. 두 경우 모두 외부의 힘 $F_{외부}$는 중력으로 동일하지만, 내부의 힘은 각각 공기의 점성과 물의 점성이 서로 달라 다른 크기로 작용한다. 따라서 결과적으로 속도가 다르게 나타난 것이다. 공기 중을 움직일 때는 $F_{외부}=m^{*}_{air}a_{air}=ma_{air}-F_{내부,air}$이고, 물속을 움직일 때는 $F_{외부}=m^{*}_{water}a_{water}=ma_{water}-F_{내부,water}$이다. 외부의 힘 $F_{외부}$는 중력으로 동일한 반면, 공기 중에서의 가속도가 물속에서의 가속도보다 더 커서 $a_{air}>a_{water}$이므로, $m^{*}_{air}<m^{*}_{water}$가 되어 물속에서의 쇠공은 공기 중에서보다 더 큰 유효질량을 갖는 효과를 보인다. 즉 유효질량이라는 개념은, 물 내부에 존재하는 수많은 물 분자들

이 쇠공에 작용시킨 모든 힘을 고려해 반영하는 것이 현실적으로 어려우므로, 그 대신 그러한 모든 작용의 결과를 유효질량 m^*, 즉 m^*_{water}에 반영하여 다루는 것이다. 내부의 힘 $F_{내부}$가 존재하지 않는 진공에서는 쇠공이 제일 빨리 떨어지게 되고, 이때의 질량은 정지질량 m과 같게 된다. 즉 $F_{외부} = m^* a = ma - F_{내부} = ma$에서 $F_{내부} = 0$이므로 $m^* = m$이 된다.

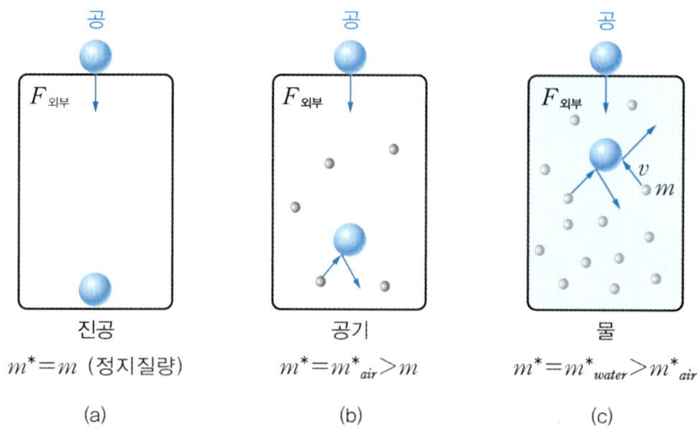

[그림 3-8] 진공과 공기와 물속에서의 공의 움직임과 상대적인 유효질량의 크기 비교

전자와 정공의 유효질량 및 속도를 $E-k$ 다이어그램에서 어떻게 구할 수 있을까?

결정체 내에서 입자의 속도 v와 유효질량 m^*는 입자 에너지 E와 물질파의 파수 k 간의 관계인 $E-k$ 다이어그램으로부터 구할 수 있다. 결론적으로 $v = \frac{p}{m^*} = \frac{1}{\hbar}\frac{dE}{dk}$이고, $\frac{1}{m^*} = \frac{1}{\hbar^2}\frac{d^2E}{dk^2}$이다.

먼저 결정체 내에서 입자의 속도 v는 에너지 E와 파수 k에 대한 1차 미분과 관계된다. 입자의 에너지 $E = \frac{1}{2}m^* v^2$은 운동량이 $p = m^* v = \hbar k$이므로

$$E = \frac{1}{2}m^* v^2 = \frac{m^{*2} v^2}{2m^*} = \frac{p^2}{2m^*} = \frac{\hbar^2 k^2}{2m^*} \tag{3.3}$$

이 된다. 이 식을 k에 대하여 미분하면

$$\frac{dE}{dk} = \frac{\hbar^2 k}{m^*} = \frac{\hbar(\hbar k)}{m^*} = \frac{\hbar p}{m^*} \tag{3.4}$$

가 되며, 양변을 $\hbar = \dfrac{h}{2\pi}$로 나누면 다음과 같이 된다.

$$\frac{1}{\hbar}\frac{dE}{dk} = \frac{p}{m^*} = v \tag{3.5}$$

따라서 $E-k$ 다이어그램에서 그래프의 **기울기가 클수록 입자의 속도는 크다.**

유효질량 m^*를 계산하기 위해서, 에너지 E와 파수 k에 대한 1차 미분식 $\dfrac{dE}{dk} = \dfrac{\hbar^2 k}{m^*}$ 를 k에 대하여 한 번 더 미분하면

$$\frac{d^2E}{dk^2} = \frac{\hbar^2}{m^*} \tag{3.6}$$

이 되며, 이 식의 양변을 $\hbar^2$으로 나누면

$$\frac{1}{\hbar^2}\frac{d^2E}{dk^2} = \frac{1}{m^*} \tag{3.7}$$

이 된다. k에 대한 E의 2차 미분은 그래프의 곡률을 의미하므로, $E-k$ 다이어그램에서 그래프의 **곡률이 클수록 입자질량은 반비례하여 작아진다.**

예를 들어 $E = \left(\dfrac{\hbar^2}{2m}\right)k^2$으로 주어지는 [그림 3-9]의 자유공간 내 전자의 경우, 전자의 속도는 식 (3.5)에 의해 $v = \dfrac{1}{\hbar}\dfrac{dE}{dk} = \dfrac{\hbar}{m}k$이다. $k > 0$인 경우 $v > 0$이 되어 양(+)의 속도를 갖지만, $k < 0$인 경우 $v < 0$이 되어 음(−)의 속도를 갖고 반대 방향으로 움직임을 알 수 있다. 식 (3.7)에 의해 $\dfrac{1}{m^*} = \dfrac{1}{\hbar^2}\dfrac{d^2E}{dk^2} = \dfrac{1}{m}$에서 유효질량 $m^* = m$이 됨을 알 수 있다. 이를 그래프로 그리면 [그림 3-9]와 같다.

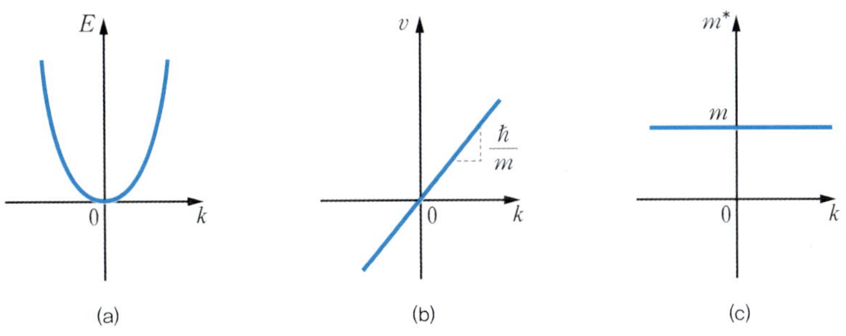

[그림 3-9] (a) 자유공간 내 전자의 $E-k$ 다이어그램, (b) 전자의 속도, (c) 전자의 유효질량

3.2.4 직접 밴드갭 반도체와 간접 밴드갭 반도체

직접 밴드갭 반도체와 간접 밴드갭 반도체는 어떤 점이 다를까?

3차원 결정에서 결정방향에 따라 원자들 간의 간격이 바뀌므로, 3차원 $E-k$ 다이어그램은 k 공간의 결정방향에 따라 달라진다. [그림 3-10]과 같은 $E-k$ 다이어그램을 갖는 반도체가 있다고 가정하자.

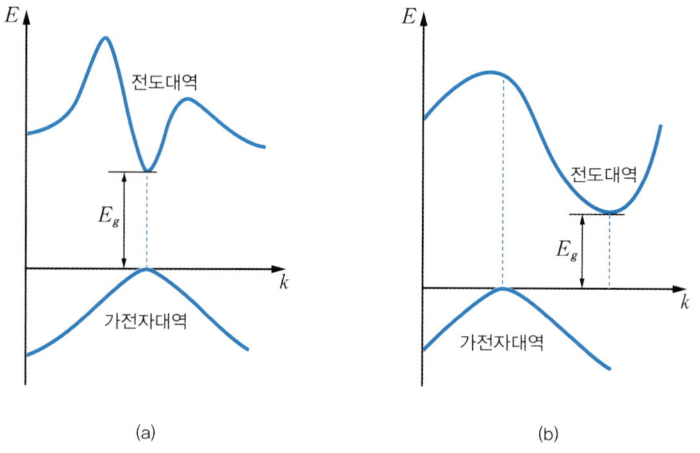

[그림 3-10] (a) 직접 밴드갭 반도체와 (b) 간접 밴드갭 반도체의 $E-k$ 다이어그램

[그림 3-10(a)]의 $E-k$ 다이어그램에서, 가전자대역의 최대에너지와 전도대역의 최소에너지는 모두 동일한 k 값인 $k=0$에서 발생한다. 이러한 성질을 갖는 반도체를 **직접 밴드갭**direct bandgap **반도체**라고 부른다. 최저 전도대역 에너지와 최대 가전자대역 에너지 간의 차이를 에너지 갭 E_g로 정의한다.

자유공간 속의 전자에 대하여 입자 운동량과 파수는 $p=\hbar k$의 관계를 가진다. 이와 유사성이 존재하므로, 결정에 대한 $E-k$ 다이어그램에서 파라미터 $\hbar k$를 **결정 운동량**crystal momentum이라고 부른다. 파수 k는 $k=\dfrac{2\pi}{\lambda}$이지만, 결정 내 **준-자유전자**quasi-free electron **모델**에서 $U(x)$는 모든 곳에서 일정하지는 않으므로 $k=\dfrac{\sqrt{2m(E-U(x))}}{\hbar}$는 성립하지 않아, 결정 내에서 드 브로이 관계식은 적용되지 않는다. 결정 운동량 $\hbar k$는 결정 내에서 전자의 실제 운동량은 아니지만, 결정과의 상호작용을 포함하는 운동상수이다. 결정 내 전자 천이 과정에서 보존되어야 하는 양은 입자 운동량이 아니라 결정 운동량이다.

[그림 3-10(b)]의 $E-k$ 다이어그램에서 가전자대역의 최대에너지는 $k=0$에서 나타나지만, 전도대역의 최저에너지는 $k=0$이 아닌 값에서 발생한다. 이렇게 최대 가전자대역 에너지와 최소 전도대역 에너지가 동일한 k 값을 갖지 않는 반도체를 **간접 밴드**

갭indirect bandgap **반도체**라고 부른다. 전도대역 전자가 가전자대역 정공과 결합할 때 결정 운동량 보존의 법칙을 만족시켜야 한다. 따라서 간접 밴드갭 반도체에서 전자와 정공이 재결합하려면 에너지는 작지만 운동량이 큰 **포논**phonon의 도움을 받아야 한다. 포논은 결정격자의 진동을 양자화한 개념이다.

직접 밴드갭 반도체에서는 전도대역의 전자와 가전자대역의 정공이 결합할 때, 결정 운동량의 변화 없이 재결합이 발생할 수 있어 재결합 확률이 매우 높다. 실제로 간접 밴드갭 반도체인 Si보다 GaAs나 InP 같은 직접 밴드갭 물질들은 재결합 확률이 약 1,000배 더 높아 **발광효율**이 더 우수하여 반도체 레이저와 같은 광소자 제작에 많이 사용된다.

직접 밴드갭 반도체로 발광 소자를 제작하였을 때, 나오는 빛의 파장은 반도체의 에너지갭 E_g에 해당하는 빛이 나오는 것이므로, $E_g = hf = \dfrac{hc}{\lambda}$ 로부터

$$\lambda = \frac{hc}{E_g} = \frac{(6.626\times 10^{-34})(2.998\times 10^{8})}{E_g\,[\mathrm{J}]} = \frac{1.240\times 10^{-6}}{E_g\,[\mathrm{eV}]}$$

이 되고, 간단히 다음과 같이 쓸 수 있다.

$$\lambda\,[\mu\mathrm{m}] = \frac{1.240}{E_g\,[\mathrm{eV}]} \tag{3.8}$$

3.3 상태밀도함수와 페르미-디랙 분포함수

반도체 소자의 전류-전압 특성을 해석하는 것은 매우 중요하다. 전류는 단위시간당 흐르는 전하량이므로, 전하량을 갖고 있는 입자인 전자와 정공의 숫자를 알아내는 것은 필수 과정이다. 전기전도에 기여하는 전자 및 정공의 수는 입자가 점유 가능한 에너지 상태의 분포, 즉 양자상태밀도함수와 그 양자상태를 입자가 점유할 확률, 즉 페르미-디랙 분포함수Fermi-Dirac distribution function와의 곱에 의해 결정된다. 먼저 3차원의 자유공간 내 입자의 양자상태밀도함수를 살펴보고, 이를 반도체로 확장하여 적용하도록 한다. 그 다음 양자통계에 의하여, 입자가 한 에너지 상태를 점유할 확률을 나타내는 분포함수에 대해 살펴보도록 한다.

3.3.1 자유공간 내 입자의 상태밀도함수

3차원 자유공간 내에서 운동하는 전자가 점유할 수 있는 에너지 상태의 밀도는 에너지에 따라 어떻게 변화할까?

3차원 자유공간에서 x 방향의 길이가 L_x이고, y 방향의 길이가 L_y이며, z 방향의 길이가 L_z인 3차원 무한 양자우물(결정) 내에서 움직이는 자유전자의 파동함수는

$$\psi(x,\ y,\ z) = Ae^{j(k_x x + k_y y + k_z z)} \tag{3.9}$$

이다. **주기적 경계조건**인

$$\psi(0,\ y,\ z) = \psi(L_x,\ y,\ z)$$
$$\psi(x,\ 0,\ z) = \psi(x,\ L_y,\ z)$$
$$\psi(x,\ y,\ 0) = \psi(x,\ y,\ L_z)$$

를 적용하여 1차원 문제의 경우와 같이 생각하면 다음과 같이 되어야 한다.

$$\begin{aligned} k_x &= \frac{2\pi}{L_x}n_x \quad (n_x = \pm 1,\ \pm 2,\ \cdots) \\ k_y &= \frac{2\pi}{L_y}n_y \quad (n_y = \pm 1,\ \pm 2,\ \cdots) \\ k_z &= \frac{2\pi}{L_z}n_z \quad (n_z = \pm 1,\ \pm 2,\ \cdots) \end{aligned} \tag{3.10}$$

단위체적당 단위에너지당 에너지 상태밀도함수를 구하기 위해서, k 공간에서 전자가 점유할 수 있는 에너지 상태를 점으로 표시하면 [그림 3-11]과 같이 3차원 k 공간 상에 찍힌 점들로 묘사된다.

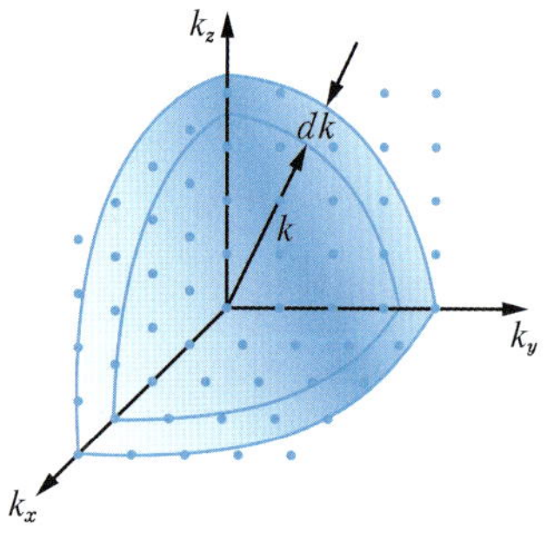

[그림 3-11] 3차원 공간 내에 존재하는 입자의 양자상태

$D(E)$를 구하기 전에 먼저 단위체적당 단위 k당 에너지 상태밀도함수인 $D(k)$를 구해보자. 3차원 k 공간에서 에너지 상태(점 한 개)당 k 공간의 체적은

$$\Delta V_k = (\Delta k_x)(\Delta k_y)(\Delta k_z) = \left(\frac{2\pi}{L_x}\right)\left(\frac{2\pi}{L_y}\right)\left(\frac{2\pi}{L_z}\right)$$

가 된다. 따라서 이 값의 역수인 $\left(\frac{L_x}{2\pi}\right)\left(\frac{L_y}{2\pi}\right)\left(\frac{L_z}{2\pi}\right)$는 k 공간에서의 단위체적당 에너지 상태의 개수이다. 정확히는 스핀을 고려하면 하나의 k 값에 대하여 두 가지의 에너지 상태, 즉 스핀 업과 스핀 다운의 에너지 상태가 존재하므로 k 공간에서의 단위체적당 에너지 상태의 개수는 $\left(\frac{L_x}{2\pi}\right)\left(\frac{L_y}{2\pi}\right)\left(\frac{L_z}{2\pi}\right)\times 2$가 된다.

k 공간에서의 단위체적당 에너지 상태의 개수인 $\left(\frac{L_x}{2\pi}\right)\left(\frac{L_y}{2\pi}\right)\left(\frac{L_z}{2\pi}\right)\times 2$를, 다시 실제 공간에서의 총 체적인 $L_xL_yL_z$로 나누어주면, 단위체적당 단위 k당 에너지 상태밀도함수 $D(k_x,\ k_y,\ k_z)$를 구할 수 있다.

$$D(k_x,\ k_y,\ k_z) = \left(\frac{L_x}{2\pi}\right)\left(\frac{L_y}{2\pi}\right)\left(\frac{L_z}{2\pi}\right)\times 2\times\left(\frac{1}{L_xL_yL_z}\right) = \left(\frac{1}{2\pi}\right)^3\times 2 \qquad (3.11)$$

이제 $D(k)$를 단위체적당 단위에너지당 에너지 상태밀도함수인 $D(E)$로 변환해야 한다. $D(E)$를 구하기 위해서는

$$E = \frac{\hbar^2k^2}{2m} = \frac{\hbar^2}{2m}(k_x^2 + k_y^2 + k_z^2) \qquad (3.12)$$

을 이용하여 변수변환을 해주어야 한다. $E = \frac{\hbar^2k^2}{2m}$에서 양변에 미분을 취하면

$$dE = \frac{\hbar^2k}{m}dk \qquad (3.13)$$

이다. $E = \frac{\hbar^2k^2}{2m} = \frac{\hbar^2}{2m}(k_x^2 + k_y^2 + k_z^2)$으로부터 k 공간에서 E가 일정한 지점은 반경이 일정한 구가 된다. 따라서 에너지가 E보다 작은 양자상태의 수는 k 공간에서 반경이 k인 구의 체적 내에 존재하는 양자상태의 수가 된다. 에너지가 E에서 $E+dE$로 증가할 때, 증가되는 양자상태의 수는 [그림 3-11]과 같은 k 공간에서 반경이 k이고 두께가 dk인 구 껍질, 즉 $4\pi k^2dk$ 체적 내에 있는 양자상태 점들의 개수인 $D(k_x,\ k_y,\ k_z)4\pi k^2dk$가 된다. 즉

$$D(E)dE = D(k_x,\ k_y,\ k_z)4\pi k^2\, dk \tag{3.14}$$

가 성립한다. 따라서 식 (3.14)에 식 (3.11)의 $D(k_x,\ k_y,\ k_z)$와 식 (3.13)의 dk를 대입하고, 식 (3.12)에서 $k(E)$를 구하여 대입하면 다음과 같이 된다.

$$D(E)dE = D(k_x,\ k_y,\ k_z)4\pi k^2\, dk = 2\left(\frac{1}{2\pi}\right)^3 (4\pi k^2)\left(\frac{m}{\hbar^2 k}\right)dE = \left(\frac{1}{2\pi^2}\right)\left(\frac{2m}{\hbar^2}\right)^{3/2}\sqrt{E}\, dE \tag{3.15}$$

따라서

$$D(E) = \left(\frac{1}{2\pi^2}\right)\left(\frac{2m}{\hbar^2}\right)^{3/2}\sqrt{E} \tag{3.16}$$

가 된다. 여기서 E는 운동에너지로, 만약 총에너지 E에서 위치에너지 E_p를 제거해야 되면 다음과 같은 형태가 된다.

$$D(E) = \left(\frac{1}{2\pi^2}\right)\left(\frac{2m}{\hbar^2}\right)^{3/2}\sqrt{E - E_p} = \frac{4\pi(2m_n^*)^{3/2}}{h^3}\sqrt{E - E_p} \tag{3.17}$$

3.3.2 반도체 내 입자의 상태밀도함수

가전자대역 최대점과 전도대역 최소점 부근의 $E-k$ 다이어그램을 어떻게 근사화할까?

반도체의 특성을 나타내는 $E-k$ 다이어그램에서 중요한 관심영역은 전도대역의 최소점 부근과 가전자대역의 최대점 부근이다. [그림 3-10]과 같은 $E-k$ 다이어그램에서 **가전자대역의 최대점은 위로 볼록인 포물선** 모양이고, **전도대역의 최소점은 아래로 볼록인 포물선** 모양이다. $E-k$ 다이어그램을 포물선으로 근사시킬 수 있다는 것은, 이 지점에서의 전자 및 정공을 [그림 3-9]와 같은 자유공간 속을 움직이는 입자처럼 취급할 수 있다는 것을 의미한다. 이를 결정 내 **준-자유전자**[quasi-free electron] **모델**이라고 한다. 결정 내 전도대역과 가전자대역에서의 양자현상을 고전적인 뉴턴 운동방정식으로 근사시킬 수 있다는 것은 중요한 사실이다. 단, 결정 내 모든 내부 힘과 양자역학적 효과는 식 (3.7)로 주어지는 유효질량의 개념 속에 반영되어야 한다.

고전역학에서 질량 m을 갖고 전하량 $-e$를 갖는 전자가 전계 $\mathcal{E}$에 놓이면 힘 $F=-e\mathcal{E}$를 받아 가속도 a를 갖게 된다. 즉 $F=ma=-e\mathcal{E}$이다. 결정격자 내에서 움직이는 전자의 경우에는, 결정격자 내에서 받는 모든 내부 힘과 양자역학적 성질들을 포괄하여 반영시킨 파라미터인 유효질량 m^*를 입자의 질량으로 취급할 수 있다. 그렇게 하면 결정격자 내의 전자도 고전적 입자로 취급하여 고전역학에서의 뉴턴의 운동방정식을 그대로 사용할 수 있어 $F=m^*a=-e\mathcal{E}$로 쓸 수 있다. 즉 유효질량은 양자역학적 결과를 고전적 힘의 방정식과 결부시켜주는 중요한 파라미터가 된다.

3차원 반도체 내 전도대역과 가전자대역의 전자가 점유할 수 있는 에너지 상태의 밀도는 에너지에 따라 어떻게 변화할까?

전도대역 내의 자유전자가 점유할 수 있는 에너지 상태밀도함수는 3.3.1절의 3차원 자유공간 내에서 운동하는 전자가 점유할 수 있는 에너지 상태의 밀도로부터 얻을 수 있다. [그림 3-10]과 같은 $E-k$ 다이어그램에서 전도대역의 최소점 근방에서의 그래프가 아래로 볼록인 포물선 모양이다. 따라서 [그림 3-9]와 같이 자유공간 속에서 움직이는 전자의 에너지와 운동량과의 관계식인 $E=\frac{p^2}{2m}=\frac{\hbar^2k^2}{2m}$으로 근사시킬 수 있다. 즉 k 공간에서 $k=0$ 근처의 전도대역 $E-k$ 곡선 근사식은 다음과 같이 쓸 수 있다.

$$E=E_c+\frac{\hbar^2k^2}{2m_n^*} \tag{3.18}$$

여기서 E_c는 전도대역 바닥에너지이고, m_n^*는 전자유효질량이다. 식 (3.18)은

$$E-E_c=\frac{\hbar^2k^2}{2m_n^*} \tag{3.19}$$

이 되며, 전도대역 하단에서 전자는 질량이 유효질량으로 대치된 것을 제외하고는 자유공간 속의 전자에 대한 $E-k$ 다이어그램과 동일함을 알 수 있다. 따라서 전도대역 하단에서 전자가 점유할 수 있는 에너지 상태밀도함수는, 자유공간 내 전자에 대한 식 (3.17)을 그대로 적용할 수 있고 단지 질량만 유효질량으로 대치하면 된다. 즉 다음과 같다.

$$D_c(E)=\frac{4\pi(2m_n^*)^{3/2}}{h^3}\sqrt{E-E_c} \quad (E \geq E_c) \tag{3.20}$$

마찬가지로 가전자대역의 에너지 상태밀도함수도 3.3.1절의 3차원 자유공간 내에서 운동하는 전자가 점유할 수 있는 에너지 상태의 밀도로부터 얻을 수 있다. 왜냐하면 정공도 역시 반도체 결정 내에 갇혀 있고 자유전자처럼 취급할 수 있기 때문이다. k 공간에서 $k=0$ 근처의 가전자대역 $E-k$ 곡선 근사식은 자유정공에 대하여 다음과 같이 쓸 수 있다.

$$E = E_v - \frac{\hbar^2 k^2}{2m_p^*} \tag{3.21}$$

이 식을 이항하여 정리하면

$$E_v - E = \frac{\hbar^2 k^2}{2m_p^*} \tag{3.22}$$

이 된다. 여기서 m_p^*는 정공의 유효질량이다.

따라서 가전자대역 상단에서 정공이 점유할 수 있는 에너지 상태밀도함수는, 자유전자에 대한 식 (3.17)을 적용할 수 있고 다음과 같이 쓸 수 있다.

$$D_v(E) = \frac{4\pi(2m_p^*)^{3/2}}{h^3}\sqrt{E_v - E} \quad (E \le E_v) \tag{3.23}$$

식 (3.20)과 (3.23)을 그래프로 그리면 [그림 3-12]와 같다. 금지대역인 $E_v < E < E_c$ 영역에서는 에너지 상태가 존재하지 않으므로 $D(E)=0$이다. 만약 전자와 정공의 유효질량이 같아 $m_n^* = m_p^*$이면, 함수 $D_c(E)$와 $D_v(E)$는 E_c와 E_v 사이의 정중앙에서의 에너지인 **중간갭 에너지**midgap energy, $E_{midgap} = \frac{1}{2}(E_c + E_v)$에 대하여 대칭이 된다.

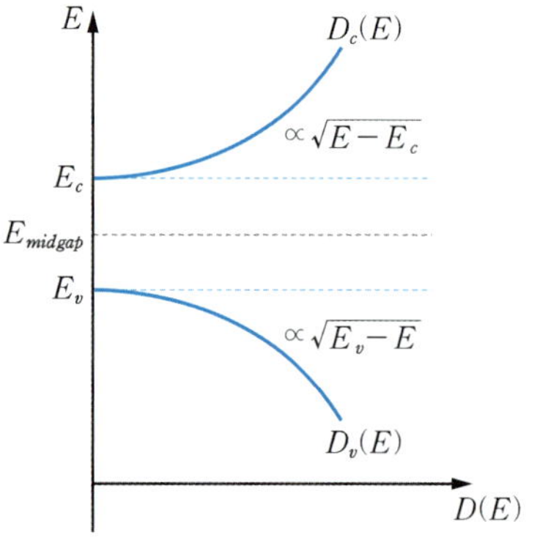

[그림 3-12] 전도대역과 가전자대역의 에너지 상태밀도함수

3.3.3 페르미-디랙 분포함수와 페르미 에너지

입자가 특정 에너지 상태를 점유할 확률을 지배하는 통계법칙에는 어떤 것이 있을까?

에너지에 따른 입자들의 분포를 결정할 수 있는 입자들의 통계적 행동을 다루는 통계 법칙에는 다음의 세 가지가 있다.

❶ **맥스웰-볼츠만**Maxwell-Boltzmann **통계** : 이 경우 입자들은 구분이 가능하고, 각 에너지 상태에 허용되는 입자의 수에는 제한이 없다. 이 분포에 따르는 예로는 낮은 압력상태의 용기 속에서 가스분자의 운동을 들 수 있다. 이때 확률분포 함수는

$$f_F(E) = \frac{N(E)}{D(E)} = A\exp\left(-\frac{E}{k_B T}\right) \tag{3.24}$$

가 된다. 여기서 k_B는 **볼츠만상수**Boltzmann constant로 $1.380 \times 10^{-23}\,\mathrm{JK}^{-1}$이고, T는 절대온도이다.

❷ **보즈-아인슈타인**Bose-Einstein **통계** : 이 경우 입자들은 구분이 불가능하고 하나의 양자상태를 점유하는 입자의 수에는 제한이 없다. 이 분포를 따르는 입자를 **보존**Boson이라고 하는데, 보존에는 광자 혹은 포논이 있다. 보존은 정수의 스핀값을 가지며, 확률분포 함수는 다음과 같다.

$$f_F(E) = \frac{N(E)}{D(E)} = \frac{1}{B\exp\left(\frac{E}{k_B T}\right) - 1} \quad (\text{광자와 포논의 경우 } B = 1) \tag{3.25}$$

❸ **페르미-디랙**Fermi-Dirac **통계** : 이 경우 입자들은 보존과 마찬가지로 구분이 불가능하지만, 다른 점은 '각 양자상태를 점유하는 입자의 수는 오직 하나'라는 **파울리의 배타원리**Pauli's principle에 따른다는 점이다. 이 법칙을 따르는 입자를 **페르미온**Fermion이라고 하는데, 결정 속의 전자와 정공이 이에 해당된다. 따라서 페르미-디랙 통계는 반도체의 동작 해석에 제일 중요한 통계법칙이다. 페르미온은 반정수의 스핀값을 가지며, 확률분포 함수는 다음과 같다.

$$f_F(E) = \frac{N(E)}{D(E)} = \frac{1}{C\exp\left(\frac{E}{k_B T}\right) + 1} = \frac{1}{\exp\left(\frac{E - E_F}{k_B T}\right) + 1} \tag{3.26}$$

반도체 내에서 전자가 특정 에너지 상태를 점유할 확률 분포는 온도 및 에너지 값에 따라서 어떻게 변화할까?

식 (3.26)의 페르미-디랙 확률분포함수는 반도체 내에서 전자가 특정 에너지 상태 E를 점유할 확률을 의미한다. 여기서 E_F를 **페르미 에너지**Fermi energy라고 부른다. 페르미-디랙 분포함수의 특성과 페르미 에너지를 이해하기 위하여 $f_F(E)$를 $T=0\,\mathrm{K}$인 경우와 $T>0\,\mathrm{K}$인 경우로 나누어 그려보자.

$T=0\,\mathrm{K}$인 경우

❶ $\boldsymbol{E<E_F}$일 때, 분포함수 분모의 지수항은 $\exp[(E-E_F)/kT]=\exp(-\infty)=0$이 되어 $f_F(E)=1$이 된다. 따라서 모든 양자상태는 전자들로 반드시 채워져 있는 상태가 된다.

❷ $\boldsymbol{E>E_F}$일 때, 분포함수 분모의 지수항은 $\exp[(E-E_F)/kT]=\exp(+\infty)=+\infty$가 되어 $f_F(E)=0$이 된다. 따라서 모든 양자상태는 반드시 비워져 있는 상태가 되어, 모든 전자들은 $T=0\,\mathrm{K}$에서 페르미 에너지 이하의 에너지를 갖는다.

$T>0\,\mathrm{K}$인 경우

❶ $\boldsymbol{E=E_F}$일 때, 분포함수는 $f_F(E_F)=\dfrac{1}{1+\exp(0)}=\dfrac{1}{1+1}=\dfrac{1}{2}$이 된다. 따라서 $E=E_F$에서 양자상태가 전자들로 채워질 확률은 온도에 관계없이 항상 절반이 된다.

❷ $\boldsymbol{E\gg E_F}$인 상극한의 경우,

$$f_F(E)=\frac{1}{\exp\left(\dfrac{E-E_F}{k_BT}\right)+1}\simeq\exp\left[\frac{-(E-E_F)}{k_BT}\right]\simeq 0$$

❸ $\boldsymbol{E\ll E_F}$인 하극한의 경우,

$$f_F(E)=\frac{1}{\exp\left(\dfrac{E-E_F}{k_BT}\right)+1}\simeq 1$$

❹ $\boldsymbol{E=E_F+k_BT}$일 때,

$$f_F(E_F+k_BT)=\frac{1}{\exp\left(\dfrac{E-E_F}{k_BT}\right)+1}=\frac{1}{\exp\left(\dfrac{k_BT}{k_BT}\right)+1}=\frac{1}{e+1}$$

❺ $E = E_F - k_BT$일 때,

$$1 - f_F(E_F - k_BT) = 1 - \frac{1}{\exp\left(\frac{E - E_F}{k_BT}\right) + 1} = 1 - \frac{1}{e^{-1} + 1} = \frac{1}{e + 1}$$

[그림 3-13]은 온도에 따른 페르미-디랙 확률분포함수를 온도를 증가시켜 가면서 나타낸 것이다. $T = 0\text{K}$인 경우 페르미 에너지 E_F를 경계로 1에서 0으로 급격한 변화를 보여준다. 온도가 올라가더라도 페르미 에너지에서 확률 $f_F(E_F)$는 항상 $\frac{1}{2}$이 된다. 온도와 무관하게 에너지축의 상극한에서 확률은 0이고, 하극한에서의 확률은 1이다.

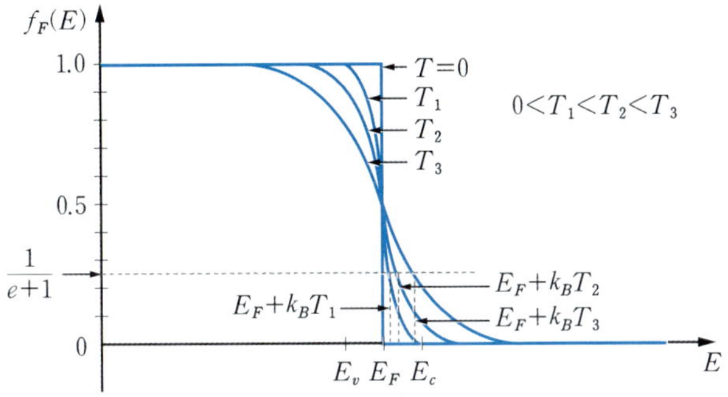

[그림 3-13] 온도에 따른 페르미-디랙 확률분포함수

페르미 에너지보다 k_BT만큼 더 높은 에너지준위를 점유할 확률은 온도에 관계없이 $f_F(E_F + k_BT) = \frac{1}{e+1}$로 동일하다. 온도가 T_1에서 T_3로 점점 올라가면서 k_BT의 값도 커지므로, [그림 3-13]에서 보듯이 $\frac{1}{e+1}$의 확률을 갖는 온도인 $E_F + k_BT$의 값이 점점 증가하여, 그래프가 점점 옆으로 퍼지는 것을 알 수 있다. 따라서 절대온도 0K 이상의 온도에서는 E_F보다 높은 에너지 상태들이 전자에 의하여 채워질 확률은 더 이상 0이 아니며, 또한 E_F 아래의 에너지 상태들이 비어있을 확률도 더 이상 0이 아니다. 이것은 낮은 에너지를 갖는 전자들 중 일부가 온도가 올라 열에너지가 증가하면서 더 높은 에너지 준위로 이동함을 의미한다. E_F 위의 에너지가 채워질 확률은 온도가 증가함에 따라 증가하고, 동시에 E_F 아래의 상태가 비워질 확률도 온도가 증가함에 따라 증가한다.

앞에서 계산한 ❹의 $E = E_F + k_BT$에 전자가 채워질 확률이 ❺의 $E = E_F - k_BT$에 전자가 비어있을 확률과 같음을 알 수 있다. [그림 3-14]는 전자가 차있을 확률함수 $f_F(E)$와 전자가 비어있을 확률함수 $1 - f_F(E)$의 그래프를 보여준다. 함수 $f_F(E)$는 함수 $1 - f_F(E)$와 페르미 에너지 E_F에 대하여 대칭임을 확인할 수 있다.

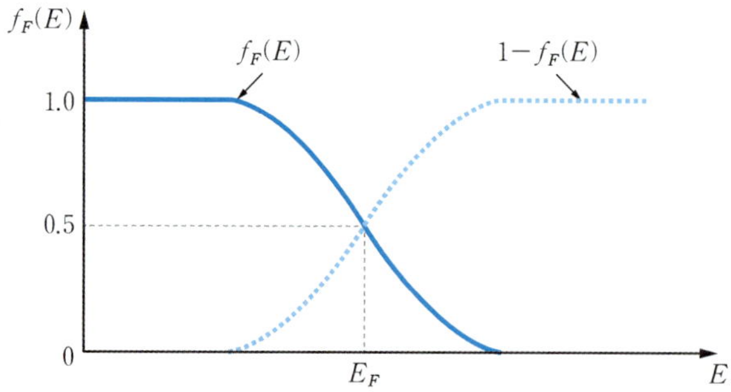

[그림 3-14] $f_F(E)$와 $1-f_F(E)$ 그래프의 대칭성

$E-E_F \geq 3k_BT$인 경우, 페르미-디랙 분포함수는 다음과 같이 식 (3.24)의 맥스웰-볼츠만 분포함수의 형태가 됨을 볼 수 있다.

$$f_F(E) = \frac{1}{\exp\left(\frac{E-E_F}{k_BT}\right)+1} \simeq \frac{1}{\exp\left(\frac{E-E_F}{k_BT}\right)} = \exp\left[\frac{-(E-E_F)}{k_BT}\right] \tag{3.27}$$

이를 **볼츠만 근사**Boltzmann approximation라고 부른다.

반도체 내에서 $T=0\,\mathrm{K}$일 때 자유전자의 농도는 어떻게 계산할까?

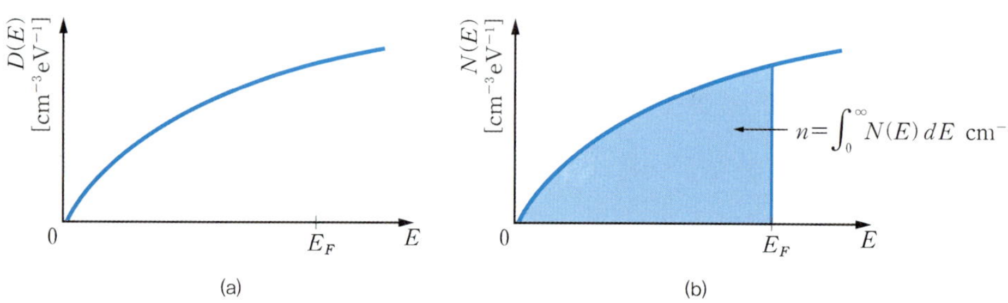

[그림 3-15] (a) 양자상태밀도함수 $D(E)$와 (b) $T=0\,\mathrm{K}$에서 전자밀도 $N(E)$

단위에너지당 단위부피당 양자상태의 수인 $D(E)$와 페르미 에너지 E_F가 [그림 3-15(a)]와 같이 주어졌다. $T=0\,\mathrm{K}$에서는 페르미 에너지 E_F 이하의 에너지는 모두 전자가 채워질 것이고, 페르미 에너지 E_F 이상의 에너지는 모두 전자가 비워져 있을 것이다. 따라서 단위에너지당 단위부피당 전자의 수 $N(E)$는 [그림 3-15(b)]와 같다. $N(E)$를 전체 에너지에 대하여 적분한 값, 즉 그림에서 색칠한 영역의 면적이 단위체

적당 전자의 개수인 자유전자 농도 $n[\mathrm{cm}^{-3}]$이 된다.

$$n = \int_0^{\infty} N(E)\,dE = \int_0^{\infty} D(E) f_F(E)\,dE = \int_0^{E_F} D(E)\,dE \qquad (3.28)$$

여기서 에너지에 따른 전자의 농도 $N(E)$는

$$N(E) = D(E) f_F(E) \qquad (3.29)$$

임을 적용하였다.

Chapter 03 연습문제

3.1 N개의 실리콘 원자가 모여 있다고 가정할 때, [그림 3-16]에서 거리에 따른 에너지 상태의 수와 전자 수를 [ ] 안에 기입하라.

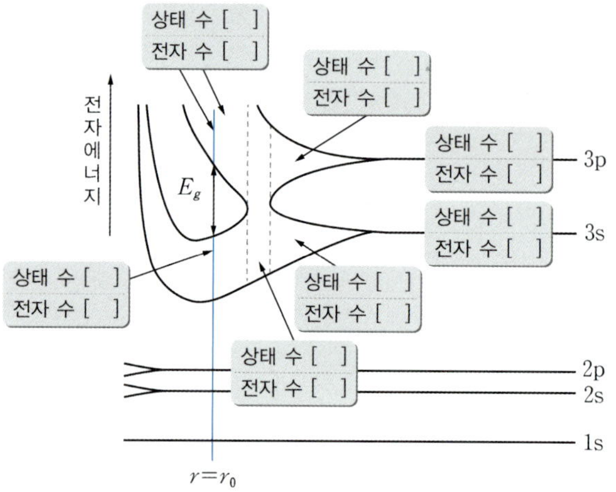

[그림 3-16]

3.2 결정 운동량이란 무엇인지 설명하라.

3.3 [그림 3-17]의 (a)는 전도대역의 포물선 근사 $E-E_c=ak^2\,(a>0)$이고, (b)는 가전자대역의 포물선 근사 $E-E_v=-bk^2\,(b>0)$이다. [그림 3-17]과 같은 전도대역과 가전자대역의 $E-k$ 다이어그램으로부터 $k=0$인 지점 근방에서 포물선으로 근사화할 수 있다고 할 때, (a) 입자의 속도 v와 (b) 유효질량 m^*를 계산하라.

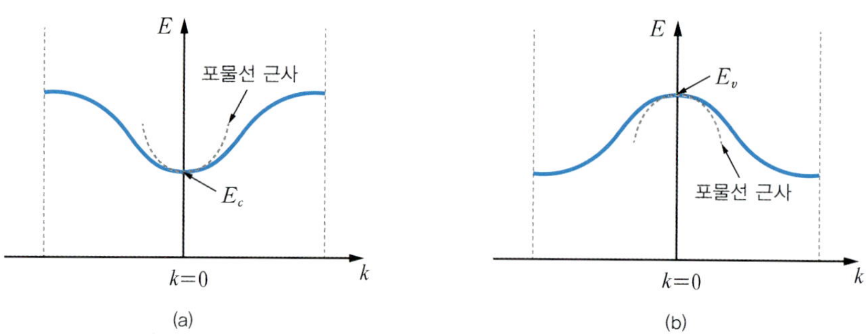

[그림 3-17]

3.4 [그림 3-10]과 같은 (a) 직접 밴드갭 반도체와 (b) 간접 밴드갭 반도체의 $E-k$ 다이어그램에서, 어느 반도체가 전도대역의 전자에 대한 유효질량이 더 큰지를 판명하라.

3.5 GaAs의 에너지 갭은 1.42 eV이고, GaN의 에너지 갭은 3.39 eV이다. 이들을 사용하여 발광 소자를 제작하였을 때 각각 나오는 빛의 파장을 구하라.

3.6 $0 \le x \le a$이고 $0 \le y \le b$인 2차원 $x-y$ 공간 내에서 존재하는 파동의 상태를 2차원 k 공간상에 [그림 3-18]과 같이 표시할 수 있다. $x=0$, $x=a$인 지점과 $y=0$, $y=b$인 지점에서 파동함수 $\Psi(x, y)=0$인 경계조건을 만족시킨다. 즉 무한 전위우물 모델이 적용된다. 파동함수 $\Psi(x, y)=\psi(x)\phi(y)$라고 하고, 입자의 유효질량은 m^*라고 하자.

(a) k 공간상의 점 k_{11}, k_{12}, k_{21}, k_{22}와 해당하는 $x-y$ 공간의 파동 모양을 그려라.

(b) k 공간상의 점 k_{11}, k_{12}, k_{21}, k_{22}와 해당하는 에너지 E를 구하라.

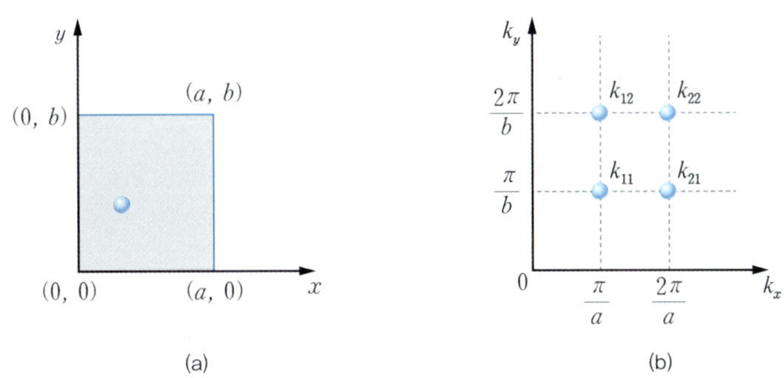

[그림 3-18] (a) 2차원 $x-y$ 공간 내 입자, (b) k 공간상의 양자상태

3.7 E_F보다 dE 위에 있는 상태가 채워질 확률은 E_F보다 dE 아래에 있는 상태가 비워질 확률과 같음을 보여라.

3.8 다음 통계법칙 세 가지에 대한 확률분포함수 그래프의 개형을 그려라.

- 맥스웰-볼츠만 통계 : $f_F(E) = A\exp\left(-\dfrac{E}{k_BT}\right)$
- 보즈-아인슈타인 통계 : $f_F(E) = \dfrac{1}{\exp\left(\dfrac{E}{k_BT}\right) - 1}$
- 페르미-디랙 통계 : $f_F(E) = \dfrac{1}{\exp\left(\dfrac{E-E_F}{k_BT}\right) + 1}$

3.9 $E-E_F \geq 3k_BT$인 경우, 페르미-디랙 분포함수 대신 볼츠만 근사를 사용한다. $E-E_F = 3k_BT$일 때 볼츠만 근사는 페르미-디랙 분포함수와 몇 %의 오차를 발생시키는가?

3.10 [그림 3-19]에서 $D(E) = \left(\dfrac{1}{2\pi^2}\right)\left(\dfrac{2m}{\hbar^2}\right)^{3/2}\sqrt{E}$ 이다. $T = 0\,\text{K}$ 일 때, 단위체적당 전자농도 $n = \displaystyle\int_0^{E_F} D(E)\,dE$를 계산하라.

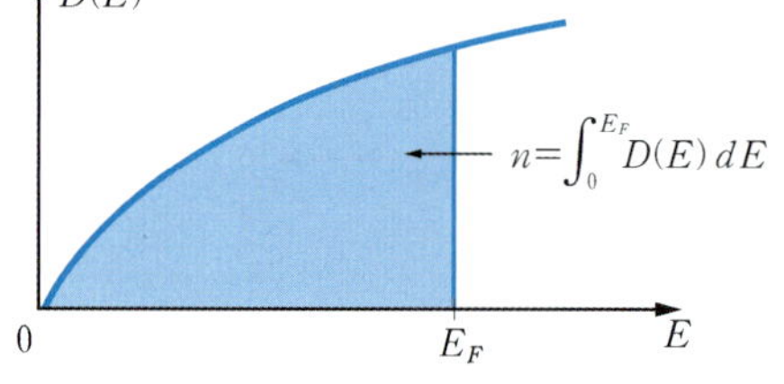

[그림 3-19]

Chapter 04

평형상태의 캐리어 농도와 페르미 에너지

반도체 소자의 전류-전압 특성을 이해하기 위해서는 전류의 흐름에 기여하는 전하량을 가진 캐리어의 농도를 아는 것이 중요하다. 3장에서 계산한 고체 내에서 캐리어의 양자상태밀도함수와 페르미-디랙 분포함수를 사용하여, 4장에서는 전도대역과 가전자대역에서 에너지에 따른 전자와 정공의 분포를 구하고, 이로부터 전자농도와 정공농도를 구해본다. 페르미-디랙 분포함수는 시스템의 모든 부분이 동일한 온도인 열평형상태에 적용되므로, 이 장에서 구한 캐리어 농도는 열평형상태의 캐리어 농도가 된다. 비평형상태는 추후에 다루도록 한다. 페르미 에너지는 캐리어 농도와 연관된 매우 중요한 의미를 가지므로 이 장에서 주의 깊게 살펴보아야 하는 개념이다.

먼저 진성 반도체의 진성 캐리어 농도와 진성 페르미 에너지를 이해하고, 캐리어의 농도를 증가시키기 위해 도펀트를 주입한 외인성 반도체에 대하여 도펀트의 이온화에너지와 이온화 비율, 전자농도와 정공농도, 도핑농도와 온도에 의존하는 페르미 에너지의 특징에 대하여 알아본다. 그리고 도핑을 매우 높게 한 축퇴 반도체와 비축퇴 반도체의 차이, 온도가 증가하면서 변화하는 캐리어 농도의 원인을 살펴본다. 열평형상태에서 전하중성 원리로부터, 도너와 억셉터를 함께 도핑한 보상 반도체에서의 캐리어 농도를 계산해보고, 도핑을 했을 때 캐리어 농도의 재배치를 통해 열평형을 이루는 과정을 살펴본다. 마지막으로 열평형상태에서 페르미 에너지가 공간적으로 균등하고 시간적으로 변동이 없음을 이해하도록 한다.

4.1 진성 반도체에서 캐리어 농도와 페르미 에너지

전류 $i = \frac{dq}{dt}$는 단위시간당 전하가 흐르는 비율을 의미한다. 따라서 전하량을 가진 캐리어의 농도는 전류의 양에 매우 중대한 영향을 끼친다. 반도체 내에서 전하량을 가진 캐리어는 전자와 정공의 두 종류가 존재하며, 이들의 농도를 계산할 필요가 있다. 3.3절에서 구한 양자상태밀도함수와 확률함수로부터 전자농도와 정공농도를 계산하고, 유효상태밀도함수의 의미와 볼츠만 근사에 대하여 알아본 후, 진성 캐리어 농도와 진성 페르미 에너지를 살펴본다.

4.1.1 에너지에 따른 전자농도 $N(E)$와 정공농도 $P(E)$

반도체 내 자유전자와 자유정공의 농도는 어떻게 계산할까?

먼저 전도대역을 점유하고 있는 **자유전자의 농도**를 구하기 위해서는 다음 두 가지를 알아야 한다.

❶ 전도대역에서 전자들이 점유할 수 있는 에너지 상태의 분포, 즉 에너지에 따른 양자상태밀도함수 $D_c(E)$

❷ 하나의 양자상태가 전자로 채워질 확률인 페르미-디랙 확률분포함수 $f_F(E)$

양자상태밀도함수 $D_c(E)$와 페르미-디랙 확률분포함수 $f_F(E)$를 곱하면, 실제로 전도대역에서 에너지에 따라 전자가 점유하고 있는 분포함수를 구할 수 있다. 에너지에 따른 자유전자의 농도를 $N(E)$라고 하면 이는 다음과 같이 구할 수 있다.

$$N(E) = D_c(E) f_F(E) \tag{4.1}$$

여기서 **$D_c(E)$와 $N(E)$는 모두 이중밀도함수로, 단위체적당 단위에너지당 에너지 상태의 개수를 나타내며 단위는 [$\text{eV}^{-1}\text{cm}^{-3}$]**이다. 따라서 전도대역에서 단위체적당 총 전자농도 $n[\text{cm}^{-3}]$은 전체 전도대역 에너지에 대해 식 (4.1)을 적분함으로써 구할 수 있다. 즉

$$n = \int N(E)\,dE = \int_{E_c}^{\infty} D_c(E) f_F(E)\,dE \tag{4.2}$$

이다. [그림 4-1]의 전도대역 그림에서 이러한 관계를 확인할 수 있다.

이와 유사하게, 가전자대역을 점유하고 있는 **자유정공의 농도**를 결정하기 위해서는 다음 두 가지를 아는 것이 필요하다.

❶ 가전자대역에서 에너지에 따른, 정공들이 점유할 수 있는 에너지 상태의 분포인 양자상태밀도함수 $D_v(E)$

❷ 하나의 양자상태에 정공이 채워질 확률, 즉 전자가 비워질 확률인 $1 - f_F(E)$

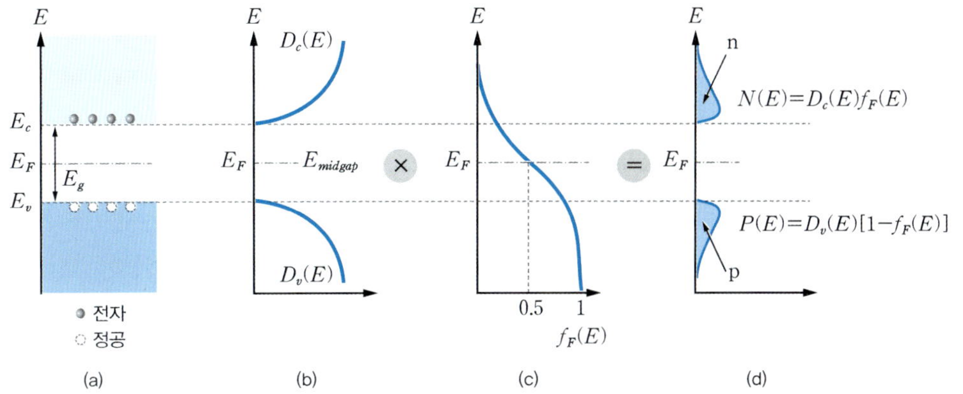

[그림 4-1] $m_n^* = m_p^*$일 때 (a) $E-x$ 다이어그램, (b) 양자상태밀도함수 $D_c(E)$와 $D_v(E)$, (c) 페르미-디랙 확률분포함수 $f_F(E)$, (d) 에너지에 따른 전자농도 $N(E)$와 정공농도 $P(E)$

양자상태밀도함수 $D_v(E)$와 $1-f_F(E)$를 곱해서, 실제로 가전자대역에서 에너지에 따라 정공이 점유하고 있는 분포함수를 구할 수 있다. 에너지에 따른 자유정공의 농도를 $P(E)$라고 하면

$$P(E) = D_v(E)[1-f_F(E)] \tag{4.3}$$

이다. 여기서 $D_v(E)[\mathrm{eV}^{-1}\mathrm{cm}^{-3}]$와 $P(E)[\mathrm{eV}^{-1}\mathrm{cm}^{-3}]$도 이중밀도함수이며, 따라서 가전자대역에서 단위체적당 총 정공농도 $p[\mathrm{cm}^{-3}]$는 전체 가전자대역 에너지에 대하여 식 (4.3)을 적분함으로써 구할 수 있다. 즉

$$p = \int P(E)\,dE = \int_{-\infty}^{E_v} D_v(E)[1-f_F(E)]\,dE \tag{4.4}$$

이다. [그림 4-1]의 가전자대역 그림에서 이러한 관계를 확인할 수 있다.

전자와 정공의 유효질량이 서로 다르면 캐리어 농도를 계산할 때 무엇이 달라질까?

열평형상태에 있는 이상적인 진성 반도체의 경우, 불순물과 결함이 전혀 없는 반도체이므로 온도에 관계없이 항상 전도대역의 전자농도 n과 가전자대역의 정공농도 p는 같다. $T=0\,\mathrm{K}$일 때, 진성 반도체에서 가전자대역의 모든 에너지 상태는 전자가 채워진 상태이고 전도대역의 모든 에너지 상태는 전자가 빈 상태이다. 온도가 $T=0\,\mathrm{K}$ 이상

으로 증가함에 따라 가전자대역의 전자들은 열에너지를 얻게 되고, 그 중의 일부 전자들은 전도대역으로 올라가기에 충분한 에너지를 얻기도 하여 전도대역으로 올라가기 시작한다. 전자가 가전자대역에서 전도대역으로 올라가게 되면 가전자대역에는 전자의 빈자리, 즉 정공이 생성된다. 따라서 진성 반도체에서는 열에너지에 의하여 항상 전자와 정공이 1:1로 동시에 생성되고, 또한 동시에 재결합하면서 소멸하므로, 전도대역의 전자 수 n과 가전자대역의 정공 수 p는 온도에 관계없이 항상 같아 $n=p$이어야만 한다.

만약 진성 반도체에서 전자와 정공의 유효질량이 같다($m_n^*=m_p^*$)고 가정하면, 식 (3.20)과 (3.23)에서 $D_c(E)$와 $D_v(E)$의 상수 값 $\frac{4\pi(2m^*)^{3/2}}{h^3}$은 같아지므로, [그림 4-1(b)]와 같이 중간갭 에너지 $E_{midgap}=\frac{1}{2}(E_c+E_v)$에 대하여 $D_c(E)$와 $D_v(E)$는 서로 대칭인 함수가 된다. 또한 3.3.3절에서 언급한 바와 같이 전자가 채워질 확률 $f_F(E)$와 전자가 비워질 확률 $1-f_F(E)$는 페르미 에너지 $E=E_F$에 대하여 대칭이다([그림 3-14]). 따라서 만약 $E_{midgap}=E_F$가 된다면, 식 (4.1)과 식 (4.3)에 의해 계산되는 $N(E)$와 $P(E)$는 $E=E_{midgap}$에 대하여 완전대칭이 된다. 결국 식 (4.2)와 식 (4.4)에 의해 계산되는 전자와 정공의 농도는 동일하게 되어 $n=p$가 된다.

다시 말하면 진성 반도체의 경우 $m_n^*=m_p^*$인 조건 하에 [그림 4-1(d)]에서 $n=p$가 되기 위해서는, $N(E)$와 $P(E)$가 $E=E_F$에 대하여 대칭이어야 한다. 따라서 $D_c(E)$와 $D_v(E)$도 $E=E_F$에 대하여 대칭이어야 하므로, 결국 $E_F=E_{midgap}$이어야 한다. 즉 $m_n^*=m_p^*$인 경우 $E_F=E_{midgap}$이 됨을 [그림 4-1]로부터 이해할 수 있다.

만약 [그림 4-1(c)]와 같이 $E_F=E_{midgap}$인데, 전자와 정공의 유효질량이 같지 않다($m_n^*\neq m_p^*$)고 하면, $D_c(E)$와 $D_v(E)$의 상수 값이 달라서 [그림 4-1(b)]와는 다르게 $D_c(E)$와 $D_v(E)$는 $E=E_F$에 대하여 대칭적이지 않게 된다. 따라서 $N(E)$와 $P(E)$도 $E=E_F$에 대하여 대칭적이지 않아, $n=p$가 만족되지 않으므로 진성 반도체가 아니게 된다. 그러므로 **진성 반도체인 경우 $\boldsymbol{m_n^*\neq m_p^*}$라면, $\boldsymbol{E_F}$는 $\boldsymbol{E_{midgap}}$일 수 없고 $\boldsymbol{E_{midgap}}$보다 위나 아래에 위치**하게 될 것이다. 만약 페르미 에너지 $E_F=E_{midgap}$으로 고정된 상태에서 전자의 유효질량이 더 커서 $m_n^*>m_p^*$라고 하면, $D_c(E)$가 더 커지고 $N(E)>P(E)$가 되어, 결국 $n>p$가 된다. 반대로 정공의 유효질량이 더 큰 $m_n^*<m_p^*$인 경우, $D_v(E)$가 더 커지고 $N(E)<P(E)$가 되어, 결국 $n<p$가 된다.

예제 4-1

어떤 물질이 [그림 4-2]와 같은 $E-k$ 다이어그램을 가질 때, 전도대역과 가전자대역의 그래프 곡률이 서로 달라 자유전자와 정공의 유효질량은 서로 다르다. 따라서 이 물질의 진성 반도체는 페르미 에너지가 E_{midgap}과 같을 수 없다. E_{midgap}을 기준으로 하여, 이 물질의 페르미 에너지는 위, 아래 중 어느 쪽에 위치하는지 설명하라.

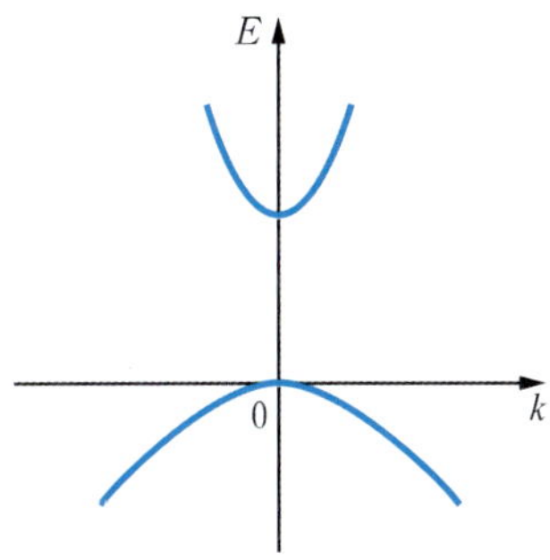

[그림 4-2] 자유전자와 정공의 유효질량이 서로 다른 물질의 $E-x$ 다이어그램

풀이

입자의 유효질량은 $\frac{d^2E}{dk^2}=\frac{\hbar^2}{m^*}$이다. 따라서 전도대역의 전자 유효질량 m_n^*는 가전자대역의 정공 유효질량 m_p^*와 비교하면 $m_n^* < m_p^*$이므로, [그림 4-3(b)]와 같이 $D_c(E+E_c) < D_v(E_v-E)$가 된다. 에너지에 따른 전자농도 $N(E)$는 [그림 4-3(b)]와 [그림 4-3(c)]를 곱한 값이고, 정공농도 $P(E)$는 [그림 4-3(b)]와 $1-f_F(E)$를 곱한 값이다. 따라서 자유전자농도 n과 정공농도 p가 같기 위해서는, [그림 4-3]에서 보듯이 페르미 에너지 E_F는 E_{midgap}보다 약간 더 높은 위치에 있어야 한다.

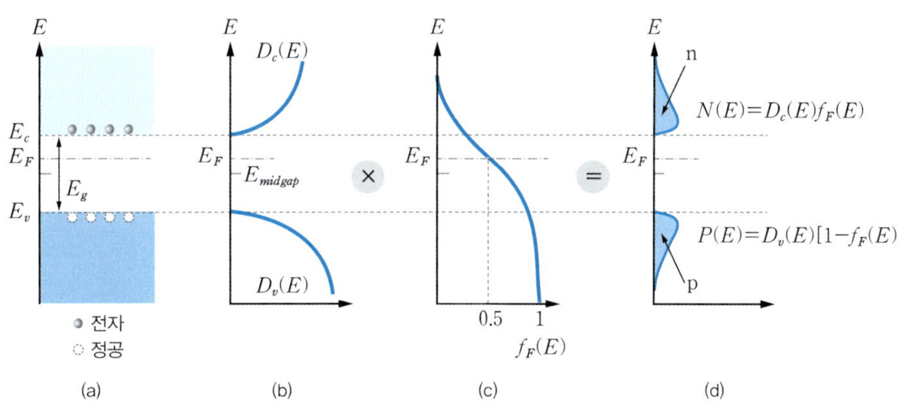

[그림 4-3] $m_n^* < m_p^*$일 때 (a) $E-x$ 다이어그램, (b) 양자상태밀도함수 $D_c(E)$와 $D_v(E)$, (c) 페르미-디랙 확률분포함수 $f_F(E)$, (d) 에너지에 따른 전자농도 $N(E)$와 정공농도 $P(E)$

4.1.2 전자농도 n_0와 정공농도 p_0

열평형상태의 반도체 내부에 존재하는 자유전자와 자유정공의 농도는 얼마일까?

열평형상태일 때 입자의 농도는 아래 첨자 '0'을 붙여 구분하기로 하자. 열평형상태에서 전도대역의 전자농도는 식 (4.2)와 같이 에너지 적분 구간을 전도대역 하단인 E_c에서부터 무한대까지 설정하면 다음과 같다.

$$n_0 = \int_{E_c}^{\infty} D_c(E) f_F(E)\, dE \tag{4.5}$$

이 식에 적용할 전도대역의 에너지 상태밀도함수는 다음과 같다(식 (3.20)과 동일).

$$D_c(E) = \frac{4\pi (2m_n^*)^{3/2}}{h^3}\sqrt{E - E_c} \qquad (E \geq E_c) \tag{4.6}$$

페르미 에너지는 금지대역 밴드갭 내에 있고, 전도대역의 전자들은 전도대역의 하단 에너지 E_c보다 높은 에너지를 가지므로, 전도대역의 전체 에너지 값에 대하여 $(E - E_F) \geq 3kT$로 가정할 수 있다. 따라서 식 (4.5)의 페르미 확률함수 대신 다음과 같이 식 (3.27)의 볼츠만 근사를 적용할 수 있다.[1]

$$f_F(E) = \frac{1}{\exp\left(\dfrac{E - E_F}{kT}\right) + 1} \simeq \exp\left[\frac{-(E - E_F)}{kT}\right] \tag{4.7}$$

식 (4.6)과 (4.7)을 식 (4.5)에 대입하여 **전도대역의 전자농도** n_0를 계산하면 다음과 같이 된다(연습문제 4.3).

$$n_0 = N_c \exp\left[\frac{-(E_c - E_F)}{kT}\right] \tag{4.8}$$

여기서 파라미터 N_c는 **전도대역의 유효상태밀도함수** effective density of states function 라고 부르며, 다음과 같이 정의한다.

1 3장에서는 볼츠만상수를 k_B로 나타냈으나, 앞으로는 아래첨자를 생략하여 볼츠만상수를 k로 나타낸다.

$$N_c = 2\left(\frac{2\pi m_n^* kT}{h^2}\right)^{3/2} \tag{4.9}$$

동일한 방법으로 열평형상태에서 가전자대역의 정공농도 p_0는 식 (4.4)와 같이 계산할 수 있다.

$$p_0 = \int_{-\infty}^{E_v} D_v(E)[1 - f_F(E)]dE \tag{4.10}$$

이 식에 적용할 가전자대역의 에너지 상태밀도함수는 다음과 같다(식 (3.23)과 동일).

$$D_v(E) = \frac{4\pi(2m_p^*)^{3/2}}{h^3}\sqrt{E_v - E} \qquad (E \leq E_v) \tag{4.11}$$

전도대역의 경우와 마찬가지로 가전자대역에서도 전체 에너지 값에 대하여 $(E_F - E) \geq 3kT$를 가정할 수 있다. 따라서 $1 - f_F(E)$의 값에 대하여 페르미 확률함수 대신 식 (3.27)과 같은 볼츠만 근사를 적용하여, 다음과 같이 쓸 수 있다.

$$1 - f_F(E) = 1 - \frac{1}{\exp\left(\frac{E - E_F}{kT}\right) + 1} = \frac{1}{1 + \exp\left(\frac{E_F - E}{kT}\right)} \simeq \exp\left[\frac{-(E_F - E)}{kT}\right] \tag{4.12}$$

식 (4.11)과 (4.12)를 식 (4.10)에 대입하여 **가전자대역의 정공농도** p_0를 계산하면 다음과 같이 된다(연습문제 4.4).

$$p_0 = N_v \exp\left[\frac{-(E_F - E_v)}{kT}\right] \tag{4.13}$$

여기서 파라미터 N_v는 **가전자대역의 유효상태밀도함수**라고 부르며, 다음과 같이 정의한다.

$$N_v = 2\left(\frac{2\pi m_p^* kT}{h^2}\right)^{3/2} \tag{4.14}$$

전도대역 전자농도 n_0와 가전자대역 정공농도 p_0를 구하는 과정을 표로 정리하면 [표 4-1]과 같다.

[표 4-1] 전도대역 전자농도 n_0와 가전자대역 정공농도 p_0를 구하는 과정

	전도대역 전자농도	가전자대역 정공농도
양자상태밀도함수 $[eV^{-1}cm^{-3}]$	$D_c(E)=\frac{4\pi(2m_n^*)^{3/2}}{h^3}\sqrt{E-E_c}$	$D_v(E)=\frac{4\pi(2m_p^*)^{3/2}}{h^3}\sqrt{E_v-E}$
확률	$f_F(E)\simeq\exp\left[\frac{-(E-E_F)}{kT}\right]$	$1-f_F(E)\simeq\exp\left[\frac{-(E_F-E)}{kT}\right]$
농도 계산 공식	$n_0=\int_{E_c}^{\infty}D_c(E)f_F(E)dE$	$p_0=\int_{-\infty}^{E_v}D_v(E)[1-f_F(E)]dE$
농도$[cm^{-3}]$ (볼츠만 근사)	$n_0=N_c\exp\left[\frac{-(E_c-E_F)}{kT}\right]$	$p_0=N_v\exp\left[\frac{-(E_F-E_v)}{kT}\right]$
유효상태밀도함수 $[cm^{-3}]$	$N_c=2\left(\frac{2\pi m_n^*kT}{h^2}\right)^{3/2}$	$N_v=2\left(\frac{2\pi m_p^*kT}{h^2}\right)^{3/2}$
n_0p_0 곱	$n_i^2=N_cN_v\exp\left[\frac{-(E_c-E_v)}{kT}\right]=N_cN_v\exp\left[\frac{-E_g}{kT}\right]$	

예제 4-2

$E=E_F+nkT$(n은 양의 실수)인 경우, 페르미 확률함수를 볼츠만 근사식으로 간략화하면 몇 %의 오차가 발생하는가?

풀이

$(E-E_F)=nkT$일 때 페르미 확률함수는

$$f_F(E)=\frac{1}{1+\exp\frac{E-E_F}{kT}}=\frac{1}{1+\exp\frac{nkT}{kT}}=\frac{1}{1+e^n}$$

이다. 이를 볼츠만 근사식으로 간략화하면

$$f_F(E)\simeq\exp\left[\frac{-(E-E_F)}{kT}\right]=\exp\left[\frac{-(nkT)}{kT}\right]=e^{-n}$$

이고, 오차는 다음과 같다.

$$\frac{\Delta f_F(E)}{f_F(E)}=\frac{\left|\left(\frac{1}{1+e^n}\right)-(e^{-n})\right|}{\left(\frac{1}{1+e^n}\right)}=|1-(1+e^n)(e^{-n})|=|-e^{-n}|=e^{-n}$$

이 식에서 오차는 n의 값에 의존하고, 일반적으로 볼츠만 근사를 적용하는 $n=3$인 경우의 오차를 계산하면 $\frac{\Delta f_F(E)}{f_F(E)}=0.04979$로 5% 정도의 차이를 가져옴을 알 수 있다.

예제 4-3

다음 물음에 답하라.

(a) $T = 300\,\mathrm{K}$인 실리콘에서 전도대역의 유효상태밀도함수 N_c의 값은 얼마인가? 전자의 유효질량은 $m_n^* = 1.08\,m_0$이다.

(b) $T = 300\,\mathrm{K}$ 인 실리콘에서 가전자대역의 유효상태밀도함수 N_v의 값은 얼마인가? 정공의 유효질량은 $m_p^* = 0.56\,m_0$이다.

풀이

(a) 식 (4.9)를 이용해 N_c의 값을 계산하면 다음과 같다.

$$N_c = 2\left(\frac{2\pi m_n^* kT}{h^2}\right)^{3/2} = 2\left(\frac{2\pi m_0 kT}{h^2}\right)^{3/2}\left(\frac{m_n^*}{m_0}\right)^{3/2}$$

$$= 2\left(\frac{2\pi \times 9.109 \times 10^{-31} \times 1.381 \times 10^{-23} \times 300}{(6.626 \times 10^{-34})^2}\right)^{3/2}\left(\frac{m_n^*}{m_0}\right)^{3/2}$$

$$= 2.817 \times 10^{25}\,\mathrm{m}^{-3} = 2.817 \times 10^{19}\,\mathrm{cm}^{-3}$$

(b) 식 (4.14)를 이용해 N_v의 값을 계산하면 다음과 같다.

$$N_v = 2\left(\frac{2\pi m_p^* kT}{h^2}\right)^{3/2} = 2\left(\frac{2\pi m_0 kT}{h^2}\right)^{3/2}\left(\frac{m_p^*}{m_0}\right)^{3/2}$$

$$= 2\left(\frac{2\pi \times 9.109 \times 10^{-31} \times 1.381 \times 10^{-23} \times 300}{(6.626 \times 10^{-34})^2}\right)^{3/2}\left(\frac{m_p^*}{m_0}\right)^{3/2}$$

$$= 1.052 \times 10^{25}\,\mathrm{m}^{-3} = 1.052 \times 10^{19}\,\mathrm{cm}^{-3}$$

유효상태밀도함수의 크기는 얼마이고, 그 의미는 무엇일까?

식 (4.9)와 (4.14)에서와 같이 유효상태밀도함수 N_c와 N_v는 주어진 반도체에 대하여 전자 및 정공의 유효질량과 온도에 의존하는 상수이다. 만약 $m_n^* = m_p^* = m_0$라고 가정하면 $T = 300\,\mathrm{K}$에서 유효상태밀도함수의 값은 $N_c = N_v = 2.510 \times 10^{19}\,\mathrm{cm}^{-3}$이 되고, 대부분의 반도체에서 N_c와 N_v의 값은 $10^{19}\,\mathrm{cm}^{-3}$의 크기를 갖는다. [표 4-2]는 실리콘, 갈륨비소, 게르마늄의 유효상태밀도함수와 유효질량의 값을 보여준다. 갈륨비소의 N_c 값이 특별히 작은 것은 갈륨비소의 전자 유효질량이 작기 때문이다.

[표 4-2] 전자와 정공에 대한 유효상태밀도함수와 유효질량 값

	N_c [cm^{-3}]	N_v [cm^{-3}]	m_n^*/m_0	m_p^*/m_0
실리콘(Si)	2.8×10^{19}	1.04×10^{19}	1.08	0.56
게르마늄(Ge)	1.04×10^{19}	6.0×10^{18}	0.55	0.37
갈륨비소(GaAs)	4.7×10^{17}	7.0×10^{18}	0.067	0.48

식 (4.8)에서 전도대역의 전자농도는 $n_0 = N_c \exp\left[\frac{-(E_c - E_F)}{kT}\right]$이다. 이 식을

$$n_0 = \text{(유효상태밀도)} \times \text{(점유할 확률)} \tag{4.15}$$

과 같은 형태로 해석해볼 수 있다. 그러면 식 (4.8)의 우변에서 N_c는 유효상태밀도에 해당되고, $\exp\left[\frac{-(E_c - E_F)}{kT}\right]$ 항은 점유할 확률에 해당한다. 볼츠만 근사식을 적용하여, E_c 에너지를 전자가 점유할 확률을 계산하면

$$f_F(E_c) = \frac{1}{1+\exp\frac{(E_c - E_F)}{kT}} \simeq \exp\frac{[-(E_c - E_F)]}{kT} \tag{4.16}$$

가 된다. 따라서 $\exp\left[\frac{-(E_c - E_F)}{kT}\right]$ 항은 E_c 에너지를 전자가 점유할 확률을 의미한다. 결국 식 (4.16)을 적용하면, 식 (4.8)의 n_0는 다음과 같이 볼 수 있다.

$$n_0 = (N_c)\times\exp\left[\frac{-(E_c - E_F)}{kT}\right] = (N_c)\times f_F(E_c) \tag{4.17}$$

즉 "전도대역의 양자상태밀도함수 $D_c(E)$가 실제는 에너지에 따라 넓게 분포되어 있지만, 이 에너지 상태가 모두 E_c 에너지 위치에 유효하게 모여 있다면, 단위체적당 에너지 상태의 개수가 N_c"라고 볼 수 있다. 그리고 이 E_c 에너지를 전자가 점유할 확률인 $f_F(E_c)$를 곱하면 전자농도 n_0를 얻을 수 있다. 따라서 N_c를 **전자의 유효상태밀도함수**라고 부른다. **$D_c(E)$는 이중밀도이지만, n_0와 N_c는 모두 단위체적당 개수인 단일밀도**의 단위를 가짐에 유의해야 한다.

마찬가지로 식 (4.13)에서 가전자대역의 정공농도는 $p_0 = N_v \exp\left[\frac{-(E_F - E_v)}{kT}\right]$이다. 볼츠만 근사식을 적용하여, E_v 에너지를 전자가 점유하지 않을 확률을 구하면

$$1 - f_F(E_v) = \frac{1}{1+\exp\left(\frac{E_F - E_v}{kT}\right)} \simeq \exp\left[\frac{-(E_F - E_v)}{kT}\right] \tag{4.18}$$

이다. 따라서 p_0 식의 우변에서 $\exp\left[\frac{-(E_F-E_v)}{kT}\right]$ 항은 E_v 에너지를 전자가 점유하지 않을 확률이기 때문에, p_0를 양자상태밀도함수와 점유확률의 곱인

$$p_0=(N_v)\times\exp\left[\frac{-(E_F-E_v)}{kT}\right]=(N_v)\times[1-f_F(E_v)] \tag{4.19}$$

로 볼 수 있다. 즉 "가전자대역의 양자상태밀도함수 $D_v(E)$가 실제는 에너지에 따라 넓게 분포되어 있지만, 이 에너지 상태가 모두 E_v 에너지 위치에 유효하게 모여 있다면 단위체적당 에너지 상태의 개수가 N_v"라고 볼 수 있다. 그리고 이 E_v 에너지를 전자가 점유하지 않을 확률인 $1-f_F(E_v)$를 곱하면 정공농도 p_0를 얻을 수 있다. 따라서 N_v를 **정공의 유효상태밀도함수**라고 부른다.

[그림 4-4]는 식 (4.2)와 (4.4)에 의해 정확하게 전자와 정공의 농도를 계산하는 것과, 식 (4.17)와 (4.19)에 의해 전자와 정공의 농도를 등가적으로 계산하는 것을 서로 비교한 것이다.

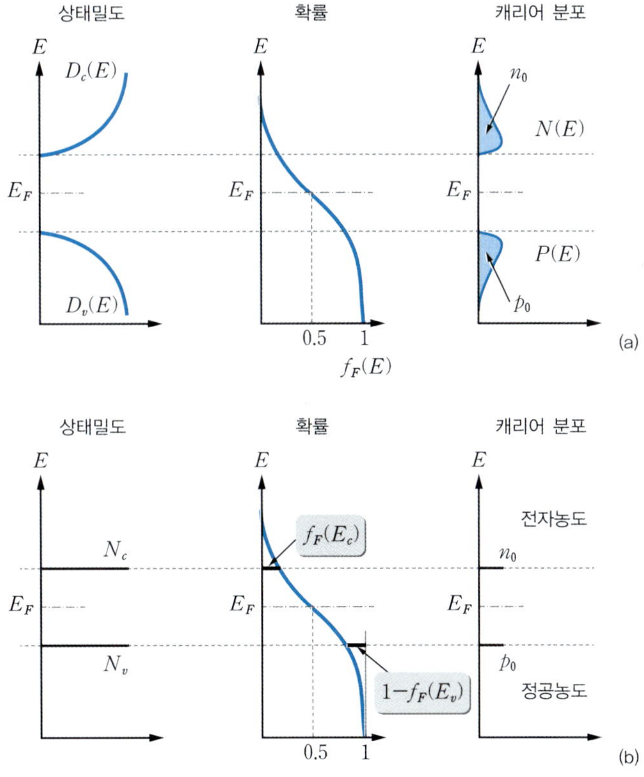

[그림 4-4] (a) 식 (4.2)와 (4.4)에 의한 정확한 캐리어 농도 계산
(b) $n_0=N_c\times f_F(E_c)$와 $p_0=N_v\times[1-f_F(E_v)]$에 의한 등가적 캐리어 농도 계산의 비교

4.1.3 진성 캐리어 농도 n_i

진성 반도체의 경우 전자농도 n_0와 정공농도 p_0는 얼마일까?

진성 반도체인 경우에 전도대역의 전자농도는 가전자대역의 정공농도와 같으므로 $n_0 = p_0$이다. 이 농도를 간단히 **진성 캐리어 농도** 파라미터 n_i로 표기하는데, 이것은 진성 전자농도와 진성 정공농도를 동시에 의미한다.

$$n_0 = p_0 = n_i \tag{4.20}$$

따라서 식 (4.8)과 (4.13)을 서로 곱하면

$$n_0 p_0 = n_i^2 = N_c N_v \exp\left[\frac{-(E_c - E_v)}{kT}\right] = N_c N_v \exp\left[\frac{-E_g}{kT}\right] \tag{4.21}$$

이다. 그러므로 진성 캐리어 농도 n_i는 다음과 같이 구할 수 있다.

$$n_i = \sqrt{N_c N_v}\,\exp\left[\frac{-E_g}{2kT}\right] \tag{4.22}$$

여기서

$$\sqrt{N_c N_v} = 2\left(\frac{2\pi kT}{h^2}\right)^{3/2}\left(m_n^* m_p^*\right)^{3/4} \tag{4.23}$$

이고, E_g는 밴드갭 에너지이다. 주어진 반도체에 대하여 n_i의 값은 페르미 에너지와는 무관하며, 밴드갭 에너지와 온도에 민감하다.

[표 4-3] $T = 300\,\text{K}$에서 보통 사용하는 n_i의 값과 밴드갭 에너지

	n_i [cm^{-3}]	E_g [eV]
실리콘(Si)	1.5×10^{10}	1.12
게르마늄(Ge)	2.4×10^{13}	0.66
갈륨비소(GaAs)	1.8×10^{6}	1.42

예제 4-4

식 (4.22)를 사용하여 진성 캐리어 농도 $\log(n_i)$ 대 온도 $\frac{1}{T}$의 그래프의 개형을 그리고, 이 그래프의 기울기로부터 물질의 밴드갭 에너지 E_g를 예측할 수 있음을 설명하라.

풀이

$n_i = \sqrt{N_c N_v}\exp\left[\frac{-E_g}{2kT}\right]$의 양변에 로그를 취하면 다음과 같다.

$$\log(n_i) = \frac{1}{2}\log(N_c N_v) + \log\left(\exp\left[\frac{-E_g}{2kT}\right]\right) = \frac{1}{2}\log(N_c N_v) - \frac{E_g}{2kT(\ln 10)}$$

식 (4.23)에 의해 $\frac{1}{2}\log(N_c N_v)$의 온도에 따른 변화는 상대적으로 작아 무시할 수 있으므로, 세로축을 $\log(n_i)$로 하고 가로축을 $\frac{1}{T}$로 하여 그래프의 개형을 그리면 [그림 4-5]와 같이 음(−)의 기울기를 갖는 직선이 된다. 이 직선의 기울기를 근사적으로 $\frac{-E_g}{2k(\ln 10)}$로 볼 수 있으며, 이로부터 물질의 밴드갭 에너지 E_g를 예측할 수 있다.

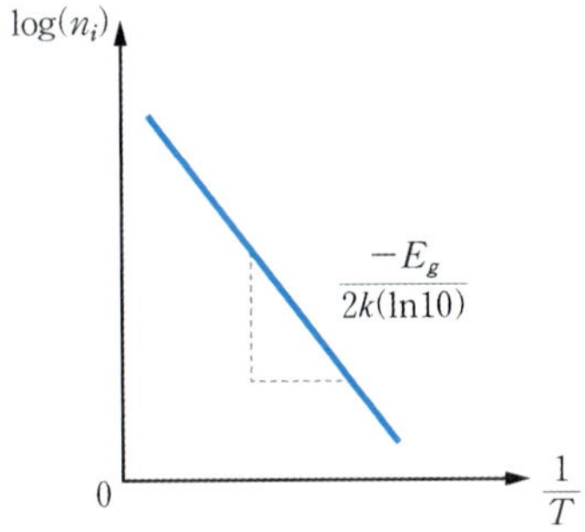

[그림 4-5] $\log(n_i)$ 대 $\frac{1}{T}$ 그래프의 개형

4.1.4 진성 페르미 에너지 E_{Fi}

진성 반도체에서 진성 페르미 에너지 E_{Fi}는 어디에 위치할까?

진성 반도체의 페르미 에너지를 **진성 페르미 에너지**intrinsic Fermi energy E_{Fi}로 표기한다. 진성 반도체에서 전자농도와 정공농도가 같기 때문에, 식 (4.8)과 (4.13)에서 $E_F = E_{Fi}$로 하고 같게 놓으면 다음과 같다.

$$N_c \exp\left[\frac{-(E_c - E_{Fi})}{kT}\right] = N_v \exp\left[\frac{-(E_{Fi} - E_v)}{kT}\right] \quad (4.24)$$

이 방정식의 양변에 자연로그를 취하면

$$\ln(N_c) - \frac{E_c}{kT} + \frac{E_{Fi}}{kT} = \ln(N_v) + \frac{E_v}{kT} - \frac{E_{Fi}}{kT}$$

가 되고, 여기서 E_{Fi}를 구하면

$$E_{Fi} = \frac{1}{2}(E_c + E_v) + \frac{1}{2}kT\ \ln\left(\frac{N_v}{N_c}\right) \tag{4.25}$$

이다. 식 (4.9)와 (4.14)에 의하여 N_c와 N_v를 대입하면 식 (4.25)는

$$E_{Fi} = \frac{1}{2}(E_c + E_v) + \frac{3}{4}kT\ \ln\left(\frac{m_p^*}{m_n^*}\right) \tag{4.26}$$

가 된다. 첫 항인 $\frac{1}{2}(E_c + E_v)$는 중간갭 에너지인 E_{midgap}이므로 다음 식이 성립한다.

$$E_{Fi} - E_{midgap} = \frac{3}{4}kT\ln\left(\frac{m_p^*}{m_n^*}\right) \tag{4.27}$$

전자와 정공의 유효질량이 같아 $m_p^* = m_n^*$이면, 진성 페르미 에너지 E_{Fi}는 정확히 중간인 E_{midgap}이 된다([그림 4-1] 참조). $m_p^* > m_n^*$이면 진성 페르미 에너지 E_{Fi}는 E_{midgap}보다 $\frac{3}{4}kT\ln\left(\frac{m_p^*}{m_n^*}\right)$만큼 약간 위쪽에 위치하고([그림 4-3] 참조), 반대로 $m_p^* < m_n^*$이면 E_{midgap}보다 $\frac{3}{4}kT\ln\left(\frac{m_p^*}{m_n^*}\right)$만큼 약간 아래에 위치한다.

4.2 도펀트와 이온화에너지

전류를 많이 흘리기 위해서는 전하량을 가진 입자인 자유전자와 자유정공의 농도가 커야 한다. 그러나 진성 반도체의 경우 $n_i = 1.5 \times 10^{10}\,\text{cm}^{-3}$으로 금속과 비교하여 10^{12} 정도의 차이가 난다. 따라서 금속과 같이 전류를 잘 흘리기 위해서는 진성 반도체에서 자유전자와 자유정공의 농도를 증가시키는 방안이 필요하며, 적절한 불순물을 주입함으로써 이를 달성할 수 있다. 불순물인 도펀트의 종류와 그들의 이온화에너지를 살펴보자.

4.2.1 도너와 억셉터

반도체의 종류에는 무엇이 있고, 도펀트와는 어떤 관계일까?

불순물이 전혀 없는 순수한 단결정 반도체를 **진성 반도체**intrinsic semiconductor라고 부르고, 도너 혹은 억셉터와 같은 도펀트 원자를 첨가한 반도체를 **외인성 반도체**extrinsic semiconductor라고 부른다. 반도체 내에 캐리어의 수를 증가시키기 위해 불순물을 첨가하는 것을 **도핑**doping이라고 하며, 이때 첨가되는 불순물을 **도펀트**dopant라고 한다. 도펀트에는 **도너**donor와 **억셉터**acceptor가 있는데, 도너를 도핑하면 전자가 더 많은 n형 반도체가 되고 억셉터를 도핑하면 정공이 더 많은 p형 반도체가 된다.

예를 들어 실리콘 반도체의 경우에, 5족 원소인 인(P)이나 비소(As)를 도핑하면 이 5족 원소는 4족 원소인 실리콘보다 원자가전자가 하나 더 많아 쉽게 원자가전자 하나를 내놓아donate 자유전자를 생성하므로, **5족 원소는 도너**가 된다. 자유전자가 많은 반도체는 전자의 전하량이 음negative이므로, 이를 **n형 반도체**라 부른다. 반면에 3족 원소인 붕소(B)를 도핑하면 이 3족 원소는 4족 원소인 실리콘보다 원자가전자가 하나 부족하여 쉽게 전자 하나를 받아들여accept 자유정공을 생성하므로, **3족 원소는 억셉터**가 된다. 자유정공이 많은 반도체는 정공의 전하량이 양positive이므로, 이를 **p형 반도체**라 부른다. 도너 원자가 자유전자를 내놓으면 도너 양(+)이온이 되고, 억셉터 원자가전자를 받으면(자유정공을 내놓으면) 억셉터 음(−)이온이 된다.

화합물 반도체의 경우에는 조금 더 복잡하다. 예를 들어 Ⅲ−Ⅴ족 갈륨비소(GaAs) 반도체의 경우, 6족 원소인 셀렌(Se), 텔루르(Te)를 도핑하면 6족 원소는 자신과 비슷한 5족 원소인 비소 자리에 들어가서, 비소보다 원자가전자가 하나 더 많아 이 전자를 쉽게 내놓아donate 자유전자를 생성하므로, **6족 원소는 도너**가 된다. 반면에 2족 원소인 베릴륨(Be), 카드뮴(Cd), 아연(Zn)을 도핑하면 2족 원소는 자신과 비슷한 3족 원소인 갈륨 자리에 들어가서, 갈륨보다 원자가전자가 하나 부족하여 쉽게 전자를 받아들여accept 자유정공을 생성하므로, **2족 원소는 억셉터**가 된다. 4족 원소인 실리콘(Si)이나 게르마늄(Ge)을 도핑하면, 이 원소들이 갈륨 자리에 들어가느냐 아니면 비소 자리에 들어가느냐 하는 것에 따라 도너가 될 수도 있고 억셉터가 될 수도 있다. 즉 3족 자리를 대체하면 3족보다 많은 가전자 하나를 내놓아 도너가 되고, 5족 자리를 대체하면 전자를 받아들여 억셉터가 된다. 이러한 도펀트를 **양쪽성 도펀트**amphoteric dopant라고 부른다. 어느 자리를 대체하느냐 하는 것은 공정방법과 공정조건 등에 따라 달라진다.

진성 반도체는 상온에서 자유전자와 자유정공의 개수가 작아, 전류전도도를 금속과 비교했을 때 매우 작다. 따라서 금속만큼 높은 전기전도도를 갖도록 전기전도도를 조절하거나 캐리어의 종류를 바꾸기 위해서, 자유전자 혹은 자유정공을 쉽게 생성시키는 도너 혹은 억셉터를 도핑하여 외인성 반도체를 제작하게 된다.

도핑된 도너는 어떻게 캐리어 농도에 변화를 가져올까?

실리콘 진성 반도체에 인(P)과 같은 5족의 원소를 불순물로 첨가한 경우를 고려해보자. 5족 원소는 5개의 원자가전자를 가지는데, 이 중 4개는 실리콘 원자와 공유결합을 형성하는 데 사용되고, 마지막 5번째 원자가전자는 P 원자와 약하게 결합되어 있다. 이 약하게 속박된 5번째 원자가전자를 **도너전자** donor electron라고 부른다. [그림 4-6(a)]의 2차원 결정 그림에서 도너 양이온인 P^+와 가깝게 위치하는 형태로 도너전자(검은 공)를 표시하였다. 아주 낮은 온도에서는 도너전자가 P^+ 양이온에 결합되어 있으므로, 이를 $E-x$ 다이어그램에서는 도너전자의 에너지 E_d에 도너전자가 점유된 형태(검은 공)로 묘사하였다.

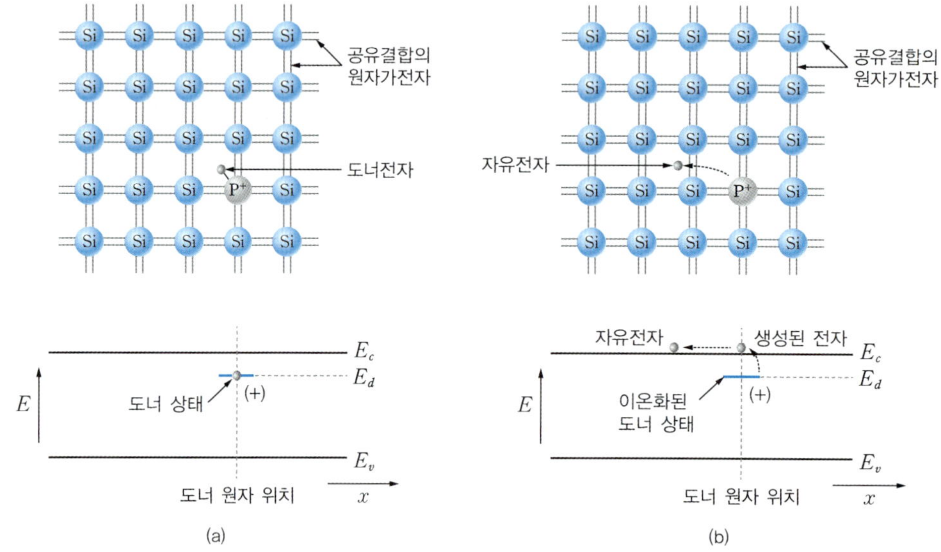

[그림 4-6] 인(P)을 도핑한 경우 (a) 이온화되기 전과 (b) 이온화된 후의 도너 상태와 $E-x$ 다이어그램

온도가 상승하여 열에너지를 받게 되면 도너전자는 P 원자를 탈출하여 자유전자가 되고, 도너전자가 탈출하면 P 원자는 양전하를 띤 P^+ **도너 이온** donor ion이 되면서 **이온화**가 일어난다. 이것을 [그림 4-6(b)]에 나타내었다. 에너지 E_d는 탈출 전 도너전자의 에너지 값이며, 따라서 $E_c - E_d$는 이온화에 필요한 에너지가 된다. 이 에너지는, 진성 반도체에서 원자가전자가 공유결합을 끊고 탈출하는 데 필요한 에너지인 $E_c - E_v$보다 훨씬

작다. 따라서 도너를 **도핑해주면 도핑해준 도너의 농도만큼 상온에서 자유전자의 농도를 증가**시킬 수 있다. 보통 $n_i = 1.5 \times 10^{10}\,\text{cm}^{-3}$ 보다 훨씬 큰 $10^{15} \sim 10^{18}\,\text{cm}^{-3}$ 정도의 도핑을 해준다.

인(P)과 같은 5족 원소는 전도대역에 전자를 제공하므로 **도너**donor라고 부른다. 도너 원자는 가전자대역에 정공을 생성시키지 않기 때문에, 전도대역에 생성된 자유전자만이 결정 내부를 이동하면서 전류 흐름에 기여한다. 도너 이온은 (+) 전하량은 갖고 있으나 움직이지 않고 결정 내에 고정되어 있으므로, 전류 흐름에는 기여하지 못한다. 이렇게 생성된 전도대역의 전자농도는 정공농도보다 크기 때문에, 이러한 반도체를 **n형 반도체**라고 한다.

도핑된 억셉터는 어떻게 캐리어 농도에 변화를 가져올까?

실리콘 진성 반도체에 3족의 붕소(B)를 치환 불순물로 첨가한 경우를 고려해보자. 3족 원소는 3개의 원자가전자를 갖고 있어 이들이 모두 공유결합에 참여하지만 1개의 공유결합 자리가 비게 된다. [그림 4-7(a)]의 2차원 결정 그림에서 억셉터 음이온인 B^-와 가깝게 위치한 원자가전자의 빈자리를 표시하였는데, 이 전자의 빈자리를 **억셉터정공**acceptor hole이라고 부른다. 아주 낮은 온도에서는 2차원 결정 그림에 이 억셉터정공(흰 공)이 B^- 음이온과 결합되어 있고, 이를 $E-x$ 다이어그램에서 억셉터정공의 에너지 E_a에 정공이 점유된 '속박된 정공'(흰 공) 형태로 묘사하였다.

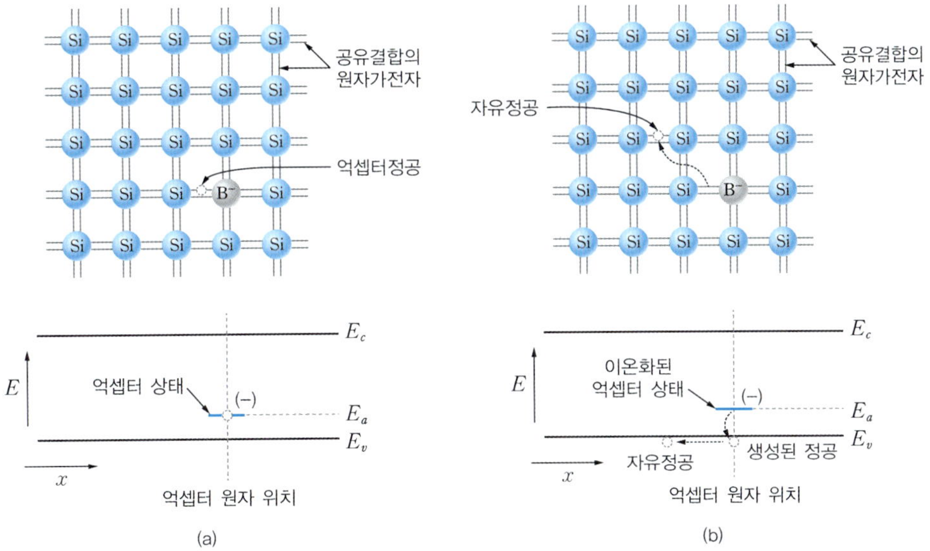

[그림 4-7] 붕소(B)를 도핑한 경우 (a) 이온화되기 전과 (b) 이온화된 후의 억셉터 상태와 $E-x$ 다이어그램

온도가 상승하여 열에너지를 받으면 [그림 4-7(b)]와 같이, B 원자에 형성된 속박된 빈자리를 다른 실리콘 원자의 원자가전자가 채우고, 그러면 이 빈자리는 다른 실리콘 원자 위치로 이동하게 된다. 이동한 빈자리는 [그림 3-7]과 같이 전류 흐름에 기여하는 자유정공이 되는 것이다. 이때 중성인 B 원자는 전자를 받아 **이온화**되어 음전하를 띤 B^- **억셉터 이온**acceptor ion이 된다. 즉 억셉터 이온과 결합하고 있던 속박된 억셉터정공이 자유정공이 되어 전류 흐름에 기여할 수 있게 된다. 이 현상을 $E-x$ 다이어그램으로 그리면, 억셉터 에너지 E_a에 잡혀있던 억셉터정공이 가전자대역으로 에너지가 상승하여 뛰어올라(정공은 아래로 갈수록 에너지가 높다) 자유정공이 되는 것이다. 전자를 중심으로 기술하면 가전자대역의 전자가 억셉터 에너지의 빈자리로 뛰어올라 점유하고, 대신 가전자대역에 빈자리인 자유정공을 생성시키는 것이다.

에너지 E_a는 탈출 전 억셉터정공의 에너지 값이며, 따라서 E_a-E_v는 이온화에 필요한 에너지가 된다. 이 에너지 또한, 진성 반도체에서 자유정공이 생성되는 데 필요한 에너지인 E_c-E_v보다는 훨씬 작다. 따라서 억셉터를 **도핑해주면 도핑해준 억셉터의 농도만큼 상온에서 자유정공의 농도를 증가**시킬 수 있다. 보통 $n_i=1.5\times10^{10}\,\text{cm}^{-3}$보다 훨씬 큰 $10^{15}\sim10^{18}\,\text{cm}^{-3}$ 정도의 도핑을 해준다.

붕소(B)와 같은 3족의 원소는 가전자대역에 정공을 생성시키면서 전자를 받으므로 **억셉터**acceptor라고 부른다. 억셉터 원자는 전도대역에 전자를 생성시키지 않기 때문에, 가전자대역에 생성된 정공만이 결정 내부를 이동하면서 전류 흐름에 기여한다. 억셉터 이온은 (−) 전하량은 갖고 있으나 움직이지 않고 결정 내에 고정되어 있으므로, 전류 흐름에는 기여하지 못한다. 이렇게 생성된 가전자대역의 정공농도는 전자농도보다 크기 때문에, 이러한 반도체를 **p형 반도체**라고 한다.

4.2.2 이온화에너지

도너 원자와 억셉터 원자의 이온화에너지는 얼마나 될까?

도너 원자가 이온화되면서 자유전자를 생성하기 위해서는 E_c-E_d의 이온화에너지가 필요하고, 억셉터 원자가 이온화되면서 자유정공을 생성하기 위해서는 E_a-E_v의 이온화에너지가 필요하다. 이 이온화에너지의 값을 2.1.1절의 **보어의 원자모델을 적용**하여 예측해볼 수 있다.

수소 원자에서 원자핵과 전자 사이에 작용하는 힘이 도너 양이온과 도너전자 사이에 작용하는 힘과 유사한 상황이라고 볼 수 있고, 또한 억셉터 음이온과 억셉터 정공 사이에 작용하는 힘과도 유사한 상황이라고 볼 수 있기 때문이다. 단, 차이점은 수소 원자의 경우 원자핵과 전자가 존재하는 공간이 진공이었지만, 반도체의 경우에는 양전하와 음전하의 입자가 존재하는 공간이 진공이 아니라 반도체 물질이라는 점이다. 따라서 보어의 원자모델에서는 진공의 유전율을 적용하지만 반도체에서는 반도체 물질의 유전율을 적용해야 하고, 전자와 정공의 질량을 반도체 물질의 효과를 반영한 유효질량으로 대체해야 한다.

2.1.1절에서 설명한 보어 모델에서, 원운동을 하는 입자의 양자화된 각운동량(**가정 ❸**)에 의해 전자의 궤도 반경이 양자화된다. 식 (2.6)과 (2.7)로부터 계산한 [그림 2-3]의 양자화된 궤도 반경 r_n을 유효질량을 사용하여 다시 쓰면 다음과 같다.

$$r_n = \frac{4\pi\epsilon_s n^2\hbar^2}{m^* e^2} \tag{4.28}$$

여기서 ϵ_s은 반도체의 유전율이고, m^*는 반도체 내에서 운동하는 입자의 **전도율 유효질량**conductivity effective mass이다. 식 (2.8)의 보어 반경을 r_B (즉, $\frac{4\pi\epsilon\hbar^2}{me^2} = 0.529\,\text{Å}$)라 할 때, 입자의 궤도 반경 r_n을 r_B로 표현하면 다음과 같다.

$$\frac{r_n}{r_B} = n^2\epsilon_r\left(\frac{m_0}{m^*}\right) \tag{4.29}$$

예를 들어 실리콘의 비유전율 $\epsilon_r = 11.7$과 유효질량 $\frac{m^*}{m_0} = 0.25$를 적용하여, 바닥상태의 에너지를 지닌 입자의 궤도 반경 r_1을 r_B로 표현하면 다음과 같이 된다.

$$\frac{r_1}{r_B} = \epsilon_r\left(\frac{m_0}{m^*}\right) = 47 \tag{4.30}$$

따라서 $r_1 = (47)(0.529\,\text{Å}) = 25\,\text{Å}$이다. [예제 1-6]에서 구한 단위체적당 실리콘 원자의 개수는 $5.00\times10^{22}\,\text{cm}^{-3}$이므로, 반경 $r_1 = 25\,\text{Å}$인 구 내에는 약 3270여 개의 많은 실리콘 원자들이 포함된다. 따라서 도너전자는 도너 원자에 가깝게 속박되어 있지 않고 반도체 물질을 매질로 인식한다고 볼 수 있으므로, 식 (4.28)에서 유전율을 진공의 유전율이 아닌 반도체 물질의 유전율을 대입하는 것이 타당하다.

마찬가지로 궤도운동을 하는 입자의 에너지는 보어 모델의 식 (2.25)에 의해 다음과 같이 쓸 수 있다.

$$E_n = \frac{-m^* e^4}{8h^2 \epsilon^2 n^2} \tag{4.31}$$

수소 원자에서는 $m^* = m_0$와 $\epsilon = \epsilon_0$를 적용하여 $n=1$인 바닥상태의 에너지 값이 $E = -13.6\,\text{eV}$였다. 예를 들어 실리콘의 비유전율 $\epsilon_r = 11.7$과 유효질량 $\frac{m^*}{m_0} = 0.25$를 적용하여, $n=1$인 바닥상태의 에너지 값을 구하면 $E = -24.8\,\text{meV}$이므로, 이온화에너지는 $E = 24.8\,\text{meV}$가 된다. 이 **이온화에너지는 실리콘의 밴드갭 에너지 $E_g = 1.12\,\text{eV}$와 비교하면 약 45분의 1 정도로 매우 작다.**

[표 4-4]에 실리콘과 갈륨비소의 경우에 대해 실험적으로 측정된 몇 개의 도펀트에 대한 이온화에너지를 나타내었다. 이 도펀트들의 이온화에너지는 물질의 밴드갭 에너지보다 매우 작아, 상온($T = 300\text{K}$)에서는 모든 도펀트들이 이온화되었다고 가정할 수 있어서, 도핑한 불순물의 농도만큼 캐리어가 생성되었다고 볼 수 있다.

[표 4-4] 실리콘과 갈륨비소에서 몇 개 도펀트의 이온화에너지 단위 : [eV]

실리콘 (Ⅳ족)				갈륨비소 (Ⅲ-Ⅴ족)			
도너 (Ⅴ족)	이온화 에너지	억셉터 (Ⅲ족)	이온화 에너지	도너 (Ⅵ족)	이온화 에너지	억셉터 (Ⅱ족)	이온화 에너지
인	0.045	붕소	0.045	셀렌	0.0059	베릴륨	0.028
비소	0.05	알루미늄	0.06	텔루르	0.0058	아연	0.0307

예제 4-5

갈륨비소의 비유전율 $\epsilon_r = 13.1$과 유효질량 $\frac{m^*}{m_0} = 0.067$을 적용하여, 바닥상태의 에너지를 지닌 입자의 반경 r_1을 r_B로 표현하라. $n=1$인 바닥상태에서의 이온화에너지를 구하라.

풀이

식 (4.30)에 의해 $\frac{r_1}{r_B} = \epsilon_r\left(\frac{m_0}{m^*}\right) = \frac{13.1}{0.067} = 196$이므로 $r_1 = (196)(0.529\,\text{Å}) = 103\,\text{Å}$이다. 따라서 도너전자는 도너 원자에 가깝게 속박되어 있지 않고 반도체 물질을 매질로 인식한다고 볼 수 있으므로, 식 (4.28)에서 유전율을 진공의 유전율이 아닌 반도체 물질의 유전율을 대입하는 것이 타당하다.

식 (4.31)에 의해 $n=1$인 경우에 $E_n = \frac{-m^* e^4}{8h^2 \epsilon^2 n^2}$ $E = -13.6\,\text{eV}\left(\frac{m^*/m_0}{\epsilon_r^2}\right)$이다. 갈륨비소의 비유전율 $\epsilon_r = 13.1$과 유효질량 $\frac{m^*}{m_0} = 0.067$을 적용하여 $n=1$인 바닥상태의 에너지 값을 구하면

$E = -13.6\,\text{eV}\left(\frac{0.067}{13.1^2}\right) = -5.31\,\text{meV}$이므로, 이온화에너지는 $E = 5.31\,\text{meV}$가 된다. 이 이온화 에너지는 실리콘의 밴드갭 에너지 $E_g = 1.12\,\text{eV}$와 비교하면 약 211분의 1 정도로 매우 작다.

4.3 외인성 반도체에서 캐리어 농도와 페르미 에너지

진성 반도체는 결정에 어떤 불순물 원자도 존재하지 않는 물질로 캐리어 농도가 크지 않다. 반도체의 전류전도성을 높이기 위해서는 자유전자와 정공의 수를 증가시켜야 하는데, 진성 반도체에서 전자 혹은 정공의 수를 증가시키는 방법은 각각 도너 혹은 억셉터 불순물 원자들을 첨가시켜 외인성 반도체를 제작하는 것이다. **외인성 반도체** extrinsic semiconductor는 일정량의 특정 도펀트를 첨가하여 열평형상태에서의 전자 혹은 정공의 농도가 진성 반도체보다 더 많아지도록 만든 물질이다. 외인성 반도체에서 캐리어 농도와 페르미 에너지의 관계를 이해하고, 도펀트 농도와 온도에 의존하는 캐리어 농도 및 페르미 에너지의 변화 특성을 살펴보자.

4.3.1 에너지에 따른 전자농도 $N(E)$와 정공농도 $P(E)$

외인성 반도체에서 캐리어 농도와 페르미 에너지 E_F 위치 간에 어떠한 연관성을 가질까?

진성 반도체에 도너 혹은 억셉터 불순물 원자들을 첨가시키면 전자와 정공의 분포 형태가 진성 반도체의 경우와 달라져서, 전자와 정공의 농도가 더 이상 같지 않고 $n_0 \neq p_0$가 된다. 전자와 정공의 농도는 페르미 에너지와 밀접하게 연관되므로 도펀트 원자를 주입하면 페르미 에너지가 변하게 된다.

만약 전자와 정공의 유효질량이 같아 $m_p^* = m_n^*$이면, 식 (4.27)로부터 진성 페르미 에너지 E_{Fi}는 정확히 밴드갭의 중간인 E_{midgap}이 된다. $n_0 > p_0$인 n형 반도체에 대해 전자와 정공의 유효질량이 $m_p^* = m_n^*$임을 가정하여, 즉 전자와 정공의 양자상태밀도함수가 같아 완전 대칭인 경우에 대하여, 페르미 확률함수 $f_F(E)$, 그리고 에너지에 따른 전자농도 $N(E)$ 및 정공농도 $P(E)$의 분포를 [그림 4-8]에 나타내었다. [그림 4-9]는 p형 반도체에 대하여 그린 것이다.

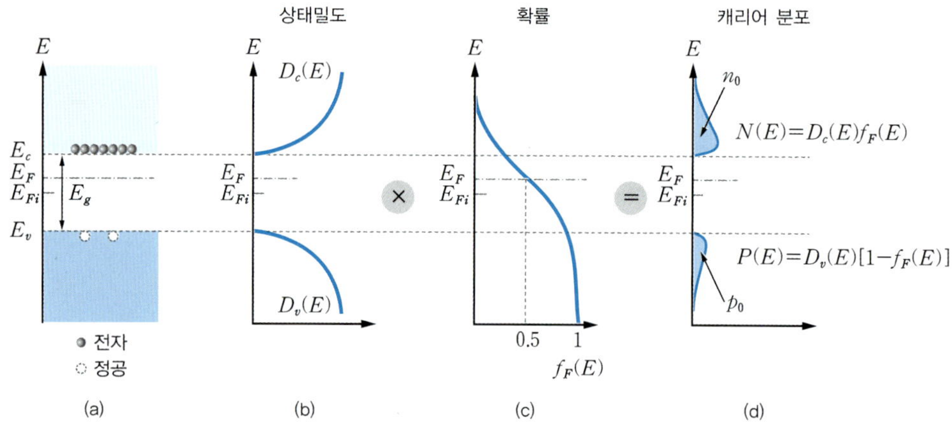

[그림 4-8] n형 반도체에서 (a) $E-x$ 다이어그램, (b) 양자상태밀도함수, (c) 페르미 확률함수, (d) 전자농도 $N(E)$와 정공농도 $P(E)$

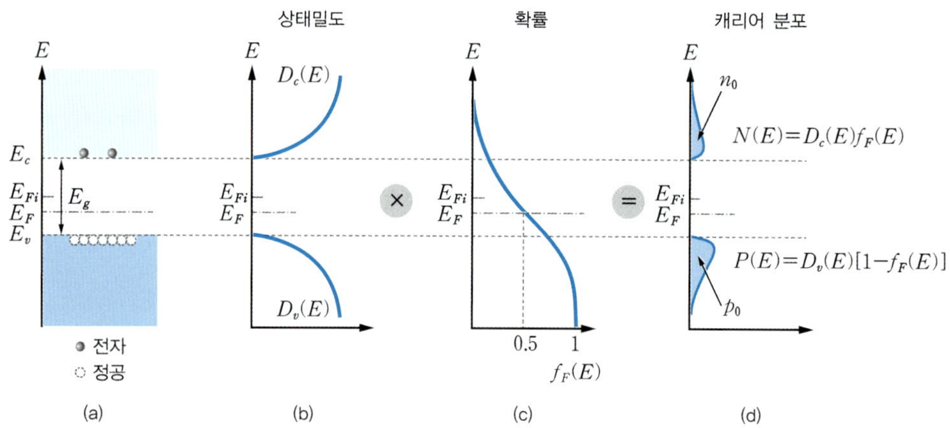

[그림 4-9] p형 반도체에서 (a) $E-x$ 다이어그램, (b) 양자상태밀도함수, (c) 페르미 확률함수, (d) 전자농도 $N(E)$와 정공농도 $P(E)$

도너를 도핑해서 자유전자가 자유정공보다 더 많이 생성된 n형 반도체의 경우 [그림 4-8]에서 $E_F > E_{Fi}$임을 알 수 있다. 따라서 [그림 4-8(c)]의 페르미 확률함수 $f_F(E)$가 진성 반도체의 경우([그림 4-1(c)])보다 전체적으로 위쪽으로 이동함으로써 $N(E) = D_c(E)f_F(E)$가 $P(E) = D_v(E)[1 - f_F(E)]$보다 크게 되며, 결국 전자농도는 정공농도보다 커서 $n_0 > p_0$이므로 n형 반도체가 된다. n형 반도체에서 전자를 **다수캐리어**majority carrier라고 부르고, 정공을 **소수캐리어**minority carrier라고 부른다.

억셉터를 도핑해서 자유정공이 자유전자보다 더 많이 생성된 p형 반도체의 경우 [그림 4-9]와 같이 $E_F < E_{Fi}$임을 알 수 있다. 따라서 [그림 4-9(c)]의 페르미 확률함수 $f_F(E)$가 진성 반도체의 경우([그림 4-1(c)])보다 전체적으로 아래쪽으로 이동함으로

써 $P(E) = D_v(E)[1 - f_F(E)]$가 $N(E) = D_c(E) f_F(E)$보다 크게 되며, 결국 정공농도가 전자농도보다 더 커서 $p_0 > n_0$이므로 p형 반도체가 된다. p형 반도체에서는 정공이 다수캐리어이고, 전자가 소수캐리어이다.

외인성 반도체의 경우, 열평형상태에서 전도대역의 자유전자농도와 가전자대역의 자유정공의 농도는, 볼츠만 근사를 적용할 수 있다면 식 (4.8) 및 (4.13)과 같고, 단지 E_F의 위치만 변동이 있으므로 다음과 같이 쓸 수 있다.

$$n_0 = N_c \exp\left[\frac{-(E_c - E_F)}{kT}\right] \tag{4.32}$$

$$p_0 = N_v \exp\left[\frac{-(E_F - E_v)}{kT}\right] \tag{4.33}$$

그러므로 외인성 반도체에서 페르미 에너지 E_F의 위치는, 식 (4.32) 및 (4.33)의 양변에 각각 자연로그를 취하여 E_F에 대하여 정리하면 다음과 같다.

$$E_F = E_c - kT \ln\left(\frac{N_c}{n_0}\right) \tag{4.34}$$

$$E_F = E_v + kT \ln\left(\frac{N_v}{p_0}\right) \tag{4.35}$$

그러므로 전자농도 또는 정공농도를 알면, 페르미 에너지 E_F의 위치를 결정할 수 있다. 전자농도가 크면 클수록 페르미 에너지 E_F는 E_c에 가깝게 접근하고, E_v에서 멀어진다. 반대로 정공의 농도가 크면 클수록 페르미 에너지 E_F는 E_v에 가깝게 접근하고, E_c에서 멀어진다.

위에서는 캐리어 농도를 N_c, N_v 및 E_c, E_v를 사용하여 표현하였다. 지금부터는 캐리어 농도를 진성캐리어 농도 n_i와 진성페르미 에너지 E_{Fi}를 사용하여 표현해보자. 진성 반도체에서 $E_F = E_{Fi}$이고, $n_0 = p_0 = n_i$임을 적용하면 식 (4.8), (4.13), (4.22)로부터 진성 캐리어 농도 n_i는 다음과 같이 쓸 수 있다.

$$n_i = N_c \exp\left[\frac{-(E_c - E_{Fi})}{kT}\right] = N_v \exp\left[\frac{-(E_{Fi} - E_v)}{kT}\right] = \sqrt{N_c N_v}\, \exp\left[\frac{-(E_c - E_v)}{2kT}\right] \tag{4.36}$$

식 (4.32)와 (4.33)을 식 (4.36)으로 나누면 다음과 같다.

$n_0 = N_c \exp\left[\frac{-(E_c - E_F)}{kT}\right]$를 $n_i = N_c \exp\left[\frac{-(E_c - E_{Fi})}{kT}\right]$로 나누면 $\frac{n_0}{n_i} = \exp\left[\frac{E_F - E_{Fi}}{kT}\right]$

$p_0 = N_v \exp\left[\frac{-(E_F - E_v)}{kT}\right]$를 $n_i = N_v \exp\left[\frac{-(E_{Fi} - E_v)}{kT}\right]$로 나누면 $\frac{p_0}{n_i} = \exp\left[\frac{E_{Fi} - E_F}{kT}\right]$

따라서 전자농도와 정공농도를 진성 캐리어 농도 n_i와 E_{Fi}를 사용하여 다음과 같이 나타낼 수 있다.

$$n_0 = n_i \exp\left[\frac{E_F - E_{Fi}}{kT}\right] \tag{4.37}$$

$$p_0 = n_i \exp\left[\frac{E_{Fi} - E_F}{kT}\right] \tag{4.38}$$

외인성 반도체에서 페르미 에너지 E_F의 위치는, 식 (4.37) 및 (4.38)의 양변에 각각 자연로그를 취하여 다음과 같이 E_F에 대하여 정리할 수 있다.

$$E_F = E_{Fi} + kT \ln\left(\frac{n_0}{n_i}\right) \tag{4.39}$$

$$E_F = E_{Fi} + kT \ln\left(\frac{n_i}{p_0}\right) \tag{4.40}$$

따라서 전자농도 또는 정공농도를 알면, 페르미 에너지 E_F의 위치를 결정할 수 있다. 전자농도가 크면 클수록 페르미 에너지 E_F는 E_{Fi}보다 높아지며 E_c쪽으로 접근한다. 반대로 정공의 농도가 크면 클수록 페르미 에너지 E_F는 E_{Fi}보다 낮아지며 E_v쪽으로 접근한다.

질량작용 법칙이란 무엇일까?

식 (4.37)과 (4.38)을 곱하거나, 혹은 식 (4.32)와 (4.33)을 곱하면, 외인성 반도체에서도 진성 반도체의 식 (4.21)과 같은 다음 식이 성립한다.

$$n_0 p_0 = n_i^2 = N_c N_v \exp\left[\frac{-(E_c - E_v)}{kT}\right] = N_c N_v \exp\left[\frac{-E_g}{kT}\right] \tag{4.41}$$

따라서 열평형상태에서는 진성 반도체이든 외인성 반도체이든 전자농도와 정공농도를 곱하면 그 값이 동일하다는 법칙, 즉 다음과 같은 **질량작용 법칙**^mass action law^이 성립한다.

$$n_0 p_0 = n_i^2 \tag{4.42}$$

여기서 유의할 점은 식 (4.32)와 (4.33)이 **볼츠만 근사로부터 유도**되었기 때문에, $E_c - E_F \gg kT$(통상적으로 $E - E_F \geq 3kT$)의 볼츠만 근사가 성립하지 않으면 식 (4.42)도 성립하지 않는다는 것이다. 즉 도핑을 많이 해서 축퇴 반도체가 되면 이 법칙을 적용할 수 없다.

4.3.2 도너와 억셉터의 이온화 비율

도너 또는 억셉터의 에너지 상태를 전자가 점유할 확률은 기존의 페르미-디랙 분포함수와 약간 다르며, 이에 대한 확률함수를 알아야 도펀트가 얼마나 이온화되는지를 알 수 있다. 상온에서 도펀트 원자들이 완전이온화되었다고 볼 수 있음을 이해하도록 한다.

도펀트 에너지 준위에 전자가 채워져 있을 확률은 얼마일까?

페르미-디랙 확률함수를 유도할 때 하나의 양자상태에는 오직 하나의 입자만이 점유될 수 있다는 파울리 배타원리를 적용하였다. 각 도너 에너지 상태는 스핀 업[spin up]과 스핀 다운[spin down]의 두 가지 양자상태가 쌍으로 가능한데, 도너 원자당 도너전자가 한 개이므로 한 스핀 양자상태를 하나의 도너전자가 점유하면 두 번째 스핀 양자상태는 자동으로 점유되지 않고, 이미 점유된 양자상태와 함께 쌍으로 다른 도너전자가 점유할 수 있는 대상에서 제외된다. 즉 양자상태는 스핀 업과 스핀 다운으로 둘이지만 도너전자는 하나만 둘 수 있기 때문에, 도너전자가 도너 에너지 준위 E_d를 점유할 확률함수 $f_D(E_d)$는 페르미-디랙 분포함수를 약간 수정한 다음과 같은 형태가 된다.

$$f_D(E_d) = \frac{n_d}{N_d} = \frac{1}{1 + \frac{1}{2}\exp\left(\frac{E_d - E_F}{kT}\right)} \tag{4.43}$$

여기서 n_d는 도너 준위를 차지하는 도너전자농도이고, N_d는 도핑해준 중성 도너 원자의 농도이다. 우리는 중성 도너 원자에서 이온화되어 전도대역으로 올라간 자유전자에 관심이 있으므로, 이온화된 도너 농도에 관심이 있다. N_d^+를 이온화된 도너 농도라 하면

$$N_d^+ = N_d - n_d \tag{4.44}$$

인 관계에 있다. 식 (4.43)의 분모에 있는 인수 $\frac{1}{2}$은 위에서 언급한 스핀인수로 일반적으로는 $\frac{1}{g}$로 쓰는데, 이때 g를 **축퇴인자**degeneracy factor라고 부른다.

마찬가지로 억셉터 원자 중 억셉터 준위의 에너지 E_a에 정공이 점유되어 있을(전자가 비어 있을) 확률함수는 다음과 같다.

$$f_A(E_a) = \frac{p_a}{N_a} = \frac{1}{1 + \frac{1}{g}\exp\left(\frac{E_F - E_a}{kT}\right)} \tag{4.45}$$

여기서 p_a는 억셉터 준위를 점유하고 있는(전자가 비어 있는) 정공의 농도이고, N_a는 도핑해준 중성 억셉터 원자의 농도이다. 중성 억셉터 원자에서 이온화되어 가전자 대역으로 올라간 자유정공은 이온화된 억셉터 농도에 해당한다. N_a^-를 이온화된 억셉터 농도라 하면

$$N_a^- = N_a - p_a \tag{4.46}$$

인 관계에 있다. 바닥상태의 축퇴인자 g는 Si과 GaAs의 경우 $E-k$ 다이어그램의 $k=0$에서 두 개의 가전자대역이 겹쳐있어 양자 상태가 2개이고, 스핀을 고려하면 축퇴인자 g는 4가 된다.

상온일 때 외인성 반도체에서 완전이온화가 이루어졌다고 볼 수 있을까?

상온에서 외인성 반도체에 도핑해 준 중성 도너 원자의 농도 N_d 중 몇 퍼센트가 이온화되었는지 알아보자. 식 (4.44)의 양변을 N_d로 나누면 다음 식이 성립한다.

$$\frac{N_d^+}{N_d} = 1 - \frac{n_d}{N_d} \tag{4.47}$$

이 식에 식 (4.43)을 대입하면 다음과 같이 된다.

$$\frac{N_d^+}{N_d}=1-\frac{n_d}{N_d}=1-\frac{1}{1+\frac{1}{2}\exp\left(\frac{E_d-E_F}{kT}\right)}=\frac{\frac{1}{2}\exp\left(\frac{E_d-E_F}{kT}\right)}{1+\frac{1}{2}\exp\left(\frac{E_d-E_F}{kT}\right)}$$

$$=\frac{1}{1+2\exp\left(\frac{E_F-E_d}{kT}\right)} \tag{4.48}$$

만약 $(E_d-E_F)\geq 3kT$여서 볼츠만 근사를 적용할 수 있다면, 전도대역의 전자농도는 식 (4.32)로부터

$$n_0=N_c\exp\left[\frac{-(E_c-E_F)}{kT}\right]$$

가 된다. 상온에서 $n_0\simeq N_d$라고 할 수 있으므로([그림 4-14] 참조), 식 (4.32)에 대입하면 다음 식이 성립한다.

$$N_d=N_c\exp\left[\frac{-(E_c-E_F)}{kT}\right] \tag{4.49}$$

따라서 이 식을 정리하면

$$\exp\left(\frac{E_F}{kT}\right)=\frac{N_d}{N_c}\exp\left(\frac{E_c}{kT}\right) \tag{4.50}$$

가 되고, 이를 식 (4.48)에 대입하면 다음과 같이 쓸 수 있다.

$$\frac{N_d^+}{N_d}=\frac{1}{1+2\exp\left(\frac{E_F-E_d}{kT}\right)}=\frac{1}{1+2\frac{N_d}{N_c}\exp\left(\frac{E_c-E_d}{kT}\right)} \tag{4.51}$$

분모 지수항의 (E_c-E_d)는 도너전자의 이온화에너지이다. 따라서 이온화되지 않은 도너 중성원자의 비율은 다음과 같이 쓸 수 있다.

$$f_D(E_d)=\frac{n_d}{N_d}=1-\frac{N_d^+}{N_d}=\frac{1}{1+\frac{1}{2}\exp\left(\frac{E_d-E_F}{kT}\right)}=\frac{1}{1+\frac{N_c}{2N_d}\exp\left[\frac{-(E_c-E_d)}{kT}\right]} \tag{4.52}$$

예제 4-6

절대온도 300 K에서 실리콘의 전자농도가 $n_0 = 10^{17}\,\text{cm}^{-3}$일 때, 도핑해준 As 중성 도너 원자 중에서 이온화되지 않고 중성으로 남아 있는 도너 원자는 몇 %인가?

풀이

도너전자가 도너 에너지 준위를 점유할 확률함수는 $f_D(E_d) = \dfrac{n_d}{N_d} = \dfrac{1}{1+\dfrac{1}{2}\exp\left(\dfrac{E_d - E_F}{kT}\right)}$이고, Si에서 As의 이온화에너지는 0.05 eV이다.

$n_0 = 10^{17}\,\text{cm}^{-3}$일 때, $E_c - E_F = kT\ln\left(\dfrac{N_c}{n_0}\right) = (0.0259)\ln\left(\dfrac{2.8\times 10^{19}}{10^{17}}\right) = 0.1459$이다.

$E_c - E_F = E_c - E_d + E_d - E_F = 0.05 + (E_d - E_F) = 0.1459$이므로,

$(E_d - E_F) = 0.1459 - 0.05 = 0.0959\,\text{eV}$이다. 따라서 도핑해준 As 원자 중에서 이온화되지 않고 중성으로 남아 있는 도너 원자의 비율은 다음과 같이 구할 수 있다.

$$f_D(E_d) = \frac{n_d}{N_d} = \frac{1}{1+\dfrac{1}{2}\exp\left(\dfrac{E_d - E_F}{kT}\right)} = \frac{1}{1+\dfrac{1}{2}\exp\left(\dfrac{0.0959}{0.0259}\right)} = 0.0470 = 4.7\%$$

4.3.3 도핑농도에 따른 페르미 에너지의 변화

상온일 때 외인성 반도체에서 페르미 에너지의 값은 얼마일까?

상온($T = 300\,\text{K}$)에서는 모든 도펀트들이 이온화되었다고 가정할 수 있다. 도너를 N_d 만큼 도핑한 n형 반도체의 경우, 상온에서 다수캐리어인 전자농도는

$$n_0 \simeq N_d \tag{4.53}$$

라고 볼 수 있고, 소수캐리어인 정공농도는 식 (4.42)를 적용하면

$$p_0 = \frac{n_i^2}{n_0} \simeq \frac{n_i^2}{N_d} \tag{4.54}$$

이 된다. 따라서 페르미 에너지 E_F는 식 (4.34)에서 다음과 같이 되거나

$$E_F = E_c - kT\ln\left(\frac{N_c}{n_0}\right) \simeq E_c - kT\ln\left(\frac{N_c}{N_d}\right) \tag{4.55}$$

또는 식 (4.39)에서 다음과 같이 된다.

$$E_F = E_{Fi} + kT\ln\left(\frac{n_0}{n_i}\right) \simeq E_{Fi} + kT\ln\left(\frac{N_d}{n_i}\right) \tag{4.56}$$

마찬가지로 억셉터를 N_a만큼 도핑한 p형 반도체인 경우에는, 상온에서 다수캐리어인 정공농도는

$$p_0 \simeq N_a \tag{4.57}$$

라고 볼 수 있고, 소수캐리어인 전자농도는 식 (4.42)를 적용하면

$$n_0 = \frac{n_i^2}{p_0} \simeq \frac{n_i^2}{N_a} \tag{4.58}$$

이 된다. 따라서 페르미 에너지 E_F는 식 (4.35)에서

$$E_F = E_v + kT\ln\left(\frac{N_v}{p_0}\right) \simeq E_v + kT\ln\left(\frac{N_v}{N_a}\right) \tag{4.59}$$

또는 식 (4.40)에서 다음과 같이 된다.

$$E_F = E_{Fi} + kT\ln\left(\frac{n_i}{p_0}\right) \simeq E_{Fi} + kT\ln\left(\frac{n_i}{N_a}\right) \tag{4.60}$$

예제 4-7

$T = 300\,\text{K}$인 n형 실리콘에서 도너를 $N_d = 10^{17}\,\text{cm}^{-3}$만큼 도핑한 경우, 다수캐리어 농도와 소수캐리어 농도를 구하고, 이때의 페르미 에너지 E_F의 위치를 구하라.
단, $N_c = 2.8 \times 10^{19}\,\text{cm}^{-3}$이다.

풀이

상온에서는 모든 도펀트들이 이온화되었다고 가정할 수 있으므로 다수캐리어인 전자농도는

$$n_0 \simeq N_d = 10^{17}\,\text{cm}^{-3}$$

이다. 그리고 소수캐리어인 정공의 농도는 식 (4.54)로부터

$$p_0 = \frac{n_i^2}{n_0} \simeq \frac{n_i^2}{N_d} = \frac{(1.5\times 10^{10})^2}{10^{17}} = 2250\,\text{cm}^{-3}$$

이다. 또한 페르미 에너지 E_F는 식 (4.55)에 의하여

$$E_F = E_c - kT\ln\left(\frac{N_c}{n_0}\right) \simeq E_c - kT\ln\left(\frac{N_c}{N_d}\right) = E_c - (0.0259\,\text{eV})\ln\left(\frac{2.8\times10^{19}}{10^{17}}\right) = E_c - 0.146\,\text{eV}$$

이므로, 페르미 에너지 E_F는 전도대역 아래 0.146 eV에 위치한다.

예제 4-8

$T = 300\,\text{K}$인 p형 실리콘에서 억셉터를 $N_a = 10^{17}\,\text{cm}^{-3}$만큼 도핑한 경우, 페르미 에너지 E_F의 위치를 구하라. 단, $N_v = 1.05\times10^{19}\,\text{cm}^{-3}$이다.

풀이

상온에서는 모든 도펀트들이 이온화되었다고 가정할 수 있으므로 다수캐리어인 정공농도는

$$p_0 \simeq N_a = 10^{17}\,\text{cm}^{-3}$$

이다. 또한 페르미 에너지 E_F는 식 (4.59)에 의하여

$$E_F = E_v + kT\ln\left(\frac{N_v}{p_0}\right) \simeq E_v + kT\ln\left(\frac{N_v}{N_a}\right) = E_v + (0.0259\,\text{eV})\ln\left(\frac{1.05\times10^{19}}{10^{17}}\right) = E_v + 0.121\,\text{eV}$$

이다. 즉 페르미 에너지 E_F는 가전자대역 위 0.121 eV에 위치한다.

예제 4-9

$n_0 p_0 = n_i^2$을 적용하려면 볼츠만 근사를 적용할 수 있어야 한다. $E_c - E_F = 3kT$가 되는 도너의 농도는 얼마인가? 단, 실리콘의 $N_c = 2.8\times10^{19}\,\text{cm}^{-3}$이다.

풀이

식 (4.55)에 의하여 $E_F = E_c - kT\ln\left(\frac{N_c}{n_0}\right) \simeq E_c - kT\ln\left(\frac{N_c}{N_d}\right) = E_c - 3kT$가 되려면

$3 = \ln\left(\frac{N_c}{N_d}\right)$이어야 한다. 따라서 $\frac{N_c}{N_d} = e^3$에서 도너 농도 N_d는 다음과 같다.

$$N_d = \frac{N_c}{e^3} = 1.39\times10^{18}\,\text{cm}^{-3}$$

외인성 반도체에서 페르미 에너지는 도핑농도에 따라 어떻게 달라질까?

외인성 반도체에서 페르미 에너지 E_F에 관한 표현식을 다시 한 번 정리해보자.

$$E_F = E_c - kT\ln\left(\frac{N_c}{n_0}\right) \tag{4.61}$$

$$E_F = E_v + kT\ln\left(\frac{N_v}{p_0}\right) \tag{4.62}$$

혹은

$$E_F = E_{Fi} + kT\ln\left(\frac{n_0}{n_i}\right) \tag{4.63}$$

$$E_F = E_{Fi} + kT\ln\left(\frac{n_i}{p_0}\right) \tag{4.64}$$

만약 도펀트 원자들의 완전이온화를 가정할 수 있다면, 도펀트 농도를 사용하여 페르미 에너지를 표현할 수 있다. 실제 상온에서는 모든 도펀트들이 이온화되었다고 볼 수 있다. 도너를 N_d만큼 도핑한 n형 반도체에 대하여 도너 원자의 완전이온화를 가정하는 경우, 다수캐리어인 전자농도는 $n_0 \simeq N_d$이므로 페르미 에너지 E_F는

$$E_F = E_c - kT\ln\left(\frac{N_c}{n_0}\right) \simeq E_c - kT\ln\left(\frac{N_c}{N_d}\right) \tag{4.65}$$

또는

$$E_F = E_{Fi} + kT\ln\left(\frac{n_0}{n_i}\right) \simeq E_{Fi} + kT\ln\left(\frac{N_d}{n_i}\right) \tag{4.66}$$

와 같이 쓸 수 있다. 따라서 페르미 에너지 E_F와 도너 농도의 자연로그 값인 $\ln(N_d)$는 직선으로 표현되는 선형관계를 가진다. 이때 직선의 기울기는 kT로, 온도에 비례해서 온도가 올라갈수록 직선의 기울기도 가파르다.

만약 억셉터를 N_a만큼 도핑한 p형 반도체의 경우 억셉터 원자의 완전이온화를 가정하면, 다수캐리어인 정공농도는 $p_0 \simeq N_a$이므로 페르미 에너지 E_F는

$$E_F = E_v + kT\ln\left(\frac{N_v}{p_0}\right) \simeq E_v + kT\ln\left(\frac{N_v}{N_a}\right) \tag{4.67}$$

또는

$$E_F = E_{Fi} + kT\ln\left(\frac{n_i}{p_0}\right) \simeq E_{Fi} + kT\ln\left(\frac{n_i}{N_a}\right) \tag{4.68}$$

가 된다. 따라서 페르미 에너지 E_F와 억셉터 농도의 자연로그 값인 $\ln(N_a)$도 직선으로 표현되는 선형관계임을 알 수 있다. 이때 직선의 기울기는 $-kT$이다.

지금까지의 내용을 통해 도핑농도가 증가함에 따라 페르미 에너지는 n형의 경우 전도대역으로 가깝게 이동하고, p형의 경우 가전자대역으로 가깝게 이동함을 알 수 있다.

예제 4-10

도펀트 원자들의 완전이온화를 가정하고, 다음 물음에 답하라.

(a) 식 (4.66)에 의해 페르미 에너지 E_F 대 도너 농도 N_d의 그래프를 세미-로그 눈금으로 그려보라. 이때의 기울기는 얼마인가?

(b) 식 (4.68)에 의해 페르미 에너지 E_F 대 억셉터 농도 N_a의 그래프를 세미-로그 눈금으로 그려보라. 이때의 기울기는 얼마인가?

풀이

(a) 식 (4.66)에 의하여

$$\begin{aligned} E_F &= E_{Fi} + kT\ln\left(\frac{n_0}{n_i}\right) \simeq E_{Fi} + kT\ln\left(\frac{N_d}{n_i}\right) = E_{Fi} + kT\left(\frac{\log N_d}{\log e} - \ln n_i\right) \\ &= E_{Fi} + kT\,(2.30\log N_d - \ln n_i) = E_{Fi} + (2.30kT)\log N_d - kT\ln n_i \end{aligned} \tag{4.69}$$

이다. 따라서 E_F 대 N_d의 그래프는 [그림 4-10]과 같이 세미-로그 눈금으로 그리면 직선이 되고, 이 직선의 기울기는 $2.30kT$이다. 그림에서 T_1 그래프의 기울기가 T_2 그래프의 기울기보다 더 크므로 $T_1 > T_2$임을 알 수 있다.

(b) 식 (4.68)에 의하여

$$\begin{aligned} E_F &= E_{Fi} + kT\ln\left(\frac{n_i}{p_0}\right) \simeq E_{Fi} + kT\ln\left(\frac{n_i}{N_a}\right) = E_{Fi} + kT\left(\ln n_i - \frac{\log N_a}{\log e}\right) \\ &= E_{Fi} + kT\,(\ln n_i - 2.30\log N_a) = E_{Fi} - (2.30kT)\log N_a + kT\ln n_i \end{aligned} \tag{4.70}$$

이다. 따라서 E_F 대 N_a의 그래프는 [그림 4-10]과 같이 세미-로그 눈금으로 그리면 직선이 되고, 이 직선의 기울기는 $-2.30kT$이다. 그림에서 T_1 그래프의 절댓값 기울기가 T_2 그래프보다 더 크므로 $T_1 > T_2$임을 알 수 있다.

이러한 직선 그래프는 볼츠만 근사를 적용할 수 없는 고농도 도핑의 경우에 가까워질수록 점점 어긋날 것이다.

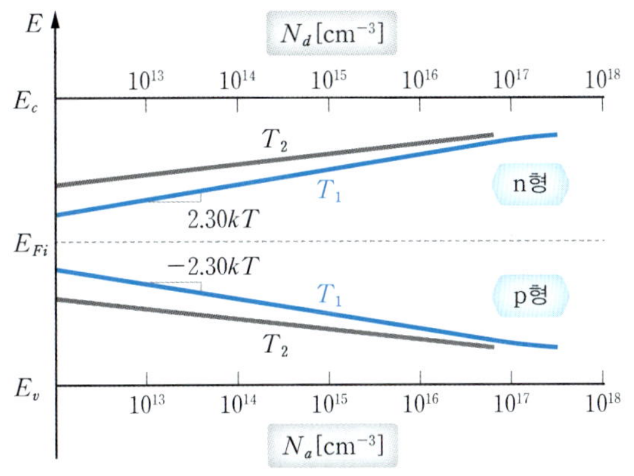

[그림 4-10] 도너 농도 N_d(n형)와 억셉터 농도 N_a(p형)에 따른, 두 온도에서의 페르미 에너지 변화

4.3.4 축퇴 반도체와 비축퇴 반도체

도핑농도가 매우 높아지면 에너지밴드 그림에 어떤 변화가 일어날까?

반도체에 도펀트 원자들을 첨가시킬 때 일반적으로 그 농도가 크지 않아, 도펀트 원자들이 서로 매우 멀리 떨어져 있어 상호 간섭이 일어나지 않는다. 이러한 반도체를 **비축퇴 반도체**non-degenerate semiconductor라고 한다.

만약 매우 높은 농도로 도너 원자들을 주입시키면, 도너 원자들 간에 거리가 매우 가까워져서 도너 원자들 간 상호 간섭이 일어나, 결국에는 3.1절에서 언급한 경우와 유사하게 단일 개별도너 에너지 준위가 에너지밴드로 분리될 것이다. 도너의 농도가 더욱 증가함에 따라 도너 상태 밴드폭은 점점 확장되고, 마침내는 전도대역 하단과 겹치게 된다. 이렇게 되면 전도대역 최소 에너지인 E_c는 아래쪽의 더 낮은 에너지 값으로 이동하고, 페르미 에너지 E_F는 E_c보다 더 높은 에너지로 E_c 위쪽에 위치하게 된다. 이런 현상은 도너 농도가 유효상태밀도함수 N_c와 필적할 때 발생할 것이며, 전자농도가 전도대역의 유효상태밀도함수 N_c보다 클 때 페르미 에너지는 전도대역 내부에 있게 된다. 이러한 형태의 반도체를 **n형 축퇴 반도체**라고 부른다.

이와 마찬가지로 p형 반도체에서도 억셉터 도핑농도가 증가함에 따라 개별적인 억셉터 에너지 상태가 에너지밴드로 분리되어 가전자대역의 상단과 겹치게 된다. 이때 페르미 에너지 E_F는 정공농도가 유효상태밀도함수 N_v보다 크게 될 때 E_v보다 더 낮은 에너지인 아래쪽으로 이동하여 가전자대역 내부에 있게 된다. 이러한 형태의 반도체를 **p형**

축퇴 반도체라고 한다.

[그림 4-11]은 n형과 p형의 축퇴 반도체에 대한 에너지밴드 그림을 나타낸 것이다. 이 그림에서 전도대역의 전자와 가전자대역의 정공에 대하여 $E-E_F>3kT$은 더 이상 성립하지 않으며, 따라서 축퇴 반도체에서는 식 (4.7)과 같은 볼츠만 근사를 적용할 수 없다. [예제 4-9]로부터 실리콘의 경우 축퇴 현상은 약 $1.39\times10^{18}\,\text{cm}^{-3}$ 이상의 도핑농도에서 발생한다고 볼 수 있다.

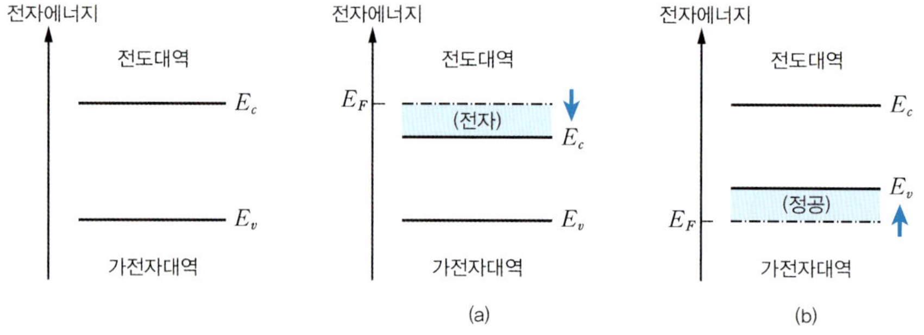

[그림 4-11] (a) n형 축퇴 반도체와 (b) p형 축퇴 반도체의 에너지밴드 그림

예제 4-11

다음 물음에 답하라.

(a) 반도체에서 도너전자의 농도가 $10^{18}\,\text{cm}^{-3}$인 경우에 한 도너전자가 다른 도너전자와 궤도가 겹쳐지지 않도록 하는 전자의 원운동 최소 반경은 얼마인가?

(b) GaAs의 경우 전자의 유효질량이 $\dfrac{m_n^*}{m_0}=0.067$이고 $\epsilon_r=13.1$이다. $n=1$인 바닥 에너지 상태에 있는 도너전자 궤도 반경 r_1을 구하고, 이 반경을 (a)에서 계산한 최소한의 평균 거리와 비교하라.

(c) Si의 경우 전자의 유효질량이 $\dfrac{m_n^*}{m_0}=0.25$이고 $\epsilon_r=11.7$이다. $n=1$인 바닥 에너지 상태에 있는 도너전자 궤도 반경 r_1을 구하고, 이 반경을 (a)에서 계산한 최소한의 평균 거리와 비교하라.

풀이

(a) 도너전자의 농도가 $10^{18}\,\text{cm}^{-3}$인 경우에 도너전자 1개가 차지하는 평균 부피는 이의 역수인 $10^{-18}\,\text{cm}^3$이다. 따라서 한 도너전자가 다른 도너전자와 궤도가 겹쳐지지 않는 최소한의 평균 거리는 $V=L^3$이므로 $L=V^{1/3}=(10^{-18})^{1/3}=10^{-6}\,\text{cm}=100\,\text{Å}$이다. 이 거리의 절반인 $50\,\text{Å}$이 한 전자가 다른 전자와 궤도가 겹쳐지지 않도록 하는 도너전자의 원운동 최소 반경이라고 볼 수 있다.

(b) 진공에서의 $r_1 = \dfrac{4\pi\epsilon_0\hbar^2}{m_0 e^2} = 0.53\,\text{Å}$ 이고, 식 (4.28)에서 궤도 반경은 $r_n = \dfrac{4\pi\epsilon\, n^2\hbar^2}{m^* e^2}$ 이므로, GaAs에서의 바닥 에너지 상태에 있는 도너전자 궤도 반경은 다음과 같다.

$$r_1 = \epsilon_r\left(\frac{m_0}{m^*}\right)(0.53\,\text{Å}) = (13.1)\frac{1}{0.067}(0.53\,\text{Å}) = 104\,\text{Å}$$

도너전자의 농도가 10^{18}cm^{-3}인 경우에 한 도너전자가 다른 도너전자와 궤도가 겹쳐지지 않도록 하는 전자의 원운동 최소 반경이 50 Å 인데, 이것보다 두 배 정도인 104 Å 의 반경을 가지므로, GaAs에서는 도너전자의 농도가 10^{18}cm^{-3}이면 실제적으로 도너 불순물 간에 도너전자의 궤도가 중첩됨을 알 수 있다. 즉 GaAs에서 도너전자의 농도가 10^{18}cm^{-3}이면 축퇴 반도체가 될 것이다.

(c) Si에서의 바닥 에너지 상태에 있는 도너전자 궤도 반경은 다음과 같다.

$$r_1 = \epsilon_r\left(\frac{m_0}{m^*}\right)(0.53\,\text{Å}) = (11.7)\frac{1}{0.25}(0.53\,\text{Å}) = 24.8\,\text{Å}$$

도너전자의 농도가 10^{18}cm^{-3}인 경우에 한 도너전자가 다른 도너전자와 궤도가 겹쳐지지 않도록 하는 전자의 원운동 최소 반경이 50 Å 인데, 이것의 약 절반 정도 되는 반경을 가지므로, Si에서는 도너전자의 농도가 10^{18}cm^{-3}이면 실제적으로 도너 불순물 간에 도너전자의 궤도가 중첩되지 않아 비축퇴 반도체가 될 것임을 예측할 수 있다. 만약 Si의 경우 전자가 $n=2$인 에너지 상태에 있다면 전자 궤도 반경은 $r_2 = n^2 r_1 = 2^2(24.8\,\text{Å}) = 99.2\,\text{Å}$이 되므로, 이때는 전자 궤도가 겹친다고 볼 수 있다.

4.3.5 온도에 따른 페르미 에너지의 변화

외인성 반도체에서 페르미 에너지는 온도에 따라 어떻게 달라질까?

진성 캐리어농도에 관한 식 (4.36)의 양변에 자연로그를 취하면 다음과 같다.

$$\ln n_i = \ln\sqrt{N_c N_v} - \frac{E_c - E_v}{2kT} = \ln\sqrt{N_c N_v} - \frac{E_g}{2kT} \tag{4.71}$$

여기서 식 (4.23)의 양변에 자연로그를 취하면, 우변의 첫째항은

$$\ln\sqrt{N_c N_v} = \frac{3}{2}\ln T + \ln\left[2\left(\frac{2\pi k}{h^2}\right)^{\frac{3}{2}}\left(m_n^* m_p^*\right)^{\frac{3}{4}}\right] \tag{4.72}$$

이 된다. 도너를 N_d만큼 도핑한 n형 외인성 반도체의 경우, 모든 도펀트들이 이온화되었다는 가정 하에, 페르미 에너지 E_F에 관한 식 (4.66)에 식 (4.71)과 (4.72)를 대입하여 정리하면 다음과 같이 된다.

$$\begin{aligned} E_F &= E_{Fi} + kT\ln\left(\frac{n_0}{n_i}\right) \simeq E_{Fi} + kT\ln\left(\frac{N_d}{n_i}\right) = E_{Fi} + kT\,(\ln N_d - \ln n_i) \\ &= E_{Fi} + kT\left(\ln N_d - \ln\sqrt{N_c N_v} + \frac{E_g}{2kT}\right) \\ &= E_{Fi} + \frac{E_g}{2} + kT\left(\ln N_d - \ln\left[2\left(\frac{2\pi k}{h^2}\right)^{\frac{3}{2}}(m_n^* m_p^*)^{\frac{3}{4}}\right] - \frac{3}{2}\ln T\right) \end{aligned} \tag{4.73}$$

억셉터를 N_a만큼 도핑한 p형 반도체의 경우, 모든 도펀트들이 이온화되었다는 가정 하에, 동일한 방법으로 페르미 에너지 E_F에 관한 식 (4.68)에 식 (4.71)과 (4.72)를 대입하여 정리하면 다음과 같이 된다.

$$\begin{aligned} E_F &= E_{Fi} + kT\ln\left(\frac{n_i}{p_0}\right) \simeq E_{Fi} + kT\ln\left(\frac{n_i}{N_a}\right) = E_{Fi} + kT\,(\ln n_i - \ln N_a) \\ &= E_{Fi} + kT\left(\ln\sqrt{N_c N_v} - \frac{E_g}{2kT} - \ln N_a\right) \\ &= E_{Fi} - \frac{E_g}{2} + kT\left(\ln\left[2\left(\frac{2\pi k}{h^2}\right)^{\frac{3}{2}}(m_n^* m_p^*)^{\frac{3}{4}}\right] + \frac{3}{2}\ln T - \ln N_a\right) \end{aligned} \tag{4.74}$$

[그림 4-12]는 실리콘에 대한 온도에 따른 페르미 에너지의 변화를 그린 개략도이다.

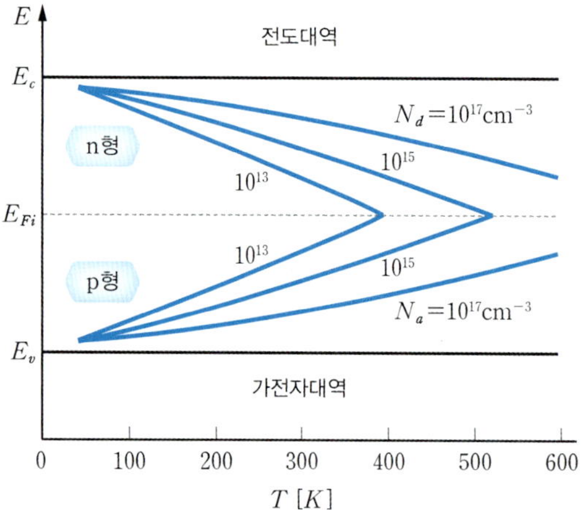

[그림 4-12] 온도에 따른, 세 가지 도펀트 농도에서 페르미 에너지의 변화

여기서 잠깐! 저온 극한과 고온 극한에서의 페르미 에너지의 위치

[그림 4-12]에서 저온 극한 및 고온 극한에서의 페르미 에너지 위치를 확인해보자.

■ **저온 극한**

절대온도 $T=0\,\text{K}$에서는 E_F 아래의 모든 에너지 상태들은 채워지고, E_F 위 모든 에너지 상태들은 비어있다. 절대온도 0K에서는 열에너지가 전혀 없으므로 모든 입자가 얼어버리는 **동결**freeze-out 현상이 일어난다. 이때 n형 반도체인 경우에 도너전자는 도너 준위에 붙잡혀 있으므로, 페르미 에너지는 E_d보다 위에, E_c보다는 아래에 위치한다. p형 반도체인 경우 페르미 에너지는 E_a보다는 아래에, E_v보다는 위에 위치한다.

■ **고온 극한**

고온 극한에서는 진성 캐리어 농도 n_i 값이 n_0와 p_0 값에 가까워지면서 식 (4.63)과 (4.64)에서 $|E_F-E_{Fi}|$는 점점 0에 가까워진다. 즉 E_F는 진성 페르미 에너지 E_{Fi} 위치 가까이로 이동한다.

n형 반도체인 경우, 식 (4.73)에서 $\ln N_d-\ln\left[2\left(\frac{2\pi k}{h^2}\right)^{\frac{3}{2}}(m_n^*m_p^*)^{\frac{3}{4}}\right]=-A\ (A>0)$라고 놓으면

$$E_F-E_{Fi}=\frac{E_g}{2}+kT\left(-A-\frac{3}{2}\ln T\right) \tag{4.75}$$

가 된다. 이는 온도의 변화에 따라 $\frac{3}{2}\ln T$의 변화를 무시했을 때, E_F 대 T의 그래프를 그리면 음의 기울기를 갖는 직선이 됨을 의미한다. 도핑농도가 커지면 A 값의 크기가 작아지므로 직선 기울기의 절댓값인 $\left|k\left(-A-\frac{3}{2}\ln T\right)\right|$의 크기가 작아져 완만한 기울기를 갖는 직선이 됨을 볼 수 있다. 또한 도핑농도가 커지면 A 값의 크기가 작아지므로, 온도가 증가하면서 $-\frac{3}{2}\ln T$ 항의 비중이 커져서, 그림에서 오른쪽으로 갈수록 직선의 기울기가 조금 더 가파른 그래프가 됨을 확인할 수 있다.

마찬가지로 p형 반도체인 경우, 식 (4.74)에서 $\ln\left[2\left(\frac{2\pi k}{h^2}\right)^{\frac{3}{2}}(m_n^*m_p^*)^{\frac{3}{4}}\right]-\ln N_a=B$ $(B>0)$라고 놓으면

$$E_F - E_{Fi} = -\frac{E_g}{2} + kT\left(B + \frac{3}{2}\ln T\right) \tag{4.76}$$

가 된다. 이는 온도의 변화에 따라 $\frac{3}{2}\ln T$의 변화를 무시했을 때, E_F 대 T의 그래프를 그리면 양의 기울기를 갖는 직선이 됨을 의미한다. 도핑농도가 커지면 B 값의 크기가 작아지므로 직선 기울기인 $k\left(B+\frac{3}{2}\ln T\right)$의 크기가 작아져 완만한 기울기를 갖는 직선이 됨을 볼 수 있다. 또한 도핑농도가 커지면 B 값의 크기가 작아지므로, 온도가 증가하면서 $\frac{3}{2}\ln T$ 항의 비중이 커져서, 그림에서 오른쪽으로 갈수록 직선의 기울기가 조금 더 가파른 그래프가 됨을 확인할 수 있다.

4.3.6 온도에 따른 전자농도의 변화

$T=0$K에서부터 온도가 차츰 올라가면 n형 반도체의 전도대역 전자농도는 어떻게 변화할까?

$T=0$K일 때 모든 도너 원자들은 도너전자들로 점유된 상태이고, 가전자대역도 전자들로 점유되어 있어 전도대역에는 자유전자가 존재하지 않는 동결상태이다. 즉 도너전자들이 도너 준위로부터 전도대역으로 탈출하기 위해 필요한 에너지와 가전자대역의 전자들이 전도대역으로 올라가기 위해 필요한 에너지를 $T=0$K일 때에는 전혀 공급받지 못하기 때문에 [그림 4-13(a)]와 같이 전도대역에는 자유전자가 존재하지 않는 것이다.

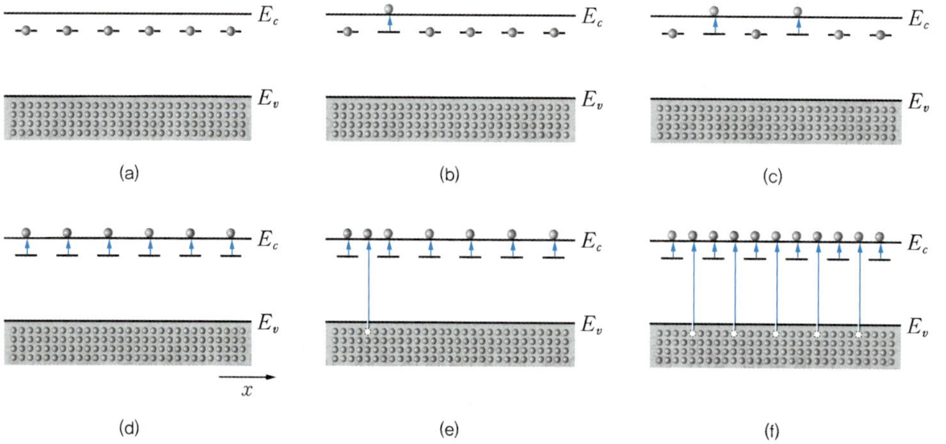

[그림 4-13] 온도가 증가하면서 캐리어 생성의 변화를 보여주는 에너지밴드 그림

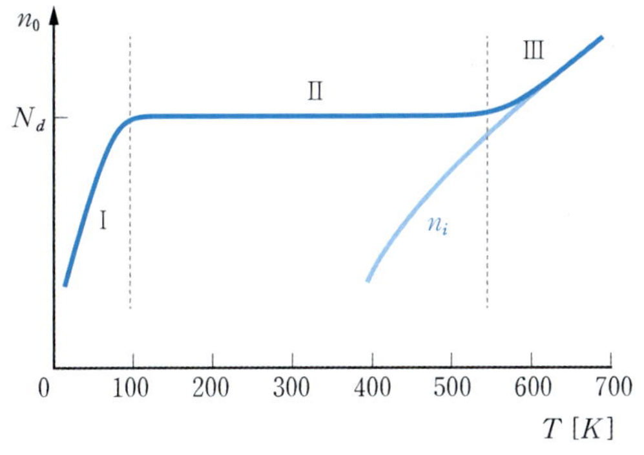

[그림 4-14] 도너 농도가 N_d인 n형 반도체에서 온도에 따른 전자농도의 변화

처음 $T = 0\,\mathrm{K}$에서부터 온도를 점점 상승시켜 가면, n형 반도체인 경우 **전도대역의 전자농도의 영역**을 크게 세 가지 영역으로 나누어 생각해볼 수 있다.

부분적 이온화 영역(I)

온도가 점점 상승하게 되면서 도너 준위에 점유되어 있던 도너전자가 전도대역으로 탈출하기 위해 필요한 에너지(실리콘의 경우 약 수십 meV)를 가질 확률이 점점 증가하고, 따라서 전도대역의 자유전자 수는 늘어난다. 즉 [그림 4-13]의 (b), (c)와 같이 도너 전자를 붙잡고 있던 중성 도너 원자가 이온화되어 자유전자를 생성하는 외인성 메커니즘이 활발하게 일어난다. 이러한 온도 영역을 부분적 이온화partial ionization 영역이라고 하며, [그림 4-14]에서 I 영역으로 표시되어 있다. 이때 가전자대역의 전자들이 전도대역으로 올라가기 위해 필요한 에너지(1.1 eV)를 가질 확률도 차츰 증가하기 시작하지만, 아직 이러한 진성 메커니즘에 의해 전자가 생성될 확률은 상대적으로 매우 작아서, 진성 메커니즘에 의해 생성된 전자는 절대적으로 희박한 상태이다. 이온화 영역에서는 도너 농도 N_d보다 자유전자의 농도 n_0가 더 작아 $N_d > n_0$이다.

외인성 영역(II)

온도가 더욱 증가하면 마침내 도너 준위에 점유되어 있던 도너전자가 모두 전도대역으로 탈출하여 [그림 4-13(d)]와 같이 완전이온화 상태에 이른다. 이때의 전자농도 n_0는 거의 도너 농도 N_d와 같다. 이후 상당 수준으로 온도를 계속 증가시키더라도 자유전자의 농도는 크게 증가하지 않고, [그림 4-14]의 II 영역과 같이 거의 수평을 유지하면서 $n_0 \simeq N_d$가 된다. 이는 더 이상 이온화될 중성 도너 원자들이 존재하지 않기 때문인데, 그런 반면에 가전자대역에서 전도대역으로 전자가 올라가는 [그림 4-13(e)]와 같은 현상은 아직 많이 일어나지 않는 상태이다. 즉 이 온도 영역에서도 가전자대역의 전자가 전도대역으로 올라가는 진성 메커니즘에 의한 자유전자의 생성이 계속 일어나고는 있지만, 그 수가 도너 농도에 비교하면 매우 적으므로 무시되고, $n_0 \simeq N_d$를 유지하고 있는 것으로 취급할 수 있다. 이 온도 영역은 외인성 반도체로서의 특성이 두드러지게 나타나기 때문에 외인성extrinsic 영역이라고 부른다.

진성 영역(Ⅲ)

온도가 더욱 증가하면 [그림 4-13(f)]와 같이 더 이상 이온화될 도너 원자들이 없는 상태에서, 가전자대역의 전자가 전도대역으로 올라가는 진성 메커니즘에 의해 생성되는 자유전자의 농도 n_i가 매우 큰 값이 된다. 외인성 메커니즘에 의해 생성된 자유전자의 농도가 N_d인데, 이보다 n_i가 매우 커지면 자유전자농도 n_0와 정공농도 p_0가 모두 n_i와 비슷하게 변화하는 진성intrinsic 영역이 된다. 따라서 고온에서는 도펀트들이 완전이온화되어 있다고 하더라도 반도체는 외인성의 특성을 잃어버리고, 진성 반도체와 같이 전자와 정공의 농도가 비슷해진다. 이 진성 영역은 [그림 4-14]에서 Ⅲ 영역으로 표시되어 있다.

[표 4-5]는 세 영역에서의 전자농도의 변화를 정리한 것이다.

[표 4-5] 세 영역에서 전자농도의 변화

	영역	전자농도
Ⅰ	부분적 이온화 영역	$n_0 < N_d$
Ⅱ	외인성 영역	$n_0 \simeq N_d$
Ⅲ	진성 영역	$n_0 \simeq n_i > N_d$

전도대역 내의 전자는 어떤 메커니즘으로 생성될까?

전도대역에 존재하는 자유전자는 다음과 같은 두 가지 **메커니즘**으로 생성될 수 있다.

❶ **외인성 메커니즘** : 도너 준위에 잡혀있던 도너전자가 이온화되어 전도대역으로 탈출하여 생성되는 자유전자. [그림 4-13]의 (b), (c)와 같이, 도너 원자에 속박되었던 도너전자가 열에너지에 의해 전도대역으로 상승하면서 생성되는 자유전자(도너전자). [그림 4-15]에서 B 과정의 ③에 해당.

❷ **진성 메커니즘** : 가전자대역의 전자들이 에너지 갭에 해당하는 에너지를 얻어 전도대역으로 올라가서 생성되는 자유전자. [그림 4-13(f)]와 같이, 열에너지에 의해 가전자대역의 전자가 전도대역으로 상승하면서 생성되는 자유전자(진성 열전자). [그림 4-15]에서 A 과정의 ①에 해당.

또한 이 두 **메커니즘의 차이점**은 다음과 같다.

- **생성 에너지 차이** : 외인성 메커니즘에 필요한 이온화에너지는 [표 4-4]와 같이 실리콘의 경우 약 50meV 정도의 크기이나, 진성 메커니즘에 필요한 에너지는 실리콘의 에너지 갭인 1.1eV로 도너 원자의 이온화에너지보다 매우 크다.
- **정공 생성 여부** : 외인성 메커니즘에 의해서는 자유전자만 생성되고 자유정공은 생성되지 않지만, 진성 메커니즘에서는 자유전자의 생성과 동시에 가전자대역에 자유정공이 생성된다.

4.4 보상 반도체에서 캐리어 농도와 열평형 과정

반도체가 열평형상태에 있을 때 (+) 전하량과 (−) 전하량이 동일한 크기로 존재하면서 전기적으로 중성을 이루는 것을 **전하중성**charge neutrality **조건**이라고 한다. 이는 열평형상태의 전자와 정공농도를 계산하는 데 사용되는 중요한 하나의 조건식이 된다.

4.4.1 보상 반도체에서 전자농도와 정공농도

도너와 억셉터를 같은 장소에 동시에 도핑한 보상 반도체는 n형일까 p형일까?

보상 반도체란 '같은 영역에 도너와 억셉터 불순물을 함께 도핑한 반도체'를 말한다. 함께 도핑이 되었다고 하더라도 $N_d > N_a$이어서 도너 농도가 억셉터 농도보다 크면 $n_0 > p_0$이므로 보상 반도체는 n형이 되고, $N_d < N_a$이어서 도너 농도가 억셉터 농도보다 작으면 $n_0 < p_0$이므로 보상 반도체는 p형이 된다. 만약 $N_d = N_a$이면 완전 보상 반도체가 되고, 진성 반도체처럼 $n_0 = p_0$가 된다. 그렇지만 $n_0 = p_0$라고 하더라도 불순물이 전혀 없는 진성 반도체라고는 하지 않는다. 보상 반도체의 경우 불순물이 도핑되어 있으므로 진성 반도체와 특성이 완전히 동일하지 않고, 전자농도와 정공농도는 같을지라도 전자나 정공의 이동도 및 전도율은 변한다.

보상 반도체에서 전자 및 정공의 농도를 어떻게 계산할까?

[그림 4-15]는 도너와 억셉터 불순물을 동시에 주입한 보상 반도체의 내부에서 일어나는 전자와 정공의 천이 메커니즘을 보여주는 에너지밴드 그림이다.

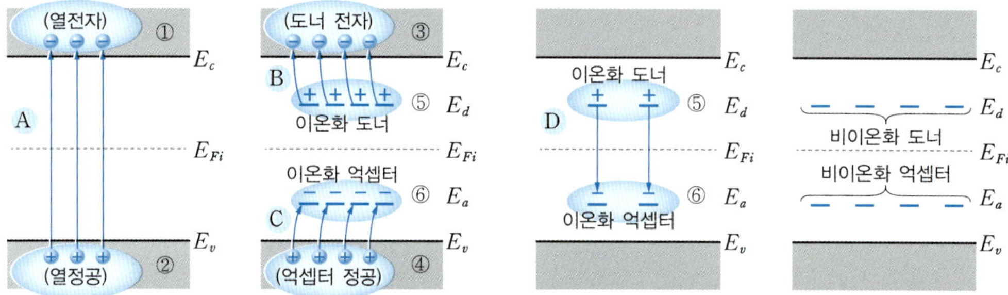

(a) 열전자와 열정공의 생성 (b) 도너전자와 억셉터 정공의 생성 (c) 캐리어 생성 없는 도펀트 이온화 (d) 비이온화 도펀트

[그림 4-15] 보상 반도체 내부에서 전자와 정공의 천이를 보여주는 에너지밴드 그림

각각의 천이 과정을 설명하면 다음과 같다.

❶ A **과정**([그림 4-15(a)]) : 열에너지에 의해 가전자대역의 전자가 전도대역으로 상승하면서 생성되는 ① **자유전자(진성 열전자)**와, 가전자대역에 동시에 쌍으로 생성되는 ② **자유정공(진성 열정공)**.

❷ B **과정**([그림 4-15(b)]) : 도너 원자에 속박되었던 도너전자가 열에너지에 의해 전도대역으로 상승하면서 생성되는 ③ **자유전자(도너전자)**와, 도너 준위에 동시에 생성되는 ⑤ **도너 양이온**.

❸ C **과정**([그림 4-15(b)]) : 억셉터 원자에 속박되었던 억셉터정공이 열에너지에 의해 가전자대역으로 상승하면서 생성되는 ④ **자유정공(억셉터정공)**과, 억셉터 준위에 동시에 생성되는 ⑥ **억셉터 음이온**(또는, 가전자대역에 전자가 열에너지에 의해 억셉터 준위로 상승하면서 생성되는 억셉터 음이온과, 동시에 가전자대역에 생성되는 자유정공).

❹ D **과정**([그림 4-15(c)]) : 도너 원자에 속박되었던 도너전자가 억셉터 원자에 속박되었던 억셉터정공과 재결합하여 사라지면서, 도너 준위에 생성되는 ⑤ **도너 양이온**과 억셉터 준위에 동시에 생성되는 ⑥ **억셉터 음이온**.

열평형상태의 보상 반도체에 **전하중성**charge neutrality **조건**을 적용하여 전자와 정공농도를 계산해보자. [그림 4-15]로부터 반도체 내에서 (−) 전하량을 가진 입자는 자유전자와 억셉터 이온이고, (+) 전하량을 가진 입자는 자유정공과 도너 이온임을 알 수 있다. 관련된 입자 농도를 표로 정리하면 [표 4-6]과 같다.

[표 4-6] **보상 반도체 내의 입자 농도 표기**

(-) 전하량 관련		(+) 전하량 관련	
n_0	자유전자농도	p_0	자유정공농도
N_a^-	이온화된 억셉터 농도 $(N_a - p_a)$	N_d^+	이온화된 도너 농도 $(N_d - n_d)$
N_a	도핑해준 중성 억셉터 원자의 농도	N_d	도핑해준 중성 도너 원자의 농도
p_a	억셉터 준위를 차지하는 억셉터정공 농도 (비이온화 억셉터 농도)	n_d	도너 준위를 차지하는 도너전자 농도 (비이온화 도너 농도)

이로부터 전하중성 조건을 적용하면 다음과 같다.

$$n_0 + N_a^- = p_0 + N_d^+ \quad , \text{ 즉 } n_0 + (N_a - p_a) = p_0 + (N_d - n_d) \tag{4.77}$$

완전이온화를 가정하면 n_d와 p_a 모두 0이고, 식 (4.77)은

$$n_0 + N_a = p_0 + N_d \tag{4.78}$$

가 된다. 질량작용 법칙을 적용하면 $p_0 = \dfrac{n_i^2}{n_0}$이므로 식 (4.78)은

$$n_0 + N_a = \frac{n_i^2}{n_0} + N_d$$

가 되고, 이를 정리하면 다음과 같다.

$$n_0^2 - (N_d - N_a)n_0 - n_i^2 = 0 \tag{4.79}$$

이 식을 풀어 양의 근을 선택하여, 전자농도 n_0를 계산하면 다음과 같다.

$$n_0 = \frac{(N_d - N_a)}{2} + \sqrt{\left(\frac{N_d - N_a}{2}\right)^2 + n_i^2} \tag{4.80}$$

식 (4.80)은 $N_d > N_a$인 n형 반도체에서 다수캐리어인 전자농도를 계산하는 데 사용된다. n형 반도체의 경우 다음과 같이 n형 보상 반도체의 경우와 순수 n형 반도체의 경우로 나누어 전자와 정공의 농도를 살펴볼 수 있다.

$N_d - N_a \gg n_i$인 n형 보상 반도체의 경우

다수캐리어인 전자의 농도는 식 (4.80)으로부터 다음과 같이 구할 수 있다.

$$
\begin{aligned}
n_0 &= \frac{N_d - N_a}{2} + \left(\frac{N_d - N_a}{2}\right)\sqrt{1 + \left(\frac{2n_i}{N_d - N_a}\right)^2} \\
&\approx \frac{N_d - N_a}{2} + \left(\frac{N_d - N_a}{2}\right)\left\{1 + \frac{1}{2}\left(\frac{2n_i}{N_d - N_a}\right)^2\right\} \\
&= \frac{N_d - N_a}{2} + \frac{N_d - N_a}{2} + \frac{n_i^2}{N_d - N_a} \\
&= N_d - N_a + \frac{n_i^2}{N_d - N_a}
\end{aligned} \tag{4.81}
$$

여기서 $x \ll 1$일 경우 급수전개 $(1+x)^n = 1 + nx + \frac{n(n-1)}{2!}x^2 + \cdots \approx 1 + nx$를 사용하여, 다음 식 (4.82)를 적용하였다.

$$
\sqrt{1 + \left(\frac{2n_i}{N_d - N_a}\right)^2} \approx 1 + \frac{1}{2}\left(\frac{2n_i}{N_d - N_a}\right)^2 \tag{4.82}
$$

다수캐리어인 전자의 농도는 조건 $N_d - N_a \gg n_i$로부터 다음과 같이 근사화할 수 있다.

$$
n_0 = N_d - N_a + \frac{n_i^2}{N_d - N_a} \simeq N_d - N_a \tag{4.83}
$$

따라서 소수캐리어인 정공의 농도는 다음과 같이 된다.

$$
p_0 = \frac{n_i^2}{n_0} \simeq \frac{n_i^2}{N_d - N_a} \tag{4.84}
$$

$N_a = 0$이고 $N_d \gg n_i$인 순수 n형 반도체의 경우

식 (4.81)에서 $N_a = 0$이면 다수캐리어인 전자의 농도는 다음과 같이 쓸 수 있다.

$$
n_0 = N_d + \frac{n_i^2}{N_d} \simeq N_d \tag{4.85}
$$

따라서 소수캐리어인 정공의 농도는 다음과 같이 된다.

$$
p_0 = \frac{n_i^2}{n_0} \simeq \frac{n_i^2}{N_d} \tag{4.86}
$$

마찬가지 방법을 사용하여 정공농도인 p_0에 관한 이차방정식을 풀어볼 수 있다. 질량작용 법칙 $n_0 = \dfrac{n_i^2}{p_0}$을 적용하여 식 (4.78)을 p_0에 관한 이차방정식으로 쓰면

$$p_0^2 - (N_a - N_d)p_0 - n_i^2 = 0 \tag{4.87}$$

이 되고, 이로부터 정공의 농도를 구하면

$$p_0 = \frac{(N_a - N_d)}{2} + \sqrt{\left(\frac{N_a - N_d}{2}\right)^2 + n_i^2} \tag{4.88}$$

이 된다.

전자농도와 정공농도를 계산하는 식 (4.80)과 (4.88)은 $N_d > N_a$인 n형 반도체이거나 $N_a > N_d$인 p형 반도체, 또는 진성 반도체에 관계없이 모두에 적용된다. 진성 반도체의 경우 $N_a = N_d = 0$이므로 식 (4.80)과 (4.88)로부터 $n_0 = p_0 = n_i$가 된다. 또한 완전 보상이 이루어진 반도체에서도 $N_a = N_d$이므로 $n_0 = p_0 = n_i$가 된다.

만약 $N_d > N_a$인 n형 보상 반도체에서 식 (4.88)로 정공농도를 계산하는 경우,

$$p_0 = \frac{-(N_d - N_a)}{2} + \left(\frac{N_d - N_a}{2}\right)\sqrt{1 + \left(\frac{2n_i}{N_d - N_a}\right)^2}$$

에서 우변의 두 항이 거의 크기가 같으면서 부호가 반대이다. 이때 제곱근 항의 $\left(\dfrac{2n_i}{N_d - N_a}\right)^2$ 값이 1보다 매우 작아, 계산에서 유효숫자의 개수를 확보하기가 매우 어렵다. 따라서 일반적으로 n형 반도체에서 식 (4.88)로 소수캐리어인 정공의 농도를 구하는 것보다, 다수캐리어인 전자농도를 식 (4.80)으로 먼저 구한 후 소수캐리어인 정공농도는 질량작용 법칙 $p_0 = \dfrac{n_i^2}{n_0}$을 적용하여 구하는 것이 좋다. 다음 [예제 4-12]에서 이를 확인해 볼 수 있다. 반대로 p형 반도체에서는 식 (4.80)으로 소수캐리어인 전자의 농도를 구하는 것보다, 다수캐리어인 정공농도를 식 (4.88)로 먼저 구한 후 소수캐리어인 전자농도를 질량작용 법칙 $n_0 = \dfrac{n_i^2}{p_0}$을 적용하여 구하는 것이 좋다.

예제 4-12

$T = 300\,\text{K}$에 있는 실리콘 반도체에 대하여, 다음 두 경우에 전자농도 n_0와 정공농도 p_0를 계산하라. 단, 여기서는 실리콘의 진성 캐리어 농도 n_i를 $10^{10}\,\text{cm}^{-3}$으로 생각한다.

(a) $N_d = 10^{17}\,\text{cm}^{-3}$으로 도핑한 n형 반도체

(b) $N_d = 10^{17}\,\text{cm}^{-3}$이고 $N_a = 1.05 \times 10^{17}\,\text{cm}^{-3}$으로 도핑한 보상 반도체

풀이

(a) $n_i \ll \dfrac{(N_d - N_a)}{2}$인 경우 ;

식 (4.80)으로 전자농도를 구하면 다음과 같다.

$$n_0 = \frac{10^{17}}{2} + \sqrt{\left(\frac{10^{17}}{2}\right)^2 + (10^{10})^2} = 10^{17}\,\text{cm}^{-3}$$

식 (4.88)로 소수캐리어인 정공농도를 구하면 다음과 같다.

$$p_0 = \frac{-10^{17}}{2} + \sqrt{\left(\frac{10^{17}}{2}\right)^2 + (10^{10})^2} = 10^{17}(-0.5 + 0.500 \cdots 001)\,\text{cm}^{-3}$$

여기서 $10^3\,\text{cm}^{-3}$의 차수를 갖는 정공농도를 구하기 위해 $10^{17}\,\text{cm}^{-3}$의 큰 차수를 갖는 두 수를 서로 빼야 하므로, 이때 발생하는 큰 오차 때문에 실제적으로는 이 식을 사용하지 않는다. 대신 소수캐리어 정공농도는 식 (4.80)으로 계산한 다수캐리어 전자농도를 $n_0 p_0 = n_i^2$에 적용하여 다음과 같이 계산한다.

$$p_0 = \frac{n_i^2}{n_0} = \frac{(10^{10})^2}{10^{17}} = 10^3\,\text{cm}^{-3}$$

(b) $N_d - N_a = 10^{17} - 1.05 \times 10^{17} = -5 \times 10^{15}$ 이므로 p형 반도체이다.

$n_i \ll \dfrac{(N_a - N_d)}{2}$인 경우 ;

식 (4.88)으로 정공농도를 구하면 다음과 같다.

$$p_0 = \frac{5 \times 10^{15}}{2} + \sqrt{\left(\frac{5 \times 10^{15}}{2}\right)^2 + (10^{10})^2} = 5 \times 10^{15}\,\text{cm}^{-3}$$

$n_0 p_0 = n_i^2$으로부터 전자농도를 구하면 다음과 같다.

$$n_0 = \frac{n_i^2}{p_0} = \frac{(10^{10})^2}{5 \times 10^{15}} = 2 \times 10^4\,\text{cm}^{-3}$$

예제 4-13

$T=300\,\text{K}$에 있는 n형 실리콘 반도체가 도너 농도 N_d로 도핑되었고, $N_d \gg n_i$라고 가정하자. 열평형상태에서 전도대역의 전자농도 n_0는 ❶ 도너 원자가 이온화되어서 제공한 전자와 ❷ 가전자대역에서 열에너지를 얻어 올라온 전자의 합으로 구성된다. 완전이온화를 가정할 때 다음 물음에 답하라.

(a) 전자농도 n_0 중 ❷ 가전자대역에서 열에너지를 얻어 올라온 전자의 농도를 구하라.

(b) 정공농도 p_0를 계산하고, (a)의 결과와 비교하라.

풀이

(a) 완전이온화를 가정하고, 식 (4.80)으로 전자농도를 구한다.

$n_0=\frac{N_d}{2}+\sqrt{\left(\frac{N_d}{2}\right)^2+n_i^2}$ 이고, $N_d \gg n_i$이므로 전자농도는 다음과 같다.

$$n_0=\frac{N_d}{2}+\sqrt{\left(\frac{N_d}{2}\right)^2+n_i^2}=\frac{N_d}{2}+\left(\frac{N_d}{2}\right)\sqrt{1+\left(\frac{2n_i}{N_d}\right)^2}\approx\frac{N_d}{2}+\left(\frac{N_d}{2}\right)\left\{1+\frac{1}{2}\left(\frac{2n_i}{N_d}\right)^2\right\}$$
$$=\frac{N_d}{2}+\frac{N_d}{2}+\frac{n_i^2}{N_d}=N_d+\frac{n_i^2}{N_d}$$

여기서 $x \ll 1$일 경우 급수전개 $(1+x)^n \approx 1+nx$를 사용하여,

$$\sqrt{1+\left(\frac{2n_i}{N_d}\right)^2}\approx 1+\frac{1}{2}\left(\frac{2n_i}{N_d}\right)^2$$

임을 적용하였다.

$n_0 \approx N_d+\frac{n_i^2}{N_d}$에서 첫 항 N_d는 ❶ 도너 원자가 완전이온화되어서 제공한 전자농도가 되므로, ❷ 가전자대역의 전자가 열에너지를 얻어 전도대역으로 올라가면서 정공과 동시에 생성된 전자의 농도는 $n_0-N_d \approx \frac{n_i^2}{N_d}$이 된다.

(b) 식 (4.88)로 정공농도를 구하면 다음과 같다.

$$p_0=\frac{-N_d}{2}+\left(\frac{N_d}{2}\right)\sqrt{1+\left(\frac{2n_i}{N_d}\right)^2}\approx\frac{-N_d}{2}+\left(\frac{N_d}{2}\right)\left\{1+\frac{1}{2}\left(\frac{2n_i}{N_d}\right)^2\right\}=\frac{n_i^2}{N_d}$$

이것은 (a)의 결과와 동일함을 알 수 있다. 또한 (a)의 결과를 사용하여 $n_0p_0=n_i^2$으로부터 계산하면 $p_0=\frac{n_i^2}{n_0}=\frac{n_i^2}{N_d+\frac{n_i^2}{N_d}}$이고 $N_d \gg n_i$이므로, 마찬가지로 $p_0 \approx \frac{n_i^2}{N_d}$이 된다.

[그림 4-16]에서 자유전자의 농도 n_0는 ❶ 도너 원자가 이온화되어서 제공한 자유전자(도너전자) 농도 N_d와 ❷ 가전자대역에서 열에너지를 얻어 올라온 자유전자(열전자) 농도 $\frac{n_i^2}{N_d}$과의 합이고, 자유정공의 농도 p_0는 가전자대역에서 열에너지를 얻어 올라간 자유전자(열전자)와 쌍으로 생성된 자유정공(열정공)의 농도 $\frac{n_i^2}{N_d}$임을 확인할 수 있다.

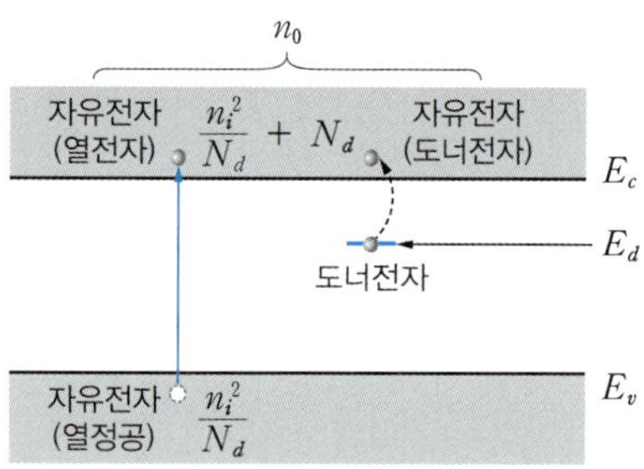

[그림 4-16] $T = 300\,\mathrm{K}$에 있는 n형 실리콘 반도체에서 자유전자와 자유정공의 농도

4.4.2 열평형을 이루는 과정과 페르미 에너지 기울기 특성

진성 반도체에 도너를 도핑하면 열평형을 이루는 과정에서 캐리어 농도에 어떤 변화가 일어날까?

진성 반도체에서 전자농도와 정공농도가 동일한 값으로 존재하고 있는 상황에서, 도너 불순물 원자를 진성 캐리어 농도보다 매우 큰 값으로 첨가하면 전도대역의 전자농도는 진성 캐리어 농도 이상으로 증가하지만, 소수캐리어 정공농도는 진성 캐리어 농도 이하로 감소한다. 진성 반도체에서는 [그림 4-17]의 A **과정**에 의해 전도대역의 ① **자유전자(진성 열전자)**와 가전자대역의 ② **자유정공(진성 열정공)**만이 존재한다. 이 상태에서 도너 원자를 도핑하면 B **과정**에 의해 도너 원자에 속박되었던 도너전자가 전도대역으로 상승하면서 생기는 ③ **자유전자(도너전자)**가 크게 증가하고, 도너 준위에는 이온화된 ⑤ **도너 양이온**이 존재하게 된다. 또한 C **과정**에 의해 약간의 도너전자들이 가전자대역의 빈 상태로 떨어져 열에너지에 의해 생성되어 있던 진성 열정공의 일부를 사라지게 하기 때문에 소수캐리어인 정공농도는 감소하게 된다. 이러한 캐리어의 재분포로 인해 전도대의 순 전자농도는 단순히 주입한 도너 농도와 진성 열전자농도의 합이 되지는 않는다. 즉 n_0는 단순히 주입한 도너 농도와 진성전자농도의 합이 되지 않고($n_0 \neq N_d + n_i$), 그보다 작은 $n_0 < N_d + n_i$가 됨을 알 수 있다.

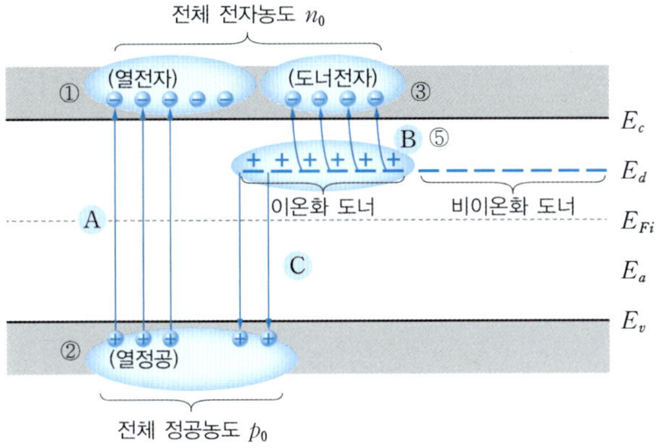

[그림 4-17] 도너가 첨가될 때 캐리어의 재분포를 보여주는 에너지밴드 그림

진성 반도체에서 열평형상태일 때 전자와 정공은 생성률과 재결합률이 같은 상태에서, 생성과 재결합을 반복하는 가운데 각각 평형상태의 농도를 유지한다. 전자의 재결합률은 다음과 같이 표현할 수 있다.

$$R_n = \frac{n_0}{\tau_n} = \frac{n_0}{1/C_n p_0} = C_n p_0 n_0 \tag{4.89}$$

여기서 τ_n은 전자의 평균수명이며, p_0와 n_0는 각각 진성 반도체의 열평형상태에서 정공 및 전자의 농도이고, C_n은 전자의 유효단면적과 속도에 관련된 상수이다.

마찬가지로 n형 외인성 반도체인 경우 전자의 재결합률 R_n'은

$$R_n' = \frac{n'}{\tau_n'} = \frac{n'}{1/C_n p'} = C_n p' n' \tag{4.90}$$

으로 표현할 수 있다. 여기서 τ_n'은 전자의 평균수명이며, p'과 n'은 각각 외인성 반도체의 열평형상태에서 정공 및 전자의 농도이다. 열평형상태에서 전자의 생성률은 주어진 온도에서 진성 반도체와 외인성 반도체가 서로 같다고 볼 수 있다. 또한 진성 반도체와 외인성 반도체는 각각 열평형상태에서 전자의 생성률과 재결합률이 같으므로, 따라서 진성 반도체와 외인성 반도체의 재결합률은 서로 같아서 $R_n = R_n'$이 된다. 즉 식 (4.89)와 (4.90)의 우변이 서로 같아 $p_0 n_0 = p'n'$ 이므로, 열평형상태에서 진성 반도체이든 외인성 반도체이든 관계없이 전자와 정공의 농도의 곱 $p_0 n_0$는 일정하고, 늘어난 전자의 농도만큼 정공의 농도는 반비례하여 줄어들게 됨을 알 수 있다.

진성 반도체에 도핑을 하여 외인성 반도체가 되면, 도핑한 농도만큼 다수캐리어가 매

우 증가하고, 질량작용 법칙 $n_0 p_0 = n_i^2$에 따라 캐리어 농도의 재분포가 발생하여 소수캐리어 농도는 그에 반비례해서 줄어든다.

열평형상태에서 위치에 따른 페르미 에너지 기울기는 어떤 조건을 만족해야 할까?

시스템이 열평형상태에 존재하는 경우, 시스템의 전 영역에 걸쳐 페르미 에너지는 일정한 값을 갖는다. 이는 페르미 에너지에 관한 중요한 특성이다. 만약 시스템 전체에 걸쳐 페르미 에너지가 일정하지 않다면 시스템의 전자들은 더 낮은 에너지 준위로 흘러 이동하게 되고, 이러한 이동은 열평형상태가 이루어질 때까지 계속될 것이다. 마침내 열평형상태가 되면 더 이상 전자의 이동은 없고, 페르미 에너지는 시스템 전체에 걸쳐 일정하게 된다. 즉 열평형상태에서 페르미 에너지는 다음과 같다.

$$\frac{dE_F}{dx} = 0 \tag{4.91}$$

여기서 일반적으로는 $\nabla E_F = 0$이다. 여기서 ∇ 연산자는 기울기gradient를 의미하며, 직각좌표계에서 $\nabla = \frac{\partial}{\partial x}\hat{x} + \frac{\partial}{\partial y}\hat{y} + \frac{\partial}{\partial z}\hat{z}$이다. 또한 열평형상태에서는 시간에 따른 페르미 에너지의 변동도 없다.

4.1 $T = 300\,\text{K}$ 에서 갈륨비소의 $N_c = 4.7 \times 10^{17}\text{cm}^{-3}$이고 $N_v = 7.0 \times 10^{18}\text{cm}^{-3}$이라고 할 때, 진성 캐리어 농도를 구하라. 단, 에너지밴드갭은 $E_g = 1.42\,\text{eV}$이다.

4.2 어떤 물질이 [그림 4-18]와 같은 $E-k$ 다이어그램을 가질 때, 이 물질의 진성 반도체는 페르미 에너지가 E_{midgap}과 같을 수 없다. 이 물질의 페르미 에너지는 E_{midgap}를 기준으로 그보다 위아래 중 어디에 위치하는가?

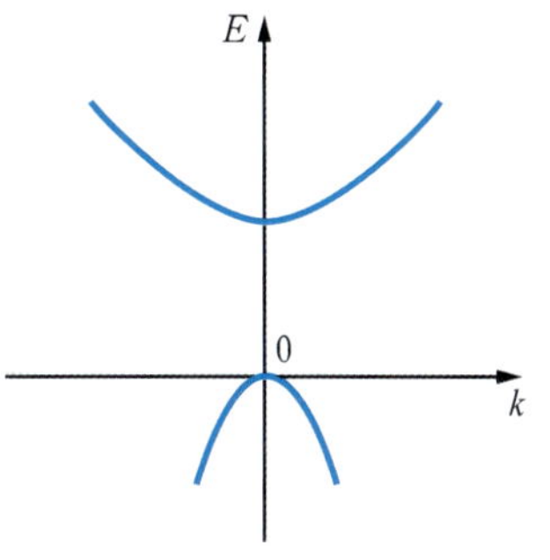

[그림 4-18]

4.3 식 (4.6)과 (4.7)을 식 (4.5)에 대입하여 다음 전도대역의 전자농도를 계산하라.

$$n_0 = N_c \exp\left[\frac{-(E_c - E_F)}{kT}\right]$$

변수 치환 $\eta = \dfrac{E - E_c}{kT}$를 이용하고, 다음 감마함수의 특성을 활용하라.

$$\int_0^\infty \eta^{\frac{1}{2}} \exp(-\eta)\, d\eta = \Gamma\left(\frac{3}{2}\right) = \frac{1}{2}\Gamma\left(\frac{1}{2}\right) = \frac{1}{2}\sqrt{\pi}$$

Γ 함수의 정의 및 특징

- **정의** : $\Gamma(n) \equiv \int_0^\infty t^{n-1} e^{-t} dt$
- **특징** : $\Gamma(n+1) = n\Gamma(n)$, $\Gamma\left(\frac{1}{2}\right) = \sqrt{\pi}$, $\Gamma(1) = 1$

4.4 식 (4.11)과 (4.12)를 식 (4.10)에 대입하여 다음 가전자대역의 정공농도를 계산하라.

$$p_0 = N_v \exp\left[\frac{-(E_F - E_v)}{kT}\right]$$

변수 치환 $\eta' = \dfrac{E_v - E}{kT}$를 이용하고, [연습문제 **4.3**]에 주어진 감마함수의 특성을 활용하라.

4.5 [그림 4-19]의 그래프는 실리콘, 갈륨비소, 게르마늄에 대하여 진성 캐리어 농도 n_i 대 온도 $\dfrac{1}{T}$의 그래프의 개형을 그린 것이다. (a)~(c) 그래프가 어느 반도체에 해당하는지 예측하라.

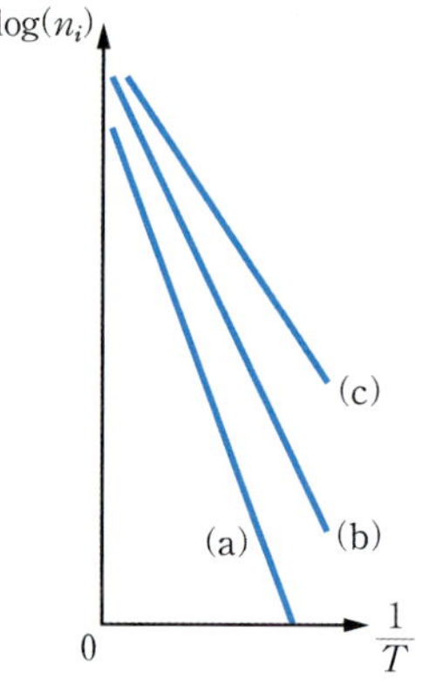

[그림 4-19]

4.6 전자와 정공의 유효질량이 각각 $m_n^* = 1.08\,m_0$, $m_p^* = 0.56\,m_0$인 실리콘의 진성 캐리어 농도 n_i의 값은 얼마인가?

4.7 $T = 300\,\mathrm{K}$인 n형 실리콘에서 도너를 $N_d = 10^{17}\,\mathrm{cm}^{-3}$만큼 도핑한 경우, 페르미 에너지 E_F는 진성 페르미 에너지 E_{Fi}로부터 얼마나 떨어져 있는가? 단, $n_i = 1.5 \times 10^{10}\,\mathrm{cm}^{-3}$이다.

4.8 [그림 4-20]은 서로 다르게 도핑된 동일한 물질의 에너지밴드 그림이다. 그림에서 시료 B의 $E_c - E_{FB} = 0.3E_g$는 시료 A의 $E_c - E_{FA} = 0.15E_g$보다 두 배 크다. E_g를 사용하여 다음 물음에 답하라(단, $N_c = N_v$).

(a) 시료 A와 시료 B의 전자농도 비율 $\dfrac{n_{0A}}{n_{0B}}$는 얼마인가?

(b) 시료 A와 시료 B의 정공농도 비율 $\dfrac{p_{0A}}{p_{0B}}$는 얼마인가?

(c) 시료 A에서 전자농도와 정공농도의 비율 $\dfrac{n_{0A}}{p_{0A}}$는 얼마인가?

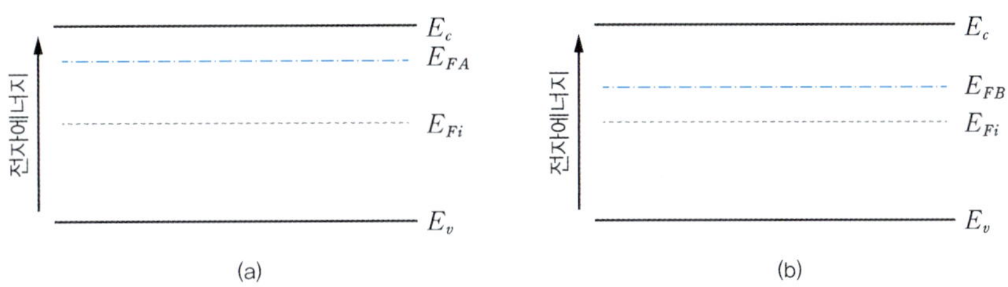

[그림 4-20] 서로 다르게 도핑된 (a) 시료 A의 에너지밴드와 (b) 시료 B의 에너지밴드

4.9 [그림 4-21]은 서로 다르게 도핑된 동일한 물질의 에너지밴드 그림이다. 그림에서 시료 A는 $E_{Fi} - E_{FA} = 0.35E_g$이고, 시료 B는 $E_{Fi} - E_{FB} = 0.2E_g$이다. E_g를 사용하여 다음 물음에 답하라.

(a) 시료 A와 시료 B의 정공농도 비율 $\dfrac{p_{0A}}{p_{0B}}$는 얼마인가?

(b) 시료 A와 시료 B의 전자농도 비율 $\dfrac{n_{0A}}{n_{0B}}$는 얼마인가?

(c) 시료 A에서 정공농도와 전자농도의 비율 $\dfrac{p_{0A}}{n_{0A}}$는 얼마인가?

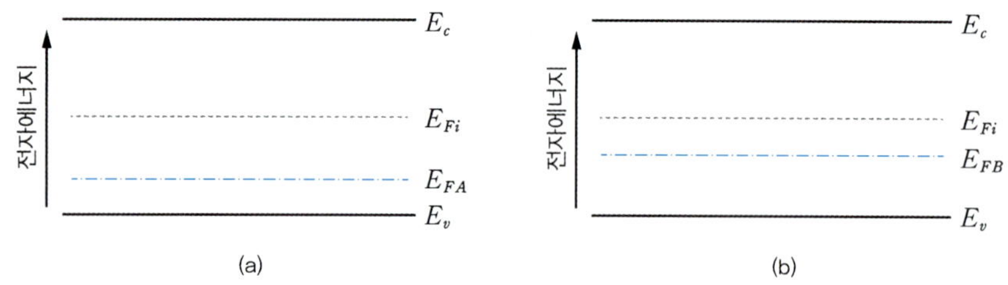

[그림 4-21] 서로 다르게 도핑된 (a) 시료 A의 에너지밴드와 (b) 시료 B의 에너지밴드

4.10 n형 반도체에 대한 식 (4.78)부터 식 (4.86)까지의 과정과 동일하게, p형 반도체에 대하여 전하중성 조건을 적용하여 식을 유도하라.

4.11 [그림 4-12]에서 $T = 0\,\text{K}$의 저온 극한에서와 고온 극한에서의 페르미 에너지 위치를 구하라.

4.12 억셉터 농도가 N_a인 p형 반도체에서 온도에 따른 정공농도의 변화를 그래프로 그려라. 각 영역에서의 정공농도의 특징을 다음 표에서 완성하라.

[표 4-7] 세 영역에서 정공농도의 변화

	영역	정공농도
I	부분적 이온화 영역	
II	외인성 영역	
III	진성 영역	

Chapter 05

캐리어의 표동과 확산

4장에서는 열평형상태에서 반도체 내에 존재하는 자유전자와 정공의 농도를 계산하였다. 이번 5장에서는 이런 자유전자와 정공이 반도체 내에서 이동하는 현상에 대하여 살펴본다. 이러한 캐리어의 흐름은 곧 반도체의 전류-전압 특성을 결정하게 된다.

먼저 열평형상태에서 전자 및 정공이 갖는 평균 운동에너지와 캐리어의 열속도를 이해하도록 한다. 기본적으로 열속도로 빠르게 운동하는 가운데, 전계를 인가하거나 캐리어의 농도 차이가 존재하면 어느 특정 방향으로 캐리어의 순흐름이 존재하게 된다. 전류밀도는 전계에 의한 표동전류밀도와 농도 차이에 의한 확산전류밀도를 합해서 계산한다는 것은 앞으로 반도체의 전류-전압 특성을 이해하는 데 중요한 기본개념이 된다. 표동과 확산이 모두 열속도에 실려서 나타나는 현상이기 때문에, 아인슈타인 관계식으로 서로 밀접한 관계에 있음을 이해할 것이며, 캐리어의 흐름을 방해하는 산란 메커니즘을 살펴볼 것이다. 마지막으로 자기장 속에서 움직이는 캐리어가 받는 힘을 이용한 홀 효과로부터 캐리어 형태의 파악과, 다수캐리어의 농도 및 이동도를 측정하는 것을 이해한다. 홀 효과는 자기장의 측정이 가능하여 많은 응용 분야에 활용되는 개념이다.

5.1 열평형상태에서 캐리어의 에너지와 열속도

이 장에서는, 비록 전송현상에 의해 전자와 정공의 순흐름이 존재하지만, 열평형상태는 근본적으로 깨어지지 않는다고 가정한다. 즉 열평형상태에서 크게 벗어나지 않았다고 가정한다. 열적 평형상태에 있는 반도체 내에서 전자와 정공이 갖는 평균 열에너지와 운동에너지를 계산하고, 이로부터 전자와 정공의 열속도를 구해본다.

5.1.1 캐리어의 평균 운동에너지

반도체 내의 전자와 정공이 갖는 평균 운동에너지는 얼마일까?

전계를 가하지 않은 열적 평형상태에서, 전도대역에 있는 전자의 평균 에너지를 계산해보자. 확률변수 X의 확률밀도함수가 $f(x)$일 때 $g(X)$의 평균값은 다음과 같다.

$$< g(X) > = \int_{-\infty}^{\infty} g(x)f(x)dx \tag{5.1}$$

따라서 전도대역에 있는 전자의 에너지에 대한 확률밀도함수는

$$f(x) = \frac{D_c(E)f_F(E)}{\int_{E_c}^{\infty} D_c(E)f_F(E)dE} \tag{5.2}$$

이므로, $g(X) = E - E_c$의 평균값은 다음과 같이 쓸 수 있다.

$$< E - E_c > = \frac{\int_{E_c}^{\infty}(E - E_c)D_c(E)f_F(E)dE}{\int_{E_c}^{\infty} D_c(E)f_F(E)dE} \tag{5.3}$$

이 식의 분모항은 4.1.2절의 식 (4.8)에서 $n_0 = N_c \exp\left[\frac{-(E_c - E_F)}{kT}\right]$임을 이미 알고 있으며, 분자항도 유사한 방법으로 계산하여 그 결과는 $\left(\frac{3kT}{2}\right)n_0$가 된다(연습문제 5.1). 따라서 식 (5.3)은 다음과 같이 쓸 수 있다.

$$< E - E_c > = \frac{\int_{E_c}^{\infty}(E - E_c)D_c(E)f_F(E)dE}{\int_{E_c}^{\infty} D_c(E)f_F(E)dE} = \frac{3}{2}kT \tag{5.4}$$

이 결과는 단원자 분자 기체에 대해 이상기체의 운동론에 의한 에너지 균등분배법칙을 적용하면, 3차원에서 병진운동에너지가 x, y, z 각 축의 방향으로 $\frac{kT}{2}$씩 균등하게 분배되어 입자의 총 운동에너지가 $\frac{3kT}{2}$가 되는 것과 동일하다. **에너지 균등분배법칙**이란 "입자가 에너지를 저장할 수 있는 각 독립된 방식, 즉 각 **자유도**degree of freedom마다 $\frac{kT}{2}$씩 에너지가 균등하게 분배된다."는 법칙이다.

여기서 잠깐! 이상기체의 운동론이란?

기체의 성질을 분자의 운동으로 설명하는 이론으로, 아래 가정이 성립하는 기체를 이상기체라고 한다.

❶ 분자 자체만의 총 부피는 기체 전체가 차지하는 부피 중에서 무시할 수 있을 만큼 작은 부분이다. 즉 분자 자체의 부피는 무시할 수 있다.

❷ 어떤 한 기체는 많은 동일한 분자들로 구성된다. '많다'라는 것은 개개의 분자들의 경로를 추적할 수 없음을 의미한다.

❸ 분자들은 뉴턴의 운동법칙을 따른다.

❹ 모든 분자의 운동은 무작위적random이다. 즉 각각의 분자들은 각각의 운동방향과 속력을 가지고 독립적으로 운동한다.

❺ 분자들 간에는 인력이나 반발력과 같은 상호작용이 존재하지 않으며, 분자와 용기 벽면의 충돌은 완전탄성충돌로 에너지의 변화가 없다.

이러한 기체 분자들의 평균 운동에너지는 절대온도에 비례하며, 3차원 단원자 분자 기체의 경우 기체 분자 하나의 평균 운동에너지는 $\frac{3kT}{2}$이다.

5.1.2 캐리어의 열속도

반도체 내의 전자와 정공은 어느 정도의 열속도를 가지고 있을까?

반도체 내부의 전자와 정공이 속도 v로 반도체 내부를 운동할 때의 운동에너지가 바로 열에너지인 $\frac{3kT}{2}$와 같다고 볼 수 있다. 이 속도를 열에너지에 의한 속도라는 의미로 **열속도**thermal velocity라고 하고, v_{th}로 표기한다. 따라서

$$\frac{1}{2}m^* v_{th}^2 = \frac{3}{2}kT$$

이고, 열속도는

$$v_{th} = \sqrt{\frac{3kT}{m^*}} \tag{5.5}$$

가 된다. 여기서 m^*는 입자의 유효질량이다.

예제 5-1

$T = 300\,\mathrm{K}$에서 실리콘 반도체 내에서 전자와 정공의 평균 열에너지는 $\frac{3}{2}kT$이고, 입자의 운동에너지는 $\frac{1}{2}m^* v_{th}^2$이다. 열에너지에 의한 전자와 정공의 열속도 v_{th}는 근사적으로 얼마인가? 전자의 유효질량은 $m_n^* = 0.25m_0$이고, 정공의 유효질량은 $m_p^* = 0.39m_0$라 한다.

풀이

입자의 운동에너지는 열에너지와 같으므로 $\frac{1}{2}m^* v_{th}^2 = \frac{3}{2}kT$이다. 따라서 전자의 열속도는

$$v_{th} = \sqrt{\frac{3kT}{m_n^*}} = \sqrt{\frac{3(1.38 \times 10^{-23})(300)}{0.25 \times 9.11 \times 10^{-31}}} = 2.34 \times 10^5\,\mathrm{m/s}$$

이고, 정공의 열속도는

$$v_{th} = \sqrt{\frac{3kT}{m_p^*}} = \sqrt{\frac{3(1.38 \times 10^{-23})(300)}{0.39 \times 9.11 \times 10^{-31}}} = 1.87 \times 10^5\,\mathrm{m/s}$$

이다. 이 결과로부터 반도체 내의 전자나 정공이 진공 중에서의 **광속인 $3 \times 10^8\,\mathrm{m/s}$의 약 1/1000의 속도**로 매우 빠르게 움직임을 알 수 있다.

특정 온도의 열평형상태에서 반도체 내의 전자와 정공은 열속도 v_{th}로 랜덤한 방향으로 빠르게 이동하는데, 실제로는 이온화된 불순물 원자들이나 열적 진동을 하는 격자 원자들과 충돌하면서 계속 운동 방향을 바꾸게 된다. 충돌과 충돌 사이의 **평균 자유시간**mean free time은 통상적으로 10^{-13}초 정도이고, [예제 5-1]에서처럼 열속도 v_{th}가 $2 \times 10^5\,\mathrm{m/s}$라면 충돌과 충돌 사이의 **평균자유행로**mean free path는 통상적으로 수십 $\mathrm{nm}(= 10^{-9}\mathrm{m})$, 즉 수백 Å 정도가 된다.

반도체 내의 전자와 정공이 열속도로 이동하면 전류는 얼마나 생성될까?

열속도 v_{th}로 전하량을 가지고 있는 전자와 정공이 빠르게 움직임에도 불구하고 전류는 흐르지 않는다. 이는 전자와 정공이 빠르게 움직이더라도 이동 방향이 어느 특정 방향으로 일관되지 않고 랜덤하게 사방으로 향하므로, 특정 위치에서 시간에 대하여 평균을 취하든지 혹은 특정 시간에 공간에 대하여 평균을 취하든지 항상 순전류의 크기는 0이 되는 것이다.

그러면 언제 전류가 흐르게 될까? 캐리어의 운동이 전류에 기여하기 위해서는 특정 방향으로의 순수한 흐름이 존재해야 한다. 이렇게 전류에 기여할 수 있는 반도체 내 캐리어의 이동에는 두 가지 메커니즘이 존재한다. 앞으로 다룰 전계에 의한 캐리어의 이동과, 캐리어 농도의 차이로 인한 캐리어의 이동이 그것이다. 캐리어 이동의 원인이 '**전계**'인 전류를 **표동전류**라고 하고, 캐리어 이동의 원인이 '**캐리어 농도의 기울기**'인 전류를 **확산전류**라고 한다.

5.2 전계에 의한 캐리어 이동

열적 평형상태에 있는 반도체 내 전자와 정공은 열속도 v_{th}로 빠르게 이동하면서 충돌을 반복하고 계속 랜덤한 방향으로 운동 방향을 바꾼다. 이때 외부에서 전계 $\mathcal{E}$를 인가하면 전하량 Q를 갖는 캐리어는 힘 $F = Q\mathcal{E}$를 받게 되고, 이 힘은 뉴턴의 운동법칙에 따라 가속도 $a = \dfrac{F}{m}$를 갖고 더 높은 에너지 상태로 올라가 전류전도에 기여한다. 전도대역의 전자는 전계와 반대방향으로 가속되고, 가전자대역의 정공은 전계와 동일한 방향으로 가속되어 전하량의 순흐름이 존재하게 된다. 이러한 전계에 의한 전하의 순이동을 **표동(드리프트)**[drift]이라고 하며, 표동에 의한 전류를 **표동전류**[drift current]라고 부른다.

전계에 의한 캐리어의 표동속도는 전계에 비례하는데, 그 비례상수는 반도체 내에서 캐리어가 얼마나 잘 이동하는지를 의미하므로 **이동도**[mobility]라고 한다. 캐리어의 표동전류밀도도 전계에 비례하는데, 그 비례상수는 반도체가 얼마나 전류를 잘 전도하는지를 의미하므로 **전도율**[conductivity]이라고 한다. 캐리어의 이동도에 영향을 주는 포논산란과 이온화 불순물 산란의 두 가지 **산란 메커니즘**을 살펴본다. 전도율 혹은 이의 역수인 저항률과 저항체의 저항값 간의 관계를 이해하고, 또한 온도에 따라서 변하는 전자 농도와 전도율의 변화 원인을 이해하도록 한다. 그리고 전계에 의한 캐리어 표동속도의 포화를 살펴본다.

5.2.1 캐리어의 표동전류밀도

> **전계를 인가할 때 전자와 정공에 의한 전류밀도는 표동속도와 어떤 관계가 있을까?**

단위시간 동안 단위면적을 통과하는 입자의 흐름(개수)을 **유속**[flux]이라고 한다. 또한 단위시간 동안 단위면적을 통과하는 전하량의 크기를 **전류밀도**current density라고 한다. 따라서 전하량을 가진 입자의 유속을 F라고 하고, 입자 한 개가 갖는 전하량을 e라고 하면 전류밀도 J는 다음과 같이 쓸 수 있다.

$$J = eF \tag{5.6}$$

전계를 인가하여 캐리어의 흐름이 존재할 때, 입자의 유속 F를 입자의 체적농도 N과 입자의 표동속도 v_d를 곱한 값으로 다음과 같이 표현할 수 있다.

$$F = Nv_d \tag{5.7}$$

입자의 체적전하밀도 ρ는 입자의 체적농도 N과 입자 한 개가 갖는 전하량 e를 곱한 값이 된다.

$$\rho = eN \tag{5.8}$$

따라서 식 (5.7)을 (5.6)에 대입하고, 식 (5.8)을 적용하면 표동전류밀도 J_{drift}는

$$J_{drift} = eF = e(Nv_d) = (eN)v_d = \rho v_d \tag{5.9}$$

로 주어진다. 여기서 **J_{drift}의 단위는 [C/cm^2 · sec], 즉 [A/cm^2]**이다.

만약 표동전류밀도가 양(+)의 전하량을 갖는 정공에 의한 것이면, 정공의 전하량을 e, 정공의 농도를 p라 했을 때 정공의 체적전하밀도는 $\rho_p = ep$가 된다. 따라서 정공의 평균 표동속도를 $v_{d,p}$라고 하면, 정공에 의한 표동전류밀도 $J_{p,drift}$는 식 (5.9)에 의해 다음과 같이 된다.

$$J_{p,drift} = \rho_p v_{d,p} = (ep)v_{d,p} \tag{5.10}$$

전계를 인가할 때 정의되는 캐리어의 이동도와 전도율이란 무엇일까?

반도체에 전계 $\mathcal{E}$를 인가하면 양전하인 정공은 힘 $F = e\mathcal{E}$를 받고, 이 힘은 $F = ma$에 따른 가속도 a를 갖게 되어 정공은 속도변화를 일으킨다. 즉

$$F = m_p^* a = m_p^* \frac{dv_{d,p}}{dt} = e\mathcal{E} \tag{5.11}$$

이다. 여기서 m_p^*는 정공의 유효질량이다. 전계가 일정할 경우 반도체 내에서 가속된 정공은 시간에 따라 속도가 선형적으로 계속 증가할 것이나, 실제로는 이온화된 불순물 원자들이나 열적 진동을 하는 격자 원자들과 충돌하게 된다. 한번 충돌 혹은 **산란 현상**scattering이 발생하면 입자는 자체 에너지를 전부 혹은 대부분 잃어버리게 된다. 그 후 입자는 전계에 의해 다시 가속되기 시작하면서 에너지를 얻다가, 또 다시 충돌하여 에너지를 잃게 되는 현상을 계속 반복한다. 이런 가운데 입자는 평균 표동속도 $v_{d,p}$를 갖고 전계의 방향으로 이동하는 결과를 가져온다. 이 표동속도는 낮은 전계에서는 전계에 직접 비례하는데, 이를 수식으로 쓰면 다음과 같다.

$$v_{d,p} = \mu_p \mathcal{E} \tag{5.12}$$

여기서 μ_p는 비례상수로 **정공 이동도**hole mobility라고 부르며, **단위는 [cm^2/V · sec]**이다. **이동도는 입자가 전계에 의해 얼마나 빠른 평균속도로 이동하는지를 나타내는 파라미터**로, 동일한 전계를 인가하더라도 이동도가 크면 더 빠르게 이동할 수 있다.

식 (5.12)를 (5.10)에 대입하면, 정공에 의한 표동전류밀도는

$$J_{p,drift} = (ep)v_{d,p} = ep\mu_p \mathcal{E} \tag{5.13}$$

가 된다. 이 정공의 표동전류밀도를 다음과 같이 다시 쓸 수 있다.

$$J_{p,drift} = ep\mu_p \mathcal{E} = \sigma_p \mathcal{E} \tag{5.14}$$

여기서 σ_p는 반도체 내 **정공 전도율**hole conductivity로 **단위는 [(ohm · cm)$^{-1}$]**이다. 즉 정공 표동전류 $J_{p,drift}$는 작용하는 전계 $\mathcal{E}$와 동일한 방향을 갖는다. **전도율은 전계에 의해 얼마나 큰 전류밀도가 생성되는지를 나타내는 파라미터**로, 동일한 전계를 인가하더라도 전도율이 크면 더 큰 전류밀도가 생성된다.

동일하게 전자의 표동전류에 적용해, 전자의 전하량을 $-e$라고 하고 전자의 농도를 n이라고 하면, 식 (5.8)에서 전자의 체적전하밀도 $\rho = -en$이 된다. 따라서 전자의 평균 표동속도를 $v_{d,n}$이라고 하면, 전자에 의한 표동전류밀도 $J_{n,drift}$는 식 (5.9)에 의해

$$J_{n,drift} = \rho_n v_{d,n} = (-en)v_{d,n} \tag{5.15}$$

이 된다. 전자의 평균 표동속도 $v_{d,n}$도 낮은 전계에서는 전계에 직접 비례하는데, 이를 수식으로 쓰면 다음과 같다.

$$v_{d,n} = -\mu_n \mathcal{E} \qquad (5.16)$$

전자의 전하량이 음(−)이므로 전자의 속도와 전계의 방향이 반대이다. 여기서 μ_n은 비례상수이고 양수이며, **전자 이동도**electron mobility라고 부른다. 따라서 식 (5.16)을 (5.15)에 대입하면, 전자에 의한 표동전류밀도는

$$J_{n,drift} = (-en)(-\mu_n \mathcal{E}) = en\mu_n \mathcal{E} \qquad (5.17)$$

가 된다. 음(−) 전하량으로 인해 전자의 이동 속도는 전계와 반대 방향이지만, 전자의 표동전류밀도는 가해준 전계와 같은 방향을 갖는다. 이 전자의 표동전류밀도를 다음과 같이 다시 쓸 수 있다.

$$J_{n,drift} = en\mu_n \mathcal{E} = \sigma_n \mathcal{E} \qquad (5.18)$$

여기서 σ_n은 반도체 내 **전자 전도율**electron conductivity이다.

반도체 내에서 전자와 정공이 모두 표동전류에 기여하므로, **총 표동전류밀도**drift current density는 식 (5.14)와 (5.18)을 합하여 다음과 같이 쓸 수 있다.

$$J_{drift} = e(p\mu_p + n\mu_n)\mathcal{E} = \sigma \mathcal{E} \qquad (5.19)$$

여기서 σ는 반도체의 **전도율**conductivity로 **단위는 [(ohm · cm)$^{-1}$]**이고, 이 전도율의 역수인 **저항률**resistivity은 ρ로 표시하며 **[ohm · cm]의 단위**를 갖는다. 전도율과 저항률은 다음과 같은 관계를 갖는다.

$$\sigma = e(p\mu_p + n\mu_n) = \frac{1}{\rho} \qquad (5.20)$$

전계를 인가했을 때, 식 (5.12) 및 식 (5.16)과 같이 표동속도가 전계에 비례하는데 이때 비례상수를 이동도라고 부른다. 또한 식 (5.14) 및 식 (5.18)과 같이 표동전류밀도도 전계에 비례하는데 이때 비례상수를 전도율이라고 부른다. 따라서 이동도와 전도율은 반도체의 전기적 특성을 결정하는 중요한 파라미터들이다.

전자와 정공의 표동전류밀도에 관한 식은 [표 5-1]과 같이 비교할 수 있다.

[표 5-1] 정공 표동전류밀도와 전자 표동전류밀도를 구하는 공식

정공 표동전류밀도	전자 표동전류밀도
$J_{drift}=eF=e(Nv_d)=(eN)v_d=\rho v_d$	
$J_{p,drift}=\rho_p v_{d,p}$	$J_{n,drift}=\rho_n v_{d,n}$
$\rho_p=ep$	$\rho_n=-en$
$v_{d,p}=\mu_p \mathcal{E}$	$v_{d,n}=-\mu_n \mathcal{E}$
$J_{p,drift}=(ep)(\mu_p \mathcal{E})=ep\mu_p \mathcal{E}=\sigma_p \mathcal{E}$	$J_{n,drift}=(-en)(-\mu_n \mathcal{E})=en\mu_n \mathcal{E}=\sigma_n \mathcal{E}$
총 표동전류밀도 $J_{drift}=J_{p,drift}+J_{n,drift}=(\sigma_p+\sigma_n)\mathcal{E}=\sigma \mathcal{E}$ $\sigma=\sigma_p+\sigma_n=e(p\mu_p+n\mu_n)=\frac{1}{\rho}$	

예제 5-2

전자농도가 $n=10^{17}\,\mathrm{cm}^{-3}$, 전계가 $\mathcal{E}=10^3\,\mathrm{V/cm}$ 일 때 전자의 표동속도가 $v_d=7.5\times10^5\,\mathrm{cm/s}$ 인 샘플이 있다. 다음 물음에 답하라.

(a) 전자의 유속을 구하라.
(b) 전자의 표동전류밀도를 구하라.
(c) 전자의 이동도를 구하라.
(d) 이 샘플의 전도율을 구하라.

풀이

(a) 전자의 유속은 $F_n=nv_d=(10^{17})(7.5\times10^5)=7.5\times10^{22}/\mathrm{cm}^2\cdot\mathrm{sec}$이다.

(b) 전자의 표동전류밀도는

$J_{drift}=eF_n=(1.602\times10^{-19})(7.5\times10^{22})=1.20\times10^4\,\mathrm{C/cm}^2\cdot\mathrm{sec}$이다.

(c) 전계 $\mathcal{E}=10^3\,\mathrm{V/cm}$ 일 때 $v_d=7.5\times10^5\,\mathrm{cm/s}$ 이므로 전자 이동도는

$\mu_n=v_d/\mathcal{E}=7.5\times10^5/10^3=750\,\mathrm{cm}^2/\mathrm{V}\cdot\mathrm{sec}$이다.

(d) 샘플의 전도율은 $\sigma=en\mu_n=(1.602\times10^{-19})(10^{17})(750)=12.0/\mathrm{ohm}\cdot\mathrm{cm}$ 이다.

5.2.2 캐리어 표동속도와 충돌산란 메커니즘

전계를 인가할 때 캐리어 표동속도와 평균 충돌시간은 어떤 관계일까?

정공의 가속도와 전계와의 관계를 기술한 식 (5.11)에서 $v_{d,p}$는 전계에 의한 정공의

표동속도로, 5.1.2절에서 다룬 입자의 열속도 v_{th}와는 다르다. 이 표동속도는 열속도 위에 실려서 나타난다. 전계가 없을 때 정공이 열속도 v_{th}로 랜덤하게 운동하다가, 반도체에 외부로부터 작은 전계가 인가되면 식 (5.11)과 같이 힘을 받아서 전계 방향으로 편중된 정공의 순표동속도가 발생한다. 이 순표동속도는 열속도와 비교하여 매우 작으므로, 충돌 사이의 시간은 전계가 없을 때와 크게 다르지 않다고 볼 수 있다. 유효질량과 전계가 일정하다고 가정하고 식 (5.11)을 적분하면

$$dv_{d,p} = \frac{e\mathcal{E}}{m_p^*}dt \text{에서 } v_{d,p} = \frac{e\mathcal{E}t}{m_p^*} \tag{5.21}$$

를 얻을 수 있다. 이 식에서 시간 t 대신에 정공의 평균 운동량 이완시간 $\tau_{c,p}$를 대입하고, 매 충돌 때마다 표동 운동량 $m_p^* v_{d,p}$를 상실한다고 가정하자. 그러면

$$v_{d,p} = \left(\frac{e\tau_{c,p}}{m_p^*}\right)\mathcal{E} \tag{5.22}$$

로 쓸 수 있고, 이 식은 식 (5.12)와 같으므로 결국 정공의 이동도 μ_p는 다음과 같이 쓸 수 있다.

$$\mu_p = \frac{e\tau_{c,p}}{m_p^*} \tag{5.23}$$

동일한 방법으로 전자의 이동도를 구하면, 전자의 평균 운동량 이완시간 $\tau_{c,n}$을 도입하여 다음과 같이 쓸 수 있다.

$$\mu_n = \frac{e\tau_{c,n}}{m_n^*} \tag{5.24}$$

전자와 정공 모두 평균 충돌시간이 클수록, 전계에 의해 가속되는 시간이 늘어나고 평균 표동속도가 증가하여, 결국 이동도는 평균 충돌시간에 비례하여 커지게 된다. 반면 유효질량이 클수록, 동일한 힘에 의해 덜 가속되므로 평균 표동속도가 감소하여, 이동도는 유효질량에 반비례하여 작아진다.

예제 5-3

실리콘 반도체에 대하여 전자 이동도는 $1350\,\mathrm{cm^2/V\cdot sec}$, 전자의 유효질량은 $m_n^* = 0.25m_0$를 가정하고, 다음 물음에 답하라.

(a) 전계 $\mathcal{E} = 10^3\,\mathrm{V/cm}$일 때 전자의 가속도 a는 얼마인가?
(b) 충돌 사이의 평균 자유시간은 얼마인가?
(c) 표동속도는 얼마인가?
(d) 충돌 사이에 진행한 거리인 평균자유행로는 얼마인가?

풀이

(a) 전자의 가속도는 $a = \dfrac{e\mathcal{E}}{m_n^*} = \dfrac{(1.6\times10^{-19}\mathrm{C})(10^5\mathrm{V/m})}{(0.25)(9.11\times10^{-31}\mathrm{kg})} = 7.03\times10^{16}\,\mathrm{m/s^2}$이다.

(b) 충돌 사이의 평균 자유시간은 식 (5.22)로부터 다음과 같이 구한다.

$$\tau_n = \frac{\mu_n m_n^*}{e} = \frac{(1350\times10^{-4}\mathrm{m^2/V\cdot s})(0.25)(9.11\times10^{-31}\mathrm{kg})}{1.6\times10^{-19}\mathrm{C}} = 1.92\times10^{-13}\,\mathrm{s}$$

(c) 표동속도는 $v_{d,p} = at = (7.03\times10^{16}\mathrm{m/s^2})(1.92\times10^{-13}\mathrm{s}) = 1.35\times10^4\,\mathrm{m/s}$가 된다. 혹은 $v_{d,n} = \mu_n\mathcal{E} = (1350\times10^{-4}\mathrm{m^2/V\cdot s})(1\times10^5\mathrm{V/m}) = 1.35\times10^4\,\mathrm{m/s}$가 된다.

(d) [예제 5-1]에서 전자의 열속도 $v_{th} = 2.34\times10^5\,\mathrm{m/s}$이다. 따라서 평균자유행로는 $s = v_{th}t = (2.34\times10^5\mathrm{m/s})(1.92\times10^{-13}\mathrm{s}) = 4.49\times10^{-8}\,\mathrm{m} = 449\,\text{Å}$이다.

캐리어의 이동도에 영향을 주는 충돌산란 메커니즘에는 어떤 것이 있을까?

식 (5.23) 혹은 (5.24)에서 전자나 정공의 충돌이 잦아 충돌시간이 짧으면 이에 비례하여 이동도가 낮아짐을 볼 수 있다. 반도체 내에서 전자와 정공은 열속도로 이동하다가 이온화된 불순물 원자들이나 혹은 열적 진동을 하는 격자 원자들과 충돌하면서 계속 방향을 바꾼다. 즉 이동도에 영향을 주는 중요한 산란 메커니즘이 두 가지가 존재한다. 하나는 이온화된 불순물 원자들에 의한 산란인 이온화 불순물 산란이고, 또 다른 하나는 열적 진동에 의한 격자 원자들과의 충돌인 격자산란이다.

격자산란

절대온도 0 K에서 반도체 내의 모든 원자들은 열에너지를 전혀 갖지 못하므로 격자의 진동과 같은 운동은 전혀 없다. 즉 원자들은 규칙적인 격자를 구성한 채 완벽히 주기적인 위치에너지 분포를 전자나 정공에게 제공한다. 온도가 상승하기 시작하여 절대온도 0K 이상의 온도가 되면, 반도체를 구성하는 모든 원자들은 온도에 따른 일정량의 열에너지를 갖게 되므로, 격자점을 중심으로 열적 진동을 한다. 격자가 진동을 하면 진동 방향이 랜덤하기 때문에 완벽히 주기적이었던 위치에너지 함수의 주기성이 붕괴된다. 위치에너지 함수가 완벽히 주기적일 경우에는 전자나 정공이 반도체를 통과하는 동안 충돌이나 산란 없이 이동할 수 있다. 그러나 격자가 열적 진동을 하여 위치에너지 함수분포의 주기성이 붕괴되면, 이것은 전자 혹은 정공으로 하여금 불규칙적으로 진동하는 격자 원자들과의 간섭을 초래하고 산란을 유발한다. 이 **격자산란**lattice scattering을 **포논산란**phonon scattering이라고도 부른다.

포논phonon이란 격자의 진동파를 양자화한 개념이다. 온도가 상승할수록 열에너지는 증가하고, 따라서 격자의 진동으로 인한 주기성의 붕괴도 증가하여 격자산란의 비율도 증가하게 된다. 포논의 농도는 절대온도에 비례한다. 또한 캐리어의 속도가 증가할수록 충돌 횟수는 증가하고 평균 충돌시간은 짧아진다. 식 (5.5)에서 열속도는 절대온도의 제곱근에 비례한다.

따라서 포논산란의 평균 충돌시간은 포논 농도에 반비례하고 캐리어 속도에도 반비례하므로, 격자산란만 존재할 경우의 이동도를 μ_L이라고 표기하면 μ_L의 온도 의존성은 근사적으로 다음과 같이 쓸 수 있다.

$$\mu_L \propto T^{-\frac{3}{2}} \tag{5.25}$$

이온화 불순물 산란

반도체 내에서 전하 운반자인 전자와 정공의 농도를 증가시키기 위해 도너나 억셉터 같은 불순물을 첨가시켜 외인성 반도체를 만든다. 도핑된 도너는 상온에서 거의 전부 이온화되어 도너 양이온이 되고, 억셉터는 이온화되어 억셉터 음이온이 된다. 이렇게 생성된 도펀트 이온들과 전자 및 정공 사이에는 정전기적인 쿨롱 힘이 작용하여 캐리어의 산란 혹은 충돌을 초래하고 캐리어의 속도가 변화한다. 이러한 캐리어의 산란을 **이온화 불순물 산란**ionized impurity scattering이라고 부른다.

이온화 불순물 산란에 의한 평균 충돌시간은 이온화 불순물의 농도에 반비례하므로, 도너 이온 N_d^+와 억셉터 이온 N_a^-를 합한 총 이온화 불순물 농도에 반비례한다. 또한 캐리어의 열속도가 증가하면 쿨롱 힘이 작용하는 이온화 불순물의 근처에 캐리어가 머무는 시간이 감소하고, 따라서 도펀트 이온에 의한 산란효과는 작아진다.

따라서 이온화 불순물 산란만 존재할 경우의 이동도를 μ_I로 표기하면 μ_I의 근사적 온도 의존성은 다음과 같이 쓸 수 있다.

$$\mu_I \propto \frac{T^{+\frac{3}{2}}}{N_d^+ + N_a^-} = \frac{T^{+\frac{3}{2}}}{N_I} \tag{5.26}$$

여기서 N_I는 총 이온화 불순물 농도이다.

격자산란과 이온화 불순물 산란이 동시에 존재하는 경우 이동도를 계산해보자. τ_L이 격자산란에 의한 평균 충돌시간이면 단위시간당 격자산란이 발생하는 횟수는 이의 역수인 $\frac{1}{\tau_L}$이다. 마찬가지로 τ_I가 이온화 불순물 산란에 의한 평균 충돌시간이면, $\frac{1}{\tau_I}$은 단위시간 동안 이온화 불순물 산란이 발생하는 횟수이다. 만약 이러한 두 가지 산란 현상이 독립적이면 단위시간 동안 발생하는 총 산란 횟수는 이 두 산란 현상의 횟수를 합해서 다음과 같다.

$$\frac{1}{\tau} = \frac{1}{\tau_I} + \frac{1}{\tau_L} \tag{5.27}$$

여기서 τ는 총 충돌 사이의 평균시간이다.

식 (5.23) 혹은 (5.24)에 의하면 이동도는 충돌 사이의 평균시간에 비례하므로, 총 이동도 μ를 이온화 불순물 산란과정에 의한 이동도 μ_I와 격자 산란과정에 의한 이동도인 μ_L을 이용하여 표현하면, 식 (5.27)은 다음과 같이 표현된다.

$$\frac{1}{\mu} = \frac{1}{\mu_I} + \frac{1}{\mu_L} \tag{5.28}$$

[그림 5-1]은 총 이동도 μ와 이온화 불순물 산란에 의한 이동도 μ_I, 그리고 격자산란에 의한 이동도 μ_L을 함께 보여준다. 그림에서 저온 영역에서는 '이온화 불순물 산란'이 이동도를 좌우하는 결정적인 메커니즘이 되고, 고온 영역에서는 '격자산란'이 이동도를 좌우하는 결정적인 메커니즘이 됨을 알 수 있다. 만약 두 가지 혹은 그 이상의 산란 메커니즘이 존재할 경우, 각각의 개별 산란 메커니즘만에 의한 순이동도의 역수

를 모두 합해주면 총 이동도의 역수가 된다. 이는 병렬로 연결된 저항회로에서 합성저항을 구하는 식과 유사하여, 총 이동도는 개별 이동도의 어느 것보다도 작고, 산란 메커니즘의 종류가 많을수록 총 이동도는 더욱 작아진다. 그림에서 이온화 불순물 산란에 의한 이동도 μ_I의 점선 그래프의 직선 기울기는 $\frac{3}{2}$이고, 격자산란에 의한 이동도 μ_L의 점선 그래프의 직선 기울기는 $-\frac{3}{2}$이다.

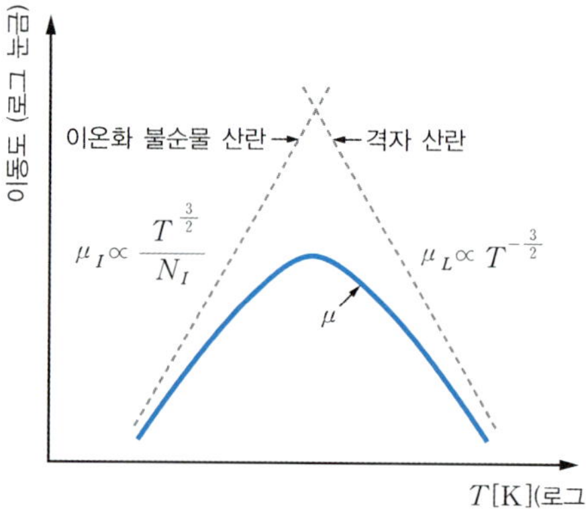

[그림 5-1] 온도에 따른 이동도의 변화 개형

5.2.3 캐리어 이동도와 전도율의 온도 및 도핑농도 의존성

캐리어 이동도는 온도 및 도핑농도에 따라 어떻게 변화할까?

전자와 정공의 이동도는 온도와 도핑농도의 함수이다. 5.4절의 [표 5-4]에서 $T = 300\,\text{K}$일 때 Si, Ge, GaAs에 대한 일반적인 이동도의 값을 확인할 수 있다. [그림 5-2]는 실리콘에서 도너 농도를 증가시키면서 온도에 따른 전자 이동도의 변화를 보여준다.

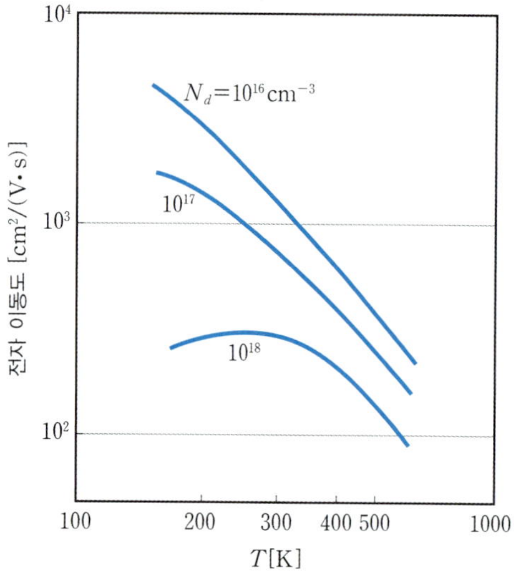

[그림 5-2] 실리콘에서 온도에 따른 전자 이동도의 변화

[그림 5-1]의 그래프 개형에 최댓값의 이동도를 갖는 온도 범위가 존재하는데, 실제 [그림 5-2]의 그래프에서 $N_d = 10^{18}\,\text{cm}^{-3}$일 때 $200 \sim 300\,\text{K}$의 범위에서 최댓값을 가짐을 알 수 있다. 도너의 농도가 낮아지면 이온화 불순물 농도가 줄어들어 이온화 불순물 산란이 적어지므로, 이동도는 증가하여 그래프가 위로 올라간다. 이온화 불순물 산란은 고온 영역보다 저온 영역에서 더욱 현저한 영향을 주므로, 도너의 농도가 낮아지면 고온 영역보다 저온 영역에서 더욱 증가하게 된다. 따라서 도너의 농도가 낮아지면 최댓값의 이동도를 갖는 온도 범위가 더 저온 영역으로 이동함을 알 수 있다(연습문제 5.3).

[그림 5-3]은 실리콘에서 이온화 불순물 농도에 따른 전자 이동도 μ_n과 정공 이동도 μ_p의 변화를 보여준다. 일정한 온도에서 도펀트의 농도가 점점 증가하면 이온화 불순물 산란이 증가하여 총 이동도가 점차 감소함을 알 수 있다.

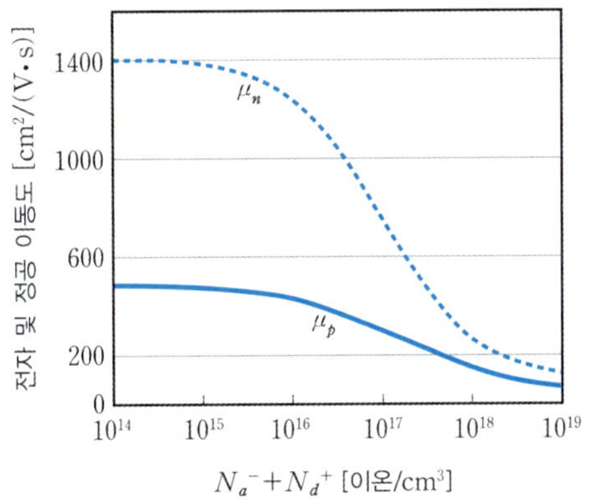

[그림 5-3] $T = 300\,\text{K}$의 실리콘에서 이온화 불순물 농도에 따른 캐리어 이동도의 변화

전도율은 온도 및 도핑농도에 따라 어떻게 변화할까?

먼저 특정 도핑농도를 갖는 반도체에서 전도율이 온도에 따라 어떻게 변화하는지 살펴보자. 전도율은 식 (5.20)의 $\sigma = \frac{1}{\rho} = e(\mu_n n + \mu_p p)$로부터 캐리어 농도와 캐리어 이동도의 곱에 비례함을 알 수 있다. 4.3.6절의 [그림 4-14]에서는 일정한 양의 도너를 도핑한 n형 반도체에서 온도에 따른 전자농도의 변화를 세 가지 온도 영역으로 나누어 보여주었다. 또한 [그림 5-1]에서는 이동도가 온도에 따라 어떻게 변화하는지 두 가지 온도 영역으로 나누어 보여주었다. 따라서 특정 도핑농도를 갖는 반도체에서, 온도에 따른 전도율의 변화를 그림으로 그리면, 전자농도와 이동도의 온도 변화를 함께 고려하여 [그림 5-4]와 같이 그릴 수 있다. [그림 5-4]는 $N_d = 10^{15}\,\text{cm}^{-3}$일 때 온도 역수의 함수로서 실리콘의 전자농도와 전도율을 보여준다.

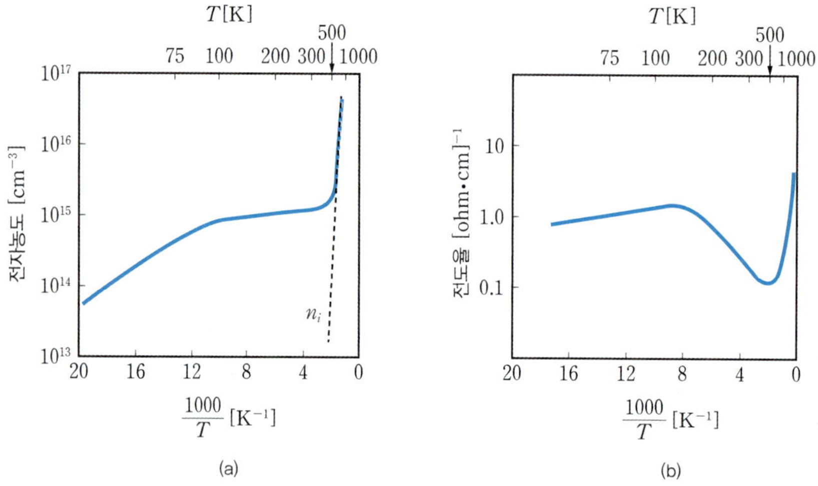

[그림 5-4] 온도 역수에 따른 실리콘의 (a) 전자농도와 (b) 전도율의 변화

- **저온 영역** : 4.3.6절의 [그림 4-14]에서 보듯이 아주 낮은 온도 영역에서는, 동결로부터 차츰 부분적으로 이온화되는 현상이 발생하면서 전자의 농도가 차츰 증가하기 시작한다. 또한 [그림 5-1]에서 보듯이 이동도도 온도가 증가하면서 증가하는 영역에 속한다. 따라서 전도율도 점점 증가한다.

- **중간 영역** : 중간 온도 영역인 외인성 온도 영역에서는 완전이온화가 일어나고, 전자농도는 $n_0 \approx N_d$로 거의 일정하게 유지된다. 그러나 이동도는 [그림 5-1]과 같이 이 영역에서 온도에 따라 감소하기 시작한다. 따라서 전도율은 피크값을 보인 후 다시 감소하는 경향을 보인다.

- **고온 영역** : 온도가 더 상승하여 매우 고온인 영역이 되면, [그림 5-1]과 같이 이동도는 계속 감소하지만 [그림 4-14]와 같이 진성 캐리어 농도가 큰 값으로 증가하기 때문에 전도율은 다시 상승하기 시작한다.

다음은 특정 온도에서 반도체의 전도율이 불순물 도핑농도에 따라 어떻게 변화하는지 살펴보자. 식 (5.20)에 따라 전도율은 도핑농도에도 의존한다. [그림 5-5]는 $T = 300\,\mathrm{K}$에서 실리콘의 저항률과 불순물 농도간의 관계를 그린 그래프이다. 불순물 농도가 증가하면 캐리어의 농도가 증가하여 저항률이 낮아진다. 저농도일 때보다 고농도에서 저항률이 낮아지는 기울기가 줄어든 것은, 고농도일 때 이온화 불순물 산란의 증가로 이동도가 추가적으로 떨어져 저항률의 증가를 가져오기 때문이다.

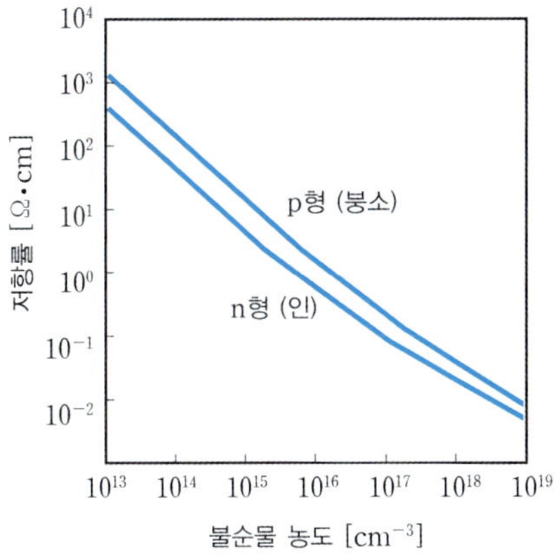

[그림 5-5] $T=300\,K$에서 실리콘의 불순물 농도에 대한 저항률

5.2.4 저항체의 저항값과 캐리어 속도의 한계

저항체의 저항값은 어떻게 계산할까?

저항체는 전류의 흐름을 억제하는 특성이 있으며, 회로에 가장 흔하게 사용되는 소자 중 하나이다. 전도율 σ인 물질을 사용하여 [그림 5-6]과 같은 직육면체의 저항체를 제작한 경우의 저항값을 구해보자. 길이가 L인 저항체에 인가한 전압이 V이므로, 저항체 내부에 생성된 전계는

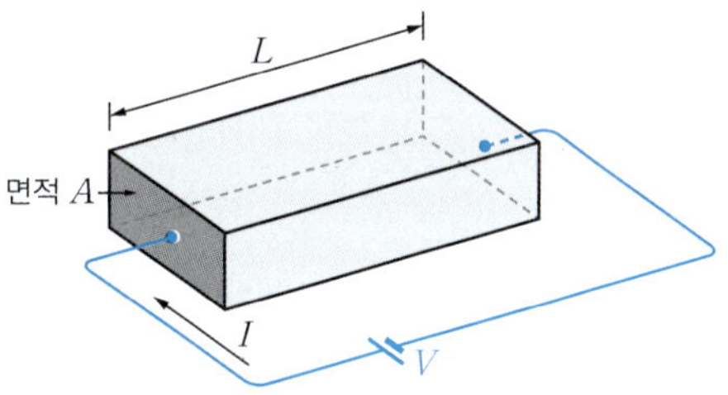

[그림 5-6] 직육면체의 저항체

$$\mathcal{E}=\frac{V}{L} \tag{5.29}$$

이고, 단면적 A인 저항체에 전류 I가 흐르므로 전류밀도는 다음과 같다.

$$J=\frac{I}{A} \tag{5.30}$$

식 (5.29)와 (5.30)을 식 (5.19)인 $J=\sigma\mathcal{E}$에 대입하면

$$\frac{I}{A}=\sigma\left(\frac{V}{L}\right) \tag{5.31}$$

가 되고, 이를 전압 V에 대해 정리하면

$$V = \left(\frac{L}{\sigma A}\right) I = \left(\frac{\rho L}{A}\right) I \tag{5.32}$$

가 된다. 이를 옴의 법칙 $V = IR$과 비교하면 저항 R은

$$R = \frac{L}{\sigma A} = \frac{\rho L}{A} \tag{5.33}$$

이 된다. 따라서 저항값이 작은 저항체를 제작하기 위해서는 길이는 짧게, 단면적은 크게 하고, 저항률이 작은 물질을 사용해야 한다. 저항률을 작게 하려면, 즉 전도율을 크게 하려면 전자와 정공의 농도가 커야 하고, 전자와 정공의 이동도가 커야 한다.

예제 5-4

$T = 300\,\text{K}$에서 실리콘 반도체의 정공의 이동도는 $\mu_p = 480\,\text{cm}^2/\text{V}\cdot\text{s}$, 전자의 이동도는 $\mu_n = 1400\,\text{cm}^2/\text{V}\cdot\text{s}$, 진성 캐리어 농도는 $n_i = 1.5\times10^{10}\,\text{cm}^{-3}$이다. 다음 물음에 답하라.

(a) 진성 실리콘 반도체의 전도율은 얼마인가?

(b) p형 실리콘 반도체의 억셉터 농도가 $N_a = 10^{17}\,\text{cm}^{-3}$일 때, 전도율은 얼마인가?

풀이

(a) 진성 실리콘 반도체의 경우 $n = p = n_i$이므로

$\sigma = e(\mu_n n + \mu_p p) = e(\mu_n n_i + \mu_p n_i) = en_i(\mu_n + \mu_p)$가 된다. 따라서

$$\begin{aligned}\sigma &= en_i(\mu_n + \mu_p) = (1.602\times10^{-19})(1.5\times10^{10})(1400+480)\\ &= 4.52\times10^{-6}(\text{ohm}\cdot\text{cm})^{-1}\end{aligned}$$

이다. 이는 증류수와 비슷한 전도율이다. 일반적으로 물질에 따라 전자와 정공의 이동도는 같지 않기 때문에, 진성 반도체의 전도율이 주어진 온도에서 그 물질이 갖는 전도율의 최솟값은 아니다.

(b) $N_a \gg n_i$로 억셉터가 도핑된 반도체이므로 전도율은

$$\sigma = e(\mu_n n + \mu_p p) = e\left(\mu_n \frac{n_i^2}{p} + \mu_p p\right) \approx e\mu_p p$$

가 되고, $T = 300\,\text{K}$이므로 완전이온화를 가정하면

$$\sigma \approx e\mu_p N_a = (1.602\times 10^{-19})(480)(10^{17}) = 7.69\,(\text{ohm}\cdot\text{cm})^{-1}$$

이 된다. 정확한 계산은

$$\begin{aligned}\sigma = e\left(\mu_n \frac{n_i^2}{p} + \mu_p p\right) &= (1.602\times 10^{-19})\left(1400\cdot\frac{(1.5\times 10^{10})^2}{10^{17}} + 480\times 10^{17}\right)\\ &= (1.602\times 10^{-19})(3.15\times 10^6 + 480\times 10^{17}) = 7.69\,(\text{ohm}\cdot\text{cm})^{-1}\end{aligned}$$

이다. 여기서 $\mu_n \frac{n_i^2}{p} = 3.15\times 10^6$, $\mu_p p = 4.80\times 10^{19}$으로 10^{13}배의 차이로 $\mu_n \frac{n_i^2}{p} \ll \mu_p p$임을 확인할 수 있다. 따라서 외인성 반도체의 경우에는 다수캐리어에 의해 전도율이 결정됨을 알 수 있다. 진성 반도체와 비교하면 도핑으로 인하여 전도율이 크게 향상되었지만, 은(Ag)의 경우 전도율이 $6.17\times 10^5\,(\text{ohm}\cdot\text{cm})^{-1}$인 것과 비교하면 매우 작음을 알 수 있다.

전계에 의한 전자와 정공의 표동속도에는 한계가 있을까?

반도체가 열평형상태에 있을 때 전자나 정공은 [예제 5-1]에서 계산한 바와 같이 약 $10^7\,\text{cm/sec}$의 열속도 v_{th}를 가지고 충돌과 산란을 계속하면서 랜덤 운동을 한다. 이러한 상황에 외부에서 전계를 가해주면 열속도 v_{th}에 추가하여 전계의 방향으로 입자가 가속되어 전계 방향으로 표동속도 v_d가 생성되는데, 이때 표동속도와 전계는 $v_d = \mu\mathcal{E}$의 관계를 가진다.

이 식을 그래프로 그리면 직선 모양이 될 것이고, 이 직선의 기울기는 이동도 μ가 된다. 그러나 실제로는 [그림 5-7]과 같이, 전계가 매우 높아지면 이러한 표동속도와 전계와의 선형 비례관계가 계속되지 않고 선형 관계로부터 크게 벗어나게 된다. 예를 들어 전계가 $100\,\text{V/cm}$일 경우 실리콘에서 전자 이동도를 $\mu_n = 1350\,\text{cm}^2/\text{V}\cdot\text{sec}$라고 하면, 표동속도는 $v_d = \mu\mathcal{E} = (1350)(100) = 1.35\times 10^5\,\text{cm/sec}$가 된다. 이는 열속도의 1% 정도에 해당하며, 이 전계는 전자의 에너지를 크게 변화시키지 않는다. 그러나 전계가 대략 $30\,\text{kV/cm}$ 정도가 되면 표동속도는 $v_d = \mu\mathcal{E} = (1350)(30\times 10^3) = 4.05\times 10^7\,\text{cm/sec}$가 되는데, 이는 열속도와 비슷한 크기이다. 이렇게 전계가 높아지면 실리콘 내의 전자의 표동속도는 계속 선형적으로 증가하지 않고 **대략 10^7cm/sec로 포화**된다.

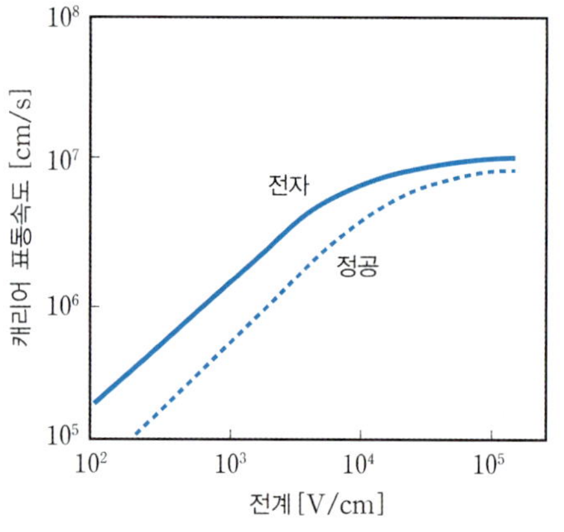

[그림 5-7] $T = 300\,\mathrm{K}$일 때 전계에 따른 실리콘 내 전자와 정공의 표동속도

5.3 캐리어 농도 차이에 의한 캐리어 이동

반도체에 전계를 가하면 전자와 정공은 전계 방향의 표동전류를 생성시킨다. 전계를 가하지 않은 상태임에도, 반도체 내에서 전자 및 정공의 움직임을 유발하여 전류를 생성시키는 메커니즘이 있다. 물속에 잉크 방울을 떨어뜨리면 잉크가 점점 퍼져나가는 현상이나, 공기 중에서 담배연기가 사방으로 퍼져나가는 현상과 같이 계속적인 랜덤 random 열운동에 의한 분자들의 흐름인 확산이 그것이다. **확산** diffusion 은 입자들이 높은 농도 영역에서 낮은 농도 영역으로 이동하는 통계적 현상이다. 만약 확산에 의해 이동하는 입자가 전하량을 가진 입자라면, 이러한 전하의 순흐름은 **확산전류** diffusion current 를 생성하게 된다.

전계와 캐리어의 농도 기울기가 공존하는 경우, 전자 및 정공에 의한 각각의 표동전류 밀도와 확산전류밀도를 모두 합하여 총 전류밀도를 계산한다.

5.3.1 캐리어의 확산전류밀도

캐리어 농도가 거리에 따라 변할 때 발생하는 캐리어의 유속과 전류밀도는 얼마일까?

반도체 내 캐리어의 확산 현상을 정량적으로 고려해보자. 전자의 농도가 1차원에서

[그림 5-8]과 같이 분포하고, 샘플 내에서 온도는 일정하여 전자의 평균 열속도는 위치에 관계없이 일정하다고 가정하자. 전류밀도, 즉 단위시간 동안 단위면적을 통과하여 흐르는 전하량의 크기를 계산하기 위해 $x=x_0$에 있는 평면을 가로질러 단위시간당 지나가는 전자의 순흐름을 살펴보자. 전자는 **평균 열속도** v_{th}로 움직이며 **평균 충돌시간** $\tau_{c,n}$으로 계속적인 충돌과 산란을 하면서 방향을 변환시키고 있다.

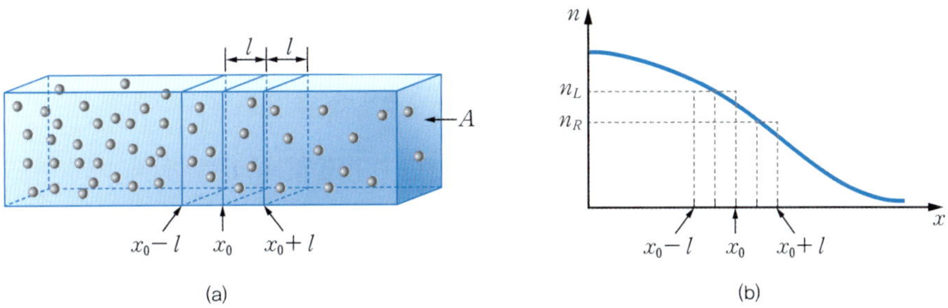

[그림 5-8] (a) **전자농도 기울기에 의한 확산 그림과 (b) 거리에 따른 전자농도 분포**

[그림 5-8]에서 거리 l은 전자의 **평균 자유행로**mean free path, 즉 전자가 충돌할 때까지 이동한 평균 거리로 $l=v_{th}\tau_{c,n}$이다. 평균 충돌시간인 $\tau_{c,n}$시간 동안, $x=x_0$의 위치에 있는 면적 A인 평면을 왼쪽에서 오른쪽으로 통과하는 전자의 총 개수는, 구간 $x_0-l<x<x_0$에 존재하는 총 전자들의 절반이다. **랜덤 운동**이기 때문에 나머지 절반은 충돌 후 반대 방향인 왼쪽으로 이동하므로, $x=x_0$ 평면에서 멀어져 $x=x_0$ 평면을 통과하지 못한다. 구간 $x_0-l<x<x_0$에 존재하는 전자의 개수는 (전자의 농도)×(체적)을 계산하여 구할 수 있다. 전자농도 변화는 거리 l이 충분히 짧아 직선(1차 근사)으로 가정할 수 있다고 하면, 그때 구간 $x_0-l<x<x_0$에서 전자의 평균 농도는 $x=x_0-\frac{l}{2}$에서의 전자농도인 n_L로 볼 수 있다. 따라서 평균 충돌시간인 $\tau_{c,n}$시간 동안 $x=x_0$ 평면을 왼쪽에서 오른쪽으로 통과하는 전자의 개수는

$$\frac{n_L(Al)}{2} \tag{5.34}$$

이 된다. 마찬가지로 $x=x_0+\frac{l}{2}$에서의 전자농도인 n_R을 사용하여, 평균 충돌시간인 $\tau_{c,n}$시간 동안 $x=x_0$ 평면을 반대 방향, 즉 오른쪽에서 왼쪽으로 통과하는 전자의 개수를 구하면

$$\frac{n_R(Al)}{2} \tag{5.35}$$

이 된다. 결국 평균 충돌시간인 $\tau_{c,n}$시간 동안 $x=x_0$ 평면을 왼쪽에서 오른쪽으로 통과하는 순전자의 개수는 이 둘의 차인

$$\frac{n_L(Al)}{2}-\frac{n_R(Al)}{2}=\frac{Al}{2}(n_L-n_R) \tag{5.36}$$

이 된다.

이제 확산에 의한 전류밀도를 구하기 전에 먼저 전자의 유속을 구해보자. 위에서 구한 $\tau_{c,n}$시간 동안 $x=x_0$ 위치의 면적 A를 오른쪽으로 통과한 순전자의 개수는 $\frac{Al}{2}(n_L-n_R)$이다. **전자의 유속 F_n은 단위시간 동안 단위면적을 통과한 전자 개수**이므로, 이를 면적 A와 시간 $\tau_{c,n}$으로 나누어주면 된다. 즉 다음과 같이 쓸 수 있다.

$$F_n=\frac{Al}{2}(n_L-n_R)\frac{1}{A\tau_{c,n}}=\frac{l}{2\tau_{c,n}}(n_L-n_R) \tag{5.37}$$

$\frac{dn}{dx}\approx\frac{n_R-n_L}{l}$이라고 할 수 있으므로, 식 (5.37)은

$$F_n=\frac{l}{2\tau_{c,n}}(n_L-n_R)=\frac{l^2}{2\tau_{c,n}}\frac{-(n_R-n_L)}{l}=-\frac{l^2}{2\tau_{c,n}}\frac{dn}{dx} \tag{5.38}$$

이 된다. $l=v_{th}\tau_{c,n}$이므로

$$F_n=-\frac{l^2}{2\tau_{c,n}}\frac{dn}{dx}=-\frac{lv_{th}\tau_{c,n}}{2\tau_{c,n}}\frac{dn}{dx}=-\frac{lv_{th}}{2}\frac{dn}{dx} \tag{5.39}$$

으로 볼 수도 있다. 이로부터 전자의 유속을

$$F_n=-D_n\frac{dn}{dx} \tag{5.40}$$

이라고 정의할 수 있다. 여기서 D_n은 **전자 확산계수**electron diffusion coefficient라고 부르고, **단위는 [cm²/sec]**이다. 확산 유속은 농도 기울기에 비례하는데, 그 비례상수는 입자들이 농도변화도에 의해 얼마나 잘 이동하는지를 의미하므로 확산계수라고 부른다. 여기서 음(−)의 부호는 입자의 농도 기울기가 양(+)인 경우 확산이 음(−)의 방향으로 일어남을 의미한다. 식 (5.39)와 (5.40)을 비교하면 D_n은 다음과 같다.

$$D_n = \frac{l^2}{2\tau_{c,n}} = \frac{lv_{th}}{2} \tag{5.41}$$

입자의 유속 F는 단위시간동안 단위면적을 통과하여 흐르는 입자 수이고, 단위는 [개/cm^2 · sec]이다. 전류밀도 J는 단위시간 동안 단위면적을 통과하여 흐르는 전하량이고, 단위는 [C/cm^2 · sec]이다. 따라서 입자 한 개가 갖는 전하량을 e라고 하면 전류밀도 J는 식 (5.6)과 같이 $J = eF$가 되는데, 전자는 $-e$의 전하량을 가지므로 전자의 확산에 의한 전류밀도 $J_{n,diff}$는

$$J_{n,diff} = -eF_n = +e\frac{lv_{th}}{2}\frac{dn}{dx} = eD_n\frac{dn}{dx} \tag{5.42}$$

이 된다. 전자의 확산전류밀도는 전자의 농도 기울기에 비례해서 증가하고, 확산계수의 크기에도 비례한다.

마찬가지 방법으로 정공에 대하여 계산하면, 정공의 유속은

$$F_p = \frac{Al}{2}(p_L - p_R)\frac{1}{A\tau_{c,p}} = \frac{l}{2\tau_{c,p}}(p_L - p_R)$$

이고 $\frac{dp}{dx} \approx \frac{p_R - p_L}{l}$이라고 할 수 있으므로, $F_p = -\frac{l^2}{2\tau_{c,p}}\frac{dp}{dx} = -\frac{lv_{th}}{2}\frac{dp}{dx}$가 된다. 이 유속을 $F_p = -D_p\frac{dp}{dx}$라고 정의할 수 있다. 여기서 D_p는 **정공 확산계수** hole diffusion coefficient 라고 부르고 **단위는 [cm^2/sec]**이다. 여기서 음(−)의 부호는 전자 확산계수의 경우와 마찬가지로, 입자의 농도 기울기가 양(+)인 경우 확산이 음(−)의 방향으로 일어나기 때문이다. 따라서 D_p는 $D_p = \frac{l^2}{2\tau_{c,p}} = \frac{lv_{th}}{2}$가 된다.

정공은 $+e$의 전하량을 가지므로 정공의 확산에 의한 전류밀도 $J_{p,diff}$는

$$J_{p,diff} = eF_p = -e\frac{lv_{th}}{2}\frac{dp}{dx} = -eD_p\frac{dp}{dx} \tag{5.43}$$

가 된다. 식 (5.42)와 (5.43)을 비교하면, 전자는 확산전류의 방향이 전자농도 기울기가 증가하는 방향을 갖지만, 정공은 확산전류의 방향이 정공농도 기울기가 증가하는 방향과 반대 방향을 갖는다.

[그림 5-9]에서 전자의 농도 기울기가 양이면 전자 유속은 음이며, 따라서 전자 확산

전류는 양이 된다. 또한 정공의 농도 기울기가 양이면 정공 유속은 음이며, 따라서 정공 확산전류는 음이 되는 것을 볼 수 있다.

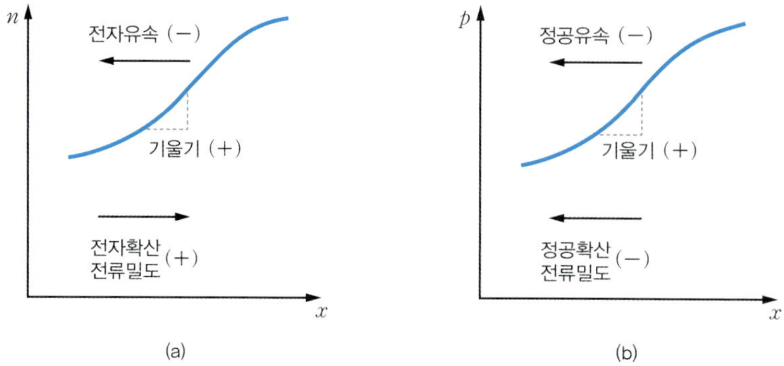

[그림 5-9] (a) 전자농도 기울기와 전자확산 전류밀도, (b) 정공농도 기울기와 정공확산 전류밀도

반도체 내에서 전자와 정공의 농도 기울기가 동시에 존재할 때 모두 확산전류에 기여하므로, **총 확산전류밀도**diffusion current density는 식 (5.42)와 (5.43)을 합하여 다음과 같이 쓸 수 있다.

$$J_{diff} = J_{p,diff} + J_{n,diff} = -eD_p\frac{dp}{dx} + eD_n\frac{dn}{dx} \tag{5.44}$$

이 식에서 확산전류밀도가 농도 기울기에 비례하는데, 이때 비례상수를 확산계수라고 부른다. 동일한 농도 기울기를 갖더라도 확산계수가 크면 확산 유속이 더 크고, 또한 확산전류밀도도 더 커진다. 따라서 확산계수는 반도체의 전기적 특성을 좌우하는 중요한 파라미터이다.

전자와 정공의 확산전류밀도에 관한 식은 [표 5-2]와 같이 비교할 수 있다.

[표 5-2] 정공 확산전류밀도와 전자 확산전류밀도를 구하는 공식

정공 확산전류밀도	전자 확산전류밀도
$J_{p,diff} = eF_p$	$J_{n,diff} = -eF_n$
$F_p = -D_p\frac{dp}{dx}$	$F_n = -D_n\frac{dn}{dx}$
$D_p = \frac{l^2}{2\tau_{c,p}} = \frac{lv_{th}}{2}$	$D_n = \frac{l^2}{2\tau_{c,n}} = \frac{lv_{th}}{2}$
$J_{p,diff} = eF_p = -eD_p\frac{dp}{dx}$	$J_{n,diff} = -eF_n = eD_n\frac{dn}{dx}$
총 확산전류밀도 $J_{diff} = J_{p,diff} + J_{n,diff} = -eD_p\frac{dp}{dx} + eD_n\frac{dn}{dx}$	

5.3.2 총 전류밀도

전계와 캐리어 농도 기울기가 동시에 존재할 때 총 전류밀도는 얼마일까?

반도체 내에서 전류에 기여할 수 있는 입자는, 첫째, 전하량을 갖고 있어야 하며, 둘째, 자유롭게 이동할 수 있어야 한다. 이런 특성을 만족시키는 입자는 자유전자와 자유정공이다. 도너 이온과 억셉터 이온은 전하량은 갖고 있지만 자유롭게 이동할 수는 없어 전류의 흐름에 직접적으로 기여하지 못한다. 그러면 전자와 정공을 이동시키는 동력원은 무엇일까? 전자와 정공을 움직이는 원인에도 두 가지가 존재한다. 첫째는 **전계**이고, 둘째는 전자와 정공의 **농도 기울기**이다. 전계가 원인이 되어 흐르는 전류를 **표동전류**라고 하고, 농도 기울기가 원인이 되어 흐르는 전류를 **확산전류**라고 부른다.

따라서 입자의 종류가 전자와 정공의 두 가지이고, 이동 메커니즘도 표동과 확산의 두 가지이므로, 총 전류밀도 성분은 [표 5-3]과 같이 네 가지 조합이 존재한다. 이를 식으로 쓰면, 전자전류밀도

$$J_n = J_{n,drift} + J_{n,diff} = en\mu_n \mathcal{E}_x + eD_n \frac{dn}{dx}$$

과 정공전류밀도

$$J_p = J_{p,drift} + J_{p,diff} = ep\mu_p \mathcal{E}_x - eD_p \frac{dp}{dx}$$

를 합하여 **총 전류밀도**는 다음과 같이 된다.

$$J = J_n + J_p = en\mu_n \mathcal{E}_x + ep\mu_p \mathcal{E}_x + eD_n \frac{dn}{dx} - eD_p \frac{dp}{dx} \tag{5.45}$$

이 방정식을 3차원으로 일반화하면 다음과 같다.

$$J = en\mu_n \mathcal{E} + ep\mu_p \mathcal{E} + eD_n \nabla n - eD_p \nabla p \tag{5.46}$$

[표 5-3] 전류밀도의 네 가지 성분

	전계에 의한 표동	농도 기울기에 의한 확산
전자 전류	$en\mu_n \mathcal{E}_x$	$eD_n \frac{dn}{dx}$
정공 전류	$en\mu_p \mathcal{E}_x$	$-eD_p \frac{dp}{dx}$

5.4 확산계수와 이동도의 상호 관계 및 이동도의 측정

5.4.1 아인슈타인 관계식

열평형상태에서 도펀트 농도가 경사진 기울기를 가질 때 발생한 전계의 세기는 얼마일까?

거리에 따라 경사진 기울기를 갖도록 도펀트가 불균일하게 도핑되어 있는 반도체가 열평형상태에 도달한 경우를 살펴보자. [그림 5-10]과 같이 불균일하게 도너가 도핑된 반도체가 상온($T=300\,\mathrm{K}$)에서 열평형상태에 있다고 하면, 이때 도너 원자는 모두 이온화되었다고 생각할 수 있다. [그림 5-10]에서 왼쪽은 페르미 에너지 E_F가 전도대역 E_c보다 매우 낮으므로 전자농도가 작은 것을 알 수 있고, 따라서 왼쪽은 상대적으로 저농도로 도핑되어 있음을 의미한다. 반면 오른쪽은 페르미 에너지 E_F가 전도대역 E_c에 가까우므로 전자농도가 큼을 의미하고, 상대적으로 고농도로 도핑되어 있음을 알 수 있다. 이 반도체가 열평형상태에 있으면 식 (4.91)과 같이 페르미 에너지는 전체 시스템에 걸쳐 일정해야 하므로 결국 에너지밴드 그림에서 페르미 에너지는 평평하게 될 것이다. 따라서 전도대역 E_c와 가전자대역 E_v는 그림처럼 기울어지게 된다. 위치에너지가 기울기를 갖는 것은 캐리어가 힘을 받음을 의미하고, 이 힘은 전계로부터 발생한다고 생각할 수 있다. 이제 이 전계를 구해보기로 하자.

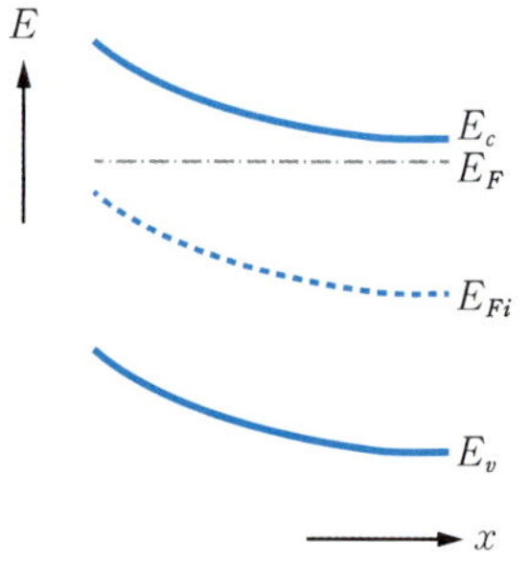

[그림 5-10] 불균일한 도너 불순물 농도를 갖는 반도체의 열평형상태 에너지밴드

[그림 5-10]과 같이 도핑농도가 x에 따라 변화하면, 높은 도핑 영역인 오른쪽으로부터 낮은 도핑 영역인 왼쪽으로, 즉 $-x$ 방향으로 다수캐리어인 전자가 확산되는 현상이 발생할 것이다. 음전하인 전자가 왼쪽으로 흐르면, 이 음전하인 전자와 전하 중성을 이루고 있던 양전하인 도너 이온들이 오른쪽에 드러나게 될 것이다. 따라서 상대적으로 왼쪽에는 전자의 음전하가 드러나고 오른쪽에는 도너이온의 양전하가 드러나며, 이렇게 분리된 양전하와 음전하는 $-x$ 방향의 전계를 형성한다. 이 전계는 $-x$ 방향

으로의 전자 확산을 억제하여 더 이상 전자가 확산되는 것을 막는다. 열평형상태가 이루어졌을 때 캐리어의 농도 분포는 도너 원자의 분포와 정확하게 일치하지는 않지만, 많은 경우 확산에 의해 이동하는 공간전하들은 불순물 농도보다 매우 작아서 캐리어 농도는 불순물 도핑농도 분포와 거의 같다는 **준-중성 조건**quasi-neutral condition을 가정할 수 있다.

도펀트 불순물이 불균일하게 도핑된 반도체가 열평형상태에 도달한 경우, x의 함수로 E_c와 E_v 및 진성 페르미 준위 E_{Fi}가 변화하고, 전자의 위치에너지는 $E_c(x)-E_F$가 된다. 전자의 전하량은 $-e$이고 전위를 $V(x)$라고 하면, 전자의 위치에너지는 $-e\,V(x)$가 되어 다음 식이 성립한다.

$$V(x)=\frac{E_c(x)-E_F}{-e} \tag{5.47}$$

전위의 기울기가 전계이므로, x 방향의 전계 $\mathcal{E}_x$는 다음과 같이 정의된다.

$$\mathcal{E}_x=-\frac{dV(x)}{dx}=\frac{1}{e}\frac{dE_c(x)}{dx} \tag{5.48}$$

열평형상태에서 전자농도는

$$n_0(x)=N_c\exp\left[-\frac{E_c(x)-E_F}{kT}\right] \tag{5.49}$$

이다. $E_c(x)-E_F$에 대해서 풀면

$$E_c(x)-E_F=-kT\ln\left(\frac{n_0(x)}{N_c}\right) \tag{5.50}$$

가 된다. 이 식을 x에 대하여 미분하면, 페르미 에너지의 거리에 대한 미분은 '0'이므로

$$\frac{dE_c(x)}{dx}=-\frac{kT}{n_0(x)}\frac{dn_0(x)}{dx} \tag{5.51}$$

가 된다. 식 (5.51)을 (5.48)에 대입하면 전계는 다음과 같이 된다.

$$\mathcal{E}_x=-\left(\frac{kT}{e}\right)\frac{1}{n_0(x)}\frac{dn_0(x)}{dx} \tag{5.52}$$

예제 5-5

$T=300\,\text{K}$에서 실리콘 반도체 내 도너의 농도가 $N_d(x)=10^{17}e^{-ax}\,\text{cm}^{-3}(0\le x\le 10\,\mu\text{m})$이라고 할 때, 열평형상태에서 내부에 형성된 전계를 구하라. 형성된 전계가 $\mathcal{E}_x=2.59\,\text{V/cm}$가 되는 a의 값을 구하라.

풀이

$T=300\,\text{K}$에서 모든 도너 원자는 이온화되었다고 가정할 수 있고, 만약 전자농도가 도너 불순물 농도와 거의 같은 준-중성 조건을 가정할 수 있다면, 전계는 다음과 같다.

$$\mathcal{E}_x=-\left(\frac{kT}{e}\right)\frac{1}{n_0(x)}\frac{dn_0(x)}{dx}=-\left(\frac{kT}{e}\right)\frac{1}{N_d(x)}\frac{dN_d(x)}{dx}=-(0.0259)(-a)=0.0259a$$

형성된 전계는 위치에 관계없이 일정함을 알 수 있다. 이 전계가 $\mathcal{E}_x=2.59\,\text{V/cm}$가 되려면 $a=\dfrac{2.59}{0.0259}=100\,\text{cm}^{-1}$이다.

$x=0$일 때 $N_d(x)=10^{17}\text{cm}^{-3}$이고, $x=10\,\mu\text{m}$일 때 $N_d(x)=10^{17}e^{-0.1}=9.05\times10^{16}\text{cm}^{-3}$이다.

확산계수와 이동도는 어떤 관계식을 가질까?

얼핏 생각하면 '확산계수 D'와 '이동도 μ'는 서로 관계가 없는 독립된 파라미터라고 생각할 수 있다. 그 이유는 '확산계수 D'는 농도 기울기에 의해 캐리어가 얼마나 잘 이동하는지를 나타내는, 즉 순전히 통계적 현상인 확산의 특성을 나타내는 파라미터인 반면, '이동도 μ'는 전계에 의해 캐리어가 얼마나 잘 이동하는지를 나타내는, 즉 쿨롱 힘에 의한 표동의 특성을 나타내는 파라미터이기 때문이다. 그러나 확산과 표동은 모두 입자가 열에너지를 갖고 열속도 v_{th}로 랜덤 운동을 하는 가운데 실려서 나타나는 현상이므로, 서로 밀접한 관계로 연관되리라는 것을 예측할 수 있다. 또한 온도가 증가하면 표동 현상보다 확산 현상에서 더 두드러진 온도효과가 나타남을 예측할 수 있다.

[그림 5-10]과 같이 불균일하게 도핑된 반도체가 있을 때, 전계를 가하지 않은 상태에서 열평형상태에 도달하였다고 가정하면, 개별 전자전류는 0이므로

$$J_n=0=e\mu_n n_0(x)\,\mathcal{E}_x+eD_n\frac{dn_0(x)}{dx} \tag{5.53}$$

가 되어야 한다. 식 (5.52)의 전계 식을 식 (5.53)에 대입하면

$$0 = -e\mu_n n_0(x)\left(\frac{kT}{e}\right)\frac{1}{n_0(x)}\frac{dn_0(x)}{dx} + eD_n\frac{dn_0(x)}{dx} \tag{5.54}$$

가 된다. 이 식을 정리하면 다음과 같다.

$$\frac{D_n}{\mu_n} = \frac{kT}{e} \tag{5.55}$$

마찬가지로 전계를 가하지 않은 상태에서 열평형상태에 도달하였다고 가정하면, 개별 정공전류도 역시 0이어야 하므로

$$\frac{D_p}{\mu_p} = \frac{kT}{e} \tag{5.56}$$

를 얻을 수 있다. 식 (5.55)와 (5.56)을 결합하면 다음과 같이 쓸 수 있다.

$$\frac{D}{\mu} = \frac{D_n}{\mu_n} = \frac{D_p}{\mu_p} = \frac{kT}{e} \tag{5.57}$$

이 식을 **아인슈타인 관계식**이라고 부른다. 이 식을 통해 확산계수와 이동도는 독립된 파라미터가 아니라 온도에 의존하며 서로 밀접한 관계에 있음을 알 수 있다.

[표 5-4]는 Si, GaAs, Ge에 대하여 $T = 300\,\text{K}$일 때, 전자와 정공에 대한 각각의 이동도와 확산계수의 값을 보여준다.

[표 5-4] **$T = 300\,\text{K}$에서 통상적인 확산계수 D[cm^2/sec]와 이동도 μ[cm^2/V · sec]의 값**

	D_n	μ_n	D_p	μ_p
Si	35	1350	12.4	480
Ge	101	3900	49.2	1900
GaAs	220	8500	10.4	400

예제 5-6

[표 5-4]에 주어진 Si, GaAs, Ge에 대한 이동도와 확산계수 사이에 아인슈타인 관계식인 식 (5.57)이 성립함을 확인하라.

풀이

[표 5-4]에 있는 확산계수 D와 이동도 μ는 $T=300\,\text{K}$에서의 값이고, $T=300\,\text{K}$일 때 $\frac{kT}{e}=0.0259$이다. Si, GaAs, Ge에 대하여 [표 5-4]에 주어진 각 수치를 대입하면 $\frac{D}{\mu}=\frac{D_n}{\mu_n}=\frac{D_p}{\mu_p}=\frac{kT}{e}=0.0259$임을 확인할 수 있다. 따라서 주어진 온도에서 확산계수 D와 이동도 μ 중 어느 하나를 알면 아인슈타인 관계식을 적용하여 나머지를 구할 수 있다.

5.4.2 홀 효과를 이용한 이동도 측정

자기장 속의 전류가 받는 힘을 이용한 홀 실험으로부터 측정 가능한 파라미터는 무엇일까?

전하량 q가 전계 $\mathcal{E}$와 자계 B 속에서 받는 힘을 표현한, 다음과 같은 식을 **로렌츠** Lorentz **힘의 방정식**이라고 부른다.

$$\vec{F}=q\vec{\mathcal{E}}+q\vec{v}\times\vec{B} \tag{5.58}$$

홀Hall **효과**는 전기장 및 자기장에 의해 전하가 받는 힘의 결과를 이용하여, 다수캐리어 농도가 소수캐리어 농도보다 압도적으로 큰 외인성 반도체에 대하여 다음 세 가지를 측정할 수 있다.

❶ 반도체가 n형인지 p형인지를 구별
❷ 다수캐리어의 농도를 측정
❸ 다수캐리어의 이동도를 측정

[그림 5-11]은 홀 효과의 실험장치 모습이다. x축 방향으로 전압 V_x를 가하여 전류 I_x가 흐르는 반도체 샘플이 $x-y$ 평면상에 놓여 있다. 이 반도체 샘플의 기하학적인 크기는 전류가 흐르는 단면의 폭이 W이고 높이는 d이며, 전류가 흐르는 방향으로 길이는 L이다. 전류가 흐르는 $x-y$ 평면에 수직인 z축 방향으로 자속밀도 B인 자기장을 인가한다.

반도체가 n형인지 p형인지를 판별하는 방법

만약 반도체가 p형이라면 전류 캐리어는 다수캐리어인 정공이 되며, [그림 5-11(a)]와 같이 전류 I_x의 방향인 $+x$ 방향으로 정공들이 움직이고, 이 정공들은 식

$\overrightarrow{F}=e\overrightarrow{v_x}\times\overrightarrow{B_z}$ 에 따라 $-y$ 방향으로 힘을 받게 된다. 만약 반도체가 n형이라면 전류 캐리어는 다수캐리어인 전자가 되며, [그림 5-11(b)]와 같이 전류 I_x의 반대 방향인 $-x$ 방향으로 전자들이 움직이고, 이 전자들은 식 $\overrightarrow{F}=(-e)(-\overrightarrow{v_x})\times\overrightarrow{B_z}$ 에 따라 $-y$ 방향으로 힘을 받게 된다.

즉 전류 캐리어가 전자이든 정공이든 관계없이 모두 $-y$ 방향으로 힘을 받게 된다. 따라서 p형 반도체($p_0 > n_0$)에서는 앞쪽 표면($y=0$)에 정공들이 모여 양전하가 축적되고, n형 반도체($n_0 > p_0$)에서는 앞쪽 표면에 전자들이 모여 음전하가 축적된다.

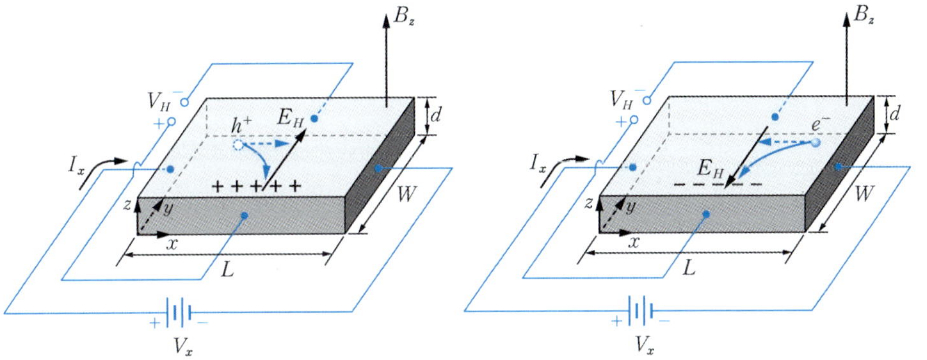

[그림 5-11] 홀 효과 실험장치

반도체가 p형인 경우, 축적된 정공은 [그림 5-11(a)]와 같이 y 방향으로 전계를 유도한다. 자기장에 의한 힘인 $e\overrightarrow{v_x}\times\overrightarrow{B_z}$가 유도된 전기장 힘 $e\overrightarrow{\mathcal{E}_y}$와 균형을 이루는 조건식

$$F=e\overrightarrow{\mathcal{E}_y}+e\overrightarrow{v_x}\times\overrightarrow{B_z}=0 \tag{5.59}$$

을 이용하여 전계의 크기를 계산하면 다음과 같이 된다.

$$\mathcal{E}_y=v_xB_z \tag{5.60}$$

그림과 같이 $+y$ 방향으로 유도된 전기장을 홀 전계 $\mathcal{E}_H$라고 하면, 홀 전계는 홀 전압 V_H를 유도한다. 따라서 p형 반도체의 경우 홀 전압은 다음과 같이 쓸 수 있다.

$$V_H=\mathcal{E}_HW=\mathcal{E}_yW=(v_xB_z)W \tag{5.61}$$

만약 n형 반도체라면 전류 캐리어는 다수캐리어인 전자이다. 마찬가지로 축적된 전자가 유도한 y 방향의 전계를 구하기 위해서, 자기장에 의한 힘인 $(-e)(-\overrightarrow{v_x})\times\overrightarrow{B_z}$가 유도된 전기장 힘 $(-e)\overrightarrow{\mathcal{E}_y}$와 균형을 이루는 조건식을 다음과 같이 쓸 수 있다.

$$F = (-e)\overrightarrow{\mathcal{E}_y} + (-e)(-\overrightarrow{v_x}) \times \overrightarrow{B_z} = 0 \tag{5.62}$$

이 식으로부터 홀 전계의 크기를 계산하면

$$\mathcal{E}_y = -v_x B_z \tag{5.63}$$

가 된다. 따라서 유도된 홀 전압은 다음과 같이 된다.

$$V_H = -\mathcal{E}_H W = -(v_x B_z) W \tag{5.64}$$

결국 [그림 5-11]과 같이 정의된 홀 전압의 극성은 외인성 반도체가 p형이면 양(+)이고, n형이면 음(−)이다. 즉 홀 전압의 극성을 판단하면 p형과 n형의 판단이 가능하다.

다수캐리어의 농도를 측정하는 방법

만약 p형 반도체인 경우라면 정공의 표동속도는

$$v_x = \frac{J_x}{ep} = \frac{I_x}{(ep)(Wd)} \tag{5.65}$$

로 쓸 수 있다. 이 식을 식 (5.61)에 대입하면

$$V_H = v_x B_z W = \frac{I_x B_z W}{(ep)(Wd)} = \frac{I_x B_z}{epd} \tag{5.66}$$

가 된다. 따라서 정공농도 p는 다음과 같이 구할 수 있다.

$$p = \frac{I_x B_z}{edV_H} \tag{5.67}$$

즉 다수캐리어인 정공의 농도 p는 전류 I_x와 자기장 B_z, 샘플의 높이 d와 홀 전압 V_H를 측정하면 구할 수 있다.

마찬가지로 n형 반도체에 대하여 홀 전압은

$$V_H = -\frac{I_x B_z}{e n d} \tag{5.68}$$

로 주어지므로, 전자농도는 다음과 같이 된다.

$$n = -\frac{I_x B_z}{e d V_H} \tag{5.69}$$

이 식에서 홀 전압이 n형 반도체의 경우 음(−)이므로, 전자농도는 양(+)의 값이 된다.

다수캐리어의 이동도를 측정하는 방법

일단 다수캐리어 농도가 측정되면, 낮은 전계에서의 다수캐리어 이동도를 계산할 수 있다. 만약 p형 반도체라고 하면

$$J_x = e p \mu_p \mathcal{E}_x \tag{5.70}$$

이다. 전류밀도는 $J_x = \frac{I_x}{Wd}$ 이고, 전계는 $\mathcal{E}_x = \frac{V_x}{L}$ 이므로 식 (5.70)은

$$\frac{I_x}{Wd} = e p \mu_p \left(\frac{V_x}{L} \right) \tag{5.71}$$

가 된다. 따라서 정공 이동도는 다음과 같이 구할 수 있다.

$$\mu_p = \frac{I_x L}{e p V_x W d} \tag{5.72}$$

즉 다수캐리어인 정공의 이동도 μ_p는 가해준 전압 V_x와 그때의 전류 I_x, 그리고 샘플의 기하학적인 크기 변수(L, W, d)와, 앞서 구한 정공의 농도 p를 대입하면 구할 수 있다.

마찬가지로 n형 반도체에 대해서도 낮은 전계에서의 전자 이동도를 구하면 다음과 같다.

$$\mu_n = \frac{I_x L}{e n V_x W d} \tag{5.73}$$

홀 효과 소자는 실험적으로 다수캐리어의 농도와 이동도 등 반도체 파라미터를 측정하는 데 사용되기도 하지만, 역으로 자기장 감지기로 사용될 수 있어 광범위하게 활용된다.

Chapter 05 연습문제

5.1 전계를 가하지 않은 열적 평형상태에서 전도대역에 있는 전자의 평균 에너지를 계산하고자 한다. 페르미 에너지는 금지대역 밴드갭 내에 있고, 전도대역의 전자들은 전도대역의 하단 에너지 E_c보다 크기 때문에 전도대역의 전체 에너지 값에 대해 $E-E_F \geq 3kT$로 가정할 수 있어 페르미-디랙 확률함수의 볼츠만 근사식을 적용할 수 있다. 다음 물음에 답하라.

이때 변수 치환 $\eta = \dfrac{E-E_c}{kT}$를 이용하고, 다음과 같은 감마함수의 특성을 활용하라.

$$\int_0^\infty \eta^{\frac{1}{2}} \exp(-\eta) d\eta = \Gamma\left(\frac{3}{2}\right), \quad \int_0^\infty \eta^{\frac{3}{2}} \exp(-\eta) d\eta = \Gamma\left(\frac{5}{2}\right)$$

Γ 함수의 정의 및 특징

- **정의** : $\Gamma(n) \equiv \int_0^\infty t^{n-1} e^{-t} dt$
- **특징** : $\Gamma(n+1) = n\Gamma(n)$, $\Gamma\left(\frac{1}{2}\right) = \sqrt{\pi}$, $\Gamma(1) = 1$

(a) 식 (5.3)의 분모항인 $\int_{E_c}^\infty D_c(E) f_F(E)\, dE$를 계산하라.

(b) 식 (5.3)의 분자항인 $\int_{E_c}^\infty (E-E_c) D_c(E) f_F(E)\, dE$를 계산하라.

5.2 다음은 [표 5-1]과 같은 정공 표동전류밀도와 전자 표동전류밀도를 구하는 공식을 표로 나타낸 것이다. 괄호 안에 알맞은 식을 채워 넣어라.

정공 표동전류밀도	전자 표동전류밀도
$J_{p,drift} = (\quad\quad)$	$J_{n,drift} = (\quad\quad)$
$\rho_p = (\quad\quad)$	$\rho_n = (\quad\quad)$
$v_{d,p} = (\quad\quad)$	$v_{d,n} = (\quad\quad)$
$J_{p,drift} = (\quad\quad)\mathcal{E}$	$J_{n,drift} = (\quad\quad)\mathcal{E}$
총 표동전류밀도 $J_{drift} = J_{p,drift} + J_{n,drift} = \sigma\mathcal{E}$ $\sigma = e(\quad\quad\quad) = \frac{1}{\rho}$	

5.3 [그림 5-12]는 이온화 불순물 산란과 격자산란이 공존하는 상태에서 어떤 반도체의 총 이동도의 개략도이다. 만약 이 물질에 도펀트를 더 주입하는 경우에 합성 이동도는 어떤 형태로 변화할지 개형을 그리고 설명하라.

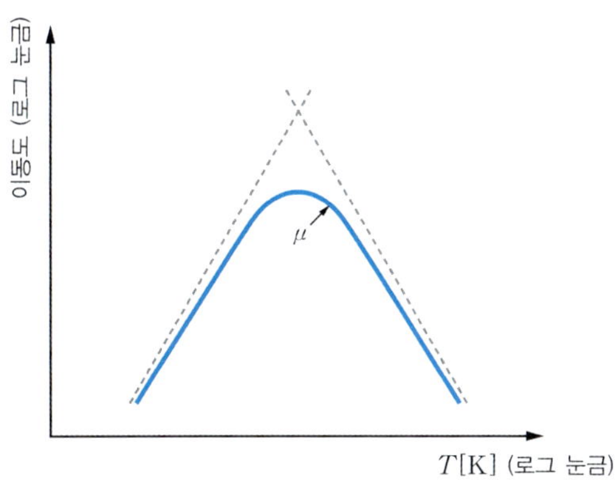

[그림 5-12]

5.4 전도율이 $\sigma = 5 \times 10^{-6}(\text{ohm} \cdot \text{cm})^{-1}$인 물질로, 반경이 1 mm인 원형 단면과 길이가 2 cm인 저항체를 제작한 경우에 저항값은 얼마인가?

5.5 갈륨비소는 [그림 5-13]과 같이 전도대역에 낮은 계곡과 높은 계곡이 존재한다. 전계에 따른 전자의 표동속도 그래프의 개형을 그리고, 미분 이동도 값이 음(−)이 되는 영역이 존재하는 이유를 설명하라.

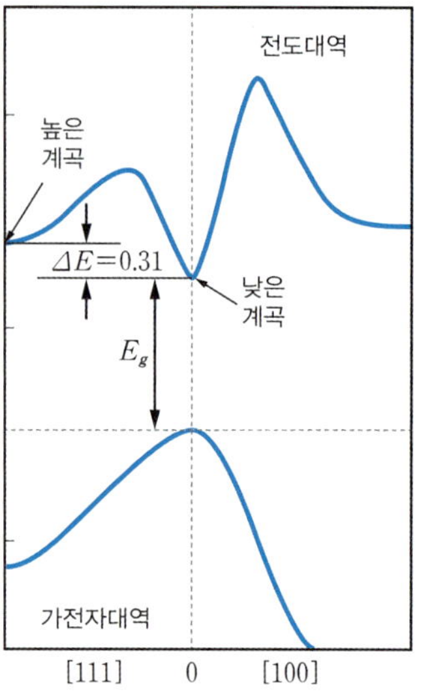

[그림 5-13]

5.6 다음은 [표 5-2]와 같은 정공 확산전류밀도와 전자 확산전류밀도를 구하는 공식을 표로 나타낸 것이다. 괄호 안에 알맞은 식을 채워 넣어라.

정공 확산전류밀도	전자 확산전류밀도
$J_{p,diff} = (\qquad)$	$J_{n,diff} = (\qquad)$
$F_p = (\qquad)$	$F_n = (\qquad)$
$D_p = (\qquad)$	$D_n = (\qquad)$
$J_{p,diff} = (\qquad)\frac{dp}{dx}$	$J_{n,diff} = (\qquad)\frac{dn}{dx}$
총 확산전류밀도 $J_{diff} = J_{p,diff} + J_{n,diff} = (\qquad\qquad)$	

5.7 다음은 [표 5-3]과 같은 전류밀도의 네 가지 성분을 표로 나타낸 것이다. 표의 빈 칸에 알맞은 식을 채워 넣어라.

	전계에 의한 표동	농도 기울기에 의한 확산
전자 전류		
정공 전류		

5.8 $T = 300\text{K}$ 에서 실리콘 반도체 내 도너의 농도를 $N_d(x) = 10^{17} - 10^{19}x\ \text{cm}^{-3}$ $(0 \le x \le 10\,\mu\text{m})$ 이라고 할 때, 열평형상태에서 내부에 형성된 전계를 구하라.

5.9 $T = 300\text{K}$ 에서 홀 실험 장치를 [그림 5-14]와 같이 구성하였다. 이때 실리콘 반도체 샘플의 기하학적인 구조 변수는 $L = 10^{-1}\text{cm}$, $W = 5 \times 10^{-2}\text{cm}$, $d = 5 \times 10^{-4}\text{cm}$ 이다. 전압 $V_x = 10\ \text{volt}$를 인가했을 때 전류 $I_x = 10\,\text{mA}$ 가 흘렀고, 자속밀도 $B = 10^{-2}\ \text{tesla}$를 인가했더니 홀 전압 $V_H = -5\,\text{mV}$ 가 측정되었다. 다음 물음에 답하라.

(a) 실리콘 반도체는 n형인가, p형인가?

(b) 다수캐리어의 농도를 구하라.

(c) 다수캐리어의 이동도를 구하라.

(d) 만약 샘플 내에 존재하는 억셉터 원자 농도가 $N_a = 10^{16}\text{cm}^{-3}$ 이라고 하면, 공정 중에 주입한 도너 원자의 도핑농도는 얼마인가?

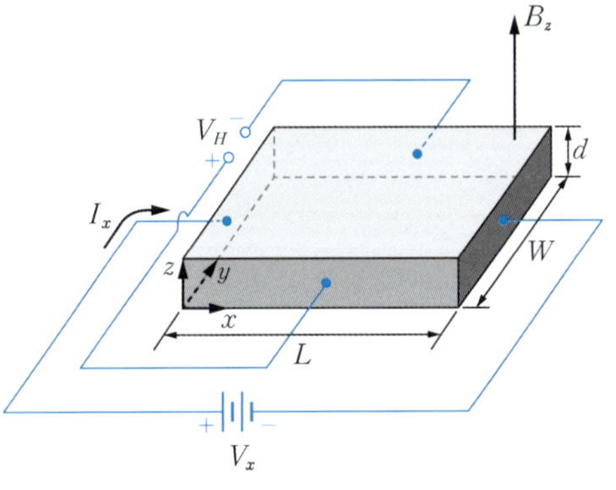

[그림 5-14]

m.e.m.o

Chapter 06

비평형 과잉 캐리어의 농도 변화와 이동

4장에서는 반도체가 열평형상태에 있을 때의 물성을 살펴보았고, 5장에서는 평형상태를 심하게 벗어나지 않는 비평형상태에서 캐리어의 표동과 확산에 의한 전류 전송을 살펴보았다. 6장에서는 외부에서 전압을 가하거나, 전류를 흘려주거나, 빛을 쬐어주거나 혹은 온도를 부분적으로 올려주거나 하는 등의 비평형상태에서 과잉 전자 및 과잉 정공의 농도 변화와 이동을 살펴보기로 한다.

비평형상태에서의 과잉 캐리어에 대한 현상을 해석하기 위해서는 과잉 캐리어의 생성과 재결합, 표동과 확산을 함께 기술하는 방정식을 구해야 한다. 5장에서 학습한 캐리어의 표동과 확산을 바탕으로 먼저 캐리어의 생성과 재결합을 살펴본 후, 비평형 반도체의 캐리어 농도를 전자 및 정공의 의사-페르미 에너지를 사용하여 표현하는 것을 학습한다. 전류의 연속방정식과 앰비폴러 전송방정식을 살펴본 후, 앰비폴러 전송방정식을 이용하여 몇 가지 중요 현상들에 대한 해답을 구해볼 것이다. 그리고 헤인즈-쇼클리 실험으로 소수캐리어의 이동도 μ와 확산계수 D, 그리고 수명 τ를 동시에 측정하는 것을 살펴본다.

6.1 캐리어 생성과 재결합

열평형상태에서 전자와 정공의 생성과 재결합을 먼저 살펴본 후, 비평형상태에서 과잉 전자와 과잉 정공의 생성과 재결합, 그리고 과잉 소수캐리어의 수명을 살펴본다. 비평형상태에서 전자농도와 정공농도를 의사-페르미 에너지로 표현하는 방법을 다룬다.

6.1.1 열평형상태에서 캐리어의 생성과 재결합

열평형상태에서 전자와 정공의 생성률과 재결합률 간에는 어떤 관계가 있을까?

열평형상태에 있는 반도체에서 전도대역의 전자농도와 가전자대역의 정공농도는 시간에 의존하지 않고 일정하다. 그러나 전도대역에 생성된 전자와 가전자대역에 생성된 정공이 영원히 존재하는 것은 아니고, 재결합함으로써 소멸되기도 한다. 열에너지에 의한 전자와 정공의 생성 과정 및 재결합 과정을 [그림 6-1]에 나타내었다. 전자와 정공의 평균 생성률과 재결합률을 표현하는 기호와 정의는 [표 6-1]과 같이 표기하기로 한다.

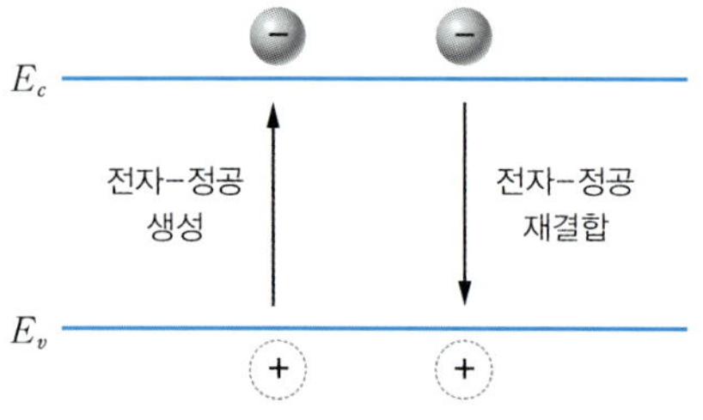

[그림 6-1] 열평형상태에서 전자와 정공의 생성 및 재결합

[표 6-1] 열평형상태에서 생성률과 재결합률에 대한 기호와 정의

기호	정의
G_{n0}	열평형상태에서 전자 생성률
G_{p0}	열평형상태에서 정공 생성률
R_{n0}	열평형상태에서 전자 재결합률
R_{p0}	열평형상태에서 정공 재결합률

전자와 정공의 열 생성률은 '단위시간당 단위체적당 생성 발생 건수'로 정의하고, 재결합률은 '단위시간당 단위체적당 재결합 발생 건수'로 정의한다. 따라서 생성률과 재결합률의 단위는 모두 [#/cm^3·sec]가 된다.

[그림 6-1]과 같이 가전자대역의 전자는 끊임없이 전도대역으로 열적 여기를 하면서 전자와 정공을 동시에 생성한다. 따라서 다음 식이 성립한다.

$$G_{n0} = G_{p0} \tag{6.1}$$

생성된 전자들은 전도대역 내의 결정 속을 무질서하게 움직이다가 가전자대역 내의 정공과 가깝게 접근하면, 정공의 빈 상태 속으로 떨어져 재결합하면서 전자와 정공 모두는 소멸된다. 이때 전자와 정공은 쌍으로 재결합되므로 다음 식이 성립한다.

$$R_{n0} = R_{p0} \tag{6.2}$$

이렇게 캐리어들이 생성과 재결합을 무수히 반복하는 가운데, 열평형상태에서 순수 캐리어 농도는 시간에 따라 변화하지 않고 일정해야 하므로, 결국 다음 식이 만족된다.

$$G_{n0} = G_{p0} = R_{n0} = R_{p0} \tag{6.3}$$

예제 6-1

전자의 열 생성률 G_{n0}와 재결합률 R_{n0} 간의 대소 관계가 다음과 같다고 하면, 전자농도가 시간에 따라 어떻게 변하는지 그래프로 그려보라.

(a) $G_{n0} > R_{n0}$ (b) $G_{n0} = R_{n0}$ (c) $G_{n0} < R_{n0}$

풀이

열 생성률은 '단위시간당 단위체적당 생성 발생 건수'이므로, 전자농도의 시간 변화율을 $\frac{dn}{dt}$이라고 하면 $\frac{dn}{dt} = G_{n0}$가 된다. 재결합률은 '단위시간당 단위체적당 재결합 발생 건수'이므로, 전자농도의 시간 감소율은 재결합률과 같아 $-\frac{dn}{dt} = R_{n0}$이다.

(a) $G_{n0} > R_{n0}$이면 $\frac{dn}{dt} = G_{n0} - R_{n0}$이다. 이 식을 적분한 식 $\int_{n(0)}^{n(t)} dn = \int_0^t (G_{n0} - R_{n0})dt$로부터 전자농도는 다음과 같이 되어, 시간이 지날수록 전자농도는 점점 증가한다.

$$n(t) = n(0) + \int_0^t (G_{n0} - R_{n0})dt = n(0) + (G_{n0} - R_{n0})t$$

(b) $G_{n0} = R_{n0}$이면 $\frac{dn}{dt} = G_{n0} - R_{n0} = 0$이 된다. 이 식을 적분하면 전자농도는 다음과 같이 되어, 일정한 전자농도를 유지한다.

$$n(t) = n(0) + \int_0^t (0)dt = n(0)$$

(c) 반대로 $G_{n0} < R_{n0}$이면 $\frac{dn}{dt} = -(R_{n0} - G_{n0})$가 된다. 이 식을 적분하면 전자농도는 다음과 같이 되어, 시간이 지날수록 전자농도는 점점 감소한다.

$$n(t) = n(0) - \int_0^t (R_{n0} - G_{n0})dt = n(0) - (R_{n0} - G_{n0})t$$

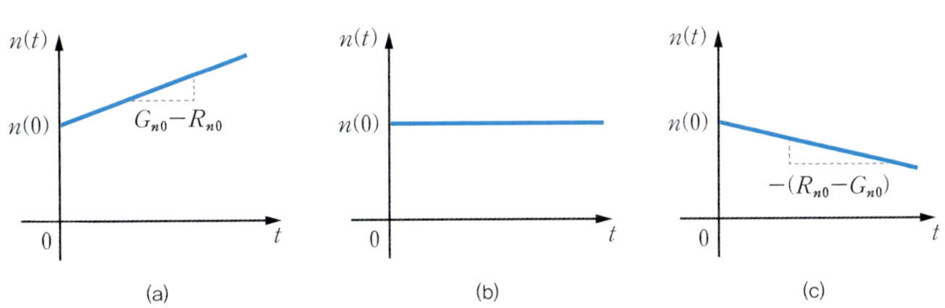

[그림 6-2] (a) $G_{n0} > R_{n0}$, (b) $G_{n0} = R_{n0}$, (c) $G_{n0} < R_{n0}$일 때 전자농도의 시간 변화

6.1.2 과잉 캐리어 생성과 재결합

외부에서 전압을 가하거나, 전류를 흘려주거나, 빛을 쬐어주거나 해서 평형상태가 깨지게 되면 전자농도와 정공농도는 열평형상태에서의 농도로부터 크게 벗어나는 비평형상태가 된다. 이때 과잉 전자와 과잉 정공의 농도뿐 아니라, 과잉 전자와 과잉 정공의 생성률과 결합률, 그리고 과잉 소수캐리어의 수명까지 고려해야 한다. 이러한 개념들에 대해 이 장 전체에 걸쳐 사용되는 기호와 정의를 [표 6-2]와 같이 정리하여 사용하기로 하자.

[표 6-2] 비평형상태에서 캐리어 농도, 생성률, 재결합률, 수명에 대한 각종 기호와 정의

기호	정의
n_0, p_0	열평형상태의 전자농도 및 정공농도(시간과 위치에 독립)
n, p	전체 전자농도 및 정공농도(시간과 위치의 함수)
$\delta n = n - n_0$	과잉 전자농도(시간과 위치의 함수)
$\delta p = p - p_0$	과잉 정공농도(시간과 위치의 함수)
g_n', g_p'	과잉 전자 및 과잉 정공의 생성률[#/cm^3 · sec]
R_n', R_p'	과잉 전자 및 과잉 정공의 재결합률[#/cm^3 · sec]
τ_{n0}, τ_{p0}	과잉 소수캐리어 전자 및 정공의 수명

비평형상태에서 과잉 전자 생성률과 과잉 정공 생성률 간에는 어떤 관계가 있을까?

열평형상태에 있는 n형 반도체에 밴드갭 에너지 E_g보다 큰 에너지를 갖는 빛을 쬐어주면, [그림 6-3]과 같이 가전자대역에 있는 전자가 이 빛에너지를 흡수하여 전도대역으로 올라가면서 자유전자와 정공이 동시에 생성된다. 이때 평형상태에 존재하던 전자농도 n_0와 정공농도 p_0에 추가해 부가적으로 더 생성된 전자와 정공은, 각각 **과잉 전자**excess electron와 **과잉 정공**excess hole이라고 부른다.

과잉 전자와 과잉 정공이 쌍으로 생성되므로 과잉 전자의 생성률 g_n'과 과잉 정공의 생성률 g_p'은 서로 같으며, 단위는 모두 [#/cm^3 · sec]이다.

$$g_n' = g_p' \tag{6.4}$$

과잉 전자 δn과 과잉 정공 δp가 생성됨으로써 열평형이 깨지고 비평형상태가 되었을 때, 전도대역의 전자농도 n과 가전자대역의 정공농도 p는 각각의 열평형 값보다 증가하게 되며 다음과 같이 쓸 수 있다.

$$n = n_0 + \delta n \tag{6.5}$$

$$p = p_0 + \delta p \tag{6.6}$$

따라서 비평형상태에서 전자농도와 정공농도의 곱은 $np \neq n_0 p_0 (= n_i^2)$가 되고, 더 이상 질량작용의 법칙이 성립하지 않는다.

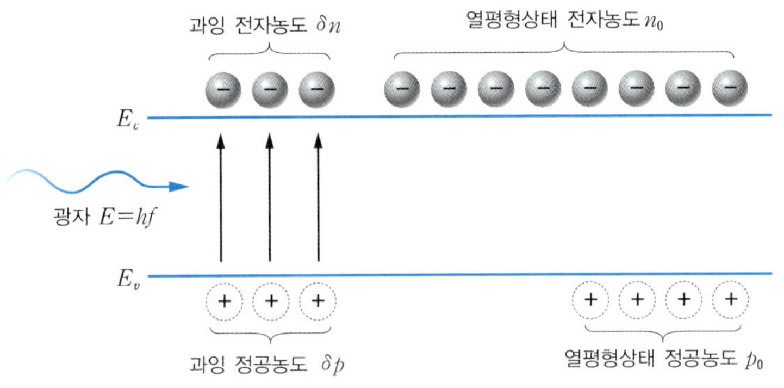

[그림 6-3] n형 반도체에서 광자에 의한 과잉 전자와 과잉 정공의 생성

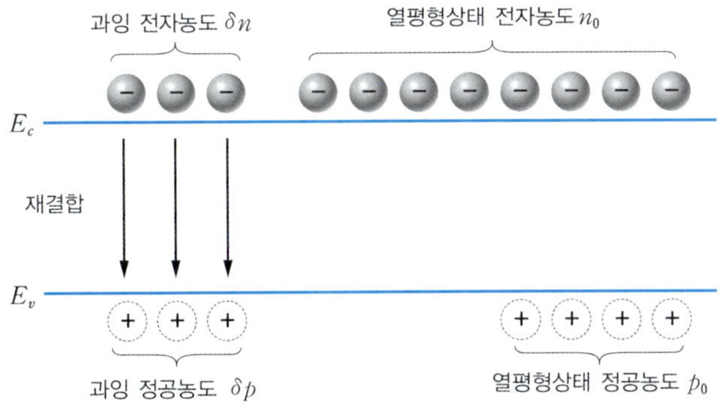

[그림 6-4] 빛 제거 후 열평형을 이루기 위한 과잉 전자와 과잉 정공의 재결합

외부에서 쬐었던 빛을 제거하면 과잉 전자와 과잉 정공의 농도는 [그림 6-4]와 같이 전도대역에 있는 과잉 전자가 가전자대역으로 떨어지면서 과잉 정공과 재결합하기 때문에 점차 감소한다. 과잉 전자와 과잉 정공은 쌍으로 재결합하므로 과잉 전자들의 재결합률 R_n'은 과잉 정공의 재결합률 R_p'과 서로 같고, 단위는 모두 [#/cm^3 · sec]이다.

$$R_n' = R_p' \tag{6.7}$$

비평형상태에서 과잉 전자와 과잉 정공의 재결합률과 수명은 얼마일까?

전자가 재결합으로 사라지는 시간 변화율 $-\frac{dn(t)}{dt}$는 전자농도 $n(t)$에 비례하며, 또한 정공농도 $p(t)$에도 비례한다. 만약 전자의 재결합 상대인 정공이 없다면 재결합은 일어나지 않고, 전자농도는 감소하지 않을 것이다. 따라서 열평형상태에서 전자의 재결합률 R_{n0}는 n_0에도 비례하고 p_0에도 비례한다. 이때 비례상수는 **재결합계수** a_r로 정의되며 다음 식이 성립한다.

$$R_{n0} = a_r n_0 p_0 = a_r n_i^2 \tag{6.8}$$

이 식은 식 (6.2)에 의해 정공의 재결합률 R_{p0}와 같고, 또한 식 (6.3)에 따라 열평형상태에서 전자와 정공의 생성률은 다음과 같이 된다.

$$G_{n0} = G_{p0} = a_r n_i^2 \tag{6.9}$$

빛을 일정하게 계속 쬐어주는 비평형 정상상태에 있다가, $t=0$인 순간 갑자기 빛을 제거한 경우 전자농도의 시간 변화를 전자농도 증가요인과 감소요인으로 나누어 살펴보자.

전자농도 증가요인

시간에 따른 전자농도의 증가 $\frac{dn(t)}{dt}$는 빛이 제거된 상태이므로 과잉 전자와 과잉 정공의 생성은 존재하지 않고, [그림 6-1]과 같은 열평형상태에서 열에너지에 의한 열전자의 생성 메커니즘만 존재한다. 따라서 식 (6.9)에 의해 다음 식이 성립한다.

$$\frac{dn(t)}{dt} = G_{n0} = a_r n_i^2 \tag{6.10}$$

전자농도 감소요인

비평형상태에서 전자가 재결합으로 사라지는 시간 변화율 $-\frac{dn(t)}{dt}$는 전자농도 $n(t)$에 비례하며 또한 정공농도 $p(t)$에도 비례한다. 비례상수인 재결합계수 a_r은 포획 단면적과 속도에 관계하는 변수로 식 (6.8)에서와 같다고 볼 수 있고, 다음 식이 성립한다.

$$\frac{dn(t)}{dt} = -a_r n(t) p(t) \tag{6.11}$$

따라서 증가요인과 감소요인을 함께 고려하여 전자농도의 시간 변화율을 정리하면, 식

(6.10)과 (6.11)로부터 다음과 같이 쓸 수 있다.

$$\frac{dn(t)}{dt} = a_r n_i^2 - a_r n(t)p(t) \tag{6.12}$$

여기서

$$n(t) = n_0 + \delta n(t) \tag{6.13}$$

$$p(t) = p_0 + \delta p(t) \tag{6.14}$$

이다. 과잉 전자와 과잉 정공이 쌍으로 생성되고 재결합되므로 $\delta n(t) = \delta p(t)$이고, 열평형 파라미터인 n_0와 p_0는 시간에 무관하므로 $\frac{dn_0}{dt} = 0$이며, $n_0 p_0 = n_i^2$임을 이용하면 식 (6.12)는 다음과 같이 된다.

$$\begin{aligned}\frac{dn(t)}{dt} = \frac{d(\delta n(t))}{dt} &= a_r [n_i^2 - (n_0 + \delta n(t))(p_0 + \delta p(t))] \\ &= -a_r \delta n(t)[(n_0 + p_0) + \delta n(t)]\end{aligned} \tag{6.15}$$

과잉 캐리어의 농도가 열평형상태의 다수캐리어 농도보다 아주 작은 것을 **저준위 주입**low-level injection이라고 하고, 과잉 캐리어 농도가 열평형상태의 다수캐리어 농도와 비슷하거나 더 클 때 **고준위 주입**high-level injection이라고 한다.

만약 **p형 물질($p_0 \gg n_0$)에서 저준위 주입($p_0 \gg \delta n(t)$) 상태**라면 식 (6.15)는 다음과 같이 된다.

$$\frac{d(\delta n(t))}{dt} = -a_r p_0 \, \delta n(t) \tag{6.16}$$

이 방정식의 해는

$$\delta n(t) = \delta n(0) e^{-a_r p_0 t} = \delta n(0) e^{-t/\tau_{n0}} \tag{6.17}$$

가 된다. 여기서

$$\tau_{n0} = (a_r p_0)^{-1} \tag{6.18}$$

이고, 저준위 주입일 때 일정하다고 볼 수 있다. 이 τ_{n0}를 과잉 소수캐리어인 **과잉 전자의 수명**excess minority carrier lifetime이라고 부른다.

과잉 소수캐리어인 **전자의 재결합률** R_n' 은 식 (6.16)을 이용하여 다음과 같이 쓸 수 있다.

$$R_n' = \frac{-d(\delta n(t))}{dt} = a_r p_0 \delta n(t) = \frac{\delta n(t)}{\tau_{n0}} \tag{6.19}$$

과잉 전자와 과잉 정공은 동시에 쌍으로 재결합하므로, 과잉 다수캐리어인 정공의 재결합률 R_p' 은 과잉 소수캐리어인 전자의 재결합률 R_n' 과 같아서, p형 물질에서는 다음과 같이 쓸 수 있다.

$$R_p' = R_n' = \frac{\delta n(t)}{\tau_{n0}} \tag{6.20}$$

빛을 쬐어주고 나서 제거하면 과잉 캐리어들이 차츰 사라지면서 열평형상태로 되돌아가는데, **평형상태로 복구되는 시간은 과잉 다수캐리어의 수명이 아니라 과잉 소수캐리어의 수명에 의해 결정된다**는 사실에 유의해야 한다. 이때 과잉 소수캐리어의 수명은 재결합 상대인 다수캐리어 농도에 반비례한다. 즉 열평형상태에서 다수캐리어의 농도가 클수록 비평형상태에서 과잉 캐리어들이 사라지면서 평형상태로 복귀되는 시간이 짧아진다.

만약 **n형 물질($n_0 \gg p_0$)에서 저준위 주입($n_0 \gg \delta p(t)$) 상태**라면 식 (6.15)는 다음과 같이 된다.

$$\frac{d(\delta p(t))}{dt} = -a_r n_0 \, \delta p(t) \tag{6.21}$$

이 방정식의 해는 $\delta p(t) = \delta p(0) e^{-a_r n_0 t} = \delta p(0) e^{-t/\tau_{p0}}$ 이 된다. 여기서 $\tau_{p0} = (a_r n_0)^{-1}$ 은 과잉 소수캐리어인 정공의 수명을 나타낸다. 과잉 다수캐리어인 전자들의 재결합률 R_n' 은 과잉 소수캐리어인 정공의 재결합률 R_p' 과 같으므로, n형 물질에서는 다음과 같이 쓸 수 있다.

$$R_n' = R_p' = \frac{\delta p(t)}{\tau_{p0}} \tag{6.22}$$

예제 6-2

$n_0 = 10^{17}\text{cm}^{-3}$인 $T=300\text{K}$ 실리콘에서 빛을 쬐어주어 $\delta n(t) = \delta p(t) = 10^5\text{cm}^{-3}$인 과잉 캐리어가 발생하였다. 재결합계수 $a_r = 10^{-10}\text{cm}^3/\text{s}$ 일 때, 다음을 구하라.

(a) 과잉 소수캐리어인 정공의 시간 변화와 수명

(b) 과잉 다수캐리어인 전자의 시간 변화와 수명

풀이

(a) 과잉 소수캐리어인 정공의 수명은 $\tau_{p0} = \dfrac{1}{a_r n_0} = \dfrac{1}{(10^{-10})(10^{17})} = 10^{-7}\text{sec}$이다.

과잉 소수캐리어인 정공의 시간 변화는 다음과 같다.

$$\delta p(t) = \delta p(0) e^{-a_r n_0 t} = \delta p(0) e^{-t/\tau_{p0}} = 10^5 e^{-t/10^{-7}} \text{cm}^{-3}$$

(b) 과잉 다수캐리어인 전자의 시간 변화 및 수명은 과잉 소수캐리어인 정공의 시간 변화 및 수명과 동일하다. 즉 과잉 다수캐리어인 전자의 수명은 $\tau_{n0} = \tau_{p0} = 10^{-7}\text{sec}$이고, 과잉 다수캐리어인 전자의 시간 변화는 $\delta n(t) = \delta p(t) = 10^5 e^{-t/10^{-7}}\text{cm}^{-3}$이다.

6.1.3 의사-페르미 에너지 준위

페르미 에너지와 의사-페르미 에너지는 무엇이 다를까?

열평형상태에서 전자와 정공의 농도는 페르미 에너지 준위의 함수이며 그 식은 다음과 같다.

$$n_0 = n_i \exp\left[\frac{E_F - E_{Fi}}{kT}\right] = N_c \exp\left[\frac{-(E_c - E_F)}{kT}\right] \qquad (6.23)$$

$$p_0 = n_i \exp\left[\frac{E_{Fi} - E_F}{kT}\right] = N_v \exp\left[\frac{-(E_F - E_v)}{kT}\right] \qquad (6.24)$$

여기서 E_F와 E_{Fi}는 각각 페르미 에너지와 진성 페르미 에너지를 나타내며, n_i는 진성 캐리어 농도이다. [그림 4-10]에서와 같이 $E_c - E_F$의 크기가 작을수록 혹은 $E_F - E_{Fi}$의 크기가 클수록 전도대역의 전자농도가 크고, $E_F - E_v$의 크기가 작을수록 혹은 $E_{Fi} - E_F$의 크기가 클수록 가전자대역의 정공농도가 큼을 알 수 있다. 이와 같이 페르미 에너지는 열평형상태에서 캐리어 농도를 알려주기 때문에 매우 유용한 개념이다.

만약 어떤 반도체 내에 빛을 쬐어 주거나 전류를 흘리는 등, 과잉 캐리어가 생성된다면 그때는 이미 열평형상태가 아니며, 페르미 에너지는 명확하게 정의할 수 없는 개념이 된다. 그러나 이러한 비평형상태에서도 열평형상태의 페르미 에너지처럼 캐리어 농도와 연관된 어떤 기준이 있다면 매우 유용할 것이다. 이와 같은 목적으로 전자에 대한 의사(유사)quasi-페르미 준위와 정공에 대한 의사-페르미 준위를 정의할 수 있다. 만약 δn과 δp가 각각 과잉 전자와 과잉 정공의 농도라면 다음과 같이 쓸 수 있다.

$$n = n_0 + \delta n = n_i \exp\left[\frac{E_{Fn} - E_{Fi}}{kT}\right] = N_c \exp\left[\frac{-(E_c - E_{Fn})}{kT}\right] \tag{6.25}$$

$$p = p_0 + \delta p = n_i \exp\left[\frac{E_{Fi} - E_{Fp}}{kT}\right] = N_v \exp\left[\frac{-(E_{Fp} - E_v)}{kT}\right] \tag{6.26}$$

여기서 E_{Fn}과 E_{Fp}는 각각 전자와 정공에 대한 **의사-페르미 에너지 준위**Quasi-Fermi energy level이다. 열평형상태와 유사하게 비평형상태에서도 $E_c - E_{Fn}$의 크기가 작을수록 혹은 $E_{Fn} - E_{Fi}$의 크기가 클수록 전도대역의 전자농도가 크고, $E_{Fp} - E_v$의 크기가 작을수록 혹은 $E_{Fi} - E_{Fp}$의 크기가 클수록 가전자대역의 정공농도가 큼을 알 수 있다. 따라서 **의사-페르미 에너지는 비평형상태에서 캐리어 농도를 알려주는 유용한 개념**이다. 다음 장에서 pn 접합의 동작을 이해할 때 의사-페르미 에너지 준위를 활용할 것이다.

예제 6-3

[그림 6-5(a)]는 $T = 300\,\text{K}$에서 열평형상태일 때 실리콘 반도체의 에너지밴드 다이어그램을 보여준다. [그림 6-5(b)]는 동일한 반도체에 대한 비평형 조건 하에서의 에너지밴드 다이어그램이다. 다음 물음에 답하라.

(a) 열평형상태일 때 전자농도와 정공농도를 구하라.
(b) 비평형상태일 때 전자농도와 정공농도를 구하라.

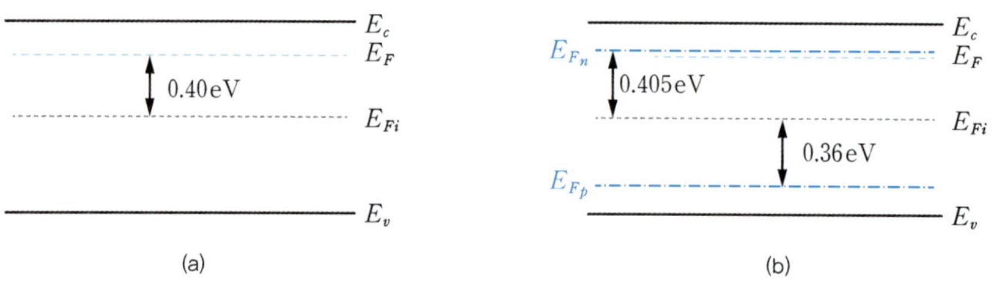

[그림 6-5] 실리콘 반도체의 에너지밴드 다이어그램. (a) $T = 300\,\text{K}$인 열평형상태일 때, (b) 비평형상태일 때

풀이

$T=300\,\mathrm{K}$에서 실리콘 반도체의 특성 파라미터 값은 $N_c=2.8\times10^{19}\,\mathrm{cm}^{-3}$, $N_v=1.04\times10^{19}\,\mathrm{cm}^{-3}$, $n_i=1.5\times10^{10}\,\mathrm{cm}^{-3}$, $E_g=1.12\,\mathrm{eV}$이고, $kT=0.0259\,\mathrm{eV}$이다.

(a) 열평형상태일 때 전자농도는 다음과 같고,

$$n_0=n_i\exp\left[\frac{E_F-E_{Fi}}{kT}\right]=(1.5\times10^{10})\exp\left[\frac{0.4}{0.0259}\right]=7.644\times10^{16}\,\mathrm{cm}^{-3}$$

열평형상태일 때 정공농도는 다음과 같다.

$$p_0=\frac{n_i^2}{n_0}=\frac{(1.5\times10^{10})^2}{7.644\times10^{16}}=2943\,\mathrm{cm}^{-3}\ \text{혹은}$$

$$p_0=n_i\exp\left[\frac{-(E_F-E_{Fi})}{kT}\right]=(1.5\times10^{10})\exp\left[\frac{-0.4}{0.0259}\right]=2943\,\mathrm{cm}^{-3}$$

(b) 비평형상태일 때 전자농도는 다음과 같고,

$$n=n_i\exp\left[\frac{E_{Fn}-E_{Fi}}{kT}\right]=(1.5\times10^{10})\exp\left[\frac{0.405}{0.0259}\right]=9.272\times10^{16}\,\mathrm{cm}^{-3}$$

비평형상태일 때 정공농도는 다음과 같다.

$$p=n_i\exp\left[\frac{E_{Fi}-E_{Fp}}{kT}\right]=(1.5\times10^{10})\exp\left[\frac{0.36}{0.0259}\right]=1.632\times10^{16}\,\mathrm{cm}^{-3}$$

$E_{Fn}-E_{Fi}$의 크기가 열평형상태인 $0.40\,\mathrm{eV}$에서 비평형상태인 $0.405\,\mathrm{eV}$로 커질 때 전자의 농도는 $7.644\times10^{16}\,\mathrm{cm}^{-3}$에서 $9.272\times10^{16}\,\mathrm{cm}^{-3}$으로 $1.628\times10^{16}\,\mathrm{cm}^{-3}$만큼 증가하였다. $E_{Fi}-E_{Fp}$의 크기는 열평형상태인 $-0.40\,\mathrm{eV}$에서 비평형상태인 $0.36\,\mathrm{eV}$로 커질 때, 정공의 농도는 $2943\,\mathrm{cm}^{-3}$에서 $1.632\times10^{16}\,\mathrm{cm}^{-3}$으로 약 $1.632\times10^{16}\,\mathrm{cm}^{-3}$만큼 증가하였다. 즉 과잉 정공과 과잉 전자의 농도가 약 $1.6\times10^{16}\,\mathrm{cm}^{-3}$ 증가할 때 다수캐리어인 전자에 대한 페르미 에너지의 변화는 $0.05\,\mathrm{eV}$에 불과하지만, 소수캐리어인 정공에 대한 페르미 에너지의 변화는 $0.76\,\mathrm{eV}$로 매우 크다는 것을 알 수 있다.

6.2 과잉 캐리어의 농도 분포와 이동 해석

과잉 캐리어의 생성과 재결합, 표동과 확산을 함께 기술하는 방정식을 구하면 과잉 캐리어의 농도 분포와 이동을 해석할 수 있다. 먼저 전류의 연속방정식으로부터 앰비폴러 전송방정식을 살펴본 후, 반도체 소자에서 발생하는 여러 가지 중요 현상들에 대해 해석해보자.

6.2.1 캐리어의 연속방정식

전자와 정공의 흐름을 지배하는 연속방정식이란 무엇일까?

[그림 6-6]과 같은 미소체적을 고려한다. 이 미소체적 $dxdydz$ 내에 '**단위시간당 증가하는 정공의 수**'를 유발시키는 요인 두 가지를 고려해보자.

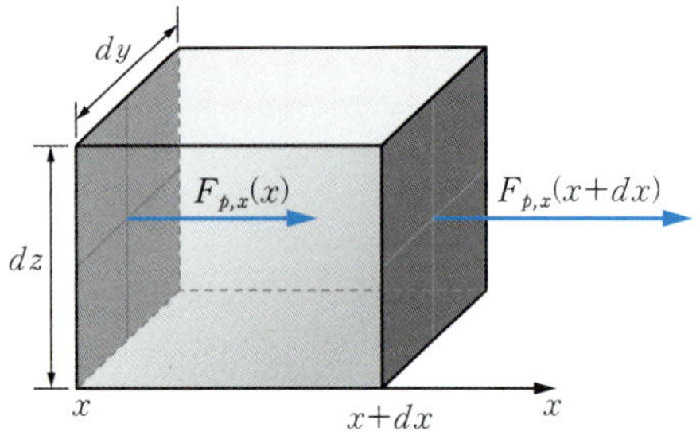

[그림 6-6] 미소체적에서 정공의 흐름

❶ 왼쪽 x 지점에서 미소체적의 내부로 흘러들어가는 정공 유속

유속이란 '단위시간당 단위면적당 지나가는 입자 수'이고, 단위는 [#/cm^2 · sec]이다. 이러한 유속, 즉 입자의 흐름에 의해 미소체적 내에 입자 수가 증가하기도 하고 감소하기도 한다. 즉 $F_{p,x}$를 x 지점에서 정공입자의 유속이라고 하면, 이로 인해 미소체적 내에 정공이 증가하게 된다. 왼쪽 x 지점의 단면적 $dydz$를 통해 단위시간당 미소체적 $dxdydz$ 내로 흘러들어가는 정공의 개수는 '정공 유속'에 '단면적'을 곱하여 $F_{p,x}(x)dydz$가 된다.

❷ 미소체적 내부에서 열에너지로 생성되는 정공 생성

입자의 열 생성률은 '단위시간당 단위체적당 생성된 개수'로 정의되고, 정공의 생성률을 g_p라고 하면 g_p의 단위는 [#/cm^3 · sec]이다. 미소체적 $dxdydz$ 내에서 열에너지에 의해 생성되는 단위시간당 정공의 개수는 '정공의 생성률'에 '체적'을 곱하여 $g_pdxdydz$가 된다.

마찬가지로 미소체적 $dxdydz$ 내에 '**단위시간당 감소되는 정공의 수**'를 유발시키는 요인 두 가지를 고려해보자.

❸ 오른쪽 $x+dx$ 지점에서 미소체적의 외부로 흘러나가는 정공 유속

$F_{p,x}(x+dx)$를 $x+dx$ 지점에서의 정공입자의 유속이라고 하면, 이로 인해 미소체적 내에 정공이 감소하게 된다. $x+dx$ 지점의 단면적 $dydz$를 통해, 단위시간당 미소체적 $dxdydz$에서 밖으로 흘러나간 정공의 개수는 '정공 유속'에 '단면적'을 곱하여 $F_{p,x}(x+dx)dydz$가 된다.

❹ 미소체적 내부에서 재결합으로 사라지는 정공 소멸

입자의 재결합률은 '단위시간당 단위체적당 재결합한 개수'로 정의되고, 정공의 재결합률을 R_p라고 하면 R_p의 단위는 [#/cm^3 · sec]이다. 정공의 재결합률은 현재의 정공의 농도 p를 정공의 수명 τ_{pt}로 나누어 $R_p=\dfrac{p}{\tau_{pt}}$와 같이 표현할 수 있다. 미소체적 $dxdydz$ 내 정공의 재결합에 의해 사라지는 단위시간당 정공의 개수는 '정공의 재결합률 $\dfrac{p}{\tau_{pt}}$'에 '체적'을 곱하여 $\dfrac{p}{\tau_{pt}}dxdydz$가 된다. 여기서 τ_{pt}에는 열평형 캐리어 수명과 과잉 캐리어 수명이 포함되어 있다.

미소체적 $dxdydz$ 내에 '**단위시간당 순증가한 정공의 수**'는 '단위시간당 정공농도의 증가율인 $\dfrac{\partial p}{\partial t}$'에 '체적 $dxdydz$'를 곱하여 $\dfrac{\partial p}{\partial t}dxdydz$가 되며, 이는 위의 네 가지 요소를 고려하면 다음과 같이 주어진다.

$$\frac{\partial p}{\partial t}dxdydz = ❶-❸+❷-❹ = -\frac{\partial F_p}{\partial x}dxdydz + g_p dxdydz - \frac{p}{\tau_{pt}}dxdydz \tag{6.27}$$

여기서 ❶ − ❸ $=-[F_{p,x}(x+dx)-F_{p,x}(x)]dydz=-\dfrac{\partial F_p}{\partial x}dxdydz$를 적용하였다. 식 (6.27)의 양변을 미소체적 $dxdydz$로 나누면 단위시간당 정공농도의 순증가는 다음과 같다.

$$\frac{\partial p}{\partial t} = -\frac{\partial F_p}{\partial x} + g_p - \frac{p}{\tau_{pt}} \tag{6.28}$$

이 식은 **정공의 연속방정식**continuity equation이다.

마찬가지로 **전자에 대한 일차원적 연속방정식**은 다음과 같이 쓸 수 있다.

$$\frac{\partial n}{\partial t} = -\frac{\partial F_n}{\partial x} + g_n - \frac{n}{\tau_{nt}} \tag{6.29}$$

여기서 F_n은 전자입자의 유속[#/cm^2 · sec]이고, g_n은 전자의 생성률[#/cm^3 · sec]이며, τ_{nt}는 전자의 수명이다.

예제 6-4

[그림 6-6]과 같은 미소체적에서 단면적이 5cm^{2}이고, 10sec 동안 왼쪽 단면을 통과하는 전자의 개수가 $N(x)=10^{10}$개이다. $dx=2\text{cm}$이고, 10sec 동안 오른쪽 단면을 통과하는 전자의 개수가 $N(x+dx)=10^9$개이다. 다음 물음에 답하라.

(a) 전자의 유속 $F_n(x)$와 $F_n(x+dx)$

(b) 미소체적에서 단위시간당 증가하는 전자의 농도

풀이

(a) 전자의 유속 $F_n(x)=\dfrac{10^{10}\text{개}}{(5\text{cm}^2)(10\text{sec})}=2\times10^8\text{개/cm}^2\text{s}$ 이다.

전자의 유속 $F_n(x+dx)=\dfrac{10^{9}\text{개}}{(5\text{cm}^2)(10\text{sec})}=2\times10^7\text{개/cm}^2\text{s}$ 이다.

(b) 단위시간당 미소 체적소 내부에서 증가하는 전자의 개수는

$$\frac{\Delta N}{\Delta t}=A\left[F_n(x)-F_n(x+dx)\right]=5\cdot\left[(2\times10^8)-(2\times10^7)\right]=9\times10^7\text{개/s}$$

이고, 미소 체적소의 체적은 $\Delta V=Adx=5\cdot2=10\text{cm}^3$이므로, 미소체적에서 단위시간당 증가하는 전자의 농도는 다음과 같다.

$$\frac{\Delta N}{\Delta t\Delta V}=\frac{A\left[F_n(x)-F_n(x+dx)\right]}{Adx}=\frac{9\times10^7}{10}=9\times10^6\text{개/cm}^3\text{s}$$

$\dfrac{\partial n}{\partial t}=-\dfrac{\partial F_n}{\partial x}$ 에서 $-\dfrac{\partial F_n}{\partial x}=-\dfrac{(2\times10^7)-(2\times10^8)}{2}=9\times10^6\text{개/cm}^3\text{s}$와 같이 계산할 수도 있다.

6.2.2 캐리어의 앰비폴러 전송방정식

과잉 캐리어에 대한 앰비폴러 전송방정식이란 무엇일까?

반도체 내의 어느 한 지점에 과잉 전자 펄스와 과잉 정공 펄스가 생성되었을 때, 만약 전계가 인가된다면 서로 다른 전하량을 갖는 과잉 정공과 과잉 전자는 서로 반대되는

방향으로 전송될 것이다. 그러나 과잉 전자와 과잉 정공의 공간적 분리는 전자와 정공이 서로 반대 전하량을 가지고 있기 때문에 두 입자들 사이에 내부전계를 발생시키고, 이 내부전계는 전자들과 정공들 간에 서로 끌어당기는 힘을 제공하기 때문에 과잉 전자들과 과잉 정공들의 펄스를 서로 붙잡고 있게 만들 것이다.

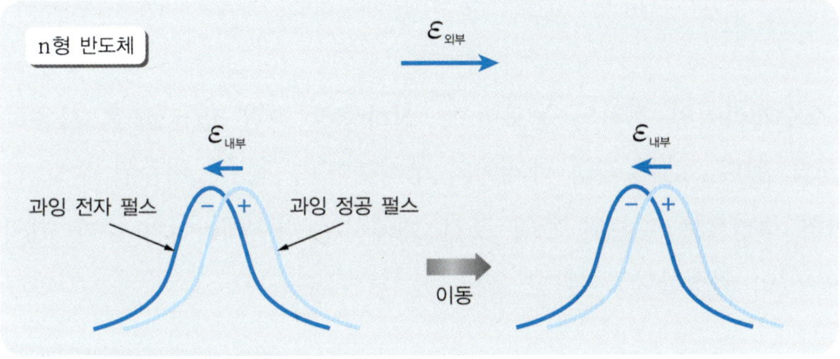

[그림 6-7] n형 반도체 내에 과잉 정공 펄스와 과잉 전자 펄스의 앰비폴러 전송

예를 들어 n형 반도체 내에 [그림 6-7]과 같이 과잉 전자 펄스와 과잉 정공 펄스가 생성되면, 외부전계 $\mathcal{E}_{외부}$에 의해 이 두 펄스는 서로 다른 방향으로 갈라지다가 유도된 내부전계 $\mathcal{E}_{내부}$에 의해 과잉 정공과 전자는 서로 붙어서 움직인다. 이때 이 두 펄스가 함께 움직이는 방향은 과잉 소수캐리어인 과잉 정공 펄스가 움직이는 방향인 오른쪽 방향이 된다는 점에 유의하자(연습문제 6.1). 이런 현상은 앰비폴러 방정식 (6.31)과 (6.32)에서 앰비폴러 확산계수, 앰비폴러 이동도, 재결합 파라미터가 모두 **과잉 소수캐리어**의 확산계수, 이동도, 캐리어 수명이라는 것을 의미하며, 이 사실은 매우 중요하다. 과잉 전자 펄스와 과잉 정공 펄스는 조금만 분리되어 약간의 농도차가 발생하더라도 두 펄스가 함께 확산과 표동을 하게 만들 정도의 충분한 내부전계를 유발할 수 있으며, 이때 생성된 내부전계의 크기는 외부전계에 비교하여 매우 작다고 볼 수 있다.

$$|\mathcal{E}_{내부}| \ll |\mathcal{E}_{외부}| \tag{6.30}$$

따라서 과잉 전자들과 과잉 정공들이 서로 거의 전하중성을 이루면서, 단일의 유효 이동도와 유효 확산계수를 갖고 함께 표동 혹은 확산을 하는 것으로 해석할 수 있다. 이러한 현상을 **앰비폴러 전송**ambipolar transport이라고 한다.[1] 이때의 유효 이동도를 **앰비폴러 이동도**라 하고, 유효 확산계수를 **앰비폴러 확산계수**라고 부른다. 이 유효 파라미터들이 저준위 주입의 경우 과잉 소수캐리어의 파라미터가 되는 것이다(연습문제 6.3).

1 ambipolar는 '동시 이극성'의 의미이다.

$p_0 \gg n_0$인 p형 반도체인 경우, 과잉 캐리어 농도가 열평형 다수캐리어 농도보다 아주 작은 저준위 주입을 가정하면 $p_0 \gg \delta n$이 되며, 이때 **p형 반도체에 대한 앰비폴러 방정식**은 다음과 같다.

$$D_n \frac{\partial^2(\delta n)}{\partial x^2} + \mu_n \mathcal{E} \frac{\partial(\delta n)}{\partial x} + g' - \frac{\delta n}{\tau_{n0}} = \frac{\partial(\delta n)}{\partial t} \tag{6.31}$$

여기서 **δn은 과잉 소수캐리어인 전자의 농도이고, 전하중성 조건 $\delta p \approx \delta n$을 사용하면 과잉 정공의 농도도 된다.** g'은 과잉 캐리어의 생성률이고, τ_{n0}는 저준위 주입 하의 과잉 소수캐리어의 수명으로 저준위 주입 조건 내에서는 다수캐리어의 수가 거의 변동이 없다고 볼 수 있어 일정하다고 할 수 있다.

마찬가지로 저준위 주입 하의 n형 반도체인 경우에는 다음과 같은 과잉 소수캐리어인 **정공에 대한 앰비폴러 방정식**을 얻는다.

$$D_p \frac{\partial^2(\delta p)}{\partial x^2} - \mu_p \mathcal{E} \frac{\partial(\delta p)}{\partial x} + g' - \frac{\delta p}{\tau_{p0}} = \frac{\partial(\delta p)}{\partial t} \tag{6.32}$$

여기서 **δp는 과잉 소수캐리어인 정공의 농도이고, 전하중성 조건 $\delta n \approx \delta p$를 사용하면 과잉 전자의 농도도 된다.** τ_{p0}는 저준위 주입 하의 과잉 소수캐리어인 정공의 수명이다.

앞에서도 설명했듯이 식 (6.31)과 (6.32)의 앰비폴러 확산계수와 앰비폴러 이동도, 그리고 재결합 파라미터가 소수캐리어의 확산계수와 이동도, 캐리어 수명이라는 사실은 매우 중요하다. 전하중성 조건은 과잉 소수캐리어의 농도와 과잉 다수캐리어의 농도가 같음을 의미한다. 따라서 과잉 다수캐리어는 과잉 소수캐리어와 함께 확산과 표동을 하게 되고, 중요한 것은 이때 과잉 다수캐리어의 움직임이 **과잉 소수캐리어의 파라미터에 의해 결정된다**는 것이다. 이러한 앰비폴러 현상은 반도체 물성을 이해하는 데 매우 중요한 개념이다.

6.3 과잉 캐리어의 변동과 이동

앰비폴러 전송방정식을 비평형상태에 있는 반도체 소자의 동작 중에서 몇 가지 중요한 특정 상황에 대하여 적용함으로써 해를 구해보자. 이때 대개의 경우 앰비폴러 전송방정식에서 몇 개의 항만 고려하여 계산하면 된다. 앰비폴러 전송방정식 (6.31)과 (6.32)에 총 5개의 항이 존재하는데, [표 6-3]에는 이 각 항을 하나씩 제거할 수 있는 조건을 정리하여 방정식이 어떤 상황에서 어떻게 간소화될 수 있는지를 나타내었다.

[표 6-3] 앰비폴러 전송방정식의 간소화 상황

항	과잉 전자	과잉 정공	간소화 상황
① 농도 공간 변화	$D_n \dfrac{\partial^2(\delta n)}{\partial x^2} = 0$	$D_p \dfrac{\partial^2(\delta p)}{\partial x^2} = 0$	과잉 캐리어의 균일 분포(균일한 생성률)
② 전계	$\mathcal{E} \dfrac{\partial(\delta n)}{\partial x} = 0$	$\mathcal{E} \dfrac{\partial(\delta p)}{\partial x} = 0$	전계가 존재하지 않음 과잉 캐리어의 균일 분포(균일한 생성률)
③ 생성	$g' = 0$		과잉 캐리어가 생성되지 않음
④ 재결합	$\dfrac{\delta n}{\tau_{n0}} = 0$	$\dfrac{\delta p}{\tau_{p0}} = 0$	과잉 캐리어가 재결합되지 않음(무한 수명)
⑤ 농도 시간 변화	$\dfrac{\partial(\delta n)}{\partial t} = 0$	$\dfrac{\partial(\delta p)}{\partial t} = 0$	시간 변화가 없는 정상상태

비평형상태에 있는 반도체 소자의 동작 중에서 몇 가지 중요한 현상으로 다음과 같은 상황을 생각해볼 수 있다. 편의상 비평형상태를 유발하는 원인으로 빛을 쬐어주는 것으로 가정한다.

❶ 균일한 세기로 빛을 계속 쬐어주어 과잉 캐리어의 농도가 정상상태에 도달했다가, 갑자기 빛을 제거하면 시간이 흐르면서 재결합이 발생되고 과잉 캐리어 농도가 줄어든다. 이때 시간에 따른 과잉 캐리어 농도의 변화.

➡ **농도 공간 변화, 전계, 생성 항은 없고, 재결합, 농도 시간 변화 항만 존재**

❷ 빛이 없다가 균일세기의 빛을 계속 쬐어주면, 정상상태에 도달하기까지 과잉 캐리어들이 시간이 흐르면서 점점 증가한다. 이때 시간에 따른 과잉 캐리어 농도의 변화.

➡ **농도 공간 변화, 전계 항은 없고, 생성, 재결합, 농도 시간 변화 항만 존재**

❸ 균일세기의 빛을 특정 지점에 계속 쬐어주면 이 특정 위치에 생성된 과잉 캐리어가 확산과 재결합을 계속하며, 정상상태에 이를 때까지 퍼져나간다. 이때 퍼져나간 영역에서 공간에 따른 과잉 캐리어 농도의 변화.

➡ **전계, 생성, 농도 시간 변화 항은 없고, 농도 공간 변화, 재결합 항만 존재**

❹ 균일세기의 빛을 샘플 전체에 계속 쬐어주는 상태에서, 한 쪽 끝 특정 지점에 캐리어 싱크가 존재할 때 정상상태에서 과잉 캐리어들이 캐리어 싱크로 계속 빨

려 들어간다. 이때 공간에 따른 과잉 캐리어 농도의 변화.

➡ **전계, 농도 시간 변화 항은 없고, 농도 공간 변화, 생성, 재결합 항만 존재**

❺ 전계가 인가된 상태에서 순간적으로 특정 지점에 빛을 쬐어 과잉 캐리어를 생성시킨 후 빛을 제거하면, 생성된 과잉 캐리어가 전계에 의해 표동하면서 확산과 재결합이 함께 동반된다. 이때 시간과 공간에 따른 과잉 캐리어 농도의 변화.

➡ **생성 항만 없고, 농도 공간 변화, 전계, 재결합, 농도 시간 변화 항은 존재**

이 다섯 가지 각각의 경우에 대하여, 앰비폴러 전송방정식 (6.31)과 (6.32)의 총 5개의 항 중에서 어떤 항이 삭제되는지를 정리한 것이 [표 6-4]이다. 표에서 '성립'은 왼쪽의 항이 '0'이 되는 조건을 만족시켜 삭제되는 것을 의미하며, 빈칸인 항만 방정식에 포함시켜 방정식을 풀어 해를 구하면 된다.

[표 6-4] 5가지 서로 다른 상황에 대한 앰비폴러 전송방정식의 간소화

항	과잉 전자	과잉 정공	❶	❷	❸	❹	❺
①	$D_n \dfrac{\partial^2(\delta n)}{\partial x^2}=0$	$D_p \dfrac{\partial^2(\delta p)}{\partial x^2}=0$	성립	성립			
②	$\mathcal{E}\dfrac{\partial(\delta n)}{\partial x}=0$	$\mathcal{E}\dfrac{\partial(\delta p)}{\partial x}=0$	성립	성립	성립	성립	
③	$g'=0$		성립		성립		성립
④	$\dfrac{\delta n}{\tau_{n0}}=0$	$\dfrac{\delta p}{\tau_{p0}}=0$					
⑤	$\dfrac{\partial(\delta n)}{\partial t}=0$	$\dfrac{\partial(\delta p)}{\partial t}=0$			성립	성립	

지금부터 이 다섯 가지 경우에 대하여 각각 그 해를 구해보자.

6.3.1 과잉 캐리어 재결합 소멸과정과 농도의 시간 변화

빛을 계속 쬐다가 갑자기 제거한 샘플 내에서 과잉 캐리어 농도는 시간에 따라 어떻게 변화할까?

균일한 세기로 빛을 계속 쬐어주어 과잉 캐리어의 농도가 정상상태에 도달한 상태에서, $t=0$인 순간 갑자기 빛을 제거하면 과잉 캐리어의 재결합이 발생하고 시간이 흐르면서 과잉 캐리어 농도가 점차 줄어든다. 이때 시간에 따른 과잉 캐리어 농도의 변화를 다음 예를 통해 살펴보자.

[그림 6-8]과 같이 넓은 판의 p형 균일 반도체에 전계가 인가되지 않은 상태로, $t=0$ 이전에 계속 일정한 세기의 빛을 전체 샘플에 균일하게 쬐어주다가 $t=0$인 순간에 빛을 제거한다. $t=0$ 이전에 쬐어준 빛에 의해 생성된 과잉 캐리어의 농도가 열평형 정공농도보다 아주 작다고 가정하고, $t \geq 0$일 때의 과잉 캐리어 농도를 시간의 함수로 계산해보자. p형 반도체이므로 과잉 캐리어의 움직임이 소수캐리어인 과잉 전자에 의해 결정된다. 즉 p형 반도체 내에서 과잉 전자와 과잉 정공은 과잉 소수캐리어인 전자의 수명에 의해 결정된 비율로 재결합한다.

주어진 조건으로부터 앰비폴러 전송방정식을 간소화하고, 그때 얻어진 방정식의 해를 정리하여 [표 6-5]에 나타내었다.

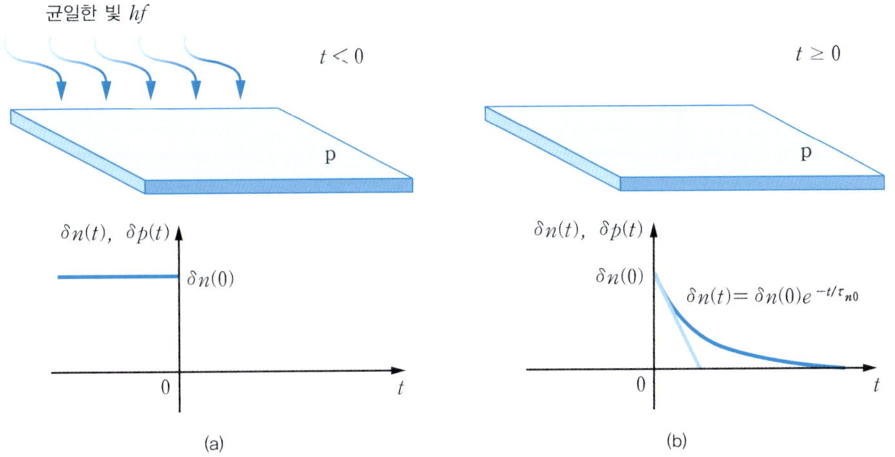

[그림 6-8] (a) $t<0$ 동안 빛을 쬐었을 때의 과잉 캐리어 농도, (b) $t \geq 0$ 동안 빛을 제거했을 때의 과잉 캐리어 농도 변화

[표 6-5] 간소화된 앰비폴러 전송방정식과 해

항	과잉 전자	❶의 항 삭제 조건	방정식의 간소화 및 해
①	$D_n \dfrac{\partial^2(\delta n)}{\partial x^2}=0$	과잉 정공의 농도가 일정	$D_n \dfrac{\partial^2(\delta n)}{\partial x^2}+\mu_n \mathcal{E} \dfrac{\partial(\delta n)}{\partial x}+g'-\dfrac{\delta n}{\tau_{n0}}=\dfrac{\partial(\delta n)}{\partial t}$ 에서 $\dfrac{d(\delta n)}{dt}=-\dfrac{\delta n}{\tau_{n0}}$: 방정식
②	$\mathcal{E} \dfrac{\partial(\delta n)}{\partial x}=0$	전계가 없음	
③	$g'=0$	빛을 제거해 생성되지 않음	$\delta n(t)=\delta n(0)e^{-t/\tau_{n0}}$: 과잉 전자변화 $\delta p(t)=\delta n(0)e^{-t/\tau_{n0}}$: 과잉 정공변화 $\tau_{n0}=(a_r p_0)^{-1}$
④	$\dfrac{\delta n}{\tau_{n0}}=0$		
⑤	$\dfrac{\partial(\delta n)}{\partial t}=0$		

저준위 주입일 때, 소수캐리어 전자의 수명 τ_{n0}는 일정하다고 볼 수 있으므로 식

$\frac{d(\delta n)}{dt} = -\frac{\delta n}{\tau_{n0}}$의 해는 다음과 같다.

$$\delta n(t) = \delta n(0)e^{-t/\tau_{n0}} \tag{6.33}$$

여기서 $\delta n(0)$는 $t=0$일 때 존재하는 균일한 과잉 캐리어의 농도이다. 과잉 전자의 농도는 시간에 따라 지수함수적으로 감소하며, 이때 **시상수**time constant는 소수캐리어 전자의 수명 τ_{n0}가 된다. 전하중성 조건으로부터 $\delta n \approx \delta p$인 관계가 성립하며, 따라서 과잉 정공농도는 다음과 같이 주어진다.

$$\delta p(t) = \delta n(0)e^{-t/\tau_{n0}} \tag{6.34}$$

시간에 따른 과잉 캐리어의 농도 변화를 그림으로 그리면 [그림 6-8(b)]와 같다.

예제 6-5

[그림 6-8]에서 과잉 전자농도는 $\delta n(t) = \delta n(0)e^{-t/\tau_{n0}}$이다. 평균 수명을 구하라.

풀이

평균 수명 τ는 $t=0$인 순간의 과잉 전자농도 $\delta n(0)$이, 과잉 전자들이 모두 사라지기까지 평균적으로 유지되는 시간으로 다음과 같이 계산할 수 있다.

$$\tau = \frac{\int_0^\infty \delta n(t)dt}{\delta n(0)} = \frac{\int_0^\infty \delta n(0)e^{-t/\tau_{n0}}dt}{\delta n(0)} = \frac{\delta n(0)\left[-\tau_{n0}e^{-t/\tau_{n0}}\right]_0^\infty}{\delta n(0)} = \tau_{n0}$$

즉 식 (6.33)의 시상수 τ_{n0}가 평균 수명이다.

6.3.2 과잉 캐리어 생성 과정과 농도의 시간 변화

빛이 없다가 어느 순간 이후 빛을 계속 쬐어주면 샘플 내에서 과잉 캐리어 농도는 시간에 따라 어떻게 변화할까?

샘플에 한참 동안 빛을 쬐어주지 않은 상태에서 $t=0$인 순간 이후에 균일세기의 빛을 계속 쬐어주면, 정상상태에 도달하기까지 과잉 캐리어들이 시간이 흐르면서 점점 증가한다. 이때 시간에 따른 과잉 캐리어 농도의 변화를 다음 예를 통해 살펴보자.

[그림 6-9]와 같이 넓은 판의 p형 균일 반도체에 전계가 인가되지 않은 상태로, $t=0$ 이전에는 어떤 빛도 쬐어주지 않다가, $t=0$인 순간부터 일정한 세기의 빛을 일관되게 전체 샘플에 쬐어주었다. 쬐어준 빛에 의해 생성된 과잉 캐리어의 농도가 열평형 정공농도보다 아주 작다고 가정하고, $t \geq 0$일 때의 과잉 캐리어 농도 변화를 시간의 함수로 계산해보자. p형 반도체이므로 과잉 캐리어의 움직임이 소수캐리어인 과잉 전자에 의해 결정된다.

주어진 조건으로부터 앰비폴러 전송방정식을 간소화하고, 그때 얻어진 방정식의 해를 [표 6-6]에 정리하였다.

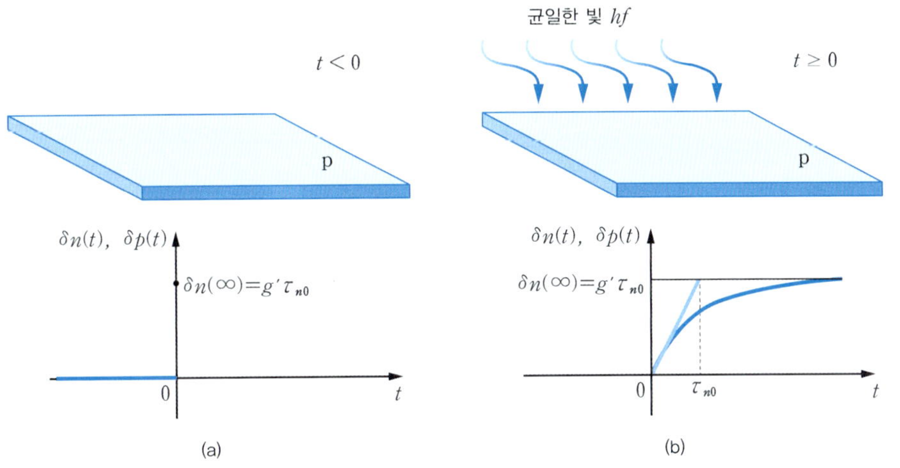

[그림 6-9] (a) $t<0$일 때 과잉 캐리어 농도, (b) $t \geq 0$일 때 과잉 캐리어 농도 변화

[표 6-6] 간소화된 앰비폴러 전송방정식과 해

항	과잉 전자	❷의 항 삭제 조건	방정식의 간소화 및 해
①	$D_n \dfrac{\partial^2(\delta n)}{\partial x^2}=0$	과잉 정공의 농도가 일정	$D_n \dfrac{\partial^2(\delta n)}{\partial x^2} + \mu_n \mathcal{E} \dfrac{\partial(\delta n)}{\partial x} + g' - \dfrac{\delta n}{\tau_{n0}} = \dfrac{\partial(\delta n)}{\partial t}$ 에서 $\dfrac{d(\delta n)}{dt} = g' - \dfrac{\delta n}{\tau_{n0}}$: 방정식
②	$\mathcal{E} \dfrac{\partial(\delta n)}{\partial x}=0$	전계가 없음	
③	$g'=0$		$\delta n(t) = g'\tau_{n0}(1-e^{-t/\tau_{n0}})$: 과잉 전자변화 $\delta p(t) = g'\tau_{n0}(1-e^{-t/\tau_{n0}})$: 과잉 정공변화 $\tau_{n0} = (a_r p_0)^{-1}$
④	$\dfrac{\delta n}{\tau_{n0}}=0$		
⑤	$\dfrac{\partial(\delta n)}{\partial t}=0$		

저준위 주입이므로, 소수캐리어 전자의 수명 τ_{n0}는 일정하다고 볼 수 있다. $t \to \infty$로 갈 때 $\delta n(\infty)$를 구하면 정상상태가 되므로 $\dfrac{d(\delta n)}{dt}=0$이 되고 $\dfrac{d(\delta n)}{dt}=g'-\dfrac{\delta n}{\tau_{n0}}$은

$0 = g' - \frac{\delta n}{\tau_{n0}}$이 되어, 결국 $\delta n(\infty) = g'\tau_{n0}$가 된다. 초깃값은 $\delta n(0) = 0$이다. 따라서 미분방정식 $\frac{d(\delta n)}{dt} = g' - \frac{\delta n}{\tau_{n0}}$의 해는 다음과 같이 된다.

$$\delta n(t) = g'\tau_{n0}(1 - e^{-t/\tau_{n0}}) \tag{6.35}$$

시간에 따른 과잉 캐리어의 농도 변화를 그림으로 그리면 [그림 6-9(b)]와 같다.

예제 6-6

[그림 6-9(a)]와 같은 $p_0 = 10^{16}\text{cm}^{-3}$인 p형 반도체 샘플에서 $g' = 2\times10^{20}/\text{cm}^3\cdot\text{sec}$가 되도록 빛을 균일하게 계속 비춘다면, 과잉 전자농도는 시간에 따라 어떻게 변화하는가? 재결합계수는 $a_r = 10^{-10}\text{cm}^3/\text{sec}$라고 가정한다.

풀이

과잉 전자농도는 $\delta n(t) = g'\tau_{n0}(1 - e^{-t/\tau_{n0}})$이고, 과잉 소수캐리어인 전자의 수명은 $\tau_{n0} = \frac{1}{a_r p_0} = \frac{1}{(10^{-10})(10^{16})} = 10^{-6}\text{sec}$이다. 따라서

$$\delta n(t) = g'\tau_{n0}(1 - e^{-t/\tau_{n0}}) = (2\times10^{20})(10^{-6})(1 - e^{-t/10^{-6}}) = 2\times10^{14}(1 - e^{-t/10^{-6}})\,\text{cm}^{-3}$$

6.3.3 과잉 캐리어 확산 과정과 농도의 공간 변화

$x = 0$인 지점에만 빛을 계속 쬐어주어 정상상태에 도달했을 때, 거리에 따른 과잉 캐리어 농도의 분포는 어떻게 될까?

균일세기의 빛을 특정 지점에 계속 쬐어주면 이 특정 위치에 생성된 과잉 캐리어가 확산과 재결합을 계속하며, 정상상태에 이를 때까지 퍼져나간다. 이때 공간에 따른 과잉 캐리어 농도의 변화를 다음 예를 통해 살펴보자.

[그림 6-10(a)]와 같이 전계가 인가되지 않은 상태로, p형 균일 반도체인 무한 크기의 얇은 판이 $x-y$ 평면상에 놓여있다고 하자. 그림에서 $x = 0$인 직선 부분에 일정한 세기의 빛을 지속적으로 쬐어줄 때, 반도체 판이 충분히 얇아서 이 평면상에 과잉 캐리어의 농도가 균일하게 생성되며 저준위 주입 조건이 성립한다고 가정한다. 이 경

우 $x=0$에서 생성된 과잉 캐리어는 $+x$ 방향과 $-x$ 방향으로 계속 확산해 나갈 것이다. 또한 확산해 나가던 과잉 캐리어는 재결합으로 소멸되는 과정을 겪게 된다. 이런 상태로 오랜 시간이 흐르면 결국 정상상태에 도달하여 공간적으로 일정한 과잉 캐리어 분포를 갖게 된다. 이 분포를 x의 함수로 계산해보자. p형 반도체이므로 과잉 캐리어의 움직임이 소수캐리어인 과잉 전자에 의해 결정된다.

$x \neq 0$인 공간 영역에 대하여 주어진 조건으로부터 앰비폴러 전송방정식을 간소화하고, 그때 얻어진 방정식의 해를 [표 6-7]에 정리하였다.

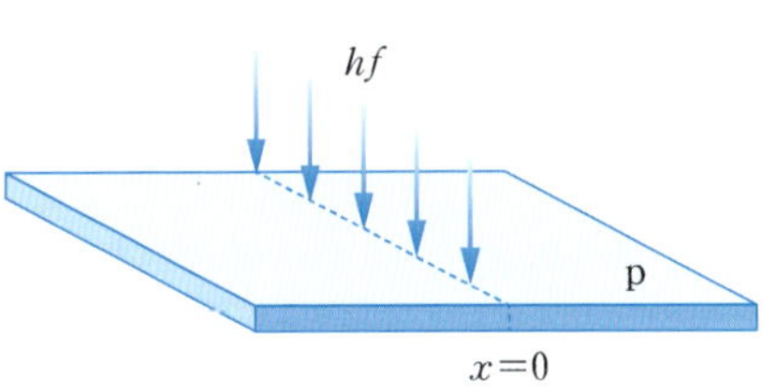

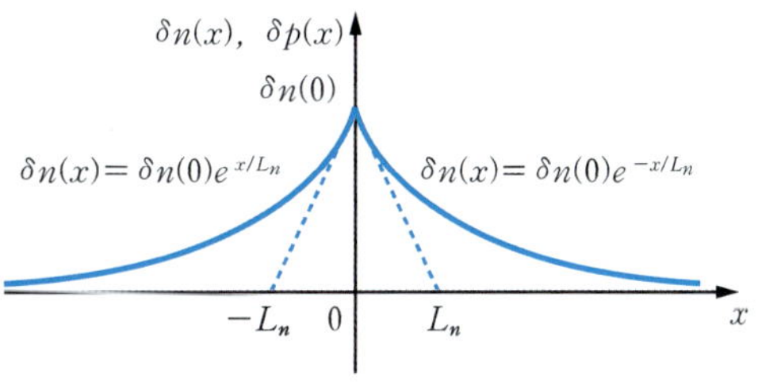

[그림 6-10] (a) $x=0$에 빛을 쬐어줌, (b) 정상상태에서의 과잉 캐리어 농도 분포

[표 6-7] $x \neq 0$인 공간 영역에서 간소화된 앰비폴러 전송방정식과 해

항	과잉 전자	❸의 항 삭제 조건	방정식의 간소화 및 해
①	$D_n \dfrac{\partial^2(\delta n)}{\partial x^2}=0$		$D_n \dfrac{\partial^2(\delta n)}{\partial x^2}+\mu_n \mathcal{E}\dfrac{\partial(\delta n)}{\partial x}+g'-\dfrac{\delta n}{\tau_{n0}}=\dfrac{\partial(\delta n)}{\partial t}$에서 $D_n \dfrac{d^2(\delta n)}{dx^2}-\dfrac{\delta n}{\tau_{n0}}=0$: 방정식
②	$\mathcal{E}\dfrac{\partial(\delta n)}{\partial x}=0$	전계가 없음	
③	$g'=0$	빛이 없어 생성되지 않음	$\delta n(x)=\delta n(0)e^{-x/L_n}\ (x>0)$ $\delta n(x)=\delta n(0)e^{x/L_n}\ (x<0)$: 과잉 전자변화 $L_n=\sqrt{D_n\tau_{n0}}$ $\delta p(x)=\delta n(x)$: 과잉 정공변화
④	$\dfrac{\delta n}{\tau_{n0}}=0$		
⑤	$\dfrac{\partial(\delta n)}{\partial t}=0$	정상상태	

풀어야 할 방정식 $D_n \dfrac{d^2(\delta n)}{dx^2}-\dfrac{\delta n}{\tau_{n0}}=0\ (x \neq 0)$의 양변을 확산계수 D_n으로 나누면 다음과 같이 된다.

$$\frac{d^2(\delta n)}{dx^2}-\frac{\delta n}{D_n\tau_{n0}}=\frac{d^2(\delta n)}{dx^2}-\frac{\delta n}{L_n^2}=0 \qquad (6.36)$$

여기서

$$L_n^2 = D_n \tau_{n0}, \text{ 즉 } L_n = \sqrt{D_n \tau_{n0}} \tag{6.37}$$

로 정의된 파라미터 L_n은 길이의 단위이며, 소수캐리어 **전자의 확산길이**diffusion length라 부른다. 식 (6.36)의 일반해는 다음과 같다.

$$\delta n(x) = Ae^{-x/L_n} + Be^{x/L_n} \tag{6.38}$$

소수캐리어인 전자가 $x=0$으로부터 확산하면서 다수캐리어인 정공과 재결합하게 된다. 따라서 양쪽 극한에서 소수캐리어 전자농도는 다음 식을 만족시킨다.

$$\delta n(\infty) = 0 \text{ 및 } \delta n(-\infty) = 0 \tag{6.39}$$

이 경계조건으로부터 $x>0$일 때 거리에 따라 계속 증가하는 Be^{x/L_n} 항의 계수는 $B=0$이어야만 하고, $x<0$일 때는 Ae^{-x/L_n} 항의 계수가 $A=0$이어야만 한다. 따라서 식 (6.36)의 해는 다음과 같이 된다.

$$\delta n(x) = \delta n(0) e^{-x/L_n} \quad (x>0) \tag{6.40}$$

$$\delta n(x) = \delta n(0) e^{x/L_n} \quad (x<0) \tag{6.41}$$

여기서 $\delta n(0)$은 $x=0$에서의 과잉 전자의 농도이다. $x=0$에서 끊임없이 생성되는 과잉 캐리어는 확산하다가 재결합해서 소멸하는 캐리어의 원천이 되고, 정상상태에 도달하였을 때 과잉 캐리어의 농도는 $x=0$인 원천으로부터 거리에 따라 지수함수적으로 감소한다. 거리에 따른 과잉 캐리어의 농도 변화를 그림으로 그리면 [그림 6-10(b)]와 같다.

전하중성 조건으로부터 $\delta n \approx \delta p$인 관계가 성립하므로, 정상상태의 다수캐리어인 과잉 정공의 농도 역시 소수캐리어 전자의 확산길이 L_n과 동일한 특성 파라미터를 갖고 거리에 따라 지수함수적으로 감소한다. $\delta n(0) \ll p_0$인 저주입을 가정하고 있으므로 전체 다수캐리어인 정공의 농도는 거의 변화하지 않는다. 그러나 소수캐리어인 전자의 농도는 저준위 주입이 만족되더라도 $\delta n(0) \gg n_0$가 되어 크게 변할 수 있다.

만약에 $x=0$에서 생성된 과잉 캐리어가 확산하면서 재결합을 잘 하지 않는다면, 즉 수명 τ_{n0}가 커질수록 [그림 6-10(b)]에서 지수함수 감쇄부분이 수평선에 가까워져 정상상태에서 과잉 캐리어의 농도는 전 샘플에 걸쳐 $\delta n(0)$으로 거의 일정하게 될 것이다.

예제 6-7

[그림 6-10(b)]에서 $x=0$인 지점의 농도의 기울기를 연장한 직선이 $+x$축과 만나는 지점의 값을 구하라.

풀이

$\delta n(x)=\delta n(0)e^{-x/L_n}\,(x>0)$ 이므로 $x=0$인 순간의 농도의 기울기를 구하기 위해 식을 미분하면 다음과 같다.

$$\frac{d}{dx}\delta n(x)=\frac{d}{dx}\delta n(0)e^{-x/L_n}=\frac{-\delta n(0)}{L_n}e^{-x/L_n}$$

이 식에 $x=0$을 대입하면 $\dfrac{-\delta n(0)}{L_n}$이 된다. 따라서 $x=0$인 순간의 농도의 기울기를 연장한 직선이 $+x$축과 만나는 지점의 값은 L_n이다.

예제 6-8

[그림 6-10(b)]에서 $x>0$인 방향으로 평균 확산길이를 구하라.

풀이

$\delta n(x)=\delta n(0)e^{-x/L_n}\,(x>0)$ 이므로 평균 확산길이는 다음과 같이 구할 수 있다.

$$\begin{aligned}<x>&=\frac{\int_0^\infty x\,\delta n(0)e^{-x/L_n}dx}{\int_0^\infty \delta n(0)e^{-x/L_n}dx}=\frac{\left[-xL_n\delta n(0)e^{-x/L_n}\right]_0^\infty-\int_0^\infty \delta n(0)e^{-x/L_n}dx}{\left[-L_n\delta n(0)e^{-x/L_n}\right]_0^\infty}\\&=\frac{\left[-xL_n\delta n(0)e^{-x/L_n}\right]_0^\infty+\int_0^\infty L_n\delta n(0)e^{-x/L_n}dx}{\left[-L_n\delta n(0)e^{-x/L_n}\right]_0^\infty}=\frac{\left[-L_n^2\delta n(0)e^{-x/L_n}\right]_0^\infty}{\left[-L_n\delta n(0)e^{-x/L_n}\right]_0^\infty}\\&=\frac{L_n^2\delta n(0)}{L_n\delta n(0)}=L_n\end{aligned}$$

6.3.4 싱크가 있을 때 과잉 캐리어 확산 과정과 농도의 공간 변화

한쪽 끝에 캐리어 싱크가 존재할 경우, 빛을 계속 쬐어 정상상태에 도달했을 때 과잉 캐리어 농도의 분포는 어떻게 될까?

균일세기의 빛을 샘플 전체에 계속 쬐어주는 상태에서, 한쪽 끝 특정 지점에 캐리어 싱크가 존재할 때 정상상태에서 과잉 캐리어들이 캐리어 싱크로 계속 빨려 들어간다. 이때 공간에 따른 과잉 캐리어 농도의 변화를 다음 예를 통해 살펴보자.

[그림 6-11(a)]와 같이 전계가 인가되지 않은 상태로, n형 균일 반도체인 얇은 판이 $x-y$ 평면상에 놓여있다. 일정세기의 빛을 판 전체에 균일하게 쬐어주고, 이 평면상에 과잉 캐리어의 농도가 균일하게 생성되며 저준위 주입 조건이 성립한다고 가정하자. 그림과 같이 왼쪽 끝 $x=0$인 $y-z$ 평면상에(빗금 친 부분) 많은 결함이 존재하여 과잉 소수캐리어 정공의 수명이 τ'_p이고, 그 밖의 지역에서는 τ_{p0}라고 가정한다. 정상상태에 도달하였을 때 과잉 캐리어 분포를 x의 함수로 계산해보자. n형 반도체이므로 과잉 캐리어의 움직임이 소수캐리어인 과잉 정공에 의해 결정된다.

주어진 조건으로부터 앰비폴러 전송방정식을 간소화하고, 그때 얻어진 방정식의 해를 [표 6-8]에 정리하였다.

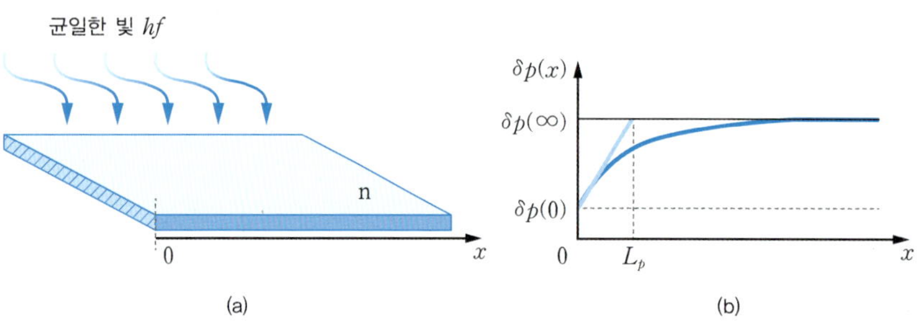

[그림 6-11] (a) $x=0$에 캐리어 싱크가 존재하고, 균일세기의 빛을 샘플 전체에 계속 쬐어줌
(b) 거리에 따른 정상상태에서의 과잉 캐리어 농도 분포

[표 6-8] $x \geq 0$인 공간 영역에서 간소화된 앰비폴러 전송방정식과 해

항	과잉 정공	❹의 항 삭제 조건	방정식의 간소화 및 해
①	$D_p \dfrac{\partial^2(\delta p)}{\partial x^2}=0$		$D_p \dfrac{\partial^2(\delta p)}{\partial x^2} - \mu_p \mathcal{E} \dfrac{\partial(\delta p)}{\partial x} + g' - \dfrac{\delta p}{\tau_{p0}} = \dfrac{\partial(\delta p)}{\partial t}$ 에서 $D_p \dfrac{d^2(\delta p)}{dx^2} + g' - \dfrac{\delta p}{\tau_{p0}} = 0$: 방정식
②	$\mathcal{E} \dfrac{\partial(\delta p)}{\partial x}=0$	전계가 없음	
③	$g'=0$		$\delta p(x) = g'\tau_{p0} + [\delta p(0) - g'\tau_{p0}]e^{-x/L_p}$: 과잉 정공변화 $L_p = \sqrt{D_p \tau_{p0}}$ $\delta n(x) = \delta p(x)$: 과잉 전자변화
④	$\dfrac{\delta p}{\tau_{p0}}=0$		
⑤	$\dfrac{\partial(\delta p)}{\partial t}=0$	정상상태	

$x \to \infty$ 인 지점에서의 과잉 소수캐리어 정공의 재결합률은 다음과 같이 된다.

$$R_p'(\infty) = \frac{\delta p(\infty)}{\tau_{p0}} \tag{6.42}$$

여기서 $\delta p(\infty)$는 $x \to \infty$ 인 지점에서의 과잉 소수캐리어 정공의 농도이다. $x = 0$에서의 과잉 소수캐리어 정공의 재결합률은 다음과 같이 쓸 수 있다.

$$R_p'(0) = \frac{\delta p(0)}{\tau'_p} \tag{6.43}$$

여기서 $\delta p(0)$는 $x = 0$에서의 과잉 소수캐리어 정공의 농도이다.

일정한 세기의 빛을 반도체 판 전체에 균일하게 쬐어줌으로써 과잉 캐리어가 반도체의 전체 영역에 걸쳐 일정한 비율로 계속 생성되고 있다. 정상상태에서, 균일하고 무한 크기인 반도체에 대하여 생성률과 재결합률은 같다. 따라서 $R_p'(\infty) = R_p'(0)$이므로 다음 식이 성립한다.

$$\frac{\delta p(\infty)}{\tau_{p0}} = \frac{\delta p(0)}{\tau'_p} \tag{6.44}$$

이로부터 $\delta p(0)$을 계산하면 다음과 같다.

$$\delta p(0) = \delta p(\infty)\left(\frac{\tau'_p}{\tau_{p0}}\right) \tag{6.45}$$

이때 $\tau'_p < \tau_{p0}$이므로, $\delta p(0) < \delta p(\infty)$가 된다.

전계를 가하지 않으므로 $\mathcal{E} = 0$이고, 빛을 계속 쬐어주므로 $g' > 0$, 정상상태이므로 $\frac{\partial(\delta p)}{\partial t} = 0$이 되어 앰비폴러 전송방정식은 다음과 같이 쓸 수 있다.

$$D_p \frac{d^2(\delta p)}{dx^2} + g' - \frac{\delta p}{\tau_{p0}} = 0 \tag{6.46}$$

생성률 g'은 정상상태에서 $R_p'(\infty) = \frac{\delta p(\infty)}{\tau_{p0}}$와 같다.

$$g' = \frac{\delta p(\infty)}{\tau_{p0}} \tag{6.47}$$

식 (6.46)의 해는 다음과 같다.

$$\delta p(x) = g'\tau_{p0} + Ae^{x/L_p} + Be^{-x/L_p} \tag{6.48}$$

$x \to \infty$로 감에 따라 $\delta p(\infty) = g'\tau_{p0}$로 되며, 이는 $A = 0$임을 의미한다. $x = 0$일 때 다음 식을 얻게 된다.

$$\delta p(0) = g'\tau_{p0} + B$$

따라서 $B = \delta p(0) - g'\tau_{p0}$이다.

상수 A와 B를 식 (6.48)에 대입하면, 정상상태에서 거리 x에 따른 과잉 소수캐리어 정공의 농도는 다음과 같다.

$$\delta p(x) = g'\tau_{p0} + [\delta p(0) - g'\tau_{p0}]e^{-x/L_p} \tag{6.49}$$

이는 식 (6.47)을 적용하면 다음과 같이 쓸 수 있다.

$$\delta p(x) = \delta p(\infty) + [\delta p(0) - \delta p(\infty)]e^{-x/L_p} \tag{6.50}$$

여기서

$$L_p = \sqrt{D_p \tau_{p0}} \tag{6.51}$$

이다. 파라미터 L_p는 길이의 단위이며, 소수캐리어 **정공의 확산길이**diffusion length라 부른다. 방정식의 해를 그림으로 나타낸 것이 [그림 6-11(b)]이다.

$x = 0$인 $y-z$ 평면상에 전혀 결함이 없어 과잉 소수캐리어 정공의 수명이 $\tau'_p = \tau_{p0}$이면 $\delta p(0) = \delta p(\infty)\left(\frac{\tau'_p}{\tau_{p0}}\right) = \delta p(\infty)$가 되어, $\delta p(x) = g'\tau_{p0}$로 일정하게 된다. 이는 식 (6.47)로부터 $\delta p(\infty) = g'\tau_{p0}$이므로, $\delta p(0) = \delta p(\infty) = g'\tau_{p0}$를 식 (6.50)에 대입해도 동일한 결과를 얻는다.

만약 $x = 0$인 $y-z$ 평면상에 결함이 무한히 많아 과잉 소수캐리어 정공의 수명이 $\tau_p{}' = 0\ \mathrm{sec}$이면, $\frac{\delta p(\infty)}{\tau_{p0}} = \frac{\delta p(0)}{\tau'_p}$에서 $\delta p(0) = \delta p(\infty)\left(\frac{\tau'_p}{\tau_{p0}}\right) = 0\ \mathrm{cm}^{-3}$이다. 따라서 다음과 같다.

$$\delta p(x) = g'\tau_{p0}(1 - e^{-x/L_p}) \tag{6.52}$$

예제 6-9

[그림 6-11(a)]와 같은 $n_0 = 10^{17}\text{cm}^{-3}$인 n형 반도체 샘플에서 $g' = 2\times10^{20}/\text{cm}^3\cdot\text{sec}$가 되도록 빛을 균일하게 계속 비춘다. $x=0$인 지점에서 과잉 소수캐리어 정공의 수명이 $\tau_p' = 0\,\text{sec}$일 때, 과잉 정공의 농도분포를 구하라. $\tau_{n0} = 10^{-4}\text{sec}$이고 $\tau_{p0} = 10^{-5}\text{sec}$이며, $D_n = 35\,\text{cm}^2/\text{sec}$이고 $D_p = 12.4\,\text{cm}^2/\text{sec}$이다.

풀이

n형 반도체이므로 과잉 캐리어의 움직임이 소수캐리어인 과잉 정공에 의해 결정된다. 따라서 과잉 정공의 분포는 다음과 같다.

$$\delta p(x) = g'\tau_{p0}(1-e^{-x/L_p}) = (2\times10^{20})(10^{-5})(1-e^{-x/L_p}) = (2\times10^{15})(1-e^{-x/L_p})\,\text{cm}^{-3}$$

과잉 정공의 확산길이는 $L_p = \sqrt{D_p\tau_{p0}} = \sqrt{(12.4)(10^{-5})} = 1.11\times10^{-2}\text{cm} = 111\mu\text{m}$이다.

6.3.5 과잉 캐리어의 표동과 확산 과정에 따른 농도의 시공간 변화

지금까지의 문제는 시간 변화만을 고려하거나 혹은 공간 변화만을 고려했으나, 이제 시간과 공간에 모두 의존하는 문제를 다루어보자.

전계가 존재할 때 $x=0$에 생성된 과잉 캐리어 펄스의 시간과 공간에 따른 분포는 어떻게 변화할까?

전계가 인가된 상태에서 순간적으로 특정 지점에 빛을 쬐어 과잉 캐리어를 생성시킨 후 빛을 제거하면, 생성된 과잉 캐리어가 전계에 의해 표동하면서 확산과 재결합이 함께 동반된다. 이때 시간과 공간에 따른 과잉 캐리어 농도의 변화를 구해보자.

n형 균일 반도체인 1차원 샘플이 있다. $t=0$인 순간에 $x=0$인 지점에 빛을 쬐어주어 유한한 개수의 전자-정공 쌍을 갑자기 생성시켰고, $t>0$일 때 빛을 쬐지 않아 과잉 캐리어 생성률이 $g'=0$이라고 가정한다. 또한 $t>0$일 때 $+x$ 방향으로 일정한 크기의 전계 $\mathcal{E}_0$를 인가한다고 하자. 이때 x와 t의 함수로 과잉 캐리어 농도를 계산해보자. n형 반도체이므로 과잉 캐리어의 움직임이 소수캐리어인 과잉 정공에 의해 결정된다.

주어진 조건으로부터 앰비폴러 전송방정식을 간소화하고, 그때 얻어진 방정식의 해를 [표 6-9]에 정리하였다.

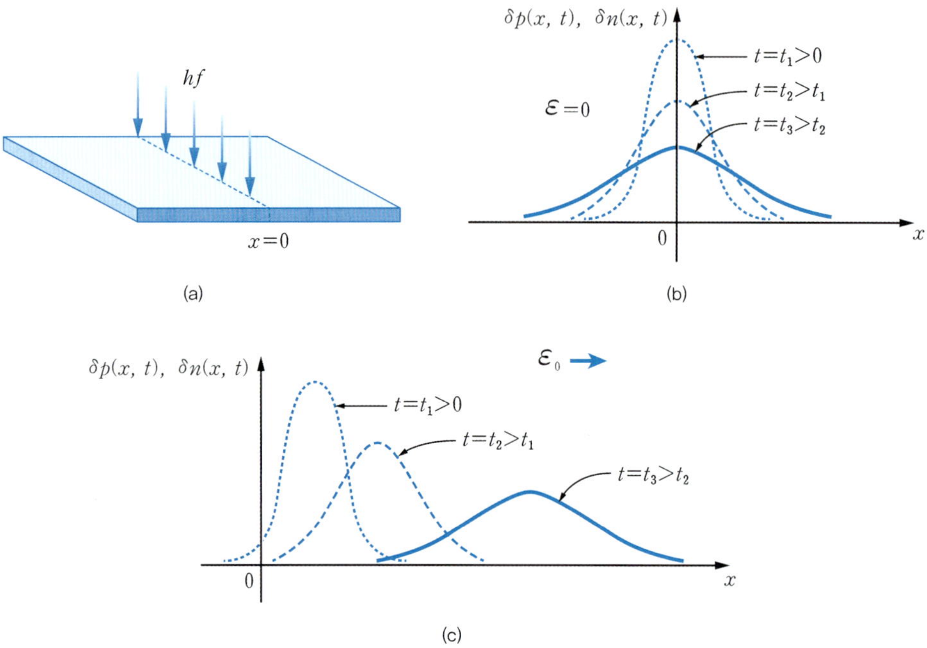

[그림 6-12] (a) $t=0$인 순간 $x=0$에 빛을 순간 쬐어줌, (b) $\mathcal{E}=0$일 때 과잉 캐리어 농도의 시간 변화, (c) $\mathcal{E}=\mathcal{E}_0$를 인가한 경우 과잉 캐리어 농도의 이동분포

[표 6-9] 간소화된 앰비폴러 전송방정식과 해

항	과잉 정공	⑤의 항 삭제 조건	방정식의 간소화 및 해
①	$D_p\dfrac{\partial^2(\delta p)}{\partial x^2}=0$		$D_p\dfrac{\partial^2(\delta p)}{\partial x^2}-\mu_p\mathcal{E}\dfrac{\partial(\delta p)}{\partial x}+g'-\dfrac{\delta p}{\tau_{p0}}=\dfrac{\partial(\delta p)}{\partial t}$ 에서 $D_p\dfrac{\partial^2(\delta p)}{\partial x^2}-\mu_p\mathcal{E}_0\dfrac{\partial(\delta p)}{\partial x}-\dfrac{\delta p}{\tau_{p0}}=\dfrac{\partial(\delta p)}{\partial t}$: 방정식
②	$\mathcal{E}\dfrac{\partial(\delta p)}{\partial x}=0$		
③	$g'=0$	빛이 없어 생성이 없음	$\delta p(x,t)=\dfrac{e^{-t/\tau_{p0}}}{(4\pi D_p t)^{1/2}}\exp\left[\dfrac{-(x-\mu_p\mathcal{E}_0 t)^2}{4D_p t}\right]$: 과잉 정공변화 $\delta n(x,t)=\delta p(x,t)$: 과잉 전자변화
④	$\dfrac{\delta p}{\tau_{p0}}=0$		
⑤	$\dfrac{\partial(\delta p)}{\partial t}=0$		

소수캐리어인 정공에 대한 1차원 앰비폴러 전송방정식은 식 (6.32)로부터 다음과 같이 쓸 수 있다.

$$D_p\frac{\partial^2(\delta p)}{\partial x^2}-\mu_p\mathcal{E}_0\frac{\partial(\delta p)}{\partial x}-\frac{\delta p}{\tau_{p0}}=\frac{\partial(\delta p)}{\partial t} \tag{6.53}$$

이 편미분방정식에 대한 해는 다음과 같은 형태가 된다.

$$\delta p(x,\ t) = p'(x,\ t)e^{-t/\tau_{p0}} \tag{6.54}$$

식 (6.54)를 식 (6.53)에 대입하고 양변을 $e^{-t/\tau_{p0}}$으로 나누면, $p'(x,\ t)$에 대한 다음과 같은 편미분방정식을 얻는다.

$$D_p \frac{\partial^2 p'(x,\ t)}{\partial x^2} - \mu_p \mathcal{E}_0 \frac{\partial p'(x,\ t)}{\partial x} = \frac{\partial p'(x,\ t)}{\partial t} \tag{6.55}$$

식 (6.55)를 라플라스 변환기법을 사용하여 풀면, 다음과 같이 평균이 $\mu_p \mathcal{E}_0 t$이고 분산이 $\sigma^2 = 2D_p t$인 가우스분포 곡선의 해를 얻는다.

$$p'(x,\ t) = \frac{1}{(4\pi D_p t)^{1/2}} \exp\left[\frac{-(x-\mu_p \mathcal{E}_0 t)^2}{4D_p t}\right] \tag{6.56}$$

따라서 식 (6.54)와 (6.56)으로부터 과잉 소수캐리어 정공의 농도에 대한 전체 해를 구하면 다음과 같다.

$$\delta p(x,\ t) = \frac{e^{-t/\tau_{p0}}}{(4\pi D_p t)^{1/2}} \exp\left[\frac{-(x-\mu_p \mathcal{E}_0 t)^2}{4D_p t}\right] \tag{6.57}$$

$p'(x, t)$는 가우스분포 곡선으로, 시간이 지나면서 지수함수 곡선의 피크 위치가 $\mu_p \mathcal{E}_0 t$만큼 $+x$ 방향으로 이동하면서 분산 폭은 $\sigma^2 = 2D_p t$만큼 점점 넓게 퍼져나가고, 동시에 지수함수 곡선의 피크치는 $\dfrac{1}{(4\pi D_p t)^{1/2}}$만큼 점점 감소하는 모양을 갖는다. 따라서 $\delta p(x, t)$는 과잉 소수캐리어의 재결합 때문에 이 $p'(x,\ t)$ 가우스분포 곡선의 피크치가 시간이 흐르면서 $e^{-t/\tau_{p0}}$만큼 추가로 더 감소하는 모양을 하게 된다.

[그림 6-12(b)]는 인가된 전계가 $\mathcal{E}_0 = 0$일 때의 식 (6.57)을 x의 함수로 그린 것이다. $t > 0$일 때 과잉 소수캐리어 정공은 $+x$ 및 $-x$의 양 방향으로 확산해가지만, $\mathcal{E} = 0$이므로 지수함수 곡선 피크치의 위치 변동은 없다. 전하중성에 의해 $\delta n = \delta p$이므로, 생성된 과잉 다수캐리어 전자는 과잉 정공과 같은 비율로 확산한다. 만약 과잉 캐리어의 재결합이 발생하지 않는다면, 시간이 지나면서 곡선의 피크치가 줄어들고 옆으로 퍼져나가더라도, [그림 6-12(b)]의 모든 곡선에 대하여 곡선 밑의 면적은 항상 동일할 것이다. 그러나 실제로는 시간이 지남에 따라 과잉 정공과 과잉 전자가 확산과

동시에 재결합하면서 점차 소멸한다. 따라서 파형의 크기가 $e^{-t/\tau_{p0}}$배만큼 추가로 더 감소하여 τ_{p0}가 작을수록 곡선 밑의 면적인 전체 개수도 급격히 줄어들다가, 마침내 과잉 정공과 과잉 전자의 농도는 0이 될 것이다.

[그림 6-12(c)]는 인가된 전계가 $\mathcal{E}_0 > 0$ 일 때, 식 (6.57)을 시간 변화에 따라 거리의 함수로 그린 것이다. 이 경우에 과잉 소수캐리어 정공의 펄스는 [그림 6-12(b)]와 같은 확산과 재결합의 두 과정을 거침과 동시에, 전계 방향인 $+x$ 방향으로 $\mu_p \mathcal{E}_0 t$만큼 표동이 발생한다. 중요한 사실은, 어느 순간 어느 지점에서든지 전하중성조건으로 인해 $\delta n = \delta p$가 성립한다는 것이다. 즉 과잉 전자농도는 과잉 정공농도와 같다. 따라서 이 경우 과잉 전자펄스는 마이너스 전하를 띠고 있지만 인가전계와 같은 방향으로 움직이게 된다. 앰비폴러 전송 과정에서 과잉 다수캐리어인 전자들은 과잉 소수캐리어인 정공들과 함께 움직이고, 과잉 캐리어의 운동 특성은 소수캐리어인 정공의 D_p, μ_p, τ_{p0}에 따라 결정된다.

6.3.6 헤인즈-쇼클리 실험

소수캐리어의 이동도 μ와 확산계수 D, 그리고 수명 τ를 동시에 한 실험으로부터 측정하는 것이 가능할까?

헤인즈-쇼클리 Haynes-Shockley **실험**은 표동, 확산, 재결합의 기본적인 세 가지 과정을 단 한 번의 실험으로 관찰할 수 있는 실험이다. 헤인즈-쇼클리 실험으로부터 **소수캐리어의 이동도 μ와 확산계수 D, 그리고 수명 τ를 동시에 측정하는 것이 가능**하다.

[그림 6-13]은 헤인즈-쇼클리 실험 장치이다. 전압원 V를 인가하여 n형 반도체 샘플 내에 $+x$ 방향으로 전계 $\mathcal{E}_0$를 제공한다. 접촉점 A에 과잉 캐리어들을 주입하기 위해 전류를 흘려주면, 과잉 캐리어들이 반도체를 통해 표동하다가 접촉점 B에서 외부로 흘러 출력전압 V_0를 발생시킨다. 이때 [그림 6-12(c)]와 같은 파형이 시간이 흐름에 따라 접촉점 B에서 검출되어 출력전압으로 나타나게 되므로, 출력전압은 근사적으로 가우스분포 곡선의 모양을 하게 된다.

[그림 6-14]는 두 가지 전계 $\mathcal{E}_1$과 $\mathcal{E}_2 (< \mathcal{E}_1)$에 대하여 출력전압 파형을 그린 것이다. 전압원 V의 전압을 더 낮추어 전계가 $\mathcal{E}_1$에서 더 낮은 전계 $\mathcal{E}_2$로 변하면, 감소된 전계로 인해 접촉점 B에 과잉 정공이 도달하기 위해서는 더 긴 시간이 소요되어 출력전압이 최댓값에 도달하는 시간이 t_{m1}에서 $t_{m2} (> t_{m1})$로 더 길어짐을 볼 수 있다.

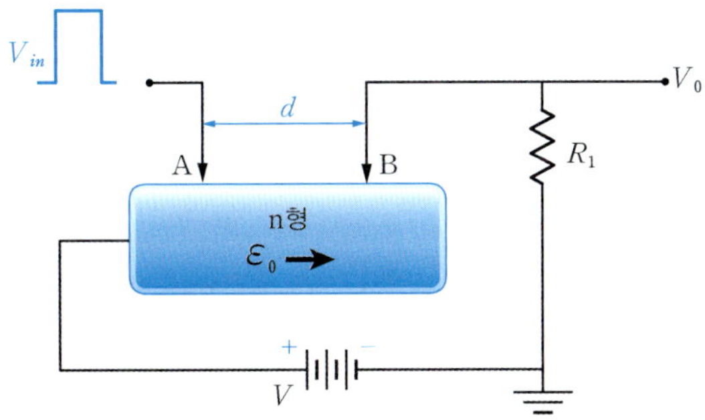

[그림 6-13] 헤인즈-쇼클리 실험 장치

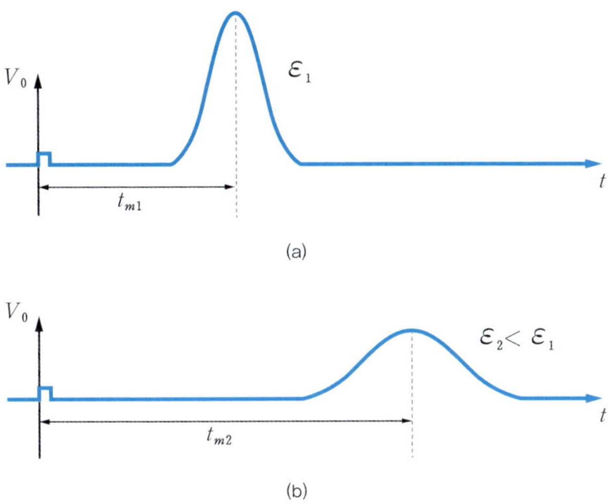

[그림 6-14] (a) 전계가 $\mathcal{E}_1$ 인 경우 출력전압, (b) 전계가 $\mathcal{E}_2$ 인 경우 출력전압($\mathcal{E}_2 < \mathcal{E}_1$)

낮은 전계인 경우 과잉 캐리어 펄스가 접촉점 B에 도달하는 시간이 길어져, 이 긴 시간 동안 동시에 더 많은 확산이 발생하기 때문에 펄스의 최대치는 더 낮아지고 펄스의 폭은 더 넓어진다. 또한 그 시간 동안 더 많은 재결합이 일어나서 검출된 총 과잉 캐리어의 수도 더욱 감소할 것이다. 따라서 출력전압의 파형이 이상적인 가우스분포 곡선에서 더욱 멀어지게 된다. 결과적으로 헤인즈-쇼클리 실험으로부터 구한 이동도는 간단하며 정확한 값을 얻을 수 있으나, 확산계수와 수명은 좀 복잡하고 다소 부정확한 값을 얻게 만드는 원인이 된다.

소수캐리어의 이동도 μ 측정

측정된 소수캐리어 펄스의 최대치는 식 (6.57)에 있는 거리와 시간 항이 있는 지수 항이 0일 때 접촉점 B에 도달하며, 다음 식처럼 나타낼 수 있다.

$$x - \mu_p \mathcal{E}_0 t = 0 \tag{6.58}$$

펄스의 최대치가 나타나는 시간 $t = t_m$ 동안 펄스가 진행한 거리가 접촉점 A와 B 사이의 거리인 $x = d$이므로, 이를 대입하면 이동도는 다음과 같이 계산할 수 있다.

$$\mu_p = \frac{d}{\mathcal{E}_0 t_m} \tag{6.59}$$

소수캐리어의 확산계수 D 측정

[그림 6-15]는 시간의 함수로서 출력전압 V_0를 그린 것이다. 시간 t_1과 t_2에서 과잉 농도의 크기는 그 최대치 V_p의 e^{-1}이 된다. 만약 t_1과 t_2 사이의 시간 차이가 크지 않다면 이 시간 동안 $e^{-t/\tau_{p0}}$과 $(4\pi D_p t)^{1/2}$은 그다지 크게 변화하지 않는다. 따라서 $t = t_1$과 $t = t_2$에서 방정식은 다음 식을 만족시킨다고 볼 수 있다.

$$(d - \mu_p \mathcal{E}_0 t)^2 = 4D_p t \tag{6.60}$$

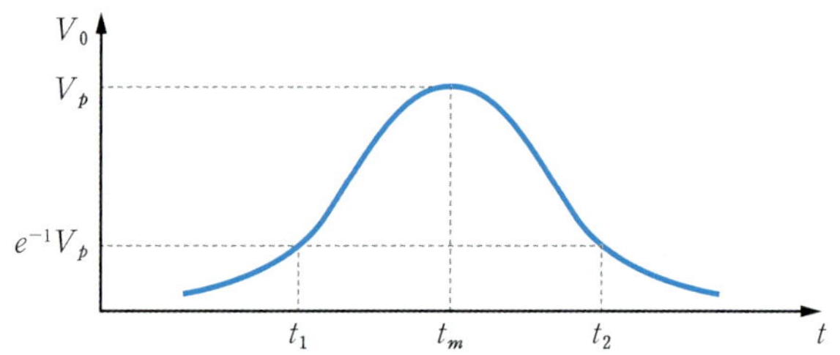

[그림 6-15] 출력전압 V_0의 시간 변화

식 (6.60)에 $t = t_1$ 및 $t = t_2$를 대입하고, 식 (6.59)를 적용하면

$$(d - \mu_p \mathcal{E}_0 t_1)^2 = (\mu_p \mathcal{E}_0)^2 (t_m - t_1)^2 = 4D_p t_1$$
$$(d - \mu_p \mathcal{E}_0 t_2)^2 = (\mu_p \mathcal{E}_0)^2 (t_m - t_2)^2 = 4D_p t_2$$

가 된다. 이 두 방정식을 더하고 양변을 2로 나누어주면

$$4D_p \frac{(t_1 + t_2)}{2} = 4D_p t_m = (\mu_p \mathcal{E}_0)^2 \left[\left(\frac{\Delta t}{2} \right)^2 + \left(\frac{\Delta t}{2} \right)^2 \right] \frac{1}{2} = \frac{(\mu_p \mathcal{E}_0)^2 (\Delta t)^2}{4}$$

이 되므로, 확산계수는 다음과 같이 쓸 수 있다.

$$D_p = \frac{(\mu_p \mathcal{E}_0)^2 (\Delta t)^2}{16 t_m} \tag{6.61}$$

여기에 다음 식을 적용하였다.

$$\Delta t = t_2 - t_1 \text{ 및 } t_m = \frac{t_1 + t_2}{2} \tag{6.62}$$

예제 6-10

[그림 6-16]은 $t=t_m$인 순간에 거리에 따른 $\delta p(x, t)$의 분포이며, Δx는 피크치 Δp의 e^{-1}으로 값이 낮아진 두 지점 간의 거리이다. Δx를 [그림 6-15]의 $\Delta t = t_2 - t_1$으로 표현하라.

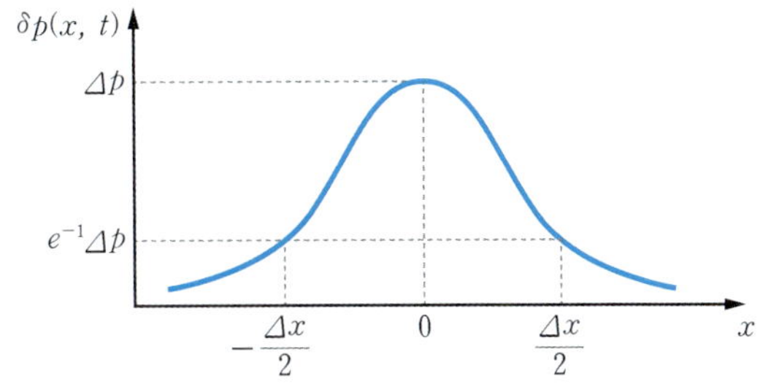

[그림 6-16] $t=t_m$ 인 순간 거리에 따른 $\delta p(x, t)$의 분포

풀이

식 (6.57)로부터 [그림 6-16]의 곡선의 식은

$$\delta p(x, t) = \frac{e^{-t_m/\tau_{p0}}}{(4\pi D_p t_m)^{1/2}} \exp\left[\frac{-x^2}{4D_p t_m}\right]$$

이 된다. Δx는 피크치의 e^{-1}으로 값이 낮아진 두 지점 간의 거리이므로, 지수항의 값이 -1이 되는 x의 값을 구하면 $x = \pm 2\sqrt{D_p t_m}$ 이다. 따라서 Δx는 $\Delta x = 4\sqrt{D_p t_m}$ 이고, $(\Delta x)^2 = 16 D_p t_m$이 된다.

식 (6.61)로부터 $16D_p t_m = (\mu_p \mathcal{E}_0)^2(\Delta t)^2$이 되고, 따라서 $(\mu_p \mathcal{E}_0)^2(\Delta t)^2 = (\Delta x)^2$이 되어 다음 식이 성립한다.

$$\Delta x = (\mu_p \mathcal{E}_0)\Delta t \tag{6.63}$$

이 식에 식 (6.59)를 적용하면 다음의 관계가 성립함을 알 수 있다.

$$\mu_p \mathcal{E}_0 = \frac{\Delta x}{\Delta t} = \frac{d}{t_m} \tag{6.64}$$

소수캐리어의 수명 τ 측정

[그림 6-16]의 곡선 아래 부분의 면적을 S라고 하면, 이는 다수캐리어 전자와 재결합하지 않은 과잉 정공의 수에 비례한다. 만약 과잉 캐리어의 재결합 과정이 없다면 곡선 아래 부분의 면적 S에 변화가 없지만, 재결합이 발생하면 파형의 크기가 $e^{-t/\tau_{p0}}$

배만큼 추가로 더 감소하여 τ_{p0}가 작을수록 곡선 밑의 면적인 전체 개수도 급격히 줄어든다. 만약 t_1과 t_2 사이의 시간 차이가 크지 않다면 이 시간 동안에 $e^{-t/\tau_{p0}}$과 $(4\pi D_p t)^{1/2}$은 그다지 크게 변화하지 않는다고 볼 수 있고, 또한 식 (6.59)를 적용하면 다음과 같이 쓸 수 있다.

$$S = K\exp\left(\frac{-t_m}{\tau_{p0}}\right) = K\exp\left(\frac{-d}{\mu_p \mathcal{E}_0 \tau_{p0}}\right) \tag{6.65}$$

여기서 K는 상수이며, 전계를 변화시키면 곡선 밑의 면적이 변화함을 알 수 있다. 식 (6.65)의 양변에 로그를 취하면 다음과 같다.

$$\ln(S) = \ln(K) - \frac{d}{\mu_p \mathcal{E}_0 \tau_{p0}} \tag{6.66}$$

$\frac{d}{\mu_p \mathcal{E}_0}$의 함수로 $\ln(S)$를 그린 [그림 6-17]에서 보듯이, 그래프에서 직선의 기울기의 역수를 구하면 그 값이 τ_{p0}가 됨을 알 수 있다.

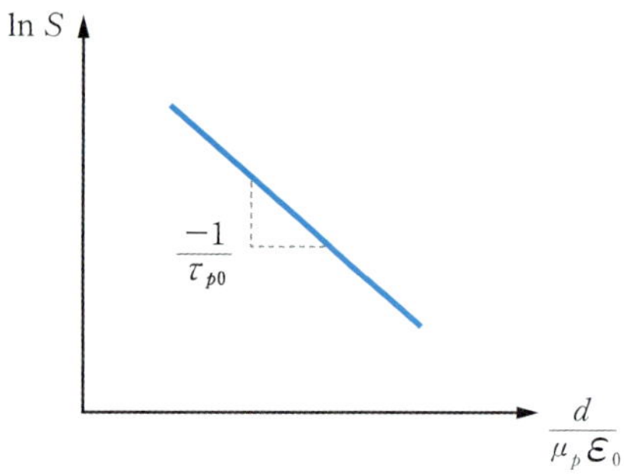

[그림 6-17] $\ln S$ 대 $\frac{d}{\mu_p \mathcal{E}_0}$의 함수 그래프

헤인즈-쇼클리 실험으로부터 구한 이동도 μ와 확산계수 D, 그리고 수명 τ는 모두 **소수캐리어에 대한 값**이다. 반면 5.4.2절에서 **홀**Hall **효과**로부터 구한 이동도 μ와 캐리어 농도는 **다수캐리어에 대한 값**이라는 점에서 차이가 있다.

Chapter 06 연습문제

6.1 전계를 가한 상태에서 p형 반도체 내에 과잉 정공 펄스와 과잉 전자 펄스가 생성되었을 때, [그림 6-7]과 같은 앰비폴러 전송 그림을 그려보라.

6.2 앰비폴러 전송방정식을 구하는 중간 과정인 과잉 캐리어 확산방정식을 구하려고 한다. 다음 물음에 답하라.

(a) 5장에서 다룬 [표 5-3]의 정공과 전자의 전류밀도는 다음과 같다. 이로부터 정공과 전자의 유속을 계산하라.

$$J_n = J_{n,drift} + J_{n,diff} = en\mu_n \mathcal{E}_x + eD_n \frac{dn}{dx}$$

$$J_p = J_{p,drift} + J_{p,diff} = ep\mu_p \mathcal{E}_x - eD_p \frac{dp}{dx}$$

(b) (a)에서 구한 유속을 식 (6.28)과 (6.29)에 대입하여, 다음과 같은 과잉 캐리어에 대한 시간의존 확산방정식을 유도하라(이 식들은 과잉농도 δn과 δp뿐만 아니라, 전체 농도인 n과 p를 함께 가지고 있음에 유의해야 한다).

$$D_p \frac{\partial^2(\delta p)}{\partial x^2} - \mu_p\left(\mathcal{E}\frac{\partial(\delta p)}{\partial x} + p\frac{\partial \mathcal{E}}{\partial x}\right) + g_p - \frac{p}{\tau_{pt}} = \frac{\partial(\delta p)}{\partial t}$$

$$D_n \frac{\partial^2(\delta n)}{\partial x^2} + \mu_n\left(\mathcal{E}\frac{\partial(\delta n)}{\partial x} + n\frac{\partial \mathcal{E}}{\partial x}\right) + g_n - \frac{n}{\tau_{nt}} = \frac{\partial(\delta n)}{\partial t}$$

6.3 [연습문제 **6.2**]의 두 식에 전하중성 조건 $\delta n \approx \delta p$를 적용하고, 두 식을 연립하여 $\frac{\partial \mathcal{E}}{\partial x}$ 항을 제거한 후, $g = g_n = g_p$와 $R = R_n = \frac{n}{\tau_{nt}} = R_p = \frac{p}{\tau_{pt}}$를 적용하면 다음과 같은 앰비폴러 전송방정식을 얻을 수 있다.

$$D' \frac{\partial^2(\delta n)}{\partial x^2} + \mu' \mathcal{E}\frac{\partial(\delta n)}{\partial x} + g - R = \frac{\partial(\delta n)}{\partial t}$$

여기서 D'은 앰비폴러 확산계수로 $D' = \dfrac{\mu_n n D_p + \mu_p p D_n}{\mu_n n + \mu_p p}$이고, μ'은 앰비폴러 이동도로 $\mu' = \dfrac{\mu_n \mu_p (p-n)}{\mu_n n + \mu_p p}$이다. $p_0 \gg n_0$인 p형 반도체인 경우에 대하여, 과잉 캐리어 농도가 열평형 다수캐리어 농도보다 아주 작아 $p_0 \gg \delta n$인 저준위 주입을 가정하고, 다음 물음에 답하라.

(a) $D' = \dfrac{\mu_n n D_p + \mu_p p D_n}{\mu_n n + \mu_p p} = D_n$이 됨을 보여라.

(b) $\mu' = \dfrac{\mu_n \mu_p (p-n)}{\mu_n n + \mu_p p} = \mu_n$이 됨을 보여라.

(c) $g - R = g' - \dfrac{\delta n}{\tau_{n0}}$이 됨을 보여라($g'$은 과잉 캐리어의 생성률). 결과적으로 과잉 소수캐리어인 전자에 대한 앰비폴러 전송방정식 (6.31)을 얻을 수 있다.

6.4 [그림 6-8]과 같이 전계가 인가되지 않은 상태에서, 단일 불순물로 도핑된 넓은 판의 균일 반도체에 $t=0$ 이전에 계속 일정한 세기의 빛을 쪼여주다가 $t=0$인 순간에 빛을 제거하였다. $t \geq 0$일 때의 과잉 캐리어 농도를 시간의 함수로 측정한 결과가 [그림 6-18]과 같다. $t=0$ 이전에 쪼여준 빛에 의해 생성된 과잉 캐리어의 농도가 다수캐리어 농도보다 아주 작다고 가정하고, 다음 물음에 답하라.

(a) $T = 300\,\mathrm{K}$에서 도펀트가 모두 이온화되었다고 할 때, 이 반도체의 도펀트는 도너인지 억셉터인지 판단하고, 농도를 구하라.

(b) 과잉 소수캐리어 변화가 그림과 같이 직선으로 변화하고, t축 절편이 45 ns라고 할 때, 소수캐리어의 수명을 구하라.

(c) $t=0$인 순간의 과잉 캐리어가 초깃값의 e^{-1}인 값으로 감소하기까지 소요되는 시간을 구하라.

(d) 전자와 정공의 재결합계수 a_r을 계산하라.

(e) 이 반도체가 GaAs라고 하면, 열평형상태에서 소수캐리어의 농도는 얼마인가? GaAs는 $T = 300\,\mathrm{K}$에서 $n_i = 1.8 \times 10^6\,\mathrm{cm}^{-3}$이다.

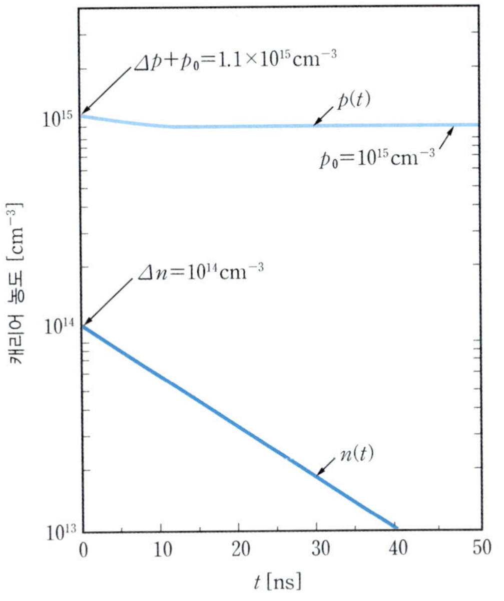

[그림 6-18] **캐리어 농도의 시간 변화를 그린 세미-로그 그래프**

6.5 $T=300\,\text{K}$에서 $N_a=5\times10^{16}\text{cm}^{-3}$으로 도핑된 p형 반도체에 대하여, [그림 6-9(a)]와 같이 $t=0$ 이전에는 어떠한 빛도 쬐어주지 않다가, $t=0$인 순간부터 일정한 세기의 빛을 일관되게 전체 샘플에 쬐어주었다. 저준위 주입을 가정하고 $\tau_{n0}=10^{-8}\text{sec}$, $g'=10^{21}\text{cm}^{-3}\text{sec}^{-1}$이라고 할 때, $t\geq0$일 때의 시간에 따른 과잉 캐리어 농도 변화를 계산하라.

6.6 $T=300\,\text{K}$이고 $N_a=5\times10^{16}\text{cm}^{-3}$으로 도핑된 p형 균일 반도체인 무한크기의 얇은 판이 $x-y$ 평면상에 놓여있다고 하자. [그림 6-10(a)]와 같이 $x=0$인 직선 부분에 일정한 세기의 빛을 지속적으로 쬐어줄 때, 반도체 판이 충분히 얇아서 이 평면상에 생성된 과잉 캐리어의 농도가 균일하게 생성되며, 저준위 주입 조건이 성립한다고 가정하자. 정상상태에 도달하였을 때 공간적인 과잉 캐리어 분포를 계산하라. $\tau_{n0}=10^{-8}\text{sec}$, $D_n=35\,\text{cm}^2/\text{sec}$, $\delta n(0)=10^{14}\text{cm}^{-3}$이라고 가정한다.

6.7 [그림 6-11(a)]와 같이 n형 균일 반도체인 얇은 판이 $x-y$ 평면상에 놓여있다. 전계는 인가하지 않고, 일정한 세기의 빛을 반도체 판 전체에 균일하게 쬐어주었을 때 저준위 주입 조건이 성립한다고 가정하자. 다음 물음에 답하라.

(a) $x=0$ 인 $y-z$ 평면상에(빗금 부분) 많은 결함이 존재하여 과잉 소수캐리어 정공의 수명이 $\tau'_p = 10^{-8}\,\mathrm{sec}$ 이고 그 밖의 지역에서는 $\tau_{p0} = 10^{-7}\,\mathrm{sec}$ 라고 정한다. 오랜 시간이 흘러 정상상태에 도달하였을 때 $x \to \infty$ 인 지점에서의 과잉 소수캐리어 정공의 농도는 $\delta p(\infty) = 10^{10}\,\mathrm{cm}^{-3}$, $D_p = 12\,\mathrm{cm}^2/\mathrm{sec}$ 라고 하면, 정상상태에서 거리 x 에 따른 과잉 정공의 분포를 구하라.

(b) $x=0$ 인 $y-z$ 평면상에 전혀 결함이 없어 과잉 소수캐리어 정공의 수명이 $\tau'_p = 10^{-7}\,\mathrm{sec}$ 일 때, 정상상태에서 거리 x 에 따른 과잉 정공의 분포를 구하라.

(c) $x=0$ 인 $y-z$ 평면상에 결함이 무한히 많아 과잉 소수캐리어 정공의 수명이 $\tau'_p = 0\,\mathrm{sec}$ 일 때, 정상상태에서 거리 x 에 따른 과잉 정공의 분포를 구하라.

6.8 [그림 6-13]의 헤인즈-쇼클리 실험으로부터 [그림 6-15]와 같은 출력응답 곡선을 얻었다. 이 곡선의 좌우 대칭성에 변화를 주면서 소수캐리어의 확산계수 D 와 수명 τ 를 구할 때, 부정확한 값을 가져오게 만드는 요인에는 어떤 것들이 있는지 기술하라.

6.9 [그림 6-15]에서 $\int_{t_1}^{t_m} V_0(t)dt$ 와 $\int_{t_m}^{t_2} V_0(t)dt$ 의 대소를 비교하라.

6.10 [그림 6-13]의 헤인즈-쇼클리 실험으로부터 [그림 6-14]와 같은 두 출력전압 파형을 관측하였다. 다음 물음에 답하라.

(a) $\mathcal{E}_1 = 10\,\mathrm{V/cm}$ 이고 $\mathcal{E}_2 = 5\,\mathrm{V/cm}$ 일 때, $t_{m1} = 5\,\mathrm{ms}$ 이다. t_{m2} 를 구하라.

(b) [그림 6-16]과 같은 과잉 캐리어 농도 그래프에서 피크치 Δp 의 e^{-1} 으로 값이 낮아진 두 지점 간의 거리가 Δx 이다. $\mathcal{E}_1 = 10\,\mathrm{V/cm}$ 일 때 $\Delta x = L_1$ 이라고 하면, $\mathcal{E}_2 = 5\,\mathrm{V/cm}$ 일 때의 Δx 를 L_1 으로 표기하라.

Chapter 07

pn 접합의 열평형 특성과 역방향 바이어스

지금까지는 p형 및 n형 반도체가 각각 독립적으로 존재하는 경우에, 열평형상태와 비평형상태로 나누어서 캐리어 농도 분포나 표동 및 확산 등의 캐리어 이동을 살펴보았다. 7장에서는 이 두 가지 형태의 반도체가 서로 접합을 이루는 경우에 pn 접합의 경계면에서 일어나는 현상을 다룬다. 서로 다른 페르미 에너지를 갖는 두 물질이 접합을 이루고 나서 열평형상태에 도달하게 되면, 접합 경계면에는 캐리어들이 공핍되는 현상이 발생한다. 이 공핍층에서의 전하밀도와 전계, 전위, 에너지의 분포를 살펴보는 것은 pn 접합으로 구성되는 많은 반도체 소자의 전기적 특성 해석에 기초가 된다.

먼저 열평형상태의 pn 접합을 해석하고, 그 다음 역방향 바이어스 전압을 인가한 경우 pn 접합 공핍층의 폭과 전하밀도, 전계, 전위, 에너지의 분포가 어떻게 변화하는지 살펴본다. 전자와 정공에 대한 의사-페르미 에너지의 분포 변화와 소수캐리어의 농도 분포를 살펴봄으로써 다음 장에서 pn 다이오드의 전기적 특성을 해석하기 위한 기초를 마련한다. 또한 공핍층에 형성된 접합 커패시턴스를 살펴봄으로써 pn 접합의 주파수 특성을 이해하고, 마지막으로 한 쪽이 과도하게 도핑된 일방형 pn 접합의 특성을 이해하도록 한다.

7.1 pn 접합의 형성과 열평형 과정

7.1.1 p형 및 n형 접합 내부 입자들과 농도 분포

p형 실리콘 반도체 속에는 어떤 입자들이 있을까?

B(붕소) 원자를 농도 N_a만큼 균일하게 도핑한 p형 실리콘 반도체가 $T = 300\,\text{K}$에서 열평형상태에 있다고 하자. 불순물의 농도 N_a는 진성 캐리어 농도 n_i보다 매우 크다고 가정한다. 열평형상태에서 다수캐리어인 정공의 농도 p_0는 ❶ 억셉터 원자가 이온화되면서 제공한(즉 가전자대역의 전자가 억셉터 준위로 올라가면서 형성된) 정공(외인성)과 ❷ 가전자대역의 전자가 열에너지를 얻어 전도대역으로 올라가면서 형성된 정공(진

성)의 합으로 구성된다. $T = 300\,\text{K}$에서 억셉터 중성원자 B(붕소)는 모두 이온화되어 억셉터 이온 B^-와 정공 h^+로 분리되었다고 볼 수 있고, 이렇게 완전이온화된 경우 정공의 농도 p_0는 식 (4.88)에서 $p_0 = \frac{N_a}{2} + \sqrt{\left(\frac{N_a}{2}\right)^2 + n_i^2}$이 된다. 따라서 억셉터 농도가 $N_a \gg n_i$라고 가정하면

$$p_0 = \frac{N_a}{2} + \left(\frac{N_a}{2}\right)\sqrt{1 + \left(\frac{2n_i}{N_a}\right)^2} \approx \frac{N_a}{2} + \left(\frac{N_a}{2}\right)\left\{1 + \frac{1}{2}\left(\frac{2n_i}{N_a}\right)^2\right\},$$

즉

$$p_0 \approx N_a + \frac{n_i^2}{N_a} \tag{7.1}$$

이 된다. $N_a \gg n_i$이므로 소수캐리어인 전자의 농도는 다음과 같다.

$$n_0 = \frac{n_i^2}{p_0} = \frac{n_i^2}{N_a + \frac{n_i^2}{N_a}} \approx \frac{n_i^2}{N_a} \tag{7.2}$$

따라서 정공농도 $p_0 \approx N_a + \frac{n_i^2}{N_a}$은 첫째 항인 ❶ 억셉터원자가 완전이온화되면서 제공한 정공농도인 N_a(**외인성 억셉터정공**)와, 둘째 항인 ❷ 가전자대역에서 전도대역으로 올라간 전자와 동시에 생성된 정공농도인 $\frac{n_i^2}{N_a}$(**진성 열정공**)의 합으로 구성됨을 알 수 있다.

이러한 내용을 [그림 7-1(a)]에 나타내었다. [그림 7-1(b)]는 이러한 p형 실리콘 반도체를 도식화한 것으로, 배경으로 꽉 차 있는 실리콘 원자들(5.00×10^{22}원자/cm^3)은 생략하고 억셉터와 정공을 중심으로 도식하였다. 그림에서 소수캐리어인 자유전자는 $N_a \gg n_i$로, $N_a \gg \frac{n_i^2}{N_a}$이 되어 수가 작아지므로 생략하였고, 전자와 동시에 쌍으로 생성된 열정공도 억셉터 정공농도 수보다 매우 작으므로 생략하였다. 또한 이 그림에서 억셉터 이온과 정공을 1:1로 짝을 지어 표시하였는데, 이는 억셉터 이온과 정공이 이온화가 되지 않았음을 의미하는 게 아니다. $T = 300\,\text{K}$이므로 완전이온화가 되었다고 볼 수 있으나, 단지 (−) 전하량의 억셉터 이온과 (+) 전하량의 정공이 짝을 이뤄 전하량이 중성을 이루고 있음을 강조해서 나타낸 것이다. 정공농도는 $p_0 = N_a + \frac{n_i^2}{N_a} \approx N_a$이므로 그림에서 N_a만큼 그린 정공 수가 $T = 300\,\text{K}$에서의 p형 반도체의 정공 수와 같다고 봐도 무방하다.

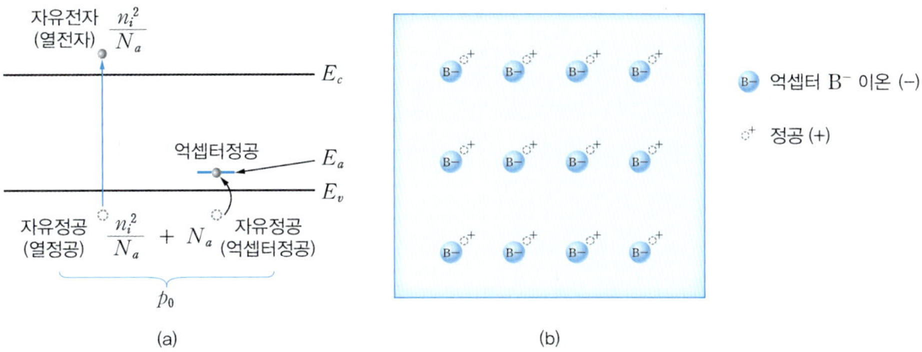

[그림 7-1] (a) $T = 300\,\mathrm{K}$에 있는 p형 실리콘 반도체에서 자유전자 및 자유정공의 농도와 (b) 이를 도식화한 그림

n형 실리콘 반도체 속에는 어떤 입자들이 있을까?

동일한 방법으로 P(인) 원자를 농도 N_d만큼 균일하게 도핑한 n형 실리콘 반도체가 $T = 300\,\mathrm{K}$에서 열평형상태에 있다고 할 때, 불순물의 농도 N_d가 진성 캐리어 농도 n_i보다 매우 크다고 가정하고 캐리어 농도를 구해보자. 열평형상태에서 다수캐리어인 전자의 농도 n_0는 ❶ 도너원자가 이온화되면서 제공한 전자(외인성)와 ❷ 가전자대역의 전자가 열에너지를 얻어 전도대역으로 올라가면서 형성된 전자(진성)의 합으로 구성된다. $T = 300\,\mathrm{K}$에서 도너 중성원자 P(인)는 모두 이온화되어 도너 이온 P^+와 전자 e^-로 분리되었다고 볼 수 있다. 이렇게 완전이온화된 경우 전자의 농도 n_0는 식 (4.80)에서 $n_0 = \frac{N_d}{2} + \sqrt{\left(\frac{N_d}{2}\right)^2 + n_i^2}$ 이고, 도너 농도가 $N_d \gg n_i$이므로

$$n_0 = \frac{N_d}{2} + \left(\frac{N_d}{2}\right)\sqrt{1 + \left(\frac{2n_i}{N_d}\right)^2} \approx \frac{N_d}{2} + \left(\frac{N_d}{2}\right)\left\{1 + \frac{1}{2}\left(\frac{2n_i}{N_d}\right)^2\right\},$$

즉

$$n_0 \approx N_d + \frac{n_i^2}{N_d} \tag{7.3}$$

이 된다. $N_d \gg n_i$이므로 소수캐리어인 정공의 농도는 다음과 같다.

$$p_0 = \frac{n_i^2}{n_0} = \frac{n_i^2}{N_d + \frac{n_i^2}{N_d}} \approx \frac{n_i^2}{N_d} \tag{7.4}$$

따라서 전자농도 $n_0 \approx N_d + \frac{n_i^2}{N_d}$은 첫째 항인 ❶ 도너원자가 완전이온화되면서 제공한 전자농도인 N_d(**외인성 도너전자**)와, 둘째 항인 ❷ 가전자대역에서 전도대역으로 올라간 전자농도인 $\frac{n_i^2}{N_d}$(**진성 열전자**)의 합으로 구성됨을 알 수 있다.

이러한 내용을 [그림 7-2(a)]에 나타내었다. [그림 7-2(b)]는 이러한 n형 실리콘 반도체를 도식화한 것으로, [그림 7-1(b)]에서와 마찬가지로 배경으로 꽉 차 있는 실리콘 원자들은 생략하고 도너와 전자를 중심으로 도식하였다. 그림에서 소수캐리어인 자유정공은 $N_d \gg n_i$로, $N_d \gg \frac{n_i^2}{N_d}$이 되어 수가 작아지므로 생략하였고, 정공과 동시에 쌍으로 생성된 전자도 도너 농도 수보다 매우 작으므로 생략하였다. 또한 이 그림에서 도너 이온과 전자를 1:1로 짝을 지어 표시하였는데, 마찬가지로 이는 도너 이온과 전자가 이온화가 되지 않았음을 의미하는 게 아니라, $T = 300\,\text{K}$이므로 완전이온화가 되었다고 볼 수 있으나 단지 (+) 전하량의 도너 이온과 (−) 전하량의 전자가 짝을 이뤄 전하량이 중성을 이루고 있음을 강조한 것이다. 전자농도는 $n_0 = N_d + \frac{n_i^2}{N_d} \approx N_d$이므로 그림에서 N_d만큼 그린 전자 수가 $T = 300\,\text{K}$에서의 n형 반도체의 전도대역에 있는 전자 수와 같다고 봐도 무방하다.

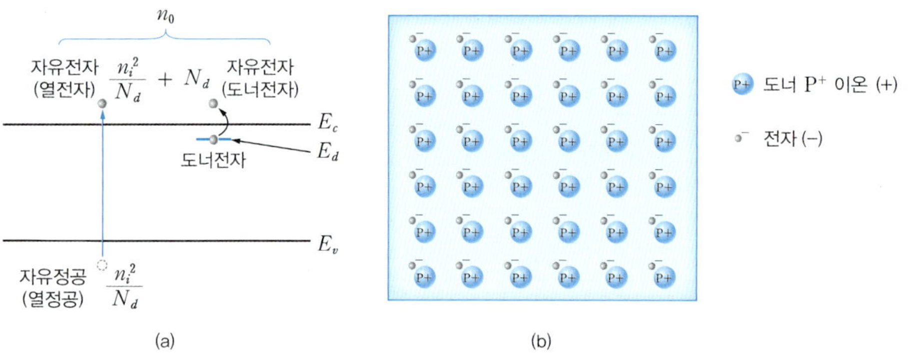

[그림 7-2] (a) $T = 300\,\text{K}$에 있는 n형 실리콘 반도체에서 자유전자 및 자유정공의 농도와 (b) 이를 도식화한 그림

p형과 n형 실리콘 반도체를 접촉시킨 순간, 도펀트 농도와 캐리어 농도 분포를 비교하면 어떻게 다를까?

이제 앞에서 언급한 p형 실리콘 반도체와 n형 실리콘 반도체를 서로 접촉시키는 경우를 생각해보자. [그림 7-3]은 이를 도식화한 것이다. p 영역과 n 영역이 접촉한 경계면을 **금속학적 접합**metallurgical junction이라고 부른다. 편의상 도핑농도는 각 영역 내에서

균일 도핑uniform doping이고, 접합부에서는 도핑이 가파르게 변화하는 **계단접합**step junction이며, 억셉터인 B(붕소) 농도보다 도너인 P(인) 농도를 훨씬 크게 도핑했다고 가정하자. $T = 300\,\text{K}$인 경우 억셉터 및 도너의 농도가 각각 $N_a = 1.5 \times 10^{16}\,\text{cm}^{-3}$과 $N_d = 1.5 \times 10^{17}\,\text{cm}^{-3}$이라고 가정하면, 진성 캐리어 농도 $n_i = 1.5 \times 10^{10}\,\text{cm}^{-3}$이므로 [표 7-1]과 같이 캐리어 농도를 정리할 수 있다.

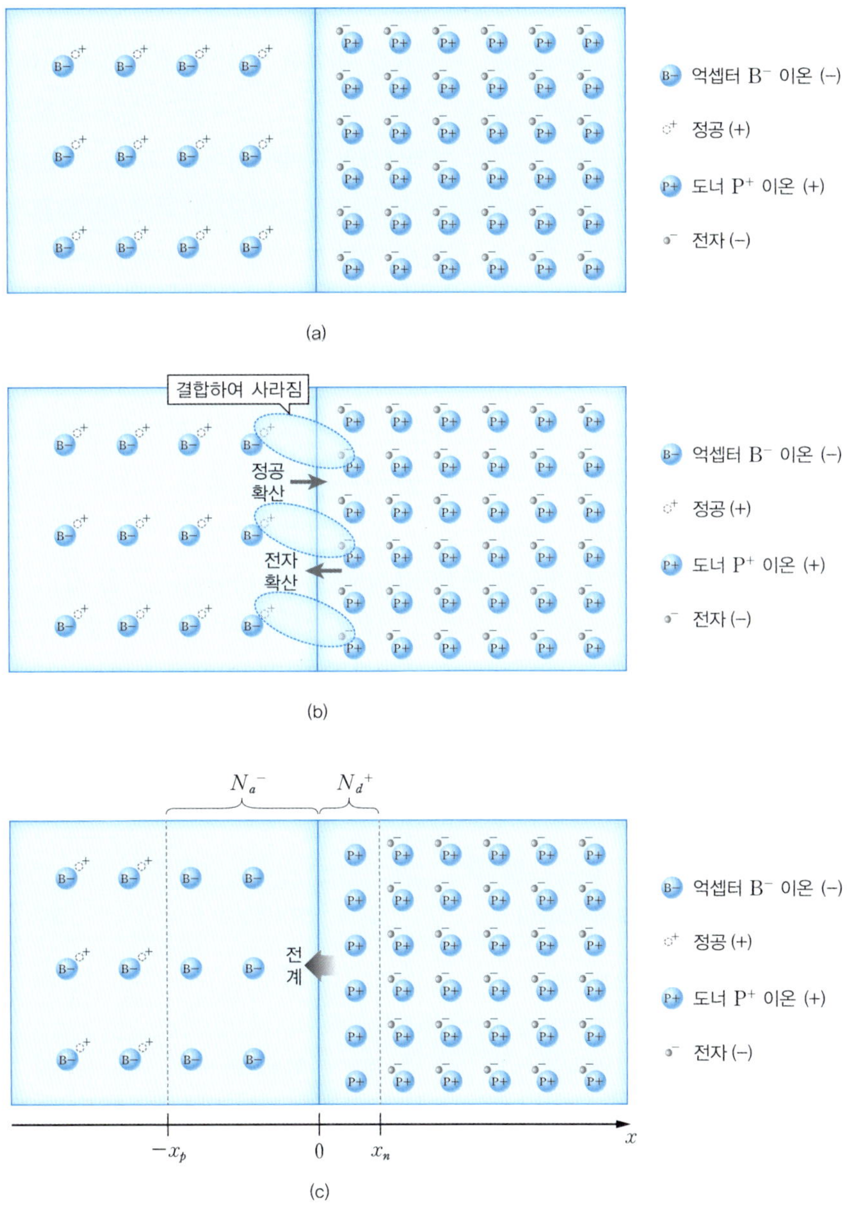

[그림 7-3] p형 실리콘과 n형 실리콘 반도체를 (a) 접촉한 순간, (b) 과도기 과정, (c) 열평형상태에서의 모습

[표 7-1] p형 실리콘과 n형 실리콘 내 캐리어 농도

	p형 실리콘 ($N_a = 1.5 \times 10^{16}\,\text{cm}^{-3}$)		n형 실리콘 ($N_d = 1.5 \times 10^{17}\,\text{cm}^{-3}$)	
정공농도 p_0	N_a	$1.5 \times 10^{16}\,\text{cm}^{-3}$	$\frac{n_i^2}{N_d}$	$1.5 \times 10^{3}\,\text{cm}^{-3}$
전자농도 n_0	$\frac{n_i^2}{N_a}$	$1.5 \times 10^{4}\,\text{cm}^{-3}$	N_d	$1.5 \times 10^{17}\,\text{cm}^{-3}$

[그림 7-3(a)]는 p형 실리콘과 n형 실리콘 반도체를 접촉한 순간의 초기 모습이다. $T = 300\,\text{K}$일 때 열평형상태에서 완전이온화를 가정할 수 있고, 불순물의 농도가 진성 캐리어 농도보다 매우 크므로 그림과 같이 각 영역에서의 다수캐리어와 도펀트 이온을 그릴 수 있다. p형 반도체의 경우에는 다수캐리어인 정공(+ 전하량)과 함께 이 정공과 전하중성을 이루는 억셉터 이온(− 전하량)을 그렸고, n형 반도체의 경우에는 다수캐리어인 전자(− 전하량)와 함께 이 전자와 전하중성을 이루는 도너 이온(+ 전하량)을 그려볼 수 있다. 배경으로 꽉 차 있는 실리콘 원자들과 소수캐리어들은 생략하였다.

[표 7-2]는 pn 접합 내에 존재하는 각각의 입자들에 대해, 이동성이 있는지 고정되어 있는지 여부, 그림에 표시하였는지 여부, 입자의 종류와 전하량의 종류, 입자농도, 농도의 대소 여부 등을 요약한 것이다. [그림 7-3]의 p 영역에서 억셉터 이온과 정공을 1:1로 인접하여 그렸으나, 사실 두 입자는 완전이온화되었으며 억셉터 이온은 붙박이로 고정되어 있는 반면 정공은 자유롭게 이동하고 있음을 유의해야 한다. 마찬가지로 n 영역에서도 도너 이온과 전자를 1:1로 인접하여 그렸으나, 두 입자는 완전이온화되었으며 도너 이온은 고정되어 있는 반면 전자는 자유롭게 이동하고 있다.

[표 7-2] pn 접합 내에 존재하는 여러 입자들의 이동성 여부와 입자농도 비교

구분	이동 여부	그림 표시	p형 영역			n형 영역		
다수캐리어	이동	**표시**	**정공(외인성) (+)**	N_a	**많다**	**전자(외인성) (−)**	N_d	**많다**
		생략	정공(진성) (+)	$\frac{n_i^2}{N_a}$	적다	전자(진성) (−)	$\frac{n_i^2}{N_d}$	적다
소수캐리어	이동	생략	전자(진성) (−)	$\frac{n_i^2}{N_a}$	적다	정공(진성) (+)	$\frac{n_i^2}{N_d}$	적다
도펀트	고정	**표시**	**억셉터 이온 (−)**	N_a	**많다**	**도너 이온 (+)**	N_d	**많다**
배경	고정	생략	실리콘	많다		실리콘	많다	

예제 7-1

$T = 300\,\text{K}$인 경우 억셉터 및 도너의 농도가 각각 $N_a = 10^{16}\,\text{cm}^{-3}$과 $N_d = 10^{17}\,\text{cm}^{-3}$인 실리콘 pn 접합을 구성하였다. 진성 캐리어 농도는 $n_i = 1.5 \times 10^{10}\,\text{cm}^{-3}$이다. [표 7-2]와 같은 표 안에 '많다', '적다'라는 문자 대신, 해당 칸에 적절한 농도를 수로 기입하라.

풀이

[표 7-2]에 농도를 수로 기입하면, pn 접합 내에 존재하는 여러 입자들의 농도는 다음과 같다.

구분	이동 여부	그림 표시	p형 영역			n형 영역		
다수 캐리어	이동	표시	**정공(외인성) (+)**	N_a	$10^{16}\,\text{cm}^{-3}$	**전자(외인성) (−)**	N_d	$10^{17}\,\text{cm}^{-3}$
		생략	정공(진성) (+)	$\frac{n_i^2}{N_a}$	$2.25 \times 10^{4}\,\text{cm}^{-3}$	전자(진성) (−)	$\frac{n_i^2}{N_d}$	$2.25 \times 10^{3}\,\text{cm}^{-3}$
소수 캐리어	이동	생략	전자(진성) (−)	$\frac{n_i^2}{N_a}$	$2.25 \times 10^{4}\,\text{cm}^{-3}$	정공(진성) (+)	$\frac{n_i^2}{N_d}$	$2.25 \times 10^{3}\,\text{cm}^{-3}$
도펀트	고정	표시	**억셉터 이온 (−)**	N_a	$10^{16}\,\text{cm}^{-3}$	**도너 이온 (+)**	N_d	$10^{17}\,\text{cm}^{-3}$
배경	고정	생략	실리콘	$5.00 \times 10^{22}\,\text{cm}^{-3}$		실리콘	$5.00 \times 10^{22}\,\text{cm}^{-3}$	

7.1.2 pn 접합 내 공핍층 형성과 에너지밴드의 변화

p형과 n형 실리콘 반도체를 접합시킨 직후, 어떤 캐리어 흐름이 일어날까?

p형 실리콘과 n형 실리콘 반도체가 접촉한 후의 [그림 7-3(a)]의 상황은, 왼쪽 p형에는 정공이 매우 많고 오른쪽 n형에는 정공이 매우 적게 존재하는 상태이다. 따라서 접합부에서 정공의 농도 변화가 급격하여 큰 농도 기울기가 생긴다. 이러한 큰 농도 기울기로 인해 정공이 왼쪽에서 오른쪽으로 확산하게 된다. 동시에 전자는 왼쪽 p형에는 매우 적고 오른쪽 n형에는 매우 많은 상태이므로, 오른쪽에서 왼쪽으로 확산하게 된다. 이렇게 서로 반대 방향으로 확산되는 정공과 전자는 접합 부위에서 함께 만나면 1:1로 재결합하여 사라진다. 이렇게 확산과 재결합이 계속된다면, 정공과 전자가 접합부에서 재결합하면서 반도체 내의 캐리어들이 모두 사라져버릴 것이다. 그러나 이러한 상황까지는 도달하지 않고, 그 전에 확산이 멈추면서 평형상태에 다다르게 된다.

[그림 7-3(b)]와 같이 정공과 전자가 서로 반대 방향의 확산을 시작하면서 접합부에서 재결합하여 사라지면, 왼쪽 p형에서 정공과 전하중성을 이루던 억셉터 이온 B^-가 드러난다. 동시에 오른쪽 n형에서는 전자와 전하중성을 이루던 도너 이온 P^+가 드러난다. 접합부의 왼쪽에 (−) 전하량인 억셉터 이온과 접합부의 오른쪽에 (+) 전하량인 도너 이온이 공간에 드러나면, 오른쪽에서 왼쪽으로 [그림 7-3(c)]와 같이 접합부에 전계가 형성된다. 이렇게 드러난 공간전하에 의해 형성된 전계가 더 이상의 확산을 멈추고 평형상태에 도달하게 만든다. 결국 열평형상태에 도달하면, [그림 7-3(c)]와 같이 $x=-x_p$인 지점에서 정공의 농도 기울기에 의한 오른쪽으로의 **확산력**과, 공간전하 때문에 형성된 전계의 방향인 왼쪽으로 이동하려는 **전계력**이 정확히 같아져 균형을 이루게 된다. 또한 $x=x_n$인 지점에서는 전자의 농도 기울기에 의한 왼쪽으로의 확산력과, 공간전하 때문에 형성된 전계의 반대 방향인 오른쪽으로 이동하려는 전계력이 정확히 같아져 균형을 이루게 된다. 즉 확산에 의한 캐리어의 흐름과, 공간전하가 유발한 전계에 의해 이동하는 캐리어의 흐름이 같아지는 평형상태가 되는 것이다.

[그림 7-3(c)]는 다음과 같이 전하량 분포에 따라 4가지 영역으로 나눌 수 있다.

- $\boldsymbol{x \le -x_p}$**(중성영역)** : 억셉터 이온 농도와 정공의 농도가 같은 영역
- $\boldsymbol{-x_p < x \le 0}$**(공핍영역)** : (−) 전하량을 가진 **억셉터 이온**이 농도 N_a^-로 드러난 영역
- $\boldsymbol{0 < x \le x_n}$**(공핍영역)** : (+) 전하량을 가진 **도너 이온**이 농도 N_d^+로 드러난 영역
- $\boldsymbol{x_n < x}$**(중성영역)** : 도너 이온 농도와 전자의 농도가 같은 영역

이러한 전하량의 분포를 알고 있으면 이로부터 전계 분포, 전위 분포, 에너지 분포를 계산할 수 있다. $-x_p < x \le x_n$인 영역은 전하를 운반하는 캐리어인 정공과 전자가 고갈된 영역이므로 **공핍영역**depletion region이라고 부른다. 또한 이 영역은 공간에 순전하량이 드러난 영역이라 **공간전하영역**space charge region이라고도 부르며, 혹은 이 영역에서 과도현상이 일어나고 있으므로 **과도영역**transition region이라고도 부른다.

pn 접합을 형성하면 전도대역과 가전자대역 에너지는 왜 수평이 되지 않을까?

[그림 7-4(a)]는 p형 실리콘과 n형 실리콘 반도체를 접촉하기 전 각각 독립된 상태에서의 에너지밴드 다이어그램과 캐리어농도 분포를 나타낸 것이고, [그림 7-4(b)]는 p

형 실리콘과 n형 실리콘 반도체를 접촉한 후 열평형상태에 도달하였을 때의 에너지밴드 다이어그램과 캐리어농도 분포를 개략적으로 나타낸 그림이다. 접촉하기 전의 p형에서 다수캐리어인 정공의 농도는 $p_0 = N_v \exp\left[-\frac{E_{F1} - E_v}{kT}\right]$이고, n형에서 다수캐리어인 전자의 농도는 $n_0 = N_c \exp\left[-\frac{E_c - E_{F2}}{kT}\right]$이다. 그림에서 p형의 $E_{F1} - E_v$가 n형의 $E_c - E_{F2}$보다 크므로 p형의 정공농도가 n형의 전자농도보다 작은 것을 알 수 있고, 따라서 p형의 억셉터 도핑이 n형의 도너 도핑보다 낮게 되었음을 알 수 있다. 즉 앞의 [표 7-1]의 상황과 같다고 생각할 수 있다. $n_0 p_0 = n_i^2$이므로, 다수캐리어의 농도가 크면 상대적으로 소수캐리어의 농도는 작다. 이러한 특성을 [그림 7-4(a)]의 캐리어농도 분포 개략도에서 살펴볼 수 있다.

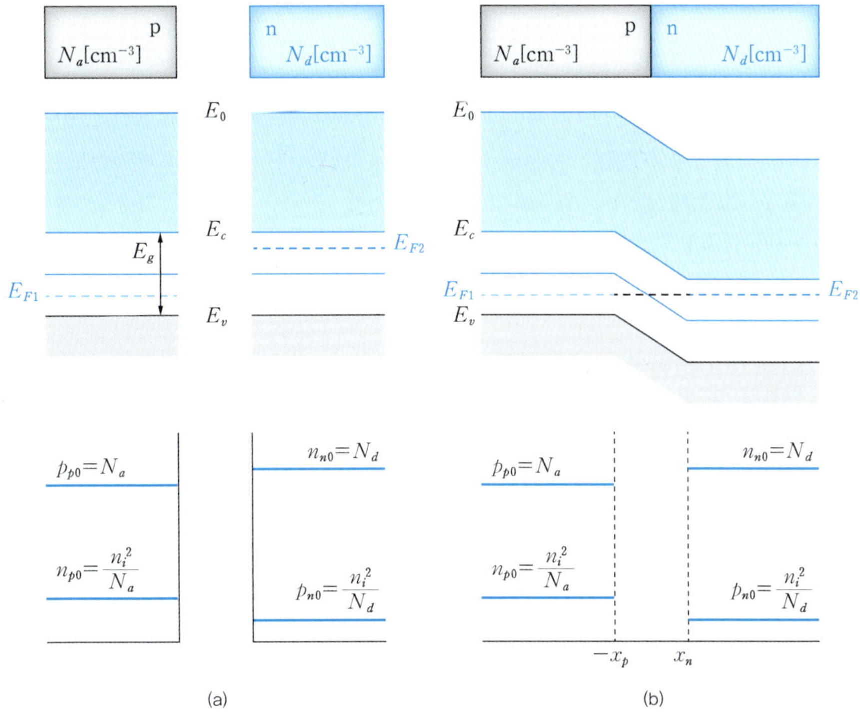

[그림 7-4] p형과 n형 반도체를 (a) 접촉하기 전 각각 독립된 상태와 (b) 접촉한 후 열평형상태에 도달하였을 때의 에너지 밴드 다이어그램과 캐리어농도 분포 개략도

p형 실리콘과 n형 실리콘 반도체를 접촉한 후 열평형상태에 도달하면, 식 (4.91)과 같이 전체 시스템에 걸쳐서 페르미 에너지 준위는 일정한 값을 가져야 한다. 페르미 에너지 준위란 $T = 0\mathrm{K}$에서 전자로 채워진 마지막 최고 에너지 준위라는 의미이고, $T > 0\mathrm{K}$에서는 전자가 점유할 확률이 $\frac{1}{2}$인 준위를 뜻한다. 만약 이 페르미 준위가 위치에 따라 다르다고 하면, 캐리어들이 더 낮은 에너지 준위로 이동하는 흐름이 계속 발생하게 된다.

열평형상태에 다다르면 더 이상의 순캐리어의 흐름이 없으므로, 이때 **페르미 준위는 전체 시스템에 걸쳐 일정**하게 된다. 즉 접촉 전에 각각 페르미 에너지 준위가 E_{F1}과 E_{F2}로 서로 달랐던 것이, 접촉 후에는 $E_{F1} = E_{F2}$로 균일한 값을 가져야 한다. 따라서 p형 반도체와 n형 반도체의 진공 준위 E_0와 E_c, 그리고 E_v가, 접촉 전에는 상대적인 높이가 동일하였으나 접촉 후에는 페르미 준위를 같게 하기 위해 달라질 수밖에 없다. 페르미 에너지에 대한 전도대역 및 가전자대역의 상대적 위치가 p 영역과 n 영역 간에 서로 다르기 때문에, 전도대역 및 가전자대역 에너지는 공핍층을 지나면서 휘어지게 되는 것이다. 따라서 진공 준위 E_0와 E_c, 그리고 E_v가 모두 접촉 경계 부근에서 [그림 7-4(b)]처럼 휘게 된다. 위치에 따른 에너지 곡선의 정확한 모양은 체적전하밀도 $\rho(x)$의 분포로부터 계산할 수 있다.

예제 7-2

억셉터 및 도너의 농도가 각각 $N_a = 10^{17}\text{cm}^{-3}$과 $N_d = 10^{16}\text{cm}^{-3}$인 pn 접합을 구성하였다. 이때 $T = 300\text{K}$이다. 열평형상태에서 이 pn 접합의 에너지밴드 다이어그램과 전자농도 및 정공농도를 [그림 7-4(b)]와 같이 그렸다고 가정하자. 이때 그림에서 잘못된 부분을 설명하고, 바르게 수정하여 개형을 그려라.

풀이

① p 영역의 다수캐리어 정공의 농도가 $p_{p0} = 10^{17}\text{cm}^{-3}$이고, 소수캐리어 전자의 농도가 $n_{p0} = 2.25 \times 10^3\text{cm}^{-3}$이다. n 영역의 다수캐리어 전자의 농도가 $n_{n0} = 10^{16}\text{cm}^{-3}$이고, 소수캐리어 정공의 농도가 $p_{n0} = 2.25 \times 10^4\text{cm}^{-3}$이다. 따라서 다수캐리어는 p 영역의 정공농도가 n 영역의 전자농도보다 더 올라가도록 그리고, 반대로 소수캐리어는 p 영역의 전자농도가 n 영역의 정공농도보다 더 내려가도록 그려야 한다.

② p 영역의 다수캐리어 정공의 농도가 n 영역의 다수캐리어 전자의 농도보다 크므로, 페르미 에너지 E_F가 n 영역의 전도대역보다는 p 영역의 가전자대역에 더 가깝게 위치하도록 그려야 한다.

③ 공핍층은 저농도 영역으로 더 깊게 형성되므로, p 영역의 공핍층 폭 x_p를 n 영역의 공핍층 폭 x_n보다 더 좁게 그려야 한다.

④ 공핍층에서 에너지밴드 그림이 직선으로 형성되지 않고, 포물선 형태의 그림이 된다. p 영역에서는 위로 볼록인 포물선이 되고, n 영역에서는 아래로 볼록인 포물선이 된다. 또한 p 영역에서의 포물선 곡률이 n 영역에서의 포물선 곡률보다 더 크다.

이러한 사항들은 7.2절에서 자세히 다룬다.

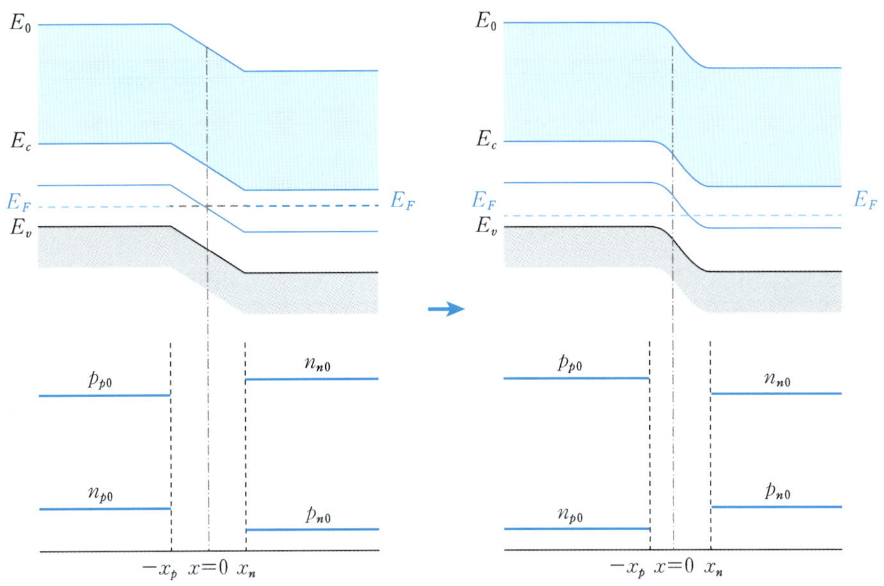

7.2 제로 바이어스 상태의 pn 접합 에너지밴드 다이어그램

열평형상태에 있는 pn 접합 구조에, 외부에서 전계를 인가하지 않아 어떠한 전류도 흐르지 않는 제로 바이어스 상태에서, 공핍층에 생성된 계단접합 특성의 전하량 분포로부터 공핍 층에서의 공간전하, 전계 및 전위 등을 구할 수 있다.

7.2.1 pn 접합 내부의 체적전하밀도 분포

평형상태의 pn 접합에서 체적전하밀도 $\rho(x)$의 분포는 어떻게 변화할까?

열평형상태의 에너지밴드 다이어그램을 그리기 위해서, 거리에 따른 체적전하밀도 $\rho(x)$의 분포를 구해보자. 반도체 내에서 전하량을 가진 입자는 정공, 전자, 억셉터 이온, 도너 이온의 네 종류가 존재한다. 이들의 특성을 정리하면 다음과 같다.

[표 7-3] 반도체 내에서 전하량을 가진 입자의 종류와 이동성 여부

	농도 표기	전하량	이동성 여부
정공	p_0	(+) 전하량	이동 가능
전자	n_0	(−) 전하량	이동 가능
억셉터 이온	N_a^-	(−) 전하량	고정(이동 불가능)
도너 이온	N_d^+	(+) 전하량	고정(이동 불가능)

[표 7-3]을 참조하여 체적전하밀도 $\rho(x)$는 일반적으로 다음과 같이 쓸 수 있다.

$$\rho(x) = e\left\{p_0(x) + N_d^+(x) - n_0(x) - N_a^-(x)\right\} \tag{7.5}$$

[그림 7-3(c)]에서와 같이 pn 접합을 네 영역으로 나누어, 각 영역에 대하여 체적전하밀도를 구해보면 [표 7-4]와 같다.

[표 7-4] pn 접합을 전하분포에 따라 나눈 네 영역에서의 체적전하밀도 단위 : [C/cm³]

	$x \le -x_p$	$-x_p < x \le 0$	$0 < x \le x_n$	$x_n < x$
(+) 전하밀도	ep_0	–	eN_d^+	eN_d^+
(−) 전하밀도	$-eN_a^-$	$-eN_a^-$	–	$-en_0$
순전하량	중성	(−) 전하량	(+) 전하량	중성

$T = 300\,\text{K}$의 상온에서는 완전이온화를 가정할 수 있어, p 영역에서 $N_a^- = N_a$이고 n 영역에서 $N_d^+ = N_d$가 된다. 이를 이용하여 [표 7-4]의 결과를 가지고, 체적전하밀도 $\rho(x)$의 그래프를 그리면 [그림 7-5]와 같다.

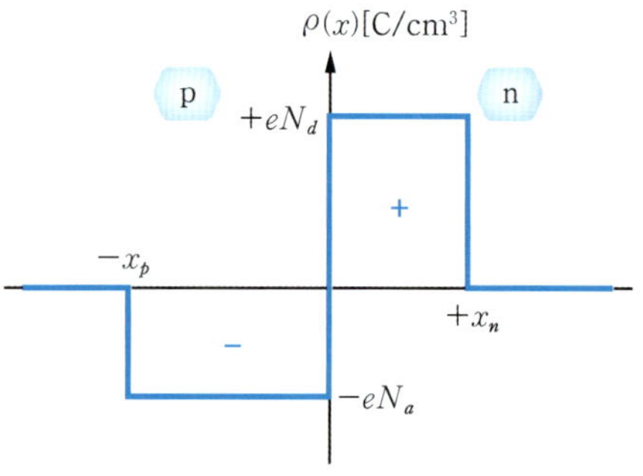

[그림 7-5] pn 접합에서 공핍층 부근의 체적전하밀도 $\rho(x)$의 분포

[그림 7-5]는 일정한 도핑 및 계단접합 근사를 가정한 pn 접합 내의 체적전하밀도

분포를 보여준다. 실제는 공핍층의 가장자리인 $x=-x_p$와 $x=x_n$에서 전하밀도의 과도기적 변화가 존재하지만, 계산의 편의를 위해 공핍층이 급격한 변화를 하는 것으로 가정하였다.

접합 부근에서 정공과 전자는 1:1로 재결합하므로, 공간적으로 드러난 n 영역의 총 (+) 전하량과 p 영역의 총 (−) 전하량은 크기가 같아야만 한다. 샘플의 단면적을 A라고 하면, 이러한 전하량 등가 조건은 $|eN_d \times Ax_n| = |-eN_a \times Ax_p|$를 의미하고, 결국 다음 식이 성립한다.

$$N_d x_n = N_a x_p \tag{7.6}$$

이는 [그림 7-5]에서 왼쪽 p 영역 (−) 사각형의 면적과 오른쪽 n 영역 (+) 사각형의 면적이 같아야 함을 의미한다. 또는 p 영역 내에서의 단위면적당 음전하의 수인 $\dfrac{N_a \times Ax_p}{A} = N_a x_p$가, n 영역에서의 단위면적당 양전하의 수인 $\dfrac{N_d \times Ax_n}{A} = N_d x_n$과 같음을 의미한다. [그림 7-5]의 그래프를 영역별로 정리하면 [표 7-5]와 같다.

[표 7-5] pn 접합에서 체적전하밀도 $\rho(x)$의 값 단위 : [C/cm^3]

	$x \le -x_p$	$-x_p < x \le 0$	$0 < x \le x_n$	$x_n < x$
체적전하밀도 $\rho(x)$	0	$-eN_a^- = -eN_a$	$eN_d^+ = eN_d$	0

7.2.2 pn 접합 내부의 전계 분포

평형상태의 pn 접합에서 전계 $\mathcal{E}(x)$의 분포는 어떻게 변화할까?

전속밀도 $\vec{D}$를 알면 $\vec{D} = \epsilon \vec{\mathcal{E}}$ 로부터 전계의 세기 $\vec{\mathcal{E}}$를 구할 수 있다. 이 전속밀도 $\vec{D}$는, 단위부피당 전하량인 체적전하밀도 $\rho(x)$를 알 때, 가우스 법칙인 “전속밀도 $\vec{D}$의 발산이 체적전하밀도와 같다”는 식 $\nabla \cdot \vec{D} = \rho$ 로부터 계산할 수 있다. 이에 따라 먼저 $D(x)$를 구해보자.

1차원인 경우 가우스 법칙은 $\dfrac{dD(x)}{dx} = \rho(x)$가 되고, $D(x)$는 다음과 같다.

$$D(x) = \int \rho(x)dx \tag{7.7}$$

따라서 [그림 7-5]에서 구한 $\rho(x)$를 이 식에 대입하고, 편의상 $x=-x_p$에서 $D(x)=0$이라고 하면, 다음과 같이 공핍층에서 전속밀도 $D(x)$의 값을 계산할 수 있다.

$-x_p < x \le 0$ 영역에서 $D(x)$ 계산

식 (7.7)을 적용하면 $D(x)$는 다음과 같이 나타낼 수 있다.

$$D(x) = -\int eN_a\,dx = -eN_a x + C \tag{7.8}$$

여기서 C는 적분상수이다. 적분상수는 경계조건인 $x=-x_p$에서 $D(x=-x_p)=0$을 적용하여 구할 수 있다. $D(x=-x_p)=0$을 식 (7.8)에 대입하면 $0=eN_a x_p + C$, 즉 $C=-eN_a x_p$가 되고, 따라서

$$D(x) = -eN_a x + C = -eN_a x - eN_a x_p = -eN_a(x+x_p) \tag{7.9}$$

가 된다. $x=0$에서 식 (7.9)는

$$D(x=0) = -eN_a x_p \tag{7.10}$$

가 되며, 이 값은 연속되는 $0 < x \le x_n$ 영역의 경계조건이 된다.

$0 < x \le x_n$ 영역에서 $D(x)$ 계산

식 (7.7)을 적용하면 $D(x)$는 다음과 같이 나타낼 수 있다.

$$D(x) = \int eN_d\,dx = eN_d x + C \tag{7.11}$$

적분상수 C는 경계조건인 식 (7.10)을 적용하여 구할 수 있다. 식 (7.10)을 식 (7.11)에 대입하면 $-eN_a x_p = eN_d \times (0) + C = C$가 되고, 따라서

$$D(x) = eN_d x + C = eN_d x - eN_a x_p = eN_d\left(x - \frac{N_a}{N_d}x_p\right) \tag{7.12}$$

가 된다. 전하량 동일 조건으로부터 식 (7.6) $N_d x_n = N_a x_p$가 성립함을 알고 있으므로, 이 식을 사용하여 x_p를 x_n으로 대체하면 식 (7.12)는 다음과 같이 된다.

$$D(x) = eN_d\left(x - \frac{N_a x_p}{N_d}\right) = eN_d\left(x - \frac{N_d x_n}{N_d}\right) = eN_d(x - x_n) \qquad (7.13)$$

$x = x_n$에서 식 (7.13)은 $D(x) = eN_d(x - x_n) = 0$ 이 된다. 따라서 $x_n < x$인 영역에서는 $D(x) = 0$이다.

이렇게 계산한 전속밀도 $D(x)$를 유전율 ϵ으로 나누어 전계의 세기 $\mathcal{E}(x)$를 구할 수 있다. [표 7-6]은 전속밀도 $D(x)$와 전계 $\mathcal{E}(x)$의 값을 정리한 표이고, [그림 7-6]은 전계 $\mathcal{E}(x)$의 그래프를 그린 것이다.

[표 7-6] pn 접합에서 전속밀도 $D(x)$와 전계 $\mathcal{E}(x)$의 값

	$x \le -x_p$	$-x_p < x \le 0$	$0 < x \le x_n$	$x_n < x$
전속밀도 $D(x)$ [C/cm²]	0	$-eN_a(x+x_p)$	$eN_d(x-x_n)$	0
전계 $\mathcal{E}(x)$ [V/cm]	0	$-eN_a(x+x_p)\left(\frac{1}{\epsilon}\right)$	$eN_d(x-x_n)\left(\frac{1}{\epsilon}\right)$	0

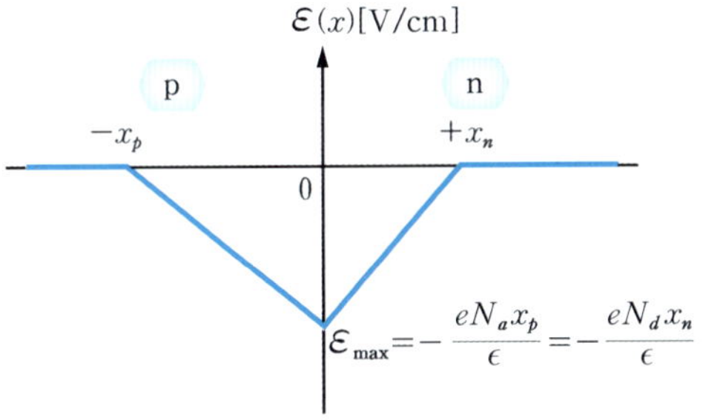

[그림 7-6] pn 접합에서 공핍층 부근의 전계 $\mathcal{E}(x)$의 분포

열평형에서 전류가 흐르지 않으므로 $x < -x_p$인 중성 p 영역에서 전계는 0이다. pn 접합구조 내에서 표면전하밀도가 없으므로 전계는 연속함수로 된다. 공핍 영역 내에서 전계의 방향은 $-x$ 방향으로, n 영역에서 p 영역 쪽으로 향한다. 일정하게 도핑된 pn 접합에서 전계는 거리에 따라 선형함수이고, 최대 전계는 금속학적 접합인 $x = 0$에서 나타나는데, $x = 0$일 때 전계는 다음과 같다.

$$\mathcal{E}_{max} = \frac{-eN_a x_p}{\epsilon} = \frac{-eN_d x_n}{\epsilon} \qquad (7.14)$$

예제 7-3

[그림 7-6]의 pn 접합에서의 $\mathcal{E}(x)$의 분포 그래프는, $-x_p < x \le 0$ 영역에서 직선의 기울기가 $\dfrac{-1.6\times10^{-3}}{\epsilon_s}$ C/Fcm^{2}이다. p형의 도핑 농도는 얼마인가?

풀이

$\mathcal{E}(x) = -eN_a(x+x_p)\left(\dfrac{1}{\epsilon_s}\right)$의 기울기는 $\dfrac{-eN_a}{\epsilon_s}$이다.

$\dfrac{-eN_a}{\epsilon_s} = \dfrac{-1.6\times10^{-3}}{\epsilon_s}$으로부터 $N_a = \dfrac{1.6\times10^{-3}}{e} = \dfrac{1.6\times10^{-3}}{1.6\times10^{-19}} = 10^{16}\text{cm}^{-3}$이 된다.

7.2.3 pn 접합 내부의 전위 분포

평형상태의 pn 접합에서 전위 $V(x)$의 분포는 어떻게 변화할까?

전계의 세기 $\overrightarrow{\mathcal{E}}$를 알면 $\overrightarrow{\mathcal{E}} = -\nabla V$로부터 전위 $V(x)$를 구할 수 있다. 1차원인 경우 $\mathcal{E}(x) = -\dfrac{dV(x)}{dx}$가 되고,

$$V(x) = -\int \mathcal{E}(x)dx \tag{7.15}$$

가 된다. 편의상 $x=-x_p$에서 $V(x)=0$이라고 하면, 다음과 같이 공핍층에서 전위 $V(x)$의 값을 계산할 수 있다.

$-x_p < x \le 0$ 영역에서 $V(x)$ 계산

식 (7.15)를 적용하면 $V(x)$는 다음과 같이 나타낼 수 있다.

$$V(x) = -\int \mathcal{E}(x)dx = \frac{eN_a}{\epsilon}\left(\frac{x^2}{2} + x_p x\right) + C \tag{7.16}$$

적분상수 C를 구하기 위해 경계조건인 $x=-x_p$에서 $V(x=-x_p)=0$을 적용하여 이를 식 (7.16)에 대입하면 $0 = \dfrac{eN_a}{\epsilon}\left(\dfrac{x_p^2}{2} - x_p x_p\right) + C = \dfrac{eN_a}{\epsilon}\left(-\dfrac{x_p^2}{2}\right) + C$,

즉 $C = \dfrac{eN_a}{\epsilon}\left(\dfrac{x_p^2}{2}\right)$이 되고, 따라서

$$V(x) = \frac{eN_a}{\epsilon}\left(\frac{x^2}{2} + x_p x\right) + \frac{eN_a}{\epsilon}\left(\frac{x_p^2}{2}\right) = \frac{eN_a}{\epsilon}\left(\frac{x^2}{2} + x_p x + \frac{x_p^2}{2}\right) = \frac{eN_a}{2\epsilon}(x + x_p)^2 \tag{7.17}$$

이 된다. $x = 0$에서 식 (7.17)은

$$V(x=0) = \frac{eN_a}{2\epsilon}(x + x_p)^2 = \frac{eN_a x_p^2}{2\epsilon} \tag{7.18}$$

이 되며, 이 값은 연속되는 $0 < x \le x_n$ 영역의 경계조건이 된다.

$0 < x \le x_n$ 영역에서 $V(x)$ 계산

식 (7.15)를 적용하면 $V(x)$는 다음과 같이 나타낼 수 있다.

$$V(x) = -\int \mathcal{E}(x)dx = -\frac{eN_d}{\epsilon}\left(\frac{x^2}{2} - x_n x\right) + C \tag{7.19}$$

적분상수 C는 경계조건인 식 (7.18)을 적용하여 구할 수 있다. 식 (7.18)을 식 (7.19)에 대입하면 $C = \frac{eN_a x_p^2}{2\epsilon}$이 되고, 따라서

$$V(x) = -\frac{eN_d}{\epsilon}\left(\frac{x^2}{2} - x_n x\right) + \frac{eN_a x_p^2}{2\epsilon} = -\frac{eN_d}{2\epsilon}(x - x_n)^2 + \frac{eN_d x_n^2}{2\epsilon} + \frac{eN_a x_p^2}{2\epsilon} \tag{7.20}$$

이 된다. $x = x_n$에서 식 (7.20)은

$$V(x_n) = \frac{eN_d x_n^2}{2\epsilon} + \frac{eN_a x_p^2}{2\epsilon} \tag{7.21}$$

이 된다. 따라서 $x_n < x$인 영역에서 $V(x) = V(x_n)$으로 고정된다. 전하량 등가 조건인 $N_d x_n = N_a x_p$를 대입하면, 이 값은 다음과 같이 된다.

$$\begin{aligned} V(x_n) &= \frac{eN_d x_n^2}{2\epsilon} + \frac{eN_a x_p^2}{2\epsilon} = \frac{eN_a x_p x_n}{2\epsilon} + \frac{eN_a x_p^2}{2\epsilon} \\ &= \frac{eN_a x_p (x_n + x_p)}{2\epsilon} = \frac{eN_d x_n (x_n + x_p)}{2\epsilon} \end{aligned}$$

pn 접합에서 전위 $V(x)$의 절대적 전위가 중요한 것이 아니라, p 영역과 n 영역 간의 전위차가 중요한 파라미터이므로, 임의적으로 $x=-x_p$에서의 전위 $V(-x_p)$를 0으로 놓아도 된다. $x=x_n$에서 전위 $V(x_n)$의 값을 **내부전위**built-in potential라고 부르며 V_{bi}로 표기한다. 식 (7.21)에서 내부전위는 다음과 같다.

$$V_{bi}=\frac{eN_dx_n^2}{2\epsilon}+\frac{eN_ax_p^2}{2\epsilon}=\frac{eN_ax_p(x_n+x_p)}{2\epsilon}=\frac{eN_dx_n(x_n+x_p)}{2\epsilon} \qquad (7.22)$$

[표 7-7]은 전위 $V(x)$의 값을 정리한 표이고, [그림 7-7]은 전위 $V(x)$를 그래프로 나타낸 것이다.

[표 7-7] pn 접합에서 전위 $V(x)$의 값 단위 : [volt]

	$x\le -x_p$	$-x_p<x\le 0$	$0<x\le x_n$	$x_n<x$
전위 $V(x)$	0	$\frac{eN_a}{2\epsilon}(x+x_p)^2$	$-\frac{eN_d}{2\epsilon}(x-x_n)^2+V_{bi}$	V_{bi}

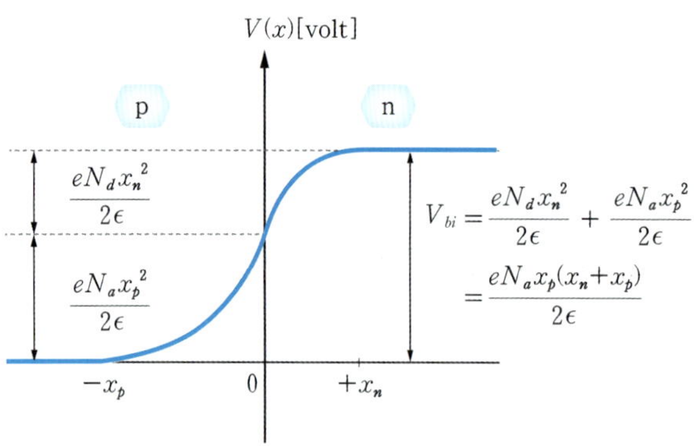

[그림 7-7] pn 접합에서 공핍층 부근의 전위 $V(x)$의 분포

7.2.4 pn 접합 내부의 위치에너지 분포

평형상태의 pn 접합에서 전자가 바라보는 에너지 분포 $E(x)$의 분포는 어떻게 변화할까?

전위 $V(x)$를 알면 $E(x)=QV(x)$로부터 위치에너지 분포 $E(x)$를 구할 수 있다. 우리는 반도체를 다룰 때 전자를 중심으로 생각하는 경향이 있으며, 따라서 전하량 Q의 값으로 전자의 전하량인 $-e$를 대입하면 **전자가 바라보는 위치에너지 분포**인

$E(x) = -eV(x)$를 구할 수 있다. 편의상 $x = -x_p$에서 $E(x) = 0$으로 하여 그래프를 그리면 [그림 7-8]과 같다. 이 그래프는 [그림 7-4(b)]의 그래프에서 E_c, E_v, E_{Fi}의 거리에 따른 변화를 정확히 묘사하고 있다. 에너지밴드 다이어그램은 거리의 제곱에 비례하는 제곱의존성을 가지며, $-x_p < x \leq 0$에서는 위로 볼록, $0 < x \leq x_n$에서는 아래로 볼록인 포물선 모양이다.

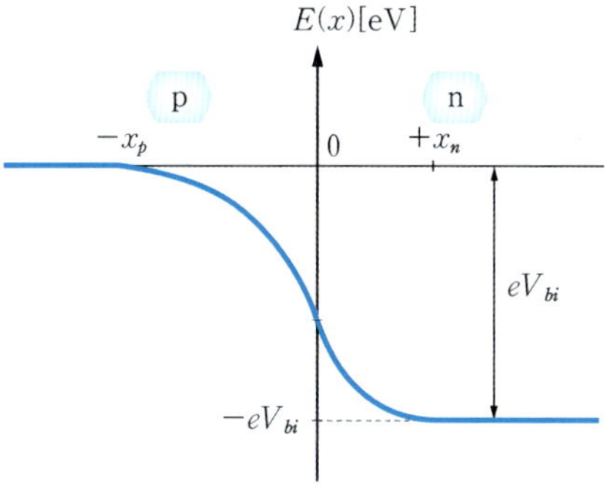

[그림 7-8] pn 접합에서 공핍층 부근의 위치에너지 $E(x)$의 분포

n 영역의 전도대역에 있는 전자는 p 영역의 전도대역으로 이동하려고 하면 eV_{bi}만큼의 에너지장벽을 느끼게 된다. 내부 에너지장벽은 n 영역에 있는 다수캐리어 전자와 p 영역에 있는 소수캐리어 전자 간에 평형을 유지시키고, 동시에 p 영역에 있는 다수캐리어 정공과 n 영역에 있는 소수캐리어 정공 간에 평형을 유지시킨다. **접합 양단에 걸리는 전위차 V_{bi}는 외부에서 전압계로 측정하면 나타나지 않으므로, 계측기에 의한 직접측정은 할 수가 없다.** 그 이유는 전압을 측정하기 위해서는 전압계를 반도체와 연결해야 하고, 그러기 위해서는 금속탐침을 반도체에 접촉시켜야만 한다. 그러면 금속탐침과 반도체 접합 사이에 마찬가지의 새로운 전위장벽이 생기고, 금속탐침과 p형 접점 간, 그리고 금속탐침과 n형 접점 간에 형성된 새로운 두 전위장벽이 반도체의 pn 접합에 형성된 V_{bi}를 상쇄시켜 버리기 때문에 직접측정은 불가능하다. 금속과 반도체 접합의 에너지밴드 그림에 대해서는 9.2절에서 9.5절에 걸쳐 자세하게 다룬다.

그러나 내부전위 V_{bi}를 직접 측정하는 것은 불가능할지라도, 접합 커패시턴스를 측정하여 V_{bi}를 간접적으로 측정하는 것은 가능하다(7.3.4절 [그림 7-16] 참조). 내부전위 V_{bi}는 열평형상태에서 캐리어 간에 평형을 유지시켜주며, 따라서 이 전압 때문에 전류는 흐르지 않는다.

7.2.5 pn 접합 공핍층의 내부전위

평형상태의 pn 접합에서 공핍층에 형성된 내부전위 V_{bi}의 크기는 얼마일까?

pn 접합 전체에 걸쳐서 진성 페르미 준위 E_{Fi}는 E_c 및 E_v와 같은 간격을 유지하고 있으므로, 내부전위장벽은 진성 페르미 준위 E_{Fi}를 사용하여 표현할 수 있다. 에너지 밴드 다이어그램을 해석하기 위해서, 진성 페르미 에너지 E_{Fi}와 도핑된 반도체의 페르미 에너지 E_F 간 차이에 해당하는 등가전위를 정의해서 사용하는 것이 편리하다. p형과 n형 반도체에 대하여 각각 ϕ_{Fp}와 ϕ_{Fn}을 다음과 같이 정의한다.

p형 $$\phi_{Fp} = \frac{E_{Fi} - E_F}{e} \tag{7.23}$$

n형 $$\phi_{Fn} = \frac{E_{Fi} - E_F}{e} \tag{7.24}$$

[그림 7-9]에 $e\phi_{Fp}$와 $e\phi_{Fn}$을 표시하였다. 식 (7.23)과 (7.24)로 정의되는 ϕ_{Fp}와 ϕ_{Fn}은 (−) 기준이 모두 페르미 에너지 E_F가 된다. ϕ_{Fp}와 ϕ_{Fn}을 사용해서 내부전위 V_{bi}를 표현하면 다음과 같다.

$$V_{bi} = \phi_{Fp} + (-\phi_{Fn}) = |\phi_{Fp}| + |\phi_{Fn}| \tag{7.25}$$

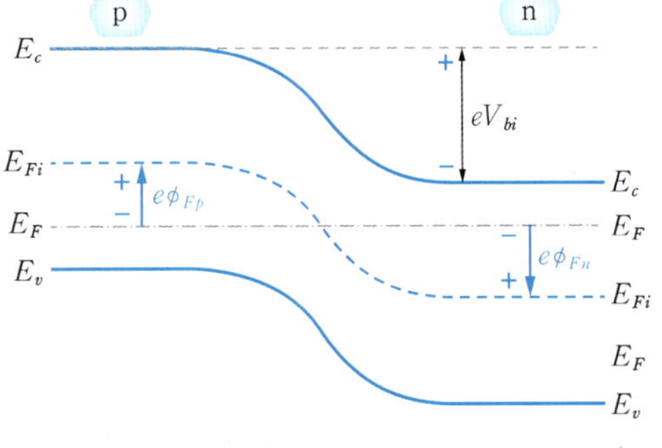

[그림 7-9] 열평형상태에 있는 pn 접합의 에너지밴드 다이어그램

식 (4.33), (4.38)과 같이 p 영역에서 정공농도는 다음과 같이 주어진다.

$$p_0 = N_v \exp\left[\frac{-(E_F - E_v)}{kT}\right] = n_i \exp\left[\frac{E_{Fi} - E_F}{kT}\right] \tag{7.26}$$

식 (7.23)을 식 (7.26)에 대입하면 다음 식처럼 되고,

$$p_0 = n_i \exp\left[\frac{e\phi_{Fp}}{kT}\right] \tag{7.27}$$

이 식을 ϕ_{Fp}에 대하여 정리하면

$$\phi_{Fp} = \frac{kT}{e}\ln\left(\frac{p_0}{n_i}\right) \tag{7.28}$$

가 된다. $T = 300\,\mathrm{K}$에서 완전이온화를 가정할 수 있으므로 $p_0 = N_a$이다. 따라서 p 영역에서 전위 ϕ_{Fp}를 다음과 같이 정의할 수 있다.

$$\phi_{Fp} = \frac{kT}{e}\ln\left(\frac{N_a}{n_i}\right) \tag{7.29}$$

여기서 N_a는 억셉터 농도이다.

마찬가지로 n 영역에 있어서 전도대역의 전자농도는 식 (4.32), (4.37)에서 다음과 같이 주어진다.

$$n_0 = N_c \exp\left[\frac{-(E_c - E_F)}{kT}\right] = n_i \exp\left[\frac{E_F - E_{Fi}}{kT}\right] \tag{7.30}$$

식 (7.24)를 식 (7.30)에 대입하면 다음과 같다.

$$n_0 = n_i \exp\left[-\frac{e\phi_{Fn}}{kT}\right] \tag{7.31}$$

이 식을 ϕ_{Fn}에 대하여 정리하고, $T = 300\,\mathrm{K}$에서 완전이온화를 가정하여 $n_0 = N_d$를 대입하면 다음 식을 얻는다.

$$\phi_{Fn} = -\frac{kT}{e}\ln\left(\frac{n_0}{n_i}\right) = -\frac{kT}{e}\ln\left(\frac{N_d}{n_i}\right) \tag{7.32}$$

식 (7.29)와 (7.32)의 결과를 식 (7.25)의 식에 대입하면, 계단접합에 대한 내부전위 장벽은 다음과 같이 된다.

$$V_{bi} = \frac{kT}{e}\ln\left(\frac{N_a N_d}{n_i^2}\right) = V_t \ln\left(\frac{N_a N_d}{n_i^2}\right) \tag{7.33}$$

여기서 $V_t = \dfrac{kT}{e}$ 이며 **열전압**thermal voltage이라고 한다. $T = 300\,\text{K}$ 에서 $V_t = 0.0259\,\text{volt}$ 이다.

식 (7.33)에 등장하는 N_a와 N_d는 같은 영역 내에서의 도너 및 억셉터 불순물 농도가 아니라, N_a는 p 영역에서 순수한 억셉터 농도이고, N_d는 n 영역에서 순수한 도너 농도이다. 만약 p 영역이 보상 반도체 물질이라면 N_a는 실제의 억셉터 농도에서 도너 농도를 뺀 값을 대입해야 한다. 마찬가지로 n 영역이 보상 반도체 물질이라면 N_d는 같은 방식으로 도너 농도에서 억셉터 농도를 뺀 값을 대입해야 한다.

동일한 물질의 pn 접합인 경우, 식 (7.33)으로부터 p 영역과 n 영역 각각에서 다수 캐리어 농도 N_a와 N_d가 크면 클수록, 즉 각각의 도핑을 많이 하면 할수록 내부전위 V_{bi}는 증가하고, 온도가 증가하면 V_{bi}가 작아짐을 알 수 있다. 에너지밴드갭 E_g가 큰 물질일수록 가전자대역의 전자가 전도대역으로 올라갈 확률이 낮아지고, 따라서 진성 캐리어 농도 n_i가 작아지며, 결국 V_{bi}는 커진다.

예제 7-4

동일한 물질의 pn 접합인 경우, p 영역과 n 영역 각각에서 다수캐리어 농도가 크면 클수록, 즉 각각의 도핑을 많이 하면 할수록 내부전위 V_{bi}는 증가하는 것을 에너지밴드 다이어그램을 그려서 설명하라.

풀이

[그림 7-10(a)]는 낮은 도핑농도 N_a와 N_d일 때의 에너지밴드 다이어그램이고, 동일한 반도체에 대하여 [그림 7-10(b)]는 높은 도핑농도 N_a와 N_d일 때의 에너지밴드 다이어그램이다. 도핑농도가 높으면 페르미 에너지가 n형에서는 전도대역에 가깝고, p형에서는 가전자대역에 가깝게 위치하기 때문에 내부전위 V_{bi}는 증가하는 것을 볼 수 있다.

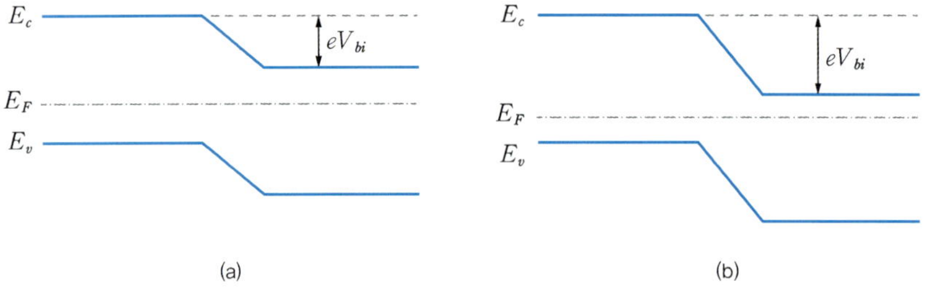

[그림 7-10] (a) 낮은 도핑농도 N_a와 N_d, (b) 높은 도핑농도 N_a와 N_d

예제 7-5

$T = 300\,\text{K}$에서 실리콘 pn 접합 반도체의 도핑농도가 아래와 같을 때, 접합에 형성된 내부 전위 V_{bi}를 구하라. 실리콘의 진성 캐리어 농도는 $n_i = 1.5 \times 10^{10}\,\text{cm}^{-3}$이다.

	p형 실리콘	n형 실리콘
(A) 고농도 도핑	$N_a = 1.5 \times 10^{17}\,\text{cm}^{-3}$	$N_d = 1.5 \times 10^{17}\,\text{cm}^{-3}$
(B) 비대칭 도핑	$N_a = 1.5 \times 10^{15}\,\text{cm}^{-3}$	$N_d = 1.5 \times 10^{17}\,\text{cm}^{-3}$
(C) 저농도 도핑	$N_a = 1.5 \times 10^{15}\,\text{cm}^{-3}$	$N_d = 1.5 \times 10^{15}\,\text{cm}^{-3}$

풀이

내부전위는 $V_{bi} = \frac{kT}{e} \ln\left(\frac{N_a N_d}{n_i^2}\right) = V_t \ln\left(\frac{N_a N_d}{n_i^2}\right) = 0.0259 \ln\left(\frac{N_a N_d}{2.25 \times 10^{20}}\right)$ 이다.

$$\text{(A)} \quad V_{bi} = 0.0259 \ln\left(\frac{1.5 \times 10^{17} \times 1.5 \times 10^{17}}{2.25 \times 10^{20}}\right) = 0.0259 \ln(10^{14}) = 0.8349\,\text{V}$$

$$\text{(B)} \quad V_{bi} = 0.0259 \ln\left(\frac{1.5 \times 10^{15} \times 1.5 \times 10^{17}}{2.25 \times 10^{20}}\right) = 0.0259 \ln(10^{12}) = 0.7156\,\text{V}$$

$$\text{(C)} \quad V_{bi} = 0.0259 \ln\left(\frac{1.5 \times 10^{15} \times 1.5 \times 10^{15}}{2.25 \times 10^{20}}\right) = 0.0259 \ln(10^{10}) = 0.5964\,\text{V}$$

도핑농도가 낮아지면서 점점 내부전위 V_{bi}가 낮아짐을 볼 수 있다.

7.2.6 pn 접합 내부 공핍층의 폭

p형 쪽으로 형성된 공핍층 폭 x_p와 n형 쪽으로 형성된 공핍층 폭 x_n의 크기는 얼마일까?

공핍층이 금속학적 접합 지점으로부터 p 영역 및 n 영역으로 각각 얼마나 확장되는지 그 폭을 구할 수 있다. 이 두 폭을 합하여 공핍층 폭이라고 부른다. 먼저 p 영역으로 확장된 공핍층의 폭 x_p를 구해보자.

식 (7.22) $V_{bi} = \frac{eN_a x_p (x_n + x_p)}{2\epsilon}$에 식 (7.6) $x_n = \frac{N_a x_p}{N_d}$를 대입하면

$$V_{bi} = \frac{eN_a x_p^2\left(1+\frac{N_a}{N_d}\right)}{2\epsilon} = \frac{eN_a\left(\frac{N_a+N_d}{N_d}\right)}{2\epsilon} x_p^2 \tag{7.34}$$

이 된다. 이 식을 x_p에 대해서 풀면 다음과 같이 된다.

$$x_p = \left\{\frac{2\epsilon_s V_{bi}}{e}\left[\frac{N_d}{N_a}\right]\left[\frac{1}{N_a+N_d}\right]\right\}^{\frac{1}{2}} \tag{7.35}$$

식 (7.35)는 인가전압이 0일 때, p 영역으로 확장해 들어간 공핍층의 폭 x_p를 V_{bi}와 p 영역 및 n 영역의 도펀트 농도로 표현한 식이다. 여기서 ϵ_s는 반도체의 유전율이다.

이제 n 영역으로 확장된 공핍층의 폭 x_n을 구해보자. 식 (7.32) $V_{bi} = \frac{eN_d x_n(x_n+x_p)}{2\epsilon}$에 식 (7.6) $x_p = \frac{N_d x_n}{N_a}$을 대입하면

$$V_{bi} = \frac{eN_d x_n^2\left(1+\frac{N_d}{N_a}\right)}{2\epsilon} = \frac{eN_d\left(\frac{N_a+N_d}{N_a}\right)}{2\epsilon} x_n^2 \tag{7.36}$$

이 된다. 이 식을 x_n에 대해서 풀면 다음 식을 얻는다.

$$x_n = \left\{\frac{2\epsilon_s V_{bi}}{e}\left[\frac{N_a}{N_d}\right]\left[\frac{1}{N_a+N_d}\right]\right\}^{\frac{1}{2}} \tag{7.37}$$

식 (7.37)은 인가전압이 0일 때, n 영역으로 확장해 들어간 공핍층의 폭 x_n을 V_{bi}와 p 영역 및 n 영역의 도펀트 농도로 표현한 식이다. 여기서 ϵ_s는 반도체의 유전율이다.

전체 공핍층 폭을 W라고 하면, W는 이들 각 영역 공핍층 폭의 합이 된다.

$$W = x_p + x_n \tag{7.38}$$

식 (7.35)와 (7.37)을 이용하면 다음 식을 얻는다([예제 7-6] 참조).

$$W = \left\{\frac{2\epsilon_s V_{bi}}{e}\left[\frac{N_a+N_d}{N_a N_d}\right]\right\}^{\frac{1}{2}} \tag{7.39}$$

도핑농도를 알 때 내부전위장벽 V_{bi}는 식 (7.33)으로부터 구할 수 있고, 이를 식 (7.39)에 대입하면 전체 공핍층 폭 W를 얻는다.

예제 7-6

p 영역 및 n 영역으로의 공핍층 폭 x_p와 x_n이 아래와 같다. 이로부터 총 공핍층 폭 $W=x_p+x_n$을 계산하라.

$$x_p=\left\{\frac{2\epsilon_s V_{bi}}{e}\left[\frac{N_d}{N_a}\right]\left[\frac{1}{N_a+N_d}\right]\right\}^{\frac{1}{2}}$$

$$x_n=\left\{\frac{2\epsilon_s V_{bi}}{e}\left[\frac{N_a}{N_d}\right]\left[\frac{1}{N_a+N_d}\right]\right\}^{\frac{1}{2}}$$

풀이

x_p와 x_n에 관한 식의 일부를 다음과 같이 치환한다.

$$A=\left\{\frac{2\epsilon_s V_{bi}}{e}\left[\frac{1}{N_a+N_d}\right]\right\}^{\frac{1}{2}} \tag{7.40}$$

그러면 $x_p=A\sqrt{\dfrac{N_d}{N_a}}$ 이고 $x_n=A\sqrt{\dfrac{N_a}{N_d}}$ 이다. 따라서 다음과 같이 된다.

$$W=x_p+x_n=A\left(\sqrt{\frac{N_d}{N_a}}+\sqrt{\frac{N_a}{N_d}}\right) \tag{7.41}$$

만약 $y=\sqrt{x}+\dfrac{1}{\sqrt{x}}$이 양수라고 하고 양변을 제곱하면 $y^2=\left(\sqrt{x}+\dfrac{1}{\sqrt{x}}\right)^2=x+2+\dfrac{1}{x}$이 된다. $y=\pm\sqrt{x+2+\dfrac{1}{x}}$ 중 양수를 취하면 $\sqrt{x}+\dfrac{1}{\sqrt{x}}=\sqrt{x+2+\dfrac{1}{x}}$ 이 된다. 이 결과를 식 (7.41)의 괄호 속 항에 적용하면

$$\sqrt{\frac{N_d}{N_a}}+\sqrt{\frac{N_a}{N_d}}=\sqrt{\frac{N_d}{N_a}+2+\frac{N_a}{N_d}}=\sqrt{\frac{N_d^2+2N_aN_d+N_a^2}{N_aN_d}}=\left\{\frac{(N_a+N_d)^2}{N_aN_d}\right\}^{\frac{1}{2}}$$

이 된다. 따라서 전체 공핍층 폭 W는 다음과 같다.

$$W=x_p+x_n=A\left(\sqrt{\frac{N_d}{N_a}}+\sqrt{\frac{N_a}{N_d}}\right)=\left\{\frac{2\epsilon_s V_{bi}}{e}\left[\frac{1}{N_a+N_d}\right]\right\}^{\frac{1}{2}}\left\{\frac{(N_a+N_d)^2}{N_aN_d}\right\}^{\frac{1}{2}}$$

$$=\left\{\frac{2\epsilon_s V_{bi}}{e}\left[\frac{N_a+N_d}{N_aN_d}\right]\right\}^{\frac{1}{2}}=\left\{\frac{2\epsilon_s V_{bi}}{e}\left[\frac{1}{N_a}+\frac{1}{N_d}\right]\right\}^{\frac{1}{2}}$$

예제 7-7

$T = 300\text{K}$에서 실리콘 pn 접합 반도체의 도핑농도가 [예제 7-5]의 표와 같이 주어졌을 때, 다음 물음에 답하라. 실리콘의 진성 캐리어 농도는 $n_i = 1.5 \times 10^{10}\text{cm}^{-3}$, 비유전율은 $\epsilon_r = 11.7$, 진공의 유전율은 $\epsilon_0 = 8.854 \times 10^{-14}\text{F/cm}$이다.

(a) p 영역과 n 영역의 다수캐리어 농도와 소수캐리어 농도를 구하라.

(b) p 영역으로 확장해 간 공핍층 폭 x_p와 n 영역으로 확장해 간 공핍층 폭 x_n을 구한 후, 총 공핍층 폭 W를 구하라.

(c) $x = 0$에서 나타나는 최대 전계를 구하라.

풀이

(a) $T = 300\text{K}$에서 모든 도펀트 원자는 완전히 이온화되었다고 가정할 수 있다. p 영역과 n 영역의 다수캐리어 농도와 소수캐리어 농도는 다음과 같다.

(A) 접합	p형 실리콘 ($N_a = 1.5 \times 10^{17}\text{cm}^{-3}$)		n형 실리콘 ($N_d = 1.5 \times 10^{17}\text{cm}^{-3}$)	
정공농도 p_0	N_a	$1.5 \times 10^{17}\text{cm}^{-3}$	$\frac{n_i^2}{N_d}$	$1.5 \times 10^{3}\text{cm}^{-3}$
전자농도 n_0	$\frac{n_i^2}{N_a}$	$1.5 \times 10^{3}\text{cm}^{-3}$	N_d	$1.5 \times 10^{17}\text{cm}^{-3}$

(B) 접합	p형 실리콘 ($N_a = 1.5 \times 10^{15}\text{cm}^{-3}$)		n형 실리콘 ($N_d = 1.5 \times 10^{17}\text{cm}^{-3}$)	
정공농도 p_0	N_a	$1.5 \times 10^{15}\text{cm}^{-3}$	$\frac{n_i^2}{N_d}$	$1.5 \times 10^{3}\text{cm}^{-3}$
전자농도 n_0	$\frac{n_i^2}{N_a}$	$1.5 \times 10^{5}\text{cm}^{-3}$	N_d	$1.5 \times 10^{17}\text{cm}^{-3}$

(C) 접합	p형 실리콘 ($N_a = 1.5 \times 10^{15}\text{cm}^{-3}$)		n형 실리콘 ($N_d = 1.5 \times 10^{15}\text{cm}^{-3}$)	
정공농도 p_0	N_a	$1.5 \times 10^{15}\text{cm}^{-3}$	$\frac{n_i^2}{N_d}$	$1.5 \times 10^{5}\text{cm}^{-3}$
전자농도 n_0	$\frac{n_i^2}{N_a}$	$1.5 \times 10^{5}\text{cm}^{-3}$	N_d	$1.5 \times 10^{15}\text{cm}^{-3}$

(b) $x_p = \left\{ \frac{2\epsilon_s V_{bi}}{e} \left[\frac{N_d}{N_a}\right] \left[\frac{1}{N_a + N_d}\right] \right\}^{\frac{1}{2}}$, $x_n = \left\{ \frac{2\epsilon_s V_{bi}}{e} \left[\frac{N_a}{N_d}\right] \left[\frac{1}{N_a + N_d}\right] \right\}^{\frac{1}{2}}$이며, $W = x_p + x_n$이다. 이 계산에 [예제 7-2]에서 계산한 다음과 같은 내부전위 V_{bi}를 활용한다.

	p형 실리콘	n형 실리콘	내부전위 V_{bi} [volt]
(A) 고농도 도핑	$N_a = 1.5\times10^{17}\,\text{cm}^{-3}$	$N_d = 1.5\times10^{17}\,\text{cm}^{-3}$	0.8349
(B) 비대칭 도핑	$N_a = 1.5\times10^{15}\,\text{cm}^{-3}$	$N_d = 1.5\times10^{17}\,\text{cm}^{-3}$	0.7156
(C) 저농도 도핑	$N_a = 1.5\times10^{15}\,\text{cm}^{-3}$	$N_d = 1.5\times10^{15}\,\text{cm}^{-3}$	0.5964

■ (A) 접합인 경우

$$x_p = \left\{\frac{2\epsilon_s V_{bi}}{e}\left[\frac{N_d}{N_a}\right]\left[\frac{1}{N_a+N_d}\right]\right\}^{\frac{1}{2}}$$

$$= \left\{\frac{2(11.7)(8.854\times10^{-14})(0.8349)}{1.602\times10^{-19}}\left[\frac{1.5\times10^{17}}{1.5\times10^{17}}\right]\left[\frac{1}{1.5\times10^{17}+1.5\times10^{17}}\right]\right\}^{\frac{1}{2}}$$

$$= 5.999\times10^{-6}\,\text{cm} = 59.99\,\text{nm}$$

$$x_n = \left\{\frac{2\epsilon_s V_{bi}}{e}\left[\frac{N_a}{N_d}\right]\left[\frac{1}{N_a+N_d}\right]\right\}^{\frac{1}{2}} = 5.999\times10^{-6}\,\text{cm} = 59.99\,\text{nm}$$

$$W = x_p + x_n = 120.0\,\text{nm} = 0.12\,\mu\text{m}$$

■ (B) 접합인 경우

$$x_p = \left\{\frac{2\epsilon_s V_{bi}}{e}\left[\frac{N_d}{N_a}\right]\left[\frac{1}{N_a+N_d}\right]\right\}^{\frac{1}{2}}$$

$$= \left\{\frac{2(11.7)(8.854\times10^{-14})(0.7156)}{1.602\times10^{-19}}\left[\frac{1.5\times10^{17}}{1.5\times10^{15}}\right]\left[\frac{1}{1.5\times10^{15}+1.5\times10^{17}}\right]\right\}^{\frac{1}{2}}$$

$$= 7.816\times10^{-5}\,\text{cm} = 0.7816\,\mu\text{m}$$

$$x_n = \left\{\frac{2\epsilon_s V_{bi}}{e}\left[\frac{N_a}{N_d}\right]\left[\frac{1}{N_a+N_d}\right]\right\}^{\frac{1}{2}}$$

$$= \left\{\frac{2(11.7)(8.854\times10^{-14})(0.7156)}{1.602\times10^{-19}}\left[\frac{1.5\times10^{15}}{1.5\times10^{17}}\right]\left[\frac{1}{1.5\times10^{15}+1.5\times10^{17}}\right]\right\}^{\frac{1}{2}}$$

$$= 7.816\times10^{-7}\,\text{cm} = 7.816\,\text{nm}$$

$$W = x_p + x_n = 0.7894\,\mu\text{m} \approx x_p$$

■ (C) 접합인 경우

$$x_p = \left\{\frac{2\epsilon_s V_{bi}}{e}\left[\frac{N_d}{N_a}\right]\left[\frac{1}{N_a+N_d}\right]\right\}^{\frac{1}{2}}$$

$$= \left\{\frac{2(11.7)(8.854\times10^{-14})(0.5964)}{1.602\times10^{-19}}\left[\frac{1.5\times10^{15}}{1.5\times10^{15}}\right]\left[\frac{1}{1.5\times10^{15}+1.5\times10^{15}}\right]\right\}^{\frac{1}{2}}$$

$$= 5.071 \times 10^{-5}\,\text{cm} = 0.5071\,\mu\text{m}$$

$$x_n = \left\{ \frac{2\epsilon_s V_{bi}}{e} \left[\frac{N_a}{N_d} \right] \left[\frac{1}{N_a + N_d} \right] \right\}^{\frac{1}{2}} = 5.071 \times 10^{-5}\,\text{cm} = 0.5071\,\mu\text{m}$$

$$W = x_p + x_n = 1.014\,\mu\text{m}$$

(c) $\mathcal{E}_{\max} = -\dfrac{eN_a x_p}{\epsilon} = -\dfrac{eN_d x_n}{\epsilon}$ 이다.

■ (A) 접합인 경우

$$\mathcal{E}_{\max} = -\frac{eN_a x_p}{\epsilon} = -\frac{eN_d x_n}{\epsilon} = -\frac{(1.602 \times 10^{-19})(1.5 \times 10^{17})(5.999 \times 10^{-6})}{(11.7)(8.854 \times 10^{-14})}$$

$$= -1.392 \times 10^5\,\text{V/cm}$$

■ (B) 접합인 경우

$$\mathcal{E}_{\max} = -\frac{eN_a x_p}{\epsilon} = -\frac{eN_d x_n}{\epsilon} = -\frac{(1.602 \times 10^{-19})(1.5 \times 10^{15})(7.816 \times 10^{-5})}{(11.7)(8.854 \times 10^{-14})}$$

$$= -1.813 \times 10^4\,\text{V/cm}$$

■ (C) 접합인 경우

$$\mathcal{E}_{\max} = -\frac{eN_a x_p}{\epsilon} = -\frac{eN_d x_n}{\epsilon} = -\frac{(1.602 \times 10^{-19})(1.5 \times 10^{15})(5.071 \times 10^{-5})}{(11.7)(8.854 \times 10^{-14})}$$

$$= -1.176 \times 10^4\,\text{V/cm}$$

지금까지의 계산 결과를 다음과 같이 요약할 수 있다.

[표 7-8] 고농도 도핑, 비대칭 도핑, 저농도 도핑의 pn 접합에서 공핍층의 특성

	V_{bi} [volt]	x_n [μm]	x_p [μm]	W [μm]	$\lvert\mathcal{E}_{\max}\rvert$ [V/cm]
(A) 접합	0.8349	0.05999	0.05999	0.1200	13.92×10^4
(B) 접합	0.7156	0.007816	0.7816	0.7894	1.813×10^4
(C) 접합	0.5964	0.5071	0.5071	1.014	1.176×10^4

내부전위 V_{bi}는 p 영역과 n 영역의 도핑을 많이 할수록 높아진다. 공핍층 폭 W는 반대로 p 영역과 n 영역의 도핑을 많이 할수록 감소하며, p 영역과 n 영역의 도핑 간에 차이가 크면 클수록 도핑농도가 작은 쪽으로 깊숙하게 파고든다. $x = 0$에서의 최대 전계 $\mathcal{E}_{\max}$는 p 영역과 n 영역의 도핑을 많이 할수록 높아진다.

7.3 역방향 바이어스 pn 접합의 에너지밴드와 접합 커패시턴스

7.3.1 역방향 바이어스된 pn 접합에서 내부전위장벽

역방향 바이어스된 pn 접합에서 내부전위장벽의 크기는 얼마일까?

역방향 바이어스reverse bias란 [그림 7-11(a)]와 같이 p 영역보다 n 영역에 상대적으로 양(+)의 전압을 인가하는 것을 말한다. 편의상 n 영역을 기준으로 $-V_R$의 전압을 인가한 상태를 역방향 바이어스라고 부른다. p 영역과 n 영역 간에 외부에서 전압을 인가해주면, 반도체는 이제 더 이상 평형상태가 아니다. 따라서 평형상태에서의 개념인 페르미 에너지 준위 E_F는 더 이상 의미가 없고, 대신 정공과 전자에 대한 각각의 의사-페르미 에너지 준위인 E_{Fp}와 E_{Fn}을 사용하여 캐리어 농도를 생각해볼 수 있다.

[그림 7-11(b)]는 전압 $-V_R$을 인가했을 경우의 pn 접합의 에너지밴드 다이어그램을 보여준다. 에너지와 전압은 $E=QV$의 관계를 가지며, [그림 7-11(b)]는 전자를 중심으로 나타내었다. 따라서 전하량 Q의 값으로 전자의 전하량인 $-e$를 대입하면, p쪽의 위치에너지는 n 영역보다 $\Delta E=(-e)(-V_R)=eV_R$만큼 위쪽으로 이동하게 된다. 즉 $E_{Fp}-E_{Fn}=eV_R$이다.

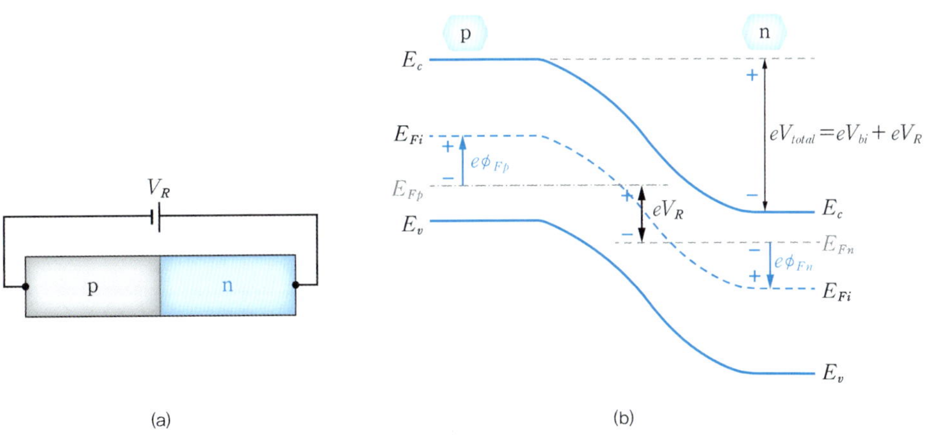

[그림 7-11] (a) 역방향 바이어스와 (b) 이때의 pn 접합의 에너지밴드 다이어그램

결과적으로 n 영역의 전도대역에 있는 전자가 마주치게 되는 총 에너지장벽의 높이 eV_{total}은 다음과 같다.

$$V_{total} = V_{bi} + V_R = \phi_{Fp} - \phi_{Fn} + V_R = |\phi_{Fn}| + |\phi_{Fp}| + V_R \quad (7.42)$$

여기서 V_R은 인가한 역방향 바이어스의 크기이고, V_{bi}는 열평형상태에서 정의했던 내부전위이다.

예제 7-8

$T=300$K에서 실리콘 pn 접합의 도핑농도가 $N_a = 1.5 \times 10^{17} \text{cm}^{-3}$, $N_d = 1.5 \times 10^{16} \text{cm}^{-3}$이라고 할 때, [그림 7-11(b)]와 같은 에너지밴드 다이어그램을 그리고자 한다. 실리콘의 진성 캐리어 농도는 $n_i = 1.5 \times 10^{10} \text{cm}^{-3}$이다. 다음을 구하라.

(a) ϕ_{Fp}

(b) ϕ_{Fn}

(c) 열평형상태에서 총 전위장벽의 높이 V_{total}

(d) 바이어스 전압이 $V = -V_R = -1$ volt 일 때 전위장벽의 높이 V_{total}

풀이

(a) $T=300$K에서 완전이온화를 가정할 수 있으므로 $p_0 = N_a$이다. 식 (7.28)로부터,

$$\phi_{Fp} = \frac{kT}{e} \ln\left(\frac{p_0}{n_i}\right) = \frac{kT}{e} \ln\left(\frac{N_a}{n_i}\right) = (0.0259) \ln\left(\frac{1.5 \times 10^{17}}{1.5 \times 10^{10}}\right) = 0.417 \text{ volt}$$

(b) $T=300$K에서 완전이온화를 가정할 수 있으므로 $n_0 = N_d$이다. 식 (7.32)로부터,

$$\phi_{Fn} = -\frac{kT}{e} \ln\left(\frac{n_0}{n_i}\right) = -\frac{kT}{e} \ln\left(\frac{N_d}{n_i}\right) = -(0.0259) \ln\left(\frac{1.5 \times 10^{16}}{1.5 \times 10^{10}}\right) = -0.358 \text{ volt}$$

(c) $V_{total} = V_{bi} + V_R = \phi_{Fp} - \phi_{Fn} = 0.417 - (-0.358) = 0.775 \text{ volt}$

(d) $V_{total} = V_{bi} + V_R = \phi_{Fp} - \phi_{Fn} + V_R = 0.417 - (-0.358) + 1 = 1.775 \text{ volt}$

7.3.2 역방향 바이어스된 pn 접합에서 공핍층의 폭

역방향 바이어스일 때 공핍층 폭 x_p와 x_n의 크기는 얼마나 변화할까?

열평형상태에 있는 pn 접합의 공핍층 내에는 내부전위 V_{bi}가 형성되어 있다. 역방향 바이어스 전압 $-V_R$을 pn 접합에 인가하면 이 전압은 pn 접합의 어느 부분에 주로 걸리게 될까?

공핍층 바깥에 존재하는 중성인 p 영역과 중성인 n 영역은 캐리어 농도가 커서 전도율 σ가 매우 크며, 역으로 저항률 ρ는 매우 작아 전압 강하 $V=IR$은 거의 0이거나 극히 작아 무시될 수 있다. 중성 p 영역 및 n 영역에서의 전계는 $\mathcal{E}=\frac{J}{\sigma}$로부터 0이라고 가정할 수 있다. 따라서 가해준 전압 $-V_R$은 대부분 공핍층에 걸리게 된다. 그러므로 공핍층에는 열평형상태의 내부전위 V_{bi}만 존재할 때보다 더 큰 전계가 n쪽에서 p쪽을 향해 $-x$ 방향으로 존재하게 된다. 전계는 양(+)의 전하 쪽에서 시작하여 음(−)의 전하 쪽에서 끝난다. 따라서 전계가 증가한다면 공핍층 내 양과 음의 전하량도 증가함을 의미한다. 공핍층 내에서 양과 음의 전하량이 증가한다는 것은 공핍층 폭 W가 증가해야 가능하다. 그러므로 역방향 바이어스 전압 크기인 V_R이 증가하면 공핍층 폭 W도 증가하고, 접합부에 도너 이온과 억셉터 이온이 더 많이 드러나게 된다. 이 현상을 [그림 7-12(b)]에 나타내었다.

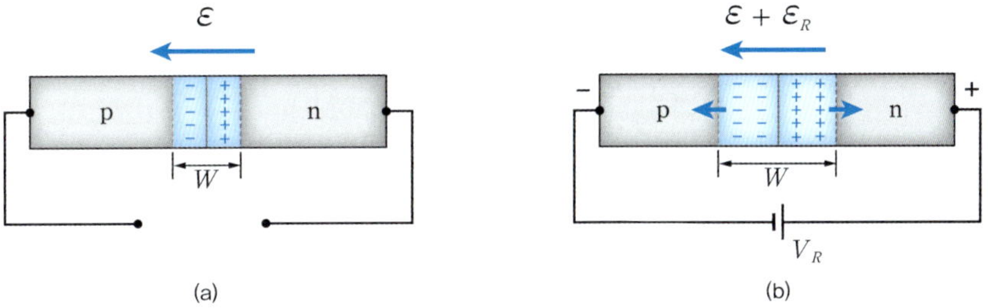

[그림 7-12] (a) 열평형상태와 (b) 역방향 바이어스 전압 $-V_R$이 인가될 때, pn 접합에서 유기된 전계의 방향과 늘어난 공핍층의 폭

역방향 바이어스 전압에 의해 왼쪽 p 단자 접촉점에 (−) 전압이 가해지므로, 이 전압은 왼쪽 p 영역의 다수캐리어인 (+) 전하 정공을 더 $-x$ 방향으로 당겨 이동시킬 것이다([그림 7-12(b)]에서 왼쪽 화살표로 표시). 따라서 정공과 전하중성을 이루고 있던 억셉터 (−) 이온이([그림 7-12(b)]에서 '−' 부호로 표시) 공간에 더 드러나게 된다. 동시에 오른쪽 n 단자 접촉점에는 (+) 전압이 가해지므로, 이 전압은 오른쪽 n 영역의 다수캐리어인 (−) 전하 전자를 더 $+x$ 방향으로 이동시킨다(그림에서 오른쪽 화살표로 표시). 따라서 전자와 전하중성을 이루고 있던 도너 (+) 이온이(그림에서 '+' 부호로 표시) 공간에 더 드러나게 된다. 결국 공핍층의 폭은 [그림 7-12(b)]처럼 더 증가되고, 공핍층에서 드러난 증가된 도펀트 이온의 전하량은 총 전계를 평형상태보다 더 증가시킨다.

앞에서 열평형상태에서의 공핍층 폭 x_p와 x_n, 그리고 W는 다음 식과 같았다.

$$x_p = \left\{ \frac{2\epsilon_s V_{bi}}{e} \left[\frac{N_d}{N_a} \right] \left[\frac{1}{N_a + N_d} \right] \right\}^{\frac{1}{2}} \tag{7.35}$$

$$x_n = \left\{ \frac{2\epsilon_s V_{bi}}{e} \left[\frac{N_a}{N_d} \right] \left[\frac{1}{N_a + N_d} \right] \right\}^{\frac{1}{2}} \tag{7.37}$$

$$W = \left\{ \frac{2\epsilon_s V_{bi}}{e} \left[\frac{N_a + N_d}{N_a N_d} \right] \right\}^{\frac{1}{2}} \tag{7.39}$$

역방향 바이어스 전압 $-V_R$을 인가한 경우에는, 이 식에서 V_{bi} 대신 $V_{bi} + V_R$을 대입하여 다음과 같이 계산하면 된다.

$$x_p = \left\{ \frac{2\epsilon_s (V_{bi} + V_R)}{e} \left[\frac{N_d}{N_a} \right] \left[\frac{1}{N_a + N_d} \right] \right\}^{\frac{1}{2}} \tag{7.43}$$

$$x_n = \left\{ \frac{2\epsilon_s (V_{bi} + V_R)}{e} \left[\frac{N_a}{N_d} \right] \left[\frac{1}{N_a + N_d} \right] \right\}^{\frac{1}{2}} \tag{7.44}$$

$$\begin{aligned} W &= \left\{ \frac{2\epsilon_s (V_{bi} + V_R)}{e} \left[\frac{N_a + N_d}{N_a N_d} \right] \right\}^{\frac{1}{2}} \\ &= \left\{ \frac{2\epsilon_s (V_{bi} + V_R)}{e} \left[\frac{1}{N_a} + \frac{1}{N_d} \right] \right\}^{\frac{1}{2}} \end{aligned} \tag{7.45}$$

이를 통해 역방향 바이어스 전압이 증가할수록 전체 공핍층 폭이 증가함을 알 수 있다.

역방향 바이어스일 때 체적전하밀도, 전속밀도, 전계, 전위, 에너지, 캐리어 농도 분포는 어떻게 변화할까?

열평형상태에서와 마찬가지로, 거리에 따른 체적전하밀도 $\rho(x)$의 분포를 알면 이로부터 전속밀도 $D(x)$와 전계 $\mathcal{E}(x)$, 그리고 전위 $V(x)$와 에너지 $E(x)$ 분포를 구할 수 있다. 이를 역방향 바이어스 V_R을 인가했을 때와 열평형상태를 서로 비교하면 [그림 7-13]과 같다.

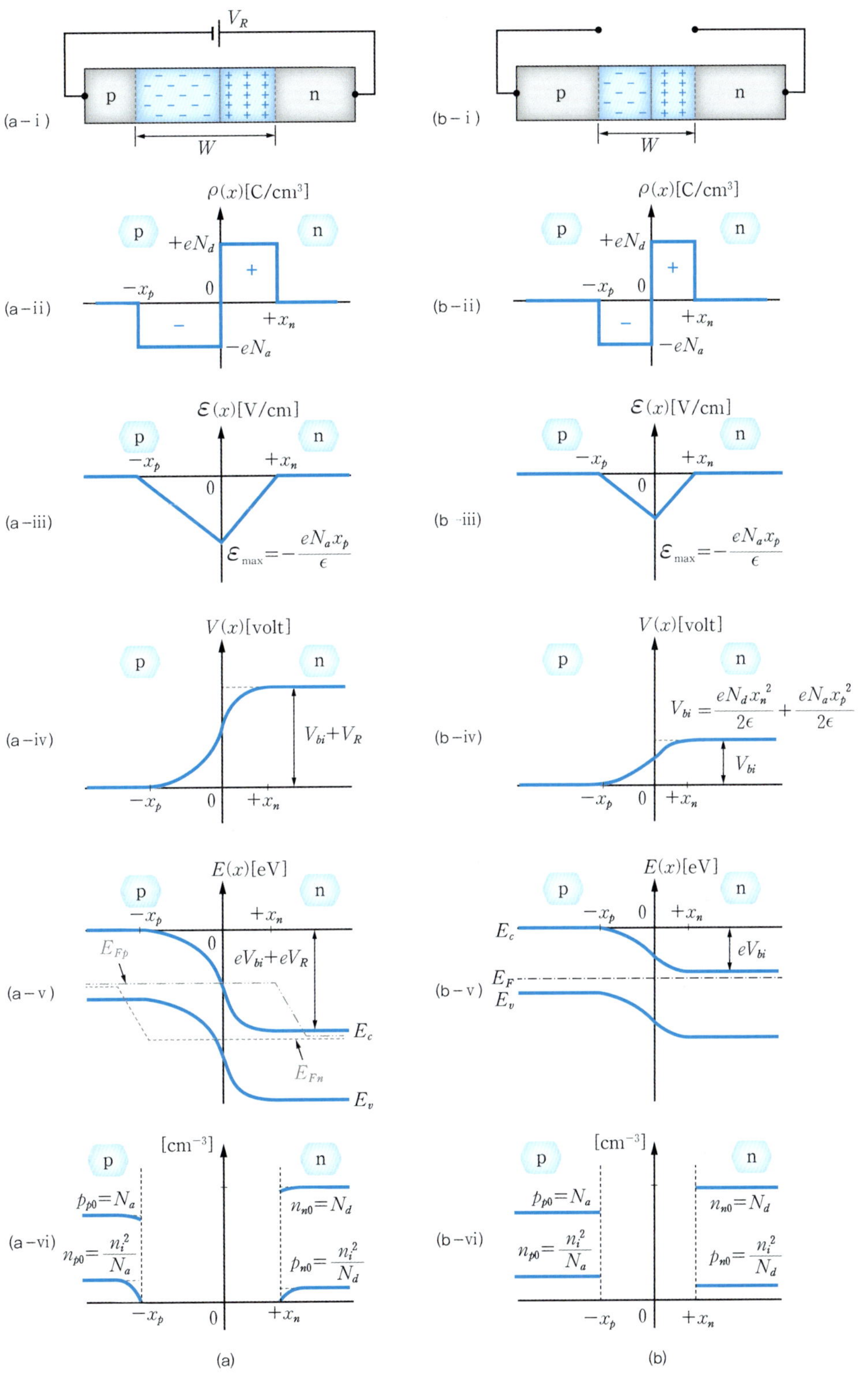

[그림 7-13] (a) 역방향 바이어스와 (b) 열평형상태에서의 체적전하밀도 $\rho(x)$, 전계 $\mathcal{E}(x)$, 전위 $V(x)$, 에너지 $E(x)$, 캐리어 농도 분포

공핍층 내에서의 전계의 크기는 인가한 역방향 바이어스 전압에 비례하여 증가한다. 전계는 공핍층 전체에 걸쳐서 거리의 선형함수이다. 역방향 바이어스 전압이 증가할수록 x_p와 x_n이 증가하기 때문에 전계의 크기도 역시 증가하게 된다. 금속학적 접합인 $x=0$에서의 최대 전계는 바이어스에 관계없이 앞서 살펴보았던 식 (7.14)와 같다.

$$\mathcal{E}_{\max} = \frac{-eN_d x_n}{\epsilon_s} = \frac{-eN_a x_p}{\epsilon_s} \tag{7.14}$$

이 식의 x_p와 x_n에 식 (7.43)과 (7.44)를 대입하여, 최대 전계를 전체 전위 $V_{bi}+V_R$을 이용하여 표현하면 식 (7.46)과 같이 된다.

$$\mathcal{E}_{\max} = -\left\{\frac{2e(V_{bi}+V_R)}{\epsilon_s}\left[\frac{N_a N_d}{N_a+N_d}\right]\right\}^{\frac{1}{2}} \tag{7.46}$$

이 식에 식 (7.45)를 대입하여, pn 접합 내 최대 전계를 전체 공핍층 폭 W로 표현하면 다음과 같다.

$$\mathcal{E}_{\max} = \frac{-2(V_{bi}+V_R)}{W} \tag{7.47}$$

전계가 선형으로 변화하므로 최대 전계의 절반의 크기가 평균 전계가 되고, 이 평균 전계 $-\frac{\mathcal{E}_{\max}}{2}$와 폭 W를 곱하면 전위차 $V_{bi}+V_R$이 됨을 알 수 있다. 공핍층 폭이 증가하면서 전계가 증가하고 동시에 전위도 $V_{bi}+V_R$로 증가하여, n 영역의 전도대역에 존재하는 전자가 p 영역으로 진행할 때 에너지장벽이 $e(V_{bi}+V_R)$로 더 커진다.

역방향 전압을 인가할 때, p 영역과 n 영역에서의 다수캐리어 및 소수캐리어의 농도를 [그림 7-13(a-vi)]에 나타내었다. p 영역의 소수캐리어인 전자는 $x=-x_p$에서 공핍층으로 급격히 사라지며, 대부분의 역방향 바이어스 상태에서는 $x=-x_p$에서 전자 농도가 0에 가까운 값이 된다([예제 8-2] 참조). 따라서 $x<-x_p$인 중성영역으로부터 오른쪽 공핍층 쪽으로 전자들이 확산해 들어간다. $x=-x_p$에 전자가 사라지는 싱크[sink]가 존재하고, p형 전체 영역에서 전자들이 계속 생성되어 농도를 n_{p0}로 일정하게 유지하는 상태이다. 이때의 전자농도 분포 식은 다음과 같은 형태가 될 것이다(6.3.4절 참조).

$$n(x) = n_{p0}\left\{1 - Ae^{(x+x_p)/L_n}\right\} \tag{7.48}$$

마찬가지로 n 영역의 소수캐리어인 정공은 $x = x_n$에서 공핍층으로 급격히 사라지며, 대부분의 역방향 바이어스 상태에서는 $x = x_n$에서 정공농도가 0에 가까운 값이 된다([예제 8-2] 참조). 따라서 $x > x_n$인 중성영역으로부터 왼쪽 공핍층 쪽으로 정공들이 확산해 들어간다. $x = x_n$에 정공이 사라지는 싱크가 존재하고, n형 전체 영역에서 정공들이 계속 생성되어 농도를 p_{n0}로 일정하게 유지하는 상태이다. 이때의 정공농도 분포 식은 다음과 같은 형태가 된다(6.3.4절 참조).

$$p(x) = p_{n0}\{1 - Ae^{-(x - x_n)/L_p}\} \tag{7.49}$$

이 식에 따르면 $x = x_n$에서

$$p(x_n) = p_{n0}\{1 - Ae^{-(x_n - x_n)/L_p}\} = p_{n0}(1 - A)$$

가 된다. 이 값은 0 이상이므로 $1 - A \geq 0$, 즉 $A \leq 1$이어야 한다.

바이어스 전압을 가한 경우에는 열평형상태의 페르미 에너지를 사용할 수는 없고, 대신 의사-페르미 에너지를 사용하여 농도와 연관 지어 생각할 수 있다. [그림 7-13 (a-ⅴ)]는 정공과 전자에 대한 의사-페르미 에너지인 E_{Fp}와 E_{Fn}을 보여준다.

예제 7-9

전자와 정공이 n형 전체 영역에 걸쳐 일정한 비율로 계속 생성되고 있다고 가정하자. 정상상태에서, 균일한 반도체에 대하여 생성률과 재결합률은 같다. 따라서 $R(\infty) = R(x_n)$이므로 $\frac{p(\infty)}{\tau_p} = \frac{p(x_n)}{\tau'_p}$이 성립한다. 여기서 $x = x_n$일 때 정공의 수명은 τ'_p이고, $x \to \infty$일 때 정공의 수명은 τ_p이다. 식 (7.49)에서 A 값을 구하고, $p(x)$의 그래프를 그려라.

풀이

$x > x_n$인 중성 영역에는 전계가 존재하지 않으므로 $\mathcal{E} = 0$이고, 열에너지에 의한 일정한 생성률이 존재하므로 $g > 0$이다. 또한 정상상태이므로 $\frac{\partial p}{\partial t} = 0$이 되어 이 현상을 지배하는 방정식은 다음과 같이 쓸 수 있다.

$$D_p\frac{d^2p}{dx^2} + g - \frac{p}{\tau_{p0}} = 0 \tag{7.50}$$

생성률 g는 정상상태에서 $R(\infty) = \frac{p(\infty)}{\tau_p} = \frac{p_{n0}}{\tau_p}$와 같다. 따라서

$$g = \frac{p(\infty)}{\tau_p} = \frac{p_{n0}}{\tau_p} \tag{7.51}$$

이다. 식 (7.50)의 해는 다음과 같다.

$$p(x) = g\tau_p + c_1 e^{(x-x_n)/L_p} + c_2 e^{-(x-x_n)/L_p} \tag{7.52}$$

여기서 $L_p = \sqrt{D_p \tau_p}$ 이다. $x \to \infty$ 로 감에 따라 식 (7.51)에서 $p(\infty) = g\tau_p$로 되며, 이는 $c_1 = 0$을 의미한다. $x = x_n$일 때 $p(x_n) = g\tau_p + c_2 = g\tau'_p$이며, 따라서 $c_2 = g(\tau'_p - \tau_p)$이다. c_1과 c_2를 식 (7.52)에 대입하여 정리하면, 정상상태에서 거리 x에 따른 소수캐리어 정공의 농도는 다음과 같다.

$$p(x) = g\tau_p - (g\tau_p - g\tau'_p)e^{-(x-x_n)/L_p} = g\tau_p\left\{1 - \left(1 - \frac{\tau'_p}{\tau_p}\right)e^{-(x-x_n)/L_p}\right\} \tag{7.53}$$

식 (7.49) $p(x) = p_{n0}\{1 - Ae^{-(x-x_n)/L_p}\}$과 식 (7.53)을 비교하면, $A = 1 - \frac{\tau'_p}{\tau_p}$ 임을 알 수 있다. τ'_p는 $x = x_n$에서 정공의 수명이고 τ_p는 $x \to \infty$에서 정공의 수명으로, $x = x_n$에서 정공들이 공핍층으로 사라져버리므로 평균수명이 더 짧다. 따라서 $0 \le \tau'_p < \tau_p$가 되고, $0 \le \frac{\tau'_p}{\tau_p} < 1$이 되며, 결국 $0 < A \le 1$이 된다.

$p(x)$의 그래프를 그리면 [그림 7-14]와 같이 된다.

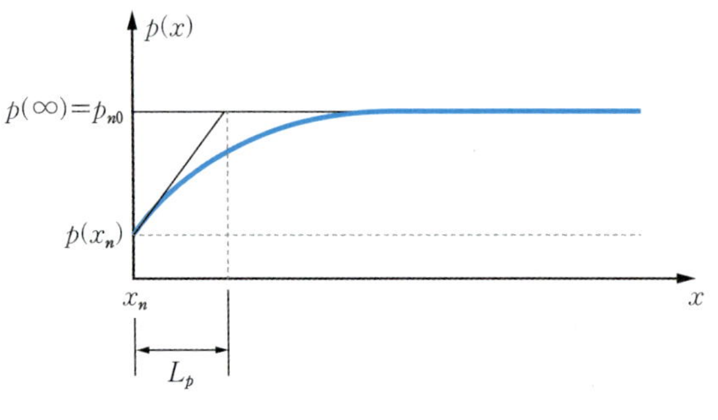

[그림 7-14] $p(x) = p_{n0}\{1 - Ae^{-(x-x_n)/L_p}\}$의 그래프

7.3.3 pn 접합에서 공핍층의 접합 커패시턴스

역방향 바이어스된 pn 접합 공핍층의 접합 커패시턴스는 얼마일까?

공핍영역 내에서 양(+)과 음(−)의 전하가 분리되어 존재하기 때문에 pn 접합에 커패시턴스가 존재하게 된다. [그림 7-15]는 p와 n 영역에서 각각 N_a 및 N_d로 균일한 도펀트 농도를 갖는 pn 접합에, 외부에서 인가한 역방향 바이어스 전압이 V_R일 때와 $V_R + dV_R$일 때의 공핍층에서의 전하밀도를 비교하여 동시에 보여준다.

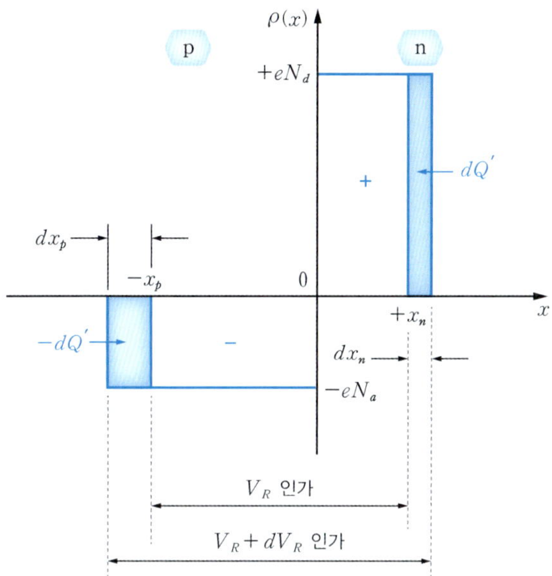

[그림 7-15] 균일 도핑된 pn 접합에 역방향 바이어스 전압이 V_R일 때와 $V_R + dV_R$일 때의 공핍층에서의 전하밀도 변화

역방향 바이어스 전압이 dV_R만큼 증가하면, p 영역에서는 억셉터 (−) 이온의 증분 $-dQ = -eN_a(A\,dx_p)$가 생기고, n 영역에서는 도너 (+) 이온의 증분 $dQ = eN_d(A\,dx_n)$이 생긴다. 여기서 A는 pn 접합의 접합 면적이고, dx_p와 dx_n은 각각 p 영역과 n 영역에서 역방향 전압이 dV_R만큼 증가되면서 야기된 공핍층의 변화폭이다. 커패시턴스는 단면적에 따라 달라지므로 면적에 무관한 커패시턴스를 정의하여 취급하는 것이 편리하다. 따라서 전하량의 증분을 단면적으로 나누어, 접합 단위면적당 전하량을 $dQ'\,[\mathrm{C/cm^2}]$이라고 정의하면

$$dQ' = eN_d dx_n = eN_a dx_p \tag{7.54}$$

가 된다. 이 식을 사용하여 **단위면적당 접합 커패시턴스** $C'\,[\mathrm{F/cm^2}]$을 표현하면 다음과 같이 정의된다.

$$C' = \frac{dQ'}{dV_R} \tag{7.55}$$

따라서 접합 커패시턴스는 다음과 같이 쓸 수 있다.

$$C' = \frac{dQ'}{dV_R} = eN_d\frac{dx_n}{dV_R} = eN_a\frac{dx_p}{dV_R} \tag{7.56}$$

전위장벽 $V_{total} = V_{bi} + V_R$을 이용해 x_n을 표현한 식 (7.44)와 x_p를 표현한 식 (7.43)을 식 (7.56)에 대입하면, 접합 커패시턴스는 다음과 같다(연습문제 7.6).

$$C' = \left\{\frac{e\epsilon_s N_a N_d}{2(V_{bi}+V_R)(N_a+N_d)}\right\}^{\frac{1}{2}} \tag{7.57}$$

이 **접합 커패시턴스**junction capacitance를 **공핍층 커패시턴스**depletion layer capacitance라 부르기도 한다.

접합 커패시턴스와 평행판 커패시턴스 간에는 어떤 유사성이 있을까?

[그림 7-16(a)]와 같이 역방향 바이어스 전압 V_R을 가한 상태에서 작은 크기의 교류 전압 ΔV_R을 인가한 경우, 공핍층의 폭은 W와 W' 사이를 왔다 갔다 할 것이다. 이렇게 되면 미분 전하량 dQ'의 전하량 변화가 유발된다. 전압의 변화에 따라 변화하지 않는 전하량은 제외하고, 변화하는 전하량만을 그림으로 나타내면 [그림 7-16(b)]와 같다. [그림 7-16(c)]는 두 금속판이 W의 간격을 두고 서로 마주보고 있을 때, 전압 V_R을 가한 상태에서 작은 크기의 교류전압 ΔV_R을 인가한 경우에 금속판에 유기된 전하량 변화를 나타낸 것이다.

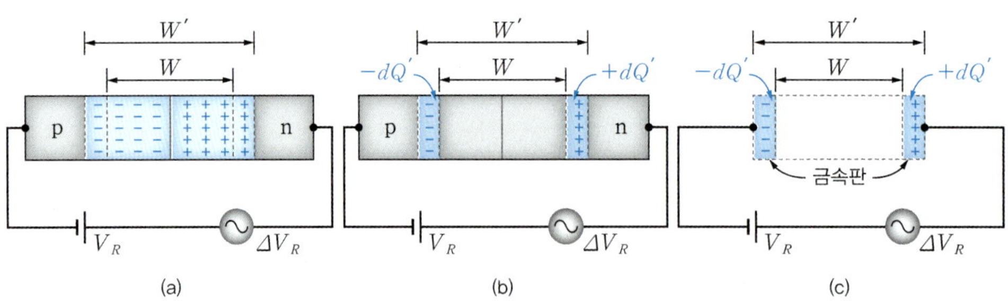

[그림 7-16] 역방향 전압 V_R에 추가하여 교류전압 ΔV_R을 인가한 경우 (a) 공핍층의 공간전하 변화, (b) 전하량 증분 dQ', (c) 평행한 두 금속판에서 전하량 증분 dQ'

커패시턴스는 인가한 전압에 의존하지 않고 기하학적인 구조에 의존한다. 전압 변화에 따른 전하량 변화가 [그림 7-16(b)]와 [그림 7-16(c)]에서 동일한 기하학적 모양으로 발생하므로, 두 커패시터는 동일한 커패시터로 취급할 수 있다. 따라서 pn 접합의 단위면적당 접합 커패시턴스는 평행판 커패시터에서 구한 단위면적당 커패시턴스로 표현할 수 있고(연습문제 7.8), 이는 다음과 같다.

$$C' = \frac{\epsilon_s}{W} \tag{7.58}$$

여기서 W는 커패시터를 구성한 두 평행 금속판 사이의 거리이며, pn 접합에서는 전체 공핍층의 폭이 된다. 즉 [예제 7-10]과 같이 식 (7.58)은 식 (7.57)과 식 (7.45)로부터 얻을 수 있다.

일반적으로 가하는 전압에 따라 커패시터의 기하학적 구조가 변화하지 않을 때는, 커패시턴스 값이 가해주는 전압과 무관하게 일정한 값을 가진다. 그러나 pn 접합에서는 가해주는 전압에 의존하여 공간전하폭 W가 변화하여 커패시턴스의 기하학적인 구조가 변화하므로, 커패시턴스 또한 인가한 바이어스 전압 V_R의 함수가 된다.

예제 7-10

식 (7.57)의 접합 커패시턴스와 식 (7.45)의 공핍층 두께로부터 $C' = \frac{\epsilon_s}{W}$를 증명하라.

풀이

식 (7.57)로부터

$$C' = \left\{ \frac{e\epsilon_s N_a N_d}{2(V_{bi} + V_R)(N_a + N_d)} \right\}^{\frac{1}{2}} = \frac{\left(\epsilon_s^2\right)^{\frac{1}{2}}}{\left\{ \frac{2\epsilon_s (V_{bi} + V_R)(N_a + N_d)}{eN_a N_d} \right\}^{\frac{1}{2}}}$$

이고, 식 (7.45)에서 $W = \left\{ \frac{2\epsilon_s (V_{bi} + V_R)}{e} \left[\frac{N_a + N_d}{N_a N_d} \right] \right\}^{\frac{1}{2}}$ 이므로 결국 다음과 같이 구할 수 있다.

$$C' = \frac{\epsilon_s}{\left\{ \frac{2\epsilon_s (V_{bi} + V_R)(N_a + N_d)}{eN_a N_d} \right\}^{\frac{1}{2}}} = \frac{\epsilon_s}{W}$$

7.3.4 일방형 접합에서 접합 커패시턴스와 도핑농도

일방형 접합일 때, 접합 커패시턴스를 측정해서 구할 수 있는 파라미터에는 어떤 것이 있을까?

pn 접합의 어느 한쪽을 다른 쪽에 비교하여 매우 고농도로 도핑해준 접합을 **일방형 접합**one-sided junction이라 한다. 만약 $N_a \gg N_d$이면 $\mathbf{p^+n}$ **접합**으로 표기한다. p^+n 접합에서 전체 공핍층 폭은 식 (7.45)로부터 다음과 같다.

$$W = \left\{ \frac{2\epsilon_s(V_{bi}+V_R)}{e} \left[\frac{N_a+N_d}{N_aN_d} \right] \right\}^{\frac{1}{2}} \simeq \left\{ \frac{2\epsilon_s(V_{bi}+V_R)}{eN_d} \right\}^{\frac{1}{2}} \tag{7.59}$$

x_p와 x_n에 대한 식은 p^+n 접합에서는 다음과 같이 된다.

$$x_n = \left\{ \frac{2\epsilon_s(V_{bi}+V_R)}{e} \left[\frac{N_a}{N_d} \right] \left[\frac{1}{N_a+N_d} \right] \right\}^{\frac{1}{2}}$$

$$\simeq \left\{ \frac{2\epsilon_s(V_{bi}+V_R)}{e} \left[\frac{1}{N_d} \right] \right\}^{\frac{1}{2}} \tag{7.60}$$

$$x_p = \left\{ \frac{2\epsilon_s(V_{bi}+V_R)}{e} \left[\frac{N_d}{N_a} \right] \left[\frac{1}{N_a+N_d} \right] \right\}^{\frac{1}{2}}$$

$$\simeq \left\{ \frac{2\epsilon_s(V_{bi}+V_R)}{e} \left[\frac{N_d}{N_a^2} \right] \right\}^{\frac{1}{2}} \tag{7.61}$$

일방형 p^+n 접합에서 $N_a \gg N_d$이므로 이 두 식을 비교하면

$$x_p \ll x_n \tag{7.62}$$

이 되고, 공핍층은 저농도로 도핑된 n형 영역으로 더 깊이 형성됨을 확인할 수 있다. 식 (7.59)와 식 (7.60)은 동일하므로

$$W \approx x_n \tag{7.63}$$

이 되어, 공핍층이 거의 대부분 적게 도핑된 쪽에 형성됨을 알 수 있다. p^+n 접합에서 체적전하밀도 $\rho(x)\,[\mathrm{C/cm^3}]$의 분포는 [그림 7-17(a)]와 같다.

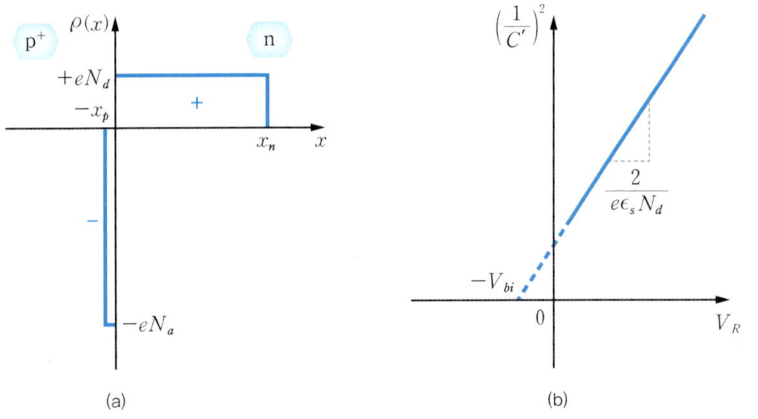

[그림 7-17] (a) 일방형 $\mathrm{p}^+\mathrm{n}$ 접합의 체적전하밀도 $\rho(x)$, (b) 역방향 전압 V_R에 따른 $\left(\frac{1}{C'}\right)^2$의 그래프

$\mathrm{p}^+\mathrm{n}$ 접합의 접합 커패시턴스는 식 (7.57)에서 다음과 같이 된다.

$$C' = \left\{\frac{e\epsilon_s N_a N_d}{2(V_{bi} + V_R)(N_a + N_d)}\right\}^{\frac{1}{2}} \simeq \left\{\frac{e\epsilon_s N_d}{2(V_{bi} + V_R)}\right\}^{\frac{1}{2}} \tag{7.64}$$

공핍층 커패시턴스는 공핍층 폭 W에 반비례하는데, 일방형 접합에서 공핍층 폭 W는 적게 도핑된 쪽에만 형성된다고 볼 수 있다. 공핍층 폭 W는 도핑농도의 제곱근에 반비례하므로, 결국 공핍층 커패시턴스는 적게 도핑된 쪽의 도핑농도의 제곱근에 비례하게 된다. 식 (7.64)를 다른 형태로 쓰면 다음과 같이 나타낼 수 있다.

$$\left(\frac{1}{C'}\right)^2 = \frac{2(V_{bi} + V_R)}{e\epsilon_s N_d} \tag{7.65}$$

이 식은 커패시턴스 제곱의 역수가 인가한 역방향 바이어스 전압 V_R에 대하여 선형함수임을 알려준다.

역방향 전압 V_R을 변화시키면서 커패시턴스를 측정한 후, 세로축을 $\left(\frac{1}{C'}\right)^2$으로 하고 가로축을 V_R로 하여 그래프를 그리면 [그림 7-17(b)]와 같은 형태가 된다. 식 (7.65)를 유도할 때 사용된 가정은 일방형 접합과 평면형 접합면, 계단접합, p 및 n 영역에서의 균일한 도핑농도 등이다. 이런 가정이 만족되는 경우 [그림 7-17(b)]로부터 두 가지 중요한 값을 구할 수 있는데, 하나는 가로축 절편으로부터 얻을 수 있는 **내부전위 V_{bi}**이고, 또 하나는 직선의 기울기로부터 얻을 수 있는 **적게 도핑된 쪽의 도핑농도 N_d**이다.

- **내부전위 V_{bi}** : 순방향 바이어스를 가하면 공핍층 커패시턴스 이외에 8.2.3절에서 다룰 확산 커패시턴스가 존재하기 때문에, 측정된 커패시턴스는 식 (7.65)를 따르지 않는다. 따라서 가로축 절편인 내부전위 V_{bi}를 구하기 위해서는 [그림 7-17(b)]에서 역방향 바이어스일 때의 실험 데이터 값을 직선으로 외삽해서 가로축 절편을 구해야 한다. 내부전위 V_{bi}는 직접 전압계로 외부에서 측정하는 것이 불가능함을 알았으나(7.2.4절 참조), 이와 같이 간접적으로 측정하는 것은 가능하다.
- **적게 도핑된 쪽의 도핑농도 N_d** : 직선의 기울기가 $\dfrac{2}{e\epsilon_s N_d}$ 이므로 반도체의 유전율을 알면, 적게 도핑된 쪽의 도핑농도 N_d를 계산할 수 있다.

예제 7-11

pn^+ 접합에서 열평형상태일 때 체적전하밀도 $\rho(x)$, 전계 $\mathcal{E}(x)$, 전위 $V(x)$, 에너지 $E(x)$를 구하고, 그래프의 개형을 그려라.

풀이

pn^+ 접합에서는 $N_a \ll N_d$이므로, x_p와 x_n에 대한 식은 다음과 같이 된다.

$$x_n = \left\{\frac{2\epsilon_s V_{bi}}{e}\left[\frac{N_a}{N_d}\right]\left[\frac{1}{N_a+N_d}\right]\right\}^{\frac{1}{2}} \text{에서 } x_n = \left\{\frac{2\epsilon_s V_{bi}}{e}\left[\frac{N_a}{N_d^{\,2}}\right]\right\}^{\frac{1}{2}}$$

$$x_p = \left\{\frac{2\epsilon_s V_{bi}}{e}\left[\frac{N_d}{N_a}\right]\left[\frac{1}{N_a+N_d}\right]\right\}^{\frac{1}{2}} \text{에서 } x_p = \left\{\frac{2\epsilon_s V_{bi}}{e}\left[\frac{1}{N_a}\right]\right\}^{\frac{1}{2}}$$

따라서 $x_p \gg x_n$이 되며 $W \approx x_p$ 이다.

체적전하밀도 $\rho(x)$는 다음과 같다.

	$x \le -x_p$	$-x_p < x \le 0$	$0 < x \le x_n$	$x_n < x$
체적전하밀도 $\rho(x)$ [C/cm^3]	0	$-eN_a^- = -eN_a$	$eN_d^+ = eN_d$	0

$\dfrac{dD(x)}{dx} = \rho(x)$에서 $D(x) = \int \rho(x)dx$를 적용하면 다음과 같다.

	$x \le -x_p$	$-x_p < x \le 0$	$0 < x \le x_n$	$x_n < x$
전속밀도 $D(x)$ [C/cm^2]	0	$-eN_a(x+x_p)$	$eN_d(x-x_n)$	0

전속밀도 $\vec{D}$를 알면 $\vec{D} = \epsilon\vec{\mathcal{E}}$ 로부터 다음과 같이 전계의 세기 $\vec{\mathcal{E}}$를 구할 수 있다.

	$x \le -x_p$	$-x_p < x \le 0$	$0 < x \le x_n$	$x_n < x$
전계 $\mathcal{E}(x)$ [V/cm]	0	$-eN_a(x+x_p)\left(\frac{1}{\epsilon}\right)$	$eN_d(x-x_n)\left(\frac{1}{\epsilon}\right)$	0

전계의 세기 $\overrightarrow{\mathcal{E}}$를 알면 $\mathcal{E}(x) = -\dfrac{dV(x)}{dx}$로부터 전위 $V(x) = -\int \mathcal{E}(x)dx$ $V(x)$를 구할 수 있다.

	$x \le -x_p$	$-x_p < x \le 0$	$0 < x \le x_n$	$x_n < x$
전위 $V(x)$ [volt]	0	$\frac{eN_a}{2\epsilon}(x+x_p)^2$	$-\frac{eN_d}{2\epsilon}(x-x_n)^2 + V_{bi}$	V_{bi}

전자가 바라보는 위치에너지 분포는 $E(x) = -eV(x)$가 된다.

체적전하밀도 $\rho(x)$, 전계 $\mathcal{E}(x)$, 전위 $V(x)$, 에너지 $E(x)$의 그래프는 [그림 7-18]과 같다.

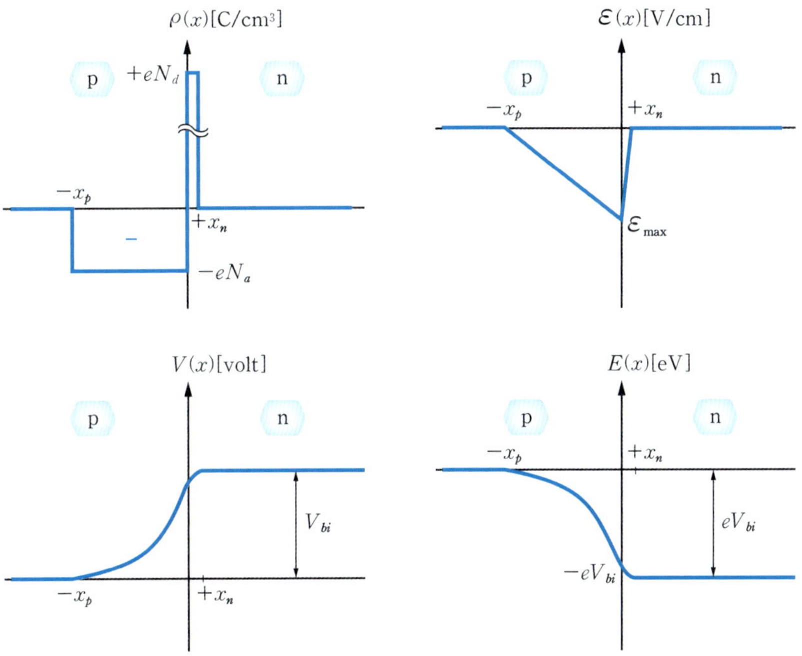

[그림 7-18] pn^+ 접합에서 열평형상태일 때, 체적전하밀도 $\rho(x)$, 전계 $\mathcal{E}(x)$, 전위 $V(x)$, 에너지 $E(x)$의 그래프

Chapter 07 연습문제

7.1 [그림 7-19]와 같은 pn 접합의 에너지밴드 다이어그램에 대하여 다음 물음에 답하라.

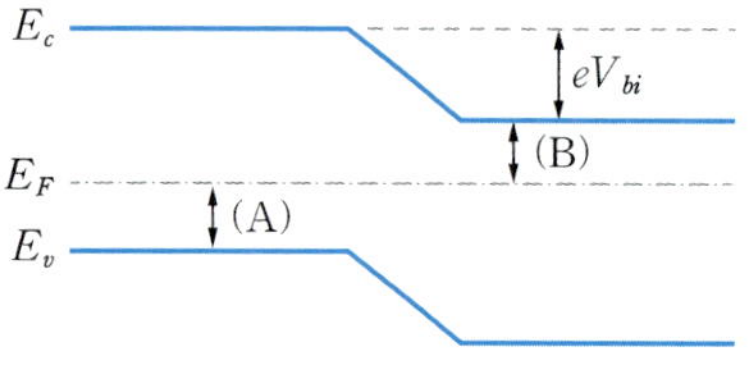

[그림 7-19]

(a) 그림에서 (A)의 크기를 도핑농도 N_a를 사용하여 표시하라.

(b) 그림에서 (B)의 크기를 도핑농도 N_d를 사용하여 표시하라.

(c) 위 결과를 활용하여 내부전위는 $V_{bi} = V_t \ln\left(\dfrac{N_a N_d}{N_c N_v}\right) + \dfrac{E_g}{e}$ 임을 보여라.

7.2 [그림 7-20]은 동일한 물질의 pn 접합에 대하여, 온도만 서로 다른 두 경우의 에너지밴드 다이어그램을 그린 것이다. (a)와 (b) 중에서 어느 쪽이 고온의 그림인지 지정하고, 내부전위 V_{bi}의 변화에 대하여 설명하라.

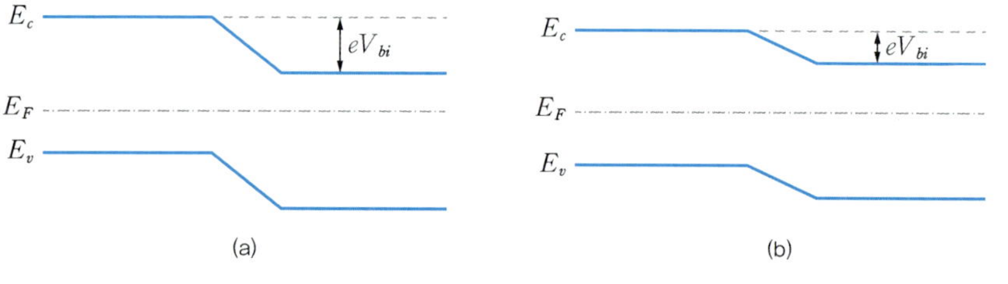

[그림 7-20]

7.3 에너지밴드갭 E_g가 큰 물질로 pn 접합을 형성한 경우, 내부전위 V_{bi}는 증가하는 것을 에너지밴드 다이어그램을 그려서 설명하라.

7.4 역방향 바이어스 전압 V_R을 인가했을 때, p 영역에서 소수캐리어인 전자의 농도 분포는 $n(x) = n_{p0}\{1 - Ae^{(x+x_p)/L_n}\}$과 같이 된다. 다음 물음에 답하라.

(a) $x \rightarrow -\infty$ 일 때 전자의 농도를 구하라.

(b) 상수 A의 범위를 구하라.

(c) $x = -x_p$에서 전자가 사라지는 속도를 구하라.

7.5 [그림 7-14]의 $p(x) = p_{n0}\{1 - Ae^{-(x-x_n)/L_p}\}$의 그래프에서, $x = x_n$에서 그래프의 기울기를 연장한 선이 $p(\infty) = g\tau_p = p_{n0}$와 만나는 점의 x 값이 L_p임을 증명하라.

7.6 접합 커패시턴스 식 (7.57)을 유도하려고 한다. 다음의 각 방식으로 유도해보라.

(a) x_p를 표현한 식 (7.43)을 식 (7.56)에 대입하는 방식

(b) x_n을 표현한 식 (7.44)를 식 (7.56)에 대입하는 방식

7.7 $T = 300\,\text{K}$에서 실리콘 pn 접합 반도체의 도핑농도가 $N_a = 1.5 \times 10^{17}\,\text{cm}^{-3}$과 $N_d = 1.5 \times 10^{17}\,\text{cm}^{-3}$이고, 역 바이어스 전압 $V_R = 2\,\text{V}$일 때, 접합 커패시턴스를 구하라. 실리콘의 진성 캐리어 농도는 $n_i = 1.5 \times 10^{10}\,\text{cm}^{-3}$이고, 비유전율은 $\epsilon_r = 11.7$이며, 진공의 유전율은 $\epsilon_0 = 8.854 \times 10^{-14}\,\text{F/cm}$이다.

7.8 [그림 7-21]과 같이 단면적이 A인 두 금속판이 서로 마주보면서 거리 d만큼 떨어져 위치하고, 두 판 사이에 유전율 ϵ의 유전체를 채운 경우, 이 평행판 커패시터의 단위면적당 커패시턴스를 구하라.

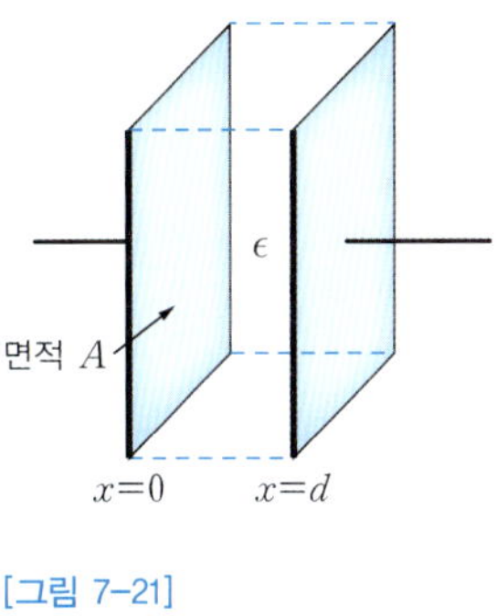

[그림 7-21]

7.9 일방형 p^+n 접합에서 $x > 0$인 n 영역의 도핑농도가 $N(x) = cx^m$ (c는 상수, m은 실수)인 경우, 접합 커패시턴스는 다음과 같다.

$$C' = \left\{ \frac{ce\epsilon_s^{(m+1)}}{(m+2)(V_{bi} + V_R)} \right\}^{\frac{1}{m+2}}$$

바이어스 전압에 따라 리액턴스가 변화하는 버랙터 다이오드와 인덕터가 병렬로 연결된 LC 회로에서 공진 주파수가 바이어스 전압에 비례하게 만들려면, p^+n 접합 버렉터 다이오드의 n 영역 도핑농도를 어떻게 해주어야 하는지 구하라.

7.10 [그림 7-16(a)]와 같은 일방형 p^+n 접합의 체적전하밀도 $\rho(x)$로부터 전계 $\mathcal{E}(x)$, 전위 $V(x)$, 에너지 $E(x)$ 그래프의 개형을 그려보라.

Chapter 08

pn 접합 다이오드

7장에서 열평형상태와 역방향 바이어스된 pn 접합의 특성을 해석하였다. 8장에서는 이를 확장하여 순방향 바이어스 전압을 인가한 경우 pn 접합 공핍층의 폭과 전하밀도, 전계, 전위, 에너지의 분포가 어떻게 변화하는지 살펴본다. pn 접합 다이오드의 전류-전압 특성을 이해하기 위해 먼저 소수캐리어 농도의 분포에 유의하여 이상적인 확산 전류를 계산해보고, 이에 추가하여 트랩을 통한 재결합 전류와 생성 전류를 살펴봄으로써 종합적인 전류-전압 특성을 유도한다. 또한 두 가지의 접합 항복 메커니즘에 대한 원리와 조건을 이해한다. 나아가 pn 접합 다이오드의 온도 특성과 소신호 모델, 확산 커패시턴스를 이해하도록 한다. 또한 길이가 짧은 다이오드의 특성을 살펴보는데, 이는 소자의 집적도가 높아지면서 소자가 소형화될 때, 혹은 트랜지스터 등 의도적으로 얇은 두께의 층을 갖는 반도체 소자의 특성 해석에 중요하게 활용된다. 전류의 도통과 차단이 반복될 때 전하 축적과 소멸이 과도기 특성을 갖게 되며, 이는 고주파 특성에 영향을 준다. 이러한 모든 pn 접합 다이오드의 특성은 다음 장에서 다룰 바이폴라 트랜지스터와 전계효과 트랜지스터 등 pn 접합으로 이루어지는 모든 반도체 소자의 특성 이해에 기초가 되는 매우 중요한 내용이다.

pn 접합의 응용으로 에너지 변환소자인 태양전지와 음의 미분 저항 특성이 나타나는 터널 다이오드를 살펴본다. 먼저 광 흡수와 광 생성을 이해하고, pn 접합 태양전지의 원리와 특성을 이해하도록 한다. 마지막으로 터널링의 양자현상을 이용한 터널 다이오드의 원리를 이해한다.

8.1 pn 접합 다이오드의 이상적인 전류-전압 관계

7.3.2절에서 역방향 바이어스 전압 V_R을 인가했을 때, 공핍층에 생긴 체적전하밀도 $\rho(x)$, 전계 $\mathcal{E}(x)$, 전위 $V(x)$, 에너지 $E(x)$, 캐리어 농도 분포를 구했고, 정공과 전자에 대한 의사-페르미 에너지인 E_{Fp}와 E_{Fn}을 그려보았다.

지금부터는 순방향 바이어스 전압 V_F를 인가했을 때 공핍층에 생긴 체적전하밀도 $\rho(x)$의 분포가 어떻게 변화하고, 이로부터 전계 $\mathcal{E}(x)$, 전위 $V(x)$, 에너지 $E(x)$가 어떻게 변화하며, 캐리어 농도 분포와 정공 및 전자에 대한 의사-페르미 에너지인 E_{Fp}와 E_{Fn}이 어떻게 변화하는지 알아보기로 한다. 이를 바탕으로 소수캐리어의 확산에 근거한 이상적인 전류-전압 관계를 유도해본다.

8.1.1 순방향 바이어스 에너지밴드 다이어그램과 과잉 캐리어 농도

순방향 바이어스일 때, 공핍층 폭 x_p, x_n의 크기는 얼마나 변화할까?

열평형상태에 있는 pn 접합의 공핍층 내에는 내부 전위 V_{bi}가 형성되어 있다. 순방향 바이어스 V_F를 pn 접합에 인가하면 이 전압은 pn 접합의 어느 부분에 주로 걸리게 될까?

공핍층 바깥에 존재하는 중성인 p 영역과 중성인 n 영역은 캐리어 농도가 커서 전도율 σ가 매우 크며, 역으로 저항률 ρ는 매우 작아 전압 강하 $V=IR$은 거의 0이거나 극히 작아 무시될 수 있다. 따라서 **가해준 전압 V_F는 대부분 공핍층에 걸리게 된다.** 가해준 전압 V_F에 의해 유기된 전계 $\mathcal{E}_F$는 기존의 내부 전위 V_{bi}와 연관된 전계(열평형 공핍층 내 전계)와 반대 방향을 가지기 때문에, **가해준 전압 V_F는 내부 전위 V_{bi}를 낮추는 작용을 한다.** 공핍층에는 열평형상태의 내부 전위 V_{bi}만 존재할 때보다 더 작은 전계가 n쪽에서 p쪽을 향해 $-x$ 방향으로 존재하게 된다. 전계는 양(+)의 전하 쪽에서 시작하여 음(−)의 전하 쪽에서 끝난다. 따라서 전계가 감소한다면 양과 음의 전하량도 감소함을 의미한다. 공핍층 내에서의 양과 음의 전하량이 감소한다는 것은 공핍층 폭 W가 감소해야 가능하다.[1] 그러므로 순방향 바이어스 전압 V_F가 증가하면 공핍층 폭 W는 감소한다. 이 현상이 [그림 8-1]에 나타나 있다.

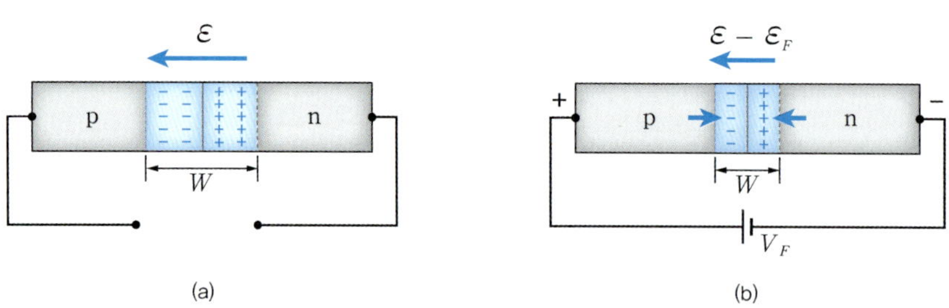

[그림 8-1] (a) 열평형상태와 (b) 순방향 바이어스 전압 V_F가 인가될 때, pn 접합에서 유기된 전계의 방향과 줄어든 공핍층의 폭

1 공핍층 폭 W에 대해서는 7장의 7.2.6절에서 살펴보았다.

순방향 바이어스 전압에 의해 왼쪽 p 단자 접촉점에 (+) 전압이 가해지므로, 이 전압은 왼쪽 p 영역의 다수캐리어인 (+) 전하 정공을 더 $+x$ 방향으로 밀고([그림 8-1(b)]에서 오른쪽 화살표로 표시), 정공과 전하중성을 이루고 있던 억셉터 (−) 이온이(그림에서 − 부호로 표시) 공간에서 사라지게 만든다. 동시에 오른쪽 n 단자 접촉점에는 (−) 전압이 가해지므로, 이 전압은 오른쪽 n 영역의 다수캐리어인 (−) 전하 전자를 더 $-x$ 방향으로 이동시키고([그림 8-1(b)]에서 왼쪽 화살표로 표시), 전자와 전하중성을 이루고 있던 도너 (+) 이온이(그림에서 + 부호로 표시) 공간에서 사라지게 만든다. 결국 공핍층의 폭은 그림처럼 더 좁아지고, 공핍층에서 드러난 감소된 도펀트 이온의 전하량은 총 전계를 평형상태보다 더 감소시킨다.

따라서 열평형상태에 있을 때에 형성된 확산력과 전계력 간에 유지되었던 균형이 깨지게 된다. 다수캐리어가 공핍층을 건너 확산해가는 것을 방해하던 전계력이 줄어들어서, n 영역 다수캐리어 전자는 공핍층을 건너 p쪽으로 넘이기고 p 영역 다수캐리어 정공은 공핍층을 건너 n쪽으로 넘어간다. 바이어스 전압 V_F가 인가되어 있는 한 공핍층을 넘어가는 다수캐리어의 주입은 계속되며, 따라서 pn 접합에 전류가 흐르게 된다. 이 바이어스 조건을 **순방향 바이어스**forward bias라고 부른다.

앞에서 열평형상태에서 공핍층 폭 x_p와 x_n, 그리고 W는 다음 식과 같았다.

$$x_p = \left\{ \frac{2\epsilon_s V_{bi}}{e} \left[\frac{N_d}{N_a} \right] \left[\frac{1}{N_a + N_d} \right] \right\}^{\frac{1}{2}}$$

$$x_n = \left\{ \frac{2\epsilon_s V_{bi}}{e} \left[\frac{N_a}{N_d} \right] \left[\frac{1}{N_a + N_d} \right] \right\}^{\frac{1}{2}}$$

$$W = \left\{ \frac{2\epsilon_s V_{bi}}{e} \left[\frac{N_a + N_d}{N_a N_d} \right] \right\}^{\frac{1}{2}}$$

순방향 바이어스 전압 V_F를 인가한 경우에는 이 식에서 V_{bi} 대신 $V_{bi} - V_F$를 대입하여 계산하면 되며, 이는 다음과 같다.

$$x_p = \left\{ \frac{2\epsilon_s (V_{bi} - V_F)}{e} \left[\frac{N_d}{N_a} \right] \left[\frac{1}{N_a + N_d} \right] \right\}^{\frac{1}{2}} \tag{8.1}$$

$$x_n = \left\{ \frac{2\epsilon_s (V_{bi} - V_F)}{e} \left[\frac{N_a}{N_d} \right] \left[\frac{1}{N_a + N_d} \right] \right\}^{\frac{1}{2}} \tag{8.2}$$

$$W=\left\{\frac{2\epsilon_s(V_{bi}-V_F)}{e}\left[\frac{N_a+N_d}{N_aN_d}\right]\right\}^{\frac{1}{2}}=\left\{\frac{2\epsilon_s(V_{bi}-V_F)}{e}\left[\frac{1}{N_a}+\frac{1}{N_d}\right]\right\}^{\frac{1}{2}} \tag{8.3}$$

이 식을 보면 순방향 바이어스 전압이 증가할수록 전체 공핍층 폭이 감소함을 알 수 있다.

순방향 바이어스일 때, 체적전하밀도 $\rho(x)$, 전속밀도 $D(x)$, 전계 $\mathcal{E}(x)$, 전위 $V(x)$, 에너지 $E(x)$, 캐리어 농도 분포는 어떻게 변화할까?

열평형상태에서와 마찬가지로, 거리에 따른 체적전하밀도 $\rho(x)$의 분포를 알면 이로부터 전속밀도 $D(x)$와 전계 $\mathcal{E}(x)$, 그리고 전위 $V(x)$ 및 에너지 $E(x)$ 분포를 구할 수 있다. 이들 각각에 대하여, 순방향 바이어스 V_F를 인가했을 때와 열평형상태인 경우를 서로 비교하면 [그림 8-2]와 같다.

공핍층 영역 내에서의 전계의 크기는 인가한 순방향 바이어스 전압이 증가할수록 감소한다. 전계는 공핍층 전체에 걸쳐서 거리의 선형함수이다. 순방향 바이어스 전압이 증가할수록 x_p와 x_n이 감소하기 때문에 전계의 크기도 역시 감소하게 된다. 금속학적 접합인 $x=0$에서의 최대 전계는 바이어스에 관계없이 식 (7.14)와 같다.

$$\mathcal{E}_{\max}=\frac{-eN_dx_n}{\epsilon_s}=\frac{-eN_ax_p}{\epsilon_s}$$

이 식의 x_p와 x_n에 식 (8.1)과 (8.2)를 대입하여, 최대 전계를 전체 전위 $V_{bi}-V_F$를 이용하여 다음과 같이 표현할 수 있다.

$$\mathcal{E}_{\max}=-\left\{\frac{2e(V_{bi}-V_F)}{\epsilon_s}\left[\frac{N_aN_d}{N_a+N_d}\right]\right\}^{\frac{1}{2}} \tag{8.4}$$

식 (8.4)에 식 (8.3)을 대입하여, pn 접합 내 최대 전계를 전체 공핍층 폭 W로 표현하면 다음과 같다.

$$\mathcal{E}_{\max}=\frac{-2(V_{bi}-V_F)}{W} \tag{8.5}$$

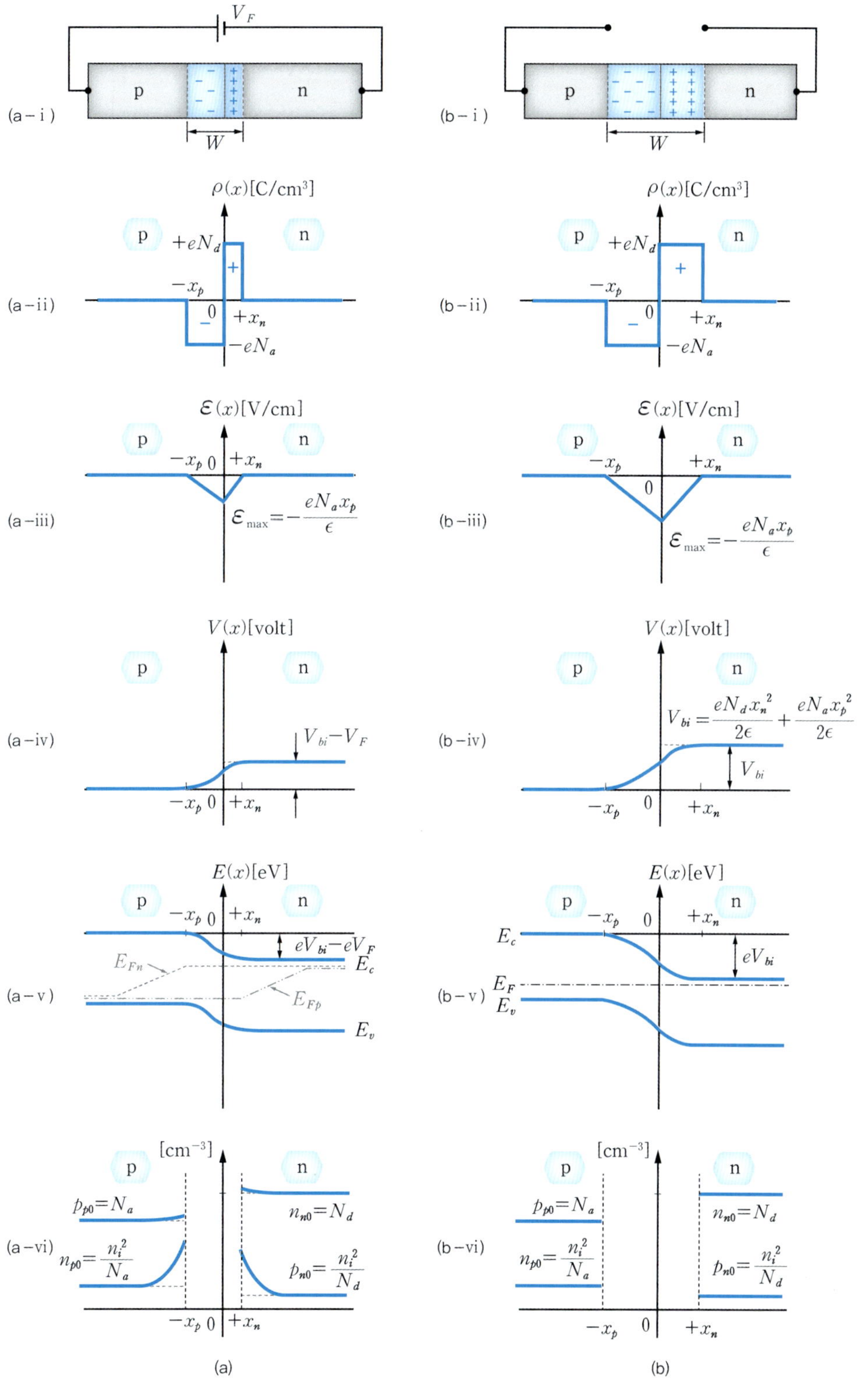

[그림 8-2] (a) 순방향 바이어스와 (b) 열평형상태에서의 체적전하밀도 $\rho(x)$, 전계 $\mathcal{E}(x)$, 전위 $V(x)$, 에너지 $E(x)$, 캐리어 농도 분포

전계가 선형으로 변화하므로 최대 전계의 절반의 크기가 평균 전계가 되고, 이 평균 전계 $-\frac{\mathcal{E}_{max}}{2}$와 폭 W를 곱하면 전위차 $V_{bi}-V_F$가 됨을 알 수 있다. 공핍층의 폭이 감소하면서 전계가 감소하고 동시에 전위도 $V_{bi}-V_F$로 감소하여, n 영역의 전도대역에 존재하는 전자가 p 영역으로 진행할 때 에너지장벽이 $e(V_{bi}-V_F)$로 더 낮아진다.

순방향 전압을 인가할 때, p 영역과 n 영역에서 다수캐리어 및 소수캐리어의 농도는 [그림 8-2(a-vi)]과 같이 변화한다. $x=-x_p$에서 p 영역의 소수캐리어인 전자농도를 n_1이라고 하면, n_1은 오른쪽 n 영역으로부터 주입된 전자로 인해 전자농도가 $n_1=n_{p0}\exp\left[\frac{eV_F}{kT}\right]$로 증가한다. 이는 오른쪽 n 영역이 $x=-x_p$에 전자의 농도를 n_1으로 일정하게 유지시키는 전자 공급원의 역할을 함을 의미한다. n 영역에서 계속 주입되는 전자들은 왼쪽 p 영역 깊숙이 계속 확산해 들어가면서, p 영역 다수캐리어인 정공과 재결합하여 점점 사라지게 된다. 이때의 p 영역 과잉 전자농도 분포식은 8.1.2절에서 다루도록 한다. 마찬가지로 $x=x_n$에서 n 영역의 소수캐리어인 정공농도를 p_1이라고 하면, p_1은 왼쪽 p 영역으로부터 주입된 정공으로 인해 정공농도가 $p_1=p_{n0}\exp\left[\frac{eV_F}{kT}\right]$로 증가한다. 이는 왼쪽 p 영역이 $x=x_n$에 정공의 농도를 p_1으로 일정하게 유지시키는 정공 공급원의 역할을 함을 의미한다. p 영역에서 계속 주입되는 정공들은 오른쪽 n 영역 깊숙이 계속 확산해 들어가면서, n 영역 다수캐리어인 전자와 재결합하여 점점 사라지게 된다. 이때의 정공농도 분포식도 8.1.2절에서 다루도록 한다.

순방향 바이어스일 때 공핍층 경계지점에서, 주입된 과잉 소수캐리어 농도는 얼마일까?

앞에서 순방향 전압 V_F를 인가하면, 공핍층의 p쪽 경계지점 $x=-x_p$에서 전자농도 n_1이 열평형 전자농도 n_{p0}보다 $\exp\left[\frac{eV_F}{kT}\right]$배만큼 증가하여 $n_1=n_{p0}\exp\left[\frac{eV_F}{kT}\right]$가 된다고 하였다. 그 이유를 살펴보자. 평형상태에서 p 영역의 소수캐리어인 전자농도는

$$n_{p0}=N_c\exp\left[\frac{-(E_{cp}-E_F)}{kT}\right]=N_c\exp\left[\frac{-(\mathrm{A})}{kT}\right] \tag{8.6}$$

이므로, [그림 8-3(b)]에서 에너지 간격 (A)의 크기가 클수록 농도는 작아진다. 반면 평형상태에서 n 영역의 다수캐리어인 전자농도는

$$n_{n0}=N_c\exp\left[\frac{-(E_{cn}-E_F)}{kT}\right]=N_c\exp\left[\frac{-(\mathrm{B})}{kT}\right] \tag{8.7}$$

이며, [그림 8-3(b)]에서 에너지 간격 (B)의 크기가 작을수록 농도는 커진다. 따라서 이 두 전자농도의 비율은

$$\frac{n_{p0}}{n_{n0}} = \exp\left[\frac{-(E_{cp}-E_{cn})}{kT}\right] = \exp\left[\frac{-(\mathrm{A}-\mathrm{B})}{kT}\right] = \exp\left[\frac{-eV_{bi}}{kT}\right]$$

가 되고, n_{n0}에 대하여 정리하면

$$n_{n0} = n_{p0}\exp\left[\frac{eV_{bi}}{kT}\right] \tag{8.8}$$

이 된다. 즉 에너지가 eV_{bi}만큼 낮은 위치에서 전자농도는 지수함수인 $\exp\left[\frac{eV_{bi}}{kT}\right]$배만큼 증가함을 알 수 있다.

순방향 전압 V_F를 인가한 후에는 전자의 의사-페르미 에너지 E_{Fn}을 사용해 전자농도를 표시할 수 있다. $x=-x_p$에서 p 영역의 소수캐리어인 전자농도를 n_1이라고 하면

$$n_1 = N_c\exp\left[\frac{-(E_{cp}-E_{Fn})}{kT}\right] = N_c\exp\left[\frac{-(\mathrm{C})}{kT}\right] \tag{8.9}$$

가 되고, [그림 8-3(a)]에서 에너지 간격 (C)의 크기가 클수록 전자농도는 작아진다. 반면 $x=x_n$에서 n 영역의 다수캐리어인 전자농도를 n_2이라고 하면

$$n_2 = N_c\exp\left[\frac{-(E_{cn}-E_{Fn})}{kT}\right] = N_c\exp\left[\frac{-(\mathrm{D})}{kT}\right] \tag{8.10}$$

가 되고, [그림 8-3(a)]에서 에너지 간격 (D)의 크기가 작을수록 전자농도는 커진다. 이 두 전자농도의 비율은 다음과 같다.

$$\frac{n_1}{n_2} = \exp\left[\frac{-(E_{cp}-E_{cn})}{kT}\right] = \exp\left[\frac{-(\mathrm{C}-\mathrm{D})}{kT}\right] = \exp\left[\frac{-e(V_{bi}-V_F)}{kT}\right] \tag{8.11}$$

만약 $n_2 = n_{n0}$이면, 즉 (B)=(D)이면, 식 (8.8)을 대입하여 주입된 전자 n_1을 열평형 전자농도 n_{p0}로 다음과 같이 표현할 수 있다.

$$\begin{aligned} n_1 &= n_2\exp\left[\frac{-e(V_{bi}-V_F)}{kT}\right] = n_{n0}\exp\left[\frac{-e(V_{bi}-V_F)}{kT}\right] \\ &= n_{n0}\exp\left[\frac{-eV_{bi}}{kT}\right]\exp\left[\frac{eV_F}{kT}\right] \end{aligned}$$

즉 $$n_1 = n_{p0}\exp\left[\frac{eV_F}{kT}\right] \tag{8.12}$$

n 영역의 다수캐리어인 전자농도 n_{n0}를 기준으로 하여 p 영역의 평형상태 전자농도 n_{p0}와 순방향 바이어스 상태 전자농도 n_1을 비교하면, n_1이 n_{p0}보다 에너지가 eV_F만큼 낮은 위치에서의 전자농도에 해당하므로, 지수함수인 $\exp\left[\frac{eV_F}{kT}\right]$배만큼 증가함을 알 수 있다.

위에서 $n_2 = n_{n0}$를 가정했는데, 주입된 소수캐리어의 농도가 기존의 다수캐리어의 농도보다 매우 작은 **저준위 주입**low level injection을 가정하면 식 $n_2 = n_{n0}$는 타당하다. 즉 순방향 바이어스로 인해 p 영역에서 n 영역으로 주입된 정공의 농도가 원래 n 영역의 전자농도 n_{n0}보다 매우 작은 경우, 주입된 정공과 전하중성을 이루기 위해서 경계면 근처에 모인 과잉 전자의 농도는 원래 평형상태의 전자농도인 n_{n0}와 비교하여 매우 적으므로 무시할 수 있다는 것이다.

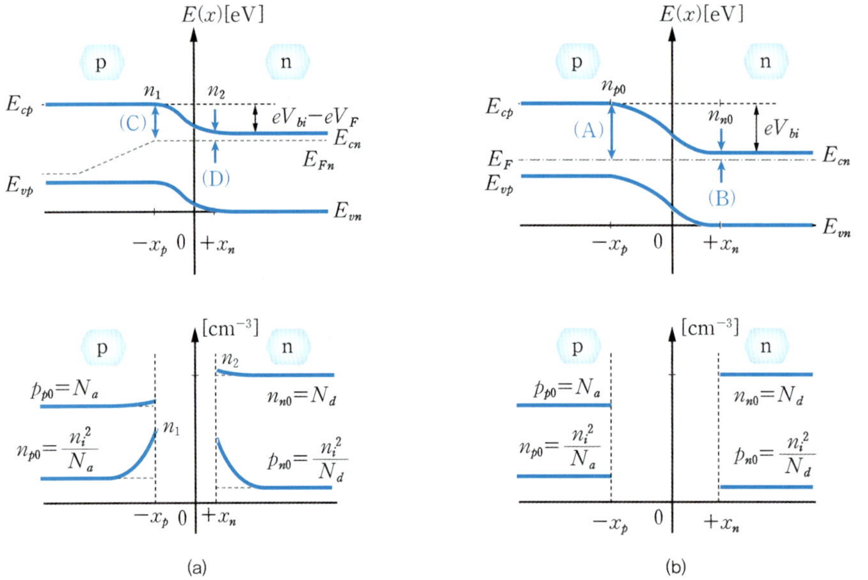

[그림 8-3] (a) 순방향 바이어스일 때와 (b) 열평형상태일 때의 에너지밴드 다이어그램과 캐리어 농도 분포

마찬가지로 순방향 전압 V_F를 인가하면, 공핍층의 n쪽 경계지점 $x = x_n$에서 정공농도 p_1이 열평형 전자농도 p_{n0}보다 $\exp\left[\frac{eV_F}{kT}\right]$배만큼 증가하여 다음과 같이 된다(연습문제 8.1).

$$p_1 = p_{n0}\exp\left[\frac{eV_F}{kT}\right] \tag{8.13}$$

예제 8-1

$T=300\,\text{K}$에서 $n_i=1.5\times10^{10}\,\text{cm}^{-3}$인 실리콘 pn 접합이 있다.

p형 도핑은 $N_a=1.5\times10^{15}\,\text{cm}^{-3}$이고, n형 도핑은 $N_d=1.5\times10^{17}\,\text{cm}^{-3}$인 pn 접합에 순방향 전압 $V_F=0.5\,\text{V}$를 인가했다. 공핍층의 양끝 $x=-x_p$와 $x=x_n$에서 주입된 소수캐리어 농도를 계산하라.

풀이

p형에서 소수캐리어인 열평형 전자농도는 $n_{p0}=\dfrac{n_i^2}{N_a}=\dfrac{(1.5\times10^{10})^2}{1.5\times10^{15}}=1.5\times10^5\,\text{cm}^{-3}$이다.

$x=-x_p$ 지점에서 식 (8.12)로부터 n_1은 다음과 같이 구할 수 있다.

$$n_1=n_{p0}\exp\left[\frac{eV_F}{kT}\right]=1.5\times10^5\exp\left(\frac{0.50}{0.0259}\right)=3.632\times10^{13}\,\text{cm}^{-3}$$

따라서 주입된 전자농도는 $n_1-n_{p0}=(3.632\times10^{13}-1.5\times10^5)=3.632\times10^{13}\,\text{cm}^{-3}$이다.

순방향 전압 $V_F=0.5\,\text{V}$를 인가했더니 p형에서 소수캐리어 전자농도는 10^8배만큼 증가했다. 전하중성조건을 유지하기 위해 과잉 정공농도도 이와 같이 증가되는데, 과잉 정공농도는 열평형 정공농도 $p_0=1.5\times10^{15}\,\text{cm}^{-3}$의 2.42% 정도로 적으므로 저준위 주입 조건이 적용된다고 볼 수 있다.

n형에서 소수캐리어인 열평형 정공농도는 $p_{n0}=\dfrac{n_i^2}{N_d}=\dfrac{(1.5\times10^{10})^2}{1.5\times10^{17}}=1.5\times10^3\,\text{cm}^{-3}$이다.
$x=x_n$ 지점에서 식 (8.13)으로부터 p_1은 다음과 같이 구할 수 있다.

$$p_1=p_{n0}\exp\left[\frac{eV_F}{kT}\right]=1.5\times10^3\exp\left(\frac{0.50}{0.0259}\right)=3.632\times10^{11}\,\text{cm}^{-3}$$

따라서 주입된 정공농도는 $p_1-p_{n0}=(3.632\times10^{11}-1.5\times10^3)=3.632\times10^{11}\,\text{cm}^{-3}$이다.

순방향 전압 $V_F=0.5\,\text{V}$를 인가했더니 n형에서 소수캐리어 정공농도도 10^8배만큼 증가했다. 전하중성조건을 유지하기 위해 과잉 전자농도도 이와 같이 증가되는데, 과잉 전자농도는 열평형 전자농도 $n_0=1.5\times10^{17}\,\text{cm}^{-3}$의 $2.42\times10^{-4}\%$ 정도로 적으므로 저준위 주입 조건이 적용된다고 볼 수 있다.

예제 8-2

$T=300\,\text{K}$에서 $n_i=1.5\times10^{10}\,\text{cm}^{-3}$인 실리콘 pn 접합이 있다.

p형 도핑은 $N_a=1.5\times10^{15}\,\text{cm}^{-3}$이고, n형 도핑은 $N_d=1.5\times10^{17}\,\text{cm}^{-3}$인 pn 접합에 V_F가

음수인 역방향 전압 $V_F = -0.05\,\text{V}$ 와 $V_F = -0.5\,\text{V}$ 를 인가했다. 공핍층의 양끝에서 소수캐리어 농도를 계산하라.

풀이

p형에서 소수캐리어인 열평형 전자농도는 $n_{p0} = \dfrac{n_i^2}{N_a} = \dfrac{(1.5\times10^{10})^2}{1.5\times10^{15}} = 1.5\times10^5\,\text{cm}^{-3}$ 이다.

$x = -x_p$ 지점에서 식 (8.12)로부터 $n_1 = n_{p0}\exp\left[\dfrac{eV_F}{kT}\right]$ 이므로,

① $V_F = -0.05\,\text{V}$ 인 경우

$n_1 = 1.5\times10^5\exp\left(\dfrac{-0.05}{0.0259}\right) = 2.176\times10^4\,\text{cm}^{-3}$ 이고, 이는 n_{p0} 의 14.5%에 해당한다.

② $V_F = -0.5\,\text{V}$ 인 경우

$n_1 = 1.5\times10^5\exp\left(\dfrac{-0.5}{0.0259}\right) = 6.195\times10^{-4}\,\text{cm}^{-3}$ 이고, 이는 n_{p0} 의 4.13×10^{-7}%에 해당한다. 따라서 $x = -x_p$ 지점에서 소수캐리어 농도를 0으로 볼 수 있다.

n형에서 소수캐리어인 열평형 정공농도는 $p_{n0} = \dfrac{n_i^2}{N_d} = \dfrac{(1.5\times10^{10})^2}{1.5\times10^{17}} = 1.5\times10^3\,\text{cm}^{-3}$ 이다.

$x = x_n$ 지점에서 식 (8.13)으로부터 $p_1 = p_{n0}\exp\left[\dfrac{eV_F}{kT}\right]$ 이므로,

① $V_F = -0.05\,\text{V}$ 인 경우

$p_1 = 1.5\times10^3\exp\left(\dfrac{-0.05}{0.0259}\right) = 218\,\text{cm}^{-3}$ 이고, 이는 p_{n0} 의 14.5%에 해당한다.

② $V_F = -0.5\,\text{V}$ 인 경우

$p_1 = 1.5\times10^3\exp\left(\dfrac{-0.5}{0.0259}\right) = 6.195\times10^{-6}\,\text{cm}^{-3}$ 이고, 이는 p_{n0} 의 4.13×10^{-7}%에 해당한다. 따라서 $x = x_n$ 지점에서 소수캐리어 농도를 0으로 볼 수 있다.

8.1.2 주입된 과잉 캐리어의 확산과 재결합

순방향 바이어스일 때, 접합을 건너 주입된 과잉 소수캐리어는 어떻게 분포할까?

순방향 바이어스 전압 V_F 를 인가하면, 각 영역은 서로 상대편 영역에 대하여 소수캐리어의 지속적인 공급원 역할을 한다. 접합을 건너 다수캐리어가 상대편 쪽으로 주입

되어 과잉 소수캐리어로 축적되며, 주입된 과잉 소수캐리어는 각 영역 깊숙이 확산하며 재결합하여 점점 사라지게 된다. 정상상태에 도달하였을 때의 p 영역 내에서 과잉 전자의 농도 분포 $\delta n_p(x)$와, n 영역 내에서 과잉 정공의 농도 분포 $\delta p_n(x)$를 구해보자. 이는 6.3.3절과 같이 과잉 캐리어가 확산과 재결합이 존재할 때 지수함수 형태로 농도가 줄어드는 경우에 해당한다.

6장에서 시간과 공간좌표의 함수로 과잉 캐리어의 움직임을 기술한 앰비폴러 전송방정식을 다루었다. p 영역과 n 영역 내에서의 과잉 소수캐리어인 전자와 정공에 대한 앰비폴러 전송방정식은 식 (6.31)과 (6.32)를 적용할 수 있으며, 다음과 같다.

p 영역 $$D_n \frac{\partial^2(\delta n_p)}{\partial x^2} + \mu_n \mathcal{E} \frac{\partial(\delta n_p)}{\partial x} + g' - \frac{\delta n_p}{\tau_{n0}} = \frac{\partial(\delta n_p)}{\partial t}$$

n 영역 $$D_p \frac{\partial^2(\delta p_n)}{\partial x^2} - \mu_p \mathcal{E} \frac{\partial(\delta p_n)}{\partial x} + g' - \frac{\delta p_n}{\tau_{p0}} = \frac{\partial(\delta p_n)}{\partial t}$$

여기서 $\delta n_p = n_p - n_{p0}$와 $\delta p_n = p_n - p_{n0}$는 과잉 소수캐리어 농도로서 전체 소수캐리어 농도와 열평형 소수캐리어 농도 사이의 차이를 의미한다.

공핍층 바깥에 존재하는 중성 p 영역과 n 영역은 캐리어 농도가 커서 전도율 σ가 매우 크며, 역으로 저항률 ρ는 매우 작아 전압 강하 $V = IR$은 거의 0이거나 극히 작아 무시될 수 있다. 따라서 중성 p 영역과 n 영역 내에서 $\mathcal{E} = 0$이고, $g' = 0$이며, 정상상태에서 $\frac{\partial(\delta n_p)}{\partial t} = \frac{\partial(\delta p_n)}{\partial t} = 0$이므로 앰비폴러 전송방정식은 다음과 같이 된다.

p 영역 내 과잉 소수캐리어 전자농도 $$\frac{d^2(\delta n_p)}{dx^2} - \frac{\delta n_p}{L_n^2} = 0 \quad (x \le -x_p) \tag{8.14}$$

n 영역 내 과잉 소수캐리어 정공농도 $$\frac{d^2(\delta p_n)}{dx^2} - \frac{\delta p_n}{L_p^2} = 0 \quad (x \ge x_n) \tag{8.15}$$

여기서 $L_n^2 = D_n \tau_{n0}$이고, $L_p^2 = D_p \tau_{p0}$이다.

각 영역에서 소수캐리어 전자 및 정공농도에 대한 경계조건은 다음과 같다.

$$\text{p 영역 전자농도} \quad n_p(-x_p) = n_{p0}\exp\left(\frac{eV_F}{kT}\right) \text{와 } n_p(x \to -\infty) = n_{p0} \qquad (8.16)$$

$$\text{n 영역 정공농도} \quad p_n(x_n) = p_{n0}\exp\left(\frac{eV_F}{kT}\right) \text{와 } p_n(x \to +\infty) = p_{n0} \qquad (8.17)$$

중성영역의 길이는 소수캐리어의 확산길이보다 매우 길다고 가정하여, 공핍층으로부터 거리가 먼 곳에서는 과잉 소수캐리어 농도는 0으로 본다. 이러한 구조를 '**긴**[long] **pn 접합 다이오드**'라고 부른다.

식 (8.14)와 (8.15)에 대한 일반해는 다음과 같다.

$$\delta n_p(x) = n_p(x) - n_{p0} = c_1 e^{x/L_n} + c_2 e^{-x/L_n} \quad (x \le -x_p) \qquad (8.18)$$

$$\delta p_n(x) = p_n(x) - p_{n0} = c_3 e^{x/L_p} + c_4 e^{-x/L_p} \quad (x \ge x_n) \qquad (8.19)$$

식 (8.16)과 (8.17)의 경계조건들을 각각 적용하면 계수 c_2와 c_3는 0이 되고, 계수 c_1과 c_4를 구하여 대입하면 해는 다음과 같이 된다(예제 8-3).

$$\delta n_p(x) = n_p(x) - n_{p0} = n_{p0}\left[\exp\left(\frac{eV_F}{kT}\right) - 1\right]\exp\left(\frac{x + x_p}{L_n}\right) \quad (x \le -x_p) \qquad (8.20)$$

$$\delta p_n(x) = p_n(x) - p_{n0} = p_{n0}\left[\exp\left(\frac{eV_F}{kT}\right) - 1\right]\exp\left(-\frac{x - x_n}{L_p}\right) \quad (x \ge x_n) \qquad (8.21)$$

과잉 소수캐리어 농도는 접합으로부터 멀어짐에 따라 지수함수 형태로 감소하여 최종적으로는 각각의 열평형 값으로 된다. 이 두 식을 $n_p(x)$와 $p_n(x)$에 대하여 그리면 [그림 8-4]와 같이 나타낼 수 있다.

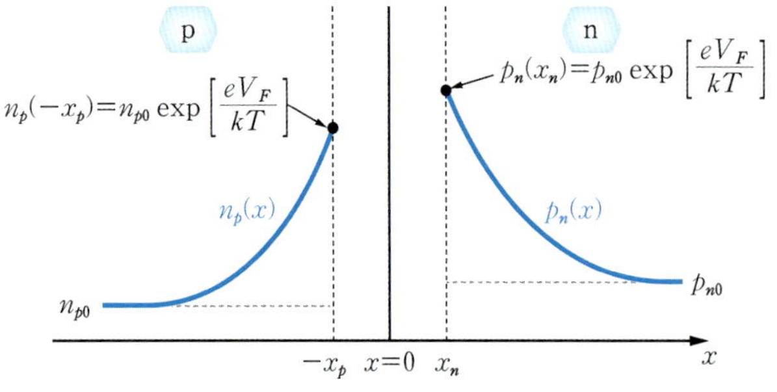

[그림 8-4] p 영역과 n 영역에서 소수캐리어 $n_p(x)$와 $p_n(x)$의 분포

예제 8-3

n 영역 내에서 과잉 소수캐리어 정공농도는 식 (8.15)와 같다. 캐리어 농도 $p_n(x)$에 대한 경계조건은 $p_n(x_n) = p_{n0}\exp\left(\frac{eV_F}{kT}\right)$와 $p_n(x \to +\infty) = p_{n0}$이다. 이로부터 $\delta p_n(x)$를 구하라.

풀이

$\frac{d^2(\delta p_n)}{dx^2} - \frac{\delta p_n}{L_p^2} = 0$의 해를 $\delta p_n(x) = Ae^{mx}$이라고 하고, 이를 식에 대입하면

$$\frac{d^2(\delta p_n)}{dx^2} - \frac{\delta p_n}{L_p^2} = \frac{d^2(Ae^{mx})}{dx^2} - \frac{Ae^{mx}}{L_p^2} = \left(m^2 - \frac{1}{L_p^2}\right)Ae^{mx} = 0$$

이 되어야 한다. 따라서 $m = \pm\frac{1}{L_p}$이 되어야 하므로 해의 일반형은 다음과 같이 나타낼 수 있고, 이는 식 (8.19)와 같다.

$$\delta p_n(x) = p_n(x) - p_{n0} = c_3 e^{x/L_p} + c_4 e^{-x/L_p} \quad (x \geq x_n)$$

$p_n(x)$에 대한 두 경계조건으로부터 $\delta p_n(x)$에 대한 경계조건을 구하면 다음과 같다.

$$p_n(x_n) = p_{n0}\exp\left(\frac{eV_F}{kT}\right)\text{에서} \quad \delta p_n(x_n) = p_n(x_n) - p_{n0} = p_{n0}\left[\exp\left(\frac{eV_F}{kT}\right) - 1\right] \tag{8.22}$$

$$p_n(x \to +\infty) = p_{n0}\text{에서} \quad \delta p_n(\infty) = p_n(\infty) - p_{n0} = 0 \tag{8.23}$$

경계조건 식 (8.23)을 식 (8.19)의 일반해에 적용하면 적분상수 $c_3 = 0$이어야 하고, 따라서 일반해는 다음과 같이 된다.

$$\delta p_n(x) = c_4 \exp\left(\frac{-x}{L_p}\right) \tag{8.24}$$

이 식에 경계조건 식 (8.22)를 적용하면 c_4는 다음과 같다.

$$c_4 = p_{n0}\left[\exp\left(\frac{eV_F}{kT}\right) - 1\right]\exp\left(\frac{x_n}{L_p}\right)$$

따라서 이 c_4를 식 (8.24)에 대입하면 $\delta p_n(x)$는 다음과 같고, 이는 식 (8.21)과 같다.

$$\delta p_n(x) = c_4\exp\left(\frac{-x}{L_p}\right) = p_{n0}\left[\exp\left(\frac{eV_F}{kT}\right) - 1\right]\exp\left(-\frac{x - x_n}{L_p}\right)$$

예제 8-4

p형 쪽에 주입된 소수캐리어인 과잉 전자의 분포는 식 (8.20)과 같다. 주입된 과잉 전자의 농도가 열평형상태의 전자의 농도인 n_{p0}보다 매우 크다고 가정하고, 의사-페르미 에너지 준위의 분포 $E_{Fn}(x)$를 구하라.

풀이

전자농도와 의사-페르미 에너지 준위와의 관계는 다음과 같다.

$$n_p(x) = N_c \exp\left[\frac{-(E_{cp} - E_{Fn})}{kT}\right] = n_{p0} + \delta n_p(x) \tag{8.25}$$

따라서

$$-(E_{cp} - E_{Fn}) = kT \ln\left[\frac{n_p(x)}{N_c}\right] \tag{8.26}$$

가 된다. 문제에서 주어진 다음 식 (8.20)인

$$\delta n_p(x) = n_p(x) - n_{p0} = n_{p0}\left[\exp\left(\frac{eV_F}{kT}\right) - 1\right]\exp\left(\frac{x + x_p}{L_n}\right)$$

으로부터

$$n_p(x) = \delta n_p(x) + n_{p0} = n_{p0}\left[\exp\left(\frac{eV_F}{kT}\right) - 1\right]\exp\left(\frac{x + x_p}{L_n}\right) + n_{p0}$$

가 성립한다. 보통의 경우 순방향 바이어스일 때 $n_{p0} \ll \delta n_p(x)$이라고 볼 수 있으므로 우변의 n_{p0}를 무시하면

$$n_p(x) \simeq \delta n_p(x) = n_{p0}\left[\exp\left(\frac{eV_F}{kT}\right) - 1\right]\exp\left(\frac{x + x_p}{L_n}\right) \tag{8.27}$$

가 된다. 식 (8.26)에 식 (8.27)을 대입하고 E_{Fn}에 대하여 정리하면 다음과 같다.

$$E_{Fn} = E_{cp} + kT \ln \frac{n_{p0}}{N_c}\left[\exp\left(\frac{eV_F}{kT}\right) - 1\right] + \frac{kT}{L_n}(x + x_p) \tag{8.28}$$

이를 그림으로 그리면 [그림 8-3(a)]의 중성 p 영역에서 $E_{Fn}(x)$의 경사진 직선을 그릴 수 있고, 이 직선의 기울기는 $\frac{kT}{L_n}$가 된다. 위에서 가정한 $n_{p0} \ll \delta n_p(x)$ 조건은 보통의 순방향 바이어스일 때 대부분의 영역에서 만족되며, 과잉 캐리어의 확산된 끝 부분 일부에서만 어긋날 것이다.

예제 8-5

$x=x_n$에서 $p_n(x)$의 기울기를 연장한 선이 $p_n(x)=p_{n0}$와 만나는 지점의 x 값이 (B)이다. $x=-x_p$에서 $n_p(x)$의 기울기를 연장한 선이 $n_p(x)=n_{p0}$와 만나는 지점의 x 값이 (A)이다. (A)와 (B)를 구하라.

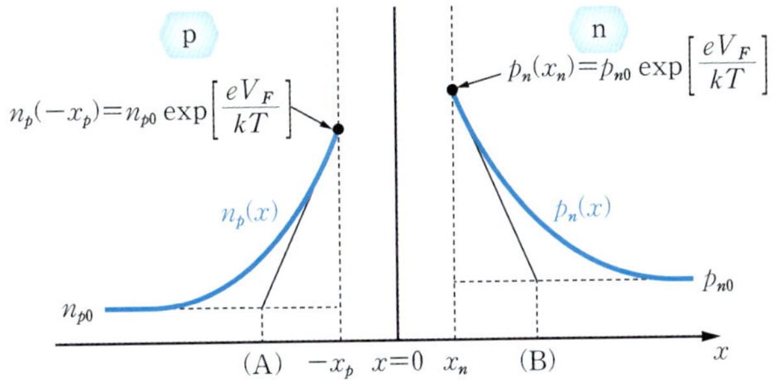

[그림 8-5] p 영역과 n 영역 내로 주입된 소수캐리어의 분포

풀이

$x=x_n$에서 $p_n(x)$의 기울기는 식 (8.21)을 사용하여 다음과 같이 구한다.

$$\begin{aligned}\left.\frac{dp_n(x)}{dx}\right|_{x=x_n} &= \frac{-p_{n0}}{L_p}\left[\exp\left(\frac{eV_F}{kT}\right)-1\right]\exp\left(-\frac{x-x_n}{L_p}\right)\Bigg|_{x=x_n} \\ &= \frac{-p_{n0}}{L_p}\left[\exp\left(\frac{eV_F}{kT}\right)-1\right]\end{aligned}$$

n 영역의 직각삼각형의 높이는 $p_{n0}\left[\exp\left(\frac{eV_F}{kT}\right)-1\right]$이고, 기울기가 $\frac{-p_{n0}}{L_p}\left[\exp\left(\frac{eV_F}{kT}\right)-1\right]$이므로, 직각삼각형의 밑변은 L_p이다. 따라서 (B)$=x_n+L_p$가 된다.

마찬가지로 $x=-x_p$에서 $n_p(x)$의 기울기는 식 (8.20)을 사용하여 다음과 같이 구한다.

$$\begin{aligned}\left.\frac{dn_p(x)}{dx}\right|_{x=-x_p} &= \frac{n_{p0}}{L_n}\left[\exp\left(\frac{eV_F}{kT}\right)-1\right]\exp\left(\frac{x+x_p}{L_n}\right)\Bigg|_{x=-x_p} \\ &= \frac{n_{p0}}{L_n}\left[\exp\left(\frac{eV_F}{kT}\right)-1\right]\end{aligned}$$

p 영역의 직각삼각형의 높이는 $n_{p0}\left[\exp\left(\frac{eV_F}{kT}\right)-1\right]$이고, 기울기가 $\frac{n_{p0}}{L_n}\left[\exp\left(\frac{eV_F}{kT}\right)-1\right]$이므로, 직각삼각형의 밑변은 L_n이다. 따라서 (A)$=-x_p-L_n$이 된다.

8.1.3 이상적인 pn 접합 다이오드의 전류-전압 특성

순방향 및 역방향 바이어스 전압에 따른 이상적인 전류-전압 관계식은 어떻게 구할까?

pn 접합에 바이어스 전압을 인가했을 때 흐르는 이상적인 전류-전압 관계식은 다음의 4가지 기본 가정으로부터 유도할 수 있다.

이상적인 전류-전압 식의 유도에 적용된 가정

1. 공핍층은 **계단형 경계**를 하고 있고, 공핍층 밖에서 반도체는 중성이다.
2. **맥스웰-볼츠만 근사**를 캐리어 통계에 적용한다.
3. **저준위 주입** 개념을 적용한다.
4. 총 전류는 pn 접합 다이오드 전 영역에 걸쳐서 일정하고, 각각의 전자와 정공의 전류는 연속함수이며 **공핍층 전체에 걸쳐서 일정**하다.

pn 접합에 순방향 전압 $V=V_F$를 인가했을 때 전류밀도 J가 어떻게 바이어스 전압에 의존하는지를 살펴보자. 전류에 기여하는 입자에는 정공과 전자의 두 종류가 있고, 이동 메커니즘은 표동과 확산의 두 가지가 있어 조합하면 총 네 가지 전류 성분이 존재한다. 따라서 식 (5.45)를 다음과 같이 쓸 수 있다.

$$J = J_p + J_n = \left(ep\mu_p \mathcal{E}_x - eD_p \frac{dp}{dx}\right) + \left(en\mu_n \mathcal{E}_x + eD_n \frac{dn}{dx}\right) \tag{8.29}$$

전체 전류밀도 J를 계산하기 위해 임의의 한 지점인 $x=0$에서 전자 전류밀도와 정공 전류밀도를 합하면 된다. [그림 8-6]과 같이 $x=0$에서 전자 전류밀도는 n 영역에서 공핍층을 가로질러 p 영역으로 주입되는 소수캐리어 전자의 전류밀도와 같다.

$$J_n(0) = J_n(-x_p) \tag{8.30}$$

$x=0$에서 정공 전류밀도는 p 영역에서 공핍층을 가로질러 n 영역으로 주입되는 소수캐리어 정공의 전류밀도와 같다.

$$J_p(0) = J_p(x_n) \tag{8.31}$$

이렇게 볼 수 있는 이유는 각각의 전자 및 정공 전류는 연속함수이며 공핍층 전체에 걸쳐서 일정하다고 가정했기 때문이다. 일반적으로 공핍층의 폭은 매우 좁기 때문에 이

영역을 지나면서 전자와 정공의 전류가 변화하지 않는다는 ❹번 가정은 타당하다. 따라서 전체 전류는 $x = x_n$에서 소수캐리어인 정공 전류밀도 $J_p(x_n)$과 $x = -x_p$에서 소수캐리어인 전자 전류밀도 $J_n(-x_p)$를 합한 것과 같으며, 이는 접합 전체에 걸쳐 일정하다.

$$J = J_p(0) + J_n(0) = J_p(x_n) + J_n(-x_p) \tag{8.32}$$

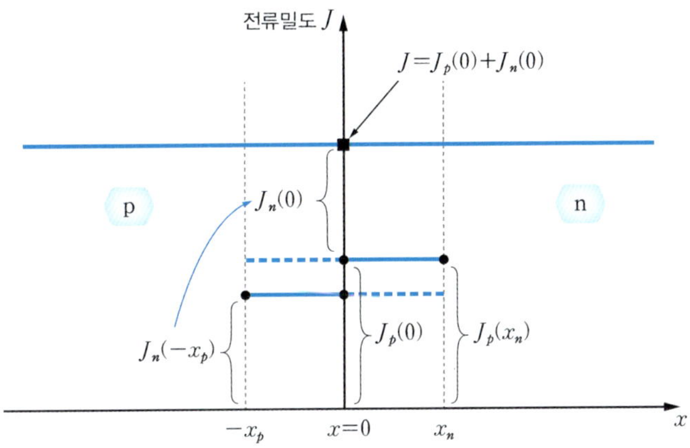

[그림 8-6] pn 접합의 공핍층을 흐르는 전자 전류밀도 $J_n(-x_p)$와 정공 전류밀도 $J_p(x_n)$

먼저 $x = -x_p$에서 소수캐리어인 전자 전류밀도 $J_n(-x_p)$를 구해보자. $x = -x_p$에서의 소수캐리어인 전자의 확산 전류밀도는 다음과 같이 쓸 수 있다.

$$J_n(-x_p) = eD_n \left.\frac{dn_p(x)}{dx}\right|_{x=-x_p} \tag{8.33}$$

여기서 $n_p(x) = n_{p0} + \delta n_p(x)$이고, 일정한 도핑을 가정하고 있으므로 열평형 소수캐리어 농도 n_{p0}는 일정하며, 따라서 전자의 확산 전류밀도는 다음과 같이 된다.

$$J_n(-x_p) = eD_n \left.\frac{d(\delta n_p(x))}{dx}\right|_{x=-x_p} \tag{8.34}$$

식 (8.20)을 미분하여 식 (8.34)에 대입하면 다음을 얻는다.

$$J_n(-x_p) = \frac{eD_n n_{p0}}{L_n}\left[\exp\left(\frac{eV_F}{kT}\right) - 1\right] \tag{8.35}$$

전자 전류밀도는 $+x$ 방향이다.

마찬가지로, $x = x_n$에서 소수캐리어인 정공 전류밀도 $J_p(x_n)$을 구해보자. $x = x_n$에서 소수캐리어인 정공의 확산 전류밀도는 다음과 같이 쓸 수 있다.

$$J_p(x_n) = -eD_p \frac{dp_n(x)}{dx}\bigg|_{x=x_n} \tag{8.36}$$

여기서 $p_n(x) = p_{n0} + \delta p_n(x)$이고, 일정한 도핑을 가정하고 있으므로 열평형 소수캐리어 농도 p_{n0}는 일정하며, 따라서 정공의 확산 전류밀도는 다음과 같이 된다.

$$J_p(x_n) = -eD_p \frac{d(\delta p_n(x))}{dx}\bigg|_{x=x_n} \tag{8.37}$$

식 (8.21)을 미분하여 식 (8.37)에 대입하면 다음을 얻는다.

$$J_p(x_n) = \frac{eD_p p_{n0}}{L_p}\left[\exp\left(\frac{eV_F}{kT}\right) - 1\right] \tag{8.38}$$

정공 전류밀도도 $+x$ 방향이다. 즉 전자 전류밀도 $J_n(-x_p)$와 정공 전류밀도 $J_p(x_n)$이 모두 $+x$ 방향으로, p에서 n 영역으로 순방향 바이어스 전압에 의한 전류방향과 일치한다.

이상의 결과를 표로 정리하면 [표 8-1]과 같다.

[표 8-1] $x = 0$에서 정공 전류밀도 $J_p(0) = J_p(x_n)$과 전자 전류밀도 $J_n(0) = J_n(-x_p)$

공핍층 경계 전류	원인	수식	계산
$J_p(0) =$ n 영역의 정공 전류 $J_p(x_n)$	표동	$ep\mu_p \mathcal{E}_x$	n 영역의 소수캐리어인 정공의 표동 전류밀도이다. 공핍층 끝에서 전계가 0이라고 가정할 수 있고, 소수캐리어의 농도 또한 매우 작은 양이므로 공핍층 경계 $x = x_n$에서 소수캐리어의 표동 전류 성분은 무시할 수 있다.
	확산	$-eD_p \frac{dp}{dx}$	n 영역의 소수캐리어인 정공의 확산 전류밀도이다. 주입된 과잉 소수캐리어는 재결합과 동시에 확산을 하면서 [그림 8-5]의 $p_n(x)$와 같은 농도 기울기를 갖기 때문에 확산 전류가 존재하게 된다. $J_p(x_n) = \frac{eD_p p_{n0}}{L_p}\left[\exp\left(\frac{eV_F}{kT}\right) - 1\right]$
$J_n(0) =$ p 영역의 전자 전류 $J_n(-x_p)$	표동	$en\mu_n \mathcal{E}_x$	p 영역의 소수캐리어인 전자의 표동 전류밀도이다. 공핍층 끝에서 전계가 0이라고 가정할 수 있고, 소수캐리어의 농도 또한 매우 작은 양이므로 공핍층 경계 $x = -x_p$에서 소수캐리어의 표동 전류 성분은 무시할 수 있다.
	확산	$eD_n \frac{dn}{dx}$	p 영역의 소수캐리어인 정공의 확산 전류밀도이다. 주입된 과잉 소수캐리어는 재결합과 동시에 확산을 하면서 [그림 8-5]의 $n_p(x)$와 같은 농도 기울기를 갖기 때문에 확산 전류가 존재하게 된다. $J_n(-x_p) = \frac{eD_n n_{p0}}{L_n}\left[\exp\left(\frac{eV_F}{kT}\right) - 1\right]$

전체 전류밀도는 식 (8.32)에 따라 [표 8-1]의 모든 전류밀도를 합하면 된다. 즉 식 (8.35)와 (8.38)을 합하면 총 전류밀도를 얻게 되고, 이 전류밀도는 [그림 8-6]과 같이 **pn 접합 다이오드 전 영역에 걸쳐 일정하다**. 따라서 pn 접합 다이오드의 이상적인 전류-전압 관계식은 다음과 같다.

$$J = J_p(x_n) + J_n(-x_p) = \left[\frac{eD_p p_{n0}}{L_p} + \frac{eD_n n_{p0}}{L_n}\right]\left[\exp\left(\frac{eV_F}{kT}\right) - 1\right] \qquad (8.39)$$

식 (8.39)는 $V = V_F$ 대신 음(−)의 전압인 역방향 바이어스 전압 $V = -V_R$인 경우에도 그대로 적용할 수 있으며([표 8-2] 참조), 따라서 파라미터 J_s를

$$J_s = \left[\frac{eD_p p_{n0}}{L_p} + \frac{eD_n n_{p0}}{L_n}\right] \qquad (8.40)$$

라고 정의하면, 식 (8.39)는 다음과 같이 일반화하여 쓸 수 있다.

$$J = J_s\left[\exp\left(\frac{eV}{kT}\right) - 1\right] \qquad (8.41)$$

이 식을 **이상적인 다이오드 방정식**이라고 부른다. 식 (8.41)을 그래프로 그린 것이 [그림 8-7(a)]이다. pn 접합 다이오드의 심벌과 전류 및 전압 기준은 [그림 8-7(b)]와 같다.

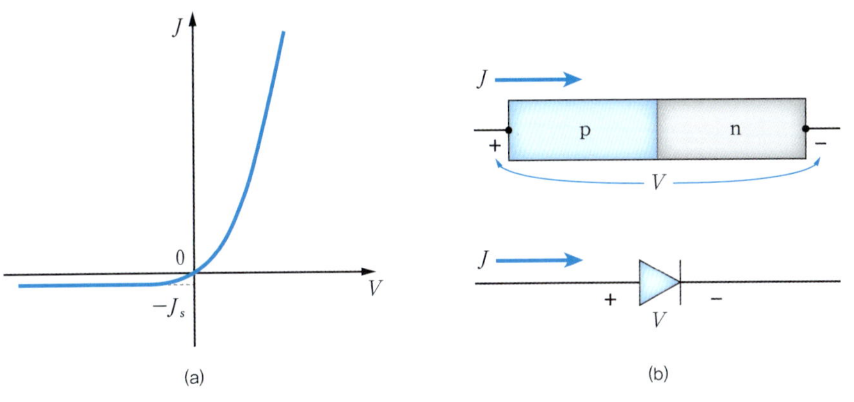

[그림 8-7] pn 접합 다이오드의 (a) 이상적인 전류-전압 특성 그래프와 (b) 심벌에서 전류 및 전압 기준

만약 전압 V가 수 $\frac{kT}{e}$만큼 음(−)으로 역 바이어스된다면, 그때 역방향 바이어스 전류밀도는 역방향 전압에 무관하게 거의 일정해진다. 이 일정한 값 J_s를 **역포화**reverse-saturation **전류밀도**라고 부른다. $n_{p0} = \frac{n_i^2}{N_a}$, $p_{n0} = \frac{n_i^2}{N_d}$임을 이용하고, $L = \sqrt{D\tau}$이므로 $\frac{D}{L} = \sqrt{\frac{D}{\tau}}$임을 적용하면, 이 식은 다음과 같이 고쳐 쓸 수도 있다.

$$J_s = \left[\frac{eD_p}{L_pN_d} + \frac{eD_n}{L_nN_a}\right]n_i^2 = e\,n_i^2\left[\frac{1}{N_a}\sqrt{\frac{D_n}{\tau_{n0}}} + \frac{1}{N_d}\sqrt{\frac{D_p}{\tau_{p0}}}\right] \tag{8.42}$$

pn 접합 다이오드의 전류-전압 특성은 비대칭의 정류특성을 가지며, [표 8-2]와 같이 정리할 수 있다. 공핍층 양쪽 경계에서 소수캐리어 농도의 기울기를 그림에서 짙은 삼각형의 빗변 기울기로부터 계산할 수 있고, 식 (8.33)과 (8.36)과 같이 이 기울기에 전자 전류는 eD_n을 곱하여, 정공 전류는 $-eD_p$를 곱하여 각각 구할 수 있다.

$$J_n(-x_p) = eD_n\frac{dn_p(x)}{dx}\bigg|_{x=-x_p} = eD_n \times [n_p(x)\ \text{기울기}] \tag{8.33}$$

$$J_p(x_n) = -eD_p\frac{dp_n(x)}{dx}\bigg|_{x=x_n} = -eD_p \times [p_n(x)\ \text{기울기}] \tag{8.36}$$

[표 8-2] 바이어스에 따른 pn 접합 다이오드의 전류-전압 특성

<table>
<tr><th>전압</th><th colspan="3">전류 흐름</th></tr>
<tr><td rowspan="3">순방향 바이어스
$V = V_F(\geq 0)$</td><td colspan="3">도통 상태 : $J = J_s\left[\exp\left(\frac{eV_F}{kT}\right)-1\right] \simeq J_s\exp\left(\frac{eV_F}{kT}\right)$
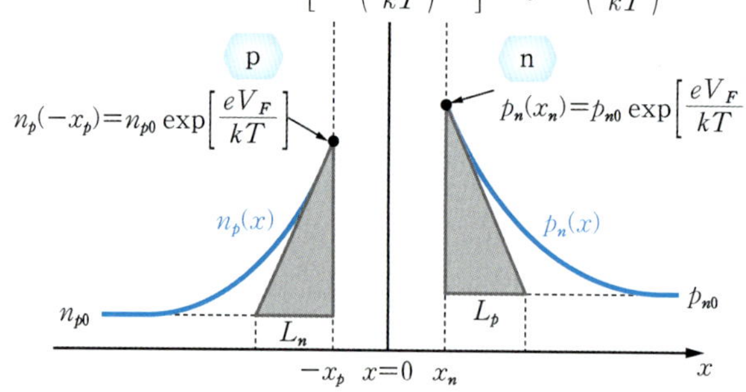
</td></tr>
<tr><td>농도 기울기</td><td>$\frac{n_{p0}}{L_n}\left[\exp\left(\frac{eV_F}{kT}\right)-1\right]$</td><td>$\frac{-p_{n0}}{L_p}\left[\exp\left(\frac{eV_F}{kT}\right)-1\right]$</td></tr>
<tr><td>전류밀도</td><td>$\frac{eD_nn_{p0}}{L_n}\left[\exp\left(\frac{eV_F}{kT}\right)-1\right]$</td><td>$\frac{eD_pp_{n0}}{L_p}\left[\exp\left(\frac{eV_F}{kT}\right)-1\right]$</td></tr>
<tr><td rowspan="3">역방향 바이어스
$V = -V_R(<0)$</td><td colspan="3">차단 상태 : $J \simeq -J_s = -\left[\frac{eD_nn_{po}}{L_n} + \frac{eD_pp_{no}}{L_p}\right]$
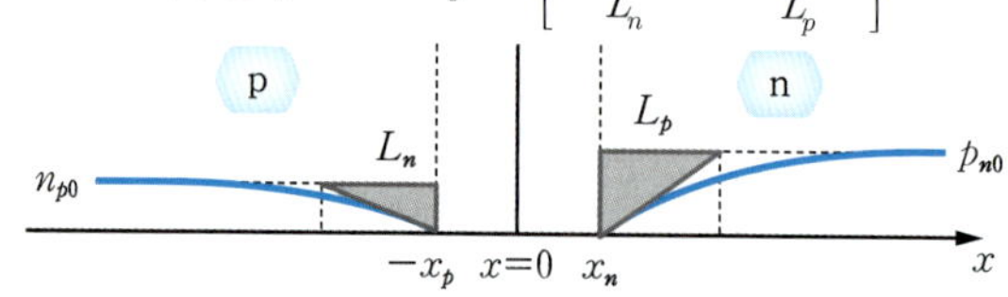
</td></tr>
<tr><td>농도 기울기</td><td>$\frac{n_{p0}}{L_n}\left[\exp\left(\frac{-eV_R}{kT}\right)-1\right]$</td><td>$\frac{-p_{n0}}{L_p}\left[\exp\left(\frac{-eV_R}{kT}\right)-1\right]$</td></tr>
<tr><td>전류밀도</td><td>$\frac{eD_nn_{p0}}{L_n}\left[\exp\left(\frac{-eV_R}{kT}\right)-1\right]$</td><td>$\frac{eD_pp_{n0}}{L_p}\left[\exp\left(\frac{-eV_R}{kT}\right)-1\right]$</td></tr>
</table>

예제 8-6

$T = 300\,\text{K}$에 있는 실리콘 pn 접합에서 이상적인 역포화 전류밀도를 구하라. 실리콘 pn 접합의 파라미터는 다음과 같다.

$$D_p = 10\,\text{cm}^2/\text{sec} \qquad D_n = 35\,\text{cm}^2/\text{sec} \qquad \tau_{p0} = \tau_{n0} = 5\times 10^{-7}\,\text{sec}$$
$$n_i = 1.5\times 10^{10}\,\text{cm}^{-3} \qquad N_a = 1.5\times 10^{17}\,\text{cm}^{-3} \qquad N_d = 1.5\times 10^{15}\,\text{cm}^{-3}$$

풀이

$L = \sqrt{D\tau}$ 이므로 $L_p = \sqrt{D_p \tau_{p0}} = \sqrt{(10)(5\times 10^{-7})} = 2.236\times 10^{-3}\,\text{cm}$ 이고, $L_n = \sqrt{D_n \tau_{n0}} = \sqrt{(35)(5\times 10^{-7})} = 4.183\times 10^{-3}\,\text{cm}$ 이다. $T = 300\,\text{K}$이므로 완전이온화를 가정할 수 있으므로, $n_{p0} = \dfrac{n_i^2}{p_{p0}} \simeq \dfrac{n_i^2}{N_a}$ 이고 $p_{n0} = \dfrac{n_i^2}{n_{n0}} \simeq \dfrac{n_i^2}{N_d}$ 이다. 따라서 이상적인 역포화 전류밀도는 다음 식과 같이 주어진다.

$$\begin{aligned} J_s &= \frac{eD_n n_{p0}}{L_n} + \frac{eD_p p_{n0}}{L_p} = \frac{eD_n n_i^2}{L_n N_a} + \frac{eD_p n_i^2}{L_p N_d} \\ &= \frac{(1.6\times 10^{-19})(35)(1.5\times 10^{10})^2}{(4.183\times 10^{-3})(1.5\times 10^{17})} + \frac{(1.6\times 10^{-19})(10)(1.5\times 10^{10})^2}{(2.236\times 10^{-3})(1.5\times 10^{15})} \\ &= 2.008\times 10^{-12} + 1.073\times 10^{-10} = 1.093\times 10^{-10}\,\text{A/cm}^2 \end{aligned}$$

만약 pn 접합의 단면적이 $A = 10^{-4}\,\text{cm}^2$이라면, 이상적인 다이오드의 역방향 바이어스 전류는 $I_s = 1.093\times 10^{-14}\,\text{A}$가 될 것이다.

8.1.4 pn 접합 다이오드 내의 전류분포

pn 접합 다이오드 내 정공 전류밀도 $J_p(x)$와 전자 전류밀도 $J_n(x)$는 어떻게 구할까?

[표 8-1]은 $x = 0$에서 정공 전류밀도 $J_p(0) = J_p(x_n)$과 전자 전류밀도 $J_n(0) = J_n(-x_p)$를 정리한 표이다. 즉 [표 8-1]에서는 공핍층 양쪽 경계지점에서 소수캐리어의 확산 전류밀도의 값에만 관심을 두었으나, 지금부터는 p, n 각 영역 내에서 소수캐리어에 의한 전류밀도의 변화를 살펴본다. 이때 이전 8.1.3절에서와 동일한 방법을 사용하면 된다. [표 8-3]은 p 영역($x \le -x_p$)에서 소수캐리어인 전자의 전류밀도 $J_n(x)$를 정리한 것이고, [표 8-4]는 n 영역($x \ge x_n$)에서 소수캐리어인 정공의 전류밀도 $J_p(x)$를 정리한 것이다.

[표 8-3] p 영역($x \leq -x_p$)에서 소수캐리어인 전자의 전류밀도 $J_n(x)$

전류	원인	수식	계산
p 영역의 소수캐리어 **전자 전류** $J_n(x)$	표동	$en\mu_n \mathcal{E}_x$	p 영역의 소수캐리어인 전자의 표동 전류밀도이다. p 중성영역에서 전계가 0이라고 가정할 수 있고, 소수캐리어의 농도 또한 매우 작은 양이므로 소수캐리어의 표동 전류 성분은 무시할 수 있다.
	확산	$eD_n \frac{dn}{dx}$	p 영역의 소수캐리어인 전자의 확산 전류밀도이다. $J_n(x) = eD_n \frac{dn_p(x)}{dx} = eD_n \frac{d(\delta n_p(x))}{dx}$에 식 (8.20)의 $\delta n_p(x) = n_{p0}\left[\exp\left(\frac{eV_F}{kT}\right) - 1\right]\exp\left(\frac{x+x_p}{L_n}\right)$를 대입하면 $J_n(x) = \frac{eD_n n_{p0}}{L_n}\left[\exp\left(\frac{eV_F}{kT}\right) - 1\right]\exp\left(\frac{x+x_p}{L_n}\right)$

[표 8-4] n 영역($x \geq x_n$)에서 소수캐리어인 정공의 전류밀도 $J_p(x)$

전류	원인	수식	계산
n 영역의 소수캐리어 **정공 전류** $J_p(x)$	표동	$ep\mu_p \mathcal{E}_x$	n 영역의 소수캐리어인 정공의 표동 전류밀도이다. n 중성영역에서 전계가 0이라고 가정할 수 있고, 소수캐리어의 농도 또한 매우 작은 양이므로 소수캐리어의 표동 전류 성분은 무시할 수 있다.
	확산	$-eD_p \frac{dp}{dx}$	n 영역의 소수캐리어인 정공의 확산 전류밀도이다. $J_p(x) = -eD_p \frac{dp_n(x)}{dx} = -eD_p \frac{d(\delta p_n(x))}{dx}$에 식 (8.21)의 $\delta p_n(x) = p_{n0}\left[\exp\left(\frac{eV_F}{kT}\right) - 1\right]\exp\left(-\frac{x-x_n}{L_p}\right)$을 대입하면 $J_p(x) = \frac{eD_p p_{n0}}{L_p}\left[\exp\left(\frac{eV_F}{kT}\right) - 1\right]\exp\left(-\frac{x-x_n}{L_p}\right)$

순방향 전압에 의해 주입된 과잉 캐리어의 움직임은 저준위 주입인 경우, 6장에서 다룬 앰비폴러 전송이론을 적용하면 과잉 소수캐리어의 파라미터들에 의해 지배된다. pn 접합의 전류-전압 관계를 구할 때, 양이 많은 다수캐리어보다는 소수캐리어에 초점을 두고 고려하는 것이 이상하게 보일지 모르지만, 앰비폴러 전송이론으로부터 유도된 결과에서 그 이유를 알 수 있다. 또한 과잉 소수캐리어의 움직임과 특성은 앰비폴러 전송이론에서 쉽게 얻을 수 있다는 장점이 있다.

소수캐리어의 표동 전류는 매우 작으므로 무시할 수 있어, 각 영역에서 **소수캐리어의 전류밀도**는, p 영역은 전자 확산 전류밀도 $J_n(x)$와 같고 n 영역은 정공 확산 전류밀도 $J_p(x)$와 같다. 따라서 다음과 같이 각 영역 내에서 지수함수형으로 감소한다.

$$\text{소수캐리어 } J_n(x) = \frac{eD_n n_{p0}}{L_n}\left[\exp\left(\frac{eV_F}{kT}\right) - 1\right]\exp\left(\frac{x_p + x}{L_n}\right) \quad (x \leq -x_p) \tag{8.43}$$

$$\text{소수캐리어 } J_p(x) = \frac{eD_p p_{n0}}{L_p}\left[\exp\left(\frac{eV_F}{kT}\right)-1\right]\exp\left(\frac{x_n - x}{L_p}\right) \quad (x \geq x_n)$$

(8.44)

pn 접합을 통해 흐르는 전체 전류는 일정하므로, 따라서 총 전류밀도 J에서 소수캐리어의 확산 전류밀도를 빼면 다수캐리어의 전류밀도가 된다. p 영역과 n 영역에서 **다수캐리어의 전류밀도**는 다음과 같이 된다.

다수캐리어

$$J_p(x) = J - J_n(x) = J - \frac{eD_n n_{p0}}{L_n}\left[\exp\left(\frac{eV_F}{kT}\right)-1\right]\exp\left(\frac{x_p + x}{L_n}\right) \quad (x \leq -x_p)$$

(8.45)

다수캐리어

$$J_n(x) = J - J_p(x) = J - \frac{eD_p p_{n0}}{L_p}\left[\exp\left(\frac{eV_F}{kT}\right)-1\right]\exp\left(\frac{x_n - x}{L_p}\right) \quad (x \geq x_n)$$

(8.46)

이러한 관계를 그래프로 그리면 [그림 8-8]과 같다.

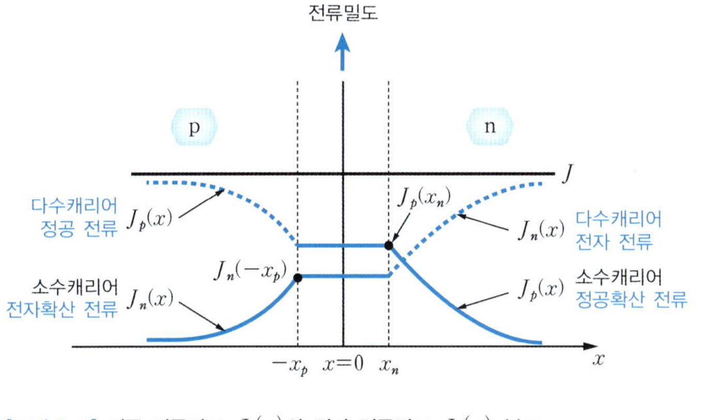

[그림 8-8] **정공 전류밀도 $J_p(x)$와 전자 전류밀도 $J_n(x)$ 분포**

예제 8-7

$T = 300\,\text{K}$에 있는 실리콘 pn 접합에서 파라미터들은 [예제 8-6]에서 주어진 것과 같고, $V_F = 0.60\,\text{V}$의 순방향 바이어스가 가해져 있다고 하자. 이 경우 주어진 다수캐리어의 표동 전류를 생성하기 위해서 필요한 전계를 구하고, 각 중성영역에서 전계가 0이라고 가정한 것에 대한 타당성을 검토하라. $\mu_p = 480\,\text{cm}^2/\text{V}\cdot\text{sec}$이고, $\mu_n = 1350\,\text{cm}^2/\text{V}\cdot\text{sec}$이다.

풀이

전체 순방향 바이어스 전류밀도는 다음처럼 주어진다.

$$J = J_s\left[\exp\left(\frac{eV}{kT}\right) - 1\right]$$

역포화 전류밀도는 [예제 8-6]에서 구한 값을 이용하면 다음과 같이 쓸 수 있다.

$$J = (1.093 \times 10^{-10})\left[\exp\left(\frac{0.6}{0.0259}\right) - 1\right] = 1.257\,\text{A/cm}^2$$

확산길이 L_p와 및 L_n보다 충분히 먼 거리에서는 [그림 8-8]과 같이 전자 및 정공의 확산 전류는 0이 될 것이므로, 접합에서 먼 중성영역에서의 전체 전류는 다수캐리어의 표동 전류와 같다고 볼 수 있다. 따라서 p 중성영역에서 $J = J_p \simeq e\mu_p N_a \mathcal{E}$로부터 전계를 다음과 같이 구할 수 있다.

$$\mathcal{E} = \frac{J_p}{e\mu_p N_a} = \frac{1.257}{(1.6 \times 10^{-19})(480)(1.5 \times 10^{17})} = 0.109\,\text{V/cm}$$

마찬가지로 n 중성영역에서 $J = J_n \simeq e\mu_n N_d \mathcal{E}$로부터 전계를 다음과 같이 구할 수 있다.

$$\mathcal{E} = \frac{J_n}{e\mu_n N_d} = \frac{1.257}{(1.6 \times 10^{-19})(1350)(1.5 \times 10^{15})} = 3.880\,\text{V/cm}$$

이상적인 pn 접합 다이오드의 전류-전압 방정식을 유도할 때 중성 p 영역 및 n 영역에서 전계는 0이라고 가정했었다. 위에서 계산한 결과로는 중성 p 영역 및 n 영역에서의 전계가 0은 아니지만, [예제 7-7]에서 구한 $\mathcal{E}_{\max} = 10^4 \sim 10^5\,\text{V/cm}$와 비교하면 그 값이 매우 작으므로, 전계가 0이라는 근사는 잘 맞는다고 볼 수 있다. 중성영역에서의 전계는 작더라도 많은 수의 다수캐리어에 대하여는 의미 있는 표동 전류를 생성시킬 수 있다.

8.1.5 온도에 따른 전류 변화

이상적인 pn 접합 다이오드의 접합부 온도와 역포화 전류밀도 J_s는 어떻게 구할 수 있을까?

이상적인 pn 접합 다이오드의 전류-전압 관계식은 다음과 같다.

$$J = J_s\left[\exp\left(\frac{eV_F}{kT}\right) - 1\right]$$

순방향 바이어스 전압이 열전압 $V_t = kT/e$의 수 배 이상인 경우에는 괄호 속의 -1 항은 무시할 수 있다. 이 경우에는

$$\ln J = \ln J_s + \frac{eV_F}{kT} \tag{8.47}$$

가 되어 $\ln J$ 대 V_F의 그림을 그리면 [그림 8-9]와 같은 그래프가 된다. 직선의 기울기가 $\frac{e}{kT}$이므로, 직선의 기울기로부터 온도 T를 구할 수 있다. 외삽 시킨 세로축 절편으로부터는 역포화 전류밀도 J_s를 구할 수 있다.

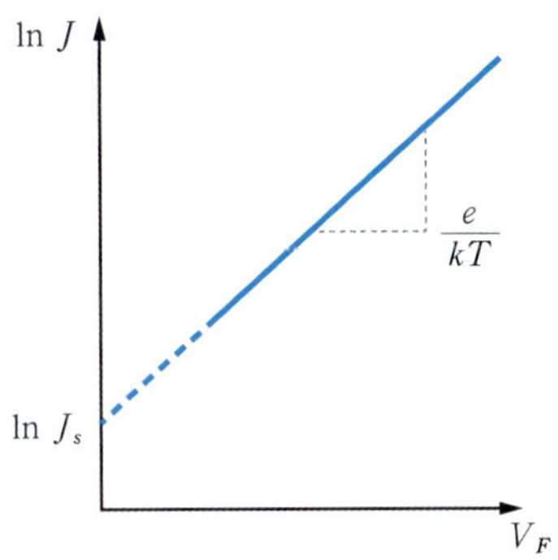

[그림 8-9] pn 접합 다이오드의 $\ln J$ 대 V_F의 그래프.

pn 접합 다이오드의 전류-전압 특성은 온도에 따라 어떻게 변할까?

식 (8.40)으로 주어지는 이상적인 역포화 전류밀도 J_s는 열평형 소수캐리어의 농도 p_{n0}와 n_{p0}의 함수이다.

$$J_s = \left[\frac{eD_p p_{n0}}{L_p} + \frac{eD_n n_{p0}}{L_n}\right]$$

이들 소수캐리어 농도는 $p_{n0} = \frac{n_i^2}{N_d}$과 $n_{p0} = \frac{n_i^2}{N_a}$으로 표현되며, J_s는 다음과 같이 n_i^2에 비례하는 식이 된다.

$$J_s = \left[\frac{eD_p}{L_p N_d} + \frac{eD_n}{L_n N_a}\right] n_i^2$$

이 식에서 n_i^2은 식 $n_i^2 = N_c N_v \exp\left(\frac{-E_g}{kT}\right)$에서 보는 바와 같이, 온도에 대하여 $\frac{3}{2}$제곱에 비례하는 N_c와 N_v 항뿐 아니라, 지수함수항도 포함한 온도에 매우 민감하게 의존

하는 함수임을 알 수 있다.

순방향 바이어스 전류-전압 관계식인 식 (8.41) $J=J_s\left[\exp\left(\frac{eV_F}{kT}\right)-1\right]$에서 순방향 바이어스 전류는 J_s의 온도 의존성에 더하여, $\exp\left(\frac{eV_F}{kT}\right)$ 항의 온도 의존성을 추가하여 갖는다. 일정한 전압을 가한 상태에서 온도가 증가하면 다이오드 전류는 증가한다. 반대로 똑같은 다이오드 전류를 얻는 데 요구되는 순방향 바이어스 전압은 온도가 증가함에 따라 줄어든다. 온도에 따른 이러한 전류-전압 특성 변화는 온도를 측정하는 데 활용될 수 있다.

예제 8-8

$T=300\,\mathrm{K}$에 있는 실리콘 pn 접합에 순방향 바이어스 전압 $V_F=0.60\,\mathrm{V}$를 인가하였다. 온도가 $T=310\,\mathrm{K}$로 증가했을 때, 역포화 전류밀도 J_s의 변화와 전류밀도 J의 변화를 구하라.

풀이

역포화 전류밀도는 $J_s=\left[\frac{eD_p p_{n0}}{L_p}+\frac{eD_n n_{p0}}{L_n}\right]=\left[\frac{eD_p}{L_pN_d}+\frac{eD_n}{L_nN_a}\right]n_i^2$이다.

[표 4-1]로부터 $n_i^2=N_cN_v\exp\left(\frac{-E_g}{kT}\right)$, $N_c=2\left(\frac{2\pi m_n^* kT}{h^2}\right)^{\frac{3}{2}}$, $N_v=2\left(\frac{2\pi m_p^* kT}{h^2}\right)^{\frac{3}{2}}$ 임을 적용하면

$$J_s \propto T^3\exp\left(\frac{-E_g}{kT}\right) \tag{8.48}$$

로 볼 수 있다. 따라서 $\frac{J_s(T_2)}{J_s(T_1)}=\left(\frac{T_2}{T_1}\right)^3\exp\left(\frac{-E_g}{kT_2}-\frac{-E_g}{kT_1}\right)$이므로

$$\frac{J_s(310\,\mathrm{K})}{J_s(300\,\mathrm{K})}=\left(\frac{310}{300}\right)^3\exp\left(\frac{-1.12}{0.0267}-\frac{-1.12}{0.0259}\right)=(1.103)(3.653)=4.030$$

이 된다. 순방향 바이어스 전류는 다음과 같이 쓸 수 있다.

$$J \propto T^3\exp\left(\frac{-E_g}{kT}\right)\exp\left(\frac{eV_F}{kT}\right)=T^3\exp\left(\frac{eV_F-E_g}{kT}\right) \tag{8.49}$$

따라서 $\frac{J(T_2)}{J(T_1)}=\left(\frac{T_2}{T_1}\right)^3\exp\left(\frac{eV_F-E_g}{kT_2}-\frac{eV_F-E_g}{kT_1}\right)$이므로 다음과 같이 구할 수 있다.

$$\frac{J(310\,\text{K})}{J(300\,\text{K})} = \left(\frac{310}{300}\right)^3 \exp\left(\frac{0.6-1.12}{0.0267} - \frac{0.6-1.12}{0.0259}\right) = (1.103)(1.825) = 2.013$$

실리콘 pn 접합 다이오드의 이상적인 역포화 전류밀도 J_s는 온도가 10℃ 증가할 때 약 4배로 증가하지만, 순방향 바이어스 전류밀도 J의 변화는 약 2배로 증가하여 역포화 전류밀도보다는 덜 민감함을 알 수 있다.

8.1.6 n 영역이 짧은 pn 접합 다이오드

pn 접합 다이오드의 길이가 짧을 경우에 전류-전압 특성은 어떤 변화가 있을까?

반도체 집적회로의 집적도가 올라가면 갈수록 소자의 크기는 더욱 작아진다. p 영역이나 n 영역의 길이가 소수캐리어의 확산길이보다 매우 짧은 다이오드를 '**짧은**[short] **pn 접합 다이오드**'라고 부른다. $T = 300\,\text{K}$에서의 실리콘의 경우 전자와 정공의 확산계수가 각각 $D_n = 35\,\text{cm}^2/\text{s}$, $D_p = 12.4\,\text{cm}^2/\text{s}$이고, 평균수명이 $\tau_{n0} = 2\,\mu\text{s}$와 $\tau_{p0} = 1\,\mu\text{s}$라면, 전자와 정공의 확산길이는 각각 다음과 같다.

$$L_n = \sqrt{D_n \tau_n} = \sqrt{(35)(2\times 10^{-6})} = 8.37\times 10^{-3}\,\text{cm} = 83.7\,\mu\text{m}$$

$$L_p = \sqrt{D_p \tau_p} = \sqrt{(12.4)(1\times 10^{-6})} = 3.52\times 10^{-3}\,\text{cm} = 35.2\,\mu\text{m}$$

실제 많은 pn 접합에서는 한 쪽 영역이 이러한 소수캐리어의 확산길이에 비해서 매우 짧은 경우가 많다. 이 경우 p 영역과 n 영역 모두 소수캐리어의 확산길이에 비해서 길다고 가정하고 유도했던 전류-전압 관계식에 어떠한 변화가 있을지 생각해보자.

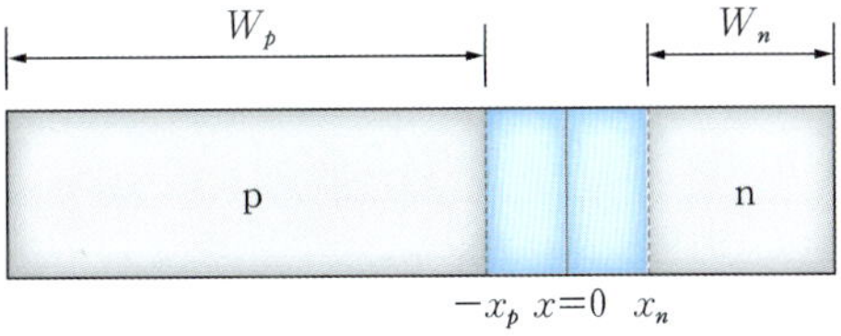

[그림 8-10] $W_n \ll L_p$인 n 영역이 짧은 pn 접합 다이오드

[그림 8-10]은 n 영역이 짧은 pn 접합 다이오드의 예를 보여준다. 중성 n 영역의 길이를 W_n이라고 할 때, W_n이 소수캐리어 정공의 확산길이 L_p보다 매우 작다고 가정

한다. n형 반도체이므로 과잉 캐리어의 움직임이 소수캐리어인 과잉 정공에 의해 결정된다. 따라서 정상상태일 때 중성 n 영역 내에서의 소수캐리어 과잉 정공의 농도는 다음 식 (6.32)와 같은 앰비폴러 방정식을 풀어 구할 수 있다.

$$D_p \frac{\partial^2(\delta p)}{\partial x^2} - \mu_p \mathcal{E} \frac{\partial(\delta p)}{\partial x} + g' - \frac{\delta p}{\tau_{po}} = \frac{\partial(\delta p)}{\partial t}$$

중성 n 영역에서 전계는 무시되고, 과잉 캐리어의 생성은 없고 재결합만 존재하며, 정상상태의 해에 관심이 있으므로 결국 다음 식을 풀면 된다.

$$D_p \frac{\partial^2(\delta p)}{\partial x^2} - \frac{\delta p}{\tau_{p0}} = 0, \text{ 즉 } \frac{\partial^2(\delta p)}{\partial x^2} - \frac{\delta p}{D_p \tau_{p0}} = \frac{\partial^2(\delta p)}{\partial x^2} - \frac{\delta p}{L_p^2} = 0 \tag{8.50}$$

$x = x_n$에서 경계조건은 원래의 경계조건과 동일하게 다음 식으로 주어진다.

$$p_n(x_n) = p_{n0} \exp\left(\frac{eV_F}{kT}\right) \tag{8.51}$$

그러나 $x = x_n + W_n$에서의 경계조건은 달라진다. 오른쪽 끝 지점에서 n형 반도체와 금속이 저항성ohmic 접촉을 형성하고 있고, 무한대의 표면재결합 속도를 갖는다고 가정하여, 과잉 소수캐리어의 농도가 0인 조건을 적용한다. 이 경계조건은 다음과 같이 된다.

$$p_n(x_n + W_n) = p_{n0} \tag{8.52}$$

식 (8.50)에 대한 일반적인 해는 다음과 같은 식으로 주어진다.

$$\delta p_n(x) = p_n(x) - p_{n0} = Ae^{x/L_p} + Be^{-x/L_p} \quad (x \geq x_n) \tag{8.53}$$

이 식에 식 (8.51)과 (8.52)의 경계조건을 적용시키면, 과잉 소수캐리어의 농도는 다음과 같이 된다(**연습문제 8.8**).

$$\delta p_n(x) = p_{n0}\left[\exp\left(\frac{eV_F}{kT}\right) - 1\right] \frac{\sinh[(x_n + W_n - x)/L_p]}{\sinh[W_n/L_p]} \tag{8.54}$$

식 (8.54)는 순방향 바이어스로 인가된 pn 접합의 n 영역 내에서의 과잉 소수캐리어 정공농도에 대한 일반해이다. 길이가 긴 다이오드에 대한 조건인 $W_n \gg L_p$라면, 식 (8.54)는 식 (8.21)과 같게 된다(**연습문제 8.9**). 만약 $W_n \ll L_p$라면 sinh 항은 다음과 같이 근사화할 수 있다.

$$\sinh\left[\frac{x_n + W_n - x}{L_p}\right] \approx \left[\frac{x_n + W_n - x}{L_p}\right] \tag{8.55}$$

$$\sinh\left[\frac{W_n}{L_p}\right] \approx \left[\frac{W_n}{L_p}\right] \tag{8.56}$$

이를 적용하면 식 (8.54)는 다음과 같이 된다.

$$\delta p_n(x) = p_{n0}\left[\exp\left(\frac{eV_F}{kT}\right) - 1\right]\left[\frac{x_n + W_n - x}{W_n}\right] \tag{8.57}$$

따라서 소수캐리어 농도는 거리에 대한 선형함수가 됨을 알 수 있다. 이러한 선형성(직선성)은 pn 접합의 전류해석을 매우 간소화시켜준다.

n 영역에서 소수캐리어인 정공의 분포는 $p_n(x) = p_{n0} + \delta p_n(x)$이므로

$$\begin{aligned} p_n(x) &= \delta p_n(x) + p_{n0} \\ &= p_{n0}\left[\exp\left(\frac{eV_F}{kT}\right) - 1\right]\left[\frac{x_n + W_n - x}{W_n}\right] + p_{n0} \end{aligned} \tag{8.58}$$

가 되고, 이 함수를 그림으로 나타내면 [그림 8-11]과 같다.

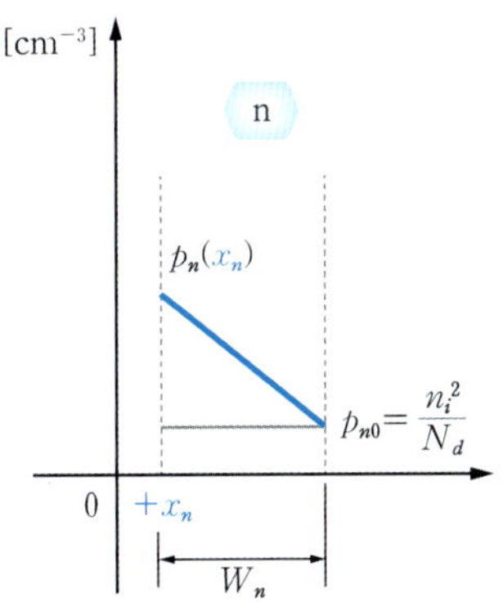

[그림 8-11] 짧은 길이인 n 영역에서 소수캐리어인 정공의 분포 $p_n(x) = p_{n0} + \delta p_n(x)$

n 영역에서 소수캐리어 정공의 확산 전류밀도 $J_p(x)$는 다음과 같이 정의된다.

$$J_p(x) = -eD_p\frac{dp_n(x)}{dx} = -eD_p\frac{d(\delta p_n(x))}{dx}$$

이 정의식에 식 (8.57)이나 (8.58)을 대입하면, 짧은 n 영역에서 $J_p(x)$는 다음과 같이 된다.

$$J_p(x) = \frac{eD_p p_{n0}}{W_n}\left[\exp\left(\frac{eV_F}{kT}\right) - 1\right] \tag{8.59}$$

이 값은 간단히 [그림 8-11]에서 정공농도의 기울기, 즉 삼각형에서 빗변의 기울기인 $-\frac{[p_n(x_n) - p_{n0}]}{W_n}$에 $-eD_p$를 곱한 값과 동일하다. 이런 방법은 이후 10장에서 바이폴라 트랜지스터를 해석할 때 유용하게 적용된다.

[표 8-5]는 중성영역의 길이가 긴[long] 다이오드와 짧은[short] 다이오드의 정공 확산 전류의 차이점을 비교하여 정리한 것이다.

[표 8-5] 중성영역 길이가 긴 다이오드와 짧은 다이오드의 n 영역 내 정공 확산 전류 $J_p(x)$의 차이점

짧은 다이오드	$J_p(x) = \frac{eD_p p_{n0}}{W_n}\left[\exp\left(\frac{eV_F}{kT}\right) - 1\right] \quad (x \geq x_n)$ (8.59)
긴 다이오드	$J_p(x) = \frac{eD_p p_{n0}}{L_p}\left[\exp\left(\frac{eV_F}{kT}\right) - 1\right]\exp\left(\frac{x_n - x}{L_p}\right) \quad (x \geq x_n)$ (8.44)
차이점	❶ 짧은 다이오드에서는, 분모가 정공 확산길이 L_p가 아니라 중성 n 영역 길이 W_n으로 대치된다. $W_n \ll L_p$이므로, 소수캐리어 확산 전류밀도는 짧은 다이오드가 긴 다이오드보다 더 크다. ❷ 짧은 다이오드에서는, 소수캐리어 농도가 n 영역 전체에 걸쳐 거리에 따라 (근사적) 선형함수로 되기 때문에, 소수캐리어 확산 전류밀도는 x 변수 지수항이 없이 일정한 상수 값이다. 이와 같이 확산 전류밀도가 일정하다는 것은 짧은 중성 n 영역 내에서 소수캐리어의 재결합이 없음을 의미한다.

만약 중성 p 영역의 길이 W_p도 $W_p \ll L_n$을 만족시킨다면, 짧은 p 영역에서 소수캐리어인 전자의 농도는 식 (8.57)과 동일한 방법으로 다음과 같이 구하면 된다.

$$\delta n_p(x) = [n_p(-x_p) - n_{p0}]\left[\frac{x_p + W_p + x}{W_p}\right] \tag{8.60}$$

p 영역에서 소수캐리어인 전자의 분포는 $n_p(x) = n_{p0} + \delta n_p(x)$이므로

$$\begin{aligned} n_p(x) &= n_{p0} + \delta n_p(x) \\ &= [n_p(-x_p) - n_{p0}]\left[\frac{x_p + W_p + x}{W_p}\right] + n_{p0} \end{aligned} \tag{8.61}$$

가 되고, 이 함수를 그림으로 나타내면 [그림 8-12]와 같다.

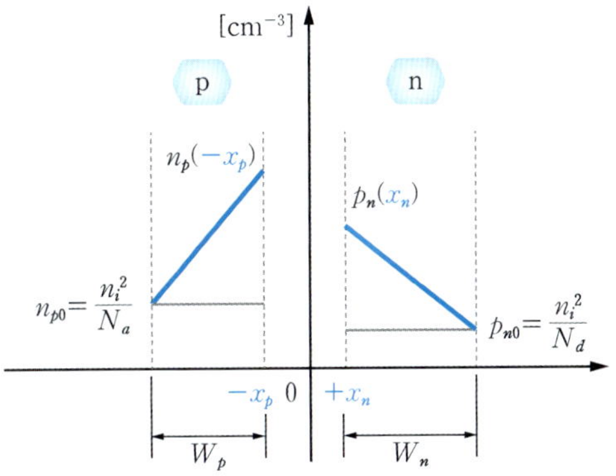

[그림 8-12] p 영역과 n 영역이 모두 짧은 길이인 경우 각 영역의 소수캐리어 농도 분포

짧은 p 영역에서 소수캐리어인 전자의 확산 전류밀도 $J_n(x)$는 p 영역 전체에서 일정하며, 식 (8.60)이나 (8.61)을 적용하면 다음과 같다.

$$J_n(x) = eD_n \frac{dn_p(x)}{dx} = eD_n \frac{d(\delta n_p(x))}{dx} = \frac{eD_n n_{p0}}{W_p}\left[\exp\left(\frac{eV_F}{kT}\right) - 1\right] \tag{8.62}$$

이 값은 간단히 [그림 8-12]의 p 영역에서 전자농도의 기울기, 즉 삼각형에서 빗변의 기울기인 $\frac{[n_p(-x_p) - n_{p0}]}{W_p}$에 eD_n을 곱한 값과 동일하다.

결국 다이오드의 전류-전압 관계식은 다음과 같은 식 (8.32)로부터 구할 수 있다.

$$J = J_p(0) + J_n(0) = J_p(x_n) + J_n(-x_p)$$

이 식에서 $J_p(x_n)$은 식 (8.59)와 같고, $J_n(-x_p)$는 식 (8.62)와 같으므로, 이 둘을 더하여 다음과 같이 정리할 수 있다.

$$J = \left[\frac{eD_p p_{n0}}{W_n} + \frac{eD_n n_{p0}}{W_p}\right]\left[\exp\left(\frac{eV_F}{kT}\right) - 1\right] \tag{8.63}$$

여기서 파라미터 J_s를

$$J_s = \left[\frac{eD_p p_{n0}}{W_n} + \frac{eD_n n_{p0}}{W_p}\right] \tag{8.64}$$

라고 정의하면, 식 (8.63)은 식 (8.41)과 같이 다음처럼 쓸 수 있다.

$$J = J_s\left[\exp\left(\frac{eV_F}{kT}\right) - 1\right]$$

식 (8.64) $J_s = \left[\frac{eD_p p_{n0}}{W_n} + \frac{eD_n n_{p0}}{W_p}\right]$를 식 (8.40) $J_s = \left[\frac{eD_p p_{n0}}{L_p} + \frac{eD_n n_{p0}}{L_n}\right]$와 비교하면, $W_n \ll L_p$이고 $W_p \ll L_n$이므로, 동일한 온도에서 동일한 전압을 인가했을 때 짧은 다이오드가 긴 다이오드보다 더 큰 전류를 흘린다는 것을 알 수 있다.

예제 8-9

중성 n 영역에서 재결합이 없다고 할 때, 다음 두 경계조건을 만족하는 과잉 소수캐리어의 농도 $\delta p_n(x)$를 구하라.

❶ $x = x_n$에서 $p_n(x_n) = p_{n0}\exp\left(\frac{eV_F}{kT}\right)$

❷ $x = x_n + W$에서 $p_n(x_n + W_n) = p_{n0}$

풀이

n 영역이므로 다음과 같은 소수캐리어 정공에 대한 앰비폴러 방정식을 사용해야 한다.

$$D_p\frac{\partial^2(\delta p_n)}{\partial x^2} - \mu_p \mathcal{E}\frac{\partial(\delta p_n)}{\partial x} + g' - \frac{\delta p_n}{\tau_{p0}} = \frac{\partial(\delta p_n)}{\partial t}$$

중성 n 영역에서 재결합이 없다고 가정한다. 과잉 소수캐리어의 생성은 없는 상태이고, 전계는 매우 작으므로 무시한다. 그리고 정상상태를 고려하면, 앰비폴러 방정식은

$$\frac{d^2(\delta p_n)}{dx^2} = 0 \tag{8.65}$$

이 된다. 이 식을 한 번 적분하면 $\frac{d(\delta p_n)}{dx} = c_1$이고, 한 번 더 적분하면 $\delta p_n(x) = c_1 x + c_2$이다.

적분상수를 결정하기 위해 경계조건 ❶ $p_n(x_n) = p_{n0}\exp\left(\frac{eV_F}{kT}\right)$를 $\delta p_n(x) = c_1 x + c_2$에 적용하면 $\delta p_n(x_n) = c_1 x_n + c_2$이고, 다음과 같이 된다.

$$\delta p_n(x_n) = p_n(x_n) - p_{n0} = p_{n0}\left[\exp\left(\frac{eV_F}{kT}\right) - 1\right] \tag{8.66}$$

경계조건 ❷ $p_n(x_n + W_n) = p_{n0}$를 $\delta p_n(x) = c_1 x + c_2$에 적용하면
$\delta p_n(x_n + W_n) = c_1(x_n + W_n) + c_2$이고, 다음과 같이 된다.

$$\delta p_n(x_n + W_n) = p_n(x_n + W_n) - p_{n0} = 0 \qquad (8.67)$$

식 (8.66)과 (8.67)로부터 적분상수를 구하면

$$c_1 = \frac{p_{n0} - p_n(x_n)}{W_n}$$

$$c_2 = -\left[p_{n0} - p_n(x_n)\right]\left(\frac{x_n + W_n}{W_n}\right)$$

이다. 따라서 소수캐리어인 과잉 정공의 농도 $\delta p_n(x)$는 다음과 같이 된다.

$$\begin{aligned}\delta p_n(x) = c_1 x + c_2 &= \frac{p_{n0} - p_n(x_n)}{W_n} x - \left[p_{n0} - p_n(x_n)\right]\left(\frac{x_n + W_n}{W_n}\right) \\ &= -\left[p_n(x_n) - p_{n0}\right]\left(\frac{x - x_n - W_n}{W_n}\right) \qquad (8.68)\end{aligned}$$

경계조건 ❶로부터 $p_n(x_n) - p_{n0} = p_{n0}\left[\exp\left(\frac{eV_F}{kT}\right) - 1\right]$이므로, 식 (8.68)은 다음과 같이 된다.

$$\delta p_n(x) = -\left[p_n(x_n) - p_{n0}\right]\left(\frac{x - x_n - W_n}{W_n}\right) = p_{n0}\left[\exp\left(\frac{eV_F}{kT}\right) - 1\right]\left[\frac{x_n + W_n - x}{W_n}\right]$$

이는 식 (8.57)과 동일하다.

중성 p 영역과 n 영역이 모두 소수캐리어의 확산길이보다 매우 짧아서 중성영역을 지나는 동안 재결합이 거의 일어나지 않는다고 하면, 각 영역에서 소수캐리어의 농도 분포는 [그림 8-12]와 같이 직선으로 근사화할 수 있다. 농도가 직선인 경우 기울기는 간단해지므로, pn 접합 다이오드의 전류-전압 관계를 보다 간단하게 구할 수 있다.

8.2 pn 접합의 소신호 동작과 등가 모델

8.2.1 소신호 동작과 등가회로 요소

pn 접합 다이오드의 소신호 동작이란 무엇일까?

pn 접합 다이오드를 정류회로나 클리퍼 및 클램퍼 회로 등에 적용하여 대신호 동작을 시킬 수 있다. 이와 다르게 pn 접합 다이오드에 직류전압 V_{DQ}를 인가한 상태에서 중첩하여 미소한 교류전압 $\Delta v(t) = v_0(\sin\omega t)$를 인가하면, 다이오드 전류도 직류전류 I_{DQ}에 중첩된 작은 교류전류 $\Delta i(t)$가 생성될 것이다. 이렇게 작은 교류 신호로 동작시키는 것을 pn 접합 다이오드의 소신호 동작이라고 한다. 소신호 동작 시의 회로 연결과 그때의 소신호 전류 및 전압 파형의 변화를 [그림 8-13]과 같이 나타낼 수 있다.

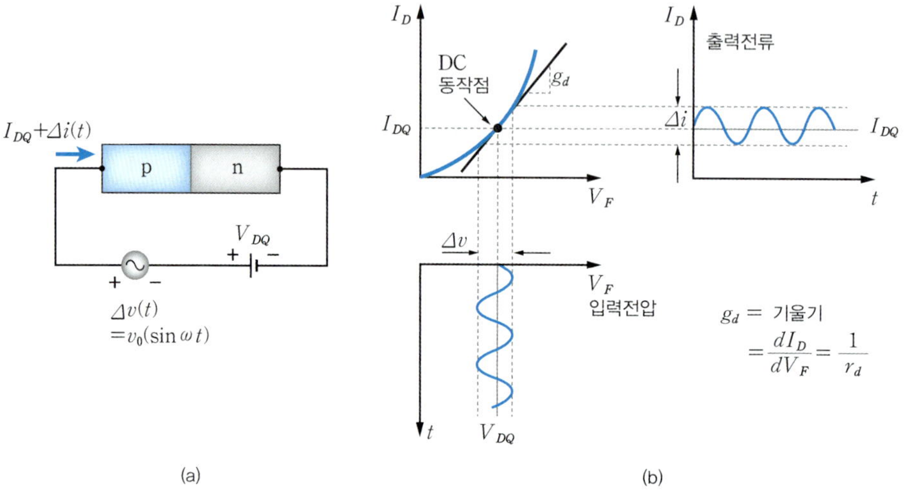

[그림 8-13] 직류전압에 더하여 소신호 교류전압이 인가된 (a) pn 접합 다이오드의 회로와 (b) 전류 및 전압 파형

[그림 8-13(b)]와 같이 $I_D = I_s\left[\exp\left(\frac{eV_F}{kT}\right) - 1\right]$의 곡선상에 DC 동작점이 주어진다. 인가한 교류전압의 크기가 작아 소신호 전압일 경우에는, 그 동작점에서의 기울기에 해당하는 직선을 그리고, 그 직선에 따라서 교류전압 $\Delta v(t)$를 인가했을 때 $\Delta i(t)$가 생성된다고 보아도 오차는 크지 않다. 이 직선의 기울기는 컨덕턴스의 개념이 되고, 그 역수는 저항의 개념이 된다.

pn 접합 다이오드의 소신호 증분 저항은 얼마일까?

pn 접합 다이오드의 이상적 전류-전압 관계식에 있는 전류밀도 J에 단면적을 곱하면 전류 I가 된다. 다이오드 전류를 I_D라고 하고, 다이오드의 역포화 전류를 I_s라고 하면, 전류-전압 관계식은 다음과 같다.

$$I_D = I_s\left[\exp\left(\frac{eV_F}{kT}\right) - 1\right] \tag{8.69}$$

동작점(I_{DQ}, V_{DQ})에서 사인파 소신호 전류 대 전압의 비를 **증분 컨덕턴스**conductance라고 부르며, 다음과 같이 표현한다.

$$g_d = \frac{dI_D}{dV_F} = \frac{1}{r_d} \tag{8.70}$$

이 증분 컨덕턴스 g_d와 그 역수인 증분 저항 r_d는 직류 컨덕턴스 $G = \frac{I_{DQ}}{V_{DQ}}$ 및 직류 저항 $R = \frac{V_{DQ}}{I_{DQ}}$ 와는 다르므로 이를 구분할 필요가 있다. 만약 다이오드에 순방향 바이어스 전압을 충분히 크게 가해서 전류식 (8.69)에서 대괄호 속 -1 항을 무시할 수 있다고 가정하면, 증분 컨덕턴스는 다음과 같이 된다.

$$g_d = \frac{dI_D}{dV_F} = \left(\frac{e}{kT}\right) I_s \exp\left(\frac{eV_F}{kT}\right) \simeq \frac{I_D}{V_t} \tag{8.71}$$

여기서 $V_t = \frac{kT}{e}$ 는 열전압이다. 소신호 증분 저항은 **확산 저항**[diffusion resistance]이라고도 부르며, 컨덕턴스의 역수이므로 다음 식처럼 표현할 수 있다.

$$r_d = \frac{V_t}{I_D} \tag{8.72}$$

$T = 300\,\mathrm{K}$ 일 때 $r_d = \frac{V_t}{I_D} = \frac{25.9}{I_D[\mathrm{mA}]}$ 로 쓸 수 있다.

pn 접합 다이오드의 확산 커패시턴스는 얼마일까?

pn 접합 다이오드에 순방향 바이어스 전압을 인가하면 건너편에서 주입된 과잉 소수캐리어가 재결합과 동시에 계속적인 확산을 하게 된다. 건너편으로부터 주입되어 이렇게 축적된, 교류전압 변동에 따른 과잉 소수캐리어 농도의 변동을 [그림 8-14]에 나타내었다. 가해준 전압이 동작점 전압 V_{DQ}로부터 $\Delta v(t) = v_0(\sin\omega t)$ 의 변화가 있으면, 공핍층의 양쪽 경계면에서 소수캐리어 농도의 변동 범위는 다음과 같다.

$x = -x_p$ 에서

$n_p(-x_p) = n_{p0}\exp\left[\frac{e(V_{DQ}+v_0)}{kT}\right]$ 와 $n_p(-x_p) = n_{p0}\exp\left[\frac{e(V_{DQ}-v_0)}{kT}\right]$ 사이.

$x = x_n$ 에서

$p_n(x_n) = p_{n0}\exp\left[\frac{e(V_{DQ}+v_0)}{kT}\right]$ 와 $p_n(x_n) = p_{n0}\exp\left[\frac{e(V_{DQ}-v_0)}{kT}\right]$ 사이.

따라서 저주파 교류전압인 경우 동작점에서의 소수캐리어 분포 형상인 지수함수형을 그대로 유지하면서 [그림 8-14(a)]와 같이 변화하지만, 고주파인 경우에는 [그림 8-14(b)]와 같이 캐리어 농도가 흔들리는 분포를 갖게 된다. 인가한 교류전압 $\Delta v(t)$의 변동에 따라, 각 영역에 주입되어 축적된 캐리어 전하량 변화 $\Delta Q(t)$가 생기고, 이는 커패시턴스 성분을 유발한다.

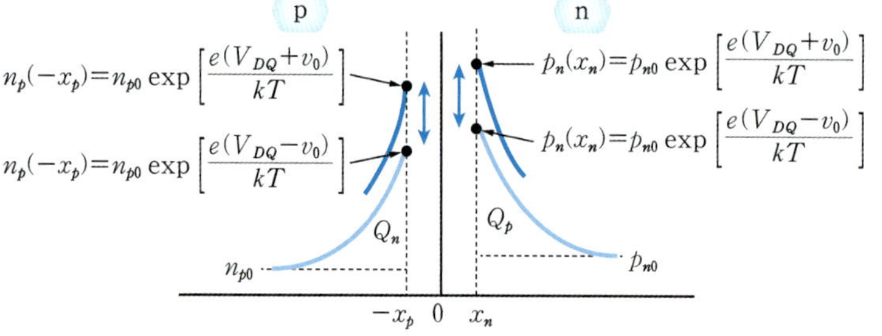

(a)

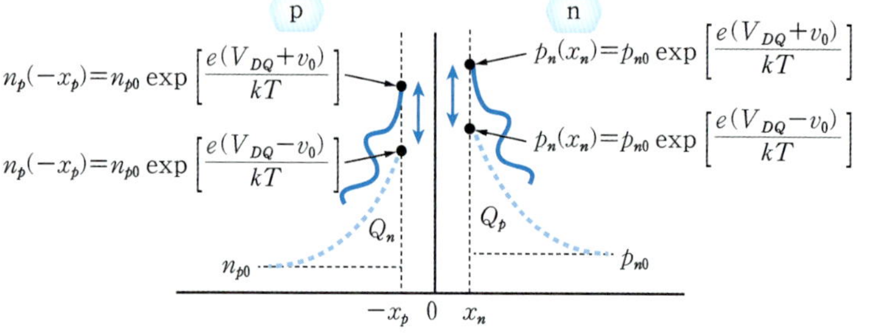

(b)

[그림 8-14] (a) 저주파 교류전압 변동과 (b) 고주파 교류전압 변동에 따른 소수캐리어 농도의 변동

커패시턴스 값을 계산하기 위해서 축적된 전하량과 전압 간의 관계식을 계산해보자. 직류전압을 인가한 후 정상상태에 도달하면, 주입된 소수캐리어 분포는 지수함수형으로 일정하게 유지된다. 그러기 위해서는 주입된 캐리어가 평균수명 동안 재결합하여 사라진 만큼, 동일한 수의 캐리어를 평균수명 시간에 주입시켜주어야만 한다. 단위시간당 주입시켜야 하는 이러한 전하량은 곧 외부에서 전류를 흘려주어야 함을 의미한다. n 영역에 주입된 과잉 정공의 총 전하량을 Q_p라고 하고, 정공의 평균수명을 τ_{p0}라고 하면, 정공을 주입해주는 전류 성분은 $I_p = \dfrac{Q_p}{\tau_{p0}}$가 된다. 동일하게 p 영역에 주입된 과잉 전자의 총 전하량을 Q_n이라고 하고, 전자의 평균수명을 τ_{n0}라고 하면, 전자를 주입해주는 전류성분은 $I_n = \dfrac{Q_n}{\tau_{n0}}$이 된다. 총 다이오드 전류는 정공 전류와 전자 전류의 합이므로

$$I_D = I_p + I_n = \frac{Q_p}{\tau_{p0}} + \frac{Q_n}{\tau_{n0}} \tag{8.73}$$

이 된다. 만약 $\tau_{p0} = \tau_{n0} = \tau$라고 하면,

$$Q = Q_p + Q_n = I_D \tau \tag{8.74}$$

가 된다. $I_D = I_s \left[\exp\left(\frac{eV_F}{kT} \right) - 1 \right]$이므로

$$Q = I_D \tau = \tau I_s \left[\exp\left(\frac{eV_F}{kT} \right) - 1 \right] \tag{8.75}$$

이 되고, 결국 pn 접합 다이오드의 확산 커패시턴스 $C_d = \frac{dQ}{dV_F}$는 다음과 같이 된다.

$$\begin{aligned} C_d &= \frac{dQ}{dV_F} = \frac{d}{dV_F} \tau I_s \left[\exp\left(\frac{eV_F}{kT} \right) - 1 \right] \\ &= \frac{e\tau}{kT} I_s \left[\exp\left(\frac{eV_F}{kT} \right) \right] \simeq \frac{\tau I_D}{V_t} \end{aligned} \tag{8.76}$$

예제 8-10

$T = 300\,\mathrm{K}$이고 $I_D = 1\,\mathrm{mA}$일 때 $\tau_{p0} = \tau_{n0} = \tau = 5 \times 10^{-7}\,\mathrm{sec}$이다. 확산 저항 $r_d = \frac{dV_F}{dI_D}$와 확산 커패시턴스 $C_d = \frac{dQ}{dV_F}$를 구하라.

풀이

$T = 300\,\mathrm{K}$일 때 확산 저항은 $r_d = \frac{V_t}{I_D} = \frac{25.9}{I_D[\mathrm{mA}]} = \frac{25.9}{1\,[\mathrm{mA}]} = 25.9\,[\Omega]$이다.

그리고 확산 커패시턴스는 $C_d \simeq \frac{\tau I_D}{V_t} = \frac{(5 \times 10^{-7})(10^{-3})}{0.0259} = 1.93 \times 10^{-8}\,[\mathrm{F}] = 19.3\,[\mathrm{nF}]$이다.

7장의 [연습문제 7.7]에서 계산한 역방향 바이어스된 pn 접합의 접합 커패시턴스는 수 pF 정도이다. 확산 커패시턴스 C_d는 접합 커패시턴스 C_j보다 천 배 내지 만 배 더 크다. 따라서 순방향 바이어스된 pn 접합에서는 확산 커패시턴스가 커패시턴스 값을 결정짓는 파라미터가 된다. 순방향 전압이 증가할수록 다이오드 전류 값 I_D가 증가하고, 따라서 확산 커패시턴스 C_d는 증가하지만 소신호 확산 저항 r_d는 작아진다. 접합 커패시턴스 C_j는 역방향 바이어스일 때 주요 커패시턴스이다. 순방향 바이어스 전압이 증가할수록 공핍층의 두께가 좁아져서 접합 커패시턴스 C_j도 증가하지만, 확산 커패시턴스 C_d와 비교하여 매우 작으므로 순방향 바이어스 때는 무시되는 것이다.

8.2.2 소신호 등가회로

pn 접합 다이오드의 소신호 등가회로는 어떻게 그릴 수 있을까?

순방향 바이어스일 때 pn 접합의 등가회로는 소신호 확산 저항 r_d와 확산 커패시턴스 C_d, 그리고 접합 커패시턴스 C_j를 병렬로 연결하여 그릴 수 있다. 이에 추가하여 중성 n 영역과 p 영역이 유한한 저항을 가지고 있으므로 직렬저항 r_s를 연결하여 [그림 8-15]와 같이 등가회로를 그릴 수 있다.

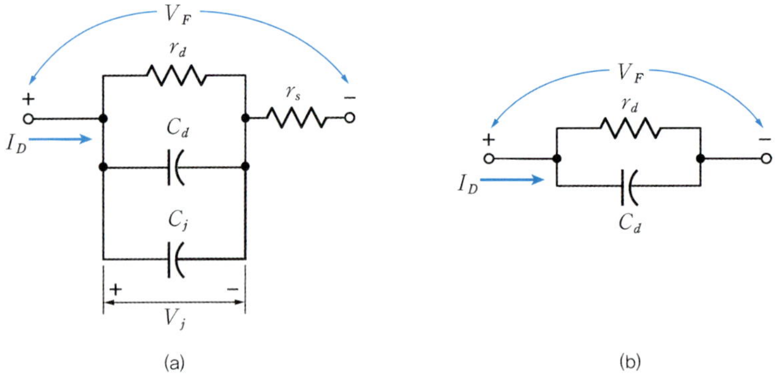

[그림 8-15] 순방향 바이어스일 때 (a) pn 접합의 등가회로 모델과 (b) 간소화 모델

순방향 바이어스일 때, 접합 커패시턴스 C_j와 직렬저항 r_s는 작아서 무시할 수 있는 경우가 많다. 이 경우 등가회로는 [그림 8-15(b)]와 같이 간소화할 수 있다. 그러나 순방향 전류가 매우 커지면 직렬저항 r_s에서 발생하는 전압강하를 무시할 수 없고, 외부에서 인가한 전압이 전부 pn 접합 부위에 인가되지 않고, 인가한 전압의 일부가 직렬저항 r_s에서 소모된다. 이 경우 전류-전압 관계식 $J = J_s\left[\exp\left(\frac{eV_F}{kT}\right) - 1\right]$에서, **전압 V_F 대신 $V_j = V_F - I_D r_s$를 대입해야 한다.** 그 결과, 증가시킨 전압만큼 전류가 증가되지 않게 된다. [그림 8-16]은 높은 다이오드 전류일 때 전류-전압 특성이 이상적인 직선 [그림 8-9]에서 이탈되어 더 낮아지는 것을 표현한 것이다.

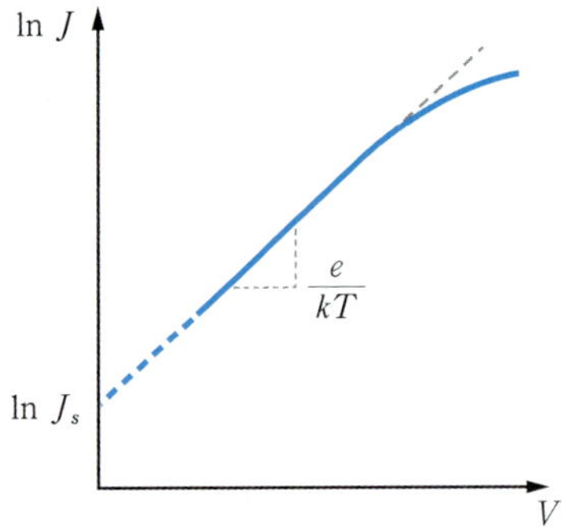

[그림 8-16] 고전압일 때 발생하는 이상적인 pn 접합 다이오드 전류의 이탈

8.3 공핍층 재결합 전류와 생성 전류 및 항복현상

8.3.1 순방향 바이어스 재결합 전류와 확산 전류 비교

순방향 바이어스일 때 pn 접합의 공핍층에서 발생하는 재결합 전류의 크기는 얼마일까?

이상적인 전류-전압 관계를 유도할 때에 공핍층 내에서 발생하는 전자와 정공의 생성이나 재결합은 무시하였다. 실제 pn 접합에는 결함이 많이 존재하여 에너지 금지대역에 트랩[trap]들이 많이 존재하므로, 이 트랩들을 매개로 열평형상태의 캐리어 농도를 유지하려는 방향으로 캐리어의 생성과 재결합이 발생하게 된다. **쇼클리-리드-홀**[Shockley-Read-Hall]**의 재결합 이론**은 에너지 금지대역에 트랩이 존재할 때의 캐리어 생성과 재결합을 설명한다. 공핍층 내에서의 생성이나 재결합에 의한 전류 성분이 존재하는 경우에는, 이를 이상적인 pn 접합 다이오드의 $I-V$ 특성에 포함시켜야 한다.

순방향 바이어스를 가하면 각 영역으로부터 전자와 정공들이 접합을 건너 주입되어 공핍층을 지나간다. 이때 공핍층 영역 내에는 열평형상태 농도보다 많은 과잉 소수캐리어가 존재한다. 쇼클리-리드-홀의 재결합 이론에 의하면, 이들 전자와 정공의 일부는 공핍층 영역 내에서 재결합하여 사라지면서 열평형으로 되돌아가려 한다. 전자와 정공의 최대 재결합률은 pn 접합의 에너지 갭 중앙에 위치한 트랩을 통해 일어난다. 이렇게 공핍층에서 재결합으로 사라지는 캐리어를 외부 단자에서 계속 공급해주는 전류 성분이 존재하는데, 이것이 **순방향 바이어스 재결합 전류**[forward-bias recombination current]이다. 이러한 전류 J_{rec}은 순방향 바이어스 전류의 방향과 동일하다. [그림 8-17]에서 J_{rec}(전자)와 J_{rec}(정공)을 합하여 생성 전류 J_{rec}이 되는 것이 아니라, 전자와 정공은 쌍으로 재결합하므로 $J_{rec}=J_{rec}(\text{전자})=J_{rec}(\text{정공})$임에 유의하라. 이 특성은 바이폴라 트랜지스터의 전류 해석에도 적용된다.

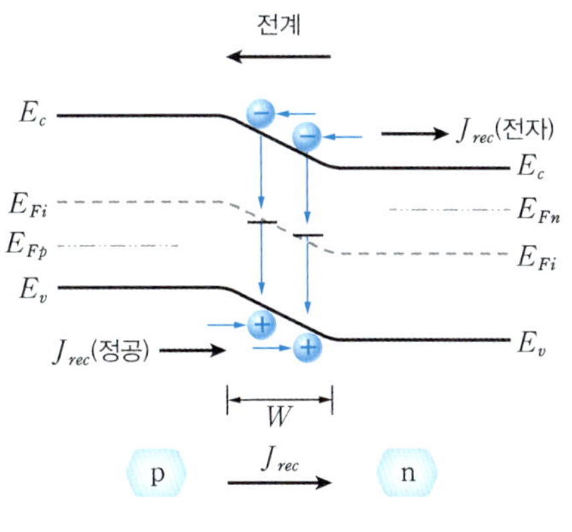

[그림 8-17] 순방향 바이어스된 pn 접합에서 트랩을 통한 캐리어 재결합과 흐름

만약 트랩이 진성 페르미 준위에 있고, $V_F \gg \dfrac{kT}{e}$ 이며 재결합률이 공핍층 내에서 일정하다고 가정하면, 공핍층에서 전자와 정공의 재결합에 의해 발생된 순방향 바이어스 재결합 전류 J_{rec}는 다음과 같이 된다.

$$J_{rec} = \frac{en_i W}{2\tau_0}\left[\exp\left(\frac{eV_F}{2kT}\right) - 1\right] = J_{r0}\left[\exp\left(\frac{eV_F}{2kT}\right) - 1\right] \simeq J_{r0}\exp\left(\frac{eV_F}{2kT}\right) \tag{8.77}$$

여기서 J_{r0}는 다음 식을 적용하였다.

$$J_{r0} = \frac{en_i W}{2\tau_0} \tag{8.78}$$

이 식을 $V_F \gg \dfrac{kT}{e}$ 인 경우의 이상적인 전류-전압 관계식인 $J = J_s\left[\exp\left(\dfrac{eV_F}{kT}\right) - 1\right] \simeq J_s \exp\left(\dfrac{eV_F}{kT}\right)$와 비교해보면, 지수함수항의 분모가 '$2kT$'라는 것에 차이가 있다.

순방향 바이어스일 때 재결합 전류와 이상적인 확산 전류를 합한 식에서 이상인자의 의미는 무엇일까?

순방향 바이어스일 때 pn 접합 내에 흐르는 전류에는 두 종류가 있다. 접합을 넘어 주입되어 중성영역에서 재결합으로 사라지는 캐리어를 계속 공급해주는 확산 전류밀도 J_D와 공핍층에서 재결합으로 사라지는 캐리어를 공급해주는 재결합 전류밀도 J_{rec}가 있는데, 이 둘을 합한 것이 전체 순방향 전류가 되며 다음과 같이 쓸 수 있다.

$$J = J_{rec} + J_D \tag{8.79}$$

여기서 $J_{rec} = J_{r0}\left[\exp\left(\dfrac{eV_F}{2kT}\right) - 1\right]$, $J_D = J_s\left[\exp\left(\dfrac{eV_F}{kT}\right) - 1\right]$ 이며, J_{r0}의 값은 J_s의 값보다 크다. 이 두 식은 유사한 형태를 하고 있으므로 확산 전류에 재결합 전류를 포함시켜 일반적으로 다이오드 전류-전압 관계는 다음과 같이 쓸 수 있다.

$$J = J_s\left[\exp\left(\frac{eV_F}{\eta kT}\right) - 1\right] \tag{8.80}$$

여기서 파라미터 η를 **이상인자**ideality factor라고 부른다.

$V_F \gg \dfrac{kT}{e}$ 인 경우, J_{rec}와 J_D에 관한 위 두 식에 자연대수를 취하면 다음 두 식을 얻을 수 있다.

$$\ln J_{rec} = \ln J_{r0} + \frac{eV_F}{2kT} = \ln J_{r0} + \frac{V_F}{2V_t} \tag{8.81}$$

$$\ln J_D = \ln J_s + \frac{eV_F}{kT} = \ln J_s + \frac{V_F}{V_t} \tag{8.82}$$

[그림 8-18]은 $\ln J$ 대 $\dfrac{V_F}{V_t}$ 그래프를 재결합 전류와 확산 전류에 대하여 그린 것이다. $\ln J_{rec}$ 그래프는 직선의 기울기가 $\dfrac{1}{2}$이고, $\ln J_D$ 그래프는 직선의 기울기가 1이다. 작은 순방향 전압을 인가해 전류밀도가 낮을 때는 재결합 전류가 우세하고, $\eta \simeq 2$에 가깝게 된다. 반면 큰 순방향 전압을 인가해 전류밀도가 높을 때는 이상적인 확산 전류가 우세하고, $\eta \simeq 1$에 가깝게 된다는 것에 주목할 필요가 있다. 그림에서 두 전류가 비슷할 때는 $1 < \eta < 2$ 인 천이영역에 해당한다.

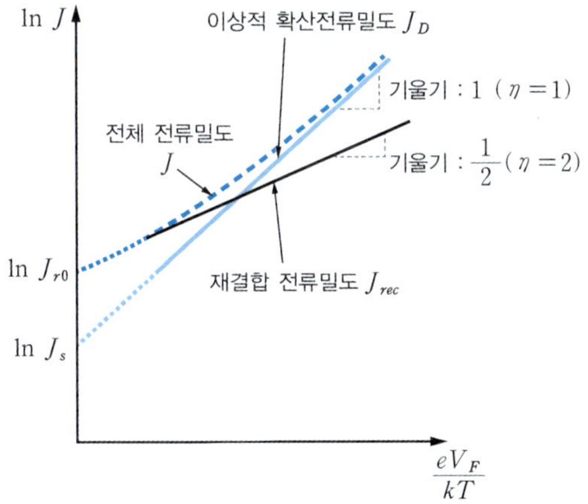

[그림 8-18] 순방향 바이어스일 때, 이상적 확산 전류밀도 J_D와 재결합 전류밀도 J_{rec}

8.3.2 역방향 바이어스 생성 전류와 항복현상

역방향 바이어스일 때 pn 접합의 공핍층에서 발생하는 생성 전류의 크기는 얼마일까?

역방향 바이어스를 가하면 공핍층 영역 내에는 열평형상태 농도보다 적은 수의 소수캐리어가 존재하게 된다. 이 경우 에너지 금지대역에 트랩들을 매개로 열평형상태의 캐리어 농도를 유지하려는 방향으로 캐리어가 생성된다.

쇼클리-리드-홀의 재결합 이론에 의하면, 역방향 바이어스가 $-V_R$일 때 만약 트랩 준위가 진성intrinsic 페르미 준위에 있다고 하면, 그리고 전자와 정공의 평균수명을 τ_0라고 하면, 단위시간당 단위체적 내에서 생성되는 캐리어의 생성률 G는 다음과 같다.

$$G = \frac{-n_i}{2\tau_0}\left[\exp\left(\frac{-eV_R}{2kT}\right) - 1\right] \simeq \frac{n_i}{2\tau_0} \tag{8.83}$$

전자들과 정공들이 쌍으로 생성되면 [그림 8-19]와 같이, 공핍층 내 전계에 의해 전자는 n 영역으로, 정공은 p 영역으로 각각 공핍층 밖으로 빠져나간다. 이러한 전하의 흐름이 생성한 J_{gen}은 역방향 바이어스 전류의 방향과 동일하다. 그림에서 J_{gen}(전자)와 J_{gen}(정공)을 합하여 생성 전류 J_{gen}이 되는 것이 아니라 $J_{gen} = J_{gen}$(전자)$= J_{gen}$(정공)임에 유의하라. 이 특성은 바이폴라 트랜지스터의 전류 해석에도 적용된다.

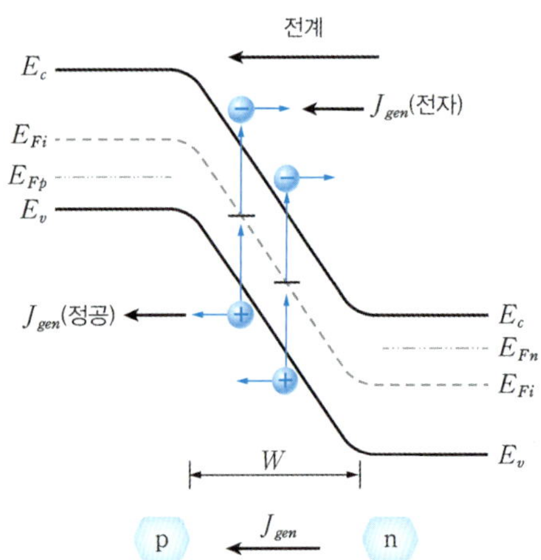

[그림 8-19] 역방향 바이어스된 pn 접합에서 트랩을 통한 캐리어 생성과 흐름

식 (8.83)과 같은 생성률이 공핍층 폭 W 내에서 동일하다고 간주하면 생성 전류밀도 J_{gen}에 대한 다음 식을 얻을 수 있다.

$$J_{gen} = \frac{en_iW}{2\tau_0} \tag{8.84}$$

공핍층 내에서 전자들과 정공들의 생성에 의해 발생된 이 **역방향 바이어스 생성 전류** reverse-bias generation current J_{gen}은 이상적인 역방향 바이어스 포화 전류 J_s에 추가되어 흐르게 된다. 따라서 전체 역방향 바이어스 전류밀도 J_R은 이상적인 역포화 전류밀도와 생성 전류밀도의 합으로 다음과 같다.

$$J_R = J_s + J_{gen} \tag{8.85}$$

이상적인 역포화 전류밀도 J_s는 역방향 바이어스 전압에 무관하다. 그러나 J_{gen}은 역방향 바이어스 전압의 함수인 공핍층 폭 W의 함수이다. 그러므로 실제의 역방향 바이어스 전류밀도는 역방향 바이어스 전압과 관련이 있다.

예제 8-11

$T = 300\,\text{K}$에 있는 실리콘 pn 접합에서 이상적인 역포화 전류밀도 J_s와 생성 전류밀도 J_{gen}의 상대적 크기를 비교하라. 실리콘 pn 접합의 파라미터는 다음과 같다.

$$\epsilon_r = 11.7 \qquad \tau_{p0} = \tau_{n0} = 5\times10^{-7}\,\text{sec}$$
$$N_a = 1.5\times10^{17}\,\text{cm}^{-3} \qquad N_d = 1.5\times10^{15}\,\text{cm}^{-3}$$
$$n_i = 1.5\times10^{10}\,\text{cm}^{-3} \qquad V_{bi} + V_R = 5\,\text{V}$$

풀이

이상적인 역포화 전류밀도는 $J_s = 1.093\times10^{-10}\,\text{A/cm}^2$으로, [예제 8-6]에서 구하였다. 생성 전류밀도는 식 (8.84)로 주어지며 다음과 같이 표현된다.

$$J_{gen} = \frac{en_i W}{2\tau_o}$$

여기에서 공핍층 폭은 다음과 같다.

$$W = \left\{\frac{2\epsilon_s}{e}\left(\frac{N_a + N_d}{N_a N_d}\right)(V_{bi} + V_R)\right\}^{\frac{1}{2}}$$

$V_{bi} + V_R = 5\,\text{V}$이므로

$$W = \left\{\frac{2(11.7)(8.854\times10^{-14})}{1.602\times10^{-19}}\left(\frac{1.5\times10^{17} + 1.5\times10^{15}}{2.25\times10^{32}}\right)(5)\right\}^{\frac{1}{2}} = 2.087\times10^{-4}\,\text{cm}$$

임을 알 수 있으며, 결국 생성 전류는 다음과 같다.

$$J_{gen} = \frac{(1.602\times10^{-19})(1.5\times10^{10})(2.087\times10^{-4})}{2(5\times10^{-7})} = 5.015\times10^{-7}\,\text{A/cm}^2$$

상온의 실리콘 pn 접합 다이오드에서 생성 전류밀도 J_{gen}은 이상적인 역포화 전류밀도 J_s보다 10^3배 이상 큼을 알 수 있다. 실리콘 pn 접합 다이오드에 있어서 생성 전류가 역방향 바이어스 전류의 주된 원인이 된다.

역방향 바이어스 전압이 커지면 '항복' 현상이 발생하는데, 그 원인은 무엇일까?

이상적인 pn 접합인 경우 역방향 바이어스 전압을 걸면 소자 내에는 매우 작은 역방향 전류가 흐르게 된다. 그러나 역방향 바이어스 전압을 증가시키면 어느 순간 갑자기 역방향 바이어스 전류는 급격하게 증가할 수 있다. 이때의 전압을 **항복전압**breakdown voltage이라고 부른다. pn 접합에서 역방향 바이어스 항복을 일으키는 물리적 메커니즘에는 **제너 항복**Zener breakdown과 **애벌런치 항복**avalanche breakdown이 있다.

제너 항복

제너 항복Zener breakdown은 pn 접합 양쪽의 도핑농도를 매우 크게 만들어준 경우 발생하는 터널링 메커니즘이다. p 영역과 n 영역 모두 도핑농도가 매우 큰 경우 공핍층의 폭은 매우 좁아져서 에너지밴드 다이어그램으로 나타내면 [그림 8-20]과 같다. 그림에서 보듯이 공핍층에서 전도대역 E_c와 가전자대역 E_v가 매우 좁게 위치하게 된다. 따라서 조금만 역방향 바이어스 전압을 인가해도 접합의 반대쪽에 있는 전도대역과 가전자대역은 아주 가깝게 되어, 전자는 p쪽의 가전자대역으로부터 n쪽의 전도대역으로 직접 터널링이 발생한다. 에너지 장벽이 높더라도 에너지 장벽의 폭 d가 좁은 경우에는 상당한 양의 터널링이 발생한다(2.3.3절의 [예제 2-6] 참조).

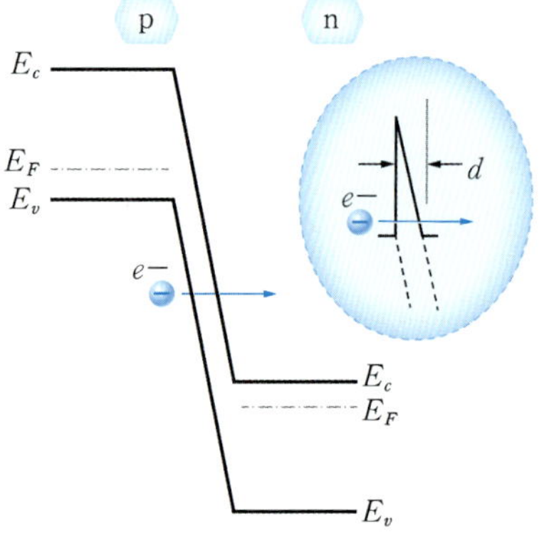

[그림 8-20] 제너 항복이 일어날 때의 모형

애벌런치 항복

애벌런치 항복avalanche breakdown은 공핍층 영역을 건너 움직이는 정공과 전자가 공핍층에 형성된 전계 때문에 에너지 갭 E_g보다 큰 충분한 에너지를 얻게 되어, 공핍층 내에 있는 원자 내 전자와 충돌함으로써 전자-정공 쌍을 생성하는 이온화 현상과 관계된다. 애벌런치 과정을 [그림 8-21]에 도식적으로 나타내었다.

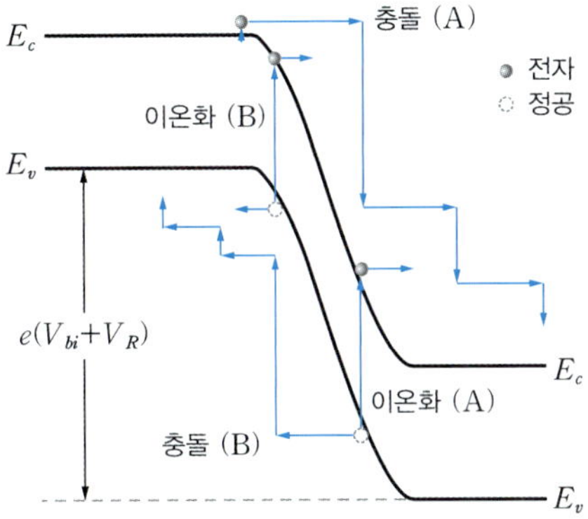

[그림 8-21] 애벌런치 항복이 일어날 때의 모형

p 영역의 전자가 오른쪽으로 이동하면서 공핍층에서 충돌(A)을 일으켜, 가전자대역의 전자에게 에너지 갭 E_g보다 큰 충분한 에너지를 주어 이온화(A)가 발생한다. 그 결과 원래의 전자에 추가하여 이온화(A) 과정으로 생긴 전자가 오른쪽 n 영역으로 흘러 전류를 증가시킨다. 한편 이온화(A) 과정으로 동시에 생긴 정공은 왼쪽으로 이동하다가 공핍층에서 충돌(B)를 일으키면서 가전자대역의 전자에게 에너지를 주어 이온화(B)를 발생시킨다. 그 결과 정공이 추가로 발생되어 왼쪽 p 영역으로 흐르게 되고, 동시에 생성된 전자는 다시 공핍층을 오른쪽으로 통과하면서 동일한 충돌과 이온화 과정을 반복한다.

이와 같이 원래의 캐리어에 추가하여, 충돌과 이온화로 새롭게 생성된 정공과 전자가 전계에 의해 서로 반대 방향으로 이동하고, 다시 충돌과 이온화 과정을 반복하는 현상이 폭발적으로 발생하여 역방향 전류가 크게 증가하게 된다. 이러한 현상을 마치 눈사태[avalanche]가 일어나듯이 폭발적으로 캐리어의 수가 증가한다 하여 '애벌런치(눈사태) 항복'이라고 부른다. 대부분의 pn 접합에 있어서 지배적인 항복 메커니즘은 애벌런치 항복에 의한 것이다. 이러한 애벌런치 항복이 일어나기 위해서는 충분히 큰 전압 V_R을 인가해주어야 하므로 항복전압의 크기가 크다.

도핑농도가 감소할수록 애벌런치 항복이 지배적 메커니즘이 되고, 이때 항복전압은 증가하는 경향을 갖는다. 반대로 도핑농도가 증가할수록 제너 항복이 지배적 메커니즘이 되고, 이때 항복전압은 감소하는 경향을 갖는다. [표 8-6]은 두 항복 메커니즘을 정리한 것이다.

[표 8-6] 제너 항복과 애벌런치 항복의 특성 비교

	도핑농도	항복전압 V_{BR}	원인
제너 항복	높다	낮다	터널링 현상
애벌런치 항복	낮다	높다	가속 충돌 이온화 현상

8.4 전하축적 및 다이오드의 스위칭 속도 제한

pn 접합 다이오드를 스위치로 사용할 때, 다이오드는 순방향 바이어스 전압의 **도통**^{on} 상태와 역방향 바이어스의 **차단**^{off} 상태를 반복하여 왔다 갔다 하게 된다. 이때 도통 상태에서 각 영역에 주입되어 축적된 과잉 소수캐리어들이 차단 상태가 되기 위해서는 모두 빠져나가야 하는데, 그러기 위해서는 일정 시간이 소요된다. 또한 차단 상태에 있다가 도통 상태가 되기 위해서는 캐리어들이 주입되어야 하며, 이때에도 일정 시간이 소요된다. 이러한 다이오드의 과도기 특성은 다이오드의 스위칭 속도를 제한하는데, 따라서 이러한 현상을 살펴보는 것은 다이오드의 고주파 특성을 이해하기 위한 필수 사항이다.

8.4.1 차단 상태에서 도통 상태로의 과도 특성

차단 정상상태에서 순방향 바이어스 전압을 인가하면, 시간 증가에 따라 소수캐리어 농도 분포는 어떻게 변화할까?

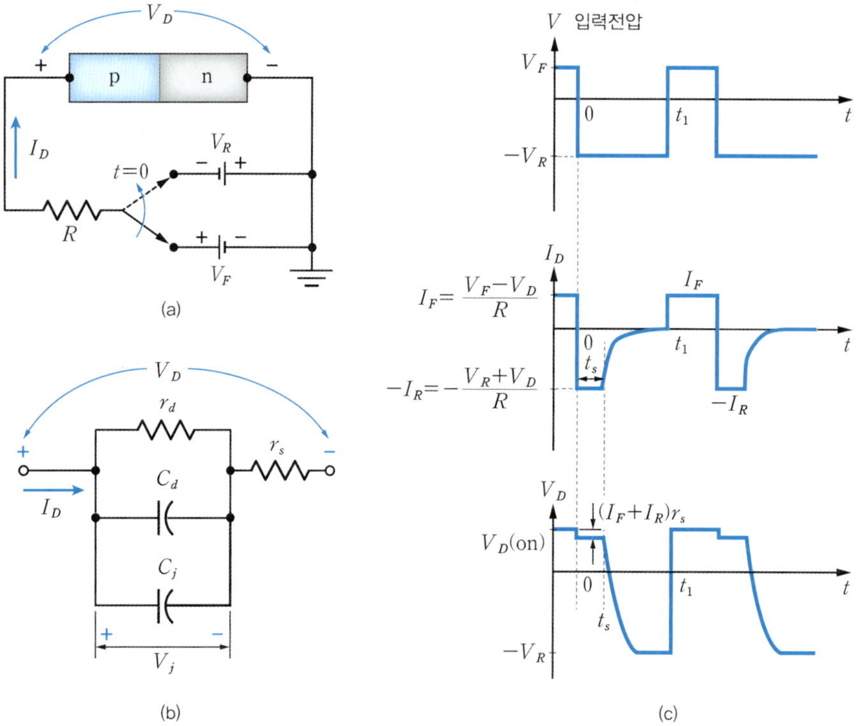

[그림 8-22] (a) 다이오드 스위칭 회로, (b) 등가회로 모델, (c) 다이오드 전류와 전압 변화

[그림 8-22(a)]와 같이 $t<0$인 시간에 순방향 전압 V_F를 인가했다가, $t=0$인 순간에 역방향 전압 $-V_R$을 인가하고, 다시 $t=t_1$인 순간에 순방향 전압 V_F를 인가하는 형태로 반복적인 스위칭을 하는 경우를 고려한다. [그림 8-22(b)]는 [그림 8-15(a)]의 등가회로 모델을 다시 나타낸 것이다.

$t<0$인 차단 상태에서, 각 영역의 소수캐리어 농도의 정상상태 분포는 [그림 8-23]과 같이, 점선의 열평형상태 농도인 p_{n0}와 n_{p0}보다 결핍되어 있다. 이러한 차단 정상상태의 다이오드에 순방향 전압 V_F를 인가하면, p 영역과 n 영역 쪽으로 각각 소수캐리어들이 주입되면서 전류가 흐른다. 시간이 흐르면서 주입되는 소수캐리어들의 농도도 차츰 증가하다가, 정상상태에 도달하면 그림에서 $t=0$인 순간의 농도 분포처럼 지수함수 형태로 감소하는 일정한 농도 분포를 유지한다. [그림 8-23]은 차단 상태에서 도통 상태로 전환된 후 정상상태가 될 때까지, 시간에 따른 소수캐리어 농도의 분포 변화를 나타낸 것이다.

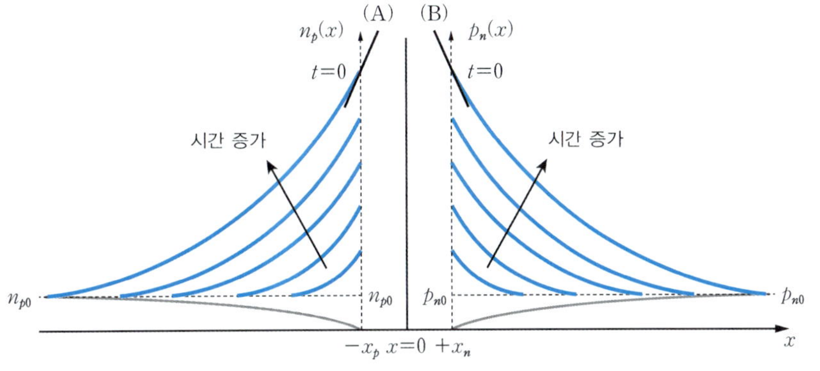

[그림 8-23] 차단 상태에서 도통 상태로 전환된 후 정상상태가 될 때까지의 소수캐리어 농도의 시간에 따른 변화

순방향 정상상태($t<0$인 시간)에 있는 다이오드에 흐르는 순방향 전류는 다음과 같다.

$$I_D = I_F = \frac{V_F - V_D}{R} \tag{8.86}$$

여기서 $V_D(\text{on})$[2]은 0.7 V 정도로 작으므로, 다이오드에 흐르는 전류는 외부저항 R에 의해 제한된다. 순방향 다이오드의 전류는 다음과 같다.

$$I_D = I_p(x_n) + I_n(-x_p) = A\left[-eD_p \frac{dp(x)}{dx}\bigg|_{x=x_n} + eD_n \frac{dn(x)}{dx}\bigg|_{x=-x_p}\right]$$

2 여기서 괄호 안의 on은 '도통 상태'를 의미한다.

여기서 A는 pn 접합의 단면적을 나타낸다. $\left.\frac{dp(x)}{dx}\right|_{x=x_n}$는 $x=x_n$의 위치에서 소수캐리어 정공의 농도 기울기로, 그림에서 (B) 직선의 기울기이다. $\left.\frac{dn(x)}{dx}\right|_{x=-x_p}$는 $x=-x_p$의 위치에서 소수캐리어 전자의 농도 기울기로, 그림에서 (A) 직선의 기울기이다. $x=x_n$에서 (B) 직선의 정공농도 기울기가 음(−)이므로, 기울기에 $-eD_p$를 곱한 정공의 확산 전류는 양(+)이 된다. $x=-x_p$에서 (A) 직선의 전자농도 기울기가 양(+)이므로, 기울기에 eD_n을 곱한 전자의 확산 전류는 양(+)이 된다.

순방향 바이어스를 가한 후 계속 동일한 전류 $I_D=I_F=\frac{V_F-V_D}{R}$가 흐르므로, 따라서 [그림 8-23]에서 $x=x_n$ 위치의 소수캐리어 정공농도 기울기는 **모두 (B) 직선의 기울기와 동일**하다. 마찬가지로 $x=-x_p$ 위치의 소수캐리어 전자농도 기울기도 **모두 (A) 직선의 기울기와 동일**하다. [그림 8-22(c)]에서 도통 상태의 다이오드 전류가 $I_D=I_F=\frac{V_F-V_D}{R}$임을 알 수 있다.

차단 상태에서 도통 상태로 전환될 때 소요되는 시간은 얼마일까?

시간 $t=t_1$인 순간과 같이, 역방향 바이어스 상태에 있다가 순방향 바이어스 전압 V_F를 인가하면 다음의 두 단계로 상태 전환이 일어난다고 볼 수 있다.

[단계1] 역방향 바이어스 상태에서의 공핍층의 폭이 열평형상태의 공핍층 폭으로 줄어드는 데 소요되는 시간으로 이 과정은 매우 빠르게 일어난다. [그림 8-22(b)] 등가 모델의 **접합 커패시턴스 C_j를 충전하는 시간**이다.

[단계2] 전류가 흐르면서 캐리어가 주입되어 [그림 8-23]과 같이 과잉 소수캐리어 분포가 확립되는 데 필요한 시간이다. 다이오드 양단 간 전압은 $V_D(\text{on})$이 된다. [그림 8-22(b)] 등가 모델의 **확산 커패시턴스 C_D를 충전하는 시간**이다.

따라서 차단 상태에서 도통 상태로의 전환에 소요되는 시간은 접합 커패시턴스 C_j와 확산 커패시턴스 C_D를 충전하는 시간으로, 다음에 설명하는 도통 상태에서 차단 상태로의 전환에 소요되는 시간에 비교하여 매우 짧아 관심이 덜하다.

8.4.2 도통 상태에서 차단 상태로의 과도 특성

도통 정상상태에서 역방향 바이어스 전압을 인가하면, 시간 증가에 따라 소수캐리어 농도 분포는 어떻게 변화할까?

도통 상태에서 각 영역의 소수캐리어 농도의 정상상태 분포는, [그림 8-24]에서 $t=0$인 순간의 농도 분포처럼 지수함수 형태이다. [그림 8-24]는 도통 상태에서 역방향 바이어스 전압을 인가한 후 정상상태가 될 때까지, 시간 증가에 따라 소수캐리어 농도의 분포 변화를 나타낸 것이다. 이제 $t=0$인 순간에 다이오드에 역방향 전압 V_R을 인가하면, 축적되어 있던 과잉 소수캐리어가 반대로 빠져 나가기 시작한다. 그런데 캐리어들이 갑자기 사라질 수는 없기 때문에 곧바로 차단 상태가 되지는 못하고, 여전히 반대 방향으로 큰 전류를 흘리는 도통 상태에 머무르게 된다.

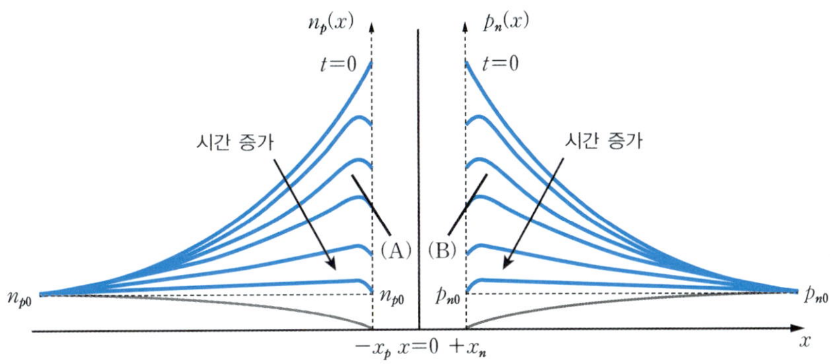

[그림 8-24] 도통 상태에서 차단 상태로 전환된 후 정상상태가 될 때까지의 소수캐리어 농도의 시간에 따른 변화

$0^+ < t$인 시간에 과잉 소수캐리어가 모두 빠져나가는 동안, 다이오드에 흐르는 역방향 전류는 다음과 같다.

$$I_D = -I_R = -\frac{V_R + V_D}{R} \tag{8.87}$$

여기서 $V_D(\text{on})$은 $0.7V$ 정도로 작으므로, 다이오드에 흐르는 전류는 외부저항 R에 의해 제한된다. 여기서 I_R과 V_R은 그림에서 모두 양수가 되도록 방향을 정하였음을 주의한다.

역방향 다이오드의 전류는 다음과 같다.

$$I_D = I_p(x_n) + I_n(-x_p) = A\left[-eD_p \frac{dp(x)}{dx}\bigg|_{x=x_n} + eD_n \frac{dn(x)}{dx}\bigg|_{x=-x_p}\right]$$

이 식에서 $\left.\frac{dp(x)}{dx}\right|_{x=x_n}$는 $x=x_n$ 위치의 소수캐리어 정공농도 기울기로, 그림에서 (B) 직선의 기울기이다. $\left.\frac{dn(x)}{dx}\right|_{x=-x_p}$는 $x=-x_p$ 위치의 소수캐리어 전자농도 기울기로, 그림에서 (A) 직선의 기울기이다. $x=x_n$에서 정공의 농도 기울기가 양(+)이므로 정공의 확산 전류는 음(−)이 되고, $x=-x_p$에서 전자의 농도 기울기가 음(−)이므로 전자의 확산 전류도 음(−)이 되어, 결국 역방향 전류가 음(−)의 방향으로 흐르게 된다. 역방향 바이어스를 가한 후 주입된 과잉 소수캐리어가 빠져나가는 동안 계속 일정한 전류 $I_D=-I_R=-\frac{V_R+V_D}{R}$가 흐르므로, [그림 8-24]에서 $x=x_n$ 위치의 소수캐리어 정공농도 기울기는 **모두 (B) 직선의 기울기와 동일**하다. 마찬가지로 $x=-x_p$ 위치의 소수캐리어 전자농도 기울기도 모두 **(A) 직선의 기울기와 동일**하다. [그림 8-22(c)]는 차단 상태의 초기에 다이오드 전류가 0이 아니고 $I_D=-I_R=-\frac{V_R+V_D}{R}$임을 보여준다.

축적시간이란 무엇이며, 다이오드의 스위칭 속도를 결정하는 것은 무엇일까?

[그림 8-22(c)]의 역방향 전류 $I_D=-I_R=-\frac{V_R+V_D}{R}$는 $0^+<t\le t_s$일 때 거의 일정하며, 여기서 t_s를 **축적시간**storage time이라고 부른다. 이 축적시간은 주입된 과잉 소수캐리어가 모두 빠져나가고, $x=x_n$과 $x=-x_p$에서 소수캐리어 농도가 열평형상태의 값으로 되돌아가기까지 필요한 시간이다. 이 시간이 지난 후에 접합에 걸리는 전압과 전류는 모두 그림에서처럼 급격하게 변하기 시작한다.

축적시간을 넘어 시간이 더 흐르면 $x=x_n$과 $x=-x_p$에서 소수캐리어는 열평형상태의 값인 p_{n0}와 n_{p0}보다 더욱 작은 값으로 떨어지고, 공핍층 폭은 역방향 바이어스 값에 따라 점점 증가하여 정상상태에 이르게 된다. 이때 다이오드 전류는 역방향 포화전류 I_s가 흐른다. 이 전류는 매우 작으므로 R 저항에서의 전압강하는 무시할 정도가 되어, 다이오드 양단 간에는 가해준 전압 V_R이 모두 역방향으로 걸리게 된다.

시간 의존 연속방정식을 풀어, 일방형 p^+n 접합에 대하여 축적시간 t_s를 구하면 다음과 같다.

$$t_s \simeq \tau_{p0}\ln\left[1+\frac{I_F}{I_R}\right] \tag{8.88}$$

다이오드의 스위칭 속도를 높이기 위해서는 다음과 같은 세 가지를 생각해볼 수 있다.

❶ 큰 역방향 전류를 흘려주어 $\frac{I_F}{I_R}$ 값을 작게 해야 한다. 즉 $I_D = I_F = \frac{V_F - V_D}{R}$는 작게 하고, $I_D = -I_R = -\frac{V_R + V_D}{R}$는 크게 해야 한다. 그러기 위해서 V_F보다 V_R을 크게 하거나, 회로를 수정하여 공통저항 R 대신 전압원별로 순방향 바이어스 때는 큰 저항을, 역방향 바이어스 때는 작은 저항을 연결하는 방법이 있다.

❷ 소수캐리어의 수명 τ_{p0}를 작게 해야 한다. 그러기 위해서 Au나 Cu 같은 재결합 트랩을 주입하여 소수캐리어 수명을 줄일 수 있으나, 이러한 재결합 트랩은 식 (8.84)의 역방향 바이어스 생성 전류 J_{gen}을 증가시켜 역방향 전류밀도 J_R도 증가시킨다는 문제가 있다.

❸ 일방형 p^+n 접합에서 낮게 도핑된 쪽의 두께를 얇게 하여, 축적되는 과잉 소수캐리어의 농도를 줄이는 것도 스위칭 속도를 높이는 방법이 된다.

만약 소수캐리어 수명이 짧고 순방향 바이어스 전류가 작다면, 차단 상태에서 도통 상태로의 전환 시간은 짧게 할 수 있다. 따라서 일반적으로 다이오드의 스위칭 속도를 제한하는 것은 차단 상태에서 도통 상태로의 전환시간이 아니라, 도통 상태에서 차단 상태로의 전환시간에 의해 결정된다.

도통 상태에서 차단 상태로 전환될 때, 축적되었던 과잉 소수캐리어가 모두 빠져나가는 동안 다이오드 양단 간의 전압은 얼마일까?

순방향 바이어스일 때 다이오드 양단 간의 전압은 [그림 8-22(b)]와 같은 등가회로에서 생각하면 $V_D(t=0^-) = V_j(\text{on}) + I_F r_s$이다. 역방향 바이어스를 인가한 후, 축적된 과잉 소수캐리어가 모두 빠져나가는 동안 다이오드 양단 간의 전압은 $V_D(t=0^+) = V_j(\text{on}) - I_R r_s$이다. 따라서 다이오드 양단 간 전압 변화는

$$\Delta V_D = V_D(t=0^+) - V_D(t=0^-) = -(I_F + I_R)\, r_s \tag{8.89}$$

이다. 그러므로 [그림 8-22(c)]에서 $t = 0^+$인 순간 다이오드 양단 간 전압 V_D는 $V_D(\text{on})$으로부터 $(I_F + I_R)\, r_s$만큼 낮아짐을 볼 수 있다.

8.5 pn 접합의 응용

pn 접합을 활용하여 태양광의 에너지를 전기에너지로 변화하는 태양전지는 신재생 에너지 소자로 각광을 받고 있다. 이 태양전지의 원리를 이해하기 위해, pn 접합과 광자와의 상호작용을 먼저 살펴본 후 태양전지의 동작특성을 다루도록 한다. 또한 pn 접합의 도핑농도를 매우 높게 하면, 터널링 현상에 의하여 보통의 다이오드 특성과는 다른 음의 미분 저항이 나타나는 전류-전압 특성을 보여준다. 이러한 터널 다이오드의 원리를 양자 현상에 기초하여 살펴본다.

8.5.1 태양광의 흡수와 캐리어 생성률

태양광의 광자에너지는 왜 반도체와의 상호작용에서 중요할까?

광자 한 개의 에너지는 $E = hf$이므로, 에너지로부터 광의 파장을 구하는 식은 다음과 같다.

$$\lambda[\mu\text{m}] = \frac{c}{f} = \frac{hc}{E} = \frac{1.241}{E[\text{eV}]} \tag{8.90}$$

여기서 h는 플랑크 상수, f는 주파수, E는 단위가 [eV]인 광자에너지, c는 광속이다. 광자를 반도체에 쪼였을 때 발생할 수 있는 반도체와의 상호작용 메커니즘을 광자에너지 hf 값에 따라 세 가지로 생각해볼 수 있으며, 이를 [그림 8-25]에 나타내었다.

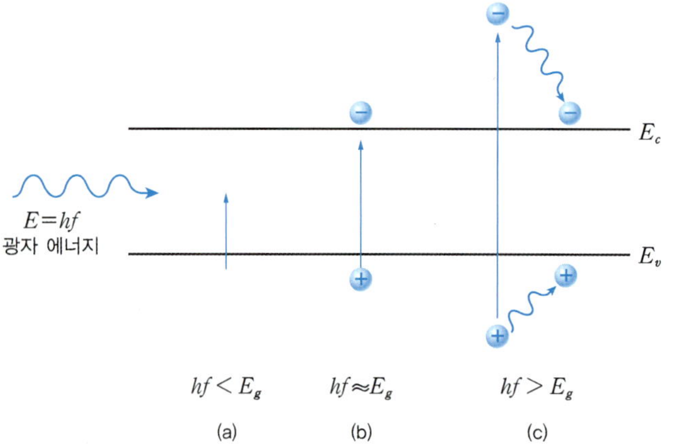

[그림 8-25] 광자에너지와 반도체와의 상호작용. (a) 투과, (b) 흡수, (c) 흡수와 발열

(a) **투과** : 광자에너지 hf가 반도체의 밴드갭 에너지 E_g보다 작은 경우로, 이때 광자는 흡수되지 않고 빛은 물질을 통과하며 반도체는 투명하게 보인다.

(b) **흡수** : 광자에너지 hf가 $hf \approx E_g$라면, 광자는 가전자대역의 전자에게 광자에너지를 주어 전자를 전도대역으로 올라가게 만든다. 이때 전도대역에는 전자가, 가전자대역에는 정공이 동시에 쌍으로 생성된다.

(c) **흡수와 발열** : 광자에너지 hf가 $hf > E_g$일 때 전자와 정공의 쌍이 생성되고, 이때 생성된 전자와 정공은 $hf - E_g$에 해당하는 잉여 에너지를 운동에너지로 갖게 되며, 이 과잉 에너지는 반도체 내에서 결정격자와 충돌하여 줄Joule 열로 소비된다.

광자가 반도체 속을 통과하면서 흡수가 발생한다면, 반도체 내부에서 광자의 농도는 어떤 분포를 가질까?

[그림 8-26]은 x와 $x+dx$에서 광자유속을 보여준다. **광자유속**photon flux을 $I_\nu(x)$[eV/cm^2 · sec]라고 할 때, 반도체 내 임의의 지점에서 광자유속의 감소율이 그 지점에서의 광자유속에 비례한다고 가정하면 다음과 같은 식을 얻을 수 있다.

$$-\frac{dI_\nu(x)}{dx} = \alpha I_\nu(x) \tag{8.91}$$

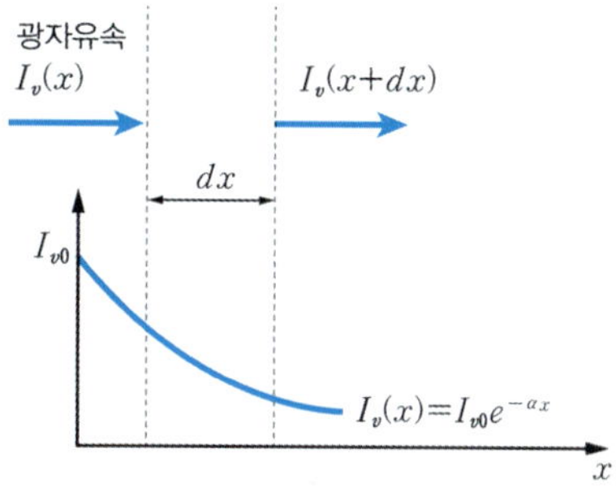

[그림 8-26] 거리에 따른 광의 흡수 위치

초기조건이 $I_\nu(0) = I_{\nu0}$ 로 주어지면 미분방정식 (8.91)의 해는 다음과 같이 된다.

$$I_\nu(x) = I_{\nu0}e^{-\alpha x} \tag{8.92}$$

여기서 α는 단위거리당 흡수되는 광자의 비율로 **흡수계수**absorption coefficient라고 부르며 단위는 [cm^{-1}]이다. 광자유속은 반도체 내에서 거리에 따라 지수함수형으로 감소한다. 흡수계수가 클수록 광자는 매우 짧은 거리 이내에서, 즉 표면에서 대부분 흡수된다.

파장에 따른 반도체의 흡수계수를 측정하면 무엇을 알 수 있을까?

광자에너지가 $hf < E_g$일 때는 흡수계수가 매우 작고 따라서 반도체는 투명하게 빛을 통과시키며, 광자에너지가 $hf > E_g$일 때는 흡수계수가 매우 커진다. 따라서 흡수계수의 급격한 변화가 일어나는 파장 λ를 측정하면, 반도체 물질의 밴드갭 에너지를 식 $E_g[\text{eV}] = hf = \frac{hc}{\lambda} = \frac{1.241}{\lambda[\mu\text{m}]}$로부터 계산하여 알 수 있다. [그림 8-27]은 몇몇 반도체 물질의 흡수계수 α를 파장의 함수로 그린 것이다.

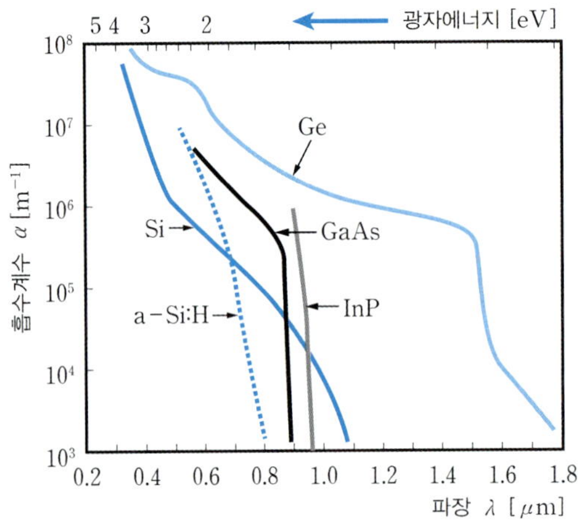

[그림 8-27] 광 파장에 따른 반도체 물질의 흡수계수 변화

예제 8-12

[그림 8-27]에서 GaAs의 에너지밴드갭 E_g를 구하라.

풀이

[그림 8-27]에서 GaAs 흡수계수가 급격하게 변화하는 파장은 대략 $\lambda = 0.88\,\mu\text{m}$이다. 따라서 GaAs의 밴드갭 에너지는 다음과 같이 구할 수 있다.

$$E_g[\text{eV}] = hf = \frac{hc}{\lambda} = \frac{1.241}{\lambda[\mu\text{m}]} = \frac{1.241}{0.88} = 1.41\,[\text{eV}]$$

빛을 흡수함으로써 생성된 반도체 내 전자와 정공 쌍의 생성률은 얼마일까?

반도체 내 임의의 지점에서 광자유속 $I_\nu(x)$ $[\text{eV/cm}^2 \cdot \text{sec}]$의 감소율은 $-\frac{dI_\nu(x)}{dx}$이고, 이렇게 감소된 만큼의 에너지를 전자-정공 쌍을 생성하는 에너지로 사용한다.

$-\dfrac{dI_\nu(x)}{dx}=\alpha I_\nu(x)$이므로 단위시간당 단위체적당 $\alpha I_\nu(x)$만큼의 에너지를 사용한 것이 되고, 이를 광자 한 개의 에너지인 hf로 나누어주면 전자-정공 쌍 생성률을 구할 수 있다. 전자-정공 쌍의 생성률을 g'[#/cm^3 · sec]이라고 하면 다음과 같이 쓸 수 있다.

$$g'=\frac{\alpha I_\nu(x)}{hf} \tag{8.93}$$

만약 흡수된 광자 한 개가 하나의 전자-정공 쌍을 생성하지 못한다면 g'은 이보다 작은 값이 될 것이다.

식 (8.92)에서 $I_\nu(x)=I_{\nu 0}e^{-\alpha x}$이므로 반도체 내부에서 거리에 따른 전자-정공 쌍의 생성률은

$$g'=\frac{\alpha I_\nu(x)}{hf}=\frac{\alpha I_{\nu 0}\exp(-\alpha x)}{hf} \tag{8.94}$$

가 된다. 반도체의 표면에서 굴절률 차이에 의해 반사가 일어나는데, 굴절률 n_1인 물질에서 굴절률 n_2인 물질로 입사할 때의 반사율을 R이라고 하면

$$R=\left(\frac{n_1-n_2}{n_1+n_2}\right)^2 \tag{8.95}$$

이고, 입사한 광자 중 $(1-R)$만큼만 반도체 내부로 입사된다. 만약 입사하는 태양광의 에너지 유속을 Ψ[eV/cm^2 · sec]라고 하면, $\Psi(1-R)$만큼만 반도체 내부로 입사하므로 반도체 표면에서의 초기 광자유속은 $I_{\nu 0}=\Psi(1-R)$이 된다. 따라서 반도체 내부로 들어가면서 전자-정공 쌍의 생성률 분포는

$$g'=\frac{\alpha I_{\nu 0}\exp(-\alpha x)}{hf}=\frac{\alpha\Psi(1-R)}{hf}\exp(-\alpha x) \tag{8.96}$$

가 된다. 태양광 에너지를 전기에너지로 변환하는 효율을 높이려면 반도체 표면에서 반사가 적을수록 좋고, 전자-정공 쌍의 생성은 주로 표면에서 발생하고 깊이 들어갈수록 지수함수 형태로 감소함에 유의해야 한다.

8.5.2 pn 접합 태양전지의 최대출력

pn 접합 다이오드의 공핍층에 빛을 쪼여주면 전류-전압 관계식은 어떻게 표현될까?

pn 접합 다이오드에 바이어스를 인가하지 않더라도 [그림 8-28(a)]에 나타낸 것처럼 공핍층에는 전계가 존재한다. pn 접합의 공핍층에 반도체 물질의 밴드갭 에너지 E_g보다 큰 광자에너지를 갖는 빛을 쪼이면 전자-정공 쌍이 생성된다. 전도대역에 생성된 전자는 공핍층의 내부 전계에 의해 n쪽으로 흐르고, 가전자대역에 생성된 정공은 p쪽으로 흐른다. [그림 8-28(c)]와 같이 외부에 저항 R을 연결하면 역방향 바이어스 방향으로 광전류 I_{light}를 생성시키고, 저항 양단에 전압강하 V를 유발한다. 이 순방향 바이어스 전압 V는 그림과 같이 순방향 바이어스 전류 I_F를 생성한다. 따라서 순수 태양전지 전류는 역방향으로 다음과 같이 된다.

$$I = I_{light} - I_F = I_{light} - I_s\left[\exp\left(\frac{eV}{kT}\right) - 1\right] \quad (8.97)$$

다이오드가 순방향 바이어스 됨에 따라 [그림 8-28(b)]와 같이, 공핍층 내에서의 전계의 크기는 감소하지만 전계의 크기가 0으로 된다거나 방향이 바뀌지는 않는다.

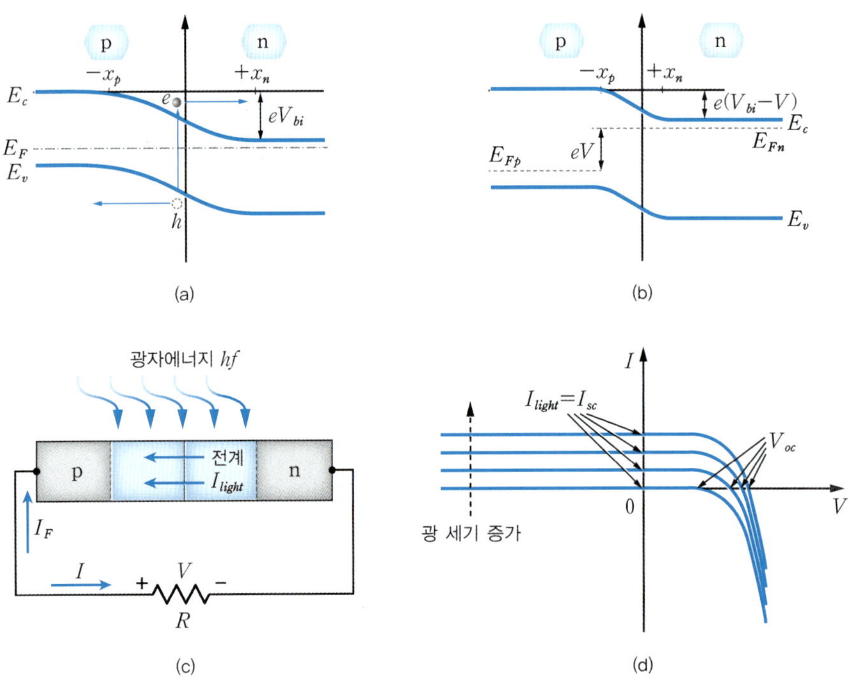

[그림 8-28] pn 접합 태양전지의 (a) 평형상태 에너지밴드, (b) 광 조사 시 에너지밴드, (c) 회로도, (d) 전류-전압 특성

만약 외부 회로를 단락시켜 $R=0$을 만들면 $V=0$이 된다. 이때 흐르는 전류는 **단락 회로 전류**short-circuit current라고 부르며 다음과 같다.

$$I = I_{sc} = I_{light} \tag{8.98}$$

만약 외부 저항을 $R \to \infty$로 하여 개방회로를 만들면 $I=0$이 된다. 이때 전압은 **개방 회로 전압**open-circuit voltage이라고 부른다. 이때 광전류는

$$I = 0 = I_{light} - I_s\left[\exp\left(\frac{eV}{kT}\right) - 1\right] \tag{8.99}$$

이므로 개방회로 전압 V_{oc}는 다음과 같이 된다.

$$V_{oc} = V_t \ln\left(1 + \frac{I_{light}}{I_s}\right) \tag{8.100}$$

식 (8.99)를 그래프로 그리면 [그림 8-28(d)]와 같이 되며, 가로축 절편은 개방회로 전압 V_{oc}가 되고, 세로축 절편은 단락회로 전류 I_{sc}가 된다. 단락회로 전류 I_{sc}는 광의 세기에 비례하여 증가하지만, 개방회로 전압 V_{oc}는 대수함수로 변화하기 때문에 광 세기에 상대적으로 덜 민감하다.

예제 8-13

$T=300\,\text{K}$에서의 실리콘 pn 접합의 파라미터는 다음과 같다. 물음에 답하라.

$$N_a = 5\times10^{16}\,\text{cm}^{-3} \qquad N_d = 10^{16}\,\text{cm}^{-3}$$
$$D_n = 35\,\text{cm}^2/\text{sec} \qquad D_p = 12.4\,\text{cm}^2/\text{sec}$$
$$\tau_{n0} = 2\times10^{-7}\,\text{sec} \qquad \tau_{p0} = 10^{-7}\,\text{sec}$$

(a) 실리콘 pn 접합 태양전지의 광전류 밀도가 $J_{light} = I_{light}/A = 10\,\text{mA/cm}^2$인 경우, 개방회로 전압을 구하라.

(b) 도핑농도 N_a와 N_d를 모두 10배 증가시켰을 때 개방회로 전압 V_{oc}를 구하라.

(c) 광세기를 10배 증가시켰을 때, 전류밀도 J_{light}와 개방회로 전압 V_{oc}의 상대적인 변화율을 비교하라.

풀이

(a) 확산길이를 구하면 다음과 같다.

$$L_n = \sqrt{D_n\tau_{n0}} = \sqrt{(35)(2\times10^{-7})} = 2.65\times10^{-3}\,\text{cm} = 26.5\,\mu\text{m}$$

$$L_p = \sqrt{D_p \tau_{p0}} = \sqrt{(12.4)(1\times10^{-7})} = 1.11\times10^{-3}\,\text{cm} = 11.1\,\mu\text{m}$$

따라서 J_s는 다음과 같이 된다.

$$J_s = \frac{I_s}{A} = \left(\frac{eD_n n_{p0}}{L_n} + \frac{eD_p p_{n0}}{L_p}\right) = en_i^2\left(\frac{D_n}{L_n N_a} + \frac{D_p}{L_p N_d}\right)$$
$$= (1.6\times10^{-19})(1.5\times10^{10})^2 \times \left\{\frac{35}{(26.5\times10^{-4})(5\times10^{16})} + \frac{12.4}{(11.1\times10^{-4})(10^{16})}\right\}$$
$$= 4.97\times10^{-11}\,\text{A/cm}^2$$

식 (8.97)로부터 V_{oc}는 다음과 같이 구할 수 있다.

$$V_{oc} = V_t \ln\left(1+\frac{I_{light}}{I_s}\right) = V_t \ln\left(1+\frac{J_{light}}{J_s}\right) = (0.0259)\ln\left(1+\frac{10\times10^{-3}}{4.97\times10^{-11}}\right) = 0.495\,\text{V}$$

(b) 도핑농도 N_a와 N_d를 모두 10배 증가시키면

$$J_s = \frac{I_s}{A} = \left(\frac{eD_n n_{p0}}{L_n} + \frac{eD_p p_{n0}}{L_p}\right) = en_i^2\left(\frac{D_n}{L_n N_a} + \frac{D_p}{L_p N_d}\right)$$

에 의하여 J_s는 10분의 1로 줄어든 $J_s = 4.97\times10^{-12}\,\text{A/cm}^2$이 된다. 따라서

$$V_{oc} = (0.0259)\ln\left(1+\frac{10\times10^{-3}}{4.97\times10^{-12}}\right) = 0.555\,\text{V}$$

로 증가한다. 도핑농도 N_a와 N_d를 모두 10배 증가시킨 것은 광전류밀도를 10배 증가시킨 효과와 동일함을 알 수 있다.

(c) 광전류밀도 J_{light}와 개방회로 전압 V_{oc}의 상대적인 변화율을 비교하면, 광세기를 10배 증가시키면 단락회로 전류 $I_{sc}(=I_{light})$도 10배 증가한다고 볼 수 있다. 그러나 개방회로 전압 V_{oc}는 1.12배밖에 증가하지 않음을 알 수 있다.

8.5.3 변환 효율과 태양 복사조도

태양전지의 충진인자란 무엇일까?

부하에 전달되는 전력은 다음과 같다.

$$P = VI = VI_{light} - VI_s\left[\exp\left(\frac{eV}{kT}\right) - 1\right] \tag{8.101}$$

최대전력이 부하로 전달되는 전류와 전압 V_m은 다음 식을 만족한다.

$$\left(1+\frac{V_m}{V_t}\right)\exp\left(\frac{eV_m}{kT}\right)=1+\frac{I_{light}}{I_s} \quad (8.102)$$

[그림 8-29]는 전압이 V_m이고 전류가 I_m인 최대전력일 때의 직사각형을 보여준다. 그림에서 점선 곡선은 일정한 전력 값의 그래프이고, 이 경우 최대전력 $I_m V_m = P_m$에 해당한다.

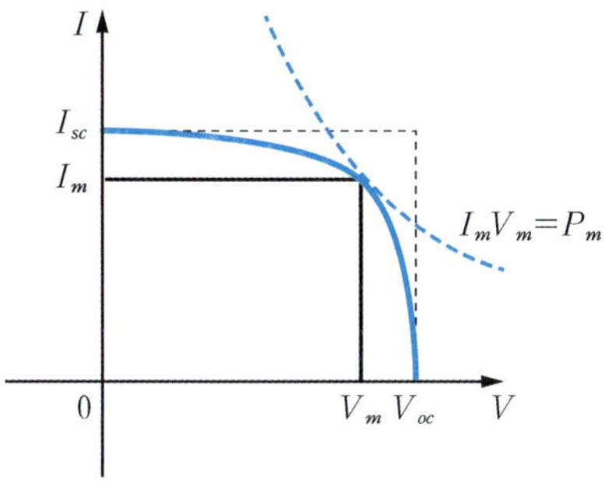

[그림 8-29] 최대전력일 때의 전류-전압 특성 곡선상의 동작점

태양전지의 **변환 효율**conversion efficiency은 입사광의 광전력에 대한 출력전기의 전력비로 정의한다. 최대전력 변환 효율은 다음과 같이 쓸 수 있다.

$$\eta=\frac{P_{output}}{P_{input}}\times 100\,\% = \frac{V_m I_m}{P_{input}}\times 100\,\% \quad (8.103)$$

태양전지에서 최대 가용전류와 최대 가용전압은 각각 I_{sc}와 V_{oc}이다. 최대 가용전력 $I_{sc}V_{oc}$에 대한 최대 출력전력 $I_m V_m$의 비를 **충진인자**fill factor라고 부른다. 충진인자 FF는 태양전지에서 얻는 가용전력을 가늠하는 인자로 다음과 같다.

$$FF=\frac{V_m I_m}{V_{oc} I_{sc}} \quad (8.104)$$

일반적으로 충진인자는 0.7과 0.8 사이에 있다.

태양전지의 효율을 결정하는 요소에는 어떤 것이 있을까?

태양전지로부터 최대전력을 얻기 위해서는 우선 태양의 복사조도를 알아야 한다. **복사조도**spectral irradiance란 파장에 따른 '단위파장당 단위면적당 광전력 [W/m$^2\mu$m]'인 태양

스펙트럼을 말한다. 위도와 파장에 따라 지구 표면에서의 태양 복사조도가 다르므로, 우선 반도체 내에서 흡수할 수 있는 광의 스펙트럼을 살펴보아야 한다.

만약 반도체의 E_g보다 작은 에너지를 갖는 광자가 입사한다면 태양전지의 전기적 출력은 전혀 발생하지 않을 것이다. 입사광자가 E_g 이상인 에너지를 갖는 경우에는 흡수되어 전자-정공 쌍을 생성하여 전기적 출력에 효과를 낼 것이다. 그러나 흡수된 광자에너지 중에서 E_g보다 큰 광자에너지는 생성된 전자나 정공의 운동에너지가 되어 결정격자와의 충돌을 통하여 줄Joule 열로 소모됨으로써, 에너지 변환 효율을 저하시킬 것이다.

식 (8.95)에 의하면 굴절률 n_1인 물질과 굴절률 n_2인 물질의 굴절율 차이가 클수록 광의 반사가 크기 때문에, 반도체의 표면에서 굴절률 차이에 의한 반사를 줄이기 위해 유전체 필터를 도입할 필요가 있다.

흡수계수 α의 파장에 따른 특성분포 또한 중요하다. 흡수계수가 클수록 입사한 광자가 전자-정공 쌍을 생성하는 비율이 높기 때문이다.

소수캐리어의 수명도 중요한데, 수명이 길수록 광자에너지를 받아 생성된 전자와 정공의 확산 거리가 커지기 때문에, 재결합으로 사라지기 전에 공핍층의 전계의 영향권에 들어가서 전기적 출력에 기여하는 확률을 높여주기 때문이다.

전형적인 실리콘 pn 접합 태양전지는 10~15% 정도의 변환 효율을 갖는다.

8.5.4 터널 다이오드

p형과 n형의 도핑농도를 모두 매우 높게 해주면 전류-전압 특성이 어떻게 될까?

p형과 n형의 도핑농도를 모두 매우 높게 해주면 공핍층의 폭이 매우 좁게 형성된다. 이때 바이어스를 인가하면 좁은 폭의 에너지 장벽을 뚫고 터널링 현상에 의해 캐리어가 흐르게 된다. 에너지 장벽의 폭이 좁은 것은 터널링 확률에 매우 중요하다. 이와 같이 터널링 현상에 의해 전류가 흐르는 다이오드를 **터널 다이오드**tunnel diode라고 부른다. [그림 8-30]과 같이 바이어스 전압에 따른 에너지밴드 다이어그램을 그려봄으로써, 터널 다이오드의 전류-전압 특성을 잘 이해할 수 있다.

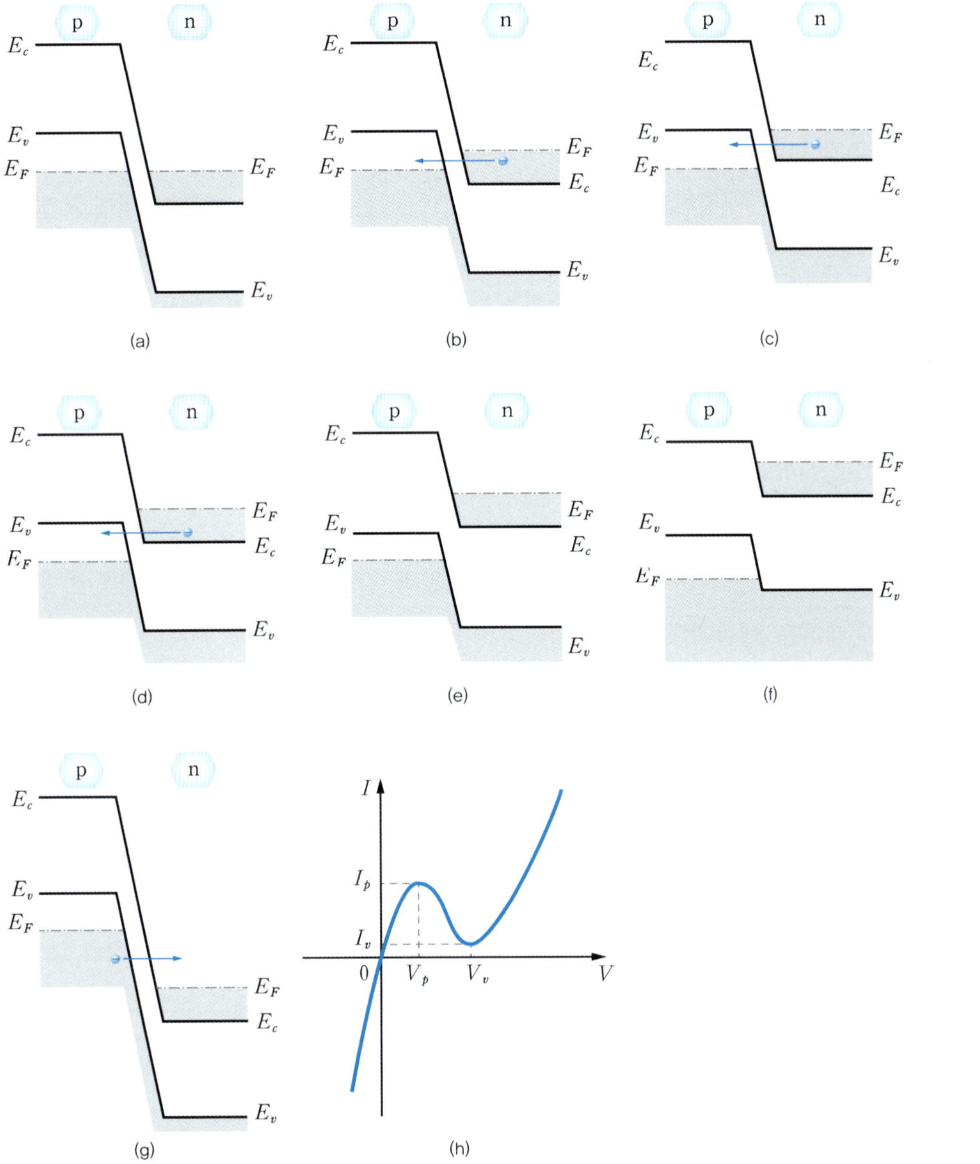

[그림 8-30] 터널 다이오드의 (a)~(g) 바이어스 전압에 따른 에너지밴드 다이어그램의 변화와 (h) 전류-전압 특성 곡선

- **$V=0$일 때** : 에너지밴드 다이어그램은 (a)와 같고, 전류 $I=0$이다. 도핑을 매우 많이 해주었으므로, p형에서 페르미 에너지는 E_v보다 아래에 위치하고, n형에서 페르미 에너지는 E_c보다 위에 위치하는 축퇴반도체의 형태가 된다.

- **$0<V<V_p$일 때** : 에너지밴드 다이어그램은 (b)와 같다. n 영역의 전도대역에 존재하는 전자들이 p 영역의 가전자대역에 존재하는 정공, 즉 전자의 빈자리로 에너지장벽을 뚫고 터널링하는 현상이 일어난다. 이러한 터널링은 바이어스 전압이

증가하면서 터널링을 하는 전자들의 숫자가 점점 많아지면서, 전류의 크기가 점점 증가한다.

- **$V = V_p$일 때** : 에너지밴드 다이어그램은 (c)와 같다. n 영역의 전도대역에 전자들이 존재하는 에너지대역과 p 영역의 가전자대역에 정공들이 존재하는 에너지대역이 최대로 잘 매칭됨으로써, 터널링 현상에 의한 캐리어의 흐름이 최대로 발생한다. 따라서 전류는 I_p에 도달하고 이때의 전압이 V_p가 된다.
- **$V_p < V < V_v$일 때** : 에너지밴드 다이어그램은 (d)와 같다. n 영역의 전도대역에 전자들이 존재하는 에너지대역과 p 영역의 가전자대역에 정공들이 존재하는 에너지대역이 서서히 벗어나기 시작하면서, 터널링 현상에 의한 캐리어의 흐름이 점점 감소하기 시작한다. 따라서 전류는 I_p로부터 점점 감소하기 시작하여 I_v를 향해 낮아지는 영역이다.
- **$V = V_v$일 때** : 에너지밴드 다이어그램은 (e)와 같다. n 영역의 전도대역에 전자들이 존재하는 에너지대역과 p 영역의 가전자대역에 정공들이 존재하는 에너지대역이 완전히 벗어난 순간이다. 따라서 전류는 최소점의 값인 I_v가 되고 이때의 전압은 V_v가 된다.
- **$V > V_v$일 때** : 에너지밴드 다이어그램은 (f)와 같다. n 영역의 전도대역에 전자들이 존재하는 에너지대역과 p 영역의 가전자대역에 정공들이 존재하는 에너지대역이 완전히 벗어나 있으므로 더 이상 터널링에 의한 전류 성분은 존재하지 않고, 통상적인 pn 접합 다이오드와 같이 주입된 캐리어의 확산에 의한 전류만이 존재한다. 따라서 이상적인 pn 접합 다이오드의 전류-전압 특성과 같은 그래프 모양을 갖는다.
- **$V < 0$일 때** : 에너지밴드 다이어그램은 (g)와 같다. 통상적인 pn 접합 다이오드는 역방향 바이어스가 가해지면 전류가 거의 흐르지 않는다. 그러나 터널 다이오드의 경우에는 p 영역의 가전자대역에 존재하는 전자들이 n 영역의 전도대역에 존재하는 전자들의 빈자리로 터널링에 의해 흘러갈 수 있다. 역방향 바이어스가 증가하면 할수록 이렇게 터널링하는 전자들의 개수가 늘어나게 되어 역방향 전류는 계속 크기가 커지게 된다.

터널 다이오드의 전류-전압 특성에서 특이할 점은 **음(−)의 미분저항 특성**을 갖는 전압영역 $V_p < V < V_v$를 갖는다는 것이다. 이 음의 미분저항은 고주파 발진기 회로에서 사용되었지만, 전압 및 전류 값이 작아 저출력이라 지금은 사용되지 않는다. 그러나 터널링 현상을 설명해준다는 의미에서 이론적인 중요성을 가진다.

Chapter 08 연습문제

8.1 순방향 전압 V_F를 인가했을 때, 공핍층의 n 측 경계지점 $x=x_n$에서 정공농도 p_1이 n 영역의 평형상태 정공농도 p_{n0}보다 $\exp\left[\frac{eV_F}{kT}\right]$배만큼 증가하여 $p_1=p_{n0}\exp\left[\frac{eV_F}{kT}\right]$가 됨을 증명하라.

8.2 n형 쪽에 주입된 소수캐리어인 과잉 정공의 분포는 다음과 같다.

$$\delta p_n(x)=p_n(x)-p_{n0}=p_{n0}\left[\exp\left(\frac{eV_F}{kT}\right)-1\right]\exp\left(-\frac{x-x_n}{L_p}\right)\quad(x\ge x_n)$$

n형 쪽에 주입된 과잉 정공의 농도가 열평형상태의 정공의 농도인 p_{n0}보다 매우 크다고 가정하고, 의사-페르미 에너지 준위의 분포 $E_{Fp}(x)$를 구하라.

8.3 [그림 8-31]은 다이오드 전압을 $V_D=V_F$(순방향 바이어스), $V_D=0$, $V_D=-V_R$(역방향 바이어스)을 인가한 경우, 전자에 대한 페르미 에너지와 전자농도의 분포를 각 바이어스에 대하여 그린 것이다. 에너지밴드 다이어그램과 전자농도 그래프상에서 각각 서로 연관된 양에 동일한 번호를 붙였다. 각 번호에 해당하는 양을 서로 연관 짓는 관계식을 표에 기입하라.

번호	위치	관계식
①	$x\ll -x_p$	
②	$x=-x_p$	
③	$x_n\ll x$	
④	$x=-x_p$	

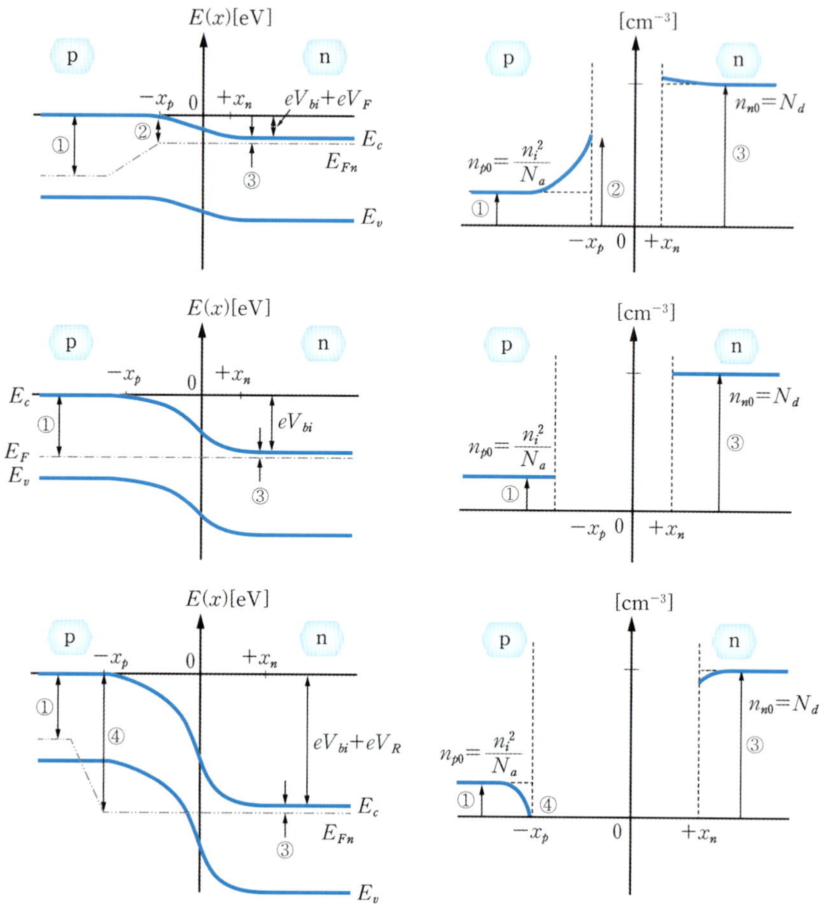

[그림 8-31]

8.4 $T = 300\,\mathrm{K}$에 있는 실리콘 pn 접합의 파라미터는 다음과 같다. 물음에 답하라.

$$N_a = 1.5 \times 10^{17}\,\mathrm{cm}^{-3} \qquad N_d = 1.5 \times 10^{15}\,\mathrm{cm}^{-3}$$

$$N_v = 1.04 \times 10^{19}\,\mathrm{cm}^{-3} \qquad N_c = 2.8 \times 10^{19}\,\mathrm{cm}^{-3}$$

$$n_i = 1.5 \times 10^{10}\,\mathrm{cm}^{-3}$$

(a) 열평형상태에서 $x \ll -x_p$인 p 영역의 $E_F - E_{vp}$를 구하라.

(b) $V = 0.6\,\mathrm{V}$일 때 $p(x_n)$을 구하라.

(c) 열평형상태에서 $x_n \ll x$인 n 영역의 $E_F - E_{vn}$을 구하라.

(d) $V = -1\,\mathrm{V}$일 때 $p(x_n)$을 구하라.

8.5 $T = 300\,\mathrm{K}$에 있는 실리콘 pn 접합에서 이상적인 역포화 전류밀도를 구하라. 실리콘 pn 접합의 파라미터는 다음과 같다.

$$D_p = 10\,\mathrm{cm^2/sec} \qquad \epsilon_r = 11.7$$
$$D_n = 35\,\mathrm{cm^2/sec} \qquad n_i = 1.5 \times 10^{10}\,\mathrm{cm^{-3}}$$
$$N_a = N_d = 5 \times 10^{16}\,\mathrm{cm^{-3}}$$

8.6 $T = 300\,\mathrm{K}$에 있는 실리콘 pn 접합에서 파라미터들은 [연습문제 **8.5**]에서 주어진 것과 같고, $V_F = 0.60\,\mathrm{V}$의 순방향 바이어스가 가해져 있다고 하자. 주어진 다수캐리어의 표동 전류를 생성하기 위해 필요한 전계를 구하라.

8.7 온도에 따른 $\ln J$ 대 전압 V의 그래프 개형을 그려라. 온도가 증가하면 이 그래프는 어떻게 변화하는지 설명하라.

8.8 식 (8.53)에 식 (8.51) 및 (8.52)의 경계조건을 적용시키면, 과잉 소수캐리어의 농도는 다음과 같이 됨을 보여라.

$$\delta p_n(x) = p_{n0}\left[\exp\left(\frac{eV_F}{kT}\right) - 1\right]\frac{\sinh[(x_n + W_n - x)/L_p]}{\sinh[W_n/L_p]} \qquad (8.54)$$

8.9 다음 식 (8.54)가 $W_n \gg L_p$ 조건에서 식 (8.21)과 같게 됨을 유도하라.

$$\delta p_n(x) = p_{n0}\left[\exp\left(\frac{eV_F}{kT} - 1\right)\right]\frac{\sinh[(x_n + W_n - x)/L_p]}{\sinh[W_n/L_p]} \quad (8.54)$$

$$\delta p_n(x) = p_n(x) - p_{n0} = p_{n0}\left[\exp\left(\frac{eV_F}{kT}\right) - 1\right]\exp\left(-\frac{x - x_n}{L_p}\right) \quad (x \ge x_n) \quad (8.21)$$

8.10 $T = 300\,\text{K}$에 있는 실리콘 pn 접합의 파라미터는 다음과 같다.

$D_p = 10\,\text{cm}^2/\text{sec}$	$D_n = 35\,\text{cm}^2/\text{sec}$
$\tau_{p0} = \tau_{n0} = 5 \times 10^{-7}\,\text{sec}$	$n_i = 1.5 \times 10^{10}\,\text{cm}^{-3}$
$N_a = 1.5 \times 10^{17}\,\text{cm}^{-3}$	$N_d = 1.5 \times 10^{15}\,\text{cm}^{-3}$
$N_v = 1.04 \times 10^{19}\,\text{cm}^{-3}$	$N_c = 2.8 \times 10^{19}\,\text{cm}^{-3}$

중성 n 영역이 충분히 길어 $W_n \gg L_p$ 조건을 가정하고, 식 (8.21)을 적용한다. 물음에 답하라.

(a) 열평형상태에서 n 영역의 정공농도 p_{n0}를 구하라.

(b) 정공의 확산길이 L_p를 구하라.

(c) $V = 0.6\,\text{V}$일 때 n 영역에 주입된 과잉 정공의 농도분포 $\delta p_n(x)$를 구하라. $x_n = 0.7816\,\mu\text{m}$라고 가정한다.

(d) $V = 0.6\,\text{V}$일 때 n 영역에서 정공의 확산 전류 $J_p(x)$를 구하라.

8.11 $T = 300\,\text{K}$에 있는 실리콘 pn 접합의 파라미터가 [연습문제 **8.10**]에 주어진 바와 같다. 중성 p 영역이 충분히 길어 $W_p \gg L_n$ 조건을 가정하고, 식 (8.20)을 적용한다. 물음에 답하라.

(a) 열평형상태에서 p 영역의 전자농도 n_{p0}를 구하라.

(b) 전자의 확산길이 L_n을 구하라.

(c) $V = 0.6\,\mathrm{V}$일 때 p 영역에 주입된 과잉 전자의 농도분포 $\delta n_p(x)$를 구하라. $x_p = 0.007816\,\mu\mathrm{m}$라고 가정한다.

(d) $V = 0.6\,\mathrm{V}$일 때 p 영역에서 전자의 확산 전류 $J_n(x)$를 구하라.

8.12 [연습문제 **8.10**]과 [연습문제 **8.11**]의 결과로부터 다음을 구하라.

(a) $V = 0.6\,\mathrm{V}$일 때 전류 $J = J_p(x) + J_n(x)$를 구하라.

(b) 역포화 전류밀도 J_s를 구하라.

8.13 $T = 300\,\mathrm{K}$에 있는 실리콘 pn 접합의 파라미터가 [연습문제 **8.10**]에 주어진 바와 같다. 중성 n 영역이 충분히 짧아 $W_n = 2\,\mu\mathrm{m} \ll L_p$ 조건을 가정하고, 식 (8.57)을 적용한다. 물음에 답하라.

(a) $V = 0.6\,\mathrm{V}$일 때 n 영역에 주입된 과잉 정공의 농도분포 $\delta p_n(x)$를 구하라. $x_n = 0.78165\,\mu\mathrm{m}$라고 가정한다.

(b) $V = 0.6\,\mathrm{V}$일 때 n 영역에서 정공의 확산 전류 $J_p(x)$를 구하라.

8.14 $T = 300\,\mathrm{K}$에 있는 실리콘 pn 접합의 파라미터가 [연습문제 **8.10**]에 주어진 바와 같다. 중성 p 영역이 충분히 짧아 $W_p = 2\,\mu\mathrm{m} \ll L_n$ 조건을 가정하고, 식 (8.60)을 적용한다. 물음에 답하라.

(a) $V = 0.6\,\mathrm{V}$일 때 p 영역에 주입된 과잉 전자의 농도분포 $\delta n_p(x)$를 구하라. $x_p = 0.007816\,\mu\mathrm{m}$라고 가정한다.

(b) $V = 0.6\,\mathrm{V}$일 때 p 영역에서 전자의 확산 전류 $J_n(x)$를 구하라.

8.15 다음 물음에 답하라.

(a) 짧은 pn 다이오드의 경우인 [연습문제 **8.13**]과 [연습문제 **8.14**]의 결과로부터, $V = 0.6\,\text{V}$일 때 전류 $J = J_p(x) + J_n(x)$를 구하라.

(b) $V = 0.6\,\text{V}$일 때, [연습문제 **8.12**]에서 긴 pn 다이오드의 전류를 계산한 결과와 비교하라.

8.16 $T = 300\,\text{K}$에서의 실리콘 pn 접합의 파라미터는 다음과 같다.

$$N_a = 5 \times 10^{15}\,\text{cm}^{-3} \qquad N_d = 10^{15}\,\text{cm}^{-3}$$
$$D_n = 35\,\text{cm}^2/\text{sec} \qquad D_p = 12.4\,\text{cm}^2/\text{sec}$$
$$\tau_{n0} = 2 \times 10^{-7}\,\text{sec} \qquad \tau_{p0} = 10^{-7}\,\text{sec}$$

(a) 실리콘 pn 접합 태양전지의 광전류밀도가 $J_{lijht} = I_{light}/A = 10\,\text{mA/cm}^2$인 경우, 개방회로 전압 V_{oc}를 구하라.

(b) 광세기를 100배 증가시켰을 때, 전류밀도 J_{light}와 개방회로 전압 V_{oc}의 상대적인 변화율을 비교하라.

Chapter 09

금속-반도체 접합과 반도체 이종접합

8장에서 pn 접합 다이오드의 전기적 동작특성을 살펴보았다. 이러한 반도체 소자는 외부 회로와 연결될 때 금속과 접촉되어야만 한다. 9장에서는 금속과 반도체가 접합을 형성하였을 때 전기적 동작 특성이 어떻게 나타나는지를 살펴본다. 그러기 위해 먼저 일함수와 전자친화력에 대한 개념을 살펴보고, 빈도체와 금속의 일함수 차이에 따라, 그리고 반도체가 p형인지 n형인지에 따라 금속-반도체 접합의 전기적 특성이 저항성과 정류성으로 나누어짐을 이해한다. 또한 쇼트키 다이오드와 pn 접합 다이오드의 전류 메커니즘이 어떻게 다른지 비교해본다. 터널링 현상을 이용한 접합을 형성하면 조건에 관계없이 항상 저항성 접촉으로 동작할 수 있음을 살펴보고, 접촉 저항의 특성을 나타내는 접촉 비저항의 개념을 이해한다.

지금까지는 동종의 반도체 접합을 다루었으나 9장에서는 이종의 반도체 접합을 살펴본다. 동형과 이형의 접합을 이해하고, 여러 가지 이종접합의 경우에 대하여 에너지밴드 다이어그램을 그려본다. 이종접합에서 나타나는 이차원 전자가스나 정공가스의 개념을 이해하고, 이차원 가스가 어떤 특성을 개선시키는지 원리를 이해하도록 한다.

9.1 금속-반도체 접합 종류

금속과 반도체의 일함수 차이에 따라 금속-반도체 접합은 어떻게 구분할 수 있을까?

일함수[work function]는 '물질 내에 있는 전자 하나를 진공 중으로 끌어내는 데 필요한 최소의 일 또는 에너지'를 말한다. 2.1.1절의 광전효과에서는 금속에 빛을 쬐었을 때 광전자를 튀어나오도록 하는 데 필요한 최소한의 에너지가 일함수였다. 물질 내의 전자를 낮은 에너지 준위부터 채웠을 때 절대온도 0K에서 마지막으로 채워졌다고 볼 수 있는 최고의 에너지 준위가 페르미 준위이므로, 일함수는 '**진공 준위 E_0와 페르미 준**

위 E_F**와의 차이**'가 된다. 단위로 [volt]를 사용하여 일함수를 표시하기도 하는데, 이 경우 금속과 반도체의 일함수를 각각 ϕ_m과 ϕ_s로 표기하기로 한다. 진공 준위 E_0와 페르미 준위의 차이가 일함수이므로, 금속의 일함수와 반도체의 일함수는 다음과 같다.

금속의 일함수 $$e\phi_m = E_0 - E_{Fm} \tag{9.1}$$

반도체의 일함수 $$e\phi_s = E_0 - E_{Fs} \tag{9.2}$$

전자친화력electron affinity은 '진공 중에 무한히 떨어져 있던 중성 원자와 전자가 서로 접근하여 결합할 때 방출되는 에너지'로, 반도체에서 '**진공 준위** E_0**와 전도대역 최저에너지** E_c**와의 차이**'가 된다. 단위로 [volt]를 사용하여 전자친화력을 표시하기도 하는데, 이 경우 전자친화력을 χ로 표기하기로 한다.

$$e\chi = E_0 - E_c \tag{9.3}$$

몇 가지 금속의 일함수는 2장의 [표 2-1]에 주어져 있고, 다음 [표 9-1]에는 몇 가지 반도체의 전자친화력을 나타내었다.

[표 9-1] **몇 가지 반도체 물질의 전자친화력 χ** 단위 : [volt]

반도체 물질	전자친화력, χ
Si	4.05
Ge	4.13
GaAs	4.07

금속과 반도체가 접합되었을 때 전기적인 특성은 금속과 반도체 간의 일함수 차이에 의해, 그리고 반도체의 타입에 따라 크게 달라진다. 일함수 차이에는 양(+)과 음(−)의 두 가지 경우가 있고, 반도체 타입에도 p와 n의 두 가지가 있으므로, 총 네 가지 조합이 가능하다. 이를 정리하면 [표 9-2]와 같다.

[표 9-2] **반도체 타입과 일함수 차이에 의한 금속-반도체 접합의 종류**

타입	일함수 차	전기적 특성	일함수 차	전기적 특성
n형 반도체	$\phi_m > \phi_s$	정류성	$\phi_m < \phi_s$	저항성
p형 반도체	$\phi_m > \phi_s$	저항성	$\phi_m < \phi_s$	정류성

저항성ohmic **접합**이란 저항과 같이 전류-전압 특성이 직선형 그래프로 나타나는 것으

로, 양방향으로 전압에 비례하여 전류가 잘 흐른다. **정류성 접합**이란 한쪽 방향으로는 전류를 잘 흘리고 다른 쪽 방향으로는 전류를 잘 흘리지 않는, 다이오드와 같은 비선형의 전류-전압 특성을 말한다. 정류성 접합은 **쇼트키**Schottky **접합**이라고도 한다.

네 가지 금속-반도체 접합 중에서 먼저 n형 반도체의 일함수가 금속보다 작아 정류성 접합을 형성한 경우에 대해 에너지밴드 그림을 그리고 전류-전압 특성을 상세하게 다루도록 한다. 그 다음 p형 반도체가 금속의 일함수보다 커서 정류성 접합을 형성한 경우에 대해, 그리고 나머지 두 저항성 접합의 경우에 대해 살펴보도록 한다.

9.2 금속-n형 반도체의 정류성 접합

9.2.1 에너지밴드 다이어그램

n형 반도체의 일함수가 금속보다 작은 경우, 접촉 후의 에너지밴드 다이어그램은 어떻게 그릴까?

[그림 9-1(a)]는 접촉 전 각각의 금속과 반도체의 에너지밴드 다이어그램이고, [그림 9-1(b)]는 접촉한 후 이상적인 열평형상태의 금속-반도체 에너지밴드 다이어그램이다.

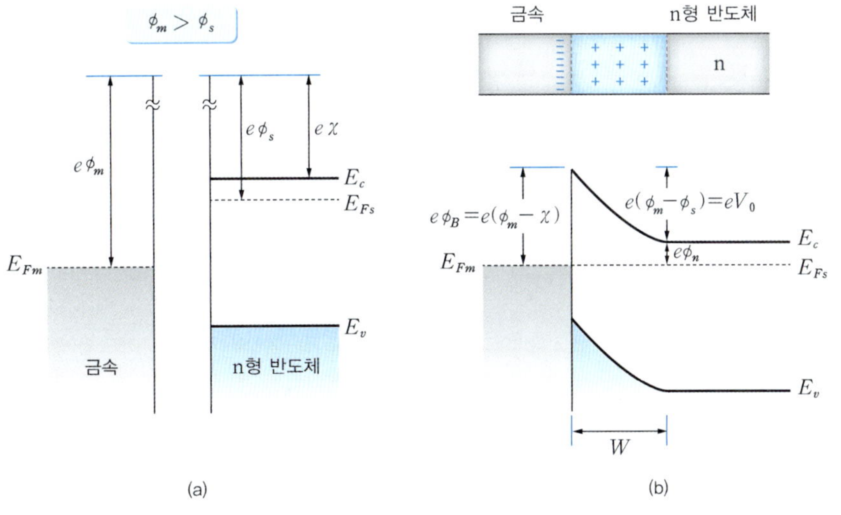

[그림 9-1] n형 반도체이고 일함수 차이가 $\phi_m > \phi_s$인 경우. (a) 독립된 금속과 반도체의 에너지밴드 다이어그램, (b) 접촉 후 열평형상태에서의 에너지밴드 다이어그램

일함수와 전자친화력의 예를 [그림 9-1(a)]와 같은 서로 접촉하기 전의 금속과 n형 반도체의 에너지밴드 다이어그램에서 살펴볼 수 있다. 일함수 차이가 $\phi_m > \phi_s$이므로, [그림 9-1(a)]와 같이 금속과 반도체의 접촉 전에 반도체 내의 페르미 준위 E_{Fs}는 금속의 페르미 준위 E_{Fm}보다 위에 있다.

[그림 9-1(a)]의 상태에서 금속과 반도체가 접촉하면, 접촉 직후의 상태는 일단 [그림 9-2(a)]와 같이 된다. 이때 반도체의 전도대역에 있는 전자들이 낮은 에너지 상태에 있는 금속 쪽으로 흘러가게 된다. 그러면 [그림 9-2(b)]와 같이 전자들과 전하중성을 이루고 있던 양(+)으로 대전된 도너 이온이 반도체 내에 남아서 공핍층을 만들면서 에너지밴드가 휘고, 반도체의 페르미 에너지가 점점 낮아진다. 이렇게 형성된 양(+)의 도너 이온 공간전하는 pn 접합에서 접합 후 n 영역에 형성되는 양(+)의 도너 이온 공간전하와 동일한 효과를 일으킨다. 열평형상태에서 페르미 준위는 시스템 전체에 걸쳐 $\nabla E_F = \frac{dE_F}{dx} = 0$, 즉 기울어짐 없이 수평으로 일정하게 되어야 한다. 따라서 [그림 9-2(b)]와 같이 반도체에서 금속 쪽으로 전자의 이동이 계속되면서, 공핍층의 폭도 점점 넓어지고 반도체의 페르미 준위가 계속 낮아지다가, 열평형상태에 이르러서야 전자의 흐름도 멈추고 페르미 에너지는 수평을 이룬다.

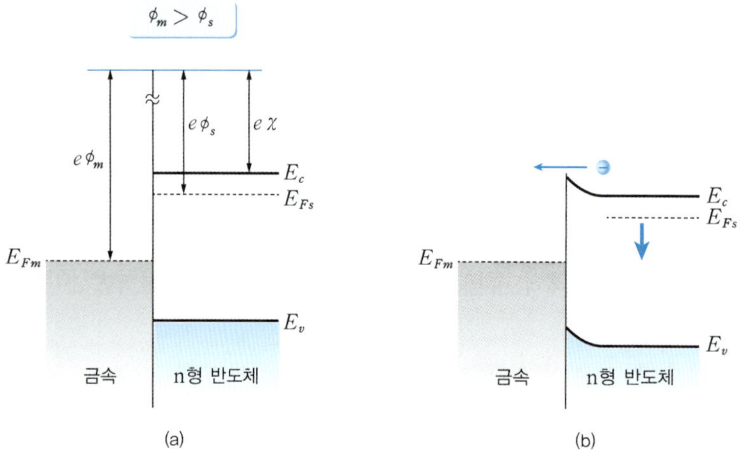

[그림 9-2] (a) 접촉 직후 금속과 반도체의 에너지밴드 다이어그램, (b) 열평형으로 가는 과정에서의 에너지밴드 다이어그램

열평형상태인 [그림 9-1(b)]에 보듯이, 금속의 전자가 반도체 쪽으로 이동하려고 하면 에너지 장벽 $e\phi_B$를 맞닥뜨리게 된다. 이 장벽을 **쇼트키 장벽**Schottky barrier이라고 하는데, 쇼트키 장벽은 이상적으로 다음과 같이 주어진다.

$$\phi_B = \phi_m - \chi \tag{9.4}$$

반대로 반도체의 전도대역에 있는 전자가 금속 쪽으로 이동하려고 할 때도 eV_0만큼의 에너지 장벽을 느끼게 된다. 이 장벽은 내부 전위장벽으로, pn 접합에서 전도대역의 전자가 p형 쪽으로 이동하려고 할 때에 느끼는 전위장벽 eV_{bi}와 유사한 것이다. 내부 전위장벽은 다음과 같이 주어진다.

$$\begin{aligned} V_0 &= \phi_m - \phi_s \\ &= \phi_B - \phi_n \end{aligned} \tag{9.5}$$

여기서 ϕ_n은 다음과 같다.

$$\begin{aligned} \phi_n &= \frac{E_c - E_{Fs}}{e} = \frac{kT}{e}\ln\left(\frac{N_c}{n_o}\right) \\ &= V_t \ln\left(\frac{N_c}{n_o}\right) \end{aligned} \tag{9.6}$$

pn 접합의 경우와 마찬가지로 V_0는 반도체의 도핑에 약간 의존하는 함수이다.

9.2.2 전류-전압 특성

n형 반도체이고 일함수 차이가 $\phi_m > \phi_s$인 경우, 접촉 후의 전류-전압 특성은 정류성일까, 저항성일까?

[그림 9-3(a)]에서 만약 금속에 양(+)이고 반도체에 음(-)인 전압 $V = V_F$를 인가하면, 금속의 전자가 느끼는 장벽은 $e\phi_B$로 동일하지만 반도체 전도대역의 전자가 느끼는 전위장벽의 높이는 $e(V_0 - V_F)$로 감소한다. 따라서 장벽이 줄어들었기 때문에 반도체 전도대역 전자는 금속 쪽으로 쉽게 흐르게 된다. 이 바이어스 조건이 순방향 바이어스이다. 만약 금속에 음(-)이고 반도체에 양(+)인 전압 V_R을 인가하면, 금속의 전자가 느끼는 장벽은 $e\phi_B$로 동일하지만 반도체 전도대역의 전자가 느끼는 전위장벽의 높이는 $e(V_0 + V_R)$로 증가한다. 이 바이어스 조건은 역방향 바이어스이다. 순방향 바이어스 및 역방향 바이어스에 대한 에너지밴드 다이어그램은 각각 [그림 9-3(b)]와 [그림 9-3(c)]와 같다. 결국 전류-전압 특성은 [그림 9-3(a)]와 같이 정류성 특징을 갖는다.

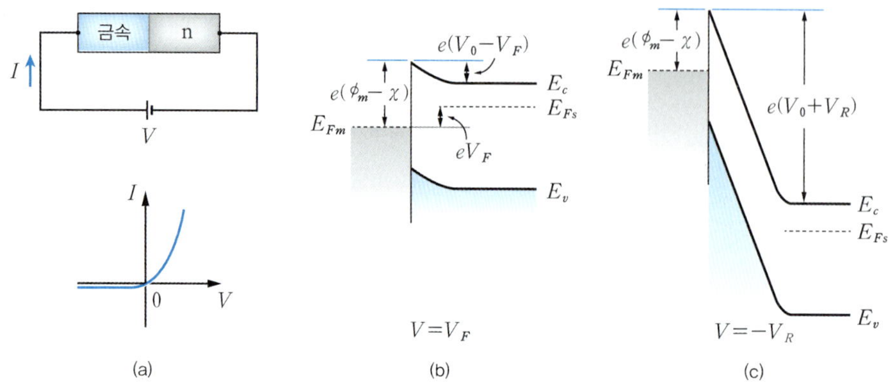

[그림 9-3] n형 반도체이고 일함수 차이가 $\phi_m > \phi_s$인 경우. (a) 전류-전압 그래프, (b) 순방향 바이어스일 때 에너지밴드 다이어그램, (c) 역방향 바이어스일 때 에너지밴드 다이어그램

[그림 9-3]은 pn 접합의 경우와 비슷한 에너지밴드 다이어그램을 보여준다. 즉 금속-반도체 접촉에서 n형 반도체 쪽의 에너지밴드 다이어그램은, pn 접합에서 n형 반도체 쪽의 에너지밴드 다이어그램의 변화와 동일하다. 따라서 pn 접합과 유사하게 정류성 전류-전압 특성을 가지게 된다. [그림 9-3]의 금속-반도체 접합과 pn 접합의 차이점은, pn 접합에서는 주입된 캐리어가 상대 쪽으로 가면 소수캐리어가 되는데 금속-반도체 접촉에서는 반도체에서 주입된 전자가 금속에 주입되면 다수캐리어라는 것이다. 따라서 주입된 과잉 소수캐리어가 빠져나가는 데 소요되는 시간 때문에 스위칭 속도가 매우 느려지는 현상이 없다. 자세한 차이점은 뒤에서 언급한다.

9.2.3 커패시턴스 특성과 파라미터 측정

금속-n형 반도체 접촉에서 일함수 차이가 $\phi_m > \phi_s$인 경우, 바이어스 전압에 따라서 반도체의 공핍층 폭은 어떻게 변화할까?

7.3.4절에서 **일방형**one-sided **접합**을 다루었는데, 금속-n형 반도체 접촉은 $N_a \gg N_d$인 p^+n 접합의 경우와 유사하게 해석하면 된다. [그림 9-1(b)]로부터 n형 반도체 영역의 체적전하밀도는 다음 식과 같다.

$$\rho(x) = eN_d \quad (0 < x \le x_n) \tag{9.7}$$

전계는 일차원 **포아송**Poisson **방정식**을 해석하여 다음과 같이 구할 수 있다.

$$\frac{d^2V(x)}{dx^2} = -\frac{\rho(x)}{\epsilon_s} \tag{9.8}$$

여기서 $V(x)$는 전위, $\rho(x)$는 체적전하밀도, ϵ_s는 반도체의 유전율이다.

전계는 $\mathcal{E}(x) = -\frac{dV(x)}{dx}$이므로

$$\frac{d^2V(x)}{dx^2} = -\frac{d\mathcal{E}(x)}{dx} \tag{9.9}$$

이 된다. 식 (9.8)과 (9.9)는 같아야 하므로 $\frac{d\mathcal{E}(x)}{dx} = \frac{\rho(x)}{\epsilon_s}$가 되고, 반도체의 도핑이 N_d로 일정하므로 양변을 적분하면 다음과 같다.

$$\mathcal{E}(x) = \int \frac{eN_d}{\epsilon_s}dx = \frac{eN_d}{\epsilon_s}x + c_1 \tag{9.10}$$

여기서 c_1은 적분상수이다. 경계조건으로 $x = x_n$에서의 전계가 $\mathcal{E}(x_n) = 0$임을 적용하면 적분상수는 다음과 같다.

$$c_1 = -\frac{eN_dx_n}{\epsilon_s} \tag{9.11}$$

따라서 식 (9.11)을 식 (9.10)에 대입하면, 전계는 다음과 같이 된다.

$$\mathcal{E}(x) = \frac{eN_d}{\epsilon_s}(x - x_n) \tag{9.12}$$

금속-반도체 접합면에서 전계의 크기는 최대가 되며, 그 최댓값은 다음과 같다.

$$\mathcal{E}_{max} = -\frac{eN_d}{\epsilon_s}x_n \tag{9.13}$$

금속-반도체 접합면에서 전속밀도는 $D = \epsilon_s\mathcal{E}_{max} = -eN_dx_n$이 된다. [그림 9-4]와 같이 두 매질이 접하고 있을 때 전속밀도가 만족해야 하는 경계조건은 가우스 법칙으로부터 $D_{N1} - D_{N2} = \rho_s$이다. 즉 경계면에서 전속밀도의 수직성분의 불연속은 표면의 전하밀도 ρ_s [C/cm^2]와 같다. 완전도체를 가정하면 금속의 내부에서는 전계가 0이므로, 금속-반도체 접합면에서 전속밀도가 $D = \epsilon_s\mathcal{E}_{max} = -eN_dx_n$이기 위해서는, 금속-반도체 접합의 금속 쪽에 $\rho_s = -eN_dx_n$ [C/cm^2] 의 표면전하밀도가 존재해야 한다.

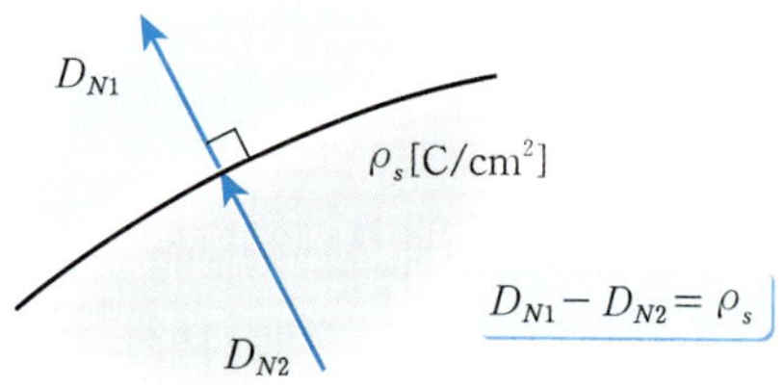

[그림 9-4] 두 매질의 경계면에 표면전하밀도 ρ_s가 존재할 때 전속밀도의 수직성분 경계조건

편의상 $x = x_n$ 지점의 전위를 영전위 기준으로 생각하여 전위 $V(x_n) = 0$의 경계조건을 적용하고, $V(x) = -\int \mathcal{E}(x)dx$를 적용하여 전위를 구하면

$$V(x) = -\frac{eN_d}{2\epsilon_s}(x - x_n)^2 \tag{9.14}$$

이다. 전자가 바라보는 위치에너지 분포는, $x = x_n$ 지점을 영에너지 기준으로 하여 $E(x_n) = 0$의 경계조건을 적용하면

$$E(x) = -e\,V(x) = \frac{e^2 N_d}{2\epsilon_s}(x - x_n)^2 \tag{9.15}$$

이 된다. 이 식은 [그림 9-1(b)]에서 반도체 쪽의 그래프에 나타나 있다. 따라서

$$V_0 = |V(0)| = \frac{eN_d x_n^2}{2\epsilon_s} = \phi_m - \phi_s \tag{9.16}$$

가 된다. 공핍층의 폭은 다음과 같다.

$$W = x_n = \left[\frac{2\epsilon_s V_0}{eN_d}\right]^{1/2} = \left[\frac{2\epsilon_s(\phi_m - \phi_s)}{eN_d}\right]^{1/2} \tag{9.17}$$

일방형 p^+n 접합인 경우와 동일하게 순방향 바이어스 전압 V_F를 인가하면

$$W = x_n = \left[\frac{2\epsilon_s(V_0 - V_F)}{eN_d}\right]^{1/2} \tag{9.18}$$

이고, 역방향 바이어스 전압 V_R을 인가하면 다음과 같다.

$$W = x_n = \left[\frac{2\epsilon_s(V_0 + V_R)}{eN_d}\right]^{1/2} \tag{9.19}$$

예제 9-1

$T=300\,\text{K}$에서 금(Au)과 $N_d=1.5\times10^{15}\,\text{cm}^{-3}$으로 도핑된 n형 실리콘 반도체를 접촉시킨 접합에 대해, 열평형상태에서 다음을 구하라. 단, $N_c=2.8\times10^{19}\,\text{cm}^{-3}$, $\epsilon_0=8.854\times10^{-12}\,\text{F/m}$, $\epsilon_s=11.7\epsilon_0$이고, 금(Au)의 일함수는 $\phi_m=5.1\,\text{V}$로 가정한다.

(a) 금속의 전자가 느끼는 전위장벽 ϕ_B

(b) 반도체 전도대역의 전자가 느끼는 전위장벽 높이 V_0

(c) 공핍층 폭 W

(d) 최대 전계 $\mathcal{E}_{\max}$

풀이

(a) 금(Au)의 일함수는 $\phi_m=5.1\,\text{V}$이고, [표 9-1]에서 실리콘에 대한 전자친화력은 $\chi=4.05\,\text{V}$이다. 따라서 금속의 전자가 느끼는 전위장벽 높이는 다음과 같다.

$$\phi_B=\phi_m-\chi=5.1-4.05=1.05\,\text{V}$$

(b) ϕ_n은 다음과 같다.

$$\phi_n=\frac{kT}{e}\ln\left(\frac{N_c}{N_d}\right)=0.0259\ln\left(\frac{2.8\times10^{19}}{1.5\times10^{15}}\right)=0.2547\,\text{V}$$

따라서 V_0는 다음과 같다.

$$V_0=\phi_B-\phi_n=1.05-0.2547=0.7953\,\text{V}$$

(c) 바이어스가 없는 상태이므로 공핍층 폭은 다음과 같다.

$$W=x_n=\left[\frac{2\epsilon_s V_0}{eN_d}\right]^{1/2}=\left[\frac{2\epsilon_s(\phi_m-\phi_s)}{eN_d}\right]^{1/2}$$

$$=\left[\frac{2(11.7)(8.854\times10^{-14})(0.7953)}{(1.602\times10^{-19})(1.5\times10^{15})}\right]^{1/2}=8.281\times10^{-5}\,\text{cm}=0.8281\,\mu\text{m}$$

(d) 최대 전계는 다음과 같다.

$$|\mathcal{E}_{\max}|=\frac{eN_d x_n}{\epsilon_s}=\frac{(1.602\times10^{-19})(1.5\times10^{15})(8.281\times10^{-5})}{(11.7)(8.854\times10^{-14})}=1.921\times10^4\,\text{V/cm}$$

[예제 7-7]의 pn^+ 접합인 (B) $N_a=1.5\times10^{15}\,\text{cm}^{-3}$, $N_d=1.5\times10^{17}\,\text{cm}^{-3}$인 경우의 결과와 비교하면, 전위장벽 높이와 공핍층 폭 및 최대 전계가 비슷함을 알 수 있다. 즉 [예제 7-7]에서와 같이 한쪽 도핑을 높게 하되 p^+n이 되도록 하면, 금속-n형 반도체 접합의 에너지밴드 다이어그램과 n형 반도체 쪽 그림이 비슷하고, 고농도 도핑된 반도체를 금속으로 취급할 수 있음을 알 수 있다.

금속-n형 반도체 접촉에서 일함수 차이가 $\phi_m > \phi_s$인 경우, 반도체 도핑농도 N_d와 내부 전위장벽 V_0, 쇼트키 장벽 ϕ_B는 어떻게 측정할까?

접합 커패시턴스는 7.3.4절에서 p$^+$n 접합에 대하여 계산했던 것과 같은 방법으로 구할 수 있다. 금속-n형 반도체 접촉인 경우 $W = x_n = \left[\frac{2\epsilon_s(V_0 + V_R)}{eN_d}\right]^{1/2}$ 임을 이용하면, 단위면적당 접합 커패시턴스 C'[F/cm^2]은 다음과 같이 된다.

$$C' = \frac{dQ'}{dV} = \frac{d(eN_d x_n)}{dV_R} = \left[\frac{e\epsilon_s N_d}{2(V_0 + V_R)}\right]^{1/2} = \frac{\epsilon_s}{W} \tag{9.20}$$

이 식의 역수에 제곱을 취하면 다음과 같다.

$$\left(\frac{1}{C'}\right)^2 = \frac{2(V_0 + V_R)}{e\epsilon_s N_d} \tag{9.21}$$

역방향 바이어스 V_R을 변화시키며 커패시턴스를 측정한 후, $\left(\frac{1}{C'}\right)^2$을 세로축으로 하고 V_R을 가로축으로 해서 그래프를 그리면 [그림 9-5]와 같다. 직선의 **기울기** $\left(\frac{2}{e\epsilon_s N_d}\right)$로부터 n형 반도체의 도핑농도 N_d를 구할 수 있고, 외삽된 직선의 **가로축 절편**으로부터 내부 전위장벽 V_0를 얻을 수 있다. 만약 상온이라면 완전이온화를 가정할 수 있으므로, 반도체에서 전자의 농도는 $n = N_d$라고 할 수 있어, 식 (9.6)으로부터 $\phi_n = \frac{kT}{e}\ln\left(\frac{N_c}{n}\right) = V_t \ln\left(\frac{N_c}{N_d}\right)$를 계산할 수 있다. 이어서 식 (9.5)로부터 **쇼트키 장벽** $\phi_B = V_0 + \phi_n$을 구할 수 있다.

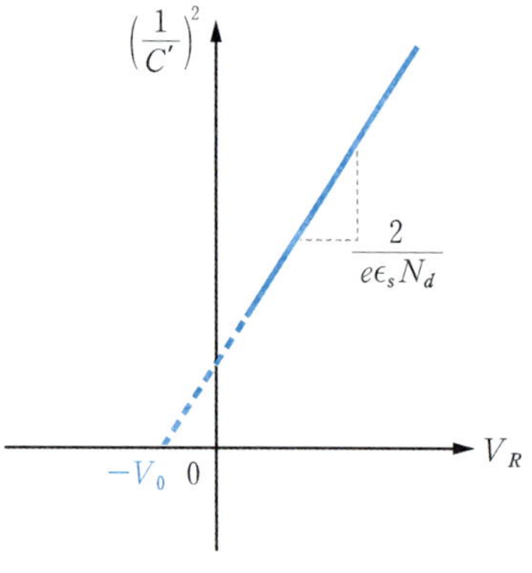

[그림 9-5] 역방향 전압 V_R에 따른 $\left(\frac{1}{C'}\right)^2$의 그래프

9.2.4 장벽높이에 있어서의 비이상적인 효과

금속-n형 반도체 접촉에서 일함수 차이가 $\phi_m > \phi_s$인 경우, 금속 도체에 발생하는 영상전하의 효과가 쇼트키 장벽 ϕ_B에 어떤 영향을 미칠까?

금속-반도체 접촉 표면을 좌표 기준인 $x=0$으로 할 때, 접촉면으로부터 거리 x만큼 떨어진 반도체 영역에 $-e$ 전하량을 갖는 전자가 위치하면, [그림 9-6(a)]와 같이 반대편 도체인 금속 쪽 $-x$의 위치에 영상전하 $+e$가 있는 것으로 가정하고 전계 분포를 쉽게 구할 수 있다. 즉 **영상전하**image charge**법**을 적용할 수 있다. 영상전하법이란 완전도체의 경계면에서 전기력선이 수직으로 나가거나 들어온다는 특성을 이용하는 것으로, 예를 들어 무한 평판 도체와 어떤 전하가 공존하는 경우에 전계를 계산하는 문제에서, 평판 도체를 제거하는 대신 그 전하와 함께 대칭위치에 그 전하의 영상 전하가 위치한 문제로 바꾸어서 전계를 구하는 방법이다.

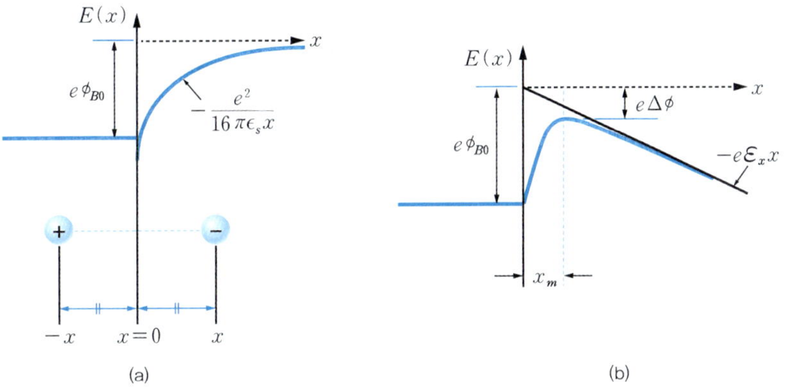

[그림 9-6] (a) 금속-반도체 경계면의 영상전하와 전계가 없을 때의 위치에너지, (b) 반도체 내 전계 $\mathcal{E}_x$ 가 존재할 때의 위치에너지

[그림 9-6(a)]에서 영상전하 $+e$와 전자전하 $-e$ 사이에 작용하는 쿨롱 인력은 다음과 같이 전계와 연관된다.

$$F = \frac{-e^2}{4\pi\epsilon_s(2x)^2} = -e\mathcal{E} \tag{9.22}$$

전계 $\mathcal{E}(x)$를 적분하여 전위 $V(x)$를 구하면 다음과 같다.

$$V(x) = -\int_x^{\infty} \mathcal{E}\, dx' = -\int_x^{\infty} \frac{e}{4\pi\epsilon_s(2x')^2} dx' = \frac{e}{16\pi\epsilon_s x} \tag{9.23}$$

여기서 x'은 적분변수이고, 경계조건은 $x=\infty$에서 전위 $V(\infty)=0$을 적용했다. 전자의 위치에너지는 $E(x)=-eV(x)$이고, 이를 [그림 9-6(a)]에 나타내었다.

만약 반도체 내에 또 다른 일정한 음(−)의 전계 $-\mathcal{E}_x$가 존재한다고 하면, 총 전위는 다음과 같이 변한다.

$$V(x)=\frac{e}{16\pi\epsilon_s x}+\mathcal{E}_x x \tag{9.24}$$

전자의 위치에너지는 $E(x)=-eV(x)$이므로 전체 위치에너지 분포는 다음과 같고, 이를 [그림 9-6(b)]에 나타내었다.

$$E(x)=-eV(x)=-\frac{e^2}{16\pi\epsilon_s x}-e\mathcal{E}_x x \tag{9.25}$$

이때 최대 전위장벽은 그림에서 보듯이 낮아지게 되는데, 이러한 전위장벽의 저하를 **쇼트키 장벽 저하** 혹은 **영상전하유도 저하**라고 부른다.

쇼트키 장벽 저하 크기 $\Delta\phi$와 최대 장벽을 갖는 위치 x_m을 구해보자. 식 (9.24)를 x에 대해 미분한 값이 0이 될 때 최대 장벽을 가지므로 다음과 같이 x_m을 구할 수 있다.

$$\frac{d[-eV(x)]}{dx}=\frac{e^2}{16\pi\epsilon_s x^2}-e\mathcal{E}_x=0 \tag{9.26}$$

$$x_m=\sqrt{\frac{e}{16\pi\epsilon_s\mathcal{E}_x}} \tag{9.27}$$

이 x_m을 식 (9.25)에 대입하면 다음과 같다.

$$\begin{aligned}E(x_m)&=-eV(x_m)=-\frac{e^2}{16\pi\epsilon_s x_m}-e\mathcal{E}_x x_m\\&=-\frac{e^2}{16\pi\epsilon_s}\sqrt{\frac{16\pi\epsilon_s\mathcal{E}_x}{e}}-e\mathcal{E}_x\sqrt{\frac{e}{16\pi\epsilon_s\mathcal{E}_x}}\\&=-e\sqrt{\frac{e\mathcal{E}_x}{4\pi\epsilon_s}}\ [\text{eV}]\end{aligned}$$

따라서 영상전하의 효과가 없을 때 쇼트키 장벽 ϕ_{B0}는 $\phi_B=\phi_{B0}-\Delta\phi$로 낮아지고, 낮아지는 전위장벽의 높이 $\Delta\phi$는 다음과 같이 된다.

$$\Delta\phi = \frac{E(x_m)}{-e} = \sqrt{\frac{e\mathcal{E}_x}{4\pi\epsilon_s}}\ [\mathrm{V}] \tag{9.28}$$

예제 9-2

금속-n형 실리콘 접촉에서 일함수 차이가 $\phi_m > \phi_s$인 경우, 쇼트키 장벽 저하 크기 $\Delta\phi$와 최대 장벽의 위치를 구하라. 반도체 내 전계는 $\mathcal{E}_x = 2\times10^4\,\mathrm{V/cm}$라고 가정한다.

풀이

쇼트키 장벽 저하는 식 (9.28)로 주어지며 다음과 같다.

$$\Delta\phi = \sqrt{\frac{e\mathcal{E}_x}{4\pi\epsilon_s}} = \sqrt{\frac{(1.6\times10^{-19})(2\times10^4)}{4\pi(11.7)(8.854\times10^{-14})}} = 0.0157\,\mathrm{V}$$

이 값은 작게 보이지만 에너지와 전류는 지수함수 관계이므로, 장벽의 높이가 조금만 낮아져도 전류의 양은 지수함수로 증가하게 되어 미치는 영향이 크다. 최대 장벽 높이가 존재하는 위치는 다음과 같다.

$$x_m = \sqrt{\frac{e}{16\pi\epsilon_s\mathcal{E}_x}} = \sqrt{\frac{1.6\times10^{-19}}{16\pi(11.7)(8.854\times10^{-14})(2\times10^4)}} = 3.920\times10^{-7}\,\mathrm{cm}$$
$$= 39.2\,\text{Å}$$

9.2.5 전류-전압 관계

금속-n형 반도체 접촉에서 일함수 차이가 $\phi_m > \phi_s$인 경우, 이상적인 전류-전압 관계는 어떻게 될까?

pn 접합에서 전류는 주입된 소수캐리어의 확산 때문에 생성되지만, 금속-반도체 접합에서의 전류는 금속과 반도체 내 다수캐리어의 전송 때문에 발생한다. 즉 금속-n형 반도체 정류접촉에서의 전류 흐름은 전위장벽을 넘어가는 전자의 전송에 의한 것으로 **열전자 방출 이론**으로 설명할 수 있다.

열평형상태에서는 금속에서 반도체 쪽으로의 전자 흐름과 반도체에서 금속 쪽으로의 전자 흐름이 평형을 이루고 있는 상태이다. 반도체에서 금속 쪽으로 움직이는 전자의 흐름을 열전자 방출 이론을 적용하여 구할 수 있다. 반도체 전도대역에 있는 전자 중에서 $E_{Fm} + e\phi_B$보다 큰 에너지를 갖는 전자들([그림 9-7]의 빗금 친 영역의 전자들)

중의 절반이, 장벽을 넘어 금속 쪽으로 이동해 전류를 형성한다. 이 전류밀도를 $J_{S\to M}$이라 하면 다음과 같이 쓸 수 있다.

$$J_{S\to M}=\frac{e}{2}\int_{E_{Fm}+e\phi_B}^{\infty}v_x dn \tag{9.29}$$

이 식에서 $E_{Fm}+e\phi_B$는 금속 쪽으로 열전자가 방출하는 데 필요한 최소 에너지이고, v_x는 전송 방향 내에서의 캐리어 속도이다. 미소 전자 농도 dn은 다음과 같다.

$$dn=D_c(E)f_F(E)dE \tag{9.30}$$

여기서 $D_c(E)$는 전도대역에서의 양자상태 밀도함수이고, $f_F(E)$는 페르미-디랙 확률 함수이다. 4.1.2절의 식 (4.7)과 같이 볼츠만 근사를 적용하면 다음과 같이 된다.

$$dn=\frac{4\pi(2m_n^*)^{3/2}}{h^3}\sqrt{E-E_c}\exp\left[\frac{-(E-E_F)}{kT}\right]dE \tag{9.31}$$

만약 E_c 위의 모든 전자에너지가 운동에너지라고 가정하면 다음과 같이 된다.

$$\frac{1}{2}m_n^*v^2=E-E_c \tag{9.32}$$

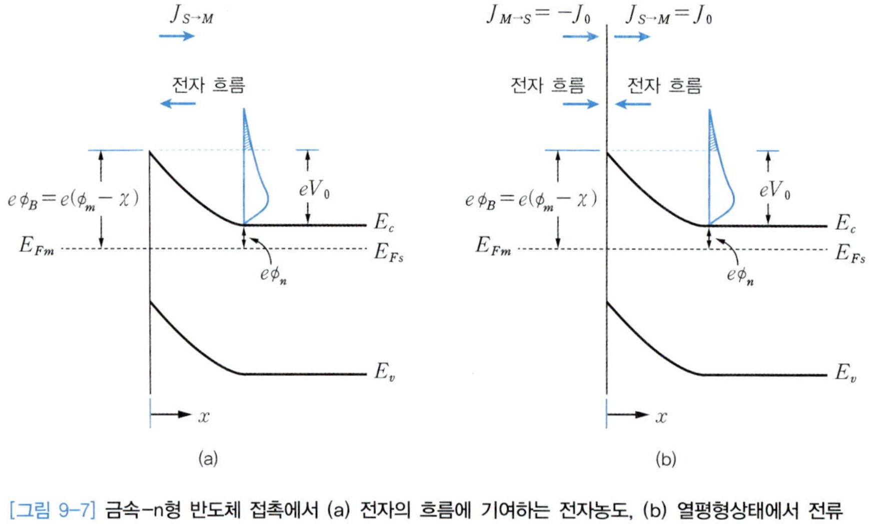

[그림 9-7] 금속-n형 반도체 접촉에서 (a) 전자의 흐름에 기여하는 전자농도, (b) 열평형상태에서 전류

열평형상태에서 전류는 흐르지 않으므로 $J_{S\to M}$과 크기는 똑같고 방향은 반대인, 금속에서 반도체 쪽으로 움직이는 전자에 의한 전류밀도 $J_{M\to S}$가 존재한다. 여기서 $J_{S\to M}$과 $J_{M\to S}$는 모두 오른쪽 방향, 즉 금속에서 반도체 쪽으로 흐르는 전류 방향을 기준

으로 하고, $S \rightarrow M$과 $M \rightarrow S$는 전자가 흐르는 방향을 나타낸다. 만약 열평형상태의 $J_{S \rightarrow M}$을 J_0라고 하면 $J_{M \rightarrow S} = -J_0$가 된다. 이때 금속에서 반도체로 흐르는 순수 전류밀도 J는 다음 식과 같이 표현되며, 이를 [그림 9-7(b)]에 나타내었다.

$$J = J_{S \rightarrow M} + J_{M \rightarrow S} = J_0 - J_0 = 0 \tag{9.33}$$

만약 금속 쪽이 $-$이고 n형 반도체 쪽이 $+$인 역방향 전압 V_R을 인가하면 [그림 9-8(a)]와 같은 상태가 된다. 이때에 금속에서 반도체 쪽으로 움직이는 전자 전류는 열평형상태와 동일하여 $J_{M \rightarrow S} = -J_0$라고 볼 수 있지만, 반도체에서 금속 쪽으로 움직이는 전자는 에너지 장벽이 높아져 거의 흐름이 없다고 볼 수 있어 $J_{S \rightarrow M} \simeq 0$이다. 따라서 금속에서 반도체로 흐르는 순수 전류밀도 J는 다음과 같다.

$$J = J_{S \rightarrow M} + J_{M \rightarrow S} \simeq J_{M \rightarrow S} = -J_0 \tag{9.34}$$

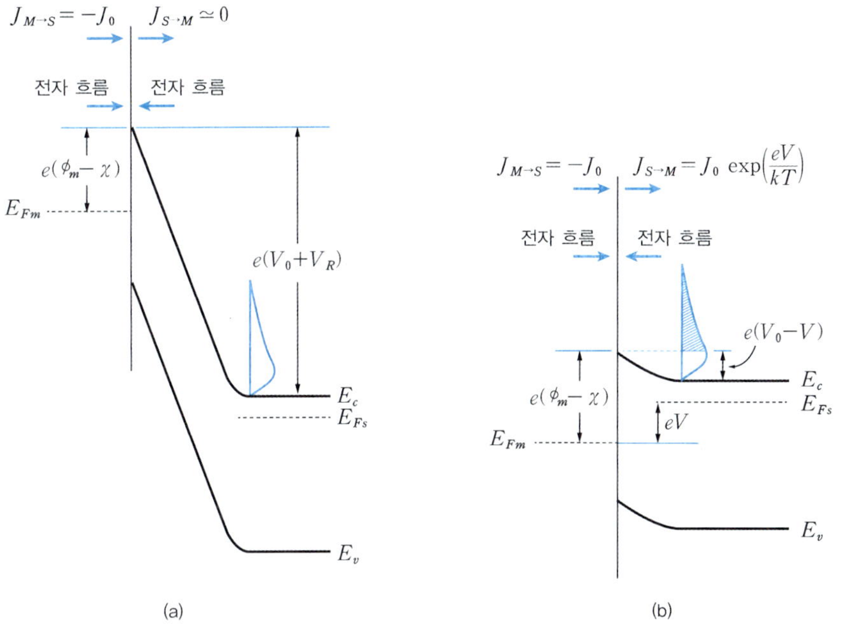

[그림 9-8] **금속-n형 반도체 접촉에서 (a) 역방향 바이어스일 때 전류, (b) 순방향 바이어스일 때 전류**

만약 금속 쪽이 $+$이고 n형 반도체 쪽이 $-$인 순방향 전압을 인가하면 [그림 9-8(b)]와 같은 상태가 된다. 이때에 금속에서 반도체 쪽으로 움직이는 전자는 열평형상태와 동일하여 $J_{M \rightarrow S} = -J_0$라고 볼 수 있지만, 반도체에서 금속 쪽으로 움직이는 전자는 에너지 장벽이 낮아져 흐름이 증가할 것이다. 인가한 전압 V만큼 에너지 장벽이 낮아지고, 금속 쪽으로 움직이는 전자의 개수는 $\exp\left(\frac{eV}{kT}\right)$배만큼 증가한다. 따라서 금속에서 반도체로 흐르는 순수 전류밀도 J는 다음과 같다.

$$J = J_{S\to M} + J_{M\to S} = J_0 \exp\left(\frac{eV}{kT}\right) - J_0 = J_0\left[\exp\left(\frac{eV}{kT}\right) - 1\right] \tag{9.35}$$

J_0를 구하기 위해, 열평형상태에서 접촉 표면에서 전자의 농도를 구하면 다음과 같다.

$$n = N_c \exp\left[\frac{-(E_c - E_{Fs})}{kT}\right] \tag{9.36}$$

따라서 식 (9.29)와 (9.36)을 이용하여 J_0를 구하면 다음과 같다.

$$\begin{aligned} J_{S\to M} = J_0 &= \frac{e}{2}\int_{E_{Fm}+e\phi_B}^{\infty} v_x\, dn = \frac{e v_x n}{2} \\ &= \frac{e}{2}\sqrt{\frac{2kT}{\pi m}}\, N_c \exp\left[\frac{-(E_c - E_{Fs})}{kT}\right] \\ &= \frac{e}{2}\sqrt{\frac{2kT}{\pi m}}\left[N_c \exp\left(\frac{-e\phi_B}{kT}\right)\right] \end{aligned} \tag{9.37}$$

여기서 에너지 장벽에 접근하는 평균속도인 **리처드슨**Richardson **속도**

$$v_R = \sqrt{\frac{kT}{2\pi m}} = \frac{v_x}{2}$$

를 적용하였다. $N_c = 2\left(\dfrac{2\pi m_n^* kT}{h^2}\right)^{3/2}$ 이므로

$$\frac{e}{2}\sqrt{\frac{2kT}{\pi m}}\, N_c = \frac{e}{2}\sqrt{\frac{2kT}{\pi m}}\, 2\left(\frac{2\pi m kT}{h^2}\right)^{3/2} = e\frac{4\pi m k^2 T^2}{h^3}$$

이 된다. 이를 적용하면 J_0는 다음과 같다.

$$J_0 = e\frac{4\pi m k^2 T^2}{h^3}\exp\left[\frac{-e\phi_B}{kT}\right] = \frac{4\pi e m k^2}{h^3} T^2 \exp\left[\frac{-e\phi_B}{kT}\right] \tag{9.38}$$

식 (9.35)에서 $J = J_0\left[\exp\left(\dfrac{eV}{kT}\right) - 1\right]$ 이므로 금속에서 반도체로 흐르는 순수 전류밀도 J는 다음과 같이 쓸 수 있다.

$$J = A^* T^2 \exp\left(\frac{-e\phi_B}{kT}\right)\left[\exp\left(\frac{eV}{kT}\right) - 1\right] \tag{9.39}$$

여기서 상수 A^*는 열전자 방출에 대한 **유효 리처드슨**Richardson **상수**라고 부르며 다음과 같다. 리처드슨 상수는 $A^* = 120\,\mathrm{A/cm^2 \cdot K^2}$이다.

$$A^* = \frac{4\pi e m_n^* k^2}{h^3} \tag{9.40}$$

식 (9.39)는 통상적인 다이오드의 형식처럼 다음과 같이 쓸 수 있다.

$$J = J_s^* \left[\exp\left(\frac{eV}{kT} \right) - 1 \right] \tag{9.41}$$

여기서 J_s^*는 **역포화 전류밀도**이며 다음과 같다.

$$J_s^* = A^* T^2 \exp\left(\frac{-e\phi_B}{kT} \right) \tag{9.42}$$

금속-n형 반도체 접촉에서 일함수 차이가 $\phi_m > \phi_s$인 경우, 전류-전압 관계에 영향을 주는 비이상적인 효과에는 어떠한 것이 있을까?

앞에서 구한 이상적인 전류-전압 관계식을 벗어나는 다음 두 가지 **비이상적인 효과**를 고려할 수 있다.

❶ 첫 번째 효과는 앞에서 언급한 금속 도체에서의 영상전하 효과로서, 이로 인해 쇼트키 장벽높이 ϕ_B가 식 (9.28)의 $\Delta\phi$만큼 낮아지는 효과가 발생한다.

$$\Delta\phi = \frac{E(x_m)}{-e} = \sqrt{\frac{e\,\mathcal{E}_x}{4\pi\epsilon_s}}\ [\mathrm{V}]$$

따라서 역포화 전류밀도 J_s^*는 식 (9.43)과 같이 증가한다. [그림 9-9]는 이러한 효과를 나타내는 에너지밴드 다이어그램을 보여준다.

$$J_s^* = A^* T^2 \exp\left(\frac{-e\phi_B}{kT} \right) \exp\left(\frac{e\Delta\phi}{kT} \right) \tag{9.43}$$

❷ 두 번째 효과는 쇼트키 장벽의 폭이 좁아서 **터널링 현상**에 의해 전류의 흐름이 부가적으로 증가하는 것이다. 역방향 바이어스일 때, 금속의 전자가 터널링에 의

해 반도체 쪽으로 이동하여 **역방향 전류를 증가**시킬 수 있다. 특히 반도체를 고농도로 도핑하여 축퇴반도체로 만든 경우에는, 바이어스 방향에 관계없이 양방향 모두 쉽게 터널링이 발생하면서 전류가 잘 흐르는 상태가 될 수 있다. 이러한 터널링 특성은 저항성ohmic 접촉을 형성하는 데 유용하게 활용된다.

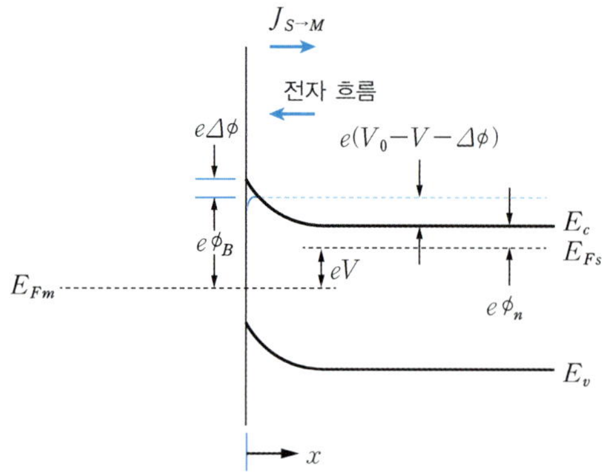

[그림 9-9] 전류-전압 관계에 영향을 주는 비이상적인 효과

9.2.6 쇼트키 다이오드와 pn 접합 다이오드의 비교

쇼트키 다이오드와 pn 접합 다이오드의 차이점은 무엇일까?

식 (9.41)로 주어지는 쇼트키 다이오드의 이상적인 전류-전압 관계는, pn 접합 다이오드의 특성과 동일한 지수함수형으로 표현된다. 그러나 쇼트키 다이오드와 pn 접합 다이오드 사이에는 다음과 같은 두 가지 중요한 차이가 있다.

❶ 첫 번째 역포화 전류밀도가 서로 다르다. 쇼트키 다이오드의 역포화 전류밀도는 식 (9.42)와 같다.

$$J_s^* = A^* T^2 \exp\left(\frac{-e\phi_B}{kT}\right) \tag{9.42}$$

pn 접합 다이오드의 이상적인 역포화 전류밀도는 식 (8.40)과 같다.

$$J_s = \frac{eD_p p_{n0}}{L_p} + \frac{eD_n n_{p0}}{L_n} \tag{8.40}$$

두 방정식 형태는 매우 다른데, 이는 전류 메커니즘의 차이에서 유발된 것이다. 즉 쇼트키 다이오드의 전류는 전류장벽을 넘는 다수캐리어의 열전자 방출에 의해 결정되는 반면, pn 접합에서는 전류가 소수캐리어의 확산에 의해 결정되기 때문이다.

실리콘 pn 접합 다이오드에서 역방향 바이어스 전류는 역포화 전류밀도 J_s보다는 10^3배 이상 더 큰 생성 전류밀도 J_{gen}에 의해 결정됨을 8장의 8.3.2절에서 언급하였다. 전형적인 생성 전류밀도는 약 10^{-7} A/cm^{2}인데, 쇼트키 다이오드의 역포화 전류밀도 J_s^*는 이 생성 전류밀도 J_{gen}보다 $10^2 \sim 10^3$배 더 크다. 이런 특성은 역방향 전류를 증가시킬 뿐 아니라 순방향 특성에도 영향을 주어 문턱전압의 변화를 가져온다. [그림 9-10]은 쇼트키 다이오드와 pn 접합 다이오드의 전형적인 전류-전압 특성을 보여준다. 이 그림을 통해 **쇼트키 다이오드의 문턱전압은 pn 접합 다이오드보다 작음**을 알 수 있다. 쇼트키 다이오드의 문턱전압은 약 0.3V 정도이고, pn 접합 다이오드의 문턱전압은 약 0.7V 정도이다.

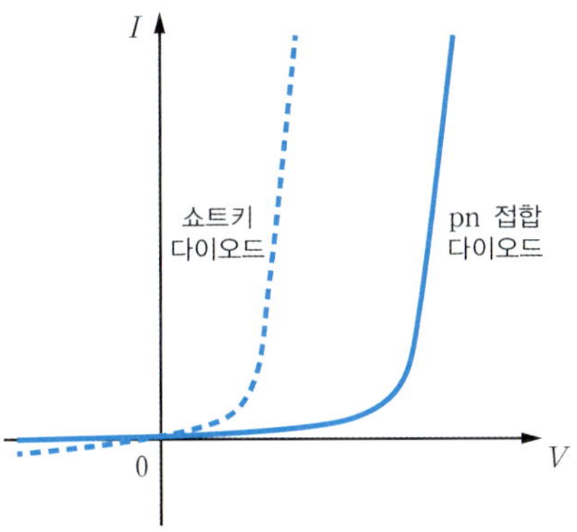

[그림 9-10] 쇼트키 다이오드와 pn 접합 다이오드의 전류-전압 특성 비교

❷ 두 번째 중요한 차이는 주파수 응답 또는 스위칭 특성이다. 쇼트키 다이오드에서는 전류의 흐름이 다수캐리어에 의해 발생한다. 따라서 순방향 바이어스된 pn 접합에서처럼 주입된 과잉 소수캐리어가 축적되는 현상이 일어나지 않아, 쇼트키 다이오드에는 확산 커패시턴스가 없다. 확산 커패시턴스가 없으므로 고주파 특성이 더 우수하게 된다. 또한 쇼트키 다이오드는 순방향 바이어스에서 역방향 바이어스로 스위칭할 때, pn 접합에서처럼 축적된 소수캐리어를 방전시키는 데 소요되는 시간지연이 없다. 8.4.2절의 소수캐리어 축적시간^storage time^ t_s가 없기 때문에 **쇼트키 다이오드는 고속 스위칭** 응용에 적합하다. pn 접합의 스위칭 시간은 일반적으로 나노^nano^초[ns] 범위이고 쇼트키 다이오드의 전형적인 스위칭 시간은 피코^pico^초[ps] 범위 내에 있다.

9.3 금속−p형 반도체의 정류성 접합

p형 반도체의 일함수가 금속보다 큰 경우, 접촉 후의 에너지밴드 다이어그램과 전류−전압 특성은 어떻게 될까?

p형 반도체의 일함수가 금속보다 큰 $\phi_m < \phi_s$인 경우를 살펴보자. [그림 9−11(a)]는 접촉 전 각각의 금속과 반도체 에너지밴드 다이어그램이고, [그림 9−11(b)]는 접촉 후 이상적인 열평형 금속−반도체 에너지밴드 다이어그램이다.

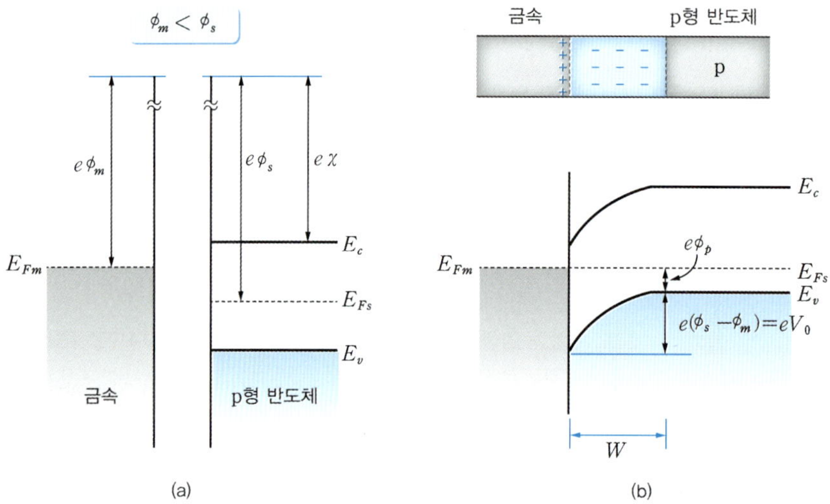

[그림 9−11] p형 반도체이고 일함수 차이가 $\phi_m < \phi_s$인 경우. (a) 독립된 금속과 반도체의 에너지밴드 다이어그램, (b) 접촉 후 열평형상태에서의 에너지밴드 다이어그램

앞에서 금속−n형 반도체 접합에서 일함수 차이가 $\phi_m > \phi_s$인 경우에, 반도체 쪽에 **전자 공핍층**이 형성되고 **정류성 전류−전압 특성**을 보였다. 동일하게, 금속−p형 반도체이고 일함수 차이가 $\phi_m < \phi_s$인 경우에도 금속−반도체 경계에 **정공 공핍층**이 형성되고 **정류성 전류−전압 특성**을 갖는다.

금속 쪽이 +이고 p형 반도체 쪽이 −인 역방향 전압 V_R을 인가했을 때와, 금속 쪽이 −이고 p형 반도체 쪽이 +인 순방향 전압 V_F를 인가했을 때의 에너지밴드 다이어그램을 [그림 9−12]에 나타내었다. [그림 9−8]과 마찬가지로 전류의 크기를 해석할 수 있으며, 그 해석방법은 [그림 9−12]에 나타내었다.

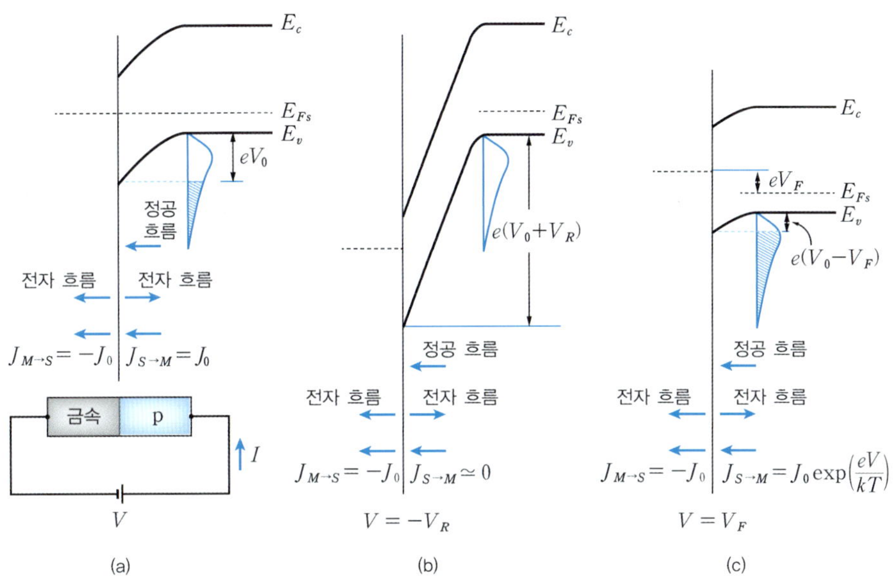

[그림 9-12] 금속-p형 반도체 접촉에서 (a) 열평형일 때 전류, (b) 역방향 바이어스일 때 전류, (c) 순방향 바이어스일 때 전류

9.4 금속-n형 반도체의 저항성 접합

n형 반도체의 일함수가 금속보다 큰 경우, 접촉 후의 에너지밴드 다이어그램과 전류-전압 특성은 어떻게 될까?

n형 반도체의 일함수가 금속보다 큰 $\phi_m < \phi_s$인 경우, [그림 9-13]의 (a)와 (b)는 금속-n형 반도체 접합의 접촉 전과 접촉 후 열평형상태에서의 에너지밴드 다이어그램을 각각 보여준다. 이 접합에서 열평형이 이루어지려면 페르미 준위를 수평으로 유지해야 한다. 따라서 전자는 금속으로부터 에너지 준위가 낮은 반도체 쪽으로 흘러 들어가고, 반도체 표면은 더욱 더 n형 반도체가 된다. 앞의 두 경우와 다른 점은 접촉면 주위에 공핍층이 형성되는 것이 아니라, 반대로 **전자 축적층**이 형성되어 접촉면 근방 n형 반도체에 전자들이 중성영역보다 더 많이 축적되는 것이다. 이 경우 전류-전압 특성은 정류성 특성이 아니라 저항성 특성을 보여준다. 이런 접촉을 **저항성 접촉**ohmic contact이라고 부르며, 이는 낮은 저항을 가진다. 이 경우 금속과 반도체 사이에서 양방향으로 모두 전류전도가 잘 이루어진다.

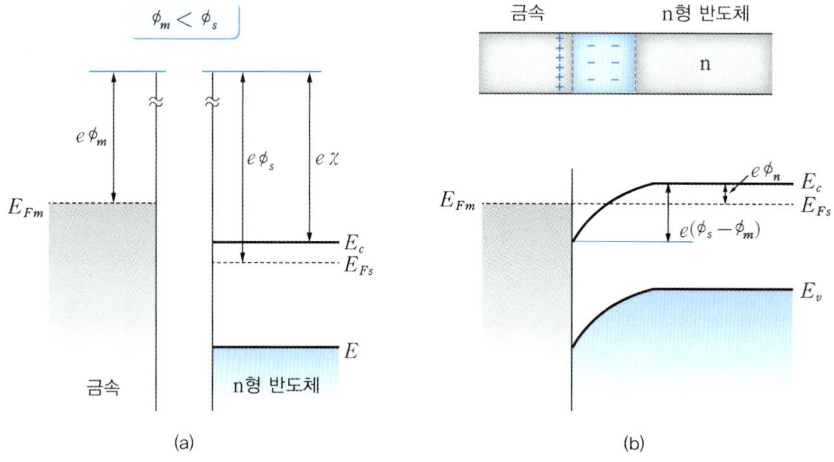

[그림 9-13] n형 반도체이고 일함수 차이가 $\phi_m < \phi_s$인 경우. (a) 독립된 금속과 반도체의 에너지밴드 다이어그램, (b) 접촉 후 열평형상태에서의 에너지밴드 다이어그램

금속-n형 반도체 접촉에 순방향 및 역방향 바이어스 전압 V를 인가했을 때의 에너지밴드 다이어그램을 [그림 9-14]에 각각 나타내었다. 만약 n형 반도체에 음(-)인 전압을 인가하면(순방향 바이어스), [그림 9-14(b)]와 같이 반도체 전도대역의 전자들은 경사를 따라 쉽게 금속 쪽으로 움직이며, 따라서 전류는 잘 흐른다. 또한 n형 반도체에 양(+)인 전압을 인가하면(역방향 바이어스), 금속으로부터 반도체로 흘러 들어가는 전자에 대한 유효 장벽높이는 근사적으로 $e\phi_n = eV_t \ln\left(\dfrac{N_c}{N_d}\right)$로 되고, 이것은 도핑이 매우 많이 된 반도체에서는 아주 작아 전자는 금속에서 반도체로 쉽게 흘러 들어간다. 따라서 모든 바이어스에 대하여 다수캐리어인 전자가 잘 흘러, [그림 9-14(a)]와 같이 직선의 저항성 전류-전압 특성을 보여준다.

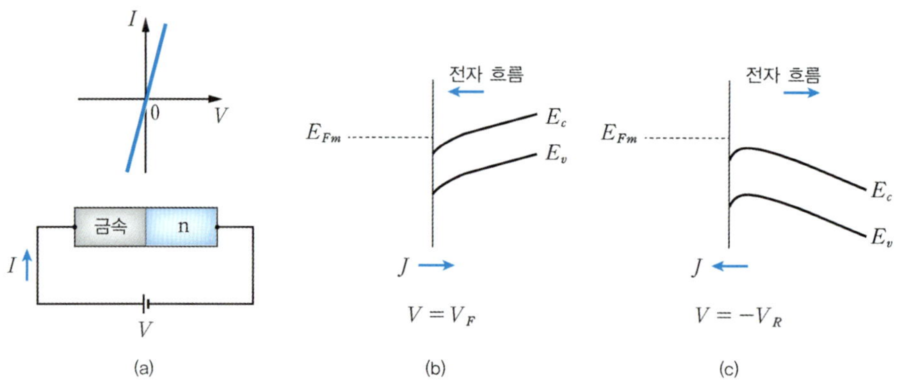

[그림 9-14] 금속-n형 반도체 접촉에서 (a) 전류-전압 특성, (b) 순방향 바이어스일 때 에너지밴드 다이어그램, (c) 역방향 바이어스일 때 에너지밴드 다이어그램

9.5 금속-p형 반도체의 저항성 접합

p형 반도체의 일함수가 금속보다 작은 경우, 접촉 후의 에너지밴드 다이어그램과 전류-전압 특성은 어떻게 될까?

p형 반도체의 일함수가 금속보다 작은 $\phi_m > \phi_s$인 경우, [그림 9-15]의 (a)와 (b)는 금속-p형 반도체 접합의 접촉 전과 접촉 후 열평형상태에서의 에너지밴드 다이어그램을 각각 보여준다. 접촉이 이루어졌을 때 페르미 준위가 높은 반도체로부터 전자들은 열평형을 이루기 위해 금속으로 흘러들어갈 것이며, 따라서 더 많은 전자의 빈자리, 즉 정공들이 반도체 표면에 남게 되어 더욱 더 p형으로 된다. 이 경우에도 접촉면 근방은 공핍층이 아니라 **정공 축적층**이 형성되며, 접촉면 근방 p형 반도체에는 정공들이 중성영역에 비하여 더 많이 축적되는 것이다. 이 경우 전류-전압 특성은 정류성 특성이 아니라 저항성 특성을 보여주는 **저항성 접촉**ohmic contact이 된다.

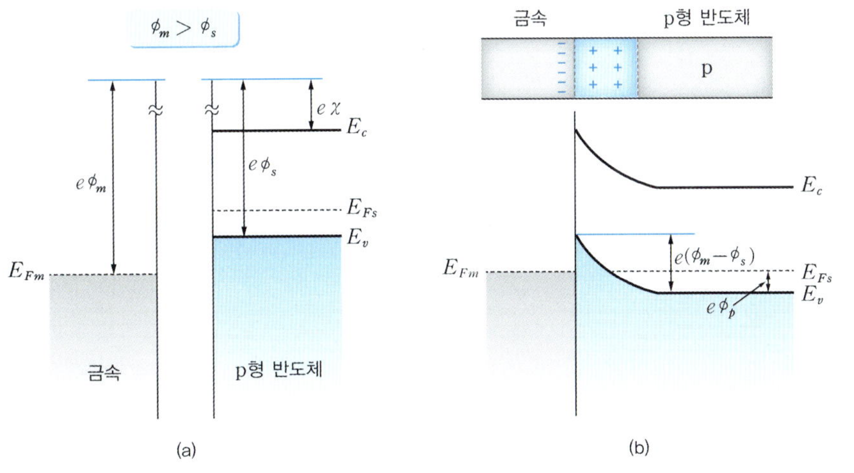

[그림 9-15] p형 반도체이고 일함수 차이가 $\phi_m > \phi_s$인 경우. (a) 독립된 금속과 반도체의 에너지밴드 다이어그램, (b) 접촉 후 열평형상태에서의 에너지밴드 다이어그램

금속-p형 반도체 접촉에 순방향 및 역방향 바이어스 전압 V를 인가했을 때의 에너지밴드 다이어그램을 [그림 9-16]에 각각 나타내었다. 만약 p형 반도체에 양(+)인 전압을 인가하면(순방향 바이어스), 반도체 가전자대역의 정공들은 경사를 따라 쉽게 금속 쪽으로 움직인다(정공이 위로 올라가면 에너지가 낮아짐에 유의). 또한 p형 반도체에 음(−)인 전압을 인가하면(역방향 바이어스), [그림 9-16(c)]와 같이 금속으로부터 반도체로 흘러들어가는 정공에 대한 유효 장벽높이는 근사적으로 $e\phi_p = eV_t \ln\left(\frac{N_v}{N_a}\right)$가 되고, 이것은 도핑이 매우 많이 된 반도체에서는 아주 작아 정공은 금속에서 반도체로 쉽게

흘러 들어간다. 따라서 모든 바이어스에 대하여 다수캐리어인 정공이 잘 흘러, [그림 9-16(a)]와 같이 직선의 저항성 전류-전압 특성을 보여준다.

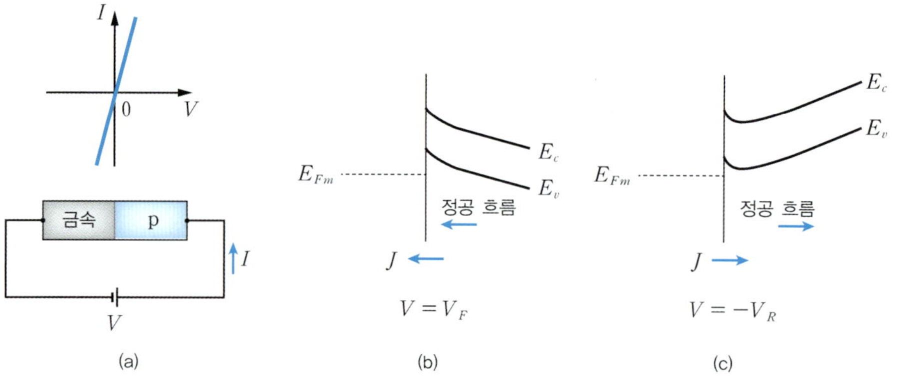

[그림 9-16] 금속-p형 반도체 접촉에서 (a) 전류-전압 특성, (b) 순방향 바이어스일 때 에너지밴드 다이어그램, (c) 역방향 바이어스일 때 에너지밴드 다이어그램

9.2절부터 9.5절까지의 결과를 정리하면 [표 9-3]과 같다. 이 표에서 반도체 쪽에 다수캐리어가 공핍되면서 도펀트 이온이 드러나면 정류성 접촉이 되고, 반도체 쪽에 다수캐리어가 축적되면 저항성 접촉이 됨을 볼 수 있다.

[표 9-3] 반도체의 타입과 일함수 차이에 따른 접합의 특성

	n형 반도체		p형 반도체	
일함수 차이	$\phi_m > \phi_s$	$\phi_m < \phi_s$	$\phi_m > \phi_s$	$\phi_m < \phi_s$
반도체 전하량	도너(+) 이온	전자(−)	정공(+)	억셉터(−) 이온
캐리어 축적/공핍	공핍	축적	축적	공핍
전류-전압 특성	정류성	저항성	저항성	정류성

9.6 터널링 접합과 접촉 비저항

9.6.1 터널링 접합

n형 및 p형 반도체에 무관하게, 그리고 접촉하는 금속에 무관하게 언제나 전류를 잘 통하는 저항성 접합을 어떻게 만들 수 있을까?

반도체 소자는 반드시 소자와 소자를 연결하거나 외부회로에 연결시켜서 사용하게 되

어 있다. 반도체 소자와 외부 회로를 연결하기 위해서는 금속과 반도체를 접촉시키는 것이 필요하다. 이때 금속-반도체 접합은 온전히 전류를 잘 흘리는 역할만을 수행해야 하고, 추가적으로 어떤 원하지 않는 다이오드나 저항과 같은 소자 특성을 갖는 것은 바람직하지 않다. 즉 저항 0인 접합이 가장 이상적이다. 그러나 실제로는 금속과 반도체 간의 일함수 대소 관계와 반도체가 n형인지 p형인지에 따라 정류성 쇼트키 다이오드가 되든지, 혹은 저항성 접합이 되든지 한다. 예를 들어 n형에 대하여 저항성 접합인 금속을 찾더라도, p형에 대해서는 정류성 접합이 된다. 따라서 두 타입에 모두 저항성 접합을 형성하기 위해서는 두 가지 금속을 별도로 사용해야 하는 어려움이 있다. 반도체가 n형인지 p형인지에 관계없이 저항성이 되도록 하는 단일 금속을 찾는 것은 불가능하다. 따라서 반도체에 단일 금속을 접촉시키지만 타입에 관계없이 항상 저항성 접합이 되도록 하는 방법이 있다면 매우 유용할 것이다.

이렇게 접촉 금속에 관계없이 저항성 접합을 만드는 한 방안은, 전위장벽의 폭이 좁을 때 발생하는 터널링 현상을 이용해서 언제든지 전류를 잘 흘리도록 하는 **터널링 접합**을 만드는 것이다. [그림 9-17]과 같이 금속과 반도체를 접촉할 때, **반도체 쪽에 고농도로 도핑한 영역을 삽입**해줌으로써 전위장벽의 폭을 좁게 만들어주어, 어떤 바이어스이든 관계없이 전자의 터널링에 의해 전류가 잘 흐르도록 할 수 있다.

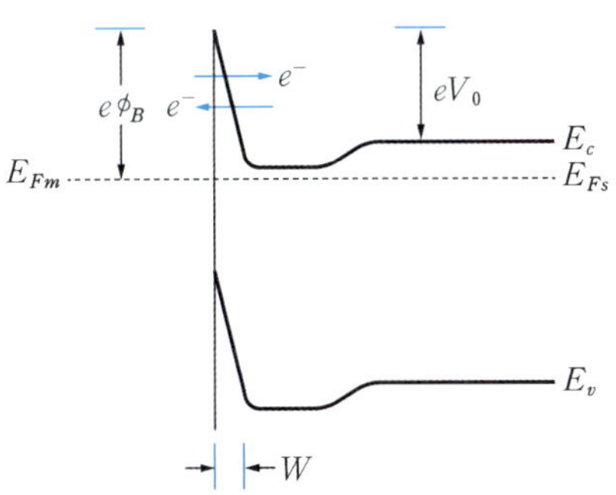

[그림 9-17] 반도체 쪽에 고농도 도핑영역을 삽입함으로써 좁은 전위장벽을 형성한 터널링 접합

9.6.2 접촉저항 비교

접촉저항의 크기를 비교하는 정량화된 파라미터는 무엇일까?

금속과 반도체의 저항성 접촉에서 접촉저항은 낮을수록 좋다. 이 저항성 접촉의 저항값이 얼마나 작은지 비교 평가하는 성능지수로서 **접촉 비저항** 값인 R_c가 있다. R_c는 전압을 0으로 하였을 때 전류밀도를 전압에 대해 미분한 함수의 역수로 정의한다.

$$R_c = \left(\frac{\partial J}{\partial V}\right)^{-1}\Bigg|_{V=0} \quad [\Omega \cdot \mathrm{cm}^2] \tag{9.44}$$

좋은 저항성 접촉일수록 R_c 값은 작아야 한다.

반도체 도핑농도가 매우 높지 않고 열전자 방출에 의한 전류가 우세한 정류성 접촉에 대한 전류-전압 관계식은 식 (9.39)와 같다. 식 (9.39)를 전압에 대해 미분하여 역수를 취하면 접촉 비저항 값은 다음과 같이 된다.

$$R_c = \frac{\dfrac{kT}{e} \cdot \exp\left(\dfrac{e\phi_B}{kT}\right)}{A^* T^2} \tag{9.45}$$

장벽높이가 감소하면 접촉 비저항 값은 지수함수로 급격히 감소한다. 좋은 저항성 접촉을 형성하기 위해서는 전위장벽이 낮아야 하고, 표면 가까운 곳의 반도체 도핑이 높아야 한다. 그러나 실제로는 좋은 저항성 접촉의 형성이 쉽지 않고 에너지밴드갭이 큰 물질일수록 더욱 어려운데, 그 이유는 낮은 전위장벽을 얻기가 어렵기 때문이다. 이때는 표면에 도핑이 많이 된 반도체를 써서 터널링 접합을 형성해준다. 반도체 도핑농도가 약 $10^{19}\mathrm{cm}^{-3}$ 이상일 때에는 터널링 과정이 우세하며, 도핑이 높을수록 접촉 비저항 값이 매우 크게 감소한다.

9.7 반도체 이종접합

9.7.1 반도체 이종접합의 종류

서로 다른 두 종류의 반도체 물질로 접합을 형성하는 경우 에너지밴드 다이어그램은 어떻게 그릴 수 있을까?

지금까지는 pn 접합을 형성할 때 동일한 반도체 물질을 사용한 **동종접합**homo-junction의 경우만을 다루었다. 그리고 서로 다른 두 종류의 반도체 물질을 사용하여 접합을 형성하는 것도 가능한데, 이런 접합을 **이종접합**hetero-junction이라고 부른다.

이종접합을 형성할 때 중요한 특성은 두 물질이 서로 다른 격자상수와 에너지밴드갭을 갖는다는 것이다. 먼저 두 물질의 격자상수가 맞지 않으면, 이 **격자 부정합**은 **전위** dislocation를 발생시켜 접합에 많은 결함을 유발하기도 하고 단결정이 형성되지 않기도 하기 때문에, 격자정합은 매우 중요하다. 보통 0.2% 이내의 격자 부정합을 가지도록 한다. 그리고 두 물질의 에너지밴드갭이 서로 다른 경우에는 에너지밴드 다이어그램이 여러 가지로 서로 다르게 그려지며, 이는 접합의 전기적 특성을 결정하는 데 중요하다.

[그림 9-18]은 이종접합의 세 가지 경우를 보여준다. [그림 9-18(a)]는 **겹쳐진 갭** straddling gap으로 에너지밴드갭이 넓은 물질의 금지대역 속으로 에너지밴드갭이 좁은 물질이 완전히 들어가는 경우이다. [그림 9-18(b)]는 **엇갈린 갭** staggered gap으로 두 물질의 금지대역이 일부분만이 서로 겹쳐지는 경우이고, [그림 9-18(c)]는 **단절된 갭** broken gap으로 두 물질의 금지대역이 전혀 겹쳐지는 부분이 없는 경우이다.

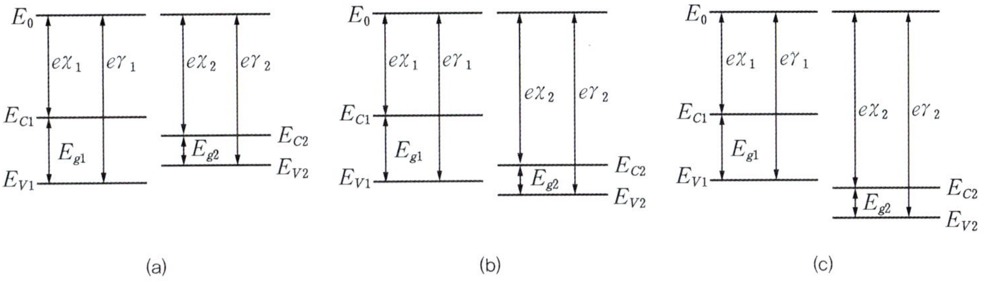

[그림 9-18] 이종접합의 종류. (a) 겹쳐진 갭, (b) 엇갈린 갭, (c) 단절된 갭

접합에서 두 물질의 도핑 형태가 동일하면 **동형** isotype이라고 하고, 도핑 형태가 변하면 **이형** anisotype이라고 한다. 에너지밴드갭이 큰 물질의 도핑 형태는 대문자를 사용하여 표기하기로 하면, 이종접합에는 밴드갭의 대소 관계와 이형 혹은 동형인가에 따라 n-P 접합과 N-p 접합, n-N 접합과 p-P 접합의 네 가지 형태가 가능하다. 편의상 밴드갭 에너지가 큰 물질의 타입에 대문자 P와 N을 사용하고, 밴드갭 에너지가 작은 물질의 타입에 소문자 p와 n을 사용하여 표기한다.

9.7.2 n-P 이종접합

이종접합 n-P 접합의 에너지밴드 다이어그램은 어떻게 그릴까?

[그림 9-19]와 같은 접합 전의 에너지밴드 다이어그램을 가진 n-P 이종접합 물질이 있다. 진공준위와 전도대역 및 가전자대역은 모두 평행하다. 만약 진공준위가 연속이라면 에너지밴드갭이 서로 다르기 때문에, 접합 경계면에서 전도대역과 가전자대역에

불연속적인 계단 ΔE_c와 ΔE_v가 존재하게 될 것이다. 두 물질의 격자상수가 같고 각 물질의 특성이 접합 경계면까지 계속된다는 이상적인 상황을 **전자친화력 규칙**electron affinity rule이라고 부른다. 두 물질을 접합한 후 열평형상태에 도달하기 위해서는 동종접합에서와 마찬가지로 페르미 준위를 일치시키기 위해, 전자는 에너지 갭이 좁은 n 영역으로부터 에너지 갭이 넓은 P 영역으로 접합을 가로질러 확산하고, 정공은 에너지 갭이 넓은 P 영역으로부터 에너지 갭이 좁은 n 영역으로 접합을 가로질러 확산한다. 이 경우에 전하중성을 이루고 있던 캐리어들이 접합을 넘어 재결합하여 사라지면서 접합 근처에 도너 이온과 억셉터 이온이 드러나 공핍층이 생기게 된다.

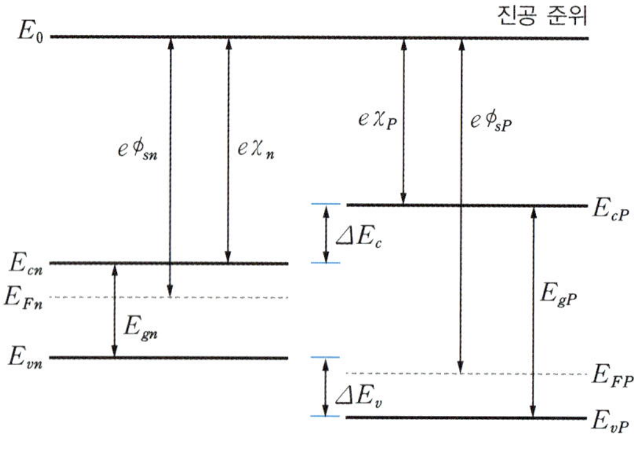

[그림 9-19] n-P 이종접합의 접합 전 에너지밴드 다이어그램

[그림 9-20]은 열평형상태에서 이상적인 n-P 이종접합의 에너지밴드 다이어그램을 보여준다.

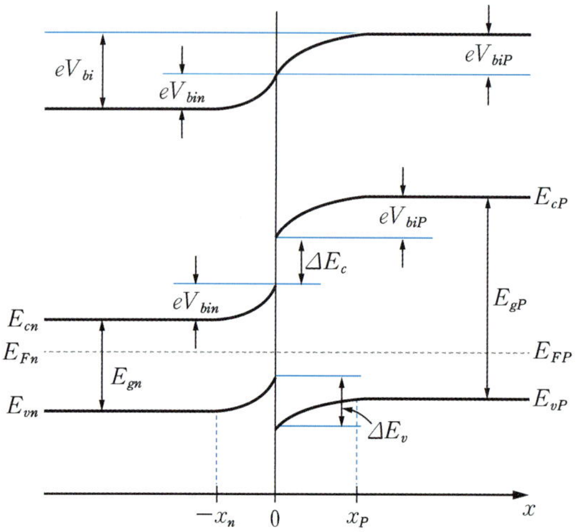

[그림 9-20] n-P 이종접합의 접합 후 열평형상태 에너지밴드 다이어그램

전도대역 및 가전자대역에 다음과 같은 불연속이 발생한다.

$$\Delta E_c = e(\chi_n - \chi_P) \tag{9.46}$$

$$\Delta E_c + \Delta E_v = E_{gP} - E_{gn} = \Delta E_g \tag{9.47}$$

9.7.3 n−N 이종접합

이종접합 n−N 접합의 에너지밴드 다이어그램은 어떻게 그릴까?

[그림 9−21]은 열평형상태에 있는 n−GaAs와 N−AlGaAs 이종접합의 에너지밴드 다이어그램을 보여준다. 접촉 후에 열평형을 이루기 위해, 에너지 갭이 넓은 AlGaAs의 전자가 GaAs 쪽으로 이동한다. 따라서 접합 경계면에서 AlGaAs 쪽은 에너지밴드가 살짝 위로 올라가고 GaAs 쪽은 살짝 아래로 내려가면서 전자가 축적된 전위 우물이 형성된다. 2.3.1절에서 폭이 좁은 양자 전위우물 내에서 전자의 에너지가 양자화되는 현상을 다루었는데, 접합면에 생긴 전위 우물 내에서 전자의 에너지는 [그림 9−21]의 원 안의 그림과 같이 양자화되는 현상이 발생한다. 에너지 준위 E_0는 페르미 에너지 아래에 있어 점유될 것이고, 에너지 준위 E_1은 페르미 에너지 위에 있어 비어있게 된다.

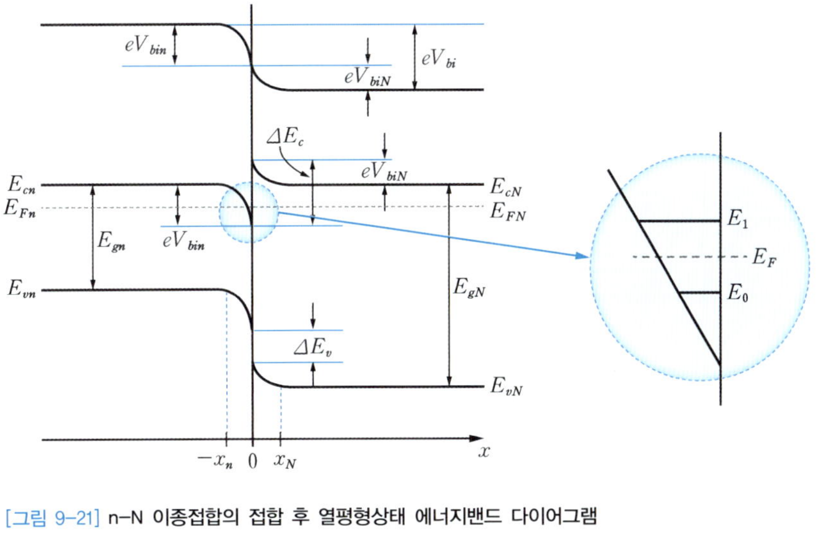

[그림 9−21] n−N 이종접합의 접합 후 열평형상태 에너지밴드 다이어그램

접합면에 생긴 전위 우물은 경계면에 수직인 방향으로는 매우 좁은 폭을 갖지만, 경계면에 평행한 면상에서는 전자의 운동에 제한이 없는 상태이며, 이것은 마치 고농도 전자 종이가 존재하는 것과 같아 **이차원 전자가스**two−dimensional electron gas라고 부른다. 이 전위 우물 내의 이차원 전자가스는 GaAs의 도핑을 적게 해주면 이동할 때 발생하는 이온화 불순물 산란을 줄일 수 있어 전자의 이동도를 높일 수 있고, 따라서 고속 동작의 소자를 제작할 수 있다. 경계면 근처의 AlGaAs 내에 존재하는 이온화된 불순물이

전위 우물 내의 이차원 전자가스에 쿨롱 인력을 작용한다. 이를 줄이려면 경계면을 계단형으로 하지 않고, 점차 Al의 몰 분율이 줄어드는 형태의 경사형 접합을 구성하면서 도핑을 하지 않으면 AlGaAs 내 도너 이온과의 거리를 멀게 할 수 있다. 이는 이온화 불순물 산란을 줄여 캐리어 이동도를 높이고, 그에 따라 고속 동작을 가능케 한다.

9.7.4 p−N 이종접합

이종접합 p−N 접합의 에너지밴드 다이어그램은 어떻게 그릴까?

두 물질을 접합한 후 열평형상태에 도달하기 위해서는 동종접합에서와 마찬가지로 페르미 준위를 일치시키기 위해, 전자는 에너지 갭이 넓은 N 영역으로부터 에너지 갭이 좁은 p 영역으로 접합을 가로질러 확산하고, 정공은 에너지 갭이 좁은 p 영역으로부터 에너지 갭이 넓은 N 영역으로 접합을 가로질러 확산한다. 이 경우에 전하중성을 이루고 있던 캐리어들이 접합을 넘어 재결합으로 사라지면서, 접합 근처에 도너 이온과 억셉터 이온이 드러나 공간전하 영역이 생긴다. [그림 9−22]는 열평형상태에서 이상적인 p−N 이종접합의 에너지밴드 다이어그램을 보여준다.

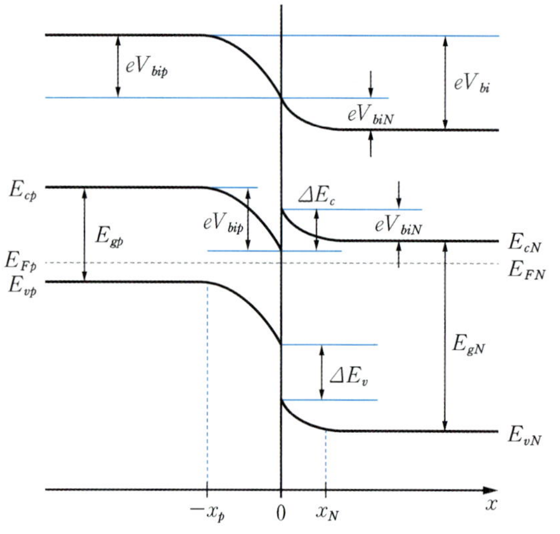

[그림 9−22] p−N 이종접합의 접합 후 열평형상태 에너지밴드 다이어그램

전도대역 및 가전자대역의 불연속은 다음과 같다.

$$\Delta E_c = e(\chi_p - \chi_N) \tag{9.48}$$

$$\Delta E_c + \Delta E_v = E_{gN} - E_{gp} = \Delta E_g \tag{9.49}$$

9.7.5 p−P 이종접합

이종접합 p−P 접합의 에너지밴드 다이어그램은 어떻게 그릴까?

[그림 9−23]은 열평형상태에 있는 p−GaAs와 P−AlGaAs 이종접합의 에너지밴드 다이어그램을 보여준다. 접촉 후에 열평형을 이루기 위해, 에너지 갭이 넓은 AlGaAs의 정공이 GaAs 쪽으로 이동한다. 따라서 접합 경계면에서 AlGaAs 쪽은 에너지밴드가 살짝 아래로 내려가고 GaAs 쪽은 살짝 위로 올라가면서 정공이 축적된 전위 우물이 형성된다. 따라서 n−N 이종접합의 경우와 동일하게 접촉 경계면에 고농도 정공 종이가 존재하는 것과 같아 **이차원 정공가스**two−dimensional hole gas가 생긴다. 이 전위 우물 내의 이차원 정공가스도 GaAs의 도핑을 적게 해주면 이동할 때 발생하는 이온화 불순물 산란을 줄일 수 있어 정공의 이동도를 높일 수 있고, 따라서 고속 동작의 소자를 제작할 수 있다.

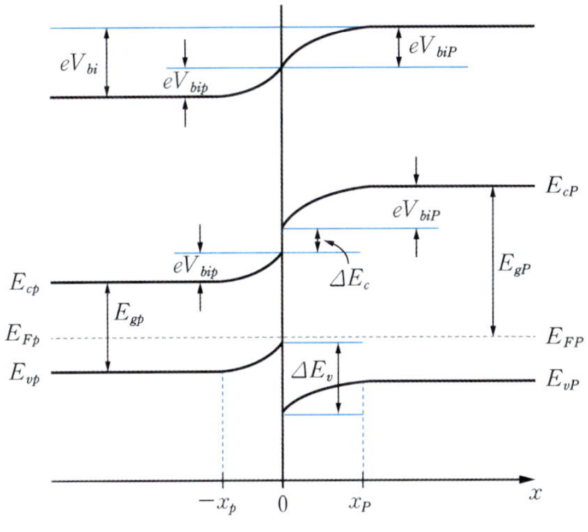

[그림 9−23] p−P 이종접합의 접합 후 열평형상태 에너지밴드 다이어그램

Chapter 09 연습문제

9.1 $T = 300\,\mathrm{K}$에서 알루미늄(Al)과 $N_d = 10^{16}\,\mathrm{cm}^{-3}$으로 도핑된 n형 실리콘 반도체를 접촉시킨 접합에 대하여, 열평형상태에서 다음을 구하라.

단, $N_c = 2.8 \times 10^{19}\,\mathrm{cm}^{-3}$, $\epsilon_0 = 8.854 \times 10^{-12}\,\mathrm{F/m}$, $\epsilon_s = 11.7\epsilon_0$이고, 알루미늄(Al)의 일함수는 $\phi_m = 4.28\,\mathrm{V}$라고 가정한다.

(a) 금속의 전자가 느끼는 전위장벽 ϕ_B

(b) 반도체 전도대역의 전자가 느끼는 전위장벽 높이 V_0

(c) 공간전하층 폭 W

(d) 최대 전계 $\mathcal{E}_{\max}$

9.2 금속-n형 반도체 접촉에서 일함수 차이가 $\phi_m > \phi_s$인 경우, 금속 쪽에는 매우 좁은 폭 δ 내에 과잉전자 전하량이 모인다고 가정하자. 열평형상태일 때 체적전하밀도 $\rho(x)$, 전계 $\mathcal{E}(x)$, 전위 $V(x)$, 내부 전위 V_0, 에너지 $E(x)$를 구하라.

9.3 금속-n형 반도체 접촉에서 일함수 차이가 $\phi_m > \phi_s$일 때, 역방향 전압 V_R에 따른 $\left(\frac{1}{C'}\right)^2$의 그래프를 그리면 [그림 9-24]와 같다. 직선의 기울기가 $1.2 \times 10^8\,\mathrm{m^4/F^2 \cdot V}$이고, 가로축 절편이 $-0.8\,\mathrm{V}$일 때, 다음 물음에 답하라.

(a) 반도체 도핑농도 N_d

(b) 내부 전위장벽 V_0

(c) 쇼트키 장벽 ϕ_B

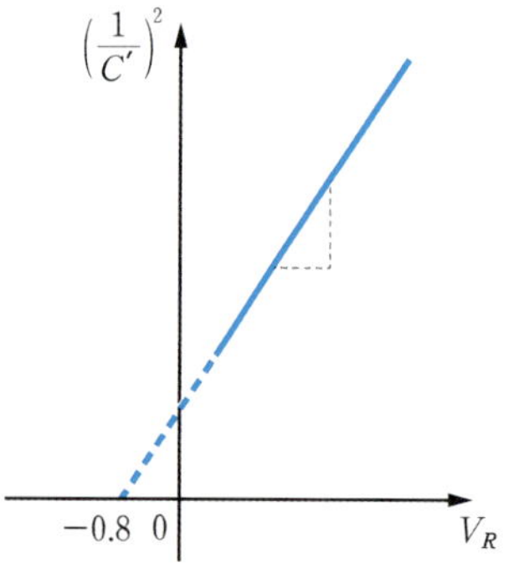

[그림 9-24]

9.4 다음 표는 반도체 타입과 일함수의 차이에 따라 금속-반도체 접합의 특성을 정리한 표이다. 빈 칸을 채워라.

	n형 반도체		p형 반도체	
일함수 차이	$\phi_m > \phi_s$	$\phi_m < \phi_s$	$\phi_m > \phi_s$	$\phi_m < \phi_s$
반도체 전하량				
캐리어 축적/공핍				
전류-전압 특성				

9.5 다음 [그림 9-25]의 각 금속-반도체 접합에 대하여, 반도체 쪽 에너지밴드 다이어그램을 완성하라.

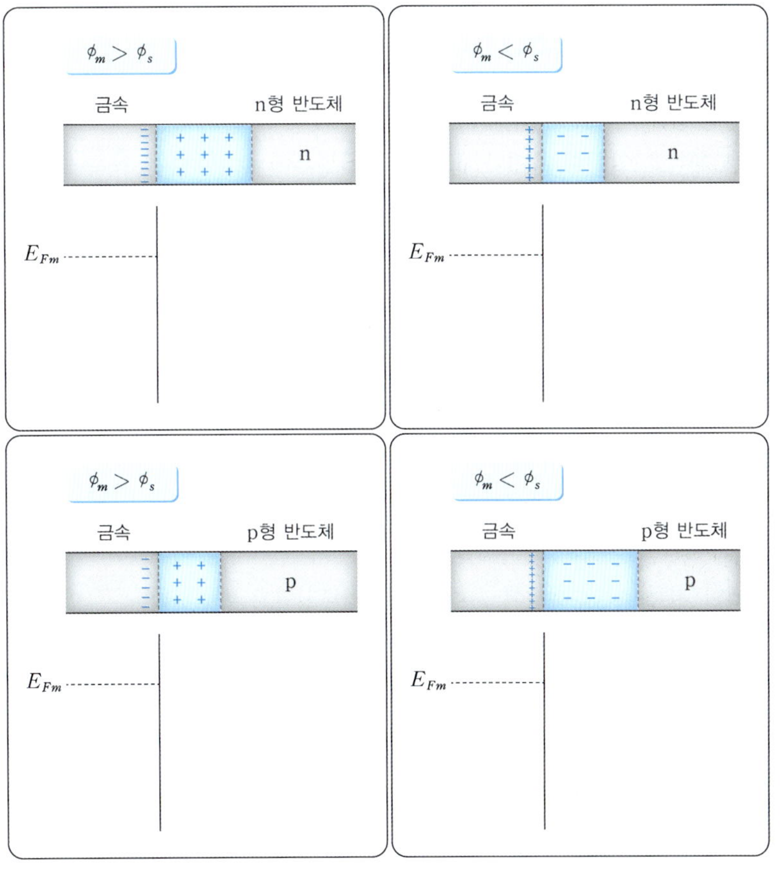

[그림 9-25]

9.6 n형 반도체이고 일함수 차이가 $\phi_m > \phi_s$인 경우에 대해, 다음 물음에 답하라.

(a) $V = V_F$인 순방향 바이어스일 때 회로도를 그려라.

(b) $V = V_F$인 순방향 바이어스일 때 에너지밴드 다이어그램을 그려라. 또 n형 반도체 내 전자에 대한 에너지 장벽에 전압의 크기가 어떤 영향을 주는지 전류와 관련하여 설명하라.

(c) $V = -V_R$인 역방향 바이어스일 때 에너지밴드 다이어그램을 그려라. 또 n형 반도체 전자에 대한 에너지 장벽에 전압의 크기가 어떤 영향을 주는지 전류와 관련하여 설명하라.

(d) 접촉의 전류-전압 특성이 저항성인지 정류성인지 판별하라.

9.7 p형 반도체이고 일함수 차이가 $\phi_m < \phi_s$인 경우에 대해, 다음 물음에 답하라.

(a) $V = V_F$인 순방향 바이어스일 때 회로도를 그려라.

(b) $V = V_F$인 순방향 바이어스일 때 에너지밴드 다이어그램을 그려라. 또 p형 반도체 내 정공에 대한 에너지 장벽에 전압의 크기가 어떤 영향을 주는지 전류와 관련하여 설명하라.

(c) $V = -V_R$인 역방향 바이어스일 때 에너지밴드 다이어그램을 그려라. 또 p형 반도체 정공에 대한 에너지 장벽에 전압의 크기가 어떤 영향을 주는지 전류와 관련하여 설명하라.

(d) 접촉의 전류-전압 특성이 저항성인지 정류성인지 판별하라.

9.8 n형 반도체이고 일함수 차이가 $\phi_m < \phi_s$ 인 경우에 대해, 다음 물음에 답하라.

(a) $V = V_F$인 순방향 바이어스일 때 회로도를 그려라.

(b) $V = V_F$인 순방향 바이어스일 때 에너지밴드 다이어그램을 그리고, 전류의 흐름을 설명하라.

(c) $V = -V_R$인 역방향 바이어스일 때 에너지밴드 다이어그램을 그리고, 전류의 흐름을 설명하라.

(d) 접촉의 전류-전압 특성이 정류성인지 저항성인지 판별하라.

9.9 p형 반도체이고 일함수 차이가 $\phi_m > \phi_s$ 인 경우에 대해, 다음 물음에 답하라.

(a) $V = V_F$인 순방향 바이어스일 때 회로도를 그려라.

(b) $V = V_F$인 순방향 바이어스일 때 에너지밴드 다이어그램을 그리고, 전류의 흐름을 설명하라.

(c) $V = -V_R$인 역방향 바이어스일 때 에너지밴드 다이어그램을 그리고, 전류의 흐름을 설명하라.

(d) 접촉의 전류-전압 특성이 정류성인지 저항성인지 판별하라.

9.10 이종접합 n-N 접합에서 이차원 전자가스가 생기는 것을 에너지밴드 다이어그램을 그려 설명하라. 이차원 전자가스를 반도체 소자에 활용할 경우 어떤 특성이 좋아지는지 그 이유를 설명하라.

m.e.m.o

Chapter 10

바이폴라 트랜지스터

8장에서 pn 접합 다이오드의 전기적 동작특성을 다루었다. 이를 바탕으로 10장에서는 pnp 혹은 npn 바이폴라 트랜지스터의 전기적 동작특성을 살펴본다. 바이폴라 트랜지스터가 pn 및 np 두 개의 다이오드를 단순히 연결한 것과 무엇이 다른지 이해하고, 바이폴라 트랜지스터의 가장 흔하고 중요한 용도인 증폭기 활성 모드를 비롯해 포화 모드와 차단 모드에서 트랜지스터 내부에 어떤 캐리어의 흐름이 존재하는지, 또 어떤 전류 성분이 존재하는지를 이상적인 전류-전압 특성을 분석함으로써 이해한다. 이는 소수캐리어 분포와 매우 밀접하게 관련된다. 공핍층에서 재결합 전류와 생성 전류를 살펴보고, 바이폴라 트랜지스터의 전류이득을 높이기 위해서 어떤 파라미터가 중요한지 재결합인자, 이미터 주입효율인자, 베이스 전송인자를 통해 살펴본다.

이상적인 전류-전압 특성을 이해한 후, 10.3절에서는 이에 추가하여 여러 가지 비이상적인 특성들을 살펴본다. 베이스 폭 변조, 고준위 주입, 이미터 밴드갭 축소, 작은 밴드갭 베이스, 폴리실리콘 이미터, 전류 밀집 현상, 불균일 베이스 도핑, 커크 효과, 항복현상 등에 대하여 그 개념을 이해하고 효과를 살펴본다.

10.4절에서는 바이폴라 트랜지스터를 사용하여 각종 회로를 해석할 때, 트랜지스터를 등가 모델로 어떻게 변환할 수 있는지, 에버스-몰 모델과 하이브리드-파이 모델은 무엇인지 알아본다. 마지막으로 트랜지스터 동작 주파수의 한계에 대하여 살펴본다.

이상적인 전류-전압 특성을 이해할 때는, 정공의 이동 방향과 전류의 방향이 동일하기 때문에 pnp 트랜지스터를 중심으로 그 동작을 이해하는 것이 쉽다. 따라서 **10.2절에서 기본 동작을 이해할 때는 pnp 트랜지스터를 중심으로** 그 동작을 이해하도록 한다. 반면 npn 트랜지스터에서 중요한 캐리어의 흐름은 이미터에서 주입되는 전자의 흐름인데, 전자가 정공보다 빨라 npn 트랜지스터가 pnp 트랜지스터보다 전류이득이 커서 더 널리 사용된다. 따라서 **10.2절을 제외한 나머지 절에서는 npn 트랜지스터를 중심으로** 그 동작 개념과 효과를 분석하도록 한다.

10.1 바이폴라 트랜지스터의 기본 구조

바이폴라 트랜지스터는 어떻게 구성되고 심벌로는 어떻게 표현할까?

지금까지 다루었던 pn 다이오드는 p형 및 n형인 두 개의 도핑반도체를 접합시킨 것이었다. 지금부터 해석할 **바이폴라 트랜지스터**bipolar transistor는 세 개의 도핑반도체를 접합시킨 것으로, n형을 두 개 사용한 **npn** 바이폴라 트랜지스터와 p형을 두 개 사용한 **pnp** 바이폴라 트랜지스터가 있다. 이 두 가지 트랜지스터를 간략화한 기본 구조와 회로 심벌은 [그림 10-1]과 같다.

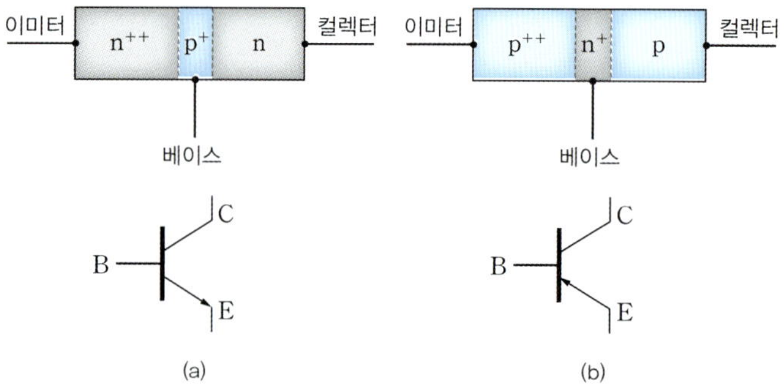

[그림 10-1] (a) npn 바이폴라 트랜지스터와 (b) pnp 바이폴라 트랜지스터의 구조와 심벌

세 개의 도핑반도체 영역에 금속 단자를 연결하여 사용하는데, 이 세 연결 단자의 명칭은 각각 **이미터**emitter, **베이스**base, **컬렉터**collector라고 부르고 각각 E, B, C로 표기한다. 이미터는 캐리어를 베이스 쪽으로 방출하는emit 역할을 하는 단자이고, 컬렉터는 베이스를 건너온 캐리어들을 수집하여 모으는collect 역할을 하는 단자이다. 베이스는 초기 트랜지스터의 구조에서 기반base 역할을 하던 단자이다. 그림에서 사용한 위첨자 ++와 +는 도핑농도를 비교한 것으로, + 부호가 많을수록 도핑농도가 높은 것을 의미한다. 통상적으로 이미터는 제일 높게 도핑해주고, 컬렉터는 가장 낮게 도핑해준다. 트랜지스터가 단순히 pn 다이오드 두 개를 역방향으로 연결한 것과는 현저하게 다른 특성을 갖는데, 이것은 가운데 베이스 영역의 폭을 매우 좁게 해주었기에 나타나는 결과이다. 따라서 그림에서 베이스 폭을 매우 좁게 나타내었다.

바이폴라 트랜지스터는 전류 흐름에 기여하는 캐리어들이 전자와 정공인 두 극성을 가진 캐리어들이므로 쌍극성인 바이폴라bipolar가 이름에 사용되었고, pn 접합을 기본으로 형성하고 있어 **바이폴라 접합 트랜지스터**Bipolar-Junction-Transistor라고 하며, 이를 축약하여 BJT라고도 부른다.

10.2 바이폴라 트랜지스터의 동작 모드 : pnp BJT

바이폴라 트랜지스터에는 두 개의 pn 접합이 존재하는데, 이미터-베이스(E-B) 접합과 베이스-컬렉터(B-C) 접합이 그것이다. pn 접합의 전류-전압 특성을 해석할 때 순방향 바이어스와 역방향 바이어스가 있었다. 따라서 pn 접합이 두 개이고 바이어스 방법이 두 개이므로 아래와 같이 총 네 가지의 바이어스 조합이 가능하다.

[표 10-1] 바이폴라 트랜지스터의 네 가지 동작 모드

동작 모드	이미터-베이스(E-B) 접합 바이어스	베이스-컬렉터(B-C) 접합 바이어스
포화(saturation) 모드	순방향	순방향
순방향 활성(forward active) 모드	순방향	역방향
역방향 활성(inverse active) 모드	역방향	순방향
차단(cut-off) 모드	역방향	역방향

네 가지 동작 모드 중에서 트랜지스터를 증폭기로 사용할 때 가장 관심이 많은 모드는 **순방향 활성**forward active **모드**(간단히 '활성 모드'라고도 함)이다. 10.2.1절에서는 이 모드에 대해 우선 집중적으로 논의하기로 한다. pn 접합에서 전류를 계산할 때 소수캐리어 분포에 초점을 두었고, 소수캐리어의 확산 전류는 소수캐리어의 농도 기울기에 의존함을 알았다. 마찬가지로 바이폴라 트랜지스터에서 전류를 계산할 때에도, 각 세 영역에서 정상 상태 소수캐리어 분포에 초점을 두기로 한다.

pnp 바이폴라 트랜지스터에서는 이미터에서 주입되어 베이스를 가로질러 컬렉터로 확산하는 캐리어가 정공이고, npn 바이폴라 트랜지스터에서는 전자이다. 전류가 흐르는 방향은 양전하인 정공이 흐르는 방향과 동일하고 음전하인 전자가 흐르는 방향과는 반대 방향이다. 따라서 10.2절에서는 편의상 캐리어의 흐름과 전류의 흐름이 동일한 pnp 바이폴라 트랜지스터를 대상으로 동작을 살펴보기로 한다.

10.2.1 순방향 활성 모드

이 절에서는 pnp 바이폴라 트랜지스터가 순방향 활성 모드에서 동작하는 경우에 대해서만 살펴보기로 한다.

전류 흐름에 기여하는 캐리어 움직임에는 어떤 것이 있을까?

활성 모드에서 동작시키려면 E-B **접합**은 **순방향**으로, B-C **접합**은 **역방향**으로 바이어스를 가해야 하므로 [그림 10-2(a)]와 같이 전압을 인가해야 한다. 이때 전류흐름에 기여하는 캐리어들의 움직임을 [그림 10-2(b)]에 표시하였다.

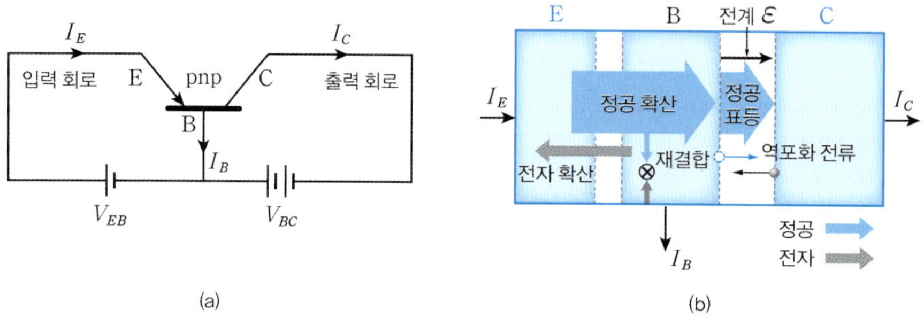

[그림 10-2] (a) 활성 모드 바이어스 회로, (b) 활성 모드일 때 캐리어들의 흐름

트랜지스터의 동작을 보다 쉽게 이해하기 위해 7장과 8장에서 해석한 pn 접합의 이론을 그대로 활용해보자. 즉 [그림 10-2(b)]의 그림을 둘로 나누어 [그림 10-3]과 같이 그린 후, 순방향 E-B 접합에는 순방향 pn 다이오드 이론을 적용하고, 역방향 B-C 접합에는 역방향 np 다이오드 이론을 적용하여 바이어스별로 전류-전압 특성을 해석할 수 있다.

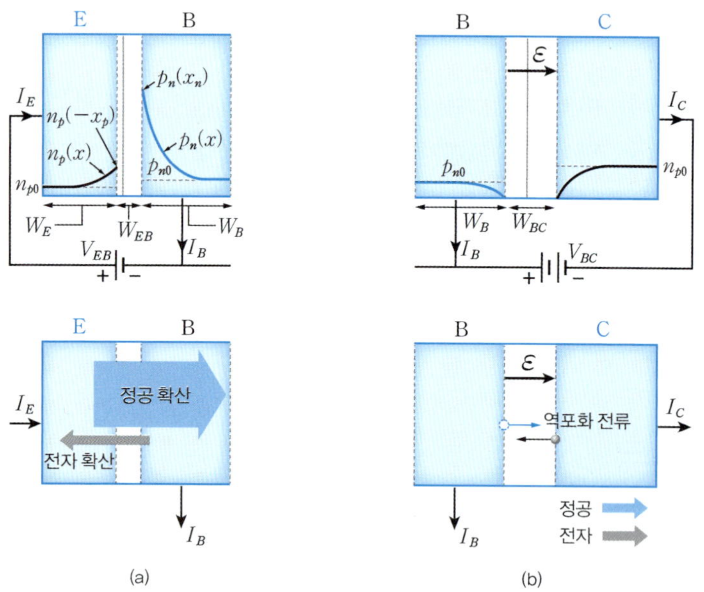

[그림 10-3] (a) 순방향 E-B 접합, (b) 역방향 B-C 접합일 때 개별로 고려한 소수캐리어 분포와 캐리어들의 흐름

먼저 캐리어의 확산길이가 각 영역의 폭보다 매우 짧아서, 각 영역의 소수캐리어 농도 분포가 [그림 10-3]과 같이 지수함수 형태라고 가정하자. 이때의 ❶ 순방향 E-B 접합에 흐르는 이미터 전류는 순방향 pn 다이오드 이론을 적용하여 구하고, ❷ 역방향 B-C 접합에 흐르는 컬렉터 전류는 역방향 np 다이오드 이론을 적용하여 구해보자. 즉 [그림 10-2(b)]에서, 이미터에서 주입되어 베이스를 가로질러 컬렉터로 확산하는 캐리어의 큰 흐름은 고려하지 않는다.

❶ 순방향 E-B 접합에 흐르는 이미터 전류($W_E \gg L_E(=L_n)$, $W_B \gg L_B(=L_p)$)

[그림 10-3(a)]와 같이 순방향 바이어스된 E-B 접합에 대하여, 총 이미터 전류는 공핍층 양쪽 경계면에서 두 소수캐리어의 확산 전류를 합하면 된다. 편의상 8장에서와 동일하게 x축의 원점을 이미터-베이스 접합 지점으로 설정하자.

(1-1)

J_{pE}	p형 이미터에서 다수캐리어인 정공이 n형 베이스로 주입되어 확산하면서 전자와 재결합해서 사라지는데, 이렇게 사라지는 정공을 계속 이미터에서 주입해 주어야 하는 전류

이 전류는 E-B 공핍층의 베이스 쪽 끝 지점 $x = x_n$에서 소수캐리어인 정공의 농도 기울기로부터 계산된다. 과잉 정공의 농도 분포는 다음과 같다.

$$\delta p_n(x) = p_n(x) - p_{n0} = p_{n0}\left[\exp\left(\frac{eV_F}{kT}\right) - 1\right]\exp\left(-\frac{x - x_n}{L_p}\right) \quad (x \geq x_n) \qquad (10.1)$$

$$J_{pE}(x_n) = -eD_p\frac{dp_n(x)}{dx}\bigg|_{x=x_n} = -eD_p\frac{d(\delta p_n(x))}{dx}\bigg|_{x=x_n} = \frac{eD_p p_{n0}}{L_p}\left[\exp\left(\frac{eV_F}{kT}\right) - 1\right] \qquad (10.2)$$

(1-2)

J_{nE}	n형 베이스에서 다수캐리어인 전자가 p형 이미터로 주입되어 확산하면서 정공과 재결합해서 사라지는데, 이렇게 사라지는 전자를 계속 베이스에서 주입해 주어야 하는 전류

이 전류는 E-B 공핍층의 이미터 쪽 끝 지점 $x = -x_p$에서 소수캐리어인 전자의 농도 기울기로부터 계산된다. 과잉 전자의 농도 분포는 다음과 같다.

$$\delta n_p(x) = n_p(x) - n_{p0} = n_{p0}\left[\exp\left(\frac{eV_F}{kT}\right) - 1\right]\exp\left(\frac{x + x_p}{L_n}\right) \quad (x \le -x_p) \tag{10.3}$$

$$J_{nE}(-x_p) = eD_n \frac{dn_p(x)}{dx}\bigg|_{x=-x_p} = eD_n \frac{d(\delta n_p(x))}{dx}\bigg|_{x=-x_p} = \frac{eD_n n_{p0}}{L_n}\left[\exp\left(\frac{eV_F}{kT}\right) - 1\right] \tag{10.4}$$

따라서 순방향 바이어스된 E-B 접합을 건너 확산 전류만 존재할 때, 양의 x축 방향으로 흐르는 총 이미터 전류 J_E는 다음과 같다.

$$J_E = J_{pE} + J_{nE} = \left[\frac{eD_p p_{n0}}{L_p} + \frac{eD_n n_{p0}}{L_n}\right]\left[\exp\left(\frac{eV_F}{kT}\right) - 1\right] \tag{10.5}$$

❷ 역방향 B-C 접합에 흐르는 컬렉터 전류($W_B \gg L_B(=L_p)$, $W_C \gg L_C(=L_n)$)

[그림 10-3(b)]와 같이 역방향 바이어스된 B-C 접합에서, 총 전류는 중성영역으로부터 공핍층 양쪽 경계면 쪽으로 확산해 들어가는 두 소수캐리어 확산 전류를 합하면 된다. 편의상 8장에서와 동일하게 x축의 원점을 베이스-컬렉터 접합 지점으로 설정하자.

(2-1)

J_{pC0}	n형 베이스에서 소수캐리어인 정공이 공핍층으로 주입되면서 사라지는데, 이렇게 사라지는 정공을 계속 베이스에서 주입해주어야 하는 전류

이 전류는 B-C 공핍층의 베이스 쪽 끝 지점 $x = -x_n$에서 소수캐리어인 정공의 농도 기울기로부터 계산된다. 과잉 정공의 농도 분포는 다음과 같다.

$$\delta p_n(x) = p_n(x) - p_{n0} = p_{n0}\left[\exp\left(\frac{-eV_{BC}}{kT}\right) - 1\right]\exp\left(\frac{x + x_n}{L_p}\right) \quad (x \le -x_n) \tag{10.6}$$

따라서 정공의 확산 전류밀도는 다음과 같이 된다.

$$\begin{aligned} J_{pC0}(-x_n) &= -eD_p \frac{dp_n(x)}{dx}\bigg|_{x=-x_n} = -eD_p \frac{d(\delta p_n(x))}{dx}\bigg|_{x=-x_n} \\ &= \frac{-eD_p p_{n0}}{L_p}\left[\exp\left(\frac{-eV_{BC}}{kT}\right) - 1\right] \end{aligned} \tag{10.7}$$

예제 10-1

[그림 10-3(b)]와 같이 역방향 바이어스된 B-C 접합의 베이스 내에서 다음을 구하라.

(a) 소수캐리어인 정공의 농도 분포 $p_n(x)$를 구하고, 이로부터 정공의 확산 전류밀도 $J_{pC0}(-x_n) = -eD_p \frac{dp_n(x)}{dx}\Big|_{x=-x_n}$를 구하라.

(b) $V_{BC} \gg V_t$인 경우, B-C 공핍층의 베이스 쪽 끝 지점 $x=-x_n$에서 소수캐리어인 정공의 유속을 구하고, 이로부터 정공의 전류밀도를 구하라.

풀이

(a) 역방향 바이어스된 B-C 공핍층의 베이스 쪽 끝 지점 $x=-x_n$에서 소수캐리어 정공농도는 식 (8.17) $p_n(x_n) = p_{n0}\exp\left(\frac{eV_F}{kT}\right)$에서 V_F 대신 역 바이어스 전압 $-V_R = -V_{BC}$를 대입하여 다음과 같이 나타낼 수 있다.

$$p_n(-x_n) = p_{n0}\exp\left(\frac{-eV_{BC}}{kT}\right) \tag{10.8}$$

베이스 내에서 소수캐리어인 정공의 농도 분포 $p_n(x)$를 그림으로 그리면 [그림 10-4]와 같다. 이 정공농도 분포 식은

$$p_n(x) = p_{n0}\left[1 - \left\{1 - \exp\left(\frac{-eV_{BC}}{kT}\right)\right\}e^{(x+x_n)/L_p}\right] \tag{10.9}$$

이 된다. 여기서 중괄호 { }와 곱한 지수항은 확산방정식을 풀어서 구한 거리에 따른 함수 해이다. 이로부터 $J_{pC0}(-x_n)$을 구하면 다음과 같다.

$$J_{pC0}(-x_n) = -eD_p \frac{dp_n(x)}{dx}\Big|_{x=-x_n} = \frac{-eD_p p_{n0}}{L_p}\left[\exp\left(\frac{-eV_{BC}}{kT}\right) - 1\right] \tag{10.10}$$

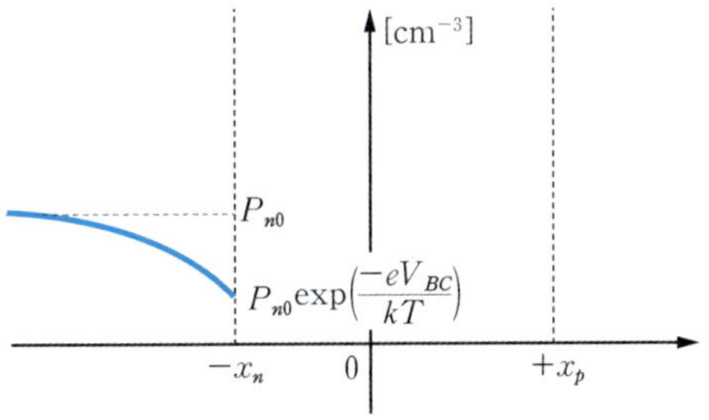

[그림 10-4] 역방향 바이어스된 베이스 내에서 소수캐리어인 정공의 농도 분포 $p_n(x)$

역방향 바이어스인 경우 $-V_{BC} < 0$이므로 $J_{pC0}(-x_n) > 0$이 된다. 만약 $V_{BC} \gg V_t$인 경우 이 식은 $J_{pC0}(-x_n) = \frac{eD_p p_{n0}}{L_p}$가 됨을 알 수 있다.

(b) $V_{BC} \gg V_t$인 경우에는 [그림 10-5]와 같이 $x = -x_n$에서 $p_n(-x_n) \simeq 0$이 된다.

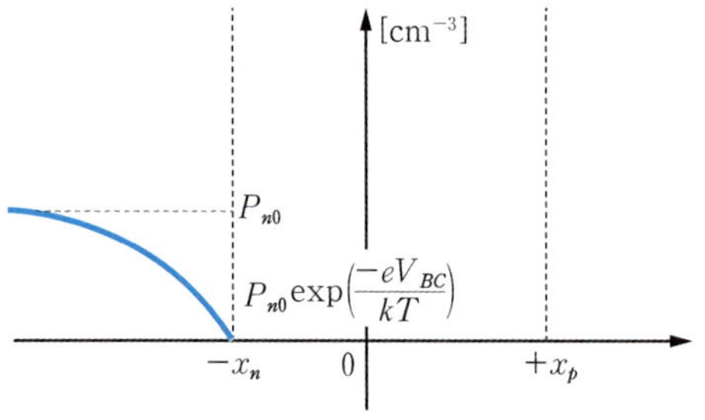

[그림 10-5] $V_{BC} \gg V_t$인 경우, 베이스 내에서 소수캐리어인 정공의 농도 분포 $p_n(x)$

따라서 $x \leq -x_n$에서 정공농도는 $p_n(x) = p_{n0}\{1 - e^{(x+x_n)/L_p}\}$이라고 볼 수 있다. $x = -x_n$에서 사라지는 단위시간당 단위면적당 정공의 수인 정공의 유속[flux]은 다음과 같다.

$$-D_p \frac{dp_n(x)}{dx}\bigg|_{x=-x_n} = -D_p \frac{d}{dx} p_{n0}\{1 - e^{(x+x_n)/L_p}\}\bigg|_{x=-x_n} = D_p \frac{p_{n0}}{L_p} \qquad (10.11)$$

이로부터 정공의 전류밀도를 구하면, 정공 전류밀도는 (정공의 전하량)×(정공의 유속)이므로 다음과 같이 된다.

$$J_{pC0}(-x_n) = e(\text{정공 유속}) = \frac{eD_p p_{n0}}{L_p} \qquad (10.12)$$

(2-2)

J_{nC0}	p형 컬렉터에서 소수캐리어인 전자가 공핍층으로 주입되면서 사라지는데, 이렇게 사라지는 전자를 계속 컬렉터에서 주입해주어야 하는 전류

이 전류는 B-C 공핍층의 컬렉터 쪽 끝 지점 $x = x_p$에서 소수캐리어인 전자의 농도 기울기로부터 계산된다. 과잉 전자의 농도 분포는 다음과 같다.

$$\delta n_p(x) = n_p(x) - n_{p0} = n_{p0}\left[\exp\left(\frac{-eV_{BC}}{kT}\right) - 1\right]\exp\left(\frac{-(x - x_p)}{L_n}\right) \quad (x \geq x_p) \qquad (10.13)$$

따라서 전자의 확산 전류밀도는 다음과 같이 된다.

$$J_{nC0}(x_p) = eD_n \frac{dn_p(x)}{dx}\bigg|_{x=x_p} = eD_n \frac{d(\delta n_p(x))}{dx}\bigg|_{x=x_p} = \frac{-eD_n n_{p0}}{L_n}\left[\exp\left(\frac{-eV_{BC}}{kT}\right) - 1\right] \qquad (10.14)$$

역방향 바이어스된 B-C 접합을 건너 양의 x축 방향으로 흐르는 총 컬렉터 역포화 전류 J_{C0}는 식 (10.7)과 식 (10.14)를 합하여 다음과 같이 쓸 수 있다.

$$J_{C0} = J_{pC0} + J_{nC0} = -\left[\frac{eD_p p_{n0}}{L_p} + \frac{eD_n n_{p0}}{L_n}\right]\left[\exp\left(\frac{-eV_{BC}}{kT}\right) - 1\right] \quad (10.15)$$

지금까지 각 영역의 폭이 캐리어의 확산길이보다 매우 길다고 가정하여 이미터 전류와 컬렉터 전류를 계산하였다. 그러나 실제 pnp 트랜지스터에서는 베이스 폭이 매우 짧아 이 가정이 성립되지 않는다. 만약 베이스 폭이 길어 위 가정이 성립된다면, 이는 트랜지스터가 아니고 단순히 두 개의 다이오드가 연결된 상태가 되는 것이다. 따라서 트랜지스터의 동작을 해석하기 위해서는 ❶ 순방향 E-B 접합의 이미터 전류는 베이스 영역이 짧은 pn 다이오드의 이론을 적용하여 구하고, ❷ 역방향 B-C 접합의 컬렉터 전류는 베이스 영역이 짧은 np 다이오드의 역방향 np 다이오드 이론을 적용해야 한다.

공핍층에서 생성 전류와 재결합 전류가 존재하면, 이미터 전류와 컬렉터 전류는 어떻게 수정될까?

만약 E-B 다이오드에서 확산 전류 이외에 공핍층에서 전자와 정공이 재결합으로 사라지는 **재결합 전류**를 고려한다면, 이미터 전류 J_E에 재결합 전류 J_{recE}를 더해주어야 한다. J_{recE}는 다음과 같이 쓸 수 있다.

$$J_{recE} = \frac{eWn_i}{2\tau_0}\left[\exp\left(\frac{eV_F}{2kT}\right) - 1\right] = J_{r0}\left[\exp\left(\frac{eV_{EB}}{2kT}\right) - 1\right] \quad (10.16)$$

여기서 W는 E-B 공핍층의 폭이고, τ_0는 캐리어의 유효 평균수명이다. $V_F \gg V_t$인 경우

$$J_{recE} = \frac{eWn_i}{2\tau_0}\exp\left(\frac{eV_F}{2kT}\right) = J_{r0}\exp\left(\frac{eV_{EB}}{2kT}\right) \quad (10.17)$$

가 된다. 공핍층 재결합 전류가 존재하는 경우 공핍층에서 재결합으로 사라지는 정공들을 계속 이미터에서 추가적으로 주입해주어야 한다. 동시에 베이스에서는 같은 개수의 전자들을 추가적으로 주입해주어야 한다. 이때 총 **이미터 전류** J_E는 다음과 같이 나타낼 수 있다.

$$J_E = J_{pE} + J_{nE} + J_{recE} = \left[\frac{eD_p p_{n0}}{L_p} + \frac{eD_n n_{p0}}{L_n}\right]\left[\exp\left(\frac{eV_{EB}}{\eta kT}\right) - 1\right] \quad (10.18)$$

확산 전류가 우세하면 $\eta = 1$에 가깝고, 재결합 전류가 우세하면 $\eta = 2$에 가까워진다. 이것을 [그림 10-6(a)]에 나타내었다.

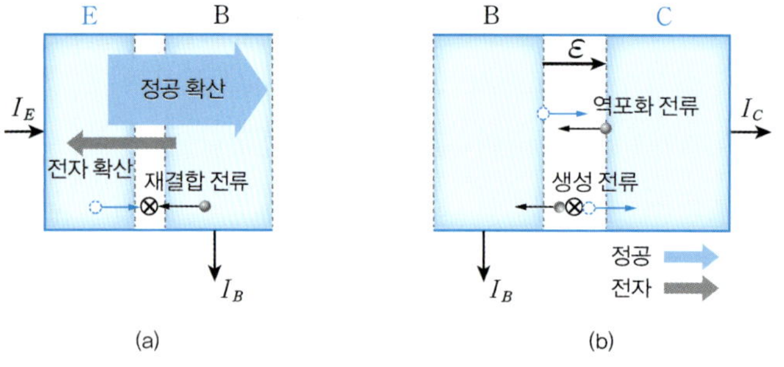

[그림 10-6] (a) E-B 공핍층에 재결합 전류가 존재할 때, (b) B-C 공핍층에 생성 전류가 존재할 때

마찬가지로 만약 역방향 바이어스된 B-C 접합의 공핍층에서 열적으로 생성되는 **생성 전류**를 고려한다면, 양의 x축 방향으로 흐르는 컬렉터 전류 J_{C0}에 생성전류

$$J_{genC} = \frac{-eWn_i}{2\tau_0}\left[\exp\left(\frac{-eV_{BC}}{2kT}\right) - 1\right] \quad (10.19)$$

을 더해주어야 한다. $V_{BC} \gg V_t$인 경우 $J_{genC} = \frac{en_i W}{2\tau_0}$가 된다. 공핍층 생성 전류가 존재하는 경우 공핍층에서 생성되는 전자들은 베이스 쪽으로, 동시에 정공들은 컬렉터 쪽으로 계속 주입되게 된다. 이 생성 전류는 역포화 전류 J_{C0}와 동일한 방향을 가지며, 보통의 경우 생성 전류가 역포화 전류보다 10^3배 이상 크다. 결국 **포화 전류** J_{C0}는 다음과 같이 나타낼 수 있다.

$$J_{C0} = J_{pC0} + J_{nC0} + J_{genC} = \left[\frac{eD_p p_{n0}}{L_p} + \frac{eD_n n_{p0}}{L_n}\right] + \frac{en_i W}{2\tau_0} \quad (10.20)$$

이것을 [그림 10-6(b)]에 나타내었다.

좁은 베이스 폭이 캐리어 흐름에 어떤 영향을 미칠까?

지금까지 순방향 E-B 접합과 역방향 B-C 접합의 동작을 별개로 해석하였다. 그러나 단순히 다이오드 두 개를 붙여놓은 것과 트랜지스터는 그 특성이 확연하게 다르다. 이제부터 두 다이오드의 공통 영역인 베이스의 폭이 매우 좁은 경우 그 특성이 어떻게 변화하는지 살펴보자.

앞에서 [그림 10-3]에서는 캐리어의 **확산길이가 각 영역의 폭보다 매우 짧다고 가정했다.** 그래서 각 영역의 소수캐리어 농도 분포가 **지수함수** 형태라고 가정했고, [그림 10-2(b)]에 그린 이미터에서 주입되어 베이스를 가로질러 컬렉터로 확산하는 캐리어의 큰 흐름은 고려되지 않았다. 따라서 트랜지스터라기보다는 두 개의 다이오드가 직렬연결된 상태이다.

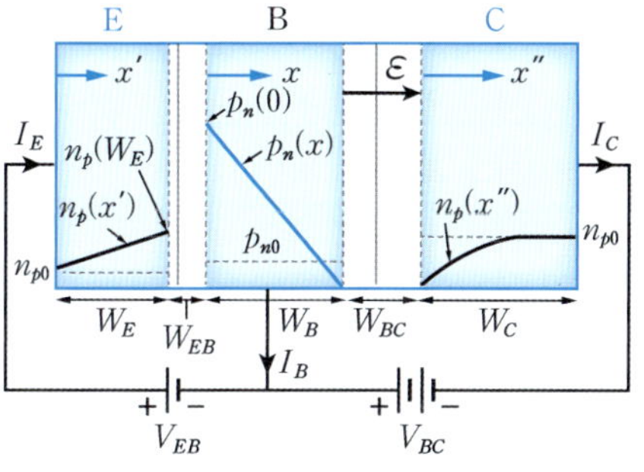

[그림 10-7] 활성 모드에서 동작하는 pnp 트랜지스터 내부의 소수캐리어 농도 분포

지금부터는 반대로 캐리어 확산길이가 베이스 영역의 폭보다 매우 길다고 가정하자. 편의상 [그림 10-7]에서 베이스 중성영역의 왼쪽 끝을 x축의 원점으로 하고, 이미터 중성영역의 왼쪽 끝은 x'축의 원점으로 하며, 컬렉터 중성영역의 왼쪽 끝은 x''축의 원점으로 설정하자. 캐리어 확산길이가 베이스 영역의 폭보다 매우 길다는 가정 아래 [그림 10-3]의 두 그림을 베이스 영역을 합쳐서 그리면, 베이스의 왼쪽 끝에서 소수캐리어 농도는 $p_n(0)$이고 오른쪽 끝에서 소수캐리어 농도는 0이라는 경계조건을 만족시켜야 하기 때문에, [그림 10-7]과 같이 베이스 내 소수캐리어 농도가 **선형**에 가깝게 된다. 이러한 소수캐리어 농도 분포로부터 알 수 있는 전류는 확산 전류이다. 즉 재결합 전류나 생성 전류는 알 수 없다. 그러나 트랜지스터의 주요 특성이 되는 전류는 확산 전류이고, 재결합 전류나 생성 전류는 상대적으로 크기가 작아 무시할 수 있어, 우리는 [그림 10-7]과 같은 그림을 자주 활용하게 된다.

활성 모드에서 동작하는 pnp 트랜지스터 내 캐리어들의 흐름과 전류밀도를 [그림 10-8]에 나타내었다. [그림 10-6]의 두 그림을 합한 것과 이 그림을 서로 비교해보면 둘 사이에 중요한 차이점이 있다. [그림 10-8]과 같이 베이스 영역의 폭이 좁아지면, 베이스 영역을 확산해가던 정공들이 베이스 단자로 모두 빠져나가지 못하고, 대부분이

B-C 접합의 공핍층으로 주입되면서 공핍층에 형성된 전계에 의해 컬렉터 쪽으로 표동해간다. 이러한 정공의 큰 흐름이 존재하기 때문에, 컬렉터 전류 J_{pC}는 역방향 포화 전류 J_{C0}나 생성 전류 $J_{gen\,C}$보다 매우 크다. **베이스 폭이 좁기 때문에 이미터에서 주입된 대다수캐리어들이 컬렉터로 그대로 주입되는 이런 큰 전류가 존재한다**는 점이, 두 개의 다이오드를 단순히 붙여 놓은 것과 트랜지스터의 **가장 중요한 차이점**이 된다.

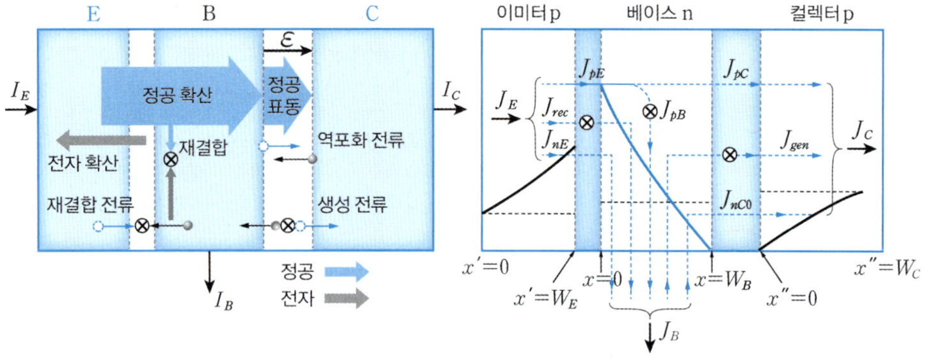

[그림 10-8] 활성 모드에서 동작하는 pnp 트랜지스터 내부의 (a) 캐리어 흐름과 (b) 전류밀도

[그림 10-8]에서 pnp 바이폴라 트랜지스터의 경우, 전류 식에서 이미터 전류는 이미터 단자로 흘러 들어가는 방향이 양의 방향이고, 컬렉터 전류와 베이스 전류는 각 단자에서 흘러나가는 방향이 양의 방향임을 주의한다.

이미터에서 베이스로 주입된 정공 중의 일부가 컬렉터로 확산해가다가 베이스 내 전자와 재결합해서 사라진다. 이렇게 사라진 전자를 베이스 단자에서 계속 공급해주어야 하기 때문에 이로 인해 양(+)의 베이스 전류가 존재한다. [그림 10-7]에서 J_{pE}와 J_{pC}를 구하면 $J_{pB} = J_{pE} - J_{pC}$로부터 이 베이스 전류를 구할 수 있다. 정공의 확산 전류는 $J_p = -eD_p \dfrac{dp(x)}{dx}$이기 때문에 J_{pE}와 J_{pC}는 각각 베이스 왼쪽 끝과 오른쪽 끝에서 정공 농도의 기울기에 비례한다. 이 두 기울기가 $\dfrac{-p_n(0)}{W_B}$으로 동일하므로, 결국

$$J_{pE} = J_{pC} = eD_p\left[\frac{p_n(0)}{W_B}\right]$$

이 된다. 따라서 정공의 재결합 소멸로 인한 베이스 전류는 $J_{pB} = J_{pE} - J_{pC} \simeq 0$이 된다. 이는 베이스 내 정공의 분포를 개략적으로 그렸기 때문에 발생하는 결과이다. 실제적으로 베이스 내부의 정공의 농도 분포를 그리면 [그림 10-9]와 같이 **가운데 부분이 살짝 아래로 낮아진다**. 따라서 이 그림에서 J_{pE}를 계산하면, 전류는 베이스 왼쪽

끝 $x=0$에서 정공의 기울기인 직선 (A)의 기울기에 비례하므로,

$$J_{pE}=eD_p\left[\frac{p_n(0)}{W_B}\right] \text{보다 조금 큰 값}$$

이 된다. 마찬가지로 J_{pC}를 계산하면 정공 확산 전류는 베이스 오른쪽 끝 $x=W_B$에서 정공의 기울기인 직선 (B)의 기울기에 비례하므로,

$$J_{pC}=eD_p\left[\frac{p_n(0)}{W_B}\right] \text{보다 조금 작은 값}$$

이 된다. 따라서 베이스 전류 J_{pB}는 0이 아니고, 비록 적지만 $J_{pB}=J_{pE}-J_{pC}$의 값이 존재하게 된다. [예제 10-1]과 [예제 10-2]에서 이를 확인할 수 있다.

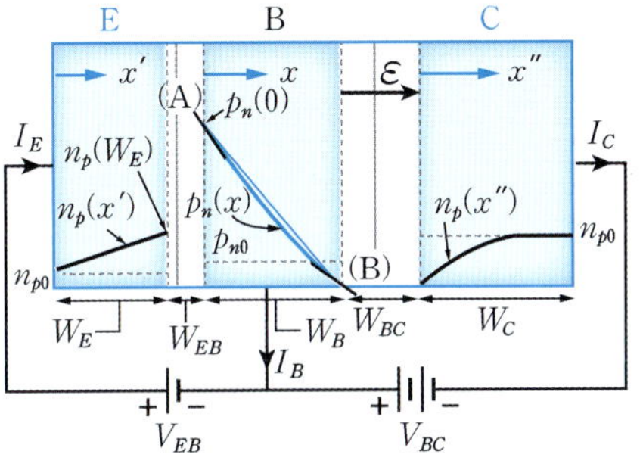

[그림 10-9] **활성 모드에서 동작하는 pnp 트랜지스터 내부의 소수캐리어 농도 분포 수정**

예제 10-2

활성 모드에서 동작하는 pnp 트랜지스터의 베이스 영역에서, 소수캐리어 분포 $p_B(x)$를 계산하라.

풀이

베이스 영역에서 정상상태일 때, 과잉 소수캐리어인 정공농도는 6장에서 다룬 앰비폴러 ambipolar 전송방정식으로부터 구할 수 있다. 저주입 상태에서 n형 반도체인 베이스 내 과잉 소수캐리어는 정공이고, 정공에 대한 앰비폴러 전송방정식 (6.32)는 다음과 같다.

$$D_p\frac{\partial^2(\delta p)}{\partial x^2}-\mu_p\mathcal{E}\frac{\partial(\delta p)}{\partial x}+g'-\frac{\delta p}{\tau_{p0}}=\frac{\partial(\delta p)}{\partial t}$$

여기서 δp는 과잉 소수캐리어인 정공의 농도이며, τ_{p0}는 저주입하의 소수캐리어 정공의 수명이다. 중성 베이스 영역에서 전계는 $\mathcal{E}=0$이고, 생성률도 $g'=0$이며, 정상상태에서는 시간변

화가 없으므로 $\frac{\partial(\delta p)}{\partial t}=0$이 되기 때문에, 앰비폴러 전송방정식은 다음과 같이 간단해진다.

$$D_B\frac{\partial^2(\delta p_B(x))}{\partial x^2}-\frac{\delta p_B(x)}{\tau_{B0}}=0 \qquad (10.21)$$

여기서 $\delta p_B(x)$는 베이스 내 과잉 소수캐리어 정공농도이고, D_B와 τ_{B0}는 각각 베이스 영역에서 소수캐리어 확산계수와 평균수명이다. pnp 트랜지스터의 경우 $D_B=D_p$, $\tau_{B0}=\tau_{p0}$이다. 과잉 정공농도는 다음 식으로 정의된다.

$$\delta p_B(x)=p_B(x)-p_{B0} \qquad (10.22)$$

식 (10.21)의 일반해는 다음과 같이 쓸 수 있다.

$$\delta p_B(x)=C_1\exp\left(\frac{+x}{L_B}\right)+C_2\exp\left(\frac{-x}{L_B}\right) \qquad (10.23)$$

여기서 L_B는 $L_B=\sqrt{D_B\tau_{B0}}=L_p$로 주어지는 베이스에서 소수캐리어 확산길이이고, C_1과 C_2는 적분상수이다. '베이스 영역의 왼쪽 끝을 $x=0$으로 지정'하면, 베이스 영역 양쪽 끝에서의 $\delta p_B(x)$에 대한 경계조건은 다음과 같다.

순방향 바이어스 $x=0$에서 $\delta p_B(0)=p_B(0)-p_{B0}=p_{B0}\left[\exp\left(\frac{eV_{EB}}{kT}\right)-1\right]$ (10.24)

역방향 바이어스 $x=W_B$에서 $\delta p_B(W_B)=p_B(W_B)-p_{B0}=0-p_{B0}=-p_{B0}$ (10.25)

pnp 트랜지스터의 경우 $p_B(0)=p_n(0)$이고, $p_{B0}=p_{n0}$이다. 베이스 양쪽 끝에서의 $\delta p_B(x)$는 식 (10.23)으로부터 다음과 같다.

$x=0$에서 $\delta p_B(0)=C_1+C_2$ (10.26)

$x=W_B$에서 $\delta p_B(W_B)=C_1\exp\left(\frac{+W_B}{L_B}\right)+C_2\exp\left(\frac{-W_B}{L_B}\right)$ (10.27)

식 (10.24)=(10.26)이고 식 (10.25)=(10.27)이므로, 이로부터 적분상수 C_1과 C_2를 구하면 다음과 같다.

$$C_1=\frac{-p_{B0}-p_{B0}\left[\exp\left(\frac{eV_{EB}}{kT}\right)-1\right]\exp\left(\frac{-W_B}{L_B}\right)}{2\sinh\left(\frac{W_B}{L_B}\right)} \qquad (10.28)$$

$$C_2=\frac{p_{B0}\left[\exp\left(\frac{eV_{EB}}{kT}\right)-1\right]\exp\left(\frac{W_B}{L_B}\right)+p_{B0}}{2\sinh\left(\frac{W_B}{L_B}\right)} \qquad (10.29)$$

식 (10.28)과 (10.29)를 식 (10.23)에 대입하면 베이스 영역에서 과잉 소수캐리어 정공농도는 다음과 같다. 여기서 $\sinh(x) = \dfrac{e^{x} - e^{-x}}{2}$ 이다.

$$\delta p_B(x) = \frac{p_{B0}\left[\left\{\exp\left(\frac{eV_{EB}}{kT}\right) - 1\right\}\sinh\left(\frac{W_B - x}{L_B}\right) - \sinh\left(\frac{x}{L_B}\right)\right]}{\sinh\left(\frac{W_B}{L_B}\right)} \tag{10.30}$$

트랜지스터의 중요한 특성이 좁은 베이스 폭으로부터 야기됨을 강조한 바 있다. 따라서 일반적으로 베이스 폭 W_B는 소수캐리어 확산길이 L_B보다 매우 짧다. $W_B \ll L_B$인 조건에서 $\sinh(x) = \dfrac{e^{x} - e^{-x}}{2} \simeq \dfrac{(1+x)-(1-x)}{2} = x$ $(x \ll 1)$를 적용하면, 베이스에서 과잉 정공 농도는 다음과 같이 주어진다.

$$\delta p_B(x) \simeq \frac{p_{B0}}{W_B}\left[\left\{\exp\left(\frac{eV_{EB}}{kT}\right) - 1\right\}(W_B - x) - x\right] \tag{10.31}$$

따라서 $\delta p_B(x) = p_B(x) - p_{B0}$로부터

$$W_B \ll L_B \text{일 때} \qquad p_B(x) = \delta p_B(x) + p_{B0} \simeq \left[p_{B0}\exp\left(\frac{eV_{EB}}{kT}\right)\right]\left(1 - \frac{x}{W_B}\right) \tag{10.32}$$

이 식을 그래프로 그리면 직선이 되고, 이 직선은 $x = 0$에서 $p_B(0) = p_{B0}\exp\left(\dfrac{eV_{EB}}{kT}\right)$인 지점과 $x = W_B$에서 $p_B(W_B) = 0$인 지점을 연결하는 기울기가 $-\dfrac{p_B(0)}{W_B}$인 직선이 된다. [그림 10-10]에서 $p_B(0) = p_{B0}\exp\left(\dfrac{eV_{EB}}{kT}\right) = p_n(0)$이고, 따라서 기울기는 그림에서 가장 진하게 색칠된 직각삼각형의 빗변의 기울기로 다음과 같다.

$$\left.\frac{d\,(p_B(x))}{dx}\right|_{x=0} = -\frac{p_n(0)}{W_B} \tag{10.33}$$

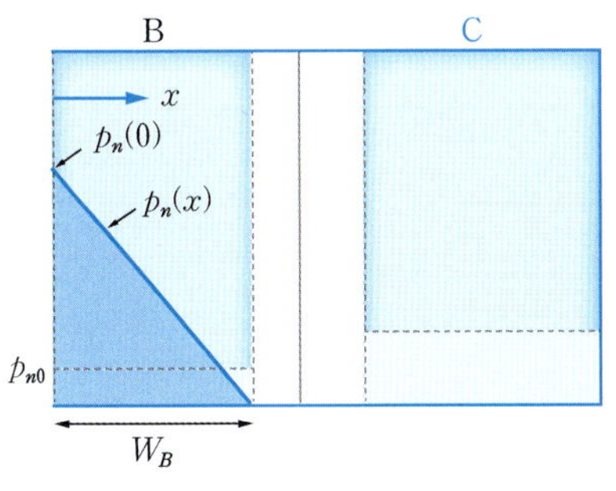

[그림 10-10] 활성 모드에서 동작하는 pnp 트랜지스터의 베이스 영역에서, 소수캐리어 분포 $p_B(x)$

예제 10-3

순방향 바이어스된 E-B 접합을 건너, 이미터에서 베이스로 주입되어 컬렉터로 확산해가는 과잉 소수캐리어 정공 중의 일부는 베이스 다수캐리어인 전자와 재결합한다. 이 재결합으로 인해 사라진 베이스 다수캐리어 전자를 베이스 단자로부터 계속 공급해주어야 한다. 베이스 단자로 흘러나오는 이 전류 값 $J_{pB} = J_{pE} - J_{pC}$ 를 구하라.

풀이

J_{pE}와 J_{pC}는 각각 베이스 영역의 왼쪽 끝과 오른쪽 끝에서 소수캐리어인 정공의 기울기에 비례하는 양이므로, 이 두 전류의 차이를 계산하기 위해서는 [예제 10-2]에서 다룬, 베이스 영역에서의 과잉 소수캐리어 정공농도 식 (10.30)을 알고 있어야 한다.

베이스 영역의 오른쪽 끝에서 과잉 소수캐리어 정공에 의한 전류밀도 J_{pC}는 $J_{pC} = -eD_B \frac{d(\delta p_B(x))}{dx}\Big|_{x=W_B}$ 이므로 다음과 같이 된다.

$$\begin{aligned} J_{pC} &= \frac{eD_B p_{B0}}{L_B}\left[\frac{\left\{\exp\left(\frac{eV_{EB}}{kT}\right)-1\right\}\cosh\left(\frac{W_B-x}{L_B}\right)}{\sinh(W_B/L_B)} + \frac{\cosh\left(\frac{x}{L_B}\right)}{\sinh(W_B/L_B)}\right]_{x=W_B} \\ &= \frac{eD_B p_{B0}}{L_B}\left[\frac{\exp(eV_{EB}/kT)-1}{\sinh(W_B/L_B)} + \frac{1}{\tanh(W_B/L_B)}\right] \end{aligned} \tag{10.34}$$

이 식에서 $V_{EB} \gg \frac{kT}{e}$ 인 경우, 전류 J_{pC}는 다음과 같이 근사시킬 수 있다.

$$J_{pC} = \frac{eD_B p_{B0}}{L_B \sinh(W_B/L_B)}\left[\exp\left(\frac{eV_{EB}}{kT}\right)\right] \tag{10.35}$$

베이스 영역의 왼쪽 끝에서 과잉 소수캐리어 정공에 의한 전류밀도 J_{pE}는 $J_{pE} = -eD_B \frac{d(\delta p_B(x))}{dx}\Big|_{x=0}$ 이므로 다음과 같이 된다.

$$\begin{aligned} J_{pE} &= \frac{eD_B p_{B0}}{L_B}\left[\frac{\left\{\exp\left(\frac{eV_{EB}}{kT}\right)-1\right\}\cosh\left(\frac{W_B-x}{L_B}\right)}{\sinh(W_B/L_B)} + \frac{\cosh\left(\frac{x}{L_B}\right)}{\sinh(W_B/L_B)}\right]_{x=0} \\ &= \frac{eD_B p_{B0}}{L_B}\left[\frac{\exp(eV_{EB}/kT)-1}{\tanh(W_B/L_B)} + \frac{1}{\sinh(W_B/L_B)}\right] \end{aligned} \tag{10.36}$$

이 식에서 $V_{EB} \gg \frac{kT}{e}$ 인 경우, 전류 J_{pE}는 다음과 같이 근사시킬 수 있다.

$$J_{pE} = \frac{eD_B p_{B0}}{L_B \tanh(W_B/L_B)}\left[\exp\left(\frac{eV_{EB}}{kT}\right)\right] \tag{10.37}$$

따라서 식 (10.35)와 (10.37)로부터 베이스 전류밀도를 구하면 다음과 같다.

$$J_{pB} = J_{pE} - J_{pC} = \frac{eD_B p_{B0}}{L_B}\left[\exp\left(\frac{eV_{EB}}{kT}\right)\right]\left[\frac{1}{\tanh(W_B/L_B)} - \frac{1}{\sinh(W_B/L_B)}\right]$$
$$= \frac{eD_B p_{B0}}{L_B \tanh(W_B/L_B)}\left[\exp\left(\frac{eV_{EB}}{kT}\right)\right]\left[1 - \frac{1}{\cosh(W_B/L_B)}\right] \qquad (10.38)$$
$$= J_{pE}\left[1 - \frac{1}{\cosh(W_B/L_B)}\right]$$

$L_B = L_p \gg W_B$인 경우 $\dfrac{1}{\cosh(W_B/L_B)} \simeq \dfrac{1}{1+\dfrac{1}{2}(W_B/L_B)^2} \simeq 1 - \dfrac{1}{2}\left(\dfrac{W_B}{L_B}\right)^2$이므로,

$$L_B \gg W_B \text{일 때} \qquad J_{pB} = J_{pE} - J_{pC} \simeq \frac{J_{pE}}{2}\left(\frac{W_B}{L_B}\right)^2 \qquad (10.39)$$

여기서 잠깐! 사용된 수학 식

매클로린Maclaurin **급수** $f(x) = \sum_{n=0}^{\infty} \frac{x^n}{n!} f^{(n)}(0)$으로부터,

$$e^x = \sum_{n=0}^{\infty} \frac{x^n}{n!} = 1 + \frac{x}{1!} + \frac{x^2}{2!} + \frac{x^3}{3!} + \cdots \qquad e^{-x} = \sum_{n=0}^{\infty} \frac{(-x)^n}{n!} = 1 - \frac{x}{1!} + \frac{x^2}{2!} - \frac{x^3}{3!} + \cdots$$

따라서,

$$\sinh x = \frac{e^x - e^{-x}}{2} = x + \frac{x^3}{3!} + \frac{x^5}{5!} + \cdots \qquad \cosh x = \frac{e^x + e^{-x}}{2} = 1 + \frac{x^2}{2!} + \frac{x^4}{4!} + \cdots$$

x가 $x \ll 1$인 매우 작은 수일 때 x의 고차 항은 매우 작아 무시할 수 있어,

$$\sinh x = \frac{e^x - e^{-x}}{2} \simeq \frac{1}{2}\left\{\left(1 + x + \frac{x^2}{2}\right) - \left(1 - x + \frac{x^2}{2}\right)\right\} = x$$
$$\cosh x = \frac{e^x + e^{-x}}{2} \simeq \frac{1}{2}\left\{\left(1 + x + \frac{x^2}{2}\right) + \left(1 - x + \frac{x^2}{2}\right)\right\} = 1 + \frac{x^2}{2}$$
$$\tanh x = \frac{e^x - e^{-x}}{e^x + e^{-x}} = \frac{(1+x) - (1-x)}{(1+x) + (1-x)} = x \quad (x \ll 1)$$

또 $x \ll 1$인 경우 $\dfrac{1}{1+x} \simeq 1 - x$이다.

$$\frac{d}{dx}\sinh[g(x)] = \frac{d}{dx}\frac{e^{g(x)} - e^{-g(x)}}{2} = \frac{g'(x)[e^{g(x)} + e^{-g(x)}]}{2} = g'(x)\cosh[g(x)]$$

$W_E \ll L_E$인 경우, 베이스에서 이미터로 주입되는 전자의 확산에 의한 이미터 전류 J_{nE}는 어떻게 구할까?

활성 모드에서 동작하는 pnp 트랜지스터의 이미터 영역에서, 이미터 중성영역의 왼쪽 끝을 x'축의 원점으로 하여 소수캐리어 분포 $n_E(x')$을 계산하면 다음과 같다(연습문제 10.2).

$$\delta n_E(x') = \frac{n_{E0}\left[\exp\left(\frac{eV_{EB}}{kT}\right) - 1\right]\sinh\left(\frac{x'}{L_E}\right)}{\sinh\left(\frac{W_E}{L_E}\right)} \tag{10.40}$$

pnp 트랜지스터의 경우 $n_E(x) = n_p(x)$이고, $n_{E0} = n_{p0}$이다. 이 식 (10.40)에서 $W_E \ll L_E = L_n$인 경우

$$\delta n_E(x') \simeq n_{E0}\left[\exp\left(\frac{eV_{EB}}{kT}\right) - 1\right]\frac{x'}{W_E} \tag{10.41}$$

이 되고, $n_E(x') = n_{E0} + \delta n_E(x')$을 그리면 [그림 10-11]과 같이 직선이 된다. 과잉 소수캐리어 전자의 농도 기울기는

$$\frac{d(n_E(x'))}{dx'} = \frac{n_{E0}}{W_E}\left[\exp\left(\frac{eV_{EB}}{kT}\right) - 1\right] = \frac{n_E(W_E) - n_{E0}}{W_E} \tag{10.42}$$

가 되고, [그림 10-11]에서 가장 진하게 색칠된 직각삼각형의 빗변의 기울기가 된다(연습문제 10.3).

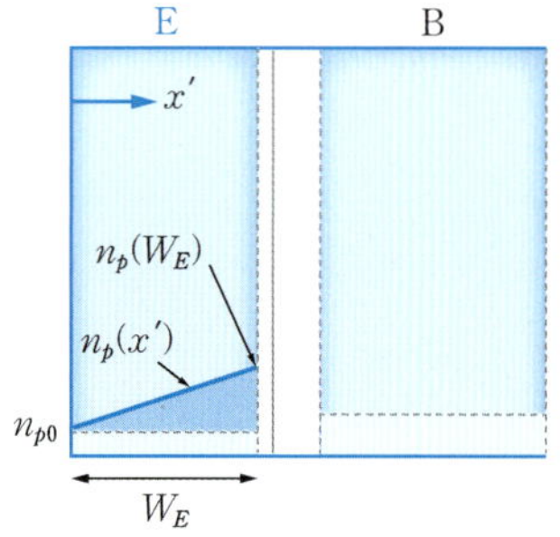

[그림 10-11] 활성 모드에서 동작하는 pnp 트랜지스터의 이미터 영역에서, 소수캐리어 분포 $n_E(x')$

따라서 순방향 바이어스된 E-B 접합을 건너, 베이스에서 이미터로 주입되는 전자의 확산에 의한 이미터 전류 J_{nE}는 다음과 같이 된다(연습문제 10.4).

$$J_{nE} = eD_E \frac{d(\delta n_E(x'))}{dx'}\bigg|_{x'=W_E} = \frac{eD_E n_{E0}}{L_E \tanh(W_E/L_E)}\left[\exp\left(\frac{eV_{EB}}{kT}\right) - 1\right] \tag{10.43}$$

이 식에서 $W_E \ll L_E$인 경우, 전류 J_{nE}는 다음과 같이 근사시킬 수 있다.

$$J_{nE} = \frac{eD_E n_{E0}}{W_E}\left[\exp\left(\frac{eV_{EB}}{kT}\right) - 1\right] \tag{10.44}$$

이는 농도 기울기인 식 (10.42)를 이용하여 $J_{nE} = eD_E \times$(식 10.42)와 같이 계산한 결과와 동일하다. 여기서 pnp 트랜지스터의 경우 $D_E = D_n$이다.

$W_C \ll L_C$인 경우, p형 컬렉터의 소수캐리어인 전자에 의한 역포화 전류 J_{nC0}는 어떻게 구할까?

편의상 컬렉터 중성영역에 적용하는 x''축의 원점을 컬렉터 중성영역의 왼쪽 끝으로 설정하자. 활성 모드에서 동작하는 pnp 트랜지스터의 컬렉터 영역에서, $V_{BC} \gg V_t$인 경우 소수캐리어 분포 $n_C(x'')$을 계산하면 다음과 같다(연습문제 10.5~6).

$$\delta n_C(x'') = -n_{C0}\exp\left(\frac{-x''}{L_C}\right) \quad \text{혹은} \quad \delta n_C(x'') = \frac{n_{C0}\sinh\left(\dfrac{x''-W_C}{L_C}\right)}{\sinh\left(\dfrac{W_C}{L_C}\right)} \tag{10.45}$$

이 식을 그래프로 그리면 [그림 10-12]와 같이 된다. pnp 트랜지스터의 경우 $n_C(x) = n_p(x)$이고, $n_{C0} = n_{p0}$이다. 그래프에서 $x'' = 0$인 지점에서의 그래프의 기울기는 식 (10.45)를 미분하여 구하면 다음과 같다.

$$\left.\frac{d(n_C(x''))}{dx''}\right|_{x''=0} = \frac{n_{C0}}{L_C} \tag{10.46}$$

여기서 $W_C \ll L_C = L_n$일 때 $\delta n_C(x'') \simeq n_{C0}\left(\frac{x''}{W_C} - 1\right)$이고, $n_C(x'') = n_{C0} + \delta n_C(x'') \simeq \frac{n_{C0}}{W_C}x''$을 그리면 직선이 된다. 직선의 기울기는 다음과 같다.

$$\left.\frac{d(n_C(x''))}{dx''}\right|_{x''=0} = \frac{n_{C0}}{W_C} \tag{10.47}$$

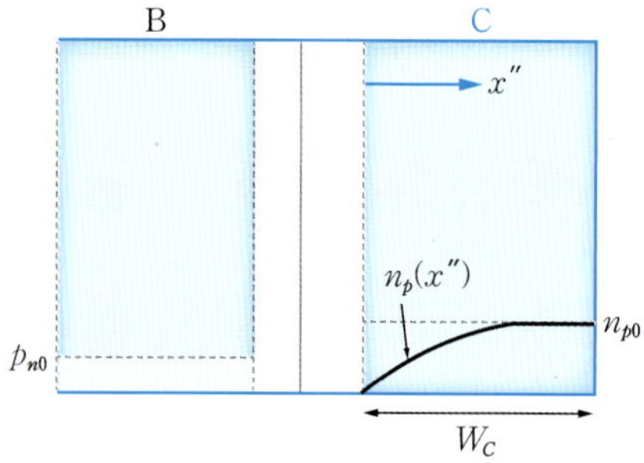

[그림 10-12] 활성 모드에서 동작하는 pnp 트랜지스터의 컬렉터 영역에서, 소수캐리어 분포 $n_C(x'')$

따라서 역방향 바이어스된 B-C 접합에서 p형 컬렉터의 소수캐리어인 전자가 공핍층으로 확산되어 사라지는데, 이렇게 사라지는 전자를 계속 컬렉터에서 주입해주어야 하는 역포화 전류 $J_{nC0}(>0)$는 다음과 같이 된다(연습문제 10.7).

$$J_{nC0} = eD_C \frac{d(\delta n_C(x''))}{dx}\bigg|_{x''=0} = \frac{eD_C n_{C0}}{L_C \tanh(W_C/L_C)} \tag{10.48}$$

이 식에서 $W_C \gg L_C$인 경우 $\tanh(W_C/L_C) = 1$이 되므로, 전류 J_{nC0}는 다음과 같이 근사시킬 수 있다.

$$J_{nC0} = \frac{eD_C n_{C0}}{L_C} \tag{10.49}$$

여기서 pnp 트랜지스터의 경우 $D_C = D_n$이고, $L_C = L_n$다. 이 식 (10.49)는, 농도 기울기인 식 (10.46)을 이용하여 $J_{nC0} = eD_C \times$(식 10.46)과 같이 계산한 결과와 동일하다. 만약 식 (10.48)에서 $W_C \ll L_C$인 경우에는 $\tanh(W_C/L_C) = W_C/L_C$가 되므로, 전류 J_{nC0}는 다음과 같이 근사시킬 수 있다.

$$J_{nC0} = \frac{eD_C n_{C0}}{W_C} \tag{10.50}$$

이는 농도 기울기인 식 (10.47)을 이용하여 $J_{nC0} = eD_C \times$(식 10.47)과 같이 계산한 결과와 동일하다.

일반적인 경계조건 $\delta n_C(0) = -n_{C0}\left[1 - \exp\left(\frac{-eV_{BC}}{kT}\right)\right]$를 적용한 경우, 역포화 전류 J_{nC0}는 다음과 같은 식 (10.14)가 된다.

$$J_{nC0}(x_p) = eD_n \frac{dn_p(x)}{dx}\bigg|_{x=x_p} = eD_n \frac{d(\delta n_p(x))}{dx}\bigg|_{x=x_p}$$
$$= \frac{-eD_n n_{p0}}{L_n}\left[\exp\left(\frac{-eV_{BC}}{kT}\right)-1\right]$$

이 식은 $V_{BC} \gg V_t$인 경우 $\delta n_C(0) = -n_{C0}$의 경계조건이 적용되고, 컬렉터의 소수캐리어가 전자이므로 식 (10.49)와 일치한다.

베이스 소수캐리어인 정공에 의한 역포화 전류 J_{pC0}는 어떻게 구할까?

이 문제는 베이스 폭이 좁기 때문에, 베이스와 컬렉터로 구성된 np 다이오드에서 짧은 n 영역을 갖는 다이오드의 역방향 포화 전류를 계산하는 문제와 동일하다. 이때 베이스 내 소수캐리어인 정공의 농도 분포 $p_n(x)$는 [그림 10-5]가 아닌 [그림 10-13]과 같이 직선에 가까운 형태가 된다.

E-B 접합은 제로 바이어스이고 B-C 접합은 역방향 바이어스인 경우($V_{EB}=0$, $V_{BC}>0$), E-B 접합을 건너 베이스로 주입되어 컬렉터로 확산되는 정공에 의한 역포화 전류 J_{pC0}는 다음과 같다.

$$J_{pC0} = eD_p \frac{p_{n0}-0}{W_B} \tag{10.51}$$

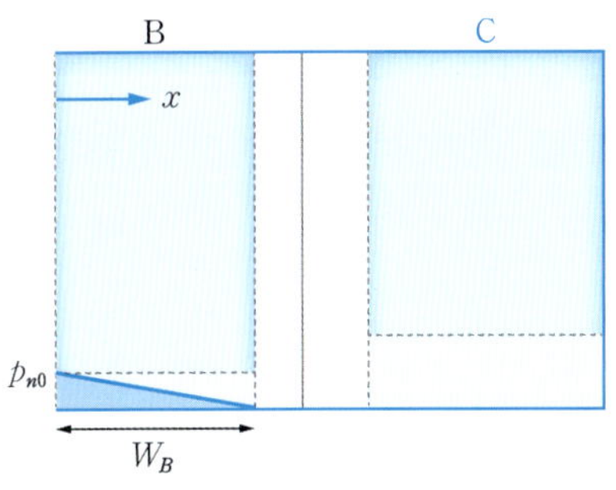

[그림 10-13] $V_{EB}=0$인 pnp 트랜지스터의 베이스 영역에서, 역방향 바이어스 전압 V_{BC}에 의한 소수캐리어 정공분포 $p_B(x)$

만약 순방향 바이어스된 E-B 접합의 전류만을 고려한다면, B-C 접합이 제로 바이어스가 되어 $x=W_B$에서 $\delta p_B(W_B)=0$이 될 것이다. 그러나 [그림 10-10]의 해석에서는 역방향 바이어스된 B-C 접합 때문에, $x=W_B$에서 경계조건이 식 (10.25)와 같이 $\delta p_B(W_B) = -p_{B0}$를 적용하였다. 이것은 베이스 내 정공분포 $p_B(x)$의 그래프 기울기를 약간 더 가파르게 만들어, [예제 10-3]에서 계산한 식 (10.37)의 전류 J_{pE}는 베이스 소수캐리어인 정공에 의한 역포화 전류 J_{pC0}를 포함한 결과가 된다.

순방향 바이어스된 E-B 접합의 전류만을 구해보면, E-B 접합은 순방향 바이어스이고 B-C 접합은 제로 바이어스인 경우이므로($V_{EB} > 0$, $V_{BC} = 0$), 베이스 내 소수캐리어 정공분포 $p_B(x)$는 [그림 10-14]와 같게 된다. 이때 이미터에서 베이스로 주입되는 정공의 확산에 의한 이미터 전류는, 다음과 같이 짧은 n 영역을 가진 pn 다이오드의 전류가 될 것이다.

$$eD_p\left[\frac{p_n(0) - p_{n0}}{W_B}\right] \tag{10.52}$$

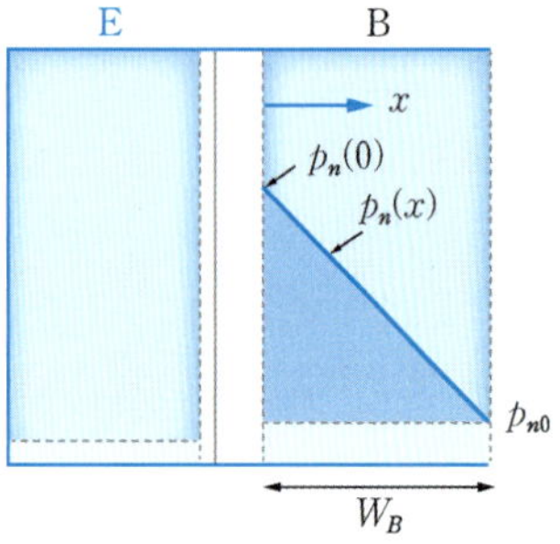

[그림 10-14] $V_{BC} = 0$인 pnp 트랜지스터의 베이스 영역에서, 순방향 바이어스 전압 V_{EB}에 의한 소수캐리어 정공분포 $p_B(x)$

결국 [그림 10-10]에서 순방향 바이어스된 E-B 접합과 역 바이어스된 B-C 접합 때문에 형성된 베이스 내 정공농도의 분포는, E-B 접합만 순방향 바이어스된 [그림 10-14]의 결과와 B-C 접합만 역방향 바이어스된 [그림 10-13]의 결과를 합하여 그린 것으로 볼 수 있다. 따라서 식 (10.51)과 (10.52)를 더하면 총 이미터 정공확산 전류밀도 J_{pE}를 다음과 같이 구할 수 있다.

$$J_{pE} = eD_p\left[\frac{p_n(0) - p_{n0}}{W_B}\right] + eD_p\frac{p_{n0} - 0}{W_B} = eD_p\left[\frac{p_n(0)}{W_B}\right] \tag{10.53}$$

$L_B \gg W_B$인 경우 $\tanh(W_B/L_B) \simeq \dfrac{W_B}{L_B}$가 되어, [예제 10-3]에서 구한 식 (10.37)의 결과가 다음과 같이 식 (10.53)과 같아짐을 확인할 수 있다.

$$J_{pE} \simeq \frac{eD_B p_{B0}}{W_B}\left[\exp\left(\frac{eV_{EB}}{kT}\right)\right] = eD_p\left[\frac{p_n(0)}{W_B}\right]$$

이미터 전류와 컬렉터 전류 및 베이스 전류는 어떤 성분들로 구성되어 있을까?

지금까지의 결과를 가지고 이미터 전류와 컬렉터 전류 및 베이스 전류의 세부전류 성분을 정리해보자.

V_{EB}, $V_{BC} \gg V_t$인 경우와, $L_n \gg W_E$ 및 $L_p \gg W_B$인 경우를 가정하면, 이미터 전류 J_E의 성분을 [표 10-2]와 같이 정리할 수 있다.

[표 10-2] 이미터 전류 J_E를 구성하는 여러 가지 성분과 계산식

기호	내용	계산식
J_{pE}	순 바이어스 E-B 접합($V_{EB}>0$, $V_{BC}=0$)을 건너, 이미터에서 베이스로 주입되는 정공의 **확산**에 의한 이미터 전류 $eD_p\left[\frac{p_n(0)-p_{n0}}{W_B}\right]$ 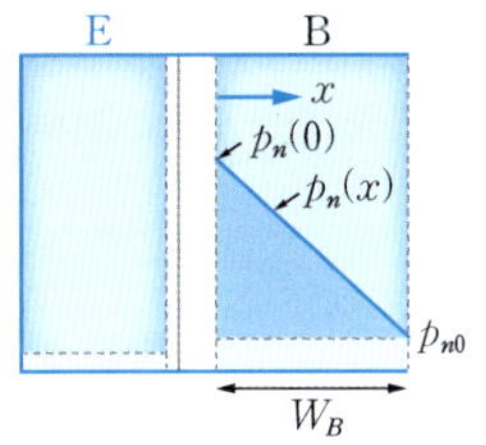	$eD_p\left[\frac{p_n(0)}{W_B}\right]=$ $\frac{eD_p p_{n0}}{W_B}\exp\left(\frac{eV_{EB}}{kT}\right)$ 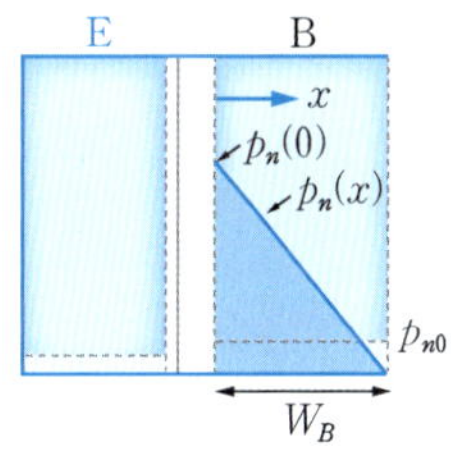
	역 바이어스 B-C 접합($V_{EB}=0$, $V_{BC}>0$)으로, E-B 접합을 건너 이미터에서 컬렉터로 주입 확산되는 정공에 의한 **역포화 전류** $J_{pC0}=eD_p\frac{p_{n0}-0}{W_B}$ 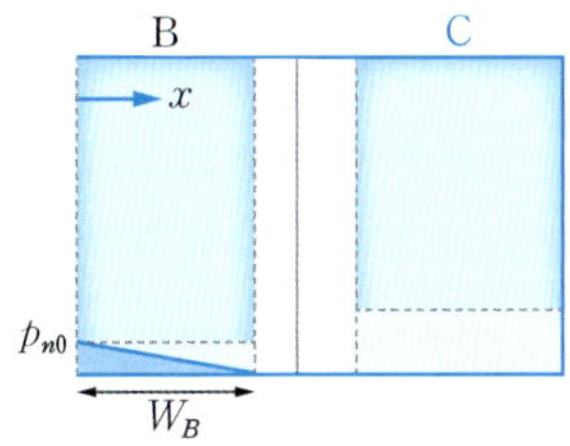	
J_{nE}	순 바이어스 E-B 접합($V_{EB}>0$, $V_{BC}=0$)을 건너, 베이스에서 이미터로 주입되는 전자의 **확산**에 의한 이미터 전류 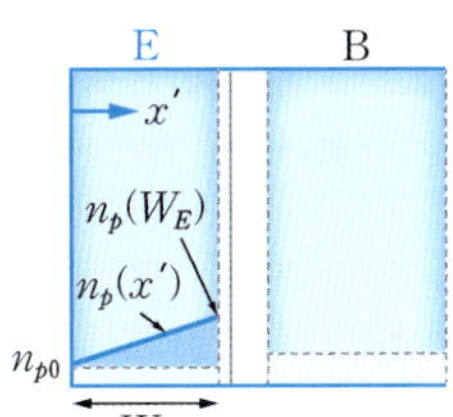	$eD_n\left[\frac{n_p(W_E)-n_{p0}}{W_E}\right]=$ $\frac{eD_n n_{p0}}{W_E}\left[\exp\left(\frac{eV_{EB}}{kT}\right)-1\right]$
J_{recE}	이미터-베이스 공핍층에서 전자와 정공의 **재결합**에 의한 양(+)의 이미터 전류	$\frac{eWn_i}{2\tau_o}\left[\exp\left(\frac{eV_{EB}}{2kT}\right)-1\right]$

$V_{EB}, V_{BC} \gg V_t$인 경우와, $L_n \gg W_E$ 및 $L_p \gg W_B$인 경우를 가정하면, 컬렉터 전류 J_C의 성분은 [표 10-3]과 같이 정리할 수 있다.

[표 10-3] 컬렉터 전류 J_C를 구성하는 여러 가지 성분과 계산식

기호	내용	계산식
J_{pC}	순 바이어스 E-B 접합($V_{EB}>0$, $V_{BC}=0$)을 건너, 이미터에서 베이스로 주입된 정공이 **확산**에 의해 베이스를 통과하여 컬렉터로 주입되어 흐르는 컬렉터 전류 $eD_p\left[\frac{p_n(0)-p_{n0}}{W_B}\right]$ 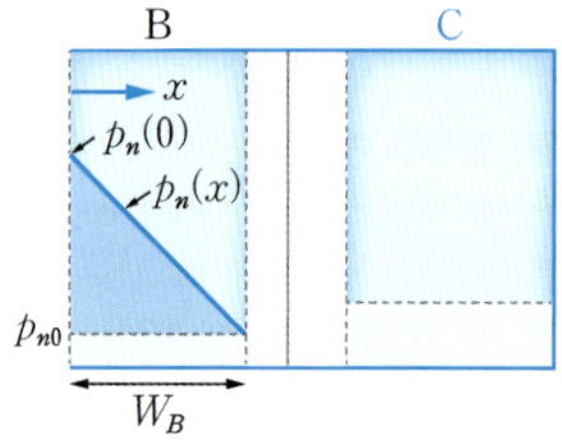 	$eD_p\left[\frac{p_n(0)}{W_B}\right]=$ $\frac{eD_pp_{n0}}{W_B}\exp\left(\frac{eV_{EB}}{kT}\right)$ 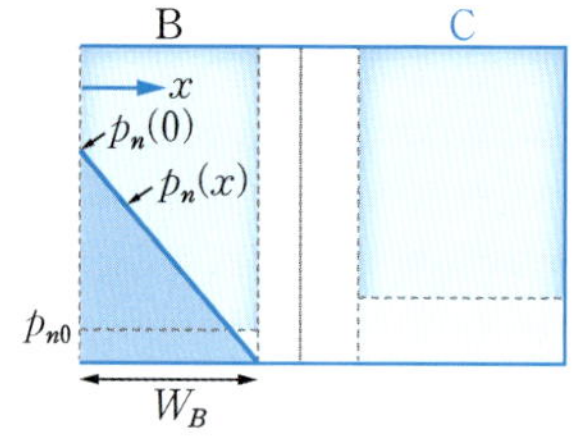
	역 바이어스 B-C 접합($V_{EB}=0$, $V_{BC}>0$)으로, E-B 접합을 건너 이미터에서 컬렉터로 주입 확산되는 정공에 의한 **역포화 전류** $J_{pC0}=eD_p\frac{p_{n0}-0}{W_B}$ 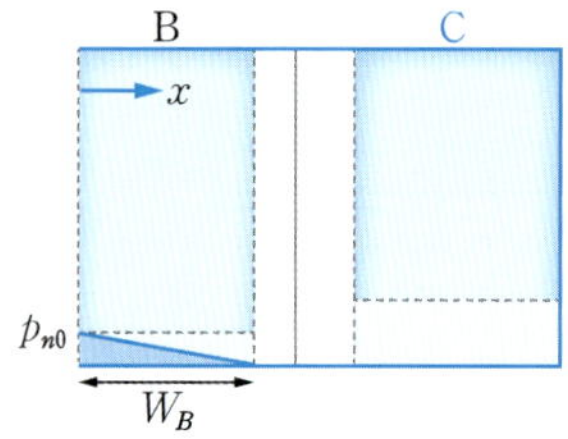 	
J_{nC0}	역 바이어스 B-C 접합($V_{EB}=0$, $V_{BC}>0$)에서, p형 컬렉터의 소수캐리어인 전자가 공핍층으로 확산되어 사라지는데, 이렇게 사라지는 전자를 계속 컬렉터에서 주입해주어야 하는 **역포화 전류** $J_{nC0}(>0)$	$\frac{eD_nn_{p0}}{L_n}$ 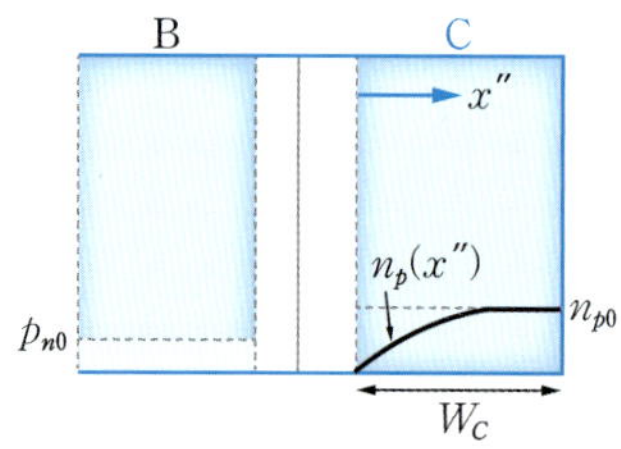
J_{genC}	베이스-컬렉터 공핍층에서 전자와 정공의 **생성**에 의한 양(+)의 컬렉터 전류	$\frac{-eWn_i}{2\tau_0}\left[\exp\left(\frac{-eV_{BC}}{2kT}\right)-1\right]$

V_{EB}, $V_{BC} \gg V_t$인 경우와, $L_n \gg W_E$ 및 $L_p \gg W_B$인 경우를 가정하면, 베이스 전류 J_B의 성분은 [표 10-4]와 같이 정리할 수 있다.

[표 10-4] **베이스 전류 J_B를 구성하는 여러 가지 성분과 계산식** $(J_B = J_E - J_C)$

기호	내용	계산식
J_{pB}	순 바이어스 E-B 접합을 건너, 이미터에서 베이스로 주입되어 컬렉터로 확산해 가는 과잉 소수캐리어 정공 중의 일부는 베이스 다수캐리어인 전자와 **재결합**한다. 이 재결합으로 인해 사라진 전자를 베이스 단자로부터 계속 공급해주어야 하는 전류	$J_{pE} - J_{pC} \simeq 0$ 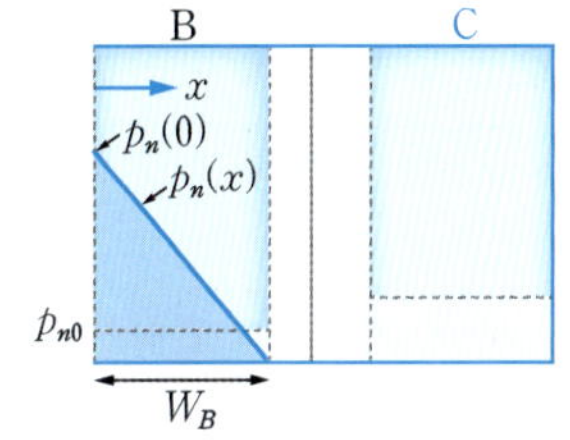
J_{nB} $= J_{nE}$	순 바이어스 E-B 접합($V_{EB} > 0$, $V_{BC} = 0$)을 건너, 베이스에서 이미터로 주입 **확산**되는 전자를 계속 공급하는 베이스 전류 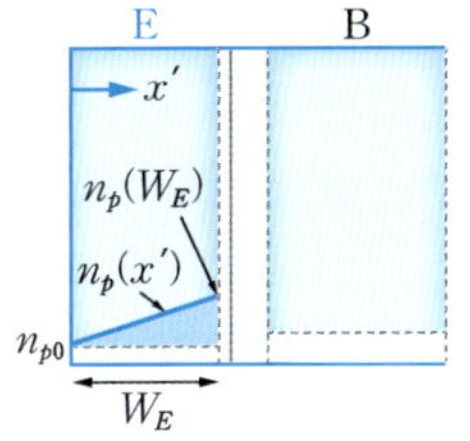	$eD_n\left[\frac{n_p(W_E) - n_{p0}}{W_E}\right] = \frac{eD_n n_{p0}}{W_E}\left[\exp\left(\frac{eV_{EB}}{kT}\right) - 1\right]$
J_{recE}	E-B 공핍층에서 전자와 정공의 **재결합**에 의한 양(+)의 베이스 전류	$\frac{eWn_i}{2\tau_0}\left[\exp\left(\frac{eV_{EB}}{2kT}\right) - 1\right]$
$-J_{nC0}$	역 바이어스 B-C 접합($V_{BC} > 0$, $V_{EB} = 0$)에서, p형 컬렉터의 소수캐리어인 전자가 공핍층으로 확산되어 베이스 단자로 흘러나가는 음(−)의 베이스 전류(**역포화 전류**)	$\frac{-eD_n n_{p0}}{L_n}$ 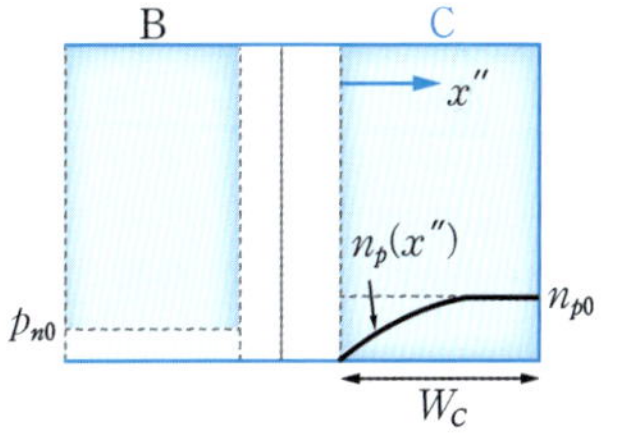
$-J_{genC}$	B-C 공핍층에서 전자와 정공의 **생성**에 의한 음(−)의 베이스 전류	$\frac{eWn_i}{2\tau_0}\left[\exp\left(\frac{-eV_{BC}}{2kT}\right) - 1\right]$

교류 공통 베이스 전류이득 α_{ac}를 크게 하려면 무엇을 어떻게 해주어야 할까?

이미터 전류 J_E는 크게 캐리어 확산 전류 J_{diff}와 재결합 전류 J_{rec}을 합하여 $J_E = J_{diff} + J_{recE}$로 표현할 수 있다. 다시 확산 전류 J_{diff}는 베이스에 주입된 소수캐리어 정공의 확산에 의한 전류 J_{pE}와, 이미터에 주입된 소수캐리어 전자의 확산에 의한 전류 J_{nE}를 합하여 $J_{diff} = J_{pE} + J_{nE}$라고 쓸 수 있다. J_{pE}와 J_{nE} 중에서 컬렉터 전류 J_C에 중요하게 기여하는 전류는 J_{pE}이다.

직류 공통 베이스 전류이득 α_{DC}는 다음과 같이 쓸 수 있다.

$$\alpha_{DC} = \frac{J_C}{J_E} = \frac{J_{pC} + J_{genC} + J_{nC0}}{J_{pE} + J_{nE} + J_{recE}} \tag{10.54}$$

역방향 바이어스된 B-C 접합의 생성 전류 J_{genC}와 전자의 역포화 전류 J_{nC0}는 이미터 전류의 함수가 아니다. 따라서 소신호 혹은 **교류 공통 베이스 전류이득** α_{ac}는 다음과 같이 된다.

$$\alpha_{ac} = \frac{\partial J_C}{\partial J_E} = \frac{J_{pC}}{J_{pE} + J_{nE} + J_{recE}} \tag{10.55}$$

이 식은 다음과 같이 세 인자의 곱으로 표현할 수 있다.

$$\alpha_{ac} = \left(\frac{J_{pE} + J_{nE}}{J_{pE} + J_{nE} + J_{recE}}\right)\left(\frac{J_{pE}}{J_{pE} + J_{nE}}\right)\left(\frac{J_{pC}}{J_{pE}}\right) \tag{10.56}$$

식 (10.56)의 세 인자들은 다음과 같이 정의된다.

$$\delta = \left(\frac{J_{pE} + J_{nE}}{J_{pE} + J_{nE} + J_{recE}}\right) = \text{재결합인자} \tag{10.57}$$

$$\gamma = \left(\frac{J_{pE}}{J_{pE} + J_{nE}}\right) = \text{이미터 주입효율인자} \tag{10.58}$$

$$\alpha_T = \left(\frac{J_{pC}}{J_{pE}}\right) = \text{베이스 전송인자} \tag{10.59}$$

따라서 다음과 같이 정리할 수 있다.

$$\alpha_{ac} = \delta\,\gamma\,\alpha_T \tag{10.60}$$

교류 공통 베이스 전류이득 α_{ac}는 항상 1보다 작으며, 1에 가까울수록 바람직하다. $\alpha_{ac}=1$에 가깝게 만들기 위해서는 세 가지 인자를 각각 1에 가깝게 만들어야만 한다.

B−C 접합은 역방향 바이어스 상태이므로 원래 컬렉터에는 전류가 흐르지 않는다. 그러나 순방향 바이어스 된 E−B 접합을 넘어 이미터에서 주입된 정공이 베이스를 통과하여 컬렉터에 집속되기 때문에, B−C 접합의 역방향 바이어스 전압과 무관하게, 컬렉터에는 큰 전류가 흐르게 된다.

❶ 컬렉터 전류가 커지려면 첫째로 주입된 정공이 베이스를 통과하는 동안 재결합이 적어야 한다. 얼마나 베이스에서 재결합하지 않고 컬렉터로 잘 전송되느냐 하는 정도를 **베이스 전송인자**base transport factor α_T라고 한다.

❷ E−B 접합을 넘어 이미터에서 주입된 정공의 개수가 많을수록 컬렉터 전류는 커진다. 그런데 E−B 간 순방향 전압이 클수록 베이스로 주입되는 정공의 개수는 증가한다. 따라서 컬렉터 전류는 B−C 간 역방향 전압과는 관계없이, E−B 간 순방향 전압에 의존하는 정전류원에 의해 그 값이 결정되는 특성을 가진다. 이것이 트랜지스터의 중요한 동작이다. 그런데 순방향 전압이 걸린 E−B 접합을 건너 n형 베이스로부터 이미터로 주입되는 전자들은 이미터 전류에는 기여하지만, 컬렉터 전류에는 전혀 기여하지 못한다. 그러므로 이 전자들의 흐름은 중요한 트랜지스터 동작에는 기여하지 않는다. 따라서 컬렉터 전류를 크게 하기 위한 두 번째 요소는 E−B 접합을 넘어 주입되는 전자와 정공 중에서, 베이스에서 이미터로 주입되는 캐리어보다 이미터에서 베이스로 주입되는 캐리어의 비율을 높여야 한다. 이미터에서 베이스로 주입되는 정공 흐름과 베이스에서 이미터로 주입되는 전자 흐름의 합으로 표현된 이미터 확산 전류 중에서 컬렉터 전류에 기여하는, 이미터에서 베이스로 주입되는 정공의 비율을 나타내는 양이 **이미터 주입효율인자**emitter injection efficiency factor γ이다.

❸ 순방향 전압이 걸린 E−B 접합을 넘어 정공들이 공핍층을 통과할 때, 공핍층에서 재결합이 발생하지 않아야 컬렉터 전류에 더 크게 기여하게 된다. 따라서 컬렉터 전류를 크게 하기 위한 세 번째 요소는 E−B 접합을 넘어 주입되는 정공들이 공핍층에서 재결합으로 사라지는 비율을 줄여야 하는 것으로, 총 이미터 전류 중에서 확산 전류의 성분이 얼마나 큰지를 반영한 **재결합인자**recombination factor δ가 그것이다. 즉 δ가 클수록 재결합 전류가 작음을 의미한다.

재결합인자 δ를 크게 하려면 트랜지스터의 전기적 및 기하학적인 파라미터를 어떻게 해주어야 할까?

재결합인자 δ는 $\delta = \dfrac{J_{pE} + J_{nE}}{J_{pE} + J_{nE} + J_{recE}}$이다. $J_{pE} \gg J_{nE}$를 가정하면, 재결합인자 δ를 다음과 같이 쓸 수 있다.

$$\delta = \frac{J_{pE} + J_{nE}}{J_{pE} + J_{nE} + J_{recE}} \simeq \frac{J_{pE}}{J_{pE} + J_{recE}} = \frac{1}{1 + J_{recE}/J_{pE}} \tag{10.61}$$

순방향 바이어스된 pn 접합에서 재결합 전류밀도는 8.3.1절에서 논의하였고, 다음과 같이 쓸 수 있다.

$$J_{recE} = \frac{e n_i W_{EB}}{2\tau_0} \exp\left(\frac{eV_{EB}}{2kT}\right) = J_{r0} \exp\left(\frac{eV_{EB}}{2kT}\right) \tag{10.62}$$

여기서 W_{EB}는 E-B 공핍층 폭이다.

식 $J_{pE} = -eD_B \dfrac{d(\delta p_B(x))}{dx}\Big|_{x=0}$에 식 (10.30)을 적용하면 다음 식을 얻는다.

$$J_{pE} = \frac{eD_B p_{B0}}{L_B}\left\{\frac{[\exp(eV_{EB}/kT) - 1]}{\tanh(W_B/L_B)} + \frac{1}{\sinh(W_B/L_B)}\right\} \tag{10.63}$$

이 식에서 $V_{EB} \gg \dfrac{kT}{e}$인 경우, 전류 J_{pE}는 다음과 같이 근사시킬 수 있다.

$$J_{pE} = J_{s0} \exp\left(\frac{eV_{EB}}{kT}\right) \tag{10.64}$$

여기서 J_{s0}는 다음과 같다.

$$J_{s0} = \frac{eD_B p_{B0}}{L_B \tanh(W_B/L_B)} \tag{10.65}$$

통상적인 $W_B \ll L_B$인 경우 $J_{s0} = \dfrac{eD_B p_{B0}}{W_B}$가 된다($x \ll 1$인 경우 $\tanh(x) \simeq x$). 따라서 식 (10.62)와 (10.64)를 식 (10.61)에 대입하면 재결합인자는 다음과 같이 쓸 수 있다.

$$\delta = \frac{1}{1 + \frac{J_{r0}}{J_{s0}} \exp\left(\frac{-eV_{EB}}{2kT}\right)} \tag{10.66}$$

여기서

$$\frac{J_{r0}}{J_{s0}} = \frac{n_i W_{EB}}{2\tau_0} \cdot \frac{W_B}{D_B p_{B0}} = \frac{n_i W_{EB}}{2\tau_0} \cdot \frac{W_B N_B}{D_B n_i^2} = \frac{W_{EB} W_B N_B}{2\tau_0 D_B n_i} \tag{10.67}$$

이며, 재결합인자 값이 커지려면 이 값이 작아야 한다. 따라서 **베이스 도핑 N_B는 적게 해야 하고, 베이스 폭과 공핍층의 두께가 좁을수록 좋다**. 또한 재결합인자는 E-B 간 전압의 함수이며, **V_{EB}가 증가**함에 따라 확산 전류가 점점 더 우세하게 되고, 재결합인자는 1에 가까워진다.

재결합 전류를 E-B 접합의 공핍층에서만 일어나는 것으로 생각하였으나, 실제는 반도체 소자의 표면에서도 발생하므로 이러한 표면재결합 전류까지 고려하면 재결합인자는 더욱 작아질 것이다.

이미터 주입효율인자 γ를 크게 하려면 트랜지스터의 전기적 및 기하학적인 파라미터를 어떻게 해주어야 할까?

식 (10.43)에서 $V_{EB} \gg \frac{kT}{e}$인 경우, 전류 J_{nE}는 다음과 같이 근사시킬 수 있다.

$$J_{nE} = \frac{eD_E n_{E0}}{L_E \tanh(W_E/L_E)} \left[\exp\left(\frac{eV_{EB}}{kT}\right)\right] \tag{10.68}$$

$V_{EB} \gg \frac{kT}{e}$인 경우, 식 (10.64)와 (10.65)로부터 전류 J_{pE}는 다음과 같다.

$$J_{pE} = \frac{eD_B p_{B0}}{L_B \tanh(W_B/L_B)} \left[\exp\left(\frac{eV_{EB}}{kT}\right)\right]$$

이 두 전류 값을 이미터 주입효율인자 식 (10.58)에 대입하면 다음과 같이 된다.

$$\gamma = \frac{J_{pE}}{J_{pE} + J_{nE}} = \frac{1}{1 + \dfrac{J_{nE}}{J_{pE}}} = \frac{1}{1 + \dfrac{n_{E0} D_E L_B}{p_{B0} D_B L_E} \cdot \dfrac{\tanh(W_B / L_B)}{\tanh(W_E / L_E)}} \tag{10.69}$$

$n_0 p_0 = n_i^2$ 으로부터 다음 식을 쓸 수 있다.

$$n_{E0} = \frac{n_i^2}{N_E}, \quad p_{B0} = \frac{n_i^2}{N_B} \tag{10.70}$$

여기서 N_E와 N_B는 각각 이미터와 베이스에서의 불순물 도핑농도이다. 통상적인 $W_B \ll L_B$인 경우, 식 (10.70)을 식 (10.69)에 대입하면 이미터 주입효율인자 γ는 다음과 같다.

$$\gamma = \frac{1}{1 + \dfrac{n_{E0} D_E W_B}{p_{B0} D_B W_E}} = \frac{1}{1 + \dfrac{N_B D_E W_B}{N_E D_B W_E}} \tag{10.71}$$

따라서 γ를 1에 가깝게 크게 하기 위해서는 **이미터 도핑을 베이스 도핑보다 매우 크게 해야 하고, 베이스 폭은 이미터 폭과 비교하여 매우 작게 해야 한다.**

베이스 전송인자 α_T를 크게 하려면 트랜지스터의 전기적 및 기하학적인 파라미터를 어떻게 해주어야 할까?

베이스 전송인자는 $\alpha_T = \dfrac{J_{pC}}{J_{pE}}$이다. J_{pE}와 J_{pC}는 [예제 10-3]에서 계산했다.
$V_{EB} \gg \dfrac{kT}{e}$인 경우, 전류 J_{pC}는 식 (10.35)와 같이 근사시킬 수 있다.

$$J_{pC} = \frac{eD_B p_{B0}}{L_B \sinh(W_B / L_B)} \left[\exp\left(\frac{eV_{EB}}{kT}\right)\right]$$

$V_{EB} \gg \dfrac{kT}{e}$인 경우, 전류 J_{pE}는 식 (10.37)과 같이 근사시킬 수 있다.

$$J_{pE} = \frac{eD_B p_{B0}}{L_B \tanh(W_B / L_B)} \left[\exp\left(\frac{eV_{EB}}{kT}\right)\right]$$

따라서 베이스 전송인자 α_T는 다음 식과 같이 된다.

$$\alpha_T = \frac{J_{pC}}{J_{pE}} = \frac{1}{\cosh(W_B/L_B)} \tag{10.72}$$

통상적인 $W_B \ll L_B$인 경우에 다음과 같이 된다.

$$\alpha_T = \frac{1}{\cosh(W_B/L_B)} \simeq \frac{1}{1+\frac{1}{2}(W_B/L_B)^2} \simeq 1-\frac{1}{2}\left(\frac{W_B}{L_B}\right)^2 \tag{10.73}$$

α_T를 1에 가깝게 크게 만들기 위해서는 **중성 베이스 폭을 소수캐리어 확산길이보다 매우 작게** 해야 한다.

요약해보면, $\alpha_{ac} = \delta\gamma\alpha_T$를 크게 하려면 이미터 도핑 N_E**는 높게** 하고 **베이스 도핑** N_B**는 낮게** 하며, **베이스 폭** W_B**는 이미터 폭** W_E**와 소수캐리어 확산길이** L_B**에 비교하여 매우 작게** 하는 것이 중요하다. 또한 V_{EB}**가 증가**함에 따라 α_{ac}는 증가한다.

$V_{EB} \gg \dfrac{kT}{e}$라 가정하고 이미터 주입효율인자, 베이스 전송인자, 재결합인자를 구하는 식을 정리하면 다음과 같다.

- 이미터 주입효율인자

$$\gamma = \frac{1}{1+\dfrac{n_{E0}D_E L_B}{p_{B0}D_B L_E}\cdot\dfrac{\tanh(W_B/L_B)}{\tanh(W_E/L_E)}} \tag{10.69}$$

- 베이스 전송인자

$$\alpha_T = \frac{1}{\cosh(W_B/L_B)} \tag{10.72}$$

- 재결합인자

$$\delta = \frac{1}{1+\dfrac{J_{r0}}{J_{s0}}\exp\left(\dfrac{-eV_{EB}}{2kT}\right)},\quad \frac{J_{r0}}{J_{s0}} = \frac{n_i W_{EB}}{2\tau_0}\cdot\frac{L_B\tanh(W_B/L_B)}{D_B p_{B0}} \quad (J_{pE} \gg J_{nE}) \tag{10.65}$$

추가로 tanh, cosh 함수를 간단히 하기 위해, 이미터 폭 W_E와 베이스 폭 W_B가 소수캐리어 확산길이보다 매우 짧다고 하면 다음과 같이 간소화된 식으로 정리된다.

• 이미터 주입효율인자

$$\gamma \simeq \frac{1}{1+\frac{N_B D_E W_B}{N_E D_B W_E}} \quad (W_B \ll L_B,\ W_E \ll L_E) \tag{10.71}$$

• 베이스 전송인자

$$\alpha_T \simeq \frac{1}{1+\frac{1}{2}\left(\frac{W_B}{L_B}\right)^2} \quad (W_B \ll L_B) \tag{10.73}$$

• 재결합인자

$$\delta = \frac{1}{1+\frac{J_{r0}}{J_{s0}}\exp\left(\frac{-eV_{EB}}{2kT}\right)},\ W_B \ll L_B\text{이면 } \frac{J_{r0}}{J_{s0}} = \frac{W_{EB} W_B N_B}{2\tau_0 D_B n_i} \tag{10.67}$$

공통 베이스 전류이득 $\alpha = I_C/I_E$와 공통 이미터 전류이득 $\beta = I_C/I_B$ 간에 어떤 관계식을 가질까?

공통 베이스 전류이득은 $\alpha = I_C/I_E$이고, **공통 이미터 전류이득**은 $\beta = I_C/I_B$로 정의된다. [그림 10-2]로부터 $I_E = I_B + I_C$임을 알 수 있다. 이 식의 양변을 I_C로 나누면

$$\frac{I_E}{I_C} = \frac{I_B}{I_C} + 1$$

이고, 전류이득의 정의로 치환하면

$$\frac{1}{\alpha} = \frac{1}{\beta} + 1$$

이다. β에 대해 정리하면, 공통 이미터 전류이득은 다음과 같이 쓸 수 있다.

$$\beta = \frac{\alpha}{1-\alpha} \tag{10.74}$$

α에 대해 정리하면, 공통 베이스 전류이득은 다음과 같다.

$$\alpha = \frac{\beta}{1+\beta} \tag{10.75}$$

이미터 주입효율인자와 베이스 전송인자, 재결합인자가 모두 1에 가깝다고 가정하면, 간소화된 식을 사용하여 공통 베이스 전류이득 α와 공통 이미터 전류이득 β를 다음과 같이 표현할 수 있다.

• 공통 베이스 전류이득($\delta,\ \gamma,\ \alpha_T \simeq 1$)

$$\alpha = \delta\gamma\alpha_T \simeq \frac{1}{1+\dfrac{N_B D_E W_B}{N_E D_B W_E}+\dfrac{1}{2}\left(\dfrac{W_B}{L_B}\right)^2+\dfrac{J_{r0}}{J_{s0}}\exp\left(\dfrac{-eV_{EB}}{2kT}\right)}$$

• 공통 이미터 전류이득($\delta,\ \gamma,\ \alpha_T \simeq 1$)

$$\beta = \frac{\alpha}{1-\alpha} \simeq \frac{1}{\dfrac{N_B D_E W_B}{N_E D_B W_E}+\dfrac{1}{2}\left(\dfrac{W_B}{L_B}\right)^2+\dfrac{J_{r0}}{J_{s0}}\exp\left(\dfrac{-eV_{EB}}{2kT}\right)}$$

예제 10-4

이미터 주입효율인자와 베이스 전송인자, 재결합인자가 모두 1에 가깝다고 가정하면 $\alpha = \delta\gamma\alpha_T \simeq \dfrac{1}{1+\dfrac{N_B D_E W_B}{N_E D_B W_E}+\dfrac{1}{2}\left(\dfrac{W_B}{L_B}\right)^2+\dfrac{J_{r0}}{J_{s0}}\exp\left(\dfrac{-eV_{EB}}{2kT}\right)}$ 이 됨을 증명하라.

풀이

세 인자 모두 1에 가깝다고 가정하면, 세 인자 모두 $\dfrac{1}{1+\Delta}$의 형태라고 볼 수 있다. 여기서 Δ는 $\Delta \ll 1$인 작은 양이다. 이 경우 $\dfrac{1}{1+\Delta} \simeq 1-\Delta$가 성립한다. 따라서 $\left(\dfrac{1}{1+\Delta_1}\right)\left(\dfrac{1}{1+\Delta_2}\right)\left(\dfrac{1}{1+\Delta_3}\right) \simeq (1-\Delta_1)(1-\Delta_2)(1-\Delta_3) \simeq 1-(\Delta_1+\Delta_2+\Delta_3)$ 이 되고, 또한 $\dfrac{1}{1+\Delta_1+\Delta_2+\Delta_3} \simeq 1-(\Delta_1+\Delta_2+\Delta_3)$ 이 된다. 이 둘이 서로 같으므로 결국 $\left(\dfrac{1}{1+\Delta_1}\right)\left(\dfrac{1}{1+\Delta_2}\right)\left(\dfrac{1}{1+\Delta_3}\right) \simeq \dfrac{1}{1+\Delta_1+\Delta_2+\Delta_3}$ 이 된다.

이 결과를 적용하여 $\gamma \simeq \dfrac{1}{1+\dfrac{N_B D_E W_B}{N_E D_B W_E}}$, $\alpha_T \simeq \dfrac{1}{1+\dfrac{1}{2}\left(\dfrac{W_B}{L_B}\right)^2}$, $\delta = \dfrac{1}{1+\dfrac{J_{r0}}{J_{s0}}\exp\left(\dfrac{-eV_{EB}}{2kT}\right)}$

을 모두 곱하면 $\alpha = \delta\gamma\alpha_T \simeq \dfrac{1}{1+\dfrac{N_B D_E W_B}{N_E D_B W_E}+\dfrac{1}{2}\left(\dfrac{W_B}{L_B}\right)^2+\dfrac{J_{r0}}{J_{s0}}\exp\left(\dfrac{-eV_{EB}}{2kT}\right)}$ 이 된다.

예제 10-5

$T=300\,\mathrm{K}$에서 pnp 바이폴라 실리콘 트랜지스터의 공통 이미터 전류이득을 구하라. 파라미터는 다음과 같이 가정한다.

$D_E=35\,\mathrm{cm^2/sec}$ $\quad D_B=12\,\mathrm{cm^2/sec}$ $\quad W_B=0.7\,\mu\mathrm{m}$

$W_E=1.0\,\mu\mathrm{m}$ $\quad \tau_{E0}=2\times10^{-7}\,\mathrm{sec}$ $\quad \tau_{B0}=1\times10^{-7}\,\mathrm{sec}$

$N_E=1\times10^{18}\,\mathrm{cm^{-3}}$ $\quad N_B=1\times10^{16}\,\mathrm{cm^{-3}}$ $\quad J_{r0}=2\times10^{-7}\,\mathrm{A/cm^2}$

$V_{EB}=0.7\,\mathrm{V}$

풀이

파라미터들은 다음과 같다.

$$n_{E0}=\frac{(1.5\times10^{10})^2}{1\times10^{18}}=2.25\times10^{2}\,\mathrm{cm^{-3}}$$

$$p_{B0}=\frac{(1.5\times10^{10})^2}{1\times10^{16}}=2.25\times10^{4}\,\mathrm{cm^{-3}}$$

$$L_E=\sqrt{D_E\tau_{E0}}=\sqrt{(35)(2\times10^{-7})}=2.646\times10^{-3}\,\mathrm{cm}$$

$$L_B=\sqrt{D_B\tau_{B0}}=\sqrt{(12)(1\times10^{-7})}=1.095\times10^{-3}\,\mathrm{cm}$$

식 (10.65)로부터 이미터 주입효율인자는 다음과 같다.

$$\gamma=\frac{1}{1+\dfrac{n_{E0}D_EL_B}{p_{B0}D_BL_E}\cdot\dfrac{\tanh(W_B/L_B)}{\tanh(W_E/L_E)}}$$

$$=\frac{1}{1+\dfrac{(2.25\times10^{2})(35)(1.095\times10^{-3})}{(2.25\times10^{4})(12)(2.646\times10^{-3})}\cdot\dfrac{\tanh(0.06393)}{\tanh(0.03779)}}=0.9800$$

식 (10.68)로부터 베이스 전송인자는 다음과 같다.

$$\alpha_T=\frac{1}{\cosh(W_B/L_B)}=\frac{1}{\cosh\left(\dfrac{0.7\times10^{-4}}{1.095\times10^{-3}}\right)}=0.9980$$

$$J_{s0}=\frac{eD_Bp_{B0}}{L_B\tanh\left(\dfrac{W_B}{L_B}\right)}=\frac{(1.6\times10^{-19})(12)(2.25\times10^{4})}{(1.095\times10^{-3})\tanh(0.06393)}=6.180\times10^{-10}\,\mathrm{A/cm^2}$$

식 (10.63)으로부터 재결합인자는 다음과 같다.

$$\delta=\frac{1}{1+\dfrac{J_{r0}}{J_{s0}}\exp\left(\dfrac{-eV_{EB}}{2kT}\right)}=\frac{1}{1+\dfrac{2\times10^{-7}}{6.180\times10^{-10}}\exp\left(\dfrac{-0.70}{2\cdot0.0259}\right)}=0.9996$$

따라서 공통 베이스 전류이득은 $\alpha = \gamma \alpha_T \delta = (0.9800)(0.9980)(0.9996) = 0.9776$이다. 여기서 공통 이미터 전류이득은 다음과 같이 된다.

$$\beta = \frac{\alpha}{1-\alpha} = \frac{0.9776}{1-0.9776} = 43.64$$

예제 10-6

[예제 10-5]와 모든 조건은 동일하고, 이미터 도핑만 $N_E = 2\times 10^{18}\mathrm{cm}^{-3}$로 두 배 상승하면, α와 β는 얼마나 변화하는지 계산하라.

풀이

이미터 도핑농도가 달라졌으므로 이미터 소수캐리어 농도를 다시 구하면 다음과 같다.

$$n_{E0} = \frac{(1.5\times 10^{10})^2}{2\times 10^{18}} = 1.125\times 10^2\mathrm{cm}^{-3}$$

식 (10.65)로부터 이미터 주입효율인자는 다음과 같다.

$$\gamma = \frac{1}{1 + \dfrac{n_{E0}D_E L_B}{p_{B0}D_B L_E}\cdot\dfrac{\tanh(W_B/L_B)}{\tanh(W_E/L_E)}}$$

$$= \frac{1}{1 + \dfrac{(1.125\times 10^2)(35)(1.095\times 10^{-3})}{(2.25\times 10^4)(12)(2.646\times 10^{-3})}\cdot\dfrac{\tanh(0.06393)}{\tanh(0.03779)}} = 0.9899$$

따라서 공통 베이스 전류이득은 $\alpha = \gamma\alpha_T\delta = (0.9899)(0.9980)(0.9996) = 0.9875$이다. 여기서 공통 이미터 전류이득은 다음과 같이 된다.

$$\beta = \frac{\alpha}{1-\alpha} = \frac{0.9875}{1-0.9875} = 79.00$$

[예제 10-5]의 $\beta = 43.64$에서 1.81배로 높아짐을 알 수 있다.

예제 10-7

[예제 10-5]와 모든 조건은 동일하고, 베이스 폭만 $W_B = 1.4\mu\mathrm{m}$로 두 배 상승하면, α와 β는 얼마나 변화하는지 계산하라.

풀이

$$\gamma = \frac{1}{1 + \frac{n_{E0}D_E L_B}{p_{B0}D_B L_E} \cdot \frac{\tanh(W_B/L_B)}{\tanh(W_E/L_E)}}$$

$$= \frac{1}{1 + \frac{(2.25\times10^2)(35)(1.095\times10^{-3})}{(2.25\times10^4)(12)(2.646\times10^{-3})} \cdot \frac{\tanh(0.1279)}{\tanh(0.03779)}} = 0.9609$$

$$\alpha_T = \frac{1}{\cosh(W_B/L_B)} = \frac{1}{\cosh\left(\frac{1.4\times10^{-4}}{1.095\times10^{-3}}\right)} = 0.9919$$

$$J_{s0} = \frac{eD_B p_{B0}}{L_B \tanh(W_B/L_B)} = \frac{(1.6\times10^{-19})(12)(2.25\times10^4)}{1.095\times10^{-3}\tanh(0.1279)} = 3.101\times10^{-10}\,\mathrm{A/cm^2}$$

식 (10.66)으로부터 재결합인자는 다음과 같다.

$$\delta = \frac{1}{1 + \frac{J_{r0}}{J_{s0}}\exp\left(\frac{-eV_{EB}}{2kT}\right)} = \frac{1}{1 + \frac{2\times10^{-7}}{3.101\times10^{-10}}\exp\left(\frac{-0.70}{2\cdot0.0259}\right)} = 0.9991$$

따라서 공통 베이스 전류이득은 $\alpha = \gamma\alpha_T\delta = (0.9609)(0.9919)(0.9991) = 0.9523$이다. 여기서 공통 이미터 전류이득은 다음과 같이 된다.

$$\beta = \frac{\alpha}{1-\alpha} = \frac{0.9523}{1-0.9523} = 19.96$$

베이스 폭이 $W_B = 1.4\,\mu\mathrm{m}$에서 [예제 10-5]의 $W_B = 0.7\,\mu\mathrm{m}$로 절반으로 줄어들면서, $\beta = 19.96$에서 $\beta = 43.64$로 2.19배로 높아짐을 알 수 있다.

재결합 전류 J_{recE}와 생성전류 J_{genC}, 컬렉터 역포화 전류 J_{nC0}를 무시할 수 있다고 하면, 이미터, 컬렉터, 베이스 전류는 어떻게 될까?

통상적인 경우 E-B 및 B-C 공핍층에서의 재결합 전류 J_{recE}와 생성 전류 J_{genC}를 무시할 수 있다. 또한 컬렉터 역포화 전류 J_{nC0}는 J_{pC}보다 매우 적으므로 무시할 수 있다. J_{nB}는 거의 0에 가까운 J_{pB}나 $-J_{nC0}$보다 매우 크다고 볼 수 있다. 이때 pnp 트랜지스터에서의 이미터, 컬렉터, 베이스 전류에 대한 [표 10-2] ~ [표 10-4]의 각 전류 성분은 [표 10-5]와 같이 간단하게 정리할 수 있다. 이 경우 트랜지스터 내부에서 캐리어 흐름은 매우 간소화된 형태가 되며, [그림 10-15]와 같이 된다.

[표 10-5] pnp 트랜지스터에서의 간소화된 이미터, 컬렉터, 베이스 전류 성분과 계산식

	기호	내용	계산식
이미터 전류 J_E	J_{pE}	이미터에서 베이스로 주입되는 정공의 확산에 의한 이미터 전류 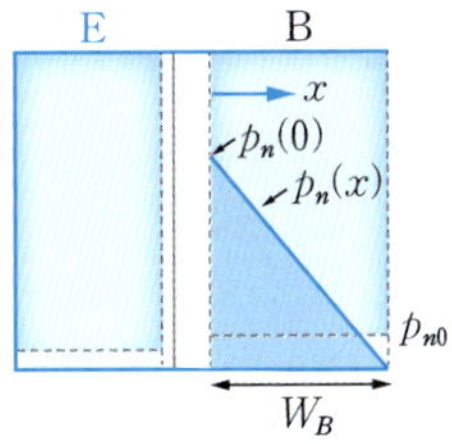 	$eD_p\left[\frac{p_n(0)}{W_B}\right]=\frac{eD_p p_{n0}}{W_B}\exp\left(\frac{eV_{EB}}{kT}\right)$
	J_{nE}	베이스에서 이미터로 주입되는 전자의 확산에 의한 이미터 전류 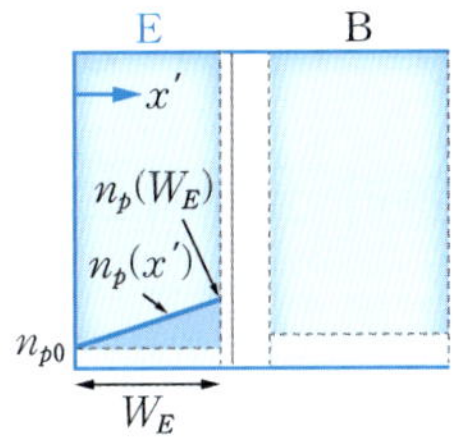 	$eD_n\left[\frac{n_p(W_E)-n_{p0}}{W_E}\right]=\frac{eD_n n_{p0}}{W_E}\left[\exp\left(\frac{eV_{EB}}{kT}\right)-1\right]$
컬렉터 전류 J_C	J_{pC}	J_{pE} 중에서, 이미터에서 주입된 대다수 캐리어들이 베이스를 통과하여 컬렉터로 그대로 주입되어 흐르는 전류 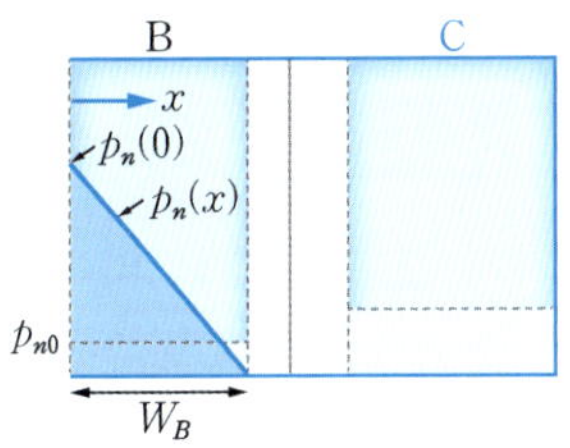 	$eD_p\left[\frac{p_n(0)}{W_B}\right]=\frac{eD_p p_{n0}}{W_B}\exp\left(\frac{eV_{EB}}{kT}\right)$
베이스 전류 $J_B=J_E-J_C$	J_{nB} $(=J_{nE})$	베이스에서 이미터로 주입되는 전자를 베이스 단자로부터 계속 공급해주어야 하는 전류 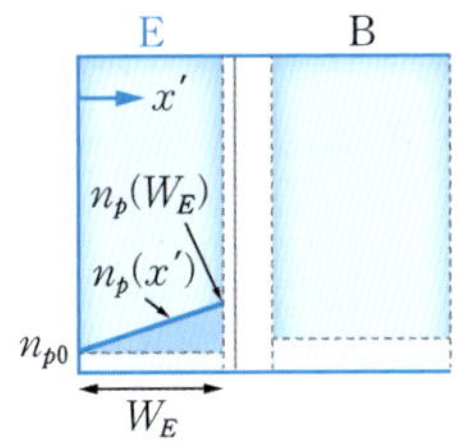 	$eD_n\left[\frac{n_p(W_E)-n_{p0}}{W_E}\right]=\frac{eD_n n_{p0}}{W_E}\left[\exp\left(\frac{eV_{EB}}{kT}\right)-1\right]$

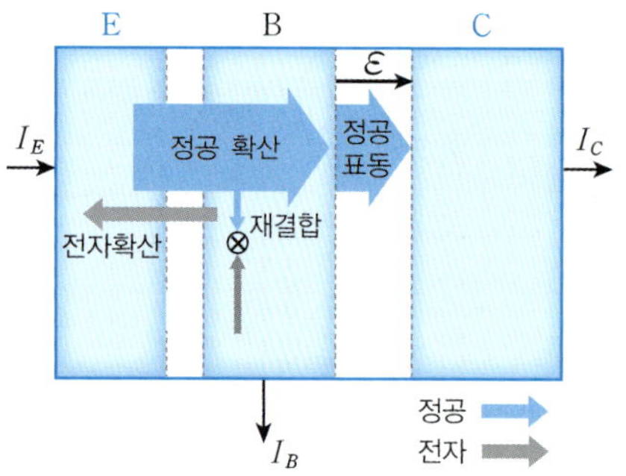

[그림 10-15] 활성 모드에서 동작하는 pnp 트랜지스터 내부의 간소화된 캐리어 흐름

10.2.2 바이폴라 트랜지스터의 나머지 동작 모드

순방향 활성 모드 이외에 바이폴라 트랜지스터의 나머지 동작 모드는 서로 무엇이 다를까?

바이폴라 트랜지스터에는 E-B 접합과 B-C 접합이 있고, pn 접합의 바이어스에는 순방향과 역방향이 있다. 따라서 [표 10-1]과 같이 네 가지의 바이어스 조합이 가능하다. 네 가지 동작 모드 중에서 트랜지스터를 증폭기로 사용할 때 가장 중요한 모드는 순방향 활성 모드이다. 지금까지 이 모드에 대하여 집중적으로 논의해왔다.

[그림 10-16]의 (c)~(f)는 이 네 가지 모드에 대한 바이어스 전압과 그때의 소수캐리어 농도 분포를 비교하여 보여준다. 먼저 열평형상태에서의 소수캐리어 농도를 비교해보면, 이미터가 가장 낮고 컬렉터가 가장 높다. 질량작용법칙mass action law에 의해 $n_0 p_0 = n_i^2$이므로, 다수캐리어 농도는 반대로 이미터가 가장 높고 컬렉터가 가장 낮다. 이렇게 이미터의 도핑을 가장 높게 도핑해주는 이유는 공통 베이스 전류이득을 높게 해주어, 트랜지스터 증폭기의 전류이득을 높이기 위함이다.

지금부터는 순방향 활성 모드를 제외한 나머지 역방향 활성 모드, 포화 모드, 차단 모드에 대하여 바이어스 전압을 인가하는 방법과 소수캐리어 농도 분포를 순방향 활성 모드와 함께 비교해보도록 한다.

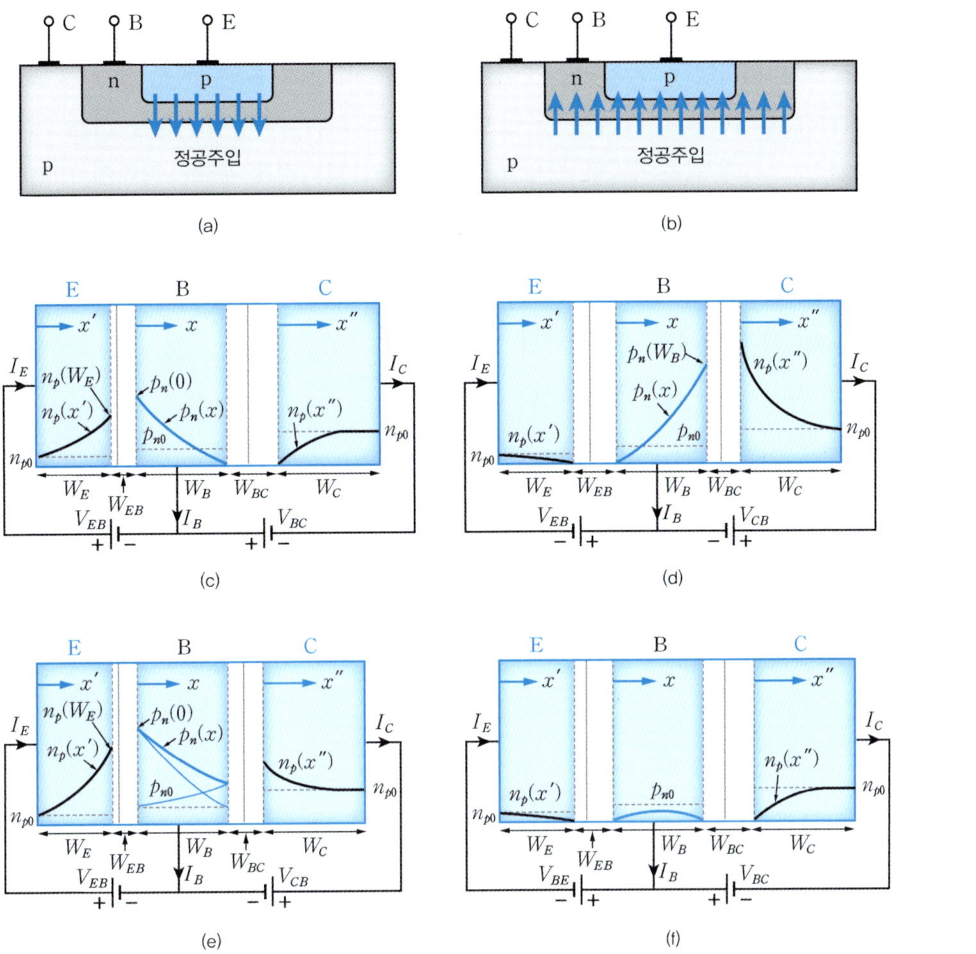

[그림 10-16] (a) 순방향 활성 모드와 (b) 역방향 활성 모드에서의 정공주입의 흐름,
(c) 순방향 활성 모드, (d) 역방향 활성 모드, (e) 포화 모드, (f) 차단 모드에서의 소수캐리어 농도 분포

역방향 활성 모드

[그림 10-16(d)]는 역방향 활성inverse active 모드일 때의 인가한 전압과 소수캐리어 분포를 보여준다. 역방향 활성 모드는 **E-B 접합에 역방향 바이어스**가 걸리고, **B-C 접합에는 순방향 바이어스**가 걸릴 때 발생한다. 이 경우에 트랜지스터는 순방향 활성 모드와 반대로 동작하며 이미터와 컬렉터 역할이 바뀐다. 즉 컬렉터의 정공이 베이스로 주입되고, 베이스에서 소수캐리어 정공농도의 기울기는 순방향 활성 모드와 비교했을 때 반대 방향이므로 이미터와 컬렉터 전류의 방향이 반대로 변한다. 실제 집적회로로 트랜지스터를 제작하면 [그림 10-16]과 같이 이미터와 컬렉터는 완전히 대칭이 되지 않는다. 첫째로 이미터 면적이 컬렉터 면적보다 좁다. 따라서 [그림 10-16(a)]와 같은 순방향 활성 모드에서는 이미터에서 주입된 정공을 컬렉터에서 효과적으로 포집

하지만, [그림 10-16(b)]와 같은 역방향 활성 모드에서는 컬렉터에서 주입된 정공들의 많은 개수를 이미터에서 포집하지 못하여 전류이득이 매우 나빠진다. 둘째로 도핑 농도는 이미터가 컬렉터보다 높은데, 도핑이 낮은 컬렉터가 이미터 기능을 하게 되므로 역방향 활성 모드에서는 이미터 주입효율인자 값이 낮아지게 된다. 따라서 이미터와 컬렉터를 바꾸어 사용하면 동일한 특성을 갖지 않고, 공통 베이스 전류이득이 매우 나빠지게 된다.

역방향 활성 모드에서 베이스 중성영역의 왼쪽 끝을 $x=0$으로 지정하면, 베이스 영역 양쪽 끝에서의 $\delta p_B(x)$에 대한 경계조건은 다음과 같다.

순방향 바이어스 $\quad x = W_B$에서 $\delta p_B(W_B) = p_B(W_B) - p_{B0} = p_{B0}\left[\exp\left(\dfrac{eV_{CB}}{kT}\right) - 1\right]$

(10.76)

역방향 바이어스 $\quad x = 0$에서 $\quad \delta p_B(0) = p_B(0) - p_{B0} = 0 - p_{B0} = -p_{B0}$

(10.77)

포화 모드

[그림 10-16(e)]는 포화saturation 모드일 때의 인가한 전압과 소수캐리어 분포를 보여준다. 포화 모드는 E-B **접합과** B-C **접합 모두 순방향 바이어스**가 걸릴 때 발생한다. 베이스의 다수캐리어 전자가 E-B 접합을 건너 이미터로 주입되며, E-B 공핍층의 왼쪽 끝에서 전자농도는

$$n_E(W_E) = n_{E0}\exp\left(\frac{eV_{EB}}{kT}\right) = n_p(W_E) \tag{10.78}$$

이다. 이미터의 다수캐리어 정공도 E-B 접합을 건너 베이스로 주입되며, E-B 공핍층의 오른쪽 끝에서 정공농도는

$$p_B(0) = p_{B0}\exp\left(\frac{eV_{EB}}{kT}\right) = p_n(0) \tag{10.79}$$

이다. 열평형상태에서 이미터 소수캐리어 농도가 베이스 소수캐리어 농도보다 작아서 $n_{E0} < p_{B0}$이므로, $n_E(W_E) = n_p(W_E) < p_B(0) = p_n(0)$이 된다. 즉 그림에서 E-B 접합 공핍층의 오른쪽 끝 소수캐리어 농도가 왼쪽 끝보다 더 높다.

마찬가지로 컬렉터의 다수캐리어 정공이 B-C 접합을 건너 베이스로 주입되며, B-C 공핍층의 왼쪽 끝에서 정공농도는 다음과 같다.

$$p_B(W_B) = p_{B0}\exp\left(\frac{eV_{CB}}{kT}\right) \tag{10.80}$$

베이스의 다수캐리어 전자도 B-C 접합을 건너 컬렉터로 주입되며, B-C 공핍층의 오른쪽 끝에서 전자농도는 다음과 같다.

$$n_C(0) = n_{C0}\exp\left(\frac{eV_{CB}}{kT}\right) \tag{10.81}$$

열평형상태에서 베이스 소수캐리어 농도가 컬렉터 소수캐리어 농도보다 작아서 $p_{B0} < n_{C0}$ 이므로, $p_B(W_B) < n_C(0)$가 된다. 즉 그림에서 B-C 접합 공핍층의 오른쪽 끝 소수캐리어 농도가 왼쪽 끝보다 더 높다. 베이스 중성영역에서 소수캐리어 분포는 두 개의 가는 선, 즉 이미터에서 주입된 정공분포와 컬렉터에서 주입된 정공분포를 더해주면 된다. 이 경우 순방향 바이어스 때문에 다수캐리어들이 주입되면서 어느 단자로도 전류가 잘 흐르는 상태가 되며, 트랜지스터의 세 단자는 **서로 단락된 것과 같이** 된다.

차단 모드

[그림 10-16(f)]는 차단cut-off 모드일 때의 인가한 전압과 소수캐리어 분포를 보여준다. 차단 모드는 **E-B 접합과 B-C 접합 모두 역방향 바이어스**가 걸린 상태이다. E-B 간 전압이 역방향으로 인가되기 때문에 이미터로부터 다수캐리어 정공은 베이스에 주입되지 않으며, 이미터 전류는 0이다. B-C 접합 또한 역방향 바이어스가 되어 컬렉터 전류도 0이다. 이 경우 트랜지스터에서 모든 전류는 0이며, 전류가 흐르지 않고 **차단된 상태**이므로 '차단 모드'라고 부른다. 이때 소수캐리어들의 농도는 열평형상태보다 작은 값을 가진다. 차단 상태에서 E-B와 B-C 접합 양쪽에 역방향으로 바이어스가 걸리므로, **소수캐리어 농도는 각 공핍층 가장자리에서 0이 된다**. $W_B \ll L_B$이므로 모든 소수캐리어들은 베이스 영역으로부터 빠져나간다.

예제 10-8

[그림 10-17]과 같이 바이어스 전압을 인가한 경우에 대하여, 소수캐리어 분포를 그린 그림에서 잘못된 점을 기술하라.

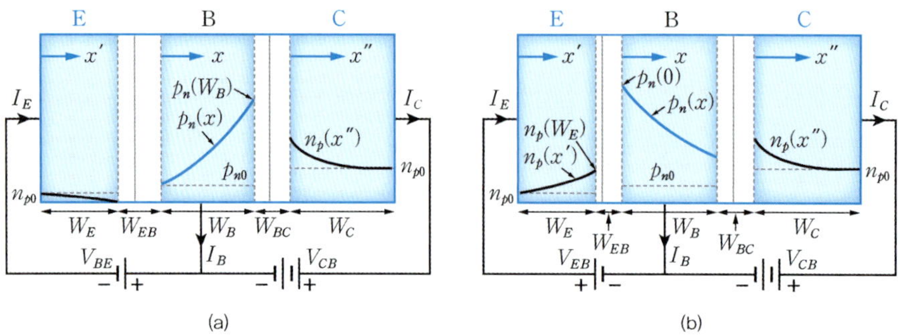

[그림 10-17] 인가한 전압과 소수캐리어 농도 분포

풀이

■ [그림 10-17(a)]에서 잘못된 점

① $V_{EB} < 0$으로 E−B 접합이 역방향 바이어스이므로 공핍층 양끝에서 0이 되어야 한다. 그림에서는 E−B 공핍층 베이스 쪽 끝의 정공농도가 0이 아니라, p_{n0}로 되어 있는 점이 잘못되어 있다.

② $V_{CB} > 0$으로 C−B 접합이 순방향 바이어스이므로 컬렉터의 다수캐리어 정공이 B−C 접합을 건너 베이스로 주입되며, B−C 공핍층의 왼쪽 끝에서 정공농도는 $p_B(W_B) = p_{B0}\exp\left(\frac{eV_{CB}}{kT}\right)$이다. 베이스의 다수캐리어 전자도 B−C 접합을 건너 컬렉터로 주입되며, B−C 공핍층의 오른쪽 끝에서 전자농도는 $n_C(0) = n_{C0}\exp\left(\frac{eV_{CB}}{kT}\right)$이다. 열평형상태에서 베이스 소수캐리어 농도가 컬렉터 소수캐리어 농도보다 작아서 $p_{B0} < n_{C0}$이므로, $p_B(W_B) < n_C(0)$이 된다. 즉 그림에서 B−C 공핍층의 오른쪽 끝 소수캐리어 농도가 왼쪽 끝보다 더 높아야 한다. 그러나 그림에서는 더 낮게 그려진 점이 잘못되어 있다.

■ [그림 10-17(b)]에서 잘못된 점

$V_{EB} > 0$으로 E−B 접합이 순방향 바이어스이고, $V_{CB} > 0$으로 C−B 접합도 순방향 바이어스인 포화 모드이다. 이미터에서 주입된 정공의 E−B 공핍층 오른쪽 끝에서 정공농도는 $p_B(0) = p_{B0}\exp\left(\frac{eV_{EB}}{kT}\right) = p_n(0)$이다. 컬렉터에서 주입된 정공의 B−C 공핍층 왼쪽 끝에서 정공농도는 $p_B(W_B) = p_{B0}\exp\left(\frac{eV_{CB}}{kT}\right)$이다. 그림에서 $V_{CB} > V_{EB}$이므로, 중성 베이스 영역의 정공농도 분포의 기울기가 그림과 반대의 기울기를 가져야 한다.

10.3 비이상적인 특성 : npn BJT

지금까지 논의한 바이폴라 트랜지스터는 이상적인 상태, 즉 각 영역에서의 균일한 도핑농도, 고정된 이미터와 베이스 폭, 이미터에서 베이스로의 캐리어 저준위 주입, 고정된 에너지밴드갭, 균일한 전류밀도, 항복이 일어나지 않은 접합 등을 가정하였다. 지금부터는 이런 이상적인 조건에서 벗어나는 현상들로 얼리 효과, 이미터에서 베이스로의 캐리어 고준위 주입, 고농도 도핑된 이미터의 밴드갭 축소, 이미터보다 작은 밴드갭을 갖는 베이스, 폴리실리콘 이미터, 이미터 영역 테두리 부근의 전류 밀집 현상, 불균일하게 도핑된 베이스, 커크 효과, 항복현상 등에 대하여 그 개념을 이해하고 효과를 살펴본다. **지금부터는 pnp 바이폴라 트랜지스터가 아닌 npn 바이폴라 트랜지스터를 중심으로 기술하도록 한다.**

10.3.1 얼리 효과 : 컬렉터 전압에 의한 베이스 폭 변조

B−C 접합의 전압이 중성 베이스 영역의 폭에 어떤 영향을 줄까?

지금까지 중성 베이스 폭 W_B가 일정하다고 가정하였다. 그러나 B−C 접합 공핍층의 폭은 B−C 접합 양단 간에 인가한 역방향 전압 V_{CB}에 의존한다. 즉 B−C 접합에 인가한 역방향 전압이 클수록 B−C 접합 공핍층의 폭은 넓어지고, 따라서 중성 베이스 폭 W_B는 줄어들게 된다. 중성 베이스 폭이 줄어들면 10.2.1절에서 언급한 식 (10.57)~(10.59)의 이미터 주입효율인자, 베이스 전송인자, 재결합인자가 모두 증가한다. 따라서 공통 베이스 전류이득도 증가하고, 결국 컬렉터 전류는 증가하게 된다.

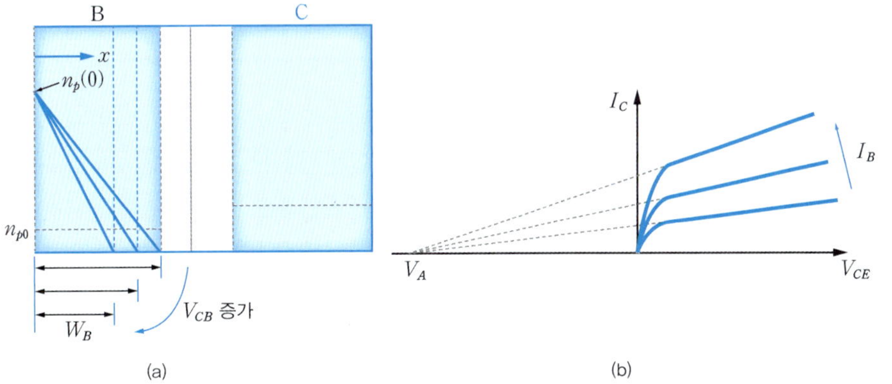

[그림 10−18] (a) B−C 간 전압이 증가하면서 베이스 폭이 좁아지는 모습, (b) 얼리 효과가 반영된 전류−전압 특성 곡선

[그림 10-18(a)]는 npn 바이폴라 트랜지스터의 B-C 간 전압이 증가하면서 공핍층의 경계가 움직이는 것을 보여준다. 이러한 베이스 폭의 감소로 소수캐리어 농도의 기울기가 증가한다. 따라서 컬렉터 전류에 기여하는 이미터 주입 확산 전류가 증가되는 현상을 볼 수 있다. 이 효과를 **베이스 폭 변조**base width modulation 또는 **얼리 효과**Early effect 라고 부른다.

[그림 10-18(b)]는 얼리 효과가 반영된 전류-전압 특성곡선을 보여준다. 얼리 효과가 없는 이상적인 전류-전압 특성곡선은 전압 V_{BE}가 일정할 때, 컬렉터 전류 I_C는 컬렉터 전압 V_{CE}와는 무관하게 일정하므로, 기울기가 0인 수평직선으로 나타난다. 따라서 트랜지스터의 출력 컨덕턴스 $g_0 = \dfrac{dI_C}{dV_{CE}}$는 0이 될 것이다. 그러나 베이스 폭 변조 또는 얼리 효과가 발생하면 컬렉터 전압 V_{CE}가 증가할수록 B-C 접합 공핍층의 폭이 증가하고, 중성 베이스 폭 W_B가 감소하여, 그 결과 전류이득 α와 β가 증가한다. 따라서 컬렉터 전류 I_C가 점점 증가하는 양(+)의 기울기를 갖는 직선으로 [그림 10-18(b)]와 같이 그려진다. 이때 트랜지스터의 출력 컨덕턴스 $g_0 = \dfrac{dI_C}{dV_{CE}}$는 0이 아니다. 여러 베이스 전류 I_B에 대한 컬렉터 전류 직선을 외삽하면 직선은 가로축인 전압 축과 한 점에서 만나는데, 이 전압을 **얼리 전압**Early voltage이라 부르고 V_A로 표기한다. 얼리 전압의 전형적인 값은 100~300 V의 범위를 가진다.

출력 컨덕턴스 g_0는 [그림 10-18(b)]로부터 다음 식으로 쓸 수 있다. 여기서 V_A와 V_{CE}는 양(+)의 값으로 정의된다.

$$g_0 = \frac{dI_C}{dV_{CE}} = \frac{I_C}{V_{CE} + V_A} \qquad (10.82)$$

예제 10-9

$T = 300\,\text{K}$에서 베이스 도핑농도 $N_B = 2\times10^{16}\,\text{cm}^{-3}$, 컬렉터 도핑농도 $N_C = 1\times10^{15}\,\text{cm}^{-3}$로 균일하게 도핑된 실리콘 npn 바이폴라 트랜지스터가 있다. 베이스 폭은 $W_B = 0.70\,\mu\text{m}$이다. C-B 간 전압 V_{CB}가 2~20 V까지 변화할 때 중성 베이스 폭에서의 변화를 계산하라.

풀이

베이스 영역으로 확장하는 공핍층 폭은 다음과 같이 쓸 수 있다.

$$dW_B = \left\{\frac{2\epsilon_s(V_{bi} + V_{CB})}{e}\left(\frac{N_C}{N_B}\cdot\frac{1}{N_B + N_C}\right)\right\}^{1/2}$$

$$=\left\{\frac{2(11.7)(8.854\times10^{-14})(V_{bi}+V_{CB})}{1.6\times10^{-19}}\left(\frac{1\times10^{15}}{2\times10^{16}}\cdot\frac{1}{2\times10^{16}+1\times10^{15}}\right)\right\}^{1/2}$$

$$=5.553\times10^{-6}(V_{bi}+V_{CB})^{1/2}$$

내부전위built-in voltage는 다음과 같다.

$$V_{bi}=\frac{kT}{e}\ln\left[\frac{N_B N_C}{n_i^2}\right]=(0.0259)\ln\left[\frac{(2\times10^{16})(1\times10^{15})}{(1.5\times10^{10})^2}\right]=0.6530\,\mathrm{V}$$

$V_{CB}=2\,\mathrm{V}$일 경우 $dW_B=5.553\times10^{-6}(0.6530+2)^{1/2}=0.09045\,\mu\mathrm{m}$이고, $V_{CB}=20\,\mathrm{V}$일 경우 $dW_B=5.553\times10^{-6}(0.6530+20)^{1/2}=0.2524\,\mu\mathrm{m}$이다. 만약 순방향 바이어스된 B-E 공핍층 영역을 무시한다면, 중성 베이스 폭은 다음과 같다.

$$V_{CB}=2\,\mathrm{V}\text{일 경우 } W_B=0.70-0.09045=0.6096\,\mu\mathrm{m}$$
$$V_{CB}=20\,\mathrm{V}\text{일 경우 } W_B=0.70-0.2524=0.4476\,\mu\mathrm{m}$$

$V_{CB}=2\,\mathrm{V}$에서 $V_{CB}=20\,\mathrm{V}$로 되면서 중성 베이스 영역이 73%로 줄어든다.

10.3.2 이미터에서 베이스로의 캐리어 고준위 주입

굼멜 도면이란 무엇일까? 또 이것으로 어떤 현상을 알 수 있을까?

[그림 10-19]와 같은 컬렉터 전류 I_C 및 베이스 전류 I_B 대 V_{BE} 그래프를 **굼멜 도면**Gummel plot이라고 부른다. [영역 I], [영역 II], [영역 III]의 세 영역으로 나누어 각 영역을 살펴보자. 먼저 통상적인 동작영역인 [영역 II]를 이상적인 확산 전류로 설명하고, 그 다음 [영역 I]은 재결합 전류로, [영역 III]은 고준위 주입의 효과로 그 특징을 살펴보기로 하자.

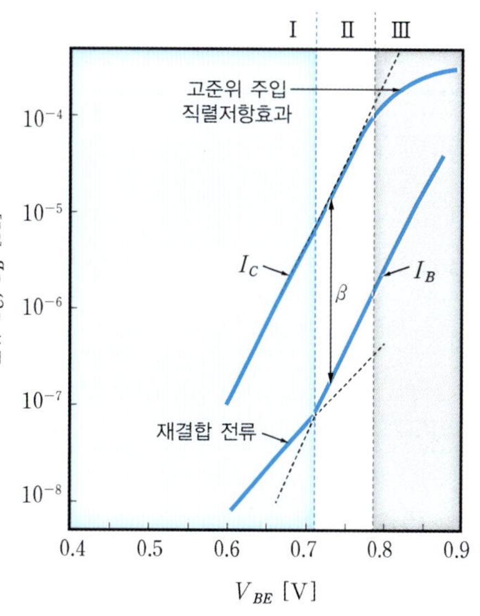

[그림 10-19] I_C 및 I_B 대 V_{BE} 그래프

[영역 Ⅱ] 확산 전류가 우세한 이상적인 경우

npn 바이폴라 트랜지스터의 경우, 전류 식에서 이미터 전류는 이미터 단자에서 흘러 나가는 방향이 양의 방향이고, 컬렉터 전류와 베이스 전류는 각 단자로 흘러 들어가는 방향이 양의 방향임에 주의해야 한다.

[표 10-6] npn 트랜지스터에서의 간소화된 이미터, 컬렉터, 베이스 전류 성분과 계산식

	기호	내용	계산식
이미터 전류 J_E	J_{nE}	이미터에서 베이스로 주입되는 전자의 확산에 의한 이미터 전류 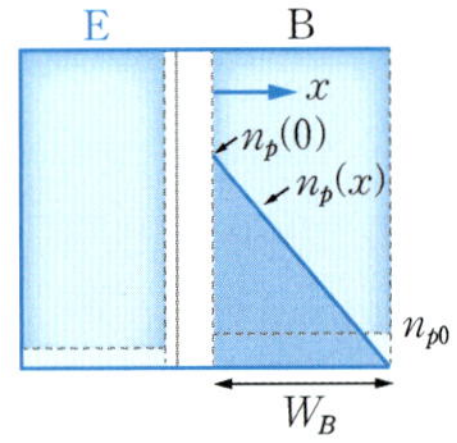	$eD_n\left[\frac{n_p(0)}{W_B}\right]=\frac{eD_n n_{p0}}{W_B}\exp\left(\frac{eV_{BE}}{kT}\right)$
	J_{pE}	베이스에서 이미터로 주입되는 정공의 확산에 의한 이미터 전류 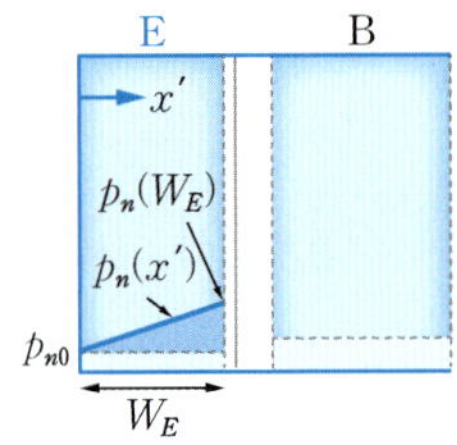	$eD_p\left[\frac{p_n(W_E)-p_{n0}}{W_E}\right]=\frac{eD_p p_{n0}}{W_E}\left[\exp\left(\frac{eV_{BE}}{kT}\right)-1\right]$
컬렉터 전류 J_C	J_{nC}	J_{nE} 중에서, 이미터에서 주입된 대다수 캐리어들이 베이스를 통과하여 컬렉터로 그대로 주입되어 흐르는 전류 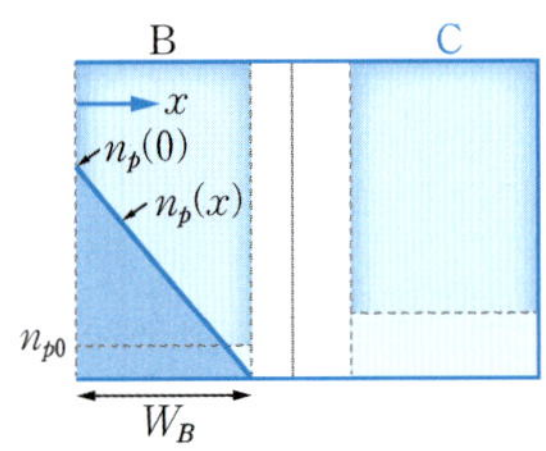	$eD_n\left[\frac{n_p(0)}{W_B}\right]=\frac{eD_n n_{p0}}{W_B}\exp\left(\frac{eV_{BE}}{kT}\right)$
베이스 전류 $J_B=J_E-J_C$	J_{pB} $(=J_{pE})$	베이스에서 이미터로 주입되는 정공을 베이스 단자로부터 계속 공급해주어야 하는 전류 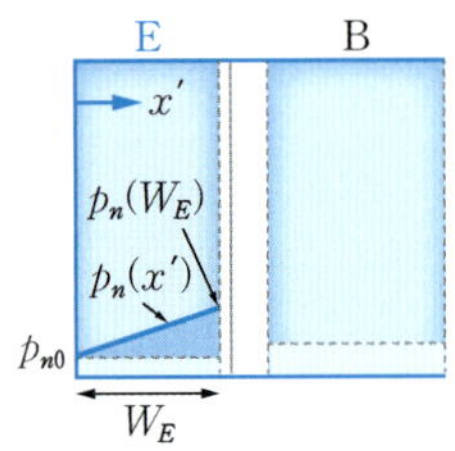	$eD_p\left[\frac{p_n(W_E)-p_{n0}}{W_E}\right]=\frac{eD_p p_{n0}}{W_E}\left[\exp\left(\frac{eV_{BE}}{kT}\right)-1\right]$

통상적인 경우 E-B 및 B-C 공핍층에서의 재결합 전류 J_{recE}와 생성 전류 J_{genC}를 무시할 수 있으며, J_{nC}가 컬렉터 역포화 전류 J_{pC0}보다 매우 크고, J_{pB}가 J_{nB}와 $-J_{pC0}$보다 매우 크다고 볼 수 있다. 이때 npn 트랜지스터에서의 이미터, 컬렉터, 베이스 전류 성분의 구성과 크기는 [표 10-6]과 같이 간단하게 정리할 수 있다.

컬렉터 전류 J_C와 베이스 전류 J_B 모두 $\exp\left(\frac{eV_{BE}}{kT}\right)$에 비례하므로, $\ln J$ 대 V_{BE} 그래프를 그리면 [그림 10-19]의 [영역 II]에서 보는 바와 같이 모두 직선이 된다. $\log J_C$ 혹은 $\log J_B$ 대 V_{BE}의 함수관계를 그린 직선 그래프에서 직선의 기울기를 구해보자.

컬렉터 전류 J_C와 베이스 전류 J_B 모두 $J = A\exp\left(\frac{eV_{BE}}{kT}\right)$의 형태로, 양변에 로그를 취하면 $\ln J = \frac{\log J}{\log e} = \ln A + \left(\frac{e}{kT}\right)V_{BE}$가 된다. 따라서 직선의 기울기는 $\frac{d\log J}{dV_{BE}} = \left(\frac{e}{kT}\right)\log e$이고, 절대온도 300 K에서 이 값은 16.7이다. 이 기울기의 역수는 $\frac{dV_{BE}}{d\log J} = \left(\frac{kT}{e}\right)\ln 10$이 되고, 절대온도 300 K에서 이 값은 0.060이다. 따라서 컬렉터 전류가 10배 될 때, 즉 decade당 V_{BE}는 60 mV가 증가한다.

[영역 II]에서는 V_{BE}가 증가할 때 I_C와 I_B의 직선이 평행하게 유지되는데, 이는 공통 이미터 전류이득 $\beta = I_C/I_B$가 일정하게 유지됨을 의미한다.

[영역 I] 재결합 전류가 우세한 경우

베이스 전류 I_B 중에서 V_{BE}에 의존하는 성분은 [표 10-7]과 같다.

[표 10-7] npn 트랜지스터에서 베이스 전류 중 V_{BE}에 의존하는 성분

전류	내용	계산식
J_{nB}	베이스에서 과잉 소수캐리어 전자와의 재결합으로 사라진 다수캐리어 정공을 베이스 단자로부터 계속 공급해주어야 하는 전류	$J_{nE} - J_{nC} \simeq 0$
$J_{pB} = J_{pE}$	베이스에서 이미터로 주입되는 정공을 베이스 단자로부터 계속 공급해주어야 하는 전류	$eD_p\left[\frac{p_n(W_E) - p_{n0}}{W_E}\right] = \frac{eD_p p_{n0}}{W_E}\left[\exp\left(\frac{eV_{BE}}{kT}\right) - 1\right]$
J_{recE}	이미터-베이스 공핍층에서 전자와 정공의 재결합에 의한 전류	$\frac{eWn_i}{2\tau_0}\left[\exp\left(\frac{eV_{BE}}{2kT}\right) - 1\right]$

8.3.3절의 [그림 8-18]에서 pn 접합이 순방향 바이어스일 때, 이상적 확산 전류밀도

J_D와 재결합 전류밀도 J_{rec}를 합한, 식 (8.84) $I = I_s\left[\exp\left(\frac{eV_F}{\eta kT}\right) - 1\right]$의 그래프를 살펴보았다. 여기서 파라미터 η는 **이상인자**ideality factor로, 큰 순방향 전압을 인가해서 확산 전류가 우세할 때는 $\eta \simeq 1$로 되고, 작은 순방향 전압을 인가해서 재결합 전류가 우세할 때는 $\eta \simeq 2$로 된다.

[표 10-7]에서 $J_{pB}(=J_{pE})$는 이상적 확산 전류밀도 J_D에 해당하고, J_{recE}는 재결합 전류밀도 J_{rec}에 해당한다. 따라서 베이스 전류는 식 (8.84)와 같은 형태인

$$J_B = J_{B0}\left[\exp\left(\frac{eV_{BE}}{\eta kT}\right) - 1\right] \tag{10.83}$$

로 쓸 수 있고, [그림 8-18]과 [그림 10-19]의 [영역 Ⅰ]의 그래프는 동일한 형태임을 알 수 있다.

8.3.2절에서 상온의 실리콘 pn 접합 다이오드의 경우 식 (8.80)의 재결합 전류밀도 $J_{rec} = \frac{en_iW}{2\tau_0}\exp\left(\frac{eV_F}{2kT}\right)$ 는 이상적인 역포화 전류밀도 $J_s = \left[\frac{eD_pp_{n0}}{L_p} + \frac{eD_nn_{p0}}{L_n}\right]$ 보다 10^3배 이상 큼을 알았다. 따라서 V_{BE} 전압이 작은 값을 갖는 범위에서는 재결합 전류가 확산 전류보다 매우 커서, E-B 공핍층에서의 재결합 전류 J_{recE}가 위 $J_{pB}(= J_{pE})$ 전류보다 커지는 상황이 될 수 있다. 따라서 V_{BE} 전압이 작은 값을 갖는 범위에서, 즉 베이스 전류가 작은 값을 갖는 범위에서는 J_{recE}가 J_{pE}보다 커서 베이스 전류는

$$J_B \simeq J_{recE} \simeq J_{r0}\left[\exp\left(\frac{eV_{BE}}{2kT}\right)\right] = \frac{en_iW}{2\tau_0}\exp\left(\frac{eV_{BE}}{2kT}\right) \tag{10.84}$$

라고 볼 수 있다. $\log J_B$ 대 V_{BE}의 함수관계를 그린 직선 그래프에서 직선의 기울기는 $\frac{d\log J_B}{dV_{BE}} = \left(\frac{e}{2kT}\right)\log e$이고, 절대온도 300 K에서 이 값은 8.35이다. 이 값은 [영역 Ⅱ]에서의 직선 기울기의 절반에 해당한다.

[영역 Ⅰ]에서 공통 이미터 전류이득 $\beta = I_C/I_B$은 [영역 Ⅱ]보다 낮아짐을 알 수 있다.

[영역 Ⅲ] 고준위 주입 현상이 발생하는 경우

[그림 10-19]의 [영역 Ⅰ]과 [영역 Ⅱ]에서는 저준위 주입의 상태이지만, V_{BE}가 더욱 증가함에 따라 고준위 주입이 발생하면, E-B 접합을 건너 주입된 소수캐리어 농도가 베이스에 있는 기존의 다수캐리어 농도에 근접하거나 심지어 더 커진다. 고준위

주입된 과잉 전자는 베이스 영역을 더 음의 전하량으로 채우며, 이 전하량은 베이스 전극으로부터 과잉 정공을 더 끌어당긴다. 만약 준-전하중성을 가정한다면, 과잉 전자의 농도와 동일하게 과잉 정공의 분포가 형성될 것이다. 따라서 [그림 10-20]과 같이 E-B 공핍층 오른쪽 끝인 베이스 접촉면에서($x=0$), 증가한 과잉 전자의 농도 때문에 p형 베이스 내 전체 다수캐리어 정공농도 $p_B(x)$도 증가할 것이다. [그림 10-20]에서 세로축은 로그 눈금임을 주의한다. 즉 [그림 10-20(b)]의 $x=0$에서 $p_B(0)-N_B$와 $n_B(0)-n_{B0}$는 같아야 하지만, 그림상에서는 많이 다르게 나타난다.

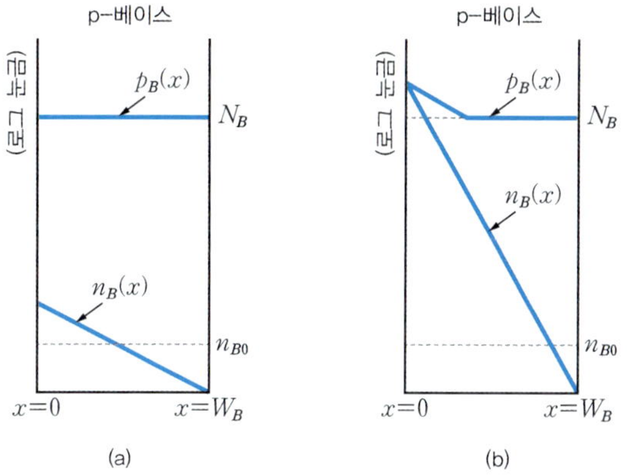

[그림 10-20] (a) 저준위 주입 때 베이스 내 캐리어 농도 분포, (b) 고준위 주입 때 베이스 내 캐리어 농도 분포

이렇게 베이스 내에 고준위 주입으로 증가된 다수캐리어 정공의 농도는 두 가지 효과를 유발한다.

❶ 첫 번째 효과는 **이미터 주입효율의 감소**이다. $x=0$에서 다수캐리어 정공 농도는 고준위 주입에 의해 증가하므로, 더 많은 정공들이 순방향 바이어스 된 B-E 전압에 의해 이미터 속으로 역주입된다. 이러한 정공 주입의 증가는 J_{pE} 전류를 증가시키고, npn 트랜지스터에서 이미터 주입효율인자는 $\gamma=\left(\dfrac{J_{nE}}{J_{pE}+J_{nE}}\right)$이므로, J_{pE}의 증가는 이미터 주입효율을 감소시킨다. 따라서 공통 베이스 전류이득 $\alpha=\dfrac{J_C}{J_E}$는 고준위 주입으로 인해 감소하고, 컬렉터 전류 J_C도 감소한다.

베이스 영역에 고준위 주입된 과잉 전자는 전하중성을 이루기 위해 베이스 전극으로부터 과잉 정공을 더 끌어당기고, 이는 베이스 전류 J_B의 증가를 가져온다. 고준위 주입으로 증가된 J_{pE} 전류는 컬렉터 전류에는 기여하지 못하므로, 결국 $\beta=\dfrac{J_C}{J_B}$이므로 β 값이 저준위 주입의 경우보다 감소하게 된다.

❷ 두 번째 효과를 생각해보자. 저준위 주입에서, npn 트랜지스터에 대한 $x=0$에서의 다수캐리어 정공농도는

$$p_p(0) = p_{p0} = N_a \tag{10.85}$$

이고, 소수캐리어 전자농도는

$$n_p(0) = n_{p0}\exp\left(\frac{eV_{BE}}{kT}\right) \tag{10.86}$$

이다. 위 두 식을 곱하면 다음과 같이 된다.

$$p_p(0)\,n_p(0) = p_{p0}n_{p0}\exp\left(\frac{eV_{BE}}{kT}\right) \tag{10.87}$$

고준위 주입에서 식 (10.87)은 여전히 적용된다. 고준위 주입의 경우에 준-전하 중성을 가정한다면, 고준위 주입된 과잉 전자와 동일하게 과잉 정공의 분포가 형성되기 때문에 $n_p(0) \simeq p_p(0)$이 된다.

따라서 $p_p(0)\,n_p(0) = p_{p0}n_{p0}\exp\left(\frac{eV_{BE}}{kT}\right) \simeq [n_p(0)]^2$이 되고, 결국 $n_p(0)$은 다음과 같이 될 것이다.

$$n_p(0) \simeq n_{p0}\exp\left(\frac{eV_{BE}}{2kT}\right) \tag{10.88}$$

따라서 저준위 주입일 때 $J_{nC} = eD_n\left[\frac{n_p(0)}{W_B}\right] \propto \exp\left(\frac{eV_{BE}}{kT}\right)$이지만 고준위 주입이 되면 $J_{nC} \propto \exp\left(\frac{eV_{BE}}{2kT}\right)$가 되어, 베이스에서 과잉 소수캐리어 농도 및 컬렉터 전류는 B-E 전압 V_{BE}의 증가에 따라 더 느린 비율로 상승할 것이다. 이 효과를 [그림 10-19]의 [영역 III]에서 볼 수 있다.

이와는 별도로 큰 이미터 전류가 흐를 때는 직렬 저항 효과가 발생한다. pn 접합 다이오드에서 큰 전류가 흐를 때, 중성영역의 직렬 내부저항에 의해 발생한 전압강하가 접합 양단에 걸리는 전압의 감소를 유발하여 전류의 증가가 둔화되는 효과가 발생함을 알고 있다(8.2.2절의 [그림 8-16] 참조). 이미터 전류가 클 때는 E-B 접합에도 이러한 효과가 발생하여, 고준위 주입 효과와 마찬가지로 컬렉터 전류가 감소하는 결과를 가져온다. [영역 III]에서도 공통 이미터 전류이득 $\beta = I_C/I_B$는 [영역 II]보다 낮아짐을 알 수 있다.

굼멜 수란 무엇일까?

컬렉터 전류에 대한 식 $J_C \simeq J_{nC} \simeq \dfrac{eD_n n_{B0}}{W_B}\left[\exp\left(\dfrac{eV_{BE}}{kT}\right)-1\right]$에서, 베이스 내 소수캐리어 농도 n_{B0}를 다수캐리어 농도 p_{B0}로 표현하면, 상온에서 모든 도펀트가 이온화되었다고 볼 수 있으므로 $p_{B0}=N_B$가 되고, 질량작용법칙($n_0 p_0 = n_i^2$)으로부터 $n_{B0}=\dfrac{n_{iB}^2}{N_B}$임을 알 수 있다. 따라서 J_C는 다음과 같이 구할 수 있다.

$$J_C = \frac{eD_n n_{iB}^2}{W_B N_B}\left[\exp\left(\frac{eV_{BE}}{kT}\right)-1\right] = \frac{e n_i^2}{G_B}\left[\exp\left(\frac{eV_{BE}}{kT}\right)-1\right] \tag{10.89}$$

여기서 G_B는 **베이스 굼멜 수**[base Gummel number]라고 하며, 다음과 같이 정의된다.

$$G_B = \frac{n_i^2}{n_{iB}^2}\frac{W_B N_B}{D_n} \tag{10.90}$$

즉 **베이스 굼멜 수는 단위면적당 베이스 도펀트의 수**(즉, $W_B N_B$)**에 비례**한다. 마찬가지로 이미터 전류 식 $J_{pE} = \dfrac{eD_p p_{E0}}{W_E}\left[\exp\left(\dfrac{eV_{BE}}{kT}\right)-1\right]$에서, 이미터 내 소수캐리어 농도 p_{E0}를 다수캐리어 농도 n_{E0}로 표현하면, 상온에서 모든 도펀트가 이온화되었다고 볼 수 있으므로 $n_{E0}=N_E$가 되고, 질량작용법칙($n_0 p_0 = n_i^2$)으로부터 $p_{E0}=\dfrac{n_{iE}^2}{N_E}$임을 알 수 있다. 따라서

$$J_B = \frac{eD_p n_{iE}^2}{W_E N_E}\left[\exp\left(\frac{eV_{BE}}{kT}\right)-1\right] = \frac{e n_i^2}{G_E}\left[\exp\left(\frac{eV_{BE}}{kT}\right)-1\right] \tag{10.91}$$

이 된다. 여기서 G_E는 **이미터 굼멜 수**라고 하며, 다음과 같이 정의된다.

$$G_E = \frac{n_i^2}{n_{iE}^2}\frac{W_E N_E}{D_p} \tag{10.92}$$

즉 **이미터 굼멜 수는 단위면적당 이미터 도펀트의 수**(즉, $W_E N_E$)**에 비례**한다.

예제 10-10

공통 이미터 전류이득 β를 이미터 및 베이스 굼멜 수로 표현하고, 공통 이미터 전류이득 β를 증가시키기 위한 방법을 기술하라.

풀이

공통 이미터 전류이득 β를 굼멜 수로 표현하면 다음과 같다.

$$\beta = \frac{J_C}{J_B} = \frac{G_E}{G_B} = \frac{D_B W_E N_E n_{iB}^2}{D_E W_B N_B n_{iE}^2} \quad (10.93)$$

공통 이미터 전류이득 β를 크게 하기 위해서는 이미터 도핑을 베이스 도핑보다 높게 해주어야 하고, 베이스 폭을 이미터 폭보다 짧게 해야 하며, 이미터의 진성 캐리어 농도를 베이스의 진성 캐리어 농도보다 작게 해주어야 함을 알 수 있다.

10.3.3 고농도 도핑된 이미터의 밴드갭 축소

공통 이미터 전류이득 β를 높이기 위해 이미터 도핑을 증가시키면 어떤 현상이 발생할까?

이미터 도핑농도 N_E가 베이스 도핑농도 N_B보다 크면 이미터 주입효율인자

$$\gamma \simeq \frac{1}{1 + \dfrac{N_B D_E W_B}{N_E D_B W_E}}$$

이 증가하고, 베이스 도핑농도 N_B가 작을수록 $\dfrac{J_{r0}}{J_{s0}} = \dfrac{W_{EB} W_B N_B}{2\tau_0 D_B n_i}$가 작아지므로 재결합인자

$$\delta = \frac{1}{1 + \dfrac{J_{r0}}{J_{s0}} \exp\left(\dfrac{-eV_{BE}}{2kT}\right)}$$

은 증가한다. 결국 공통 베이스 전류이득 $\alpha(= \delta\gamma\alpha_T)$가 증가하고, 공통 이미터 전류이득 $\beta(= \dfrac{\alpha}{1-\alpha})$도 커진다. 따라서 **공통 이미터 전류이득 β를 높이기 위해서는 이미터 도핑농도 N_E가 베이스 도핑농도 N_B보다 클수록 좋다.**

그러나 **이미터 도핑이 지나치게 높아지면** 도펀트 원자들 간에 거리가 서로 가까워지면서 상호작용이 증가한다. 이때 양자화된 개별 도너 준위들은 분리되면서 도너에너지 밴드를 형성하고, 밴드 폭은 점점 증가하며 마침내 전도대역과 합쳐진다. 그러면 전도

대역의 최솟값이 낮아지게 되어 **유효 에너지밴드갭은 좁아진다**. 불순물 도핑농도에 따른 에너지밴드갭의 감소량 ΔE_g는 실리콘인 경우에 $10^{21}\,\mathrm{cm}^{-3}$의 불순물 농도일 때 $140\,\mathrm{meV}$, $10^{20}\,\mathrm{cm}^{-3}$의 불순물 농도일 때 $95\,\mathrm{meV}$, $10^{19}\,\mathrm{cm}^{-3}$의 불순물 농도일 때 $50\,\mathrm{meV}$, 그리고 $10^{18}\,\mathrm{cm}^{-3}$보다 작을 때는 무시할 수 있는 정도이다.

에너지밴드갭이 감소하면 가전자대역의 전자가 더 쉽게 전도대역으로 상승하면서 전자 정공-쌍을 생성하므로 진성 캐리어 농도가 증가한다. 절대온도 T에서 에너지밴드갭이 E_g인 경우 진성 캐리어 농도는 다음과 같이 주어진다.

$$n_i^2 = N_c N_v \exp\left(\frac{-E_g}{kT}\right) \tag{10.94}$$

이미터의 도핑이 높아지면서 에너지밴드갭이 E_g에서 $E_g - \Delta E_g$로 축소되면 진성 캐리어 농도는 다음과 같이 쓸 수 있다.

$$n_{iE}^2 = N_c N_v \exp\left(\frac{-(E_g - \Delta E_g)}{kT}\right) = n_i^2 \exp\left(\frac{\Delta E_g}{kT}\right) \tag{10.95}$$

이미터 주입효율인자 식 (10.69)는 npn 트랜지스터인 경우 다음과 같이 주어진다.

$$\gamma = \frac{1}{1 + \dfrac{p_{E0} D_E L_B}{n_{B0} D_B L_E} \cdot \dfrac{\tanh(W_B/L_B)}{\tanh(W_E/L_E)}} \tag{10.96}$$

p_{E0} 항은 이미터에서 열적 평형 소수캐리어 농도이고 다음을 만족시킨다.

$$p_{E0} = \frac{n_{iE}^2}{N_E} = \frac{n_i^2}{N_E} \exp\left(\frac{\Delta E_g}{kT}\right) \tag{10.97}$$

만약 이미터 밴드갭이 축소되지 않는다면 $p_{E0} = \dfrac{n_{iE}^2}{N_E} = \dfrac{n_i^2}{N_E}$에 의해 이미터 도핑농도 N_E가 증가하면서 p_{E0}가 점점 작아진다. 그러나 이미터 도핑농도가 증가함에 따라 밴드갭이 축소되면 ΔE_g는 증가하게 되고, 따라서 p_{E0}는 증가된 이미터 도핑에 따라 계속해서 감소되지 않는다. 결국 이미터 주입효율은 증가된 이미터 도핑에 따라 계속 증가하기보다는 다소 떨어지기 시작한다. 이것은 [그림 10-19]의 [영역 III]에서와 같이 트랜지스터 전류 이득을 감소시킨다.

예제 10-11

실리콘 이미터의 도너 도핑농도가 10^{19}cm^{-3}에서 10^{20}cm^{-3}으로 10배 증가하면, p_{E0} 값은 몇 배로 감소하는지 다음 두 경우에 대하여 계산하고 서로 비교하라.

(a) 불순물 도핑농도에 따른 에너지밴드갭의 감소량 ΔE_g가 없는 경우

(b) ΔE_g가 있는 경우

풀이

(a) 만약 불순물 도핑농도에 따른 에너지밴드갭의 감소량 ΔE_g가 없다고 하면, 이미터 도핑농도 10^{19}cm^{-3}과 10^{20}cm^{-3}에 대한 이미터 소수캐리어 농도 p_{E0}의 값은 각각 다음과 같다.

$$p_{E0} = \frac{n_i^2}{N_E} = \frac{(1.5\times 10^{10})^2}{10^{19}} = 22.5\,\text{cm}^{-3},\quad p_{E0} = \frac{n_i^2}{N_E} = \frac{(1.5\times 10^{10})^2}{10^{20}} = 2.25\,\text{cm}^{-3}$$

이 경우에는 다수캐리어 농도가 10배로 증가하면서 소수캐리어 농도는 $\frac{1}{10}$로 감소한다.

(b) 불순물 도핑농도에 따른 에너지밴드갭의 감소량 ΔE_g를 고려하면(10^{20}cm^{-3}의 불순물 농도인 경우 95 meV, 10^{19}cm^{-3}의 불순물 농도인 경우 50 meV), 이미터 도핑농도 10^{19}cm^{-3}과 10^{20}cm^{-3}에 대한 이미터 소수캐리어 농도 p_{E0}의 값은 각각 다음과 같다.

$$p_{E0} = \frac{(1.5\times 10^{10})^2}{10^{19}}\exp\left(\frac{0.05}{0.0259}\right) = 155\,\text{cm}^{-3},$$

$$p_{E0} = \frac{(1.5\times 10^{10})^2}{10^{20}}\exp\left(\frac{0.095}{0.0259}\right) = 88.1\,\text{cm}^{-3}$$

이 경우에는 다수캐리어 농도가 10배로 증가하면서 소수캐리어 농도는 $\frac{1}{1.76}$로 감소한다. 불순물 도핑농도에 따른 에너지밴드갭의 감소량 ΔE_g를 고려하면, 이미터의 도너 도핑농도가 10^{19}cm^{-3}에서 10^{20}cm^{-3}으로 10배 증가하면 소수캐리어 농도 p_{E0}는 0.1배로 감소하지 않고 0.568배로 덜 감소하는데, 이는 이미터의 밴드갭 축소에 따른 결과이다.

10.3.4 이미터보다 작은 밴드갭을 갖는 베이스

이미터보다 베이스의 밴드갭 에너지를 작게 하여 공통 이미터 전류이득 β를 높일 수 있을까?

이미터 주입효율 γ는 이미터에서 열평형 소수캐리어 농도 p_{E0}를 감소시킴으로써(즉

이미터 도핑농도를 증가시킴으로써) 증가시킬 수 있다. 그러나 이미터 도핑이 증가하면 밴드갭이 축소되고 이미터 주입효율 개선에 한계가 온다. 이러한 문제를 해결하기 위해 이미터에 밴드갭이 큰 물질을 사용한다. 이렇게 함으로써 베이스에서 이미터로 캐리어의 주입을 최소화할 수 있다.

공통 이미터 전류이득 β는

$$\beta = \frac{J_C}{J_B} = \frac{G_E}{G_B} = \frac{D_B W_E N_E n_{iB}^2}{D_E W_B N_B n_{iE}^2}$$

과 같이 표현된다. 식 (4.41)에서

$$n_i^2 = N_c N_v \exp\left[\frac{-(E_c - E_v)}{kT}\right] = N_c N_v \exp\left[\frac{-E_g}{kT}\right]$$

이므로 이미터의 밴드갭 에너지를 크게 하고 베이스의 밴드갭 에너지를 작게 하면, $\frac{n_{iB}^2}{n_{iE}^2}$를 크게할 수 있기 때문에 **공통 이미터 전류이득 β를 증가**시킬 수 있다.

이와 같은 목적으로 이미터와 베이스의 반도체 물질의 종류를 달리하여 제작한 트랜지스터를 **이종접합 바이폴라 트랜지스터**(HBT)[Hetero-junction Bipolar Transistor]라고 부른다. Si 이미터에 Si-Ge 베이스, InP 이미터에 InGaAs 베이스, AlGaAs 이미터에 GaAs 베이스 등의 HBT가 있다.

10.3.5 폴리실리콘 이미터

npn 트랜지스터의 이미터 폭이 좁을수록 이미터 주입효율인자가 감소하는데, 이를 어떻게 개선할 수 있을까?

npn 바이폴라 트랜지스터(BJT)에서 이미터의 깊이가 깊지 않아 이미터 폭 W_E가 작은 값일수록, 다음 식 J_{pE}가

$$J_{pE} = eD_p\left[\frac{p_n(W_E) - p_{n0}}{W_E}\right]$$

다음 식 J_{nE}와 비교했을 때

$$J_{nE} = eD_n\left[\frac{n_p(0)}{W_B}\right]$$

상대적으로 커져서 이미터 주입효율인자

$$\gamma = \frac{J_{nE}}{J_{pE} + J_{nE}}$$

가 감소한다.

이미터의 폭은 일반적으로 얇게 하는데, 그 이유는 속도를 증가시키고 기생저항을 감소시키기 위함이다. 그러나 얇은 이미터는 [그림 10-21(a)]에서와 같이 소수캐리어의 농도 기울기를 증가시킨다. npn BJT에서 이미터 깊이를 얇게 해서 이미터 폭 W_E가 작아지면 J_{pE}가 커진다. 즉 이 기울기의 증가는 B-E 접합 전류를 증가시키고, 차례로 이미터 주입효율 γ와 공통 이미터 전류이득 β를 감소시킨다.

이를 개선하기 위해서는 [그림 10-21(b)]와 같이 이미터 전극을 n^+ 폴리실리콘으로 구성하여, p형 베이스와 n^+ 폴리실리콘 사이에 아주 얇은 n^+ 단결정 실리콘 영역을 둔다. 그러면 n^+ 폴리실리콘과 n^+ 단결정 실리콘은 동일한 밴드갭의 물질이므로 [그림 10-21(a)]의 경우보다 이미터 폭이 더 늘어난 효과를 유발하여 J_{pE}가 작아진다. 따라서 이미터 주입효율인자 γ를 증가시키고, 공통 이미터 전류이득 β를 높일 수 있다.

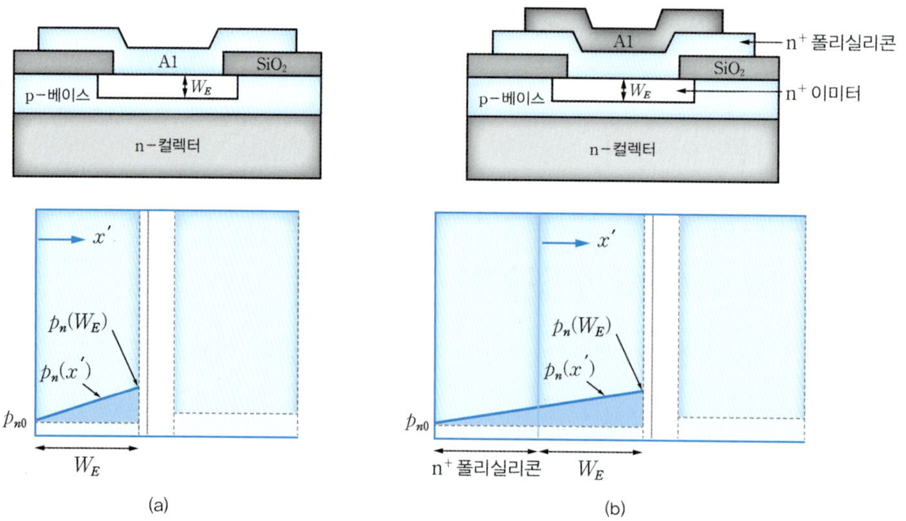

[그림 10-21] (a) 이미터 전극이 금속인 경우 단면과 이미터 소수캐리어 분포,
(b) 이미터 전극이 n^+ 폴리실리콘인 경우 단면과 이미터 소수캐리어 분포

10.3.6 이미터 영역 테두리 부근의 전류 밀집 현상

> **고전력용 BJT를 제작하려면 전류가 많이 흐를 수 있도록 이미터 면적을 점점 크게 해주어야 하는데, 이때 어떤 문제가 발생할까?**

트랜지스터의 전류이득을 키우기 위해서 베이스 영역의 두께를 얇게 만드는데, 이때 보통 $1\mu m$ 이하의 두께를 갖는다. 따라서 베이스 전극 단자로부터 이미터로 주입되는 정공의 흐름은 [그림 10-22]에서처럼 이미터 아래의 좁은 베이스 폭을 지나게 된다. 이 좁은 베이스 영역은 저항이 0이 아니므로 전압강하 ΔV가 발생하여, 이미터-베이스 접합에 걸리는 순방향 바이어스 전압이 모든 이미터-베이스 접합 지점에서 동일하지 않다.

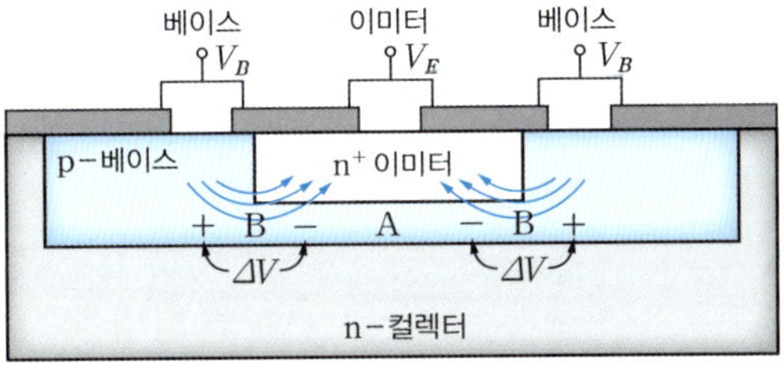

[그림 10-22] npn 트랜지스터에서 전류 흐름과 전류 밀집 현상

n^+ 이미터 영역은 도핑이 많이 되어 있으므로 근사적으로 이미터 전체 중성영역은 동일한 전위를 갖는다고 볼 수 있다. 이미터 영역의 가장자리 부분에서는 베이스 전극의 전압 V_B에서 이미터 전극의 전압 V_E를 뺀 전압 $V_B - V_E$가 거의 다 걸린다고 볼 수 있는 반면, 이미터 영역의 가운데 부분에서는 베이스 전극의 전압 V_B에서 좁은 베이스를 가로질러 발생한 전압강하 ΔV를 뺀 전압에서 이미터 전극의 전압 V_E를 뺀 전압, 즉 $V_B - V_E - \Delta V$가 걸리게 된다. 베이스 단자를 기준으로 한 전압강하 ΔV는 이미터의 가장자리인 B 지점에서 이미터 중앙인 A 지점으로 갈수록 커진다. 따라서 그림에서 이미터 영역의 가운데 A 부분 접합에는 이미터 영역의 가장자리 B 부분과 비교할 때 더 작은 순방향 전압이 걸리게 된다. 그런데 흐르는 전류는 순방향 전압에 따라 지수함수로 상승하므로($I \propto \exp\left(\frac{qV}{kT}\right)$), 그림의 A **부분보다** B **부분으로 이미터 전류가 더 많이 흐르는 전류 밀집 현상이 발생**하게 된다. 따라서 그림의 B 부분이 A 부분보다 먼저 고농도 주입 효과가 나타나고 국부적으로 가열되는 현상이 발생하며, 결국 이미터 전체 영역을 충분하게 활용하지 못하고 더 좁은 이미터 면적을 사용하는 것이 되므로 바람직하지 않은 현상이 발생하게 된다.

큰 전류를 흘릴 수 있도록 전력 트랜지스터를 설계하려면 큰 전류밀도를 감당하기 위해서 큰 이미터 면적이 필요하지만, 이미터 면적이 커질수록 이미터 가장자리 영역에서 전류 밀집 현상이 심해져서 실질적으로 유효한 이미터 영역의 면적은 줄어들게 된다. 이 전류 밀집 현상을 방지하면서 트랜지스터가 고전력을 감당하도록 하기 위해서는, 트랜지스터의 큰 이미터 영역을 좁은 이미터 폭을 갖는 여러 개의 작은 병렬 트랜지스터로 쪼개어 나누고, 외부에서 이미터 전극과 베이스 전극을 빗살모양으로 묶어 [그림 10-23]과 같이 연결하면 된다. 이렇게 되면 각각의 작은 병렬 트랜지스터의 전체 이미터 영역을 충분히 활용하게 되어 실질적으로 이미터 면적을 키울 수 있으므로, 트랜지스터가 고전류를 감당할 수 있게 된다.

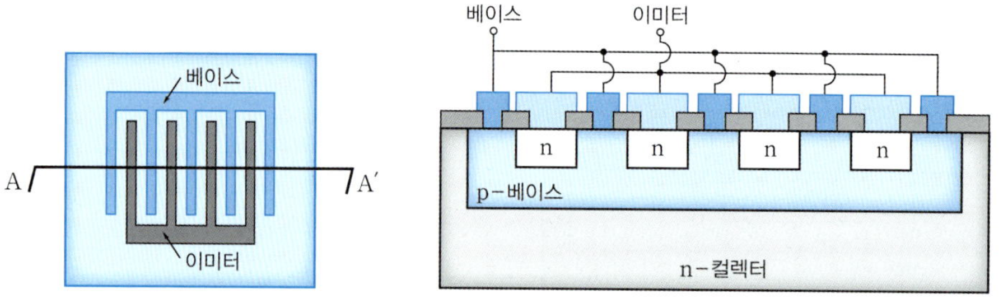

[그림 10-23] 빗살모양 npn 트랜지스터의 (a) 전극 패턴, (b) A-A' 단면 구조

10.3.7 불균일하게 도핑된 베이스

베이스의 불순물 도핑이 균일하지 않은 경우에는 어떤 현상이 발생할까?

지금까지 트랜지스터 해석에서 불순물은 균일하게 도핑되었다고 가정했다. 그러나 확산에 의해 트랜지스터를 제작하면 균일하게 도핑되지 않고 경사진 기울기를 갖는다. [그림 10-24]는 이중 확산된 npn 트랜지스터에서의 도핑 분포를 보여준다.

$10^{15}\,cm^{-3}$으로 균일하게 도핑된 n형 기판에 표면으로부터 억셉터 원자를 확산시키면 보상에 의해 p형 베이스가 형성되고, 다시 표면으로부터 매우 높은 농도로 도너 원자를 확산시키면 이중으로 보상된 n형 이미터가 W_E의 폭으로 형성되고, 이때 베이스 폭은 W_B가 된다. 즉 확산공정에 의해 베이스 내에서 불균일 도핑 분포가 형성된다.

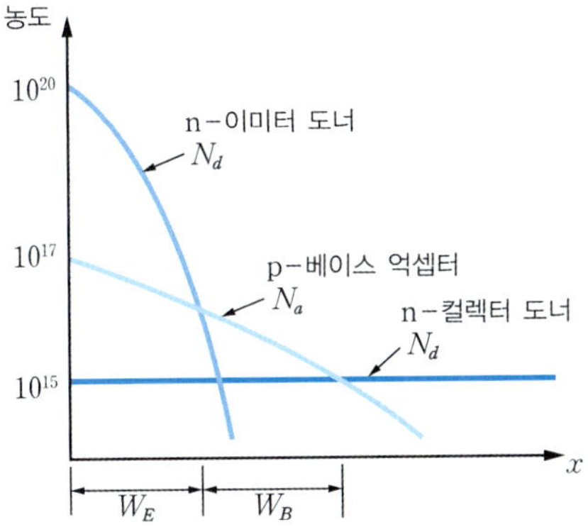

[그림 10-24] 확산에 의해 제작된 npn 트랜지스터의 도핑농도 분포

[그림 10-24]와 같이 베이스 영역의 억셉터 농도가 왼쪽이 높고 오른쪽이 낮으면 ($\frac{dN_a}{dx}<0$), 상온에서 모든 억셉터는 이온화되었다고 볼 수 있으므로 자유정공의 농도도 왼쪽이 높고 오른쪽이 낮게 된다($\frac{dp}{dx}<0$). 이런 자유정공의 농도 기울기는 $+x$축 방향으로 자유정공의 확산을 유도하게 되고, 이는 억셉터 음이온과 자유정공의 양전하 사이에 공간적인 분리를 유발해서, 결국 전계 $\mathcal{E}$가 $-x$축 방향으로 형성된다. 5.4.1절에서 경사진 불순물 농도가 전계를 형성시킨다는 것을 상기하면, 외부에서 전압을 인가하지 않은 열적 평형상태에서 p형 베이스 영역의 정공전류는 다음과 같다.

$$J_p = e\mu_p N_a \mathcal{E} - eD_p \frac{dN_a}{dx} = 0 \tag{10.98}$$

따라서 베이스 내부에 형성된 전계는 다음과 같다.

$$\mathcal{E} = \left(\frac{kT}{e}\right)\frac{1}{N_a}\frac{dN_a}{dx} \tag{10.99}$$

[그림 10-24]에서 dN_a/dx는 음의 값이므로, 유기된 전계 $\mathcal{E}$가 $-x$축 방향이 된다.

이미터와 베이스 사이에 순방향 바이어스가 가해지면 이미터의 다수캐리어인 전자들이 베이스로 주입되고, 주입된 베이스 내 전자들은 베이스에서 소수캐리어가 되어 컬렉터 영역으로 확산된다. 불균일한 도핑 때문에 형성된 베이스 내에 유기된 $-x$축 방향의 전계는, 베이스 영역을 지나가는 이런 소수캐리어들을 더 빠르게 컬렉터로 이동하게끔 전자들에 힘을 가한다. 즉 유기된 전계는 가속전계가 되며, 이미 존재하는 확산 전류에 추가하여 전류의 표동 성분을 만들어내고, **캐리어가 이미터에서 컬렉터로 이동하는 시간을 짧게** 만든다. 따라서 컬렉터 전류의 증가를 가져오고 공통 이미터 전류이득 β가 높아진다.

10.3.8 커크 효과

컬렉터 전류가 커질 때, 최대 포화 속도 v_{sat}이 중성 베이스 영역의 폭에 어떤 영향을 미칠까?

npn BJT에서 전자가 베이스-컬렉터 접합의 공핍층을 통과하는 최대 포화 속도는 v_{sat}이다. 낮은 컬렉터 전류일 때는 B-C 접합의 공핍층에 베이스의 억셉터 음이온과 컬렉터의 도너 양이온으로 공간전하가 형성된다. $J = -nev$이므로 공핍층에서 전자 농도의 최솟값은

$$n_{\min} = \left| \frac{J}{ev_{sat}} \right| \tag{10.100}$$

이다. 컬렉터 전류가 증가하면 B-C 접합의 공핍층을 전자가 최대 포화 속도로 이동한다 하더라도 전류를 감당할 수 없게 되고, 공핍층에 전자의 축적이 발생한다. 컬렉터 전류가 커지면 $n_{\min}$ 값도 커진다. 컬렉터 도너 농도가 N_C일 때 $n_{\min} > N_C$가 될 정도의 큰 컬렉터 전류가 흐르면, 컬렉터 공핍층의 체적전하밀도는

$$\rho_v = eN_C - en_{\min} = eN_C - \left| \frac{J}{v_{sat}} \right| \tag{10.101}$$

이므로, 공간전하는 도너 양이온에서 전자의 음전하로 변환된다. 즉 베이스의 억셉터 음이온과 컬렉터의 도너 양이온으로 형성되었던 B-C 접합 공핍층의 공간전하영역이, 축적되는 전자의 음전하와 컬렉터의 도너 양이온으로 형성된 공간전하영역으로 변환되면서, 결국 공간전하영역이 컬렉터 쪽으로 이동하게 된다. 이 현상은 유효 중성 베이스 영역의 폭이 넓어지는 효과를 가져오고, 따라서 공통 이미터 전류이득 β는 작아진다. 이를 **커크 효과**[Kirk effect]라고 한다. 커크 효과는 컬렉터 도너 농도 N_C가 작을수록, 컬렉터 전류가 클수록 일어나기 쉽다.

10.3.9 항복현상

바이폴라 트랜지스터에서 발생하는 항복 메커니즘인 '펀치-스루'의 원인은 무엇일까?

트랜지스터의 컬렉터 전류가 갑작스럽게 증가하는 항복현상[breakdown]이 펀치-스루[punchthrough로 발생할 수 있다. [그림 10-25(a)]는 열적 평형상태에 있는 npn BJT의 에너지밴드 다이어그램이다. npn BJT에서 역방향으로 바이어스된 B-C 전압이 증가하면 증가할수록, B-C 공핍층은 중성 베이스 영역을 잠식해 이미터 쪽으로 더 넓어진다.

[그림 10-25(b)]는 작은 C-B 전압 V_{R1}이 인가될 때, 역방향 바이어스된 B-C 접합의 에너지밴드 다이어그램이다. 아직 역방향 전압이 작아 B-E 전위장벽은 영향을 받지 않으므로 트랜지스터 전류는 흐르지 않는다. [그림 10-25(c)]와 같이 역방향 바이어스 전압을 더 높여 V_{R2}를 인가하면, 마침내 B-C 공핍층 영역이 완전히 중성 베이스 영역을 지나서 B-E 공핍층까지 도달하는 것이 가능한데, 이렇게 되면 B-E 전위장벽이 낮아지고, 낮아진 전위장벽 때문에 이미터에서 베이스로 주입된 캐리어들은 아무런 제약 없이 컬렉터로 흘러갈 수 있어 갑자기 큰 전류가 흐르게 한다. 이때 C-B 전압이 약간만 증가해서 B-E 접합에서 전위장벽이 약간만 낮아지더라도 전류는 지수함수적으로 크게 증가한다. 이 효과를 **펀치-스루**punch-through라 한다.

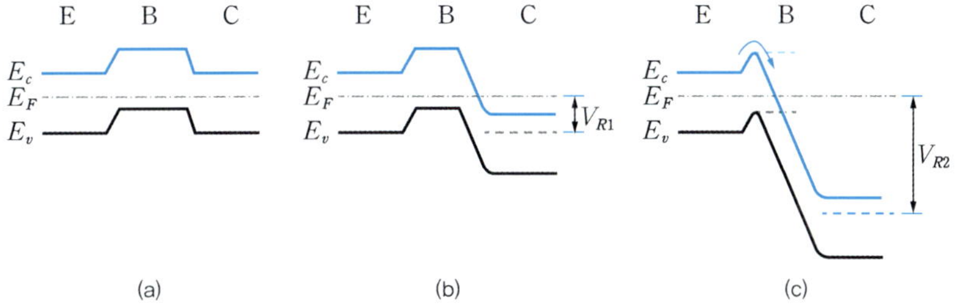

[그림 10-25] (a) 열평형상태, (b) 펀치-스루 전, (c) 펀치-스루 후 npn 트랜지스터의 에너지밴드 다이어그램

예제 10-12

[그림 10-26]과 같은 균일하게 도핑된 실리콘 BJT에서 베이스 폭이 $W_B = 0.4\,\mu\text{m}$이고, 베이스 도핑이 $N_B = 5\times10^{15}\,\text{cm}^{-3}$일 때, 펀치-스루 전압이 $V_{pt} = 20\,\text{V}$가 되도록 설계하려고 한다. 제로 바이어스 또는 순방향 바이어스된 B-E 접합의 좁은 공핍층 폭을 무시한다면, 컬렉터 도핑농도를 얼마로 해야 하는지 구하라.

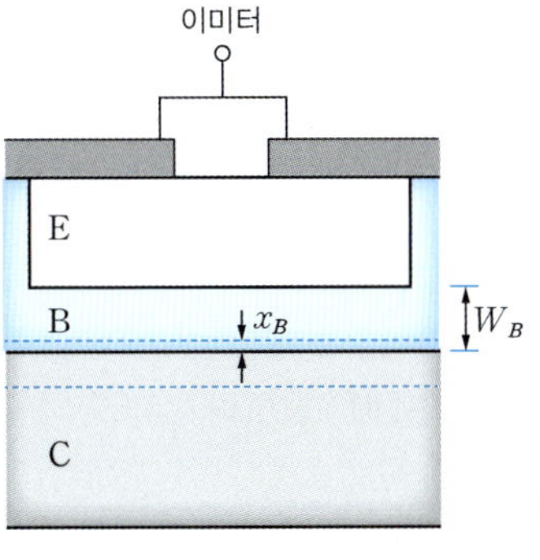

[그림 10-26] 균일하게 도핑된 npn 실리콘 BJT

풀이

베이스 도핑농도를 N_B, 컬렉터 도핑농도를 N_C라고 하면 B-C 접합의 공핍층 중에서 베이스 쪽으로 확장된 폭 x_B는 다음과 같이 쓸 수 있다.

$$x_B = \left\{ \frac{2\epsilon_s(V_{bi}+V_R)}{e} \cdot \frac{N_C}{N_B} \cdot \frac{1}{N_C+N_B} \right\}^{1/2}$$

만약 제로 바이어스 또는 순방향 바이어스된 B-E 접합의 좁은 공핍층 폭을 무시한다면, 계단형 접합근사의 가정 하에서 펀치-스루는 $x_B = W_B$일 때 일어난다. 따라서 다음과 같이 쓸 수 있다.

$$x_B = W_B = \left\{ \frac{2\epsilon_s(V_{bi}+V_{pt})}{e} \cdot \frac{N_C}{N_B} \cdot \frac{1}{N_C+N_B} \right\}^{1/2} \tag{10.102}$$

V_{bi}를 V_{pt}와 비교하여 이 값을 무시하면, V_{pt}는 다음과 같이 표현된다.

$$V_{pt} \simeq \frac{eW_B^2 \cdot \dfrac{N_B(N_C+N_B)}{N_C}}{2\epsilon_s} \tag{10.103}$$

문제에서 주어진 수치를 대입하면

$$20 = \frac{(1.6\times10^{-19})(0.4\times10^{-4})^2(5\times10^{15})(N_C+5\times10^{15})}{2(11.7)(8.85\times10^{-14})N_C}, \text{ 즉 } 32.36 = 1 + \frac{5\times10^{15}}{N_C}$$

이고, 따라서 다음과 같이 된다.

$$N_C = 1.59\times10^{14}\,\text{cm}^{-3}$$

이러한 컬렉터 도핑농도에서 $V_{pt}=20\,\text{V}$가 인가된 경우, 컬렉터 영역으로 확장된 공핍층의 폭은 7.3.2절의 식 (7.44)를 이용해서 다음과 같이 계산할 수 있다.

$$x_n = \left\{ \frac{2\epsilon_s(V_{bi}+V_R)}{e} \left(\frac{N_B}{N_C} \cdot \frac{1}{N_B+N_C} \right) \right\}^{1/2}$$

여기서 V_{bi}를 $V_R = V_{pt}$와 비교하여 이 값을 무시하면 다음과 같이 표현할 수 있다.

$$x_n = \left\{ \frac{2(11.7)(8.85\times10^{-14})(20)}{1.6\times10^{-19}} \left(\frac{5\times10^{15}}{1.59\times10^{14}} \right) \left(\frac{1}{5\times10^{15}+1.59\times10^{14}} \right) \right\}^{1/2} = 12.56\,\mu\text{m}$$

즉 컬렉터 영역으로 확장된 공핍층은 베이스 폭 $W_B = 0.4\,\mu\text{m}$보다 31배 정도 더 길다.

바이폴라 트랜지스터에서 발생하는 항복 메커니즘인 '애벌런치 항복'의 원인은 무엇일까?

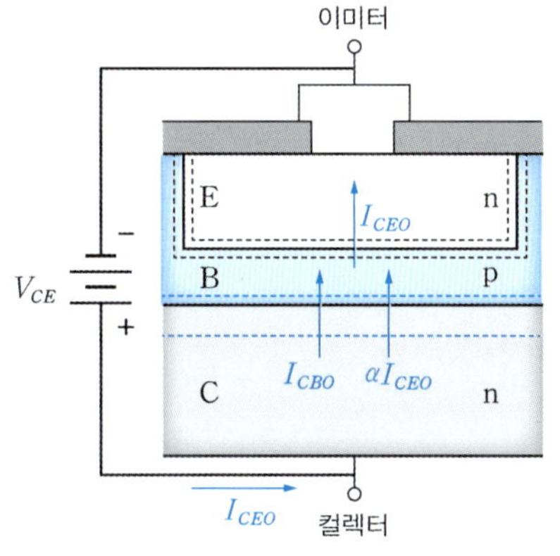

[그림 10-27] npn 트랜지스터에서 애벌런치 항복 메커니즘의 전류 흐름

[그림 10-27]과 같이 V_{CE}를 인가하면 B-C 접합은 역방향 바이어스가 되고 B-E 접합은 순방향 바이어스가 된다. 이때 전류 I_{CBO}는 이미터를 'open'했을 때 컬렉터에서 베이스로 흐르는 역방향 바이어스 포화 전류로, 베이스의 소수캐리어인 전자가 컬렉터로 넘어가는 것과 컬렉터의 소수캐리어인 정공이 베이스로 넘어오는 것으로 구성된다. 컬렉터의 소수캐리어인 정공이 베이스로 넘어오면, 이미터와 비교하여 베이스를 양으로 대전시켜 B-E 접합은 순방향 바이어스가 되고 전류 I_{CEO}를 생성한다. 전류 I_{CEO}는 주로 이미터에서 베이스로 주입되는 전자로 구성되며, 이 전류에 공통 베이스 전류이득인 α를 곱한 αI_{CEO} 전류가 컬렉터 전류로 흐르게 된다. 따라서 이 전류와 전류 I_{CBO}가 합쳐져 다시 전류 I_{CEO}를 구성하므로

$$I_{CEO} = \alpha I_{CEO} + I_{CBO} \tag{10.104}$$

가 되고, 이는 다음과 같이 쓸 수 있다.

$$I_{CEO} = \frac{I_{CBO}}{1-\alpha} \simeq \beta I_{CBO} \tag{10.105}$$

전력 증폭기에 사용되는 트랜지스터의 B-C 접합에는, 고출력을 얻기 위해 매우 큰 역방향 전압이 걸린다. 이제 B-C 접합에 걸리는 역방향 전압이 증가하면, 8.3.2절에서 다룬 **애벌런치**avalanche **항복**이 B-C 접합에서 일어나서, B-C 접합을 흐르는 전류가 **증배인자**multiplication factor M배만큼 증폭이 된다. 증배인자는 실험적으로

$$M = \frac{1}{1 - \left(\dfrac{V_{CB}}{BV_{CBO}}\right)^n} \tag{10.106}$$

으로 주어진다. 여기서 n은 3과 6 사이의 값이며, BV_{CBO}는 이미터를 'open'한 경우의 B-C 항복 전압이다. 따라서 식 (10.104) 전류가 M배만큼 증폭되어 전류 I_{CEO}를 구성하므로

$$I_{CEO} = M(\alpha I_{CEO} + I_{CBO}),$$

$$\text{즉 } I_{CEO} = \frac{MI_{CBO}}{1 - \alpha M} \tag{10.107}$$

가 된다. 이 경우 α가 작아도 M이 크면 $\alpha M = 1$이 되어 큰 전류가 흐를 수 있게 된다. 즉 BV_{CBO}보다 BV_{CEO}는 훨씬 작아서 다음과 같이 표현된다.

$$BV_{CEO} = \frac{BV_{CBO}}{\sqrt[n]{\beta}} \tag{10.108}$$

여기서 β는 공통 이미터 전류이득이다. BV_{CBO}를 인자 $\sqrt[n]{\beta}$로 나눈 값이 BV_{CEO}이므로, [그림 10-28]과 같이 BV_{CEO}가 더 중요한 요인이 된다. 결론적으로 전류 I_{CEO}는 전류 I_{CBO}보다 β배가 크지만, BV_{CEO}는 BV_{CBO}보다 $1/\sqrt[n]{\beta}$배 작다.

예제 10-13

$BV_{CEO} = \dfrac{BV_{CBO}}{\sqrt[n]{\beta}}$를 유도하라.

풀이

식 (10.106)에서 $M = \dfrac{1}{1-(V_{CB}/BV_{CBO})^n}$인데, 항복 시에 $V_{CB} \approx V_{CE}$라고 가정할 수 있고 증배인자는 다음과 같이 쓸 수 있다.

$$M = \frac{1}{1-(V_{CE}/BV_{CBO})^n} \tag{10.109}$$

식 (10.107)인 $I_{CEO} = \dfrac{MI_{CBO}}{1-\alpha M}$에서 $\alpha M = 1$일 때 베이스를 'open'한 상태의 C-E 항복이 발생하므로, $\alpha M = 1$일 때의 V_{CE}는 베이스를 'open'한 상태의 C-E 항복 전압인 BV_{CEO}가 된다. 따라서 식 (10.109)에서 V_{CE} 대신 BV_{CEO}를 대입하고 α를 곱하면 다음과 같이 1이 된다.

$$\frac{\alpha}{1-(BV_{CEO}/BV_{CBO})^n}=1$$

이 식을 BV_{CEO}에 대해 풀면 다음과 같다.

$$BV_{CEO}=BV_{CBO}\sqrt[n]{1-\alpha} \tag{10.110}$$

공통 베이스 전류이득 α와 공통 이미터 전류이득 β 간의 관계는 $\beta=\frac{\alpha}{1-\alpha}$이고, 보통 $\alpha \approx 1$이므로 $1-\alpha \approx \frac{1}{\beta}$이 된다. 따라서 이 식을 식 (10.110)에 대입하면 다음과 같이 쓸 수 있다.

$$BV_{CEO}=\frac{BV_{CBO}}{\sqrt[n]{\beta}}$$

10.4 등가회로 모델

트랜지스터를 소자로 사용한 회로를 해석하려면 트랜지스터 부분을 등가회로 모델로 변경해야 한다. 일반적으로 사용되는 트랜지스터의 두 가지 등가모델을 살펴보자.

10.4.1 에버스-몰 모델

두 개의 다이오드를 사용하여 트랜지스터 등가회로를 구성한 에버스-몰 모델이란 무엇일까?

에버스-몰 모델[Ebers-Moll model]은 np 및 pn의 두 다이오드가 상호작용하는 것에 근거를 둔 모델이다. 이것은 트랜지스터 동작 모드에 관계없이 언제나 적용할 수 있고, 'on' 상태와 'off' 상태를 반복하는 스위칭 동작을 해석할 때 주로 사용한다. npn BJT 소자에 대한 에버스-몰 모델 회로는 [그림 10-28]과 같다.

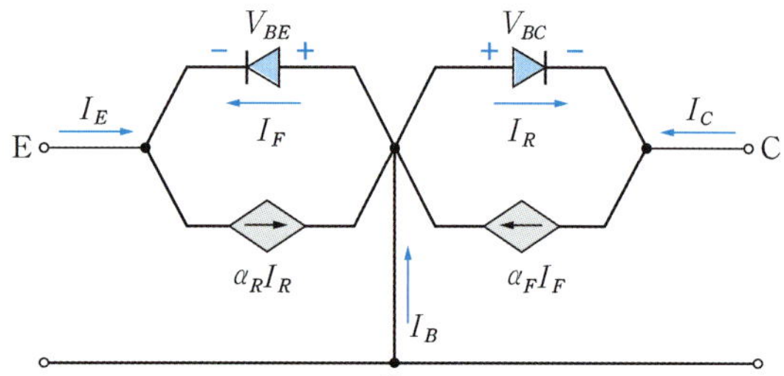

[그림 10-28] npn BJT의 에버스-몰 모델 회로

키르히호프의 전류법칙에 의해 모든 단자 전류를 합하면 0이 된다.

$$I_E + I_B + I_C = 0 \tag{10.111}$$

이미터 전류의 방향은 지금까지 고려해왔던 것과 반대임에 주의한다. E-B 접합의 np 다이오드는

$$I_F = I_{ES}\left[\exp\left(\frac{e\,V_{BE}}{kT}\right) - 1\right] \tag{10.112}$$

의 다이오드 관계식으로 모델링하고, B-C 접합의 pn 다이오드는

$$I_R = I_{CS}\left[\exp\left(\frac{e\,V_{BC}}{kT}\right) - 1\right] \tag{10.113}$$

의 다이오드 관계식으로 모델링한다. 여기서 전류 I_{ES}는 역방향 바이어스된 B-E 접합의 역방향 포화 전류이고, 전류 I_{CS}는 역방향 바이어스된 B-C 접합의 역방향 포화 전류이다. 이 두 개의 다이오드만으로는 트랜지스터의 중요한 캐리어 흐름인 이미터에서 주입되어 베이스를 확산해서 컬렉터로 흘러가는 캐리어의 움직임과, 컬렉터에서 주입되어 베이스를 확산해서 이미터로 흘러가는 캐리어의 움직임을 표현할 수 없다.

이미터에서 주입되어 베이스를 확산해서 컬렉터로 흘러가는 캐리어의 움직임에 의한 컬렉터 전류는 V_{BC}에 의존하지 않고 I_F, 즉 V_{BE}에 의존한다. 순방향 활성 모드 ($V_{BE} > 0$이고 $V_{BC} < 0$)에서의 공통 베이스 전류이득을 α_F라고 하고, α_F를 사용하여 이 중요한 캐리어의 이동을 표현하면 **$\alpha_F I_F$의 전류종속 전류원**으로 모델링할 수 있다. 이 종속 전류원이 [그림 10-29(b)]에서 컬렉터 단자에 B-C 접합의 pn 다이오드와 병렬로 연결되어 있다.

마찬가지로 컬렉터에서 주입되어 베이스를 확산해서 이미터로 흘러가는 캐리어의 움직임에 의한 이미터 전류는 V_{BE}에 의존하지 않고 I_R, 즉 V_{BC}에 의존한다. 반전 활성 모드($V_{BE} < 0$이고 $V_{BC} > 0$)에서의 공통 베이스 전류이득을 α_R이라고 하고, α_R을 사용하여 이 중요한 캐리어의 이동을 표현하면 **$\alpha_R I_R$의 전류종속 전류원**으로 모델링할 수 있다. 이 종속 전류원이 [그림 10-29(b)]에서 이미터 단자에 E-B 접합의 np 다이오드와 병렬로 연결되어 있다.

컬렉터 전류는 다음과 같다.

$$I_C = \alpha_F I_F - I_R = \alpha_F I_{ES}\left[\exp\left(\frac{eV_{BE}}{kT}\right) - 1\right] - I_{CS}\left[\exp\left(\frac{eV_{BC}}{kT}\right) - 1\right] \tag{10.114}$$

순방향 활성 모드에서 $V_{BE} > 0$이고 $V_{BC} < 0$ 이므로, 이 식은 다음과 같이 쓸 수 있다.

$$I_C \simeq \alpha_F I_F + I_{CS} \tag{10.115}$$

마찬가지로 이미터 전류는 다음과 같다.

$$I_E = \alpha_R I_R - I_F = \alpha_R I_{CS}\left[\exp\left(\frac{eV_{BC}}{kT}\right) - 1\right] - I_{ES}\left[\exp\left(\frac{eV_{BE}}{kT}\right) - 1\right] \tag{10.116}$$

식 (10.114)와 (10.116)은 고전적인 에버스-몰 방정식이다. 에버스-몰 모델은 네 개의 파라미터(α_F, α_R, I_{ES}, I_{CS})를 갖는데, 이 중 세 개의 파라미터만이 독립적이며 다음과 같은 관계가 성립한다.

$$\alpha_F I_{ES} = \alpha_R I_{CS} \tag{10.117}$$

10.4.2 하이브리드-파이 모델

소신호 회로 해석에 많이 활용되는 트랜지스터의 하이브리드-파이 모델이란 무엇일까?

바이폴라 트랜지스터는 작은 신호를 증폭하는 증폭기 회로에 많이 사용된다. 선형 증폭기 회로에서 트랜지스터는 순방향 활성 영역에 바이어스되어 있다. [그림 10-29(a)]는 공통 이미터 배열의 npn 바이폴라 트랜지스터 소자의 단면도를 나타낸다. E와 B, 그리고 C 단자는 트랜지스터의 외부 연결단자이고, E′과 B′, 그리고 C′ 지점은 이상화된 내부의 이미터, 베이스와 컬렉터 단자이다. 그리고 [그림 10-29(b)]는 완전한 **하이브리드-파이**hybrid-π **등가회로**를 나타낸다.

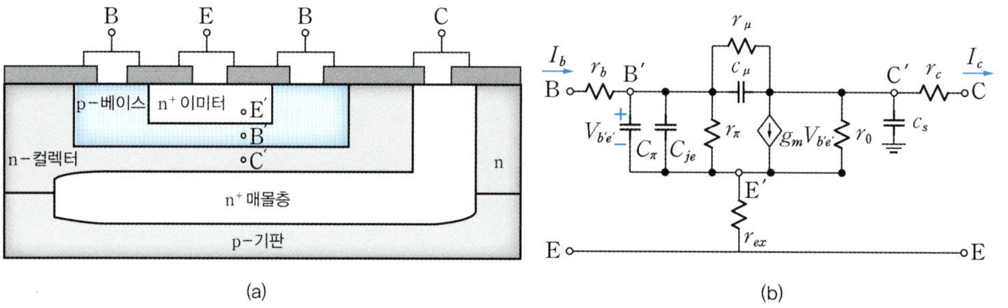

[그림 10-29] (a) 공통 이미터 npn BJT의 단면도, (b) 하이브리드-파이 등가회로

먼저 외부 베이스 단자 B와 이미터 단자 E 사이의 등가회로 소자들을 살펴보자. 외부 베이스 단자에 연결된 저항 r_b는 외부 베이스 단자 B와 내부 베이스 단자 B′ 사이의 베이스 내에 있는 직렬저항이다. B′−E′ 접합은 순방향 바이어스되어 있다. C_π는 접합 확산 커패시턴스로식 (8.76)에 주어진 확산 커패시턴스 $C_d \simeq \dfrac{\tau I_D}{V_t}$와 같아

$$C_\pi = \left(\frac{1}{2\dfrac{kT}{e}}\right)(I_{p0}\tau_{p0} + I_{n0}\tau_{n0}) \tag{10.118}$$

이다. 여기서 I_{p0}와 I_{n0}는 각각 정공과 전자의 직류전류이고, τ_{p0}와 τ_{n0}는 각각 정공과 전자의 수명이다. r_π는 접합 확산저항으로 8.2.2절의 식 (8.72)에 주어진 확산저항 $r_d = \dfrac{V_t}{I_D}$와 같아, I_E 대 V_{BE} 곡선 기울기의 역수가 된다.

$$r_\pi = \frac{kT}{e}\left(\frac{1}{I_E}\right) \tag{10.119}$$

여기서 I_E는 이미터 직류전류이다. B′−E′ 접합 공핍층의 접합 커패시턴스인 C_{je}가 병렬로 연결되어 있다. 이 공핍층 커패시턴스는 순방향 바이어스에서는 C_π보다 작고, 역방향 바이어스에서 중요한 의미를 갖는다. 마지막으로 r_{ex}는 외부 이미터 단자와 내부 이미터 단자 사이의 직렬저항이며 보통은 매우 작아서 1~2 Ω 정도이다.

다음은 외부 컬렉터 단자 C와 이미터 단자 E 사이의 등가회로 소자들을 살펴보자. 저항 r_c는 외부 컬렉터 단자 C와 내부 컬렉터 단자 C′을 연결하는 직렬저항이다. 고출력 증폭기일수록 B − C 접합에 걸리는 역방향 전압이 매우 커지게 되는데, 그렇기 때문에 B − C 접합에서 발생하는 애벌런치 항복을 줄이기 위해서는 컬렉터 도핑을 낮게 해주는 것이 필요하다. 그러나 컬렉터 도핑을 낮게 하면 컬렉터 직렬저항 r_c가 증가하므로, 이 저항을 낮추기 위해 [그림 10−29(a)]와 같이 n^+ 매몰층buried layer을 심어서 저항 r_c의 값을 작게 만든다. 커패시턴스 C_s는 역방향 바이어스된 컬렉터 단자 C′과 기판 간의 공핍층 접합 커패시턴스이다. 종속 전류원 $g_m V_{b'e'}$은 내부 B′ − E′ 접합 간 전압에 의해 제어되는 트랜지스터 내의 컬렉터 전류이다. 저항 r_0는 출력 컨덕턴스 g_0의 역수이고 10.3.1절의 얼리 효과를 반영한 것이다.

마지막으로 역방향 바이어스된 B′ − C′ 접합의 등가회로 소자들을 살펴보자. 파라미터 C_μ는 역방향 바이어스된 B′ − C′ 접합 공핍층의 접합 커패시턴스이고, r_μ는 역방향 바이어스된 확산저항으로 그 값은 보통 메가 옴[mega Ω] 정도로 무시할 수 있다. 공핍층의 접합 커패시턴스 C_μ의 값은 보통 확산 커패시턴스 C_π보다 매우 작지만, **밀러 효과**Miller effect에 의한 밀러 커패시턴스 값이 클 수 있어 고주파 특성에서는 대부분의 경우 무시할 수 없다. [예제 10−14]에서 [그림 10−30(b)]의 입력 단자에 병렬로 연결된 **밀러 커패시턴스** C_{Mi}를 통하여 입력의 고주파 성분이 접지로 사라지기 때문이다.

B′ − E′ 접합의 커패시턴스가 고주파 특성에 미치는 영향을 살펴보자. 저주파일 때 모든 커패시턴스 성분은 무시할 수 있고, 접합 확산저항 r_π와 종속 전류원 $g_m V_{be}$만 있는 경우 공통 이미터 전류이득은

$$\beta = \frac{I_c}{I_b} = \frac{g_m V_{be}}{V_{be}/r_\pi} = g_m r_\pi \tag{10.120}$$

가 된다. 고주파가 되면서 회로에 접합 확산 커패시턴스 C_π를 추가한 경우에 소신호 공통 이미터 전류이득은

$$\beta = \frac{I_c}{I_b} = \frac{g_m r_\pi}{1 + j\omega r_\pi C_\pi} \tag{10.121}$$

가 된다. 즉 주파수가 높아지면 공통 이미터 전류이득은 C_π의 영향으로 점점 작아진다. 공통 이미터 전류이득이 $\beta = g_m r_\pi$의 $\frac{1}{\sqrt{2}}$로 감소하는 주파수는

$$f = \frac{1}{2\pi r_\pi C_\pi} \tag{10.122}$$

이다. 고주파가 될수록, 그리고 C_π가 클수록 C_π의 용량성 임피던스는 반비례하여 작아지기 때문에, 전류이득의 고주파 특성은 더욱 나빠진다(연습문제 10.14). 밀러 커패시턴스는 이 C_π와 병렬연결되어 입력 커패시턴스를 더 크게 만드는 역할을 하므로, 이득이 높은 증폭기일수록 C_μ의 영향이 중요해진다.

예제 10-14

[그림 10-30]의 두 회로가 등가이기 위해서 C_{Mi}와 C_{Mo}의 크기는 얼마인지 구하라.

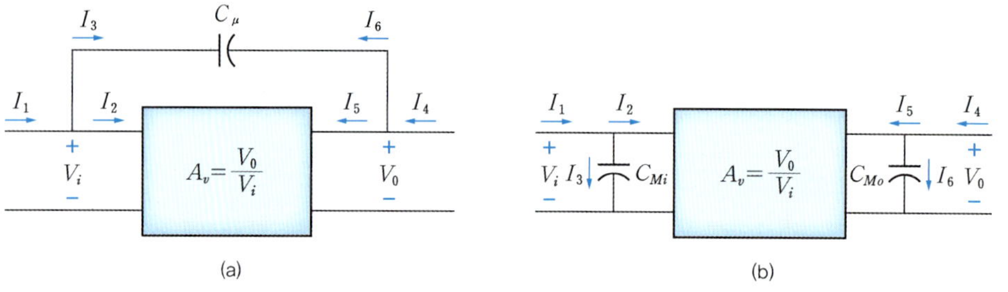

[그림 10-30] 밀러효과를 설명하는 회로

풀이

두 등가회로에서 $I_1 = I_2 + I_3$이고 $I_2 = \dfrac{V_i}{Z_i}$인데, I_3에 대한 표현식은 서로 다르다. [그림 10-30(a)]에서 다음 관계식이 성립한다.

$$I_3 = \frac{V_i - V_o}{Z_{C_\mu}} = \frac{V_i(1 - V_o/V_i)}{Z_{C_\mu}} = \frac{V_i}{\dfrac{Z_{C_\mu}}{(1 - V_o/V_i)}}$$

[그림 10-30(b)]에서는 $I_3 = \dfrac{V_i}{Z_{C_{Mi}}}$의 관계식이 성립한다. 이 두 회로가 등가이기 위해서는 우변이 같아야 하며, $Z_{C_{Mi}} = \dfrac{Z_{C_\mu}}{1 - V_o/V_i}$가 성립해야 한다.

$Z_{C_{Mi}} = \dfrac{1}{j\omega C_{Mi}}$이고 $\dfrac{Z_{C_\mu}}{1 - V_o/V_i} = \dfrac{1}{j\omega C_\mu(1 - V_o/V_i)}$이므로, 따라서

$$C_{Mi} = C_\mu(1 - V_o/V_i) = C_\mu(1 - A_v) \tag{10.123}$$

가 된다. 이 커패시터가 밀러 커패시터로, C_μ는 값이 작더라도 증폭기의 전압이득인 $A_v = \dfrac{V_o}{V_i}$가 큰 값이면 C_{Mi}는 큰 값이 되어 고주파 특성을 나쁘게 할 수 있다. 공통 이미

터의 경우 $A_v = \frac{V_o}{V_i}$는 음수로 절댓값이 1보다 매우 큰 값이므로 C_{Mi}는 다음과 같이 볼 수 있다.

$$C_{Mi} \simeq C_\mu |A_v| \tag{10.124}$$

마찬가지로 그림 (a)에서

$$I_6 = \frac{V_o - V_i}{Z_{C_\mu}} = \frac{V_o(1 - V_i/V_o)}{Z_{C_\mu}} = \frac{V_o}{\dfrac{Z_{C_\mu}}{1 - V_i/V_o}}$$

이고, 그림 (b)에서 $I_6 = \frac{V_o}{Z_{C_{Mo}}}$가 된다. 이 두 식이 동일하기 위해서는 $Z_{C_{Mo}} = \frac{Z_{C_\mu}}{1 - V_i/V_o}$가 되어야 한다. $Z_{C_{Mo}} = \frac{1}{j\omega C_{Mo}}$이고 $\frac{Z_{C_\mu}}{(1 - V_i/V_o)} = \frac{1}{j\omega C_\mu(1 - V_i/V_o)}$이므로, 따라서

$$C_{Mo} = C_\mu(1 - V_i/V_o) = C_\mu(1 - 1/A_v) \tag{10.125}$$

이다. 공통 이미터의 경우 $A_v = \frac{V_o}{V_i}$는 음수로 절댓값이 1보다 매우 큰 값이므로 C_{Mo}는

$$C_{Mo} \simeq C_\mu \tag{10.126}$$

로 볼 수 있다. 따라서 C_μ가 출력회로에 미치는 영향은 크지 않다.

10.5 주파수 제약

바이폴라 트랜지스터의 이미터에서 컬렉터까지 캐리어가 이동할 때 걸리는 주행시간은 얼마일까?

B-E 접합 전압이 증가하면, 이미터에서 다수캐리어가 추가적으로 베이스로 주입되고, 이 캐리어들은 베이스에서 소수캐리어가 되어 컬렉터 방향으로 확산하여 이동하며, B-C 접합의 공핍층을 통과하여 컬렉터 영역으로 수집된다. 따라서 전체 이미터에서 컬렉터에 이르는 시정수 또는 지연시간 τ_{ec}는 다음 식과 같이 네 개의 분리된 시정수

의 합으로 볼 수 있다.

$$\tau_{ec} = \tau_e + \tau_b + \tau_d + \tau_c \tag{10.127}$$

τ_{ec}= 이미터에서 컬렉터까지 총 시간지연

τ_e= 이미터-베이스 접합 커패시턴스의 충전시간

τ_b= 확산에 의한 베이스 주행시간

τ_d= 컬렉터 공핍영역의 주행시간

τ_c= 컬렉터 커패시턴스의 충전시간

이미터-베이스 접합 커패시턴스의 충전시간 τ_e

이미터-베이스 접합 커패시턴스의 충전시간은

$$\tau_e = r_e(C_{je} + C_{pa}) \tag{10.128}$$

이다. 이미터-베이스 접합 커패시턴스는 C_{je}와 기타 이미터-베이스 간의 기생 커패시턴스 C_{pa}를 합한 것이 총 커패시턴스가 된다. r_e는 접합 확산저항으로 I_E 대 V_{BE} 곡선 기울기의 역수인 $r_e = \frac{kT}{e}\left(\frac{1}{I_E}\right)$이다. 여기서 I_E는 이미터 직류전류이다.

확산에 의한 베이스 주행시간 τ_b

소수캐리어가 중성 베이스 영역을 확산하는 주행시간transit time은 B-E 접합의 확산 커패시턴스 C_π와 관계된다. 식 (10.32)를 npn 트랜지스터에 적용하면, 베이스에서 전자농도는 다음과 같이 쓸 수 있다.

$$n_B(x) \simeq n_{B0}\left[\exp\left(\frac{eV_{BE}}{kT}\right)\right]\left(1 - \frac{x}{W_B}\right) \tag{10.129}$$

베이스에서의 전자 전류밀도는 $J_n = -e\,n_B(x)\,v(x)$이고, 미소 거리 dx를 진행하는 시간 dt는 $dt = \frac{dx}{v(x)}$이므로, 중성 베이스 영역 주행시간 τ_b는 중성 베이스 폭을 W_B라고 할 때 다음과 같이 표현할 수 있다.

$$\tau_b = \int_0^{W_B} dt = \int_0^{W_B} \frac{dx}{v(x)} = \int_0^{W_B}\left[\frac{e\,n_B(x)}{-J_n}\right]dx \tag{10.130}$$

확산에 의한 전자 전류밀도 식 $J_n = eD_n \frac{dn_B(x)}{dx}$에 식 (10.129)를 대입하면 다음과 같이 계산된다.

$$J_n = eD_n \frac{dn_B(x)}{dx} = eD_n n_{B0}\left[\exp\left(\frac{eV_{BE}}{kT}\right)\right]\left(-\frac{1}{W_B}\right) \tag{10.131}$$

식 (10.130)의 피적분함수에 식 (10.129)와 (10.131)을 대입하면

$$\frac{en_B(x)}{-J_n} = \left(1 - \frac{x}{W_B}\right) \Big/ \left(\frac{D_n}{W_B}\right) = \frac{W_B - x}{D_n}$$

가 되고, 따라서 식 (10.130)은 다음과 같이 된다.

$$\tau_b = \int_0^{W_B} \frac{en_B(x)\,dx}{-J_n} = \frac{1}{D_n}\left[W_B x - \frac{x^2}{2}\right]_0^{W_B} = \frac{W_B^2}{2D_n} \tag{10.132}$$

컬렉터 공핍층의 주행시간 τ_d

컬렉터 공핍층의 주행시간은 전자들이 B-C 공핍층을 지나가는 데 소요되는 시간으로, 전자들이 B-C 공핍층을 포화속도로 이동한다고 가정하면 다음과 같이 쓸 수 있다.

$$\tau_d = \frac{x_{dC}}{v_{sat}} \tag{10.133}$$

여기서 x_{dC}는 B-C 접합의 공핍층 폭이고, v_{sat}는 전자 포화속도이다.

컬렉터 커패시턴스의 충전시간 τ_c

역방향으로 바이어스가 걸린 B-C 접합에서 접합 커패시턴스와 병렬로 연결되어 있는 확산저항은 매우 크다. 따라서 충전 시간상수는 컬렉터 직렬저항 r_c의 함수가 되어

$$\tau_c = r_c(C_\mu + C_s) \tag{10.134}$$

가 된다. 여기서 C_μ는 B-C 접합 커패시턴스이고, C_s는 컬렉터와 기판 사이의 커패시턴스이다. 작은 에피택시얼epitaxial 트랜지스터에서의 직렬저항은 일반적으로 작다. 따라서 시간지연 τ_c는 어떤 경우에서는 무시할 수 있다.

이미터에서 컬렉터까지 캐리어가 이동하는 시간 τ_{ec}는 α의 차단 주파수 f_α와 어떤 관계일까?

고주파에서 값이 떨어지는 특성을 갖는 공통 베이스 전류이득 α는 다음과 같이 쓸 수 있다.

$$\alpha = \frac{\alpha_0}{1 + j\dfrac{f}{f_\alpha}} \tag{10.135}$$

여기서 α_0는 저주파수 공통 베이스 전류이득이고, f_α는 **알파 차단 주파수**alpha cutoff frequency로 정의된다. 주파수 f_α는 이미터에서 컬렉터까지 캐리어가 이동하면서 걸리는 주행시간 τ_{ec}와 다음과 같은 관계에 있다.

$$f_\alpha = \frac{1}{2\pi\tau_{ec}} \tag{10.136}$$

이 주파수에서 공통 베이스 전류이득의 크기는 낮은 주파수 값의 $\dfrac{1}{\sqrt{2}}$로 감소한다.

β의 크기가 1이 되는 차단 주파수 f_T와 베타 차단 주파수 f_β는 어떤 관계일까?

식 (10.135)의 공통 베이스 전류이득 α 표현식과 유사하게, **베타 차단 주파수**beta cutoff frequency f_β를 사용하여 공통 이미터 전류이득 β를 표현하면

$$\beta = \frac{\beta_0}{1 + j\dfrac{f}{f_\beta}} \tag{10.137}$$

라고 할 수 있다. 이때 f_α와 f_β는 $f_\beta = f_\alpha(1-\alpha_0)$의 관계를 갖는다(연습문제 10.15).

공통 이미터 전류이득 β의 크기가 1이 되는 차단 주파수cutoff frequency를 f_T라고 하므로

$$|\beta| = 1 = \left| \frac{\beta_0}{1 + j\dfrac{f_T}{f_\beta}} \right|$$

가 성립하고,

$$\left|1 + j\frac{f_T}{f_\beta}\right| = |\beta_0|$$

가 된다. 여기서 $f_T \gg f_\beta$이므로 $\beta_0 \simeq \dfrac{f_T}{f_\beta}$가 된다.

또한 $\alpha_0 \simeq 1$이므로

$$\beta_0 = \frac{\alpha_0}{1-\alpha_0} \cong \frac{1}{1-\alpha_0}$$

이 되고,

$$f_\beta = f_\alpha(1-\alpha_0) \simeq \frac{f_\alpha}{\beta_0}$$

가 된다. 따라서

$$f_T \simeq f_\alpha = \frac{1}{2\pi\tau_{ec}} = f_\beta\,\beta_0 \tag{10.138}$$

이다. 즉 f_T는 공통 이미터 전류이득 $\boldsymbol{\beta_0}$**(이득)**과 베타 차단 주파수 $\boldsymbol{f_\beta}$**(대역폭)**을 **곱한 의미**를 갖는다.

예제 10-15

$T = 300\,\text{K}$에서 실리콘 npn 트랜지스터가 다음과 같은 파라미터 값을 갖는다고 가정하자. 주어진 값들을 구하라.

$r_e = 20\ \Omega$	$C_{je} = 2\,\text{pF}$	$W_B = 0.4\,\mu\text{m}$	$D_n = 35\,\text{cm}^2/\text{sec}$
$x_{dC} = 2\,\mu\text{m}$	$v_{sat} = 1\times10^7\,\text{cm/s}$	$C_\mu = 0.1\,\text{pF}$	$C_s = 0.1\,\text{pF}$
$r_c = 10\ \Omega$	$\beta_0 = 150$		

(a) 이미터-베이스 접합 커패시턴스의 충전시간 τ_e
(b) 확산에 의한 베이스 주행시간 τ_b
(c) 컬렉터 공핍 영역의 주행시간 τ_d
(d) 컬렉터 커패시턴스의 충전시간 τ_c
(e) 이미터에서 컬렉터까지 총 시간지연 τ_{ec}
(f) 차단 주파수 f_T와 f_β

풀이

(a) $\tau_e = r_e C_{je} = (20\,\Omega)(2\,\mathrm{pF}) = 40\,\mathrm{ps}$

(b) $\tau_b = \dfrac{W_B^2}{2D_n} = \dfrac{(0.4\times10^{-4})^2}{2(35)} = 22.9\,\mathrm{ps}$

(c) $\tau_d = \dfrac{x_{dC}}{v_{sat}} = \dfrac{2\times10^{-4}}{10^7} = 20\ \mathrm{ps}$

(d) $\tau_c = r_c(C_\mu + C_s) = (10\,\Omega)(0.2\,\mathrm{pF}) = 2\,\mathrm{ps}$

(e) $\tau_{ec} = 40 + 22.9 + 20 + 2 = 84.9\,\mathrm{ps}$

(f) $f_T = \dfrac{1}{2\pi\tau_{ec}} = \dfrac{1}{2\pi(84.9\times10^{-12})} = 1.87\,\mathrm{GHz}$

$$f_\beta = \frac{f_T}{\beta_0} = \frac{1.87\times10^9}{150} = 12.5\,\mathrm{MHz}$$

Chapter 10 연습문제

10.1 pnp 트랜지스터에 대하여, 역방향 바이어스된 B−C 접합의 컬렉터 내에서 다음을 구하라.

(a) 소수캐리어인 전자의 농도 분포 $n_p(x)$를 구하고, 이로부터

$$J_{nC0}(x_p) = eD_n \left.\frac{dn_p(x)}{dx}\right|_{x=x_p}$$ 를 구하라.

(b) $V_{BC} \gg V_t$인 경우 B−C 공핍층의 컬렉터 쪽 끝 지점 $x = x_p$에서 소수캐리어인 전자의 유속을 구하고, 이로부터 전자의 전류밀도를 구하라.

10.2 활성 모드에서 동작하는 pnp 트랜지스터의 이미터 영역에서, 소수캐리어 분포 $n_E(x')$을 계산하라(이미터 중성영역의 왼쪽 끝을 $x'=0$으로 지정). 앰비폴러 전송 방정식 $D_E\dfrac{\partial^2(\delta n_E(x'))}{\partial x'^2} - \dfrac{\delta n_E(x')}{\tau_{E0}} = 0$을 다음 경계조건을 적용하여 계산하라.

- W_E가 충분히 길다고 가정 $\quad x'=0$에서 $\delta n_E(0)=0$
- 순방향 바이어스 $\quad x' = W_E$에서 $\delta n_E(W_E) = n_{E0}\left[\exp\left(\dfrac{eV_{EB}}{kT}\right)-1\right]$

10.3 이미터 영역에서 과잉 소수캐리어 전자농도는

$$\delta n_E(x') = \frac{n_{E0}\left[\exp\left(\dfrac{eV_{EB}}{kT}\right)-1\right]\sinh\left(\dfrac{x'}{L_E}\right)}{\sinh\left(\dfrac{W_E}{L_E}\right)}$$

이다. 만약 이미터 폭 W_E가 소수캐리어 확산길이 L_E보다 매우 짧으면 [그림 10−31]과 같이 $n_p(x')$가 직선으로 되고, 이 직선의 기울기는 $\dfrac{n_p(W_E)-n_{p0}}{W_E}$ 임을 증명하라.

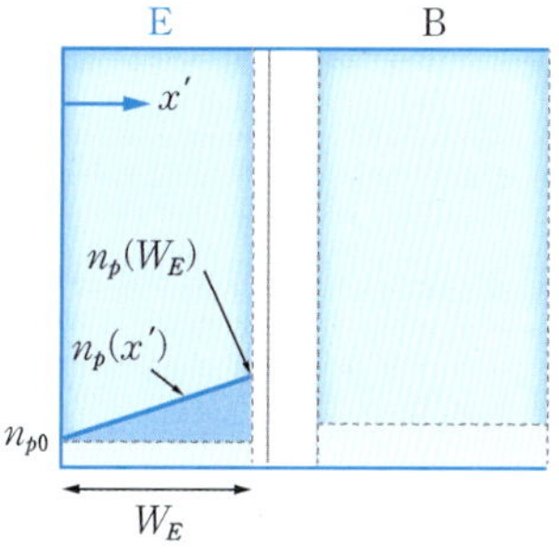

[그림 10−31]

10.4 활성 모드에서 동작하는 pnp 트랜지스터의 이미터 영역에서, [연습문제 **8.2**]에서 계산한 소수캐리어 분포 $n_E(x')$으로부터 이미터 전류 $J_{nE} = eD_E \frac{d(\delta n_E(x'))}{dx'}\Big|_{x' = W_E}$를 계산하라. 또한 $W_E \ll L_E$인 경우의 이미터 전류 J_{nE}를 계산하라.

10.5 활성 모드에서 동작하는 pnp 트랜지스터의 컬렉터 영역에서, 소수캐리어 분포 $n_C(x'')$을 계산하라(컬렉터 중성영역의 왼쪽 끝을 $x'' = 0$으로 지정). 앰비폴러 전송 방정식 $D_C \frac{\partial^2(\delta n_C(x''))}{\partial x''^2} - \frac{\delta n_C(x'')}{\tau_{C0}} = 0$을 다음 경계조건을 적용하여 계산하라.

- 역방향 바이어스 $V_{BC} \gg V_t$인 경우 $x'' = 0$에서 $\delta n_C(0) = -n_{C0}$
- W_C가 충분히 길다고 가정 $x'' = W_C$에서 $\delta n_C(W_C) = 0$

10.6 활성 모드에서 동작하는 pnp 트랜지스터의 컬렉터 영역의 길이가 충분히 짧아서, 컬렉터 중성영역의 폭 W_C가 컬렉터 내 소수캐리어 확산길이 L_C보다 매우 짧아 $W_C \ll L_C$인 조건이 만족된다고 하자. 그때 소수캐리어 분포 $n_C(x'')$를 계산하라(컬렉터 중성영역의 왼쪽 끝을 $x'' = 0$으로 지정한다).

10.7 활성 모드에서 동작하는 pnp 트랜지스터의 컬렉터 영역에서, 소수캐리어 분포 $n_C(x'')$으로부터 컬렉터 전류 $J_{nC0} = eD_C \frac{d(\delta n_C(x''))}{dx}\Big|_{x'' = 0}$을 계산하고, $W_C \gg L_C$인 경우와 $W_C \ll L_C$인 경우의 극한을 서로 비교하라(컬렉터 중성영역의 왼쪽 끝을 $x'' = 0$으로 지정한다).

10.8 $T = 300\,\text{K}$에서 pnp 바이폴라 실리콘 트랜지스터의 공통 이미터 전류이득을 구하라. 파라미터는 다음과 같이 가정한다.

$$D_E = 35\,\text{cm}^2/\text{sec} \qquad W_B = 0.7\,\mu\text{m}$$
$$D_B = 12\,\text{cm}^2/\text{sec} \qquad W_E = 1.0\,\mu\text{m}$$
$$\tau_{E0} = 2\times10^{-7}\text{sec} \qquad N_E = 1\times10^{18}\,\text{cm}^{-3}$$
$$\tau_{B0} = 1\times10^{-7}\text{sec} \qquad N_B = 1\times10^{16}\,\text{cm}^{-3}$$
$$J_{r0} = 2\times10^{-7}\,\text{A/cm}^2$$

(a) 바이어스 전압 $V_{EB} = 0.6\,\text{V}$일 때 α와 β를 구하라.

(b) 바이어스 전압 $V_{EB} = 0.5\,\text{V}$일 때 α와 β를 구하라.

10.9 pnp 바이폴라 트랜지스터가 활성 모드에서 동작할 때, 재결합 전류 J_{recE}와 생성전류 J_{genC}를 무시할 수 있으면 캐리어의 흐름은 [그림 10-32]와 같다. 이때 이미터, 컬렉터, 베이스 전류에 대한 [표 10-2]~[표 10-4]의 각 전류 성분을 [표 10-8]과 같이 간소화시킬 수 있다. [표 10-8]의 빈 칸을 채워라.

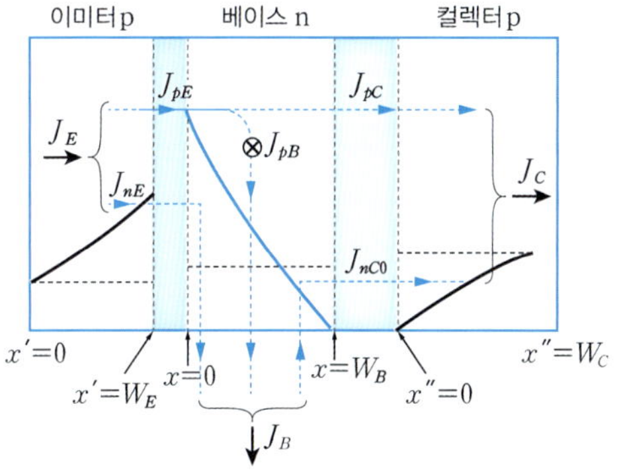

[그림 10-32] **활성 모드에서 동작하는 pnp 트랜지스터 전류 성분**

[표 10-8] pnp 트랜지스터에서의 이미터, 컬렉터, 베이스 전류 성분의 구성과 계산식

	기호	내용	계산식
이미터 전류 J_E	J_{pE}		
	J_{nE}		
컬렉터 전류 J_C	J_{pC}		
	J_{nC0}		
베이스 전류 J_B $=J_E-J_C$	J_{pB}		
	J_{nB} $(=J_{nE})$		
	$-J_{nC0}$		

10.10 npn 트랜지스터에 대하여, [표 10-2]~[표 10-4]의 각 전류 성분에 해당하는 이미터, 컬렉터, 베이스 전류를 기술하라.

10.11 [연습문제 **10.9**]와 동일하게, npn 바이폴라 트랜지스터가 활성 모드에서 동작할 때 재결합 전류 J_{recE}와 생성전류 J_{genC}를 무시할 수 있으면, 캐리어의 흐름은 [그림 10-33]과 같다. 이때 이미터, 컬렉터, 베이스 전류에 대한 각 전류 성분을 [표 10-9]와 같이 간소화시킬 수 있다. [표 10-9]의 빈 칸을 채워라. npn 바이폴라 트랜지스터의 경우, 전류 식에서 이미터 전류는 이미터 단자에서 흘러나가는 방향이 양의 방향이고, 컬렉터 전류와 베이스 전류는 각 단자로 흘러들어가는 방향이 양의 방향임에 주의한다.

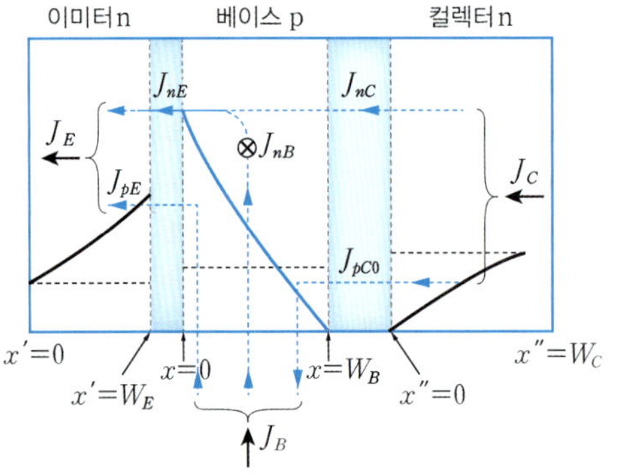

[그림 10-33] 활성 모드에서 동작하는 npn 트랜지스터 전류 성분

[표 10-9] npn 트랜지스터에서의 이미터, 컬렉터, 베이스 전류 성분의 구성과 계산식

	기호	내용	계산식
이미터 전류 J_E	J_{nE}		
	J_{pE}		
컬렉터 전류 J_C	J_{nC}		
	J_{pC0}		
베이스 전류 $J_B = J_E - J_C$	J_{nB}		
	J_{pB} $(=J_{pE})$		
	$-J_{pC0}$		

10.12 베이스 전송인자 α_T에 대한 식 (10.68)은 다음과 같다.

$$\alpha_T = \frac{J_{pC}}{J_{pE}} = \frac{1}{\cosh(W_B/L_B)}$$

이 식을 이용하여, 통상적인 $W_B \ll L_B$인 경우에 식 (10.39)의 J_{pB}에 대한 다음 식을 유도하라.

$$J_{pB} = J_{pE} - J_{pC} \simeq \frac{J_{pE}}{2}\left(\frac{W_B}{L_B}\right)^2$$

10.13 $T = 300\,\text{K}$에서 베이스 도핑농도가 $N_B = 2\times10^{16}\,\text{cm}^{-3}$이고, 컬렉터 도핑농도가 $N_C = 1\times10^{15}\,\text{cm}^{-3}$으로 균일하게 도핑된 실리콘 npn BJT가 있다. $D_B = 35\,\text{cm}^2/\text{sec}$, $V_{BE} = 0.70\,\text{V}$이고, 베이스 폭은 $W_B = 0.70\,\mu\text{m}$이며 $W_B \ll L_B$라고 가정한다. C-B 간 전압 V_{CB}가 2 V일 때와 20 V일 때, 컬렉터 전류에 있어서의 변화를 계산하고, 얼리 전압을 계산하라.

10.14 하이브리드-파이 등가회로에서 낮은 주파수일 때 모든 커패시턴스는 무시할 수 있다. 하이브리드-파이 등가회로를 근사화해서 [그림 10-34(a)]와 같이 접합 확산저항 r_π와 종속 전류원 $g_m V_{be}$만 있는 경우와 [그림 10-34(b)]와 같이 접합 확산 커패시턴스 C_π를 추가한 경우를 생각해볼 수 있다. 이 두 경우에 대하여 공통 이미터 전류이득 β를 서로 비교하라.

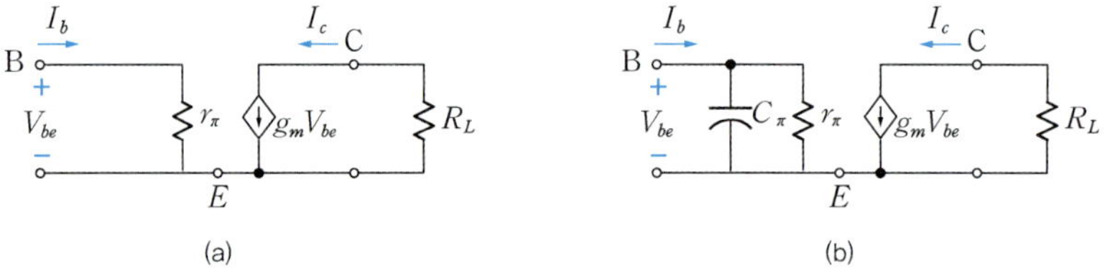

[그림 10-34]

10.15 공통 이미터 전류이득 β는 공통 베이스 전류이득 α와 $\beta = \dfrac{\alpha}{1-\alpha}$의 관계가 있다. $\alpha = \dfrac{\alpha_0}{1+j\dfrac{f}{f_\alpha}}$(알파 차단 주파수 f_α)이고 $\beta = \dfrac{\beta_0}{1+j\dfrac{f}{f_\beta}}$(베타 차단 주파수 f_β)일 때, f_α와 f_β 사이의 관계식을 구하라.

Chapter 11

MOS 커패시터

이 장에서는 MOSFET의 전류-전압 특성을 해석하기 위해, 먼저 MOSFET 동작의 핵심 부분인 게이트/산화막/반도체의 구조를 한 MOS 커패시터의 동작을 살펴본다. 가해준 게이트 전압에 따라 반도체 경계면에서 축적, 평탄밴드, 공핍, 문턱, 반전 등의 현상이 일어남을 이해한다. 이때의 에너지밴드 다이어그램과 전하밀도 분포를 파악하고, 커패시턴스-전압 특성을 이해하도록 한다. 또한 산화막 내의 고정 전하량들과 산화막/반도체 경계면의 트랩들이 커패시턴스-전압의 특성에 어떠한 변화를 가져오는지 살펴본다. 문턱전압과 평탄밴드 전압은 MOSFET의 전류-전압 특성을 이해하는 데 매우 중요한 파라미터이다.

실리콘의 경우 전자의 이동도가 정공의 이동도보다 크므로, 전자가 캐리어인 n 채널 MOSFET을 더 많이 사용한다. 따라서 이 장에서는 n 채널 MOSFET의 게이트 아래 부분인 n^+ 폴리실리콘/SiO_2/p형 실리콘 기판의 구조를 하고 있는 MOS 커패시터에 대해서 알아보기로 한다.

11.1 MOS 커패시터 구조

금속과 절연체와 반도체가 각각 떨어져 있을 때와, 금속-절연체-반도체를 결합해 MOS 커패시터를 구성했을 때의 에너지밴드 다이어그램은 어떻게 다를까?

[그림 11-1(a)]는 MOSFET의 핵심인 금속metal-절연체oxide-반도체semiconductor로 구성된 MOS 커패시터의 구조를 나타낸 것이다. 그림에서 파라미터 t_{ox}는 절연체(산화막) 두께이고, ϵ_{ox}는 절연체의 유전율이다. 전극으로 알루미늄 같은 금속물질을 사용할 수 있지만, 대부분의 경우 **고농도 도핑을 시킨 고전도성 폴리실리콘을 금속 대신 산화막 위에 증착**한다.

[그림 11-1(b)]는 금속 위치에 n^+ 폴리실리콘을 사용하고, 절연체를 SiO_2로, 반도체 기판substrate을 p형 실리콘으로 사용한 경우의 MOS 커패시터 단면을 나타낸 것이다.

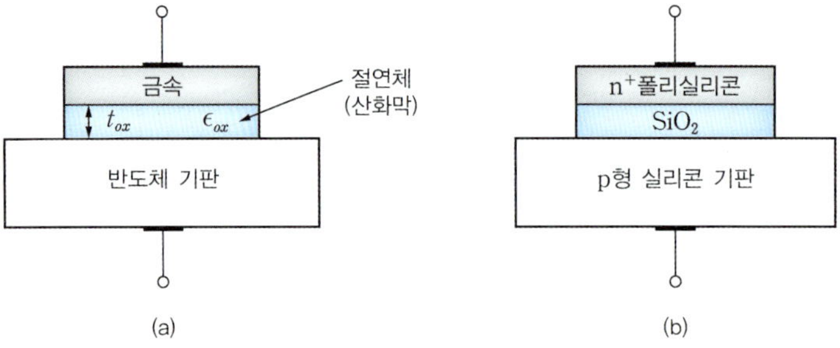

[그림 11-1] MOS 커패시터의 기본 구조

접합을 이루기 전의 에너지밴드 다이어그램은 [그림 11-2]와 같다. 에너지밴드갭은 실리콘이 1.1 eV 이고 SiO_2는 9 eV 이다. **전자친화력**electron affinity χ [volt]는 진공준위 E_0에서 전도대역 준위 E_c를 뺀 값으로 식 (9.3)과 같이

$$e\chi = E_0 - E_c \tag{11.1}$$

이다. χ_{Si}는 실리콘의 전자친화력으로 4.05 V 이고, χ_{SiO_2}는 SiO_2의 전자친화력으로 0.95 V 이다. **일함수**work function는 진공준위 E_0에서 페르미 준위 E_F를 뺀 값으로, 반도체의 경우는 식 (9.2)와 같이

$$e\phi_s = E_0 - E_F \tag{11.2}$$

이다. n^+ 폴리실리콘인 경우에 고농도로 도핑되므로 페르미 준위는 전도대역 에너지와 거의 같아 $E_F \simeq E_c$라고 가정하면, n^+ 폴리실리콘의 일함수는 다음과 같다.

$$e\phi_g \simeq e\chi_{Si} = 4.05\,\text{eV} \tag{11.3}$$

그리고 p형 실리콘 기판에서 일함수는 다음과 같다.

$$e\phi_s = e\chi_{Si} + (E_c - E_F) \tag{11.4}$$

n^+ 폴리실리콘은 MOSFET에서 게이트gate가 되므로 일함수에서 아래첨자 g를 사용하고, p형 실리콘은 기판substrate이 되므로 일함수 아래첨자로 s를 사용하기로 한다.

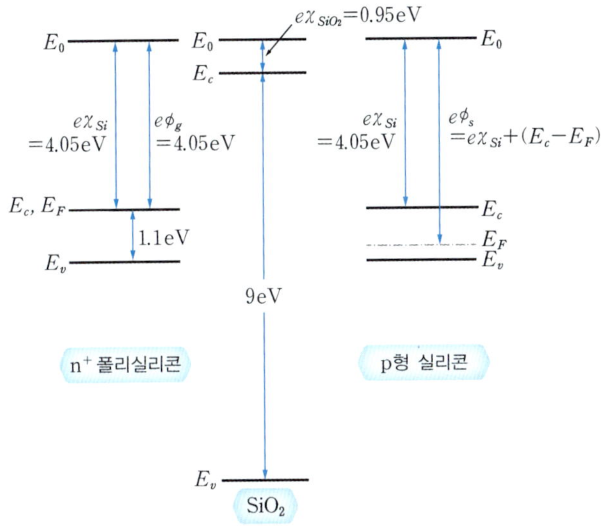

[그림 11-2] n^+ 폴리실리콘 / SiO_2 / p형 실리콘이 접합을 이루기 전의 에너지밴드 다이어그램

접합을 이룬 직후의 에너지밴드 다이어그램은 [그림 11-3(a)]와 같다. 이때 n^+ 폴리실리콘과 p형 실리콘 기판의 페르미 준위 E_F가 일치하지 않으므로, 열평형상태를 이루기 위해 E_F가 일치되도록 [그림 11-3(b)]와 같이 $eV_{fb} = e\phi_g - e\phi_s$만큼 페르미 에너지가 이동하는 변화가 일어난다.

n^+ 폴리실리콘/SiO_2 경계면에 에너지 장벽이 형성되는데, n^+ 폴리실리콘 내 전자에 대한 에너지 장벽은 n^+ 폴리실리콘과 SiO_2 간의 $E_0 - E_c$ 값의 차이(전자친화력의 차이)를 구하면 다음과 같이 된다.

$$e\chi_{Si} - e\chi_{SiO_2} = 4.05 - 0.95 = 3.1\,\text{eV} \tag{11.5}$$

SiO_2/p형 실리콘 경계면에서 p형 실리콘 내 정공에 대한 에너지 장벽은 SiO_2와 p형 실리콘 간의 $E_0 - E_v$ 값의 차이를 구하면 된다.

- SiO_2의 $E_0 - E_v$ 값 : $E_0 - E_v = e\chi_{SiO_2} + E_{g,SiO_2} = 0.95 + 9 = 9.95\,\text{eV}$
- p형 실리콘의 $E_0 - E_v$ 값 : $E_0 - E_v = e\chi_{Si} + E_{g,Si} = 4.05 + 1.1 = 5.15\,\text{eV}$

따라서 p형 실리콘 내 정공에 대한 에너지 장벽은 다음과 같다.

$$(e\chi_{SiO_2} + E_{g,SiO_2}) - (e\chi_{Si} + E_{g,Si}) = 9.95 - 5.15 = 4.8\,\text{eV} \tag{11.6}$$

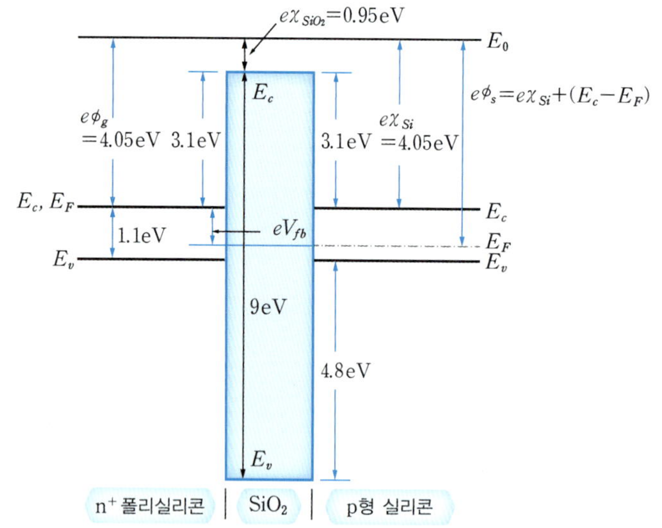

(a)

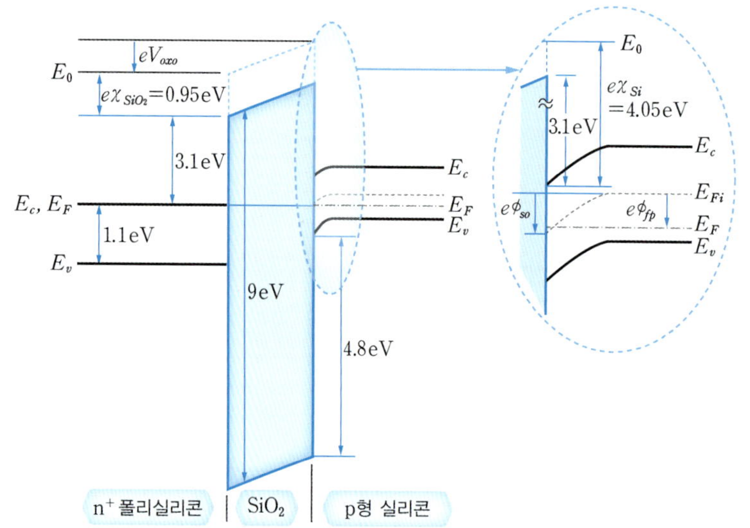

(b)

[그림 11-3] n^+ 폴리실리콘 / SiO_2 / p형 실리콘이 (a) 접합을 이룬 직후의 에너지밴드 다이어그램(평탄밴드 다이어그램), (b) 열평형상태의 에너지밴드 다이어그램

11.2 게이트 전압에 따른 상태 변화

11.2.1 평탄밴드

MOS 커패시터의 동작을 이해하기 위해서는 **평탄밴드 조건**flat-band condition이라는 특수 전압 조건을 중심으로 살펴보면 편리하다. 평탄밴드 조건이란 에너지밴드 다이어그램을 그렸을 때 **반도체 내의 에너지밴드가 휘어지지 않고 수평으로 평평해지는 조건을 의미한다. 이때 반도체 내에는 순 공간전하가 0**이 된다.

열평형상태에서 평탄밴드로 만들어주기 위해, 금속 게이트에 가해야 하는 전압은 얼마일까?

열평형상태인 [그림 11-3(b)]에서 평탄밴드인 [그림 11-3(a)]와 같은 상태가 되도록 하기 위해서는 금속 쪽의 에너지밴드를 $eV_{oxo} + e\phi_{so}$만큼 위로 올려야 한다. 따라서 p형 실리콘을 전압 '0 기준'으로 할 때, 금속 게이트에 가해야 하는 전압은

$$V_g = -(V_{oxo} + \phi_{so}) = V_{fb} \tag{11.7}$$

가 된다. 이 전압을 평탄밴드 조건을 만드는 전압, 즉 **평탄밴드 전압**flat band voltage V_{fb}라고 부른다. 에너지밴드 다이어그램은 전자를 중심으로 그리므로 −의 전압을 가하면 위로 올라가도록 그린다는 점에 주의한다.

[그림 11-3]과 같은 **n^+ 폴리실리콘/SiO_2/p형 실리콘의 경우**, [그림 11-3(a)]는 접합을 이룬 직후의 에너지밴드 다이어그램이면서 동시에 평탄밴드일 때의 에너지밴드 다이어그램이다. [그림 11-3(b)]에서 평탄밴드인 [그림 11-3(a)]가 되기 위해서는 다음 일함수 차이만큼의 에너지 변화를 주어야 한다.

$$eV_{fb} = e\phi_g - e\phi_s \tag{11.8}$$

이 경우 n^+ 폴리실리콘의 일함수는 $e\phi_g \simeq e\chi_{Si} = 4.05\,\text{eV}$이므로, 평탄밴드 전압에 대한 다음 식이 성립한다.

$$eV_{fb} = e\phi_g - e\phi_s \simeq e\chi_{Si} - [e\chi_{Si} + (E_c - E_F)] = -(E_c - E_F) \tag{11.9}$$

따라서 평탄밴드 전압은 다음과 같고, [그림 11-3]에서는 이 값이 대략 $-0.7\,\mathrm{V}$ 정도가 된다.

$$V_{fb} = \frac{-(E_c - E_F)}{e} \tag{11.10}$$

11.2.2 표면 축적

게이트 전압을 인가하여 p형 Si의 표면에 다수캐리어의 축적이 일어날 때, 에너지밴드 다이어그램과 전하밀도 분포는 어떻게 될까?

n^+ 폴리실리콘/$\mathrm{SiO_2}$/p형 실리콘의 MOS 커패시터에서 평탄밴드 전압 V_{fb}보다 더 음(−)의 전압을 게이트에 인가하면, $\mathrm{SiO_2}$/p형 실리콘 경계면에서 p형 실리콘 측 표면에 다수캐리어의 축적이 발생한다. p형 실리콘을 기준으로 하여 n^+ 폴리실리콘에 가한 전압이 $V_g (< V_{fb} < 0)$일 때, n^+ 폴리실리콘 쪽의 에너지밴드를 더 위로 올라가도록 그려 [그림 11-4(b)]와 같이 나타낸다. 이때

$$-e \cdot V_g = E_{F,N^+poly\,Si} - E_{F,p\,Si} \tag{11.11}$$

가 되며, 이 식은 모든 바이어스 전압 V_g에 대하여 항상 성립한다. $E_{F,N^+poly\,Si}$는 n^+ 폴리실리콘의 페르미 에너지이고, $E_{F,p\,Si}$는 p형 실리콘의 페르미 에너지이다. [그림 11-4(b)]와 같이 $E_{F,N^+poly\,Si} > E_{F,p\,Si}$인 경우,

$$V_g = \frac{E_{F,N^+poly\,Si} - E_{F,p\,Si}}{-e} < 0 \tag{11.12}$$

이 된다. 즉 $E_{F,p\,Si}$와 비교하여 $E_{F,N^+poly\,Si}$ 에너지가 위쪽으로 상승할수록 게이트에 음(−)의 전압을 가하는 것으로 해석하면 된다.

평탄밴드 전압 V_{fb} 때의 에너지밴드 다이어그램인 [그림 11-3(a)]와 달라진 부분이 두 군데에서 발생하는데, **첫째는 $\mathrm{SiO_2}$와의 경계면 가까이에서 $e\phi_s$만큼 p형 실리콘 에너지밴드의 상승이고, 둘째는 eV_{ox}만큼 산화막에서의 에너지밴드의 상승이다.** 에너지밴드의 상승이라 함은 오른쪽 p형 실리콘을 기준으로 하여 왼쪽 n^+ 폴리실리콘 쪽으로 진행하면서 상승한 것이다. 따라서 평탄밴드를 위한 에너지 상승 eV_{fb}에 이

두 가지 상승한 에너지 값 $e\phi_s$와 $e\,V_{ox}$를 더한 값은, n^+ 폴리실리콘에 가한 전압 V_g에 의한 에너지밴드의 상승 값인 $e\,V_g$와 같게 된다. 즉 다음과 같다.

$$V_g = V_{fb} + \phi_s + V_{ox} \tag{11.13}$$

이 식에서 모든 전압 기준은 왼쪽이 +이고 오른쪽이 −인 전압이다. **에너지가 상승한 것은 음의 전압에 해당**하므로, 이 경우 V_{fb}와 ϕ_s, V_{ox}가 모두 음수이고 따라서 $V_g(< V_{fb} < 0)$도 음수이다.

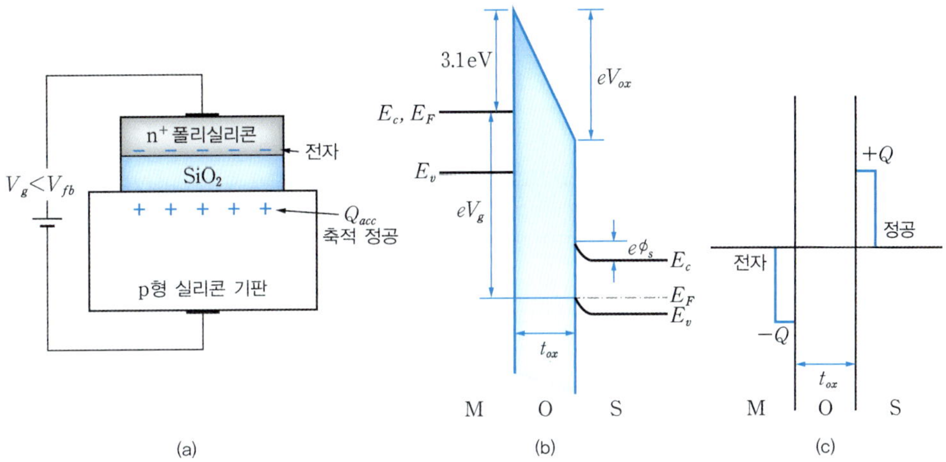

[그림 11-4] (a) $V_g < V_{fb} < 0$인 게이트 전압을 인가한 회로, (b) 에너지밴드 다이어그램, (c) 전하밀도 분포

[그림 11-4(c)]는 전하밀도 분포를 그린 것이다. SiO_2와의 경계면에서 $e\phi_s$만큼 p형 실리콘의 E_v가 페르미 준위 E_F와 가까워지므로 SiO_2와의 경계면에서 정공의 농도는 기판보다 증가한다. 기판에서 정공의 농도는 다음과 같다.

$$p(body) = N_v \exp\left[\frac{-(E_F - E_v)}{kT}\right] \simeq N_a \tag{11.14}$$

만약 $\phi_s > 0$이라면 가전자대역 E_v는 반대로 아래쪽으로 $e\phi_s$만큼 내려가므로, 위 식에서 E_v 대신 $E_v - e\phi_s$를 대입하여, SiO_2와의 경계면에서 정공의 농도는 다음과 같이 쓸 수 있다.

$$p_s = N_v \exp\left[\frac{-\{E_F - (E_v - e\phi_s)\}}{kT}\right] \tag{11.15}$$

따라서 일반적으로

$$p_s = N_a \exp\left(\frac{-e\phi_s}{kT}\right) \tag{11.16}$$

가 된다. [그림 11-4]에서 ϕ_s가 음수로 $-100 \sim -200\,\mathrm{mV}$ 정도되므로 $p_s \gg N_a$가 되어 SiO_2와의 경계면에 정공이 매우 많은 수로 축적되는 **표면 축적**accumulation이 형성된다. 이 축적된 정공의 전하량을 $Q_{acc}[\mathrm{C/cm^2}]$로 표시하면, 평탄밴드 조건 $V_g = V_{fb}$에서 $V_{ox} = \phi_s = 0$이 되고, $Q_{acc} = 0$이 된다. 이제 표면 축적이 일어나도록 V_g를 음수로 크기를 더 키우면 V_{ox}와 ϕ_s는 0이 아니게 된다. 작은 ϕ_s 값에도 축적되는 정공의 전하량은 지수함수적으로 큰 값을 가지므로 ϕ_s를 근사적으로 무시한다면

$$V_{ox} = V_g - V_{fb} - \phi_s \simeq V_g - V_{fb} \tag{11.17}$$

로 놓을 수 있다. SiO_2 내에서 전계 $\mathcal{E}_{ox}$를 구하면 $\mathcal{E}_{ox} = \frac{Q_{acc}}{\epsilon_{ox}}$가 된다. 여기서 $V_{ox}(x)$의 전압 기준은 왼쪽이 +이고 오른쪽이 −이므로 양(+)의 x축은 왼쪽을 향하게 설정된다. 따라서 전계 $\mathcal{E}_{ox}(x)$의 양(+)의 x축 기준도 동일하게 왼쪽을 향한다. 따라서 $V_{ox}(x) = -\mathcal{E}_{ox}(x)t_{ox}$이므로

$$V_{ox} = -\left(\frac{Q_{acc}}{\epsilon_{ox}}\right)t_{ox} = \frac{-Q_{acc}}{C_{ox}} \tag{11.18}$$

가 된다. 여기서 산화막의 단위면적당 커패시턴스인 다음 식을 사용하였다.

$$C_{ox} = \frac{\epsilon_{ox}}{t_{ox}} \quad [\mathrm{F/cm^2}] \tag{11.19}$$

식 (11.18)은 $Q = CV$의 일반식에서 어긋나는 듯 보이나, 이 경우 [그림 11-5]와 같이 V_{ox}의 전압 기준이 왼쪽이 +이고 오른쪽이 −인 전압인데 오른쪽에 $Q_{acc}[\mathrm{C/cm^2}]$ 전하량, 즉 $+Q$가 축적되고 왼쪽에 $-Q$의 전하량이 위치하기 때문에 $V_{ox} = \frac{-Q_{acc}}{C_{ox}}$로 − 부호가 생긴 것이다. 즉 $Q_{ox} = C_{ox}V_{ox}$라고 할 때 $Q_{ox} = -Q_{acc}$인 것이다. ϕ_s를 근사적으로 무시한다면

$$-Q_{acc} = C_{ox}V_{ox} = C_{ox}(V_g - V_{fb} - \phi_s) \simeq C_{ox}(V_g - V_{fb}) \tag{11.20}$$

로 쓸 수 있다. 식 (11.18)을 일반화해보면, Q_{acc}를 포함하여 기판 내에 존재하는 모든 양(+)의 전하량을 Q_{sub}라고 할 때 다음과 같이 쓸 수 있다.

$$V_{ox} = \frac{-Q_{sub}}{C_{ox}} \tag{11.21}$$

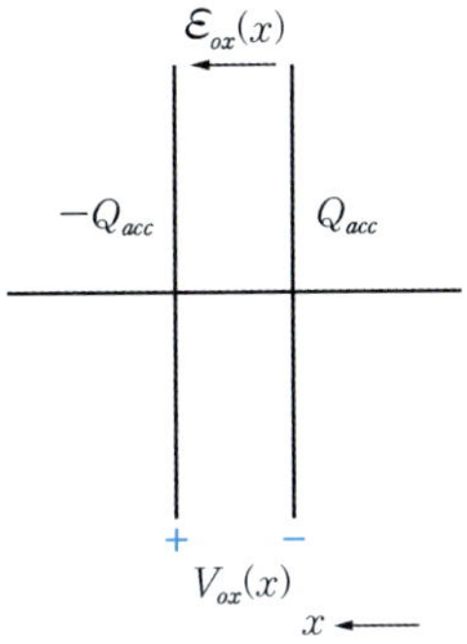

[그림 11-5] 전계 $\mathcal{E}_{ox}$ 및 전압 V_{ox}의 기준과 축적된 정공의 전하량 Q_{acc} 간의 관계

예제 11-1

SiO_2 내에서 전계 $\mathcal{E}_{ox}$를 구하면 $\mathcal{E}_{ox} = \frac{Q_{acc}}{\epsilon_{ox}}$가 됨을 증명하라.

풀이

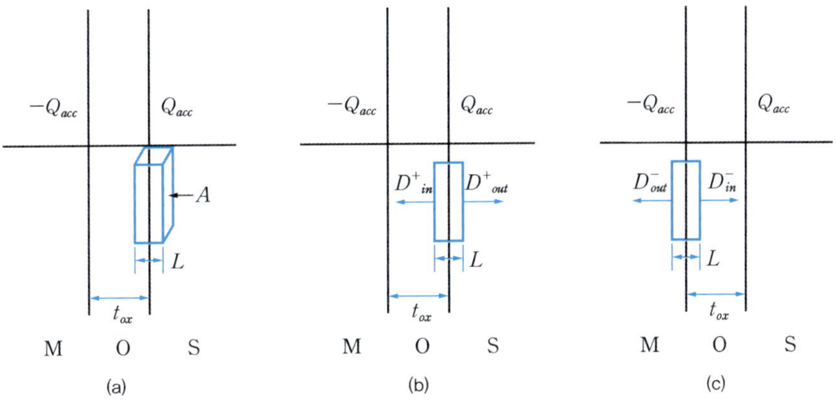

[그림 11-6] MOS 커패시터의 전하량과 전속밀도. (a) 오른쪽 판에서 가우스 표면, (b) 오른쪽 무한 판전하, (c) 왼쪽 무한 판전하

[그림 11-6]과 같이 왼쪽에 $-Q_{acc}$[C/cm^2]의 표면전하밀도를 갖는 무한 판전하와, 오른쪽에 Q_{acc}[C/cm^2]의 표면전하밀도를 갖는 무한 판전하가 서로 마주보고 있다고 하자. 먼저 [그림 11-6(a)]와 같이 단면적이 A이고 깊이가 L인 직육면체의 중앙을 그림과 같이 무한 판전하가 관통하도록 가우스 표면을 설정한다.

무한 판전하인 경우 전속밀도 D 벡터는 무한 판전하의 왼쪽 공간에서는 판에 수직으로 왼쪽을 향하고, 무한 판전하의 오른쪽 공간에서는 수직으로 오른쪽을 향함을 알 수 있다. 따라서 가우스 법칙 $Q = \int \vec{D} \cdot \vec{dS}$를 오른쪽에 있는 Q_{acc}[C/cm^2]의 무한 판전하에 대하여 적용하면, 직육면체 가우스 표면 중 앞면과 뒷면, 윗면과 아랫면에서의 전속밀도 D 벡터와 면적소(작은 면적) dS 벡터는 모든 면상에서 90°를 이루므로 내적이 0이 된다. 결국 왼쪽 면과 오른쪽 면에서의 적분만 고려하면 된다. 왼쪽 면 전체에서 전속밀도 D 벡터의 크기는 D_{in}^{+}로 일정하고 면적은 A이므로 내적은 AD_{in}^{+}가 된다. 마찬가지로 오른쪽 면 전체에서 전속밀도 D 벡터의 크기는 D_{out}^{+}로 일정하고 면적은 A이므로 내적은 AD_{out}^{+}가 된다. 그리고 가우스 표면 내부의 총 전하량은 전하밀도 Q_{acc}와 면적 A를 곱한 AQ_{acc}가 된다. 따라서 $AD_{in}^{+}+AD_{out}^{+}=2AD_{in}^{+}=AQ_{acc}$가 되어, 오른쪽 $Q_{acc}[\mathrm{C/cm^2}]$의 무한 판전하에 의한 절연체 내부의 전속밀도는 다음과 같다.

$$D_{in}^{+}=\frac{Q_{acc}}{2} \tag{11.22}$$

동일한 방법으로 왼쪽에 있는 $-Q_{acc}[\mathrm{C/cm^2}]$ 무한 판전하에 대하여 가우스 법칙을 적용하면 $AD_{in}^{-}+AD_{out}^{-}=2AD_{in}^{-}=-AQ_{acc}$가 되어,

$$D_{in}^{-}=\frac{-Q_{acc}}{2} \tag{11.23}$$

가 된다. 여기서 $V_{ox}(x)$의 전압 기준은 [그림 11-5]와 같이, 왼쪽이 +이고 오른쪽이 − 이며, 전계 $\mathcal{E}_{ox}(x)$는 왼쪽을 향한다. 이 전계 $\mathcal{E}_{ox}$를 SiO_2 내에서 구하면,

$$\epsilon_{ox}\mathcal{E}_{ox}=D_{ox}=D_{in}^{+}-D_{in}^{-}=\frac{Q_{acc}}{2}-\left(\frac{-Q_{acc}}{2}\right)=Q_{acc}$$

이므로 다음과 같이 된다.

$$\mathcal{E}_{ox}=\frac{Q_{acc}}{\epsilon_{ox}} \tag{11.24}$$

11.2.3 표면 공핍

게이트 전압을 인가하여 p형 실리콘의 표면에 다수캐리어의 공핍이 일어날 때, 에너지밴드 다이어그램과 전하밀도 분포는 어떻게 될까?

평탄밴드 전압 V_{fb}보다 더 큰 전압을 게이트에 인가하면, SiO_2/p형 실리콘의 경계면에서 p형 실리콘 측 표면에 다수캐리어의 공핍현상이 발생한다.

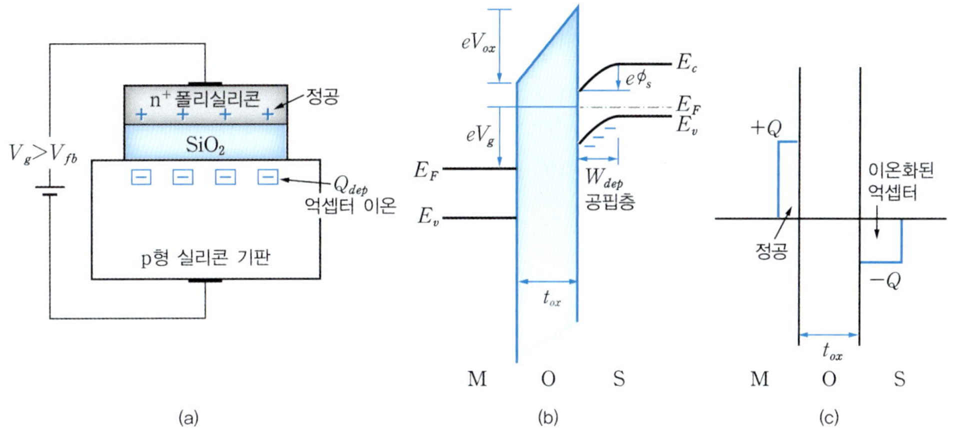

[그림 11-7] (a) $V_g > V_{fb}$인 게이트 전압을 인가한 회로, (b) 에너지밴드 다이어그램, (c) 전하밀도 분포

평탄밴드 전압 V_{fb}일 때의 에너지밴드 다이어그램인 [그림 11-3(a)]와 달라진 부분은 두 군데에서 발생하는데, **첫째는 SiO_2와의 경계면 가까이에서 $e\phi_s$만큼 p형 실리콘 에너지밴드의 하강이고, 둘째는 eV_{ox}만큼 산화막에서의 에너지밴드의 하강이다**. 에너지밴드의 하강이라 함은 오른쪽 p형 실리콘을 기준으로 하여 왼쪽 n^+ 폴리실리콘 쪽으로 진행하면서 하강한 것이다. 따라서 평탄밴드를 위한 에너지 상승 eV_{fb}에 이 두 가지 하강한 에너지 값 $e\phi_s$와 eV_{ox}를 뺀 값은, n^+ 폴리실리콘에 가한 전압 V_g에 의한 에너지밴드의 하강 값인 eV_g와 같게 된다. 다음 식에서 모든 전압 기준은 왼쪽이 +이고 오른쪽이 −인 전압이다.

$$V_g = V_{fb} + \phi_s + V_{ox} \tag{11.25}$$

에너지가 하강한 것은 양의 전압에 해당하므로, 이 경우 V_{fb}는 음수이지만 ϕ_s와 V_{ox}는 양수이므로, V_g는 V_{fb}보다 크다. 만약 ϕ_s와 V_{ox}의 합이 $|V_{fb}|$보다 더 큰 양수가 되면, 결국 [그림 11-7(b)]와 같이 V_g가 양수가 된다.

[그림 11-7(c)]는 전하량 분포를 그린 것이다. SiO_2와의 경계면에서 $e\phi_s$만큼 p형 실리콘의 E_v가 페르미 준위 E_F와 멀어지므로 SiO_2와의 경계면에서 정공의 농도는 기판보다 감소한다. 기판에서 정공의 농도는 식 (11.14)와 같다. [그림 11-7(b)]에서 ϕ_s가 양수이기 때문에, 식 (11.16)으로부터 $p_s < N_a$가 되어 SiO_2와의 경계면에 정공이 공핍되는 **표면 공핍**depletion이 형성된다. 이 정공이 공핍된 영역에는 이온화된 억셉터 음이온이 공간전하 체적밀도 $\rho_v = -eN_a\,[\mathrm{C/cm^3}]$를 형성하게 된다.

11.2.2절에서 기판 내에 있는 모든 양(+)의 전하량을 Q_{sub}라고 하면, $V_{ox} = \frac{-Q_{sub}}{C_{ox}}$로 쓸 수 있음을 알았다. 표면 공핍이 일어난 경우에 Q_{sub}는 다음과 같다.

$$Q_{sub} = W_{dep}\rho_v = -W_{dep}eN_a \tag{11.26}$$

따라서

$$V_{ox} = \frac{-Q_{sub}}{C_{ox}} = \frac{eN_aW_{dep}}{C_{ox}} \tag{11.27}$$

가 된다. W_{dep}와 ϕ_s 간의 관계식은 포아송 방정식으로부터

$$\phi_s = \frac{eN_aW_{dep}^2}{2\epsilon_{Si}} \tag{11.28}$$

이므로,

$$W_{dep} = \sqrt{\frac{2\epsilon_{Si}\phi_s}{eN_a}} \tag{11.29}$$

가 된다. 식 (11.27)과 (11.28)을 식 (11.25)에 대입하면, 다음과 같은 게이트 전압을 얻을 수 있다.

$$V_g = V_{fb} + V_{ox} + \phi_s = V_{fb} + \frac{eN_aW_{dep}}{C_{ox}} + \frac{eN_aW_{dep}^2}{2\epsilon_{Si}} \tag{11.30}$$

11.2.4 문턱조건

p형 실리콘의 표면에 타입 반전(문턱조건)이 발생했을 때, 에너지밴드 다이어그램과 전하밀도 분포는 어떻게 될까?

11.2.3절의 공핍 때보다 더 크게 게이트 전압을 계속 증가해가면, 마침내 SiO_2/p형 실리콘의 경계면에서 전자의 농도가 정공의 농도보다 더 많은 p형에서 n형으로의 **타입 반전**inversion이 일어나게 된다. 이러한 타입 반전(문턱조건)이 일어날 때의 게이트 전압을 **문턱전압**threshold voltage V_t라고 부른다. 이때의 에너지밴드를 [그림 11-8(a)]에 나타내었다.

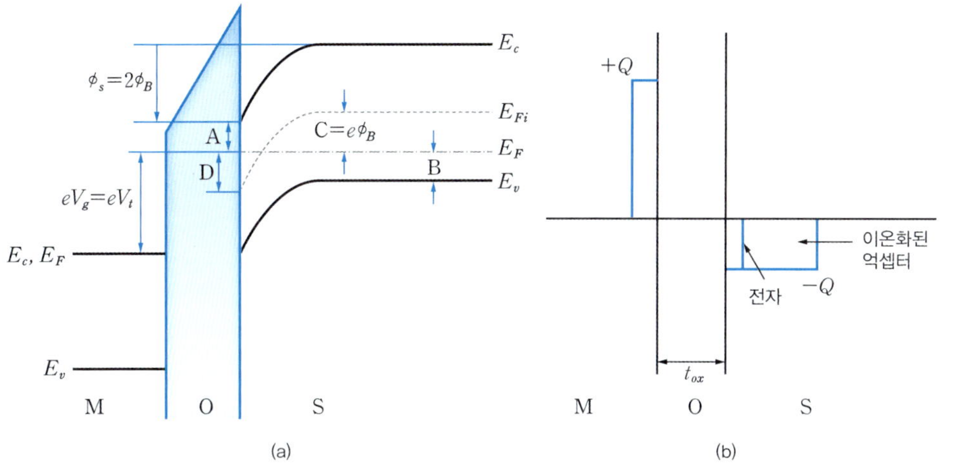

[그림 11-8] $V_g = V_t > 0$인 게이트 전압을 가했을 때 (a) 에너지밴드 다이어그램, (b) 전하밀도 분포

타입 반전이 발생하는 기준을 'SiO$_2$/p형 실리콘의 경계면에서 전자의 농도가 기판의 정공농도와 같아지는 정도로 반전이 일어났을 때'로 정의한다. 즉 그림에서 $N_c = N_v$라고 가정하면 A= $E_c - E_F$가 B= $E_F - E_v$와 같아지는 A = B 조건이 **문턱조건**이다. 이때 D= $E_F - E_{Fi}$는 C= $E_{Fi} - E_F$와 같아 C = D가 되고, C= $E_{Fi} - E_F = e\phi_B$라고 하면 문턱조건에서

$$\phi_s = \phi_{st} = \mathrm{C} + \mathrm{D} = 2\phi_B \tag{11.31}$$

가 된다. 이러한 문턱조건을 만드는 전압 V_g가 **문턱전압** V_t이다.

p형 실리콘에서 정공농도는 두 가지로 표현될 수 있다.

$$p = N_v \exp\left[\frac{-(E_F - E_v)}{kT}\right] = n_i \exp\left[\frac{E_{Fi} - E_F}{kT}\right]$$

이를 이용하면

$$\mathrm{B} = E_F - E_v = kT\ln\left(\frac{N_v}{p}\right) \simeq kT\ln\left(\frac{N_v}{N_a}\right) \tag{11.32}$$

$$\mathrm{C} = e\phi_B = E_{Fi} - E_F = kT\ln\left(\frac{p}{n_i}\right) \simeq kT\ln\left(\frac{N_a}{n_i}\right) \tag{11.33}$$

이다. 식 (11.33)을 식 (11.31)에 대입하면 문턱조건에서의 $\phi_s = \phi_{st} = 2\phi_B$를 다음과 같이 구할 수 있다.

$$\phi_s = \phi_{st} = 2\phi_B = \frac{2kT}{e}\ln\left(\frac{p}{n_i}\right) \simeq \frac{2kT}{e}\ln\left(\frac{N_a}{n_i}\right) \tag{11.34}$$

식 (11.29)를 식 (11.27)에 대입하면 다음과 같이 된다.

$$V_{ox} = \frac{eN_a W_{dep}}{C_{ox}} = \frac{\sqrt{eN_a 2\epsilon_{Si}\phi_s}}{C_{ox}} \tag{11.35}$$

식 (11.34)와 (11.35)를 식 (11.25)에 대입하면 다음과 같은 문턱전압 V_t를 얻을 수 있다.

$$\begin{aligned} V_t = V_{fb} + V_{ox} + \phi_{st} &= V_{fb} + \frac{eN_a W_{dep}}{C_{ox}} + 2\phi_B \\ &= V_{fb} + \frac{\sqrt{eN_a 2\epsilon_{Si} 2\phi_B}}{C_{ox}} + 2\phi_B \end{aligned} \tag{11.36}$$

이 문턱전압은 MOSFET에서 소스와 드레인 사이에 캐리어 채널이 형성되었는지를 판가름하는 매우 중요한 파라미터이다. p형 실리콘의 도핑이 작으면 V_{fb}가 음수이므로 V_t가 음의 값을 가지다가, 억셉터 도핑농도 N_a를 증가시키면 $e\phi_B$가 증가하고 V_t가 양의 값으로 점점 증가하게 된다. 산화막 두께 t_{ox}가 클수록 C_{ox}는 작아지고, 억셉터 도핑농도 N_a를 증가시킬 때 더 급격하게 V_t가 양의 값으로 증가한다.

[그림 11-8(b)]는 전하량 분포를 나타낸 것이다. SiO_2와의 경계면에 정공이 공핍되는 **표면 공핍**이 형성되고, 이 영역에서는 이온화된 억셉터 음이온이 공간전하 체적밀도 $\rho_v = -eN_a[\mathrm{C/cm^3}]$를 형성한다. 문턱조건에서는 이 억셉터 음이온에 추가해서, 타입 반전으로 인한 전자들의 음전하가 존재하게 된다.

11.2.5 문턱조건을 넘은 강한 반전

문턱조건을 넘어 강한 반전이 발생했을 때, 에너지밴드 다이어그램과 전하밀도 분포는 어떻게 될까?

문턱조건 전압보다 더 큰 양(+)의 전압을 게이트에 인가하면, SiO_2/p형 실리콘의 경계면에서 n형으로의 **강한 반전**strong inversion이 일어난다.

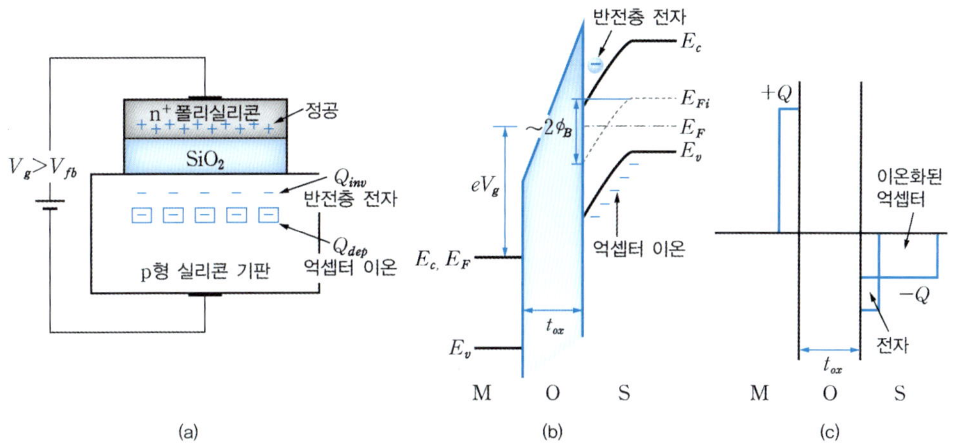

[그림 11-9] (a) $V_g > V_t > 0$인 게이트 전압을 인가한 회로, (b) 에너지밴드 다이어그램, (c) 전하밀도 분포

V_g가 문턱전압 V_t보다 매우 커지면, SiO_2/p형 실리콘의 경계면에서 n형으로의 강한 반전이 일어나며, 에너지밴드 다이어그램이 [그림 11-9(b)]과 같이 된다. 이때 ϕ_s는 $2\phi_B$ 이상으로는 크게 증가하지 않는데, 이는 ϕ_s가 조금만 증가해도 지수함수적으로 많은 전자가 생기기 때문이다. ϕ_s가 큰 변동이 없으면 공핍층의 폭 W_{dep}도 거의 변동이 없고, 가해준 전압 변동분은 산화막을 가로질러 V_{ox}에 거의 다 반영된다. 따라서 최대 공핍층의 폭 W_{dMAX}는

$$W_{dMAX} = \sqrt{\frac{2\epsilon_{Si} 2\phi_B}{eN_a}} \tag{11.37}$$

로 고정된다고 볼 수 있다. 반전 상태로 형성된 전자들은 **반전층**inversion layer을 이룬다. 반전층의 전하농도를 $Q_{\in v}\,[\mathrm{C/cm^2}]$로 표현하고, 공핍층의 폭 W_{dep}에 형성된 전하량을 $Q_{dep}\,[\mathrm{C/cm^2}]$로 표현했을 때, 체적밀도 $\rho_v = -eN_a\,[\mathrm{C/cm^3}]$를 사용하여 $Q_{dep}\,[\mathrm{C/cm^2}]$를 표현하면 다음과 같다.

$$Q_{dep} = \rho_v W_{dMAX} = -eN_a W_{dMAX} = -\sqrt{eN_a 2\epsilon_{Si} 2\phi_B}\,[\mathrm{C/cm^2}] \tag{11.38}$$

강한 반전이 일어날 때 게이트에 가해준 전압은 다음과 같이 쓸 수 있다.

$$V_g = V_{fb} + V_{ox} + \phi_s = V_{fb} + \frac{-Q_{sub}}{C_{ox}} + 2\phi_B = V_{fb} - \frac{Q_{dep} + Q_{\in v}}{C_{ox}} + 2\phi_B \tag{11.39}$$

이 식에 식 (11.35)를 대입하면 다음과 같이 된다.

$$V_g = V_{fb} + \frac{\sqrt{eN_a 2\epsilon_{Si} 2\phi_B}}{C_{ox}} - \frac{Q_{inv}}{C_{ox}} + 2\phi_B \quad (11.40)$$

식 (11.36)을 적용하여 V_t로 표현하면 다음과 같다.

$$V_g = V_t - \frac{Q_{inv}}{C_{ox}}, \text{ 즉 } -Q_{inv} = C_{ox}(V_g - V_t) \quad (11.41)$$

식 (11.41)은 식 (11.20) $-Q_{acc} = C_{ox}(V_g - V_{fb})$와 유사한 형태임을 알 수 있다. 실제로는 V_g가 V_t에 점점 가까워지면서 반전층의 전자들이 문턱조건만큼은 아니더라도 일부 존재한다. 그렇지만 식 (11.41)에 의하면 문턱전압 V_t를 넘어가기 전까지는 반전층의 전하밀도를 $Q_{inv}[C/cm^2] = 0$으로 취급하는 것이다.

n^+ 폴리실리콘/SiO_2/p형 실리콘의 MOS 커패시터에서 평탄밴드 전압 V_{fb}를 중심으로 V_g에 따라 에너지밴드 다이어그램의 변화를 정리하면 [그림 11-10]과 같다.

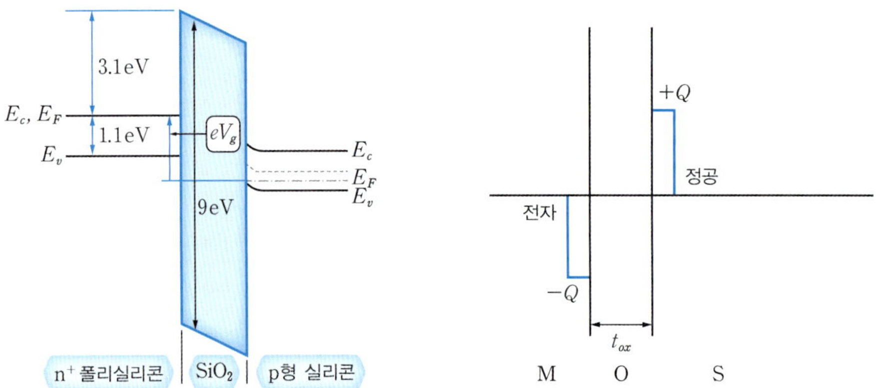

(a) $V_g < V_{fb} < 0$: 축적

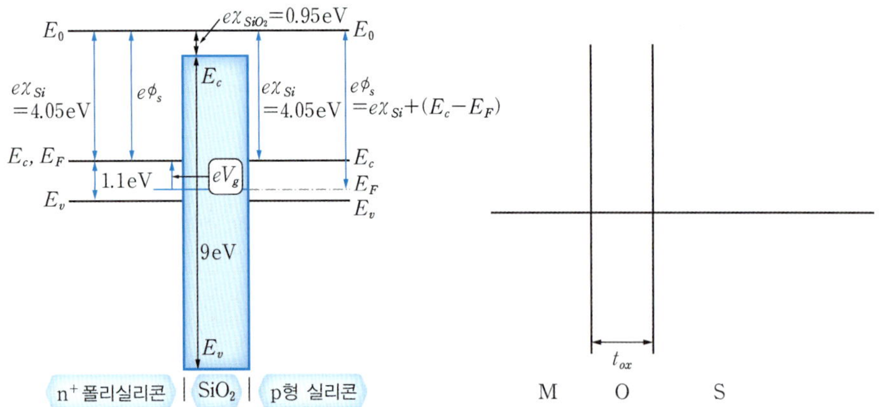

(b) $V_g < V_{fb} < 0$: 평탄밴드

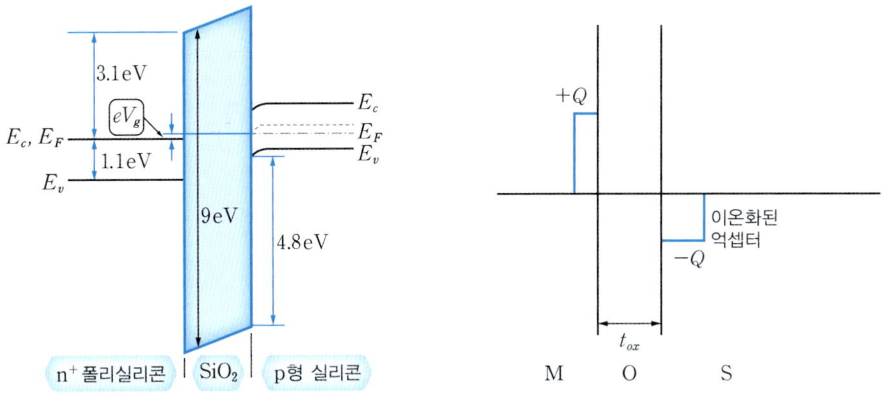

(c) $V_{fb} < V_g < V_t$: 공핍

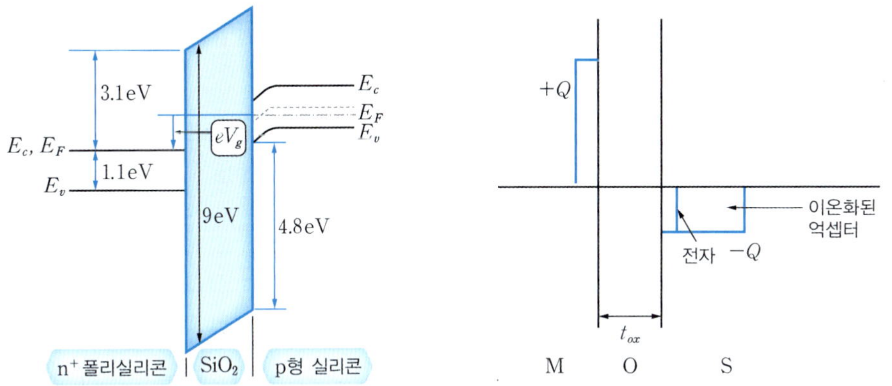

(d) $V_g = V_t > 0$: 문턱

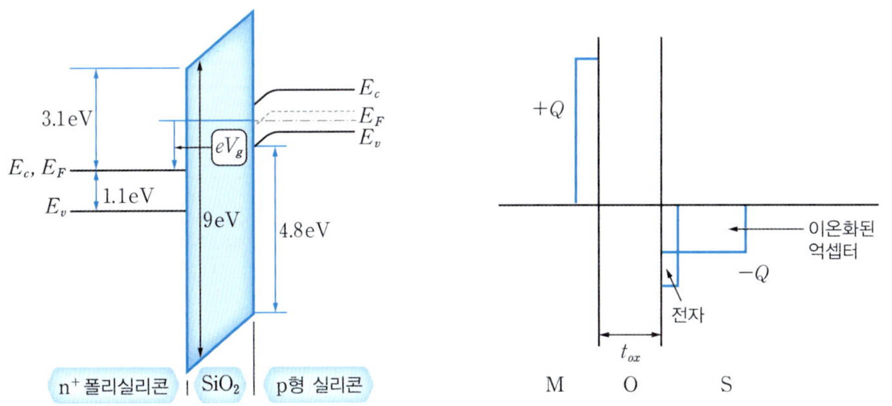

(e) $V_g > V_t > 0$: 반전

[그림 11-10] 게이트 전압 V_g에 따른 에너지밴드 다이어그램과 전하밀도 분포

11.2.6 산화막 전하의 영향

산화막 내에 존재할 수 있는 전하에는 어떤 것이 있으며, 이들은 평탄밴드와 문턱조건에 어떤 영향을 미칠까?

지금까지 산화막 물질 내에서 순전하밀도가 0인 경우를 가정했으나, 보통은 양(+)의 고정 전하밀도가 절연체 내에 존재한다. 산화막 내에 존재하는 전하로는 고정 전하와 이동 전하를 생각할 수 있다. **양(+)의 고정 산화막 전하**는 산화막/반도체 경계면 근처에서 공유결합이 끊어진 댕글링dangling 형태로 존재하는 **실리콘 이온**이다. **이동 산화막 전하**는 대개 **나트륨 이온**으로 제조 공정 과정에서 제거가 잘 되는 편이다. 산화막에 포함된 순고정전하는 산화막/반도체 경계면 바로 근처에 **단위면적당 등가 전하밀도** Q'_{ss} [C/cm^2]가 존재하는 것으로 모델링할 수 있다.

이때 산화막/반도체 경계면에 존재하는 양(+)의 전하밀도 Q'_{ss} [C/cm^2]으로 인해, 평탄밴드는 [그림 11-11(b)]와 같이 게이트 쪽이 더 높아지게 된다. 11.2.2절에서 기판 내에 존재하는 모든 양(+)의 전하량을 Q_{sub}라고 하면, $V_{ox} = \frac{-Q_{sub}}{C_{ox}}$라고 쓸 수 있음을 알았다. 따라서 Q'_{ss}가 있을 때 Q'_{ss}에 의한 V_{ox}의 변화는

$$\Delta V_{ox} = \frac{-\Delta Q_{sub}}{C_{ox}} = \frac{-Q'_{ss}}{C_{ox}} \tag{11.42}$$

이므로 전자를 기준으로 한 에너지의 변화는 $-e \cdot \Delta V_{ox} = \frac{eQ'_{ss}}{C_{ox}}$만큼 게이트 쪽을 더 높게 그리면 된다.

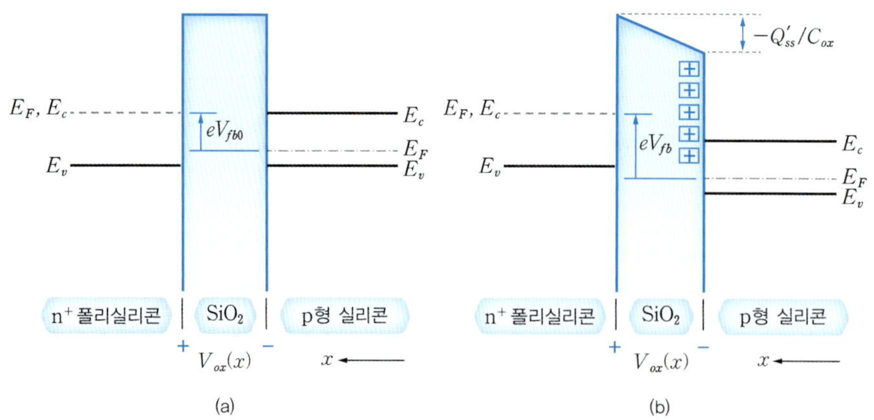

[그림 11-11] (a) 평탄밴드의 에너지밴드 다이어그램, (b) 산화막/반도체 경계면에 양 전하밀도 Q'_{ss}가 있는 경우의 평탄밴드

[그림 11-11]에서 V_{fb}는 (−) 기준이 기판이므로 $V_{fb} = \dfrac{E_F(gate) - E_F(body)}{-e}$가 된다. 따라서 양(+)의 Q_{ss}'가 있을 때 V_{fb}는 더 음(−)의 값으로 변화된다. 즉 다음과 같이 된다.

$$V_{fb} = V_{fb0} - \frac{Q_{ss}'}{C_{ox}} \tag{11.43}$$

문턱전압이 평탄밴드 전압에 의존하므로, 평탄밴드 전압의 변화량은 문턱전압에 그대로 반영된다. Q_{ss}'가 없을 때는 식 (11.36)과 같다. Q_{ss}'가 있을 때 문턱전압은 V_{fb}를 $V_{fb} = V_{fb0} - \dfrac{Q_{ss}'}{C_{ox}}$로 수정하여 대입하면 되고, 따라서 문턱전압은 다음과 같이 된다.

$$\begin{aligned} V_t &= \left(V_{fb0} - \frac{Q_{ss}'}{C_{ox}}\right) + V_{ox} + \phi_{st} = \left(V_{fb0} - \frac{Q_{ss}'}{C_{ox}}\right) + \frac{eN_a W_{dep}}{C_{ox}} + 2\phi_B \\ &= \left(V_{fb0} - \frac{Q_{ss}'}{C_{ox}}\right) + \frac{\sqrt{eN_a 2\epsilon_{Si} 2\phi_B}}{C_{ox}} + 2\phi_B \end{aligned} \tag{11.44}$$

11.3 커패시턴스-전압 특성

MOS 커패시터에서 단위면적당 소신호 커패시턴스 값은 어떻게 변화할까?

n^+ 폴리실리콘/SiO_2/p형 실리콘의 MOS 커패시터에 [그림 11-12]와 같이 일정한 DC 전압 V_g를 인가한 상태에서 작은 교류전압 v_{ac}를 중첩하여 인가하면, 전압 V_g에 따라 기하학적인 구조 변화가 발생하므로 이에 따라 단위면적당 소신호 커패시턴스 값 $C = \dfrac{dQ}{dV}$도 변화한다. 다섯 가지로 전압 V_g의 범위를 나누고, 그에 따라 전하량과 커패시턴스가 어떻게 변화하는지 살펴보자.

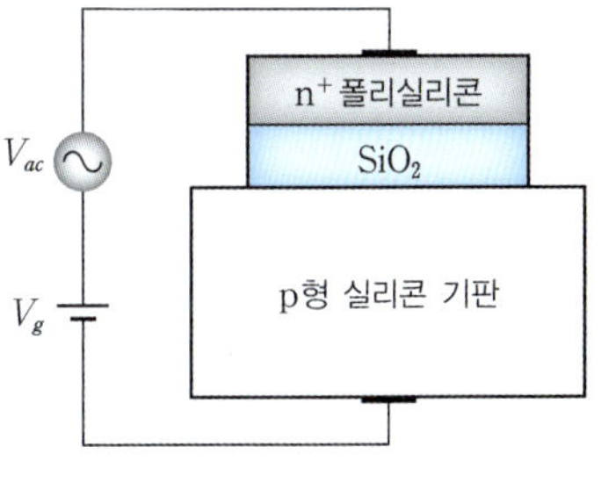

[그림 11-12] MOS 커패시터의 단위면적당 소신호 커패시턴스 측정 회로

$V_g < V_{fb} < 0$: 축적 상태

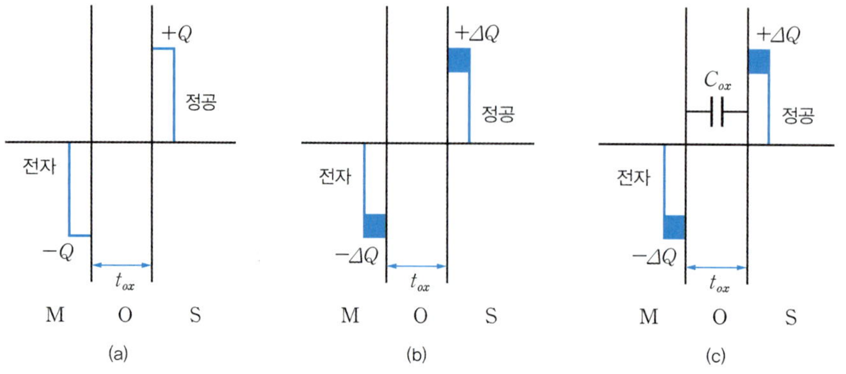

[그림 11-13] $V_g < V_{fb} < 0$ 상태에서 (a) DC 전압 V_g일 때, (b) 교류전압 v_{ac}를 중첩 인가할 때, (c) 커패시턴스

일정한 DC 전압 V_g를 인가하면 [그림 11-13(a)]와 같이 SiO_2 산화물 층을 사이에 두고 오른쪽에 $+Q$의 전하량과 왼쪽에 $-Q$의 전하량이 존재한다. 이 상태에서 작은 교류전압 v_{ac}를 중첩하여 인가할 때, [그림 11-13(b)]와 같이 SiO_2 산화물 층을 사이에 두고 오른쪽에 $+\Delta Q$의 전하량 증분이 발생하면, 왼쪽에 $-\Delta Q$의 전하량 증분이 발생한다. 따라서 단위면적당 소신호 커패시턴스 값 $C=\dfrac{dQ}{dV}$는 [그림 11-13(c)]에서 SiO_2 산화물 층을 사이에 둔 평행판 커패시터의 값과 같아서 다음과 같이 된다.

$$C=\frac{\epsilon_{ox}}{t_{ox}}=C_{ox}\,[\mathrm{F/cm^2}] \tag{11.45}$$

$V_g = V_{fb} < 0$: 평탄밴드

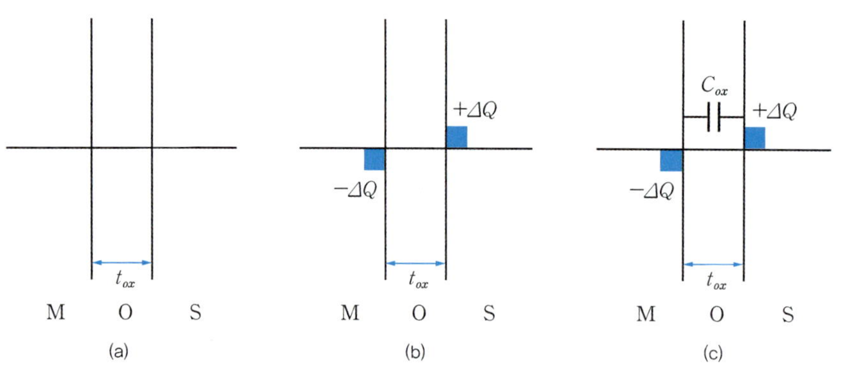

[그림 11-14] $V_g = V_{fb} < 0$ 상태에서 (a) DC 전압 V_g일 때, (b) 교류전압 v_{ac}를 중첩 인가할 때, (c) 커패시턴스

축적 상태와 마찬가지로 작은 교류전압 v_{ac}를 중첩하여 인가할 때, SiO_2 산화물 층을 사이에 두고 오른쪽에 $+\Delta Q$의 전하량 증분이 발생하고 왼쪽에 $-\Delta Q$의 전하량 증분

이 발생한다. 따라서 단위면적당 소신호 커패시턴스 값 $C = \frac{dQ}{dV}$는 [그림 11-14(c)]에서 SiO_2 산화물 층을 사이에 둔 평행판 커패시터의 값과 같아서 다음과 같이 된다.

$$C = \frac{\epsilon_{ox}}{t_{ox}} = C_{ox}\,[\mathrm{F/cm^2}] \tag{11.46}$$

$V_{fb} < V_g < V_t$: 공핍 상태

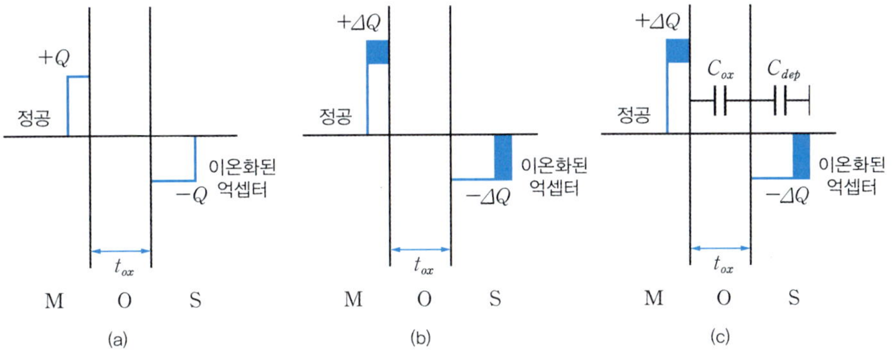

[그림 11-15] $V_{fb} < V_g < V_t$ 상태에서 (a) DC 전압 V_g일 때, (b) 교류전압 v_{ac}를 중첩 인가할 때, (c) 커패시턴스

작은 교류전압 v_{ac}를 중첩하여 인가할 때, [그림 11-15(b)]와 같이 SiO_2 산화물 층과 p형 실리콘의 공핍층을 사이에 두고 왼쪽에 $+\Delta Q$의 전하량 증분이 발생하고, 오른쪽에 $-\Delta Q$의 전하량 증분이 발생한다. 따라서 단위면적당 소신호 커패시턴스 값 $C = \frac{dQ}{dV}$는 [그림 11-15(c)]에서 $C_{ox} = \frac{\epsilon_{ox}}{t_{ox}}$와 $C_{dep} = \frac{\epsilon_{Si}}{W_{dep}}$의 두 평행판 커패시터가 직렬로 연결된 값과 같아서 다음과 같이 된다.

$$C = \frac{C_{ox} C_{dep}}{C_{ox} + C_{dep}} \tag{11.47}$$

전압 V_g가 점점 증가하면 식 (11.30)에 의해 W_{dep}가 점점 증가하면서 C_{dep}가 점점 감소하게 되고, 따라서 합성 커패시턴스 C도 점점 감소하게 된다.

$V_g = V_t > 0$: 문턱조건

작은 교류전압 v_{ac}를 중첩하여 인가할 때, [그림 11-16(b)]와 같이 SiO_2 산화물 층과 p형 Si의 공핍층을 사이에 두고 왼쪽에 $+\Delta Q$의 전하량 증분이 발생할 때, 오른쪽에 $-\Delta Q$의 전하량 증분이 발생한다.

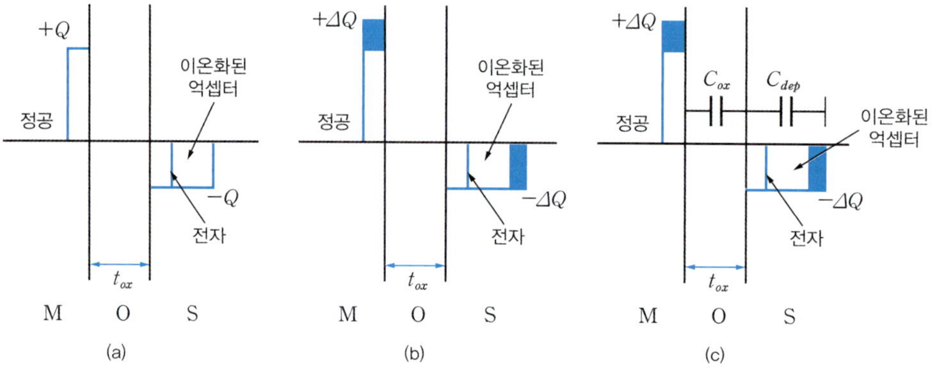

[그림 11-16] $V_g = V_t > 0$ 상태에서 (a) DC 전압 V_g일 때, (b) 교류전압 v_{ac}를 중첩 인가할 때, (c) 커패시턴스

따라서 단위면적당 소신호 커패시턴스 값 $C = \dfrac{dQ}{dV}$는 [그림 11-16(c)]에서 $C_{ox} = \dfrac{\epsilon_{ox}}{t_{ox}}$와 $C_{dep} = \dfrac{\epsilon_{Si}}{W_{dep}}$의 두 평행판 커패시터가 직렬로 연결된 값과 같은데, W_{dep}가 최댓값인 W_{dMAX}를 가지므로 C_{dep}가 최솟값 $C_{dep,\min} = \dfrac{\epsilon_{Si}}{W_{dMAX}}$를 갖는 상태가 되고, 합성 커패시턴스 C도 다음의 최솟값이 된다.

$$C = C_{\min} = \frac{C_{ox} C_{dep,\min}}{C_{ox} + C_{dep,\min}} \tag{11.48}$$

$V_g > V_t > 0$: 강한 반전

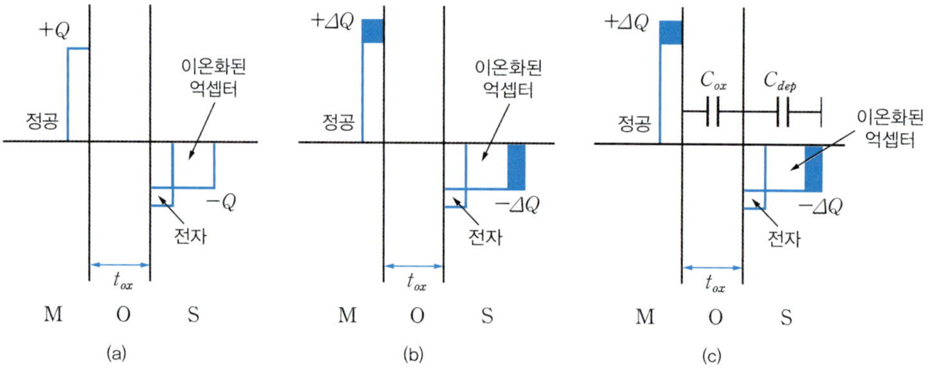

[그림 11-17] $V_g > V_t > 0$ 상태에서 (a) DC 전압 V_g일 때, (b) 교류전압 v_{ac}를 중첩 인가할 때, (c) 커패시턴스

p형 실리콘 내에 존재하는 전자 수가 매우 적기 때문에 열적으로 생성되는 전자들이 반전층을 형성하기까지는 수 분의 시간이 걸릴 수도 있다. 따라서 고주파로 교류전압이 가해질 경우 $-\Delta Q$의 전하량을 전자로 대응하지 못하고, [그림 11-17(b)]와 같이 이온화된 억셉터 음이온으로 대응하게 된다. 그러면 p형 실리콘 내 공핍층이 W_{dMAX}를

중심으로 공핍층 폭이 변화하게 되고, 단위면적당 소신호 커패시턴스 값 $C=\dfrac{dQ}{dV}$는 [그림 11-17(c)]에서 $C_{ox}=\dfrac{\epsilon_{ox}}{t_{ox}}$와 $C_{dep,\min}=\dfrac{\epsilon_{Si}}{W_{dMAX}}$의 두 평행판 커패시터가 직렬로 연결된 최솟값, 즉 다음 값으로 일정하게 유지된다.

$$C_{\min}=\frac{C_{ox}C_{dep,\min}}{C_{ox}+C_{dep,\min}} \qquad \text{(고주파)} \qquad (11.49)$$

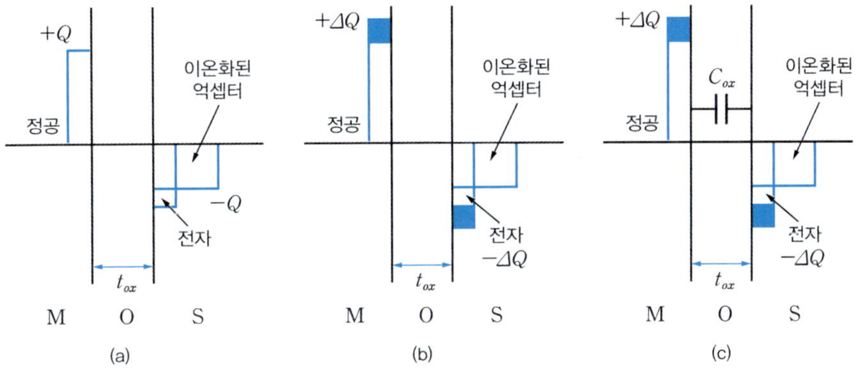

[그림 11-18] **반전층이 형성될 경우. (a) DC 전압 V_g일 때, (b) 교류전압 v_{ac}를 중첩 인가할 때, (c) 커패시턴스**

그러나 충분히 낮은 주파수로 교류전압이 가해질 경우에는 열적으로 생성되는 전자들이 반전층을 형성하기에 충분한 시간이 되어, [그림 11-18(b)]와 같이 $-\Delta Q$의 전하량을 전자로 대응하게 된다. 따라서 이때 단위면적당 소신호 커패시턴스 값 $C=\dfrac{dQ}{dV}$는 [그림 11-18(c)]와 같이 다음 값으로 증가된다.

$$C_{ox}=\frac{\epsilon_{ox}}{t_{ox}} \qquad \text{(저주파)} \qquad (11.50)$$

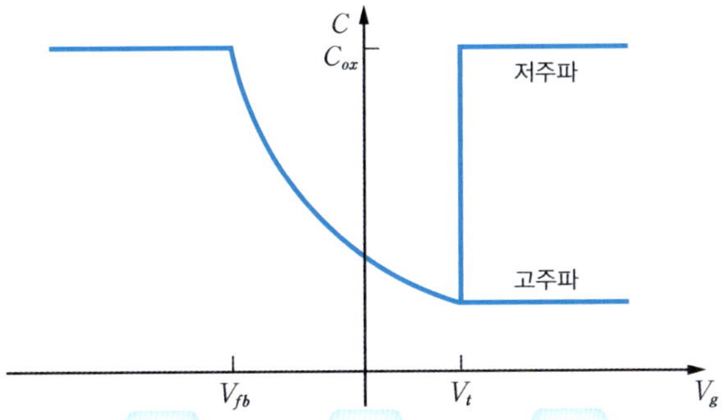

[그림 11-19] **전압 V_g에 따른 커패시턴스의 변화**

지금까지의 전압 V_g에 따른 단위면적당 소신호 커패시턴스 값 $C=\dfrac{dQ}{dV}\,[\mathrm{F/cm^2}]$의 변화를 전압 V_g에 따라 그리면 [그림 11-19]와 같이 된다.

예제 11-2

$V_{fb} < V_g < V_t$일 때 단위면적당 소신호 커패시턴스 값 $C=\dfrac{dQ}{dV}$는 $C_{ox}=\dfrac{\epsilon_{ox}}{t_{ox}}$와 $C_{dep}=\dfrac{\epsilon_{Si}}{W_{dep}}$의 두 평행판 커패시터가 직렬로 연결된 값과 같아서 $C=\dfrac{C_{ox}C_{dep}}{C_{ox}+C_{dep}}$가 된다. 즉 [그림 11-20(a)]와 같이 된다. 이 커패시터를 [그림 11-20(b)]와 같은 등가 커패시터 $C=\dfrac{\epsilon_{ox}}{t_{ox}'}$로 볼 수 있다. 즉 산화막 SiO_2로 채워진 등가적인 두께 t_{ox}'를 갖는 커패시터로 볼 수 있다면, 두께 t_{ox}'를 t_{ox}로 표현하라.

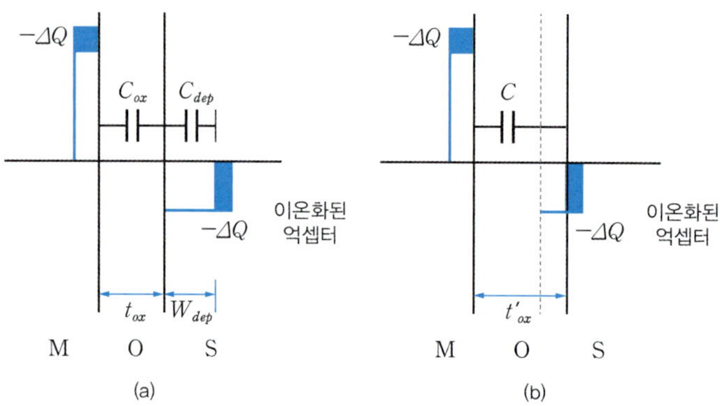

[그림 11-20] (a) 두 평행판 커패시터가 직렬로 연결된 상태, (b) 등가 커패시턴스 C

풀이

[그림 11-20(a)]에서 $C=\dfrac{C_{ox}C_{dep}}{C_{ox}+C_{dep}}$를 $C_{ox}=\dfrac{\epsilon_{ox}}{t_{ox}}$와 $C_{dep}=\dfrac{\epsilon_{Si}}{W_{dep}}$를 사용하여, 다음 식과 같이 쓸 수 있다.

$$C=\frac{C_{ox}}{1+\dfrac{C_{ox}}{C_{dep}}}=\frac{\epsilon_{ox}}{t_{ox}+\left(\dfrac{\epsilon_{ox}}{\epsilon_{Si}}\right)W_{dep}} \tag{11.51}$$

이 식과 [그림 11-21(b)]에서의 $C=\dfrac{\epsilon_{ox}}{t_{ox}'}$가 같다고 하면 다음과 같다.

$$t_{ox}'=t_{ox}+\left(\frac{\epsilon_{ox}}{\epsilon_{Si}}\right)W_{dep} \tag{11.52}$$

전압 V_g가 점점 증가하면 식 (11.30)에 의하여 W_{dep}가 점점 증가하면서, 등가 산화막 두께 t'_{ox}의 크기도 증가하고, 따라서 합성 커패시턴스 C는 점점 감소하게 된다. $V_g = V_t$일 때 등가 산화막 두께 t'_{ox}는 최댓값

$$t'_{ox} = t_{ox} + \left(\frac{\epsilon_{ox}}{\epsilon_{Si}}\right) W_{dMAX} \tag{11.53}$$

를 갖는다. 이때 최소 커패시턴스는

$$\begin{aligned} C_{\min} &= \frac{\epsilon_{ox}}{t_{ox} + \left(\frac{\epsilon_{ox}}{\epsilon_{Si}}\right) W_{dMAX}} \\ &= \frac{\epsilon_{ox}}{t_{ox} + \left(\frac{1}{3}\right) W_{dMAX}} \end{aligned} \tag{11.54}$$

이 된다. 여기서 $\epsilon_{Si} = 11.7\epsilon_0$, $\epsilon_{SiO_2} = 3.9\epsilon_0$를 대입하였다.

MOS 커패시터에 대한 $C-V_g$ 특성곡선의 실험 측정 결과는 왜 기본형과 차이가 발생할까?

n^+ 폴리실리콘/SiO_2/p형 실리콘의 MOS 커패시터에 대한 $C-V_g$ 특성곡선의 실험 측정 결과는 [그림 11-21]과 같이 기본형과 네 가지 영역에서 차이가 발생한다.

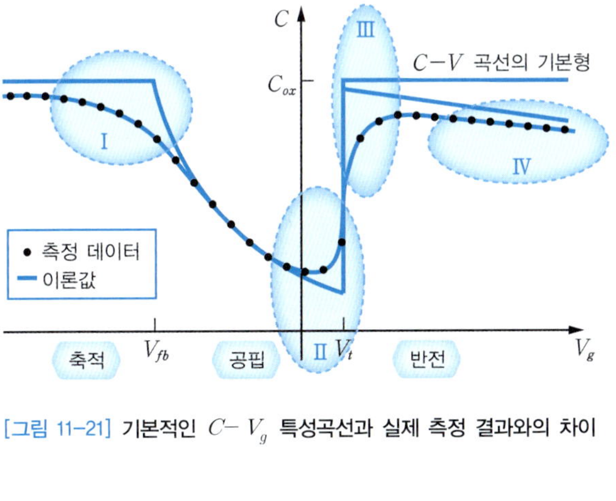

[그림 11-21] 기본적인 $C-V_g$ 특성곡선과 실제 측정 결과와의 차이

[I 영역] $V_g < V_{fb}$일 때 : 축적 상태

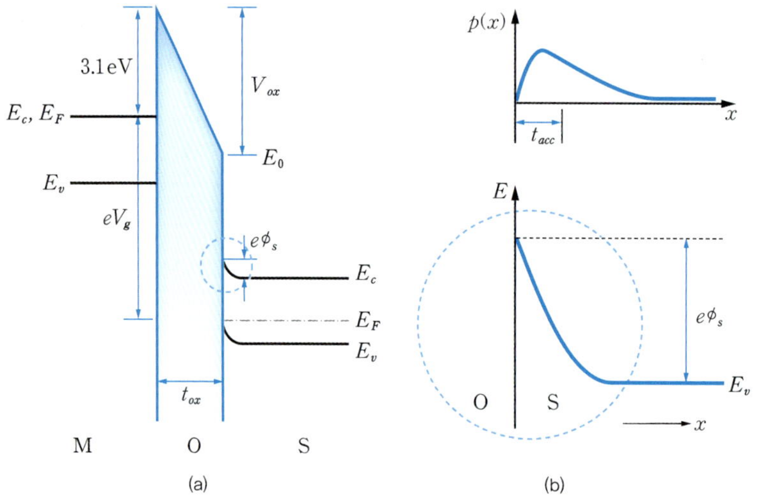

[그림 11-22] (a) 축적 상태의 에너지밴드 다이어그램, (b) p형 실리콘의 축적영역에서 다수캐리어 농도의 퍼짐현상

[그림 11-22(a)]는 축적 상태에서의 에너지밴드 다이어그램이다. SiO_2/p형 실리콘 경계면 가까이에 정공의 축적층이 형성되었을 때, p형 실리콘 경계면에 가전자대역 E_v의 분포에 따라 9.7.5절에서 다룬 이차원 정공가스가 형성된다. 이때 정공농도 p를 양자역학적 효과에 의해 [그림 11-22(b)]와 같이 경계면으로부터 일정 거리 떨어진 위치에 분포하게 된다. 정공농도의 정확한 분포는 슈뢰딩거Schrodinger 방정식과 포아송Poisson 방정식으로부터 구할 수 있고, 개략적으로 [그림 11-22(b)]와 표현할 수 있다. 여기서 t_{acc}는 유효 축적층의 두께를 나타낸다. 따라서 산화막의 두께 t_{ox}가 유효 축적층의 두께 t_{acc}를 감안하여 더 두꺼워졌다고 생각할 수 있으므로 커패시턴스는 다음과 같이 더 작아진 값이 된다.

$$C = \frac{\epsilon_{ox}}{t_{ox} + \left(\frac{\epsilon_{ox}}{\epsilon_{Si}}\right) t_{acc}} = \frac{\epsilon_{ox}}{t_{ox} + \frac{t_{acc}}{3}} \tag{11.55}$$

전압 V_g가 V_{fb}보다 작아지면 작아질수록 SiO_2/p형 실리콘 경계면 가까이에서 가전자대역 E_v의 기울기가 급해지고, 유효 축적층의 두께 t_{acc}는 점점 작아져 커패시턴스 C의 그래프는 점점 기본형 $C-V_g$ 특성곡선 값인 $C=\frac{\epsilon_{ox}}{t_{ox}}$에 접근하게 된다.

$V_g = V_{fb}$일 때 평탄밴드 커패시턴스는 다음 식으로 주어진다.

$$C_{fb} = \frac{\epsilon_{ox}}{t_{ox} + \left(\frac{\epsilon_{ox}}{\epsilon_{Si}}\right)\sqrt{\left(\frac{kT}{e}\right)\left(\frac{\epsilon_{Si}}{eN_a}\right)}} \quad (11.56)$$

[Ⅱ 영역] $V_g < V_t$ 이면서 V_t 에 접근할 때

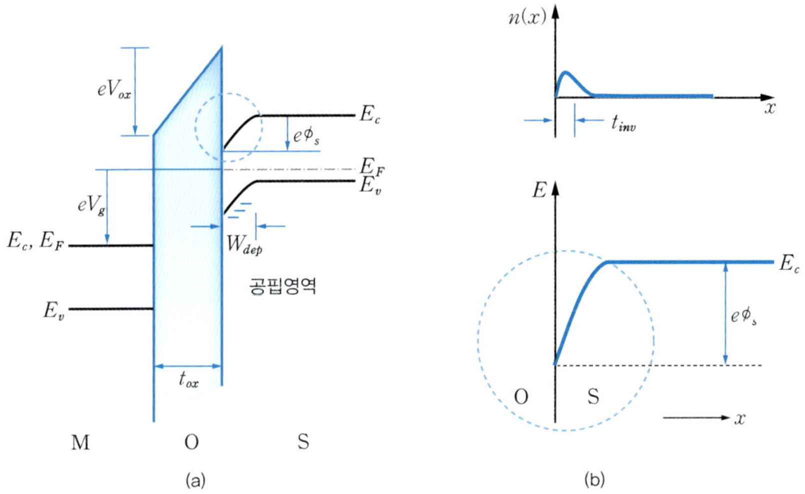

[그림 11-23] (a) 공핍 상태의 에너지밴드 다이어그램, (b) p형 실리콘의 공핍영역에서 반전층 전자농도의 생성 시작

$V_{fb} < V_g < V_t$ 인 경우 단위면적당 커패시턴스 값은

$$C_{ox} = \frac{\epsilon_{ox}}{t_{ox}} \text{ 와 } C_{dep} = \frac{\epsilon_{Si}}{W_{dep}}$$

의 두 평행판 커패시터가 직렬로 연결된 값과 같아서

$$C = \frac{C_{ox} C_{dep}}{C_{ox} + C_{dep}}$$

가 된다. V_g가 V_t에 접근할 때 문턱조건만큼은 아닐지라도, SiO_2/p형 실리콘 경계면 가까이에 전자의 반전층이 형성되기 시작하는 약반전 상태가 된다. 이때 반전층의 전자농도 분포는 [그림 11-23(b)]에서 보는 바와 같이 좁은 양자우물 속에 갇힌 양자효과에 의해 유효 반전층의 두께 t_{inv}를 갖게 된다.

기본형 $C-V_g$ 특성곡선에서 $V_{fb} < V_g < V_t$ 일 때 반전층이 전혀 형성되지 않는 것을 가정하였으나 실제로는 서서히 전자 반전층이 형성되기 시작하므로, 이 **전자 반전층에**

의한 커패시턴스인 **C_{inv}가 C_{dep}에 병렬 연결된 형태**가 된다. 따라서 V_g가 V_t에 접근할 때 커패시턴스는 기본형의 값보다 더 큰 값을 갖게 된다.

[Ⅲ 영역] $V_t < V_g$이면서 V_t에 접근할 때

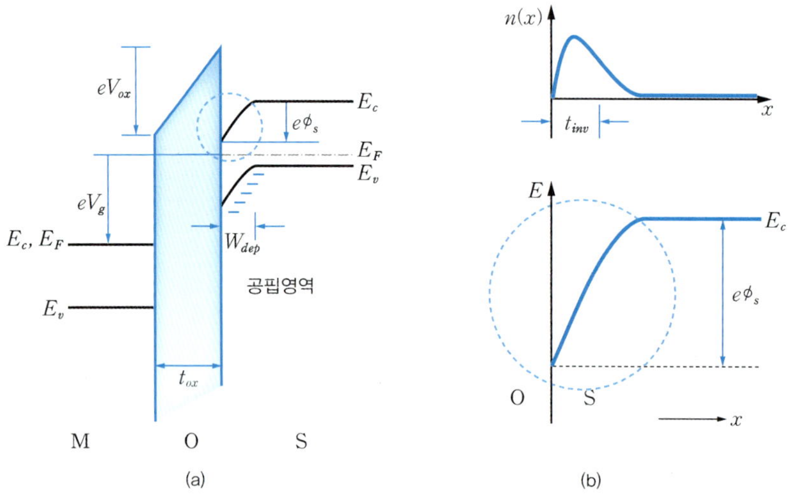

[그림 11-24] (a) 문턱전압보다 조금 큰 전압의 에너지밴드 다이어그램, (b) p형 실리콘의 반전층에서 전자농도의 퍼짐현상

충분히 낮은 주파수로 교류전압이 가해졌을 때 단위면적당 커패시턴스 값은 $C_{ox} = \dfrac{\epsilon_{ox}}{t_{ox}}$가 된다. V_g가 V_t에 접근할 때 SiO_2/p형 실리콘 경계면 가까이에 전자의 반전층이 존재하는데, 이때 반전층의 전자농도 분포는 [그림 11-24(b)]에서와 같이 양자역학적 효과에 의해 유효 반전층의 두께 t_{inv}를 갖게 된다. 따라서 산화막의 두께 t_{ox}가 유효 반전층의 두께 t_{inv}를 감안하여 더 두꺼워졌다고 생각할 수 있으므로 커패시턴스는 다음과 같이 더 작아진 값이 된다.

$$C = \frac{\epsilon_{ox}}{t_{ox} + \left(\dfrac{\epsilon_{ox}}{\epsilon_{Si}}\right) t_{inv}} = \frac{\epsilon_{ox}}{t_{ox} + \dfrac{t_{inv}}{3}} \qquad (11.57)$$

전압 V_g가 V_t보다 커지면 커질수록 SiO_2/p형 실리콘 경계면 가까이에서 전도대역 E_c의 기울기가 급해지고, 반전층 내의 유효 전기장이 강해져 유효 반전층의 두께 t_{inv}는 점점 작아진다. 따라서 커패시턴스 C의 그래프는 기본형 $C-V_g$ 특성곡선 값인 $C = \dfrac{\epsilon_{ox}}{t_{ox}}$에 더 접근하게 된다.

[Ⅳ 영역] $V_t < V_g$이면서 V_g가 매우 클 때

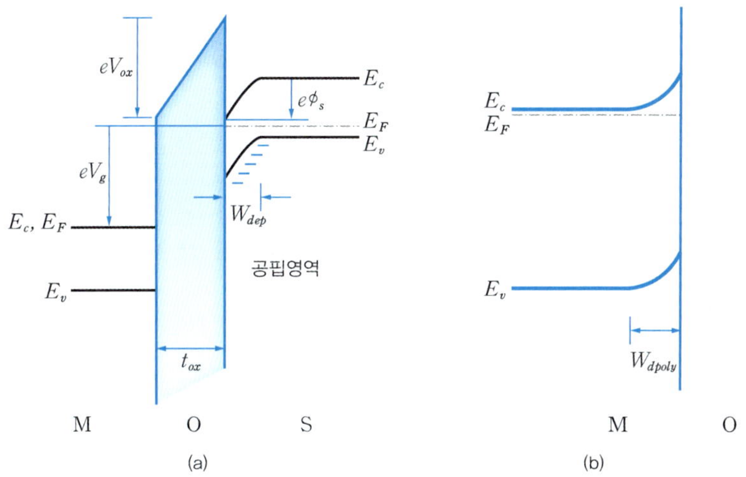

[그림 11-25] (a) 강한 반전의 에너지밴드 다이어그램, (b) n^+ 폴리실리콘 영역에서 공핍층 발생

기본형 $C-V_g$ 특성곡선에서 $V_t < V_g$일 때 n^+ 폴리실리콘 영역에 고농도 도핑으로 인해 공핍층이 형성되지 않는 것으로 가정하였다. 실제 $V_{fb} < V_g < V_t$인 공핍영역에서는 이러한 가정이 성립된다고 볼 수 있으나, $V_t < V_g$이면서 V_g가 점점 커지면 [그림 11-25(b)]에서처럼 n^+ 폴리실리콘 영역에 형성되는 공핍층의 효과를 무시할 수 없게 된다. 따라서 산화막의 두께 t_{ox}가 n^+ 폴리실리콘 영역에 형성되는 공핍층의 두께 W_{dpoly}를 감안하여 더 두꺼워졌다고 생각할 수 있으므로 커패시턴스는 다음과 같이 추가적으로 더 작아진 값이 된다.

$$C = \frac{\epsilon_{ox}}{t_{ox} + \left(\frac{\epsilon_{ox}}{\epsilon_{Si}}\right) W_{dploy} + \left(\frac{\epsilon_{ox}}{\epsilon_{Si}}\right) t_{inv}} = \frac{\epsilon_{ox}}{t_{ox} + \frac{W_{dpoly}}{3} + \frac{t_{inv}}{3}} \qquad (11.58)$$

전압 V_g가 커지면 커질수록, n^+ 폴리실리콘 영역에 형성되는 공핍층의 두께 W_{dpoly}는 점점 커져 커패시턴스 C의 그래프는 점점 더 작아진다.

산화막-반도체 경계면에서의 등가 양전하밀도는 기본형 $C-V_g$ 특성곡선에 어떤 변화를 가져올까?

n^+ 폴리실리콘/SiO_2/p형 실리콘의 MOS 커패시터에서 산화막 내에 고정된 모든 전하는 산화막/반도체 경계면에서의 등가 양전하밀도로 모델링할 수 있다(11.2.6절 참조).

산화막 내에 고정된 모든 전하를 산화막-반도체 경계면의 등가 양(+)전하밀도 $Q_{ss}^{'}$ [C/cm^2]로 모델링한 경우, 평탄밴드 조건에서의 에너지밴드 다이어그램을 그린 것이 [그림 11-11(b)]이다. $Q_{ss}^{'}$ 가 없을 때 평탄밴드 전압은 다음과 같다.

$$eV_{fb} = e\phi_g - e\phi_s = e\chi_{Si} - [e\chi_{Si} + (E_c - E_F)] = -(E_c - E_F)$$

$Q_{ss}^{'}$ 이 존재하면 $\Delta V_{fb} = \frac{-Q_{ss}^{'}}{C_{ox}}$ **만큼 평탄밴드 전압이 더 음(−)의 값으로 변화**한다. 즉 평탄밴드 전압은 $V_{fb} = V_{fb0} - \frac{Q_{ss}^{'}}{C_{ox}}$ 가 된다. 따라서 기본형 $C-V_g$ 특성곡선에서 이 평탄밴드 전압 조건을 만족하도록 [그림 11-26]과 같이 그리면 된다. 즉 $Q_{ss}^{'} > 0$ 인 경우에 기본형 $C-V_g$ 특성곡선은 왼쪽으로 $\frac{Q_{ss}^{'}}{C_{ox}}$ 만큼 이동한다. 만약 산화막-반도체 경계면에 음(−)의 표면 전하가 존재한다면, 기본형 $C-V_g$ 특성곡선은 오른쪽으로 이동하게 될 것이다.

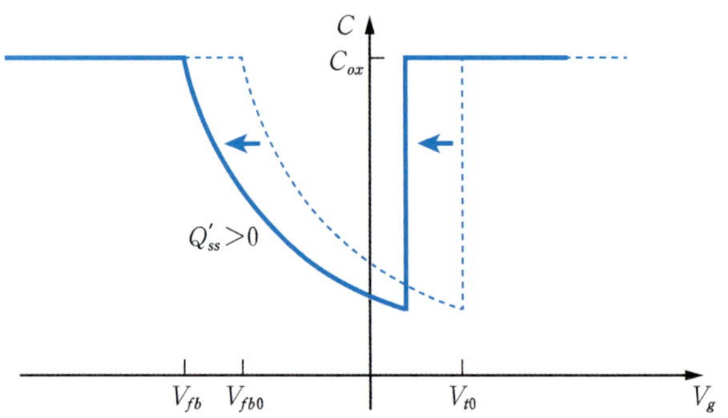

[그림 11-26] 산화막-반도체 경계면에 양(+)의 전하밀도 $Q_{ss}^{'}$ 가 존재할 때 $C-V_g$ 특성곡선의 변화

산화막-반도체 경계면에서의 양과 음의 트랩 전하량은 기본형 $C-V_g$ 특성곡선에 어떤 변화를 가져올까?

11.2.6절의 고정 산화막 전하와 달리 산화막/반도체 경계면에 트랩이 존재하면, 경계면 에너지 상태들이 금지대역 내에 존재할 수 있고 반도체와 경계면 상태 사이를 전하가 이동할 수 있다. 이때 순전하량은 페르미 에너지가 밴드갭 내 어디에 위치하는가에 따라 변화한다.

축적 상태로 V_g를 인가하면 산화막/반도체 경계면 전하는 **도너 양이온의 경계면 상**

태를 가져, $C-V_g$ 특성곡선은 기본형의 값보다 **왼쪽으로 이동**한다. **반전 상태로 V_g를 인가**하면 산화막/반도체 경계면 전하는 **억셉터 음이온의 경계면 상태**를 가져, $C-V_g$ 특성곡선이 기본형 값보다 **오른쪽으로 이동**한다. 결국 산화막-반도체 경계면에 불순물 트랩들이 존재하는 경우에는 기본형 $C-V_g$ 특성곡선이 더 무너져 [그림 11-27]과 같이 된다.

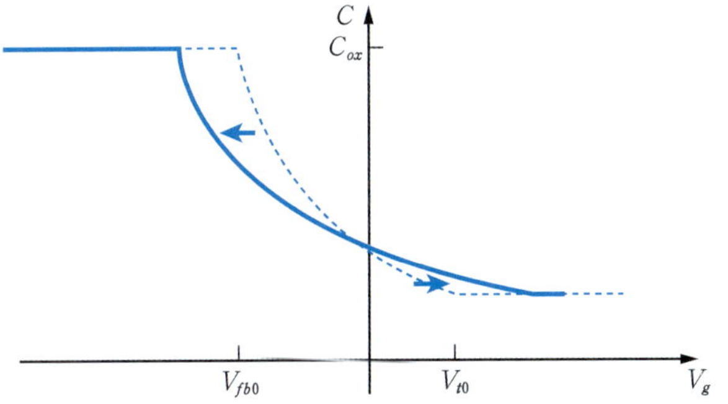

[그림 11-27] 산화막-반도체 경계면에 트랩이 존재할 때 $C-V_g$ 특성곡선의 변화

Chapter 11 연습문제

11.1 p^+ 폴리실리콘/SiO_2/n형 실리콘의 MOS 커패시터를 구성하려 한다. [그림 11-2]와 같이 접합을 이루기 전의 에너지밴드 다이어그램을 그려라.

11.2 p^+ 폴리실리콘/SiO_2/n형 실리콘의 MOS 커패시터를 구성하였다. [그림 11-3(b)]와 같이 접합을 이룬 후 에너지밴드 다이어그램을 그려라.

11.3 p^+ 폴리실리콘/SiO_2/n형 실리콘의 MOS 커패시터를 구성하였다. [그림 11-3(a)]와 같이 평탄밴드를 이루었을 때의 에너지밴드 다이어그램을 그려라. n형의 도핑농도가 $N_d = 1.5 \times 10^{17}\,\mathrm{cm}^{-3}$이고, $N_c = 2.8 \times 10^{19}\,\mathrm{cm}^{-3}$일 때, 평탄밴드 전압 V_{fb}를 구하라.

11.4 p^+ 폴리실리콘/SiO_2/n형 실리콘의 MOS 커패시터에서 n형 실리콘의 표면에 다수캐리어 전자농도가 $n_s = 1.5 \times 10^{18}\,\mathrm{cm}^{-3}$으로 축적이 일어날 때, 에너지밴드 다이어그램을 그려라. n형의 도핑농도는 $N_d = 1.5 \times 10^{17}\,\mathrm{cm}^{-3}$, $N_c = 2.8 \times 10^{19}\,\mathrm{cm}^{-3}$이다. n형 실리콘의 표면에서 에너지밴드가 몇 eV 휘는가?

11.5 p^+ 폴리실리콘/SiO_2/n형 실리콘의 MOS 커패시터에서 n형 실리콘의 표면에 다수캐리어 전자농도가 $n_s = 1.5 \times 10^{10}\,\mathrm{cm}^{-3}$으로 공핍이 일어날 때, 에너지밴드 다이어그램을 그려라. n형의 도핑농도는 $N_d = 1.5 \times 10^{17}\,\mathrm{cm}^{-3}$, $N_c = 2.8 \times 10^{19}\,\mathrm{cm}^{-3}$이다. n형 실리콘의 표면에서 에너지밴드가 몇 eV 휘는가?

11.6 p^+ 폴리실리콘/SiO_2/n형 실리콘의 MOS 커패시터에서 n형 실리콘의 표면에 정공농도가 $p_s = 1.5 \times 10^{17}\,cm^{-3}$으로 문턱에 도달했을 때, 에너지밴드 다이어그램을 그려라. n형의 도핑농도는 $N_d = 1.5 \times 10^{17}\,cm^{-3}$, $N_c = 2.8 \times 10^{19}\,cm^{-3}$이다. n형 실리콘의 표면에서 에너지밴드가 몇 eV 휘는가?

11.7 p^+ 폴리실리콘/SiO_2/n형 실리콘의 MOS 커패시터에서 n형 실리콘의 표면에 정공농도가 $p_s = 1.5 \times 10^{18}\,cm^{-3}$으로 강한 반전에 도달했을 때, 에너지밴드 다이어그램을 그려라. n형의 도핑농도는 $N_d = 1.5 \times 10^{17}\,cm^{-3}$, $N_c = 2.8 \times 10^{19}\,cm^{-3}$이다. n형 실리콘의 표면에서 에너지밴드가 몇 eV 휘는가?

11.8 p^+ 폴리실리콘/SiO_2/n형 실리콘의 MOS 커패시터에서 게이트에 가하는 전압에 따라 에너지밴드 다이어그램을 그린 것이다. [그림 11-11]과 같은 전하밀도 분포를 그리고, 반전, 문턱, 공핍, 축적, 평탄밴드를 다음 표의 빈 칸(모드)에 기입하라.

모드	에너지밴드 다이어그램과 전하밀도 분포
	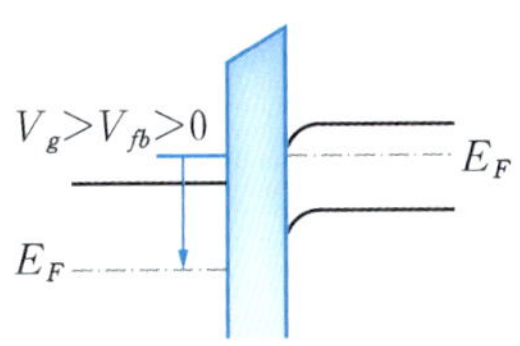 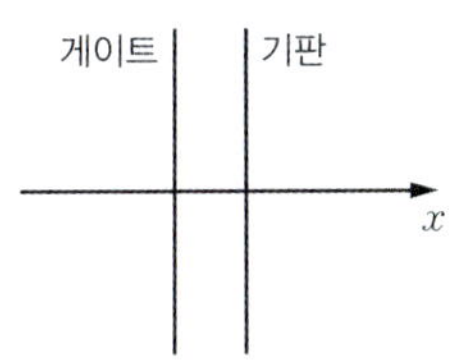
	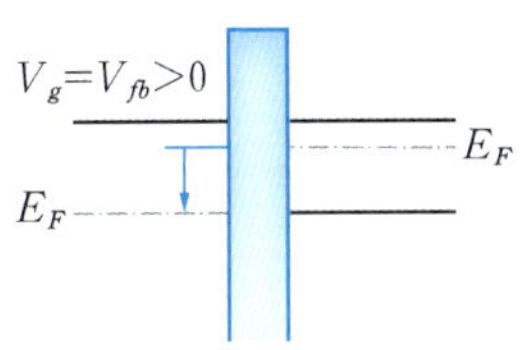 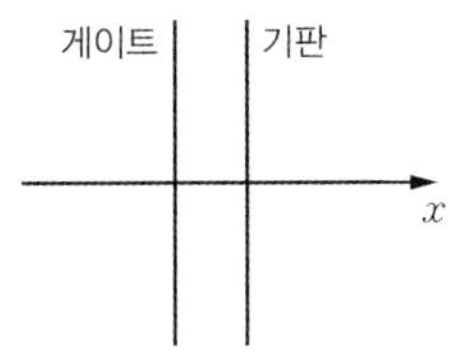

모드	에너지밴드 다이어그램과 전하밀도 분포
	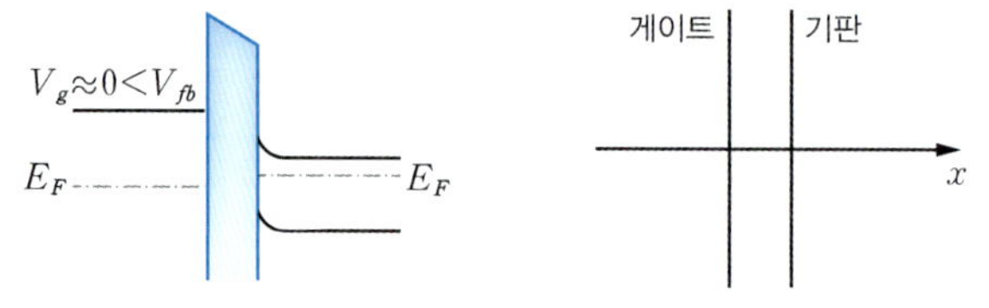
	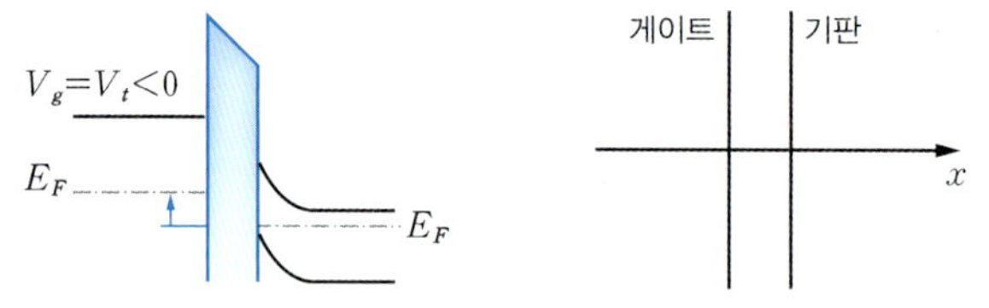
	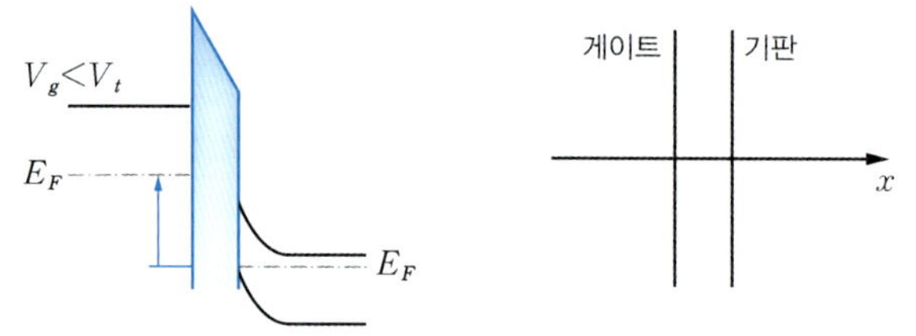

11.9 p^+ 폴리실리콘/SiO_2/n형 실리콘의 MOS 커패시터의 $C-V$ 곡선을 그리고, 전압 영역에 반전, 문턱, 공핍, 축적, 평탄밴드를 표시하라.

Chapter 12

MOS 트랜지스터

11장에서 MOS 커패시터의 동작을 이해한 것을 바탕으로, 이 장에서는 MOSFET의 종류와 심벌을 살펴보고, n채널 증가형 MOSFET을 중심으로 전류-전압 관계식을 유도해본다. 안정된 동작을 위해 기판에 바이어스 전압을 가하는데 이러한 기판 바이어스 효과와, 반도체 내 공핍층 폭이 채널을 따라 변화하는 효과를 포함하면 전류-전압 관계식에 어떤 변화가 오는지 살펴본다. MOSFET의 동작에 중요한 파라미터인 문턱전압과 캐리어 이동도를 측정하는 방법과, 트랜지스터의 이득인 전달 컨덕턴스의 개념을 이해하도록 한다.

MOSFET의 기본적인 동작특성을 다룬 후 이상적인 상태에서 벗어나는 여러 가지 현상을 추가로 학습한다. 먼저 MOSFET 동작에서 매우 중요한 파라미터인 문턱전압을 측정하는 방법을 알아보고, 문턱전압 아래에서 흐르는 전류, 채널길이가 짧아지는 변조 효과, 캐리어 속도의 포화현상, 채널에 수직한 전계와 캐리어 속도 포화현상이 이동도에 미치는 영향, 탄도 전송 등을 이해하도록 한다. MOSFET의 짧은 채널길이와 좁은 채널 폭이 문턱전압에 미치는 영향이 서로 다른데, 각각의 경우에 문턱전압에 어떤 변화가 발생하는지 살펴보고, 이온주입에 의해 문턱전압을 어떻게 조절하는지 개념을 이해하도록 한다.

전계효과 트랜지스터인 **FET**Field Effect Transistor에는 **JFET**Junction FET과 MOSFETMetal-Oxide-Semiconductor FET가 있고, 다시 MOSFET은 **D-MOSFET**Depletion MOSFET과 **E-MOSFET** Enhancement MOSFET으로 나눌 수 있다. 이 트랜지스터들 각각에 대하여 전자가 이동하는 n채널과 정공이 이동하는 p채널의 두 가지 형태가 가능하다. BJT와 쌍벽을 이루는 MOSFET의 핵심 부분이 바로 '게이트 금속-게이트 산화물-반도체'의 구조를 갖는 MOS 커패시터 구조이다. 따라서 MOSFET의 동작을 이해하기 위해서는 먼저 MOS 커패시터의 동작을 이해하고 있어야 한다.

12.1 MOSFET의 구조

MOSFET의 종류에 따라 동작원리와 단면 구조 및 심벌은 어떻게 다를까?

MOSFET(Metal-Oxide-Semiconductor FET)은 세 개의 단자인 **소스**(source)와 **드레인**(drain), 그리고 **게이트**(gate)를 갖는다. 소스는 캐리어를 공급하는 공급원 역할을 하는 단자이며, 소스에서 공급된 캐리어는 채널을 통과하여 드레인으로 빠져 나간다. 게이트 단자는 중간에 산화물을 끼고 반도체 쪽 채널 영역과 마주하고 있으며, 11.1절에서 다룬 MOS 커패시터의 구조와 동일한 형태이다.

소스에서 공급되어 채널 영역을 지나 드레인으로 이동하는 캐리어는 전자일 수도 있고 정공일 수도 있다. 이 **캐리어가 전자인 경우 n채널**이라고 하고, **정공인 경우 p채널**이라고 부른다. MOSFET은 게이트에 전압을 인가하여 채널 영역에 변화를 줌으로써 소스와 드레인 사이에 캐리어의 흐름을 조절하는, 즉 게이트 전압에 의해 소스와 드레인 간 전류를 조절하는 전계 효과 트랜지스터이다. 게이트 전압에 의해 채널 영역을 조정하는 방법에는 두 가지가 있다. 하나는 채널이 이미 존재하고 게이트 전압에 따라 채널이 없어지는 **공핍형 MOSFET(D-MOSFET)**(Depletion MOSFET)이고, 또 하나는 채널이 존재하지 않는 상태에서 게이트 전압에 따라 채널이 생성되는 **증가형 MOSFET(E-MOSFET)**(Enhancement MOSFET)이다.

공핍형 MOSFET

게이트에 아무런 전압을 인가하지 않은 상태임에도 게이트 아래 반도체 영역에 소스 및 드레인과 같은 타입의 채널 영역이 이미 형성되어 있으면 공핍형(depletion) MOS라고 한다. 이 경우에 게이트에 전압을 인가하지 않아도 소스와 드레인 사이에 전류가 잘 통하는 **정상적 '도통'**(normally 'on') **상태**가 된다. 이때 게이트에 전압을 인가하여 채널 영역이 점점 사라지면서 **채널이 공핍되도록 동작**시키므로 공핍형 MOS(D-MOS)라고 하는 것이다.

공핍형 MOS에는 p채널과 n채널의 두 가지 형태가 있다. [그림 12-1(a)]는 p채널 D-MOS의 단면도와 심벌이고, [그림 12-1(b)]는 n채널 D-MOS의 단면도와 심벌이다. 그림에 나타낸 p채널은 정공 반전층이거나 의도적으로 도핑된 p 영역일 수 있고, n채널은 전자 반전층이거나 의도적으로 도핑된 n 영역일 수 있다. p채널인 경우 n형 기판을 사용하고, n채널인 경우 p형 기판을 사용한다. 심벌에서 p채널과 n채널은 채널과 기판 사이의 화살표 방향으로 구분한다. 화살표 방향의 기준은 만약에 채널과 기판 사이에 전류가 잘 흐른다면(실제로 이렇게 흐르도록 동작시키지는 않는다) 어느 방향으로 전류가 흐르는지를 표시한다. 즉 p채널이면, 전류는 p채널에서 n 기판(B)으로 잘 흐를 것이므로 화살표 방향이 채널에서 기판(B) 방향을 향한다. n채널이면, 전류는 p 기판(B)에서 n채널로 잘 흐를 것이므로 화살표 방향이 기판(B)에서 채널 방향을 향한다.

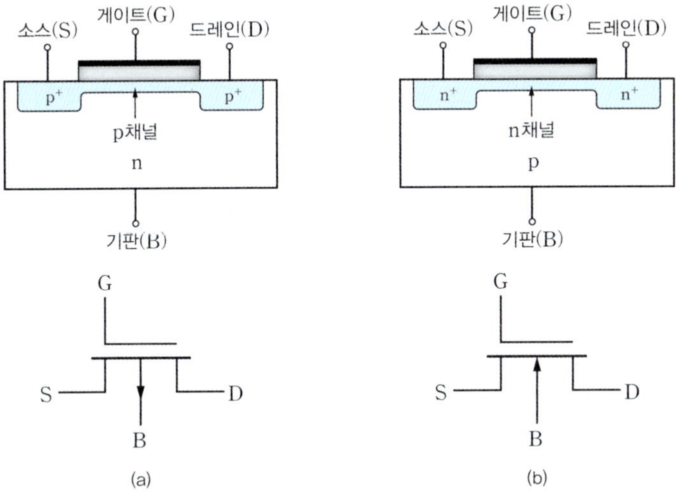

[그림 12-1] (a) p채널 공핍형 MOSFET의 단면도와 심벌, (b) n채널 공핍형 MOSFET의 단면도와 심벌

p채널인 경우 정공이 소스에서 드레인으로 이동하므로 드레인 전압 V_D는 소스 전압 V_S보다 낮아 V_{DS}는 음(−)의 전압이 되어야 한다. 게이트 전압 V_G는 기판 전압 V_B보다 양(+)의 전압을 인가하여 채널 영역의 정공 반전층이 사라지도록 동작시킨다.

n채널인 경우 전자가 소스에서 드레인으로 이동하므로 드레인 전압 V_D는 소스 전압 V_S보다 높아 V_{DS}는 양(+)의 전압이 되어야 한다. 게이트 전압 V_G는 기판 전압 V_B보다 음(−)의 전압을 인가하여 채널 영역의 전자 반전층이 사라지도록 동작시킨다.

증가형 MOSFET

게이트에 아무런 전압을 인가하지 않은 상태일 때 게이트 아래 반도체 영역에 소스 및 드레인과 다른 타입이 존재하여 채널 영역이 형성되어 있지 않으면 증가형enhancement MOS라고 한다. 이 경우에 게이트에 전압을 인가하지 않으면 소스와 드레인 사이에 전류가 잘 통하지 않는 **정상적 '개방'**normally 'off' **상태**가 된다. 이때 게이트에 전압을 인가하여 채널 영역이 점점 형성되면서 **채널이 증가하도록 동작**시키므로 증가형 MOS (E-MOS)라고 하는 것이다.

증가형 MOS에도 p채널과 n채널의 두 가지 형태가 있다. [그림 12-2(a)]는 p채널 E-MOS의 단면도와 심벌이고, [그림 12-2(b)]는 n채널 E-MOS의 단면도와 심벌이다. D-MOS와 마찬가지로 p채널인 경우 n형 기판을 사용하고, n채널인 경우 p형 기판을 사용한다. 심벌에서 p채널과 n채널을 구분할 때 D-MOS와 마찬가지로 채널과 기판 사이의 화살표 방향으로 구분한다. 즉 화살표 방향의 기준은 만약에 채널과 기판 사이에 전류가 잘 흐른다면(실제로 이렇게 흐르도록 동작시키지는 않는다) 어느 방향으로 전류가 흐르는지를 표시한다. p채널이면, 전류는 p채널에서 n 기판(B)으로 잘 흐를 것이므로 화살표 방향이 채널에서 기판(B) 방향을 향한다. n채널이면, 전류는 p 기판(B)에서 n채널로 잘 흐를 것이므로 화살표 방향이 기판(B)에서 채널 방향을 향한다. 이는 D-MOS 화살표 방향과 동일하다.

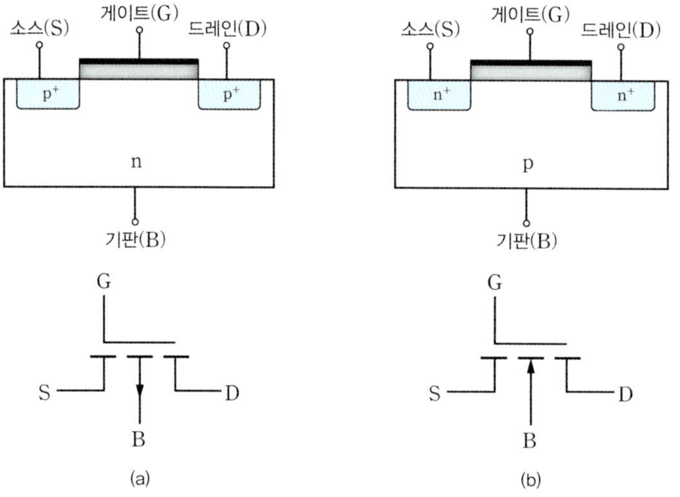

[그림 12-2] (a) p채널 증가형 MOSFET의 단면도와 심벌, (b) n채널 증가형 MOSFET의 단면도와 심벌

p채널인 경우 정공이 소스에서 드레인으로 이동하므로 드레인 전압 V_D는 소스 전압 V_S보다 낮아 V_{DS}는 음(−)의 전압이 되어야 한다. 게이트 전압 V_G는 기판 전압 V_B보다 음(−)의 전압을 인가하여 채널 영역에 정공 반전층이 증가되도록 동작시킨다.

n채널인 경우 전자가 소스에서 드레인으로 이동하므로 드레인 전압 V_D는 소스 전압 V_S보다 높아 V_{DS}는 양(+)의 전압이 되어야 한다. 게이트 전압 V_G는 기판 전압 V_B보다 양(+)의 전압을 인가하여 채널 영역의 전자 반전층이 증가되도록 동작시킨다. V_{DS}는 D-MOS와 동일하지만, 게이트 전압 V_G는 D-MOS와 반대 극성임을 알 수 있다.

D-MOS와 E-MOS의 심벌에서 큰 차이점은 채널 영역을 표시하는 선이다. D-MOS인 경우 게이트에 전압을 인가하지 않아도 채널이 형성되어 소스와 드레인 사이에 전류가 잘 통하는 '정상적 **도통**normally on' 상태임을 나타내기 위해 **채널 영역을 표시하는 선이 연결되어 있다**. 그러나 E-MOS인 경우 게이트에 전압을 인가하지 않으면 채널이 형성되어 있지 않아 소스와 드레인 사이에 전류가 잘 통하지 않는 '정상적 **개방**normally off' 상태임을 나타내기 위해 **채널 영역을 표시하는 선이 끊겨 있다**.

12.2 이상적인 동작특성

12.2.1 MOSFET의 전류-전압 특성

MOSFET의 전류-전압 특성 관계식은 어떻게 될까?

[그림 12-3(a)]는 문턱전압 V_t보다 낮은 게이트-소스 전압 V_{GS}와 매우 작은 드레인-소스 전압 V_{DS}를 인가한 경우에 n채널 증가형 MOSFET을 나타낸 것이다. 소스와 기판은 접지되어 있다. 이 경우 $V_{GS} < V_t$이므로 산화막 SiO_2와 접한 반도체 기판 표면에 전자 반전층이 형성되지 않아, 소스로부터 드레인으로 캐리어인 전자의 통로가 형성되어 있지 않다. 드레인-기판 pn 접합은 역방향 바이어스되며, 따라서 드레인 전류는 0이 된다. 이때 pn 접합 역방향 전류는 무시한다.

[그림 12-3(b)]는 $V_{GS} > V_t$인 게이트 전압이 인가된 경우의 MOSFET을 나타낸다. 이 경우 $V_{GS} > V_t$이므로 산화막 SiO_2와 접한 반도체 기판 표면에 전자 반전층이 형성되어, 소스로부터 드레인으로 캐리어인 전자의 통로가 형성된다. 작은 드레인 전압 V_{DS}를 인가하면, 전자 반전층이 존재하므로 반전층 내의 전자들이 소스에서 양(+)의 드레인 단자로 흐른다. 전류는 전자의 흐름과 반대이므로, 드레인 단자로 들어가서 소스 단자로 나오게 된다. 이상적인 경우에 산화막을 통과해서 게이트 단자로 흐르는 게이트 전류는 없다.

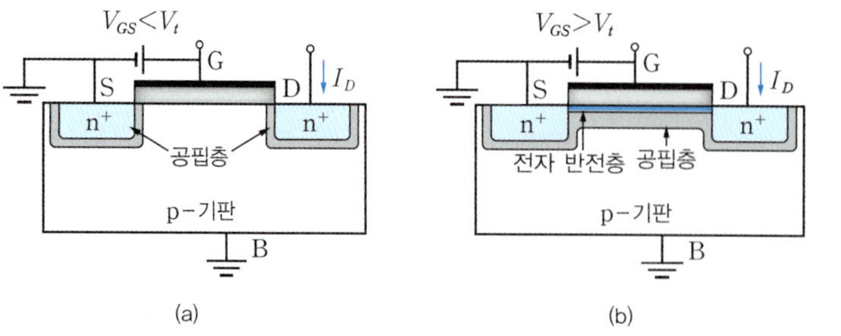

[그림 12-3] n채널 증가형 MOSFET의 단면도. (a) $V_{GS} < V_t$일 때, (b) $V_{GS} > V_t$일 때

작은 V_{DS} 값들에 대해, 채널 영역은 저항의 특성을 가진다. 따라서 다음과 같은 식으로 표현할 수 있다.

$$I_D = g_d V_{DS} \tag{12.1}$$

여기서 채널 컨덕턴스 g_d는 다음과 같이 정의된다.

$$g_d = \frac{W}{L}\mu_n |Q_n'| \tag{12.2}$$

여기서 μ_n은 반전층 내의 전자들의 이동도이고, W는 게이트의 폭, L은 게이트의 길이, $|Q_n'|$은 게이트 면의 단위면적당 반전층 전하량의 크기이다. 이 반전층 전하량은 게이트 전압에 의존하며, 따라서 게이트 전압에 의한 채널 컨덕턴스의 변화로 드레인 전류가 결정된다. 즉 게이트 전압은 소스로부터 드레인으로 흐르는 전류의 통로인 채널을 열고 닫는 문gate의 역할을 한다.

예제 12-1

채널을 [그림 12-4]와 같이 전자농도 n인 전자들로 가득 찬 전하량 상자로 묘사할 수 있다. 여기서 t_c는 채널의 깊이, W는 채널의 폭, L은 채널의 길이이다. $|Q_n'|$을 게이트 면의 단위면적당 반전층 전하량의 크기라고 할 때, 식 (12.2) $g_d = \frac{W}{L}\mu_n|Q_n'|$이 성립함을 증명하라.

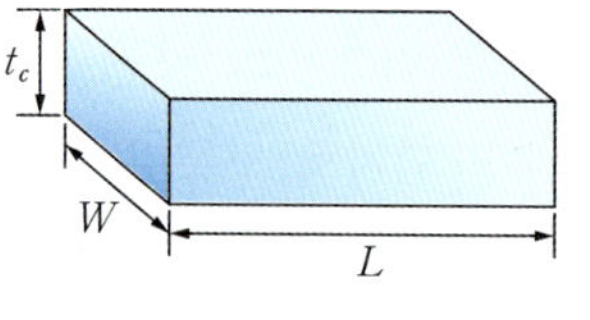

[그림 12-4] 전자농도 n인 채널의 기하학적 구조

풀이

채널 속 총 전하량을 $-Q$[C]라고 하고, n을 단위체적당 전자의 개수라고 하면

$$n = \frac{Q}{e(t_c WL)}\ [\mathrm{cm}^{-3}] \tag{12.3}$$

가 된다. 체적전하밀도는 $\rho_v = -en$[C/cm^3]이 된다. 5.2.4절의 식 (5.33)으로부터 채널의 저항은

$$R = \frac{L}{\sigma A} = \frac{\rho L}{A} = \frac{\rho L}{t_c W} = \frac{L}{t_c W(en\mu_n)} \qquad (12.4)$$

임을 알 수 있다. 여기서 ρ는 저항률로 전도율 $\sigma = en\mu_n$의 역수이다.

채널의 총 전하량 크기 Q[C]를 단면적 WL[cm^2]로 나눈 값인, 상자 윗면에서의 단위면적당 반전층 전하밀도 $|Q_n'|$은 식 (12.3)을 사용하면 다음과 같이 된다.

$$|Q_n'| = \frac{Q}{WL} = \frac{en(t_c WL)}{WL} = t_c en\,[\mathrm{C/cm^2}] \qquad (12.5)$$

따라서 식 (12.4)와 (12.5)로부터 다음과 같이 된다.

$$g_d = \frac{1}{R} = \frac{t_c W(en\mu_n)}{L} = \frac{W\mu_n(t_c en)}{L} = \frac{W\mu_n|Q_n'|}{L}$$

$V_{GS}(> V_t)$를 고정시키고 V_{DS}를 증가시켜 가면, $I_D - V_{DS}$ 특성은 어떻게 변화할까?

[그림 12-5]는 작은 V_{DS} 값에 대한 I_D 대 V_{DS} 특성을 표현한 것이다. $V_{GS} < V_t$ 일 때, 드레인 전류는 0이다. V_{GS}가 V_t보다 점점 커짐에 따라 채널의 반전 전하밀도도 점점 증가하고, 따라서 채널 컨덕턴스도 증가된다. 그림에서 채널 컨덕턴스 g_d가 클수록 I_D 대 V_{DS} 특성의 직선 기울기는 점점 더 커짐을 볼 수 있다.

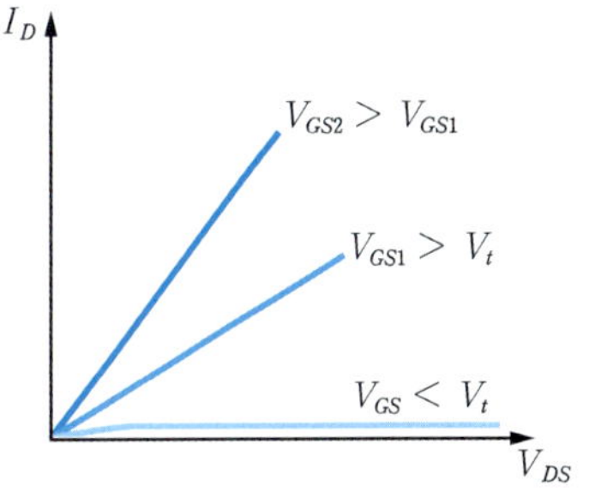

[그림 12-5] V_{GS} 값에 따라 I_D 대 V_{DS} 특성 변화(작은 V_{DS} 값)

[그림 12-6]은 이제 $V_{GS}(> V_t)$를 어느 한 값으로 고정시키고, I_D 대 V_{DS} 특성을 살펴본 것이다. 게이트 아래 반전층의 소스 쪽 두께를 t_c라고 하고 채널의 폭은 W, 길이는 L이라고 할 때 채널의 모양을 가운데에 그렸으며, 오른쪽에는 I_D의 값을 그래프로 나타내었다.

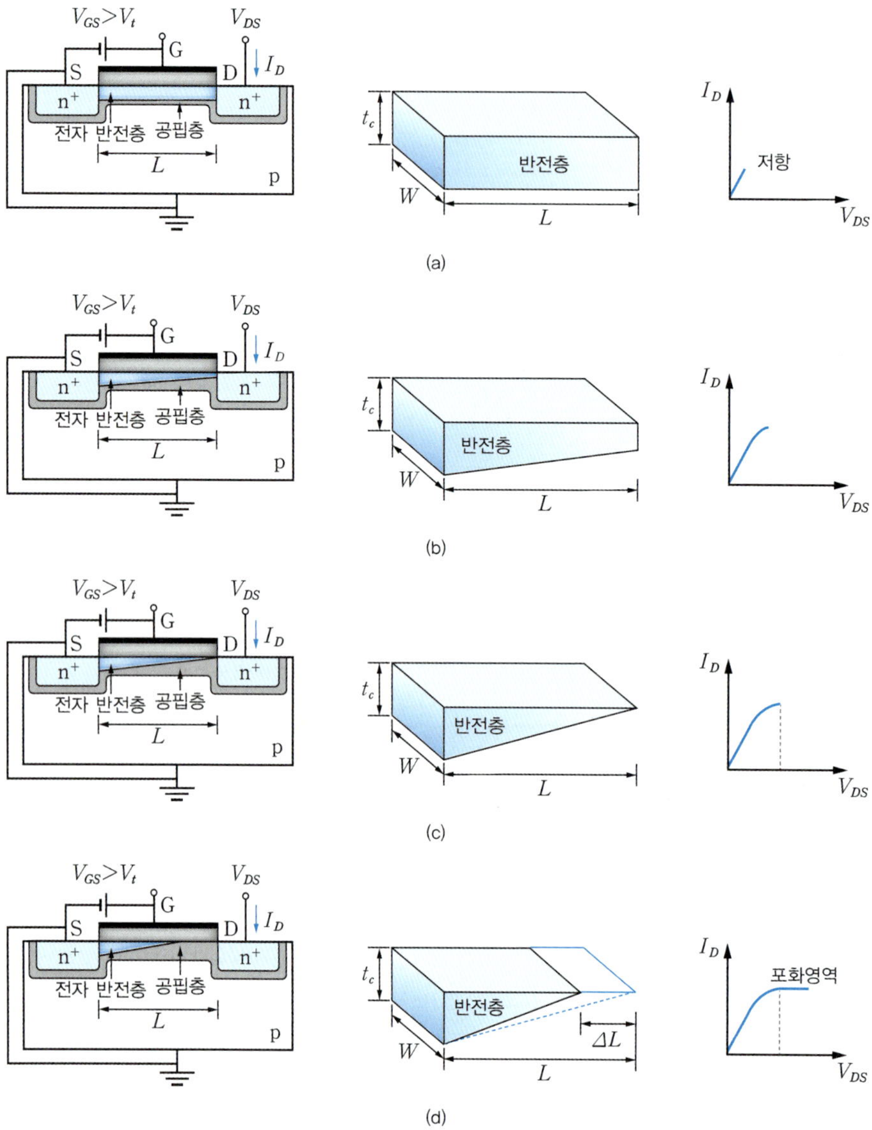

[그림 12-6] $V_{GS}(>V_t)$를 어느 한 값으로 고정시켰을 때, I_D 대 V_{DS} 특성 변화

(a) 작은 V_{DS}, (b) 큰 V_{DS}, (c) $V_{DS}=V_{DS}(sat)$, (d) $V_{DS}>V_{DS}(sat)$

[그림 12-6(a)]는 $V_{GS}>V_t$이고 인가된 V_{DS} 전압이 작은 경우에 해당하며, 반전층 채널의 두께가 전체 채널길이를 따라 거의 일정한 상태의 MOS 구조를 나타낸 것이다. 이때 I_D 대 V_{DS} 특성은 직선 저항으로 나타난다.

[그림 12-6(b)]는 V_{DS} 값이 점점 증가할 때의 상황이다. 드레인 전압이 증가함에 따라 게이트의 드레인 단자 근처에서 산화막 양단 간 전압 차 $V_{GS}-V_{DS}$는 게이트의 소스 단자 근처에서 산화막 양단 간 전압 차 V_{GS}보다 감소한다. 이것은 드레인 단자

근처에 유도된 반전전하밀도 역시 감소함을 의미한다. 이때 드레인 단자 근처에서 채널의 단면적이 감소하므로 컨덕턴스가 감소하고, 따라서 I_D 대 V_{DS} 그래프에서 직선의 기울기가 감소한다.

V_{DS}가 계속 증가하여, 게이트의 드레인 단자 근처에서 산화막 양단 간 전압 차 $V_{GS}-V_{DS}$가 문턱전압 V_t와 같아지는 점에 도달하면, [그림 12-6(c)]와 같이 게이트의 드레인 단자 근처에 유도된 반전층 전하밀도는 0이 된다. 이때의 드레인-소스 간 전압을 $V_{DS}(sat)$이라 부른다. 이 점에서 드레인에서의 미분 컨덕턴스는 0이고, 이것은 I_D 대 V_{DS} 곡선의 순간기울기가 0이 됨을 의미한다. 이때 다음 식이 성립한다.

$$V_{GS}-V_{DS}(sat)=V_t \text{ 또는 } V_{DS}(sat)=V_{GS}-V_t \tag{12.6}$$

V_{DS}가 $V_{DS}(sat)$보다 더 커지면, [그림 12-6(d)]와 같이 채널 내 반전층 전하가 0이 되는 지점이 소스 단자 쪽으로 더 이동한다. 소스에서 채널로 주입되는 전자들은 채널을 통해 흘러서 드레인으로 향하는데, 전하가 0이 되는 지점에서 전자들은 공핍층으로 주입되며, 주입된 전자들은 전계에 의해 드레인으로 쓸려간다. 만약 채널길이의 변화 ΔL이 본래의 길이인 L과 비교해서 작다고 가정하면, 드레인 전류는 $V_{DS}>V_{DS}(sat)$인 경우 일정할 것이다. I_D 대 V_{DS} 특성에서 드레인 전류가 일정해지는 영역을 **포화영역**saturation region이라 부른다.

n채널 증가형 MOSFET에 대하여 $V_{GS}(>V_t)$를 점점 증가시킬 때, I_D-V_{DS} 특성은 어떻게 변화할까?

앞에서 언급한 n채널 증가형 MOSFET에 대하여, V_{GS}를 어느 한 값에 고정시킨 경우의 I_D 대 V_{DS} 곡선 그래프를 확장하여 $V_{GS}(>V_t)$를 점점 증가시킬 때, I_D-V_{DS} 특성곡선이 어떻게 변하는지 살펴보자.

V_{GS}를 증가시키면 게이트 전압에 의한 반전층 전하량이 증가한다. 따라서 게이트 전압에 의한 채널 컨덕턴스의 증가로 드레인 전류가 더욱 증가된다. 즉 V_{GS}를 점점 증가시키면 I_D 대 V_{DS} 곡선의 초기 기울기도 점점 증가하게 된다. 또한 V_{GS}를 점점 증가시키면, 게이트의 드레인 단자 근처에서 산화막 양단 간 전압 차 $V_{GS}-V_{DS}$가 문턱전압 V_t와 같아지는 때의 드레인-소스 간 전압 $V_{DS}(sat)$도 점점 증가한다. [그림 12-7(a)]는 n채널 증가형 MOSFET에 대한 곡선군을 보여준다.

n채널 공핍형 MOSFET에 대하여 V_{GS}를 변화시킬 때, $I_D - V_{DS}$ 특성은 어떻게 변화할까?

[그림 12-1(b)]는 n채널 공핍형 MOSFET의 단면을 보여준다. 여기서 n채널 영역은 금속-반도체 일함수 차이에 의해 형성되거나, 또는 산화막 내의 고정전하에 의해 유기된 전자 반전층 때문에 형성될 수 있다. 이 경우에는 전류-전압 특성은 V_t가 음(−)의 값이라는 것만 제외하고는 n채널 증가형 MOSFET에서와 동일한 방법으로 해석하면 된다. 또한 n형 반도체로 n채널 영역을 만들어줄 수 있다. 이 경우에는 게이트에 음(−)의 전압을 가하면 산화막 아래에 공간전하영역을 유기하고 n채널 영역의 두께가 감소될 것이다. 감소된 두께는 채널 컨덕턴스를 감소시키며, 결국 드레인 전류도 감소한다. 게이트에 양(+)의 전압을 인가하면 산화막 아래에 전자 축적층을 생성하여 드레인 전류를 증가시킨다. n채널 영역을 n형 반도체 영역으로 만들어준 소자에서 채널이 차단상태가 되게 하려면, 게이트에 음의 전압 V_G를 인가했을 때 유기된 공간전하 폭이 채널의 두께 t_c보다 커야만 한다. [그림 12-7(b)]는 n채널 공핍형 MOSFET에 대한 일반적인 I_D 대 V_{DS} 곡선군을 보여준다.

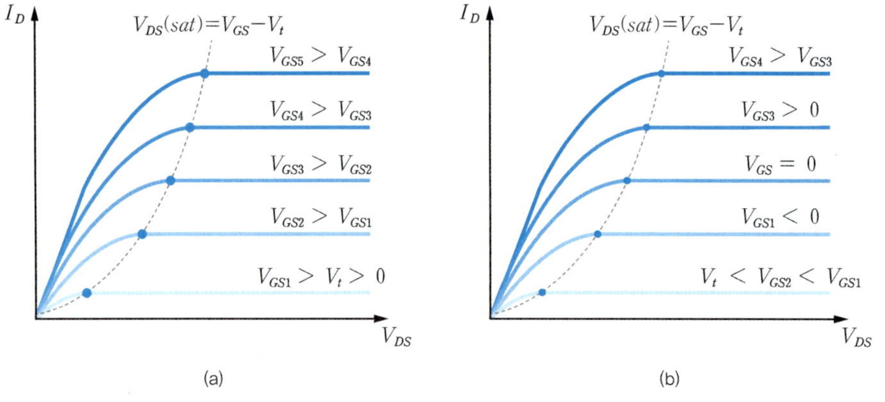

[그림 12-7] V_{GS}를 매개변수로 한 $I_D - V_{DS}$ 특성곡선의 변화. (a) n채널 증가형 MOSFET, (b) n채널 공핍형 MOSFET

12.2.2 MOSFET의 전류-전압 관계식 유도

V_{GS}를 변화시킬 때, $I_D - V_{DS}$ 특성 관계식은 어떻게 유도할까?

[그림 12-8]은 전형적인 n채널 증가형 MOSFET의 단면 구조를 나타낸 것이다.

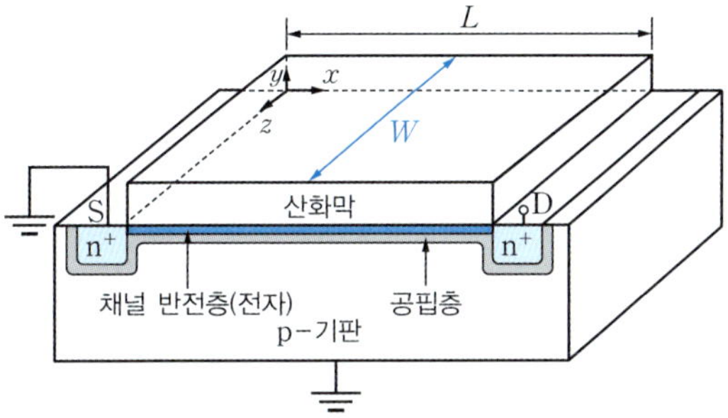

[그림 12-8] 전형적인 n채널 증가형 MOSFET의 단면 구조

$I_D - V_{DS}$ 특성 관계식을 유도하기 위해 다음과 같은 가정을 한다.

이상적인 MOSFET의 $I_D - V_{DS}$ 관계식 유도를 위한 가정

1. 채널에서의 전류는 확산이 아니라 **표동에 의한 것**이다.
2. 채널 내에서 캐리어의 **이동도는 일정**하다.
3. 산화막 내에 고정된 모든 전하는 산화막-반도체 경계면에서의 **등가전하밀도**로 모델링할 수 있다.
4. $\dfrac{\partial \mathcal{E}_y}{\partial y} \gg \dfrac{\partial \mathcal{E}_x}{\partial x}$가 성립하여 채널 내에서 $\mathcal{E}_x$**가 일정**한 것으로 여길 수 있다.
5. 게이트 산화막을 통과해서 흐르는 전류는 없다.

[그림 12-8]에서 게이트 아래 일반적인 채널의 모양을 다음과 같이 그릴 수 있다.

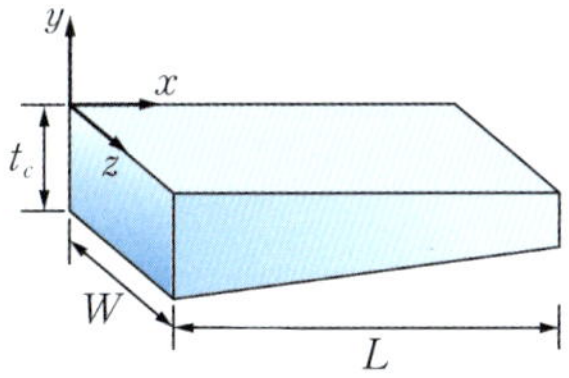

[그림 12-9] 채널의 기하학적 구조

옴의 법칙Ohm's law에 의해 다음 식이 성립한다.

$$J_x = \sigma \mathcal{E}_x \tag{12.7}$$

여기서 σ는 채널의 전도율로 $\sigma = e\mu_n n(y)$로 주어지며, $\mathcal{E}_x$는 드레인-소스 전압 V_{DS}에 의해서 채널을 따라 형성된 전계이다. μ_n은 전자 이동도이고, $n(y)$는 반전층에서의 전자농도이다.

총 채널 전류 I_x는 $y-z$ 평면상에서 채널 단면적 전체에 대해 J_x를 적분하여 구할 수 있다.

$$I_x = \int_z \int_y J_x \, dydz \tag{12.8}$$

채널의 총 전하량 $-Q$[C]를 단면적 WL[cm^2]로 나눈 값, 즉 $x-z$ 평면상에서 단위 면적당 반전층 전하밀도 Q_n'은 다음과 같으며, 이는 음(−)의 값이다.

$$Q_n' = -\int en(y)\, dy \tag{12.9}$$

따라서 **가정 ❷**를 적용하면, 식 (12.8)은 다음과 같이 쓸 수 있다.

$$\begin{aligned} I_x &= \int_z \int_y J_x \, dydz = \int_z \int_y \sigma \mathcal{E}_x \, dydz \\ &= \int_z \int_y e\mu_n n(y) \mathcal{E}_x \, dydz = \mu_n \mathcal{E}_x \int_z \int_y en(y)\, dydz \\ &= \mu_n \mathcal{E}_x \int_z (-Q_n') dz = -WQ_n' \mu_n \mathcal{E}_x \end{aligned} \tag{12.10}$$

[그림 12-10]은 $V_{GS} > V_t$인 게이트 전압을 인가하였을 때 소자 전체의 전하밀도를 그린 것이다. **가정 ❸**에 의하여, 산화막 내에 고정된 모든 전하를 산화막-반도체 경계면의 등가 면전하밀도 Q_{ss}' [C/cm^2]로 모델링하였다.

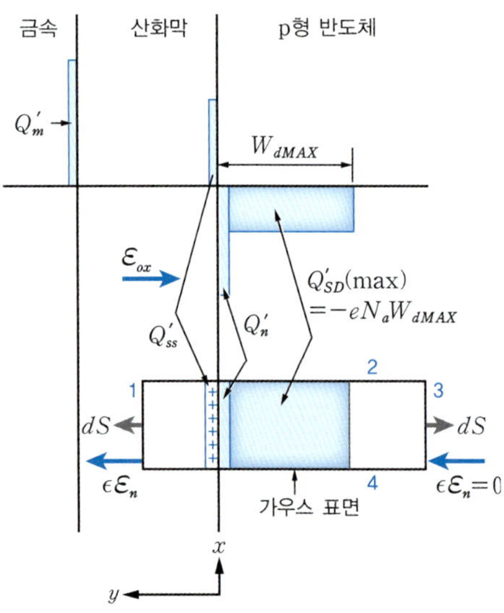

[그림 12-10] n채널 증가형 MOSFET에서, $V_{GS} > V_t$일 때 전하밀도 분포와 설정된 가우스 표면

모든 전하들을 단위면적당 전하량[C/cm^2]으로 정의하면, 전하중성 조건에 의해 다음과 같이 쓸 수 있다.

$$Q'_m + Q'_{ss} + Q'_n + Q'_{SD}(\max) = 0 \tag{12.11}$$

여기서 Q'_m 은 금속의 면전하밀도, Q'_n 은 반전층 전자의 면전하밀도, $Q'_{SD}(\max)$는 반도체 공핍층에 유기된 억셉터 음이온의 최대 면전하밀도이다. 따라서 Q'_n 과 $Q'_{SD}(\max)$는 모두 음의 값이다. 11.2.5절에서 공핍층의 폭 W_{dep}에 형성된 전하량을 Q_{dep}[C/cm^2]로 표현했는데, 문턱조건에서 Q_{dep} 의 최댓값인 식 (11.38)이 $Q'_{SD}(\max)$가 되고 다음과 같이 쓸 수 있다.

$$Q'_{SD}(\max) = \rho_v W_{dMAX} = -eN_a W_{dMAX} = -\sqrt{eN_a 2\epsilon_{Si} 2\phi_B} \tag{12.12}$$

소자 내 전계를 구하기 위해서 적용하는 가우스 법칙[Gauss's law]은 다음과 같다.

$$\oint_s \epsilon \mathcal{E}_n dS = Q_T \tag{12.13}$$

가우스 법칙을 적용하기 위해, 가우스 표면을 [그림 12-10]에서와 같이 1(왼쪽면)−2(윗면)−3(오른쪽면)−4(아랫면)와 앞면−뒷면으로 구성되는 직육면체로 설정한다. 먼저 앞면과 뒷면에서의 식 (12.13)의 적분은 $\mathcal{E}_z$의 성분이 존재하지 않으므로 값이 0이 된다. **가정 ❹**로부터 4(아랫면)로 들어가는 전계 $\mathcal{E}_x$와 2(윗면)로 나가는 전계 $\mathcal{E}_x$가 동일해서, 4(아랫면)와 2(윗면)에서의 식 (12.13)의 적분은 서로 상쇄된다. 3(오른쪽면)은 접지된 중성 p 영역 내에 있으므로 이 표면에서 전계는 0이다. 따라서 1(왼쪽면)에서의 적분값만 고려하면 된다.

1(왼쪽면)을 통하여 가우스 표면 밖으로 수직으로 나가는 방향의 전계는 산화막 내에서 전계 $\mathcal{E}_{ox}$의 방향을 고려하면, 식 (12.13)은 다음과 같이 된다.

$$\oint_s \epsilon \mathcal{E}_n dS = -\epsilon_{ox} \mathcal{E}_{ox} W dx = Q_T \tag{12.14}$$

여기서 ϵ_{ox}는 산화막의 유전율이다. 가우스 폐곡면 내의 총 전하량은 다음과 같다.

$$Q_T = (Q'_{ss} + Q'_n + Q'_{SD}(\max)) W dx \tag{12.15}$$

식 (12.14)를 (12.15)와 결합하면 다음 식을 얻는다.

$$-\epsilon_{ox}\mathcal{E}_{ox} = Q'_{ss} + Q'_{n} + Q'_{SD}(\max) \tag{12.16}$$

소스 단자를 접지시킨 [그림 12-11]에서 $\mathcal{E}_{ox}$를 구해보자.

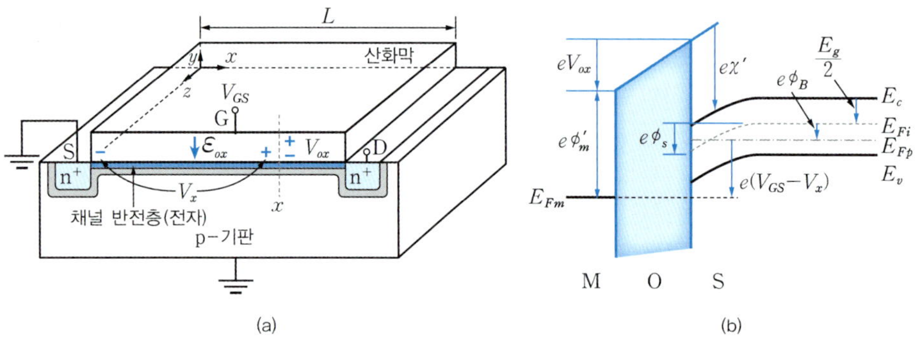

[그림 12-11] (a) n채널 증가형 MOSFET의 전압, (b) x 지점에서 에너지밴드 다이어그램

전압 V_x는 채널길이를 따라 x 지점에서의 채널 내 전위를 표시한다. x 지점에서 산화막 양단의 전위차 V_{ox}는 V_{GS}, V_x, ϕ_{ms}의 함수이며, p형 반도체 내의 페르미 준위 E_{Fp}와 금속 내의 페르미 준위 E_{Fm}으로 표현하면 다음과 같다.

$$\frac{E_{Fm} - E_{Fp}}{-e} = V_{GS} - V_x \tag{12.17}$$

[그림 12-11]에서 반도체를 − 기준으로, 금속을 + 기준으로 한 전압 V_{ox}를 고려하면, 반도체 쪽에서 금속 쪽으로 가면서 전위장벽의 하강 크기를 읽으면 이것이 전압 상승 크기가 되므로 다음처럼 쓸 수 있다.

$$V_{GS} - V_x = (\phi'_m + V_{ox}) - \left(\chi' + \frac{E_g}{2e} - \phi_s + \phi_B\right) \tag{12.18}$$

$\phi_{ms} = \phi'_m - \phi'_s = \phi'_m - \left(\chi' + \frac{E_g}{2e} + \phi_B\right)$이고 채널이 형성되기 위해서는 $\phi_s = 2\phi_B$가 되어야 하므로 다음과 같이 쓸 수 있다.

$$V_{GS} - V_x = V_{ox} + 2\phi_B + \phi_{ms} \tag{12.19}$$

산화막 내의 전계는

$$\mathcal{E}_{ox} = \frac{V_{ox}}{t_{ox}} \tag{12.20}$$

이므로 식 (12.16), (12.19), (12.20)을 결합하면 다음 식을 구할 수 있다.

$$-\epsilon_{ox}\mathcal{E}_{ox} = -\frac{\epsilon_{ox}V_{ox}}{t_{ox}} = -\frac{\epsilon_{ox}}{t_{ox}}\left[(V_{GS}-V_x)-(2\phi_B+\phi_{ms})\right]$$
$$= Q'_{ss} + Q'_n + Q'_{SD}(\max) \qquad (12.21)$$

식 (12.21)로부터 반전전하밀도 Q'_n을 식 (12.10)에 대입하면 다음을 얻는다.

$$I_x = -WQ'_n\mu_n\mathcal{E}_x = -W\mu_n C_{ox}\frac{dV_x}{dx}\left[(V_{GS}-V_x)-V_t\right] \qquad (12.22)$$

여기서 $\mathcal{E}_x = -dV_x/dx$ 이고,

$$V_t = 2\phi_B + \phi_{ms} - \frac{Q'_{ss}}{C_{ox}} - \frac{Q'_{SD}(\max)}{C_{ox}} \qquad (12.23)$$

이다. 식 (12.12)를 식 (12.23)에 대입하면, Q'_{ss}가 있을 경우에 계산한 문턱전압인 식 (11.44)와 동일함을 알 수 있다.

$$V_t = \left(V_{fb0} - \frac{Q'_{ss}}{C_{ox}}\right) + \frac{\sqrt{eN_a 2\epsilon_{Si} 2\phi_B}}{C_{ox}} + 2\phi_B = \left(\phi_{ms} - \frac{Q'_{ss}}{C_{ox}}\right) + \frac{-Q'_{SD}(\max)}{C_{ox}} + 2\phi_B$$

가정 ❷를 적용하면 x에 따라서도 이동도 μ_n이 일정하므로, 채널길이 전체에 대해 식 (12.22)를 적분하면 다음 식을 얻는다.

$$\int_0^L I_x\,dx = -W\mu_n C_{ox}\int_{V_x(0)}^{V_x(L)}\left[(V_{GS}-V_t)-V_x\right]dV_x \qquad (12.24)$$

n채널 소자에 대하여 드레인 전류는 드레인 단자로 들어가므로 $I_D = -I_x$가 되고, 전체 채널길이 L을 따라 I_x는 일정하므로 식 (12.24)의 좌변은 $I_x L$이 된다. 따라서 I_D는 다음과 같이 쓸 수 있다.

비포화영역 $$I_D = \frac{W\mu_n C_{ox}}{2L}\left[2(V_{GS}-V_t)V_{DS}-V_{DS}^2\right] \qquad (12.25)$$

이 식은 $V_{GS} \geq V_t$이고, $0 \leq V_{DS} \leq V_{DS}(sat)$에 대해서 적용될 수 있다. 식 (12.25)를 다시 정리하면 다음과 같이 쓸 수 있다.

$$I_D = \frac{-W\mu_n C_{ox}}{2L}\left[V_{DS}^2 - 2(V_{GS} - V_t)V_{DS}\right]$$
$$= \frac{-W\mu_n C_{ox}}{2L}\left[V_{DS}^2 - 2(V_{GS} - V_t)V_{DS} + (V_{GS} - V_t)^2 - (V_{GS} - V_t)^2\right]$$
$$= \frac{-W\mu_n C_{ox}}{2L}\left[V_{DS} - (V_{GS} - V_t)\right]^2 + \frac{W\mu_n C_{ox}}{2L}(V_{GS} - V_t)^2$$

따라서 $I_D - V_{DS}$ 그래프에서 꼭짓점의 좌표는 다음과 같다.

$$V_{DS}(\max) = V_{GS} - V_t = V_{DS}(sat) \tag{12.26}$$

$$I_D(\max) = \frac{W\mu_n C_{ox}}{2L}(V_{GS} - V_t)^2 = I_D(sat) \tag{12.27}$$

이를 그래프를 그리면 [그림 12-12(a)]와 같다.

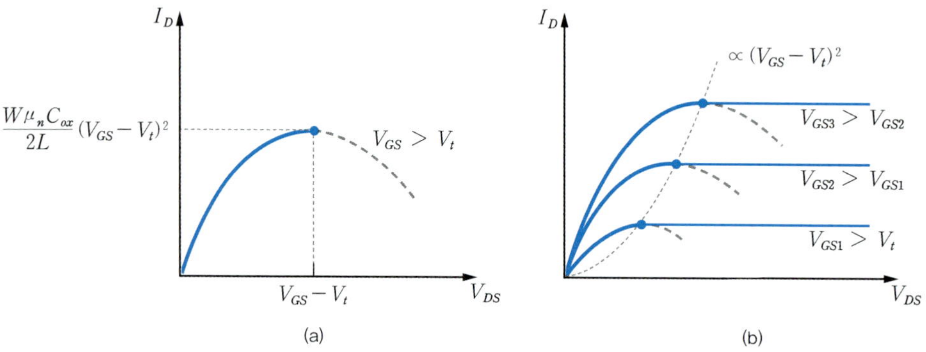

[그림 12-12] (a) 식 (12.25)에 의한 $I_D - V_{DS}$ 그래프, (b) $V_t < V_{GS1} < V_{GS2} < V_{GS3}$ 인 V_{GS} 값들에 대해 비포화영역과 포화영역을 포함한 완성된 $I_D - V_{DS}$ 그래프

식 (12.26)은 포화가 일어나는 V_{DS} 전압인 $V_{DS}(sat)$이므로

$$V_{DS}(sat) = V_{GS} - V_t \tag{12.28}$$

가 된다. 식 (12.27)은 포화영역에서의 V_{GS} 값들에 따른 포화 드레인 전류 $I_D(sat)$를 나타내므로 식 (12.29)와 같이 쓸 수 있다.

포화영역 $$I_D(sat) = \frac{W\mu_n C_{ox}}{2L}(V_{GS} - V_t)^2 \tag{12.29}$$

이 식은 식 (12.25)에 (12.28)을 대입해도 얻을 수 있다.

식 (12.25)는 $0 \le V_{DS} \le V_{DS}(sat)$에 대해 비포화영역에서의 n채널 MOSFET에 대한 이상적인 전류-전압 관계식이고, 식 (12.29)는 $V_{DS} \ge V_{DS}(sat)$에 대해 포화영역에서의 n채널 MOSFET에 대한 이상적인 전류-전압 관계식이다. [그림 12-12(b)]는 $V_t < V_{GS1} < V_{GS2} < V_{GS3}$인 V_{GS} 값들에 대해 $I_D - V_{DS}$의 관계식 (12.25)와 (12.29)를 그래프로 그린 것이다. 이들 $I-V$ 표현식들은 n채널 증가형 소자에 대해 유도한 식이지만, n채널 공핍형 MOSFET에 대해서는 이 식들의 문턱전압 V_t만 음(−)의 값으로 해서 그대로 적용하면 된다.

12.2.3 기판 바이어스 효과

기판 바이어스 전압은 문턱전압 V_t에 어떤 영향을 가져올까?

지금까지 기판은 소스와 접지 전위에 연결하였는데, MOSFET 회로에서 소스와 기판은 다른 전위에 있을 수 있다. 소스 대 기판 pn 접합은 전류가 흐르면 안 되므로 바이어스 전압이 0이거나 역방향 바이어스가 인가되어야 한다. 이러한 기판 바이어스 전압은 문턱전압 V_t에 변화를 가져올 것이다.

$V_{SB}=0$이면 11.2.4절에서와 동일하게 문턱상태는 [그림 11-8(a)]에서 $\phi_s = 2\phi_B$가 되는 조건이며, 문턱전압을 V_t로 정의한다. 만약 기판 바이어스 전압을 인가하여 $V_{SB}>0$일 경우에는 $V_{SB}=0$일 때보다 더 넓어진 공핍층 폭 W'_{dep}가 형성되고, 여기에 억셉터 음이온 공간 전하 $-Q$가 형성된다.

$$C'_{dep} = \frac{\epsilon_{Si}}{W'_{dep}} \tag{12.30}$$

라고 하면

$$Q = C'_{dep} V_{SB} \tag{12.31}$$

가 된다. $V_{SB}=0$일 때는 식

$$V_{SB}=0\text{일 때} \qquad -Q_{inv} = C_{ox}(V_{GS}-V_t) \tag{12.32}$$

가 성립한다. $V_{SB}>0$일 경우에는 양(+)의 값이 기준인 Q_{inv}가 $-Q$만큼 변화하므로 $-Q_{inv}$ 대신 $-Q_{inv}+Q$, 즉 $-Q_{inv}+C'_{dep}V_{SB}$로 대치하면 된다. 따라서

$$V_{SB} > 0\text{일 때} \qquad -Q_{inv} = C_{ox}(V_{GS} - V_t) - C'_{dep} V_{SB} \tag{12.33}$$

가 된다. 이 식에서

$$-Q_{inv} = C_{ox}\left[(V_{GS} - V_t) - \frac{C'_{dep}}{C_{ox}} V_{SB}\right] = C_{ox}\left[V_{GS} - \left(V_t + \frac{C'_{dep}}{C_{ox}} V_{SB}\right)\right] \tag{12.34}$$

로 쓸 수 있다. 따라서 $V_{SB} = 0$일 때의 식 $-Q_{inv} = C_{ox}(V_{GS} - V_t)$를 그대로 사용한다면 V_t가

$$V'_t = V_t + \frac{C'_{dep}}{C_{ox}} V_{SB} \tag{12.35}$$

로 등가적으로 바뀐 것으로 생각할 수 있다. V_{SB}에 의존하는 항의 계수가

$$\frac{C'_{dep}}{C_{ox}} = \frac{t_{ox}}{\epsilon_{ox}} \frac{\epsilon_{Si}}{W'_{dep}} \tag{12.36}$$

이므로, V_t가 V_{SB}에 덜 민감하게 되려면 C_{ox}를 크게, 즉 산화막의 두께 t_{ox}를 얇게 하고 산화막의 유전율을 크게 하는 것이 필요하다. 여기서 W'_{dep}은 유효 폭으로 식 (12.40)과 연관되어 있다.

산화막 아래의 공핍층 폭은 역방향 바이어스된 소스-기판 접합 전압이 인가될 때 본래의 W_{dMAX} 값보다 증가한다. $V_{SB} > 0$이 인가되면 이 영역과 관련되어 더 많은 억셉터 음이온 전하가 존재한다. $V_{SB} = 0$일 때 반도체 공핍층에서의 억셉터 음이온에 의한 전하량 $Q'_{SD}(\max)$는 식 (11.37) $W_{dMAX} = \sqrt{\frac{2\epsilon_s(2\phi_B)}{eN_a}}$를 적용하여

$$Q'_{SD}(\max) = -eN_a W_{dMAX} = -\sqrt{2\epsilon_{Si} e N_a (2\phi_B)} \tag{12.37}$$

이다. $V_{SB} > 0$인 경우에는 공핍층 폭이 증가한다. 이때 전하량 $Q''_{SD}(\max)$는 $W'_{dMAX} = \sqrt{\frac{2\epsilon_s(2\phi_B + V_{SB})}{eN_a}}$를 적용하여

$$Q''_{SD}(\max) = -eN_a W'_{dMAX} = -\sqrt{2\epsilon_{Si} e N_a (2\phi_B + V_{SB})} \tag{12.38}$$

가 된다. 따라서 공간전하밀도의 변화량은 다음과 같다.

$$\Delta Q'_{SD} = -\sqrt{2\epsilon_{Si} e N_a}\left[\sqrt{2\phi_B + V_{SB}} - \sqrt{2\phi_B}\right] \quad (12.39)$$

결국 문턱 상태에 이르기 위해 필요한 게이트 전압은 증가되어야만 한다. 문턱전압의 증가량 ΔV_t는 다음과 같이 쓸 수 있다.

$$\Delta V_t = -\frac{\Delta Q'_{SD}}{C_{ox}} = \frac{\sqrt{2\epsilon_{Si} e N_a}}{C_{ox}}\left[\sqrt{2\phi_B + V_{SB}} - \sqrt{2\phi_B}\right] \quad (12.40)$$

여기서 $\Delta V_t = V_t(V_{SB} > 0) - V_t(V_{SB} = 0)$이다.

n채널 소자의 경우 소스 대 기판 pn 접합은 전류가 흐르면 안 되므로 V_{SB}는 항상 양(+)이어야 하고, 따라서 ΔV_t는 항상 양(+)이 된다. n채널 증가형 MOSFET의 문턱전압 $V_t(>0)$는 소스-기판 접합전압 $V_{SB}(>0)$의 함수로서 증가할 것이다. 증가된 억셉터 음이온의 공간전하를 보상하면서 문턱전압의 반전층을 형성하기 위해서는, 게이트 위의 양전하는 증가되어야 한다.

예제 12-2

$T = 300\,\text{K}$에서 기판 도핑이 $N_a = 2\times10^{16}\,\text{cm}^{-3}$이고, 산화막 SiO_2의 두께는 $t_{ox} = 10\,\text{nm}$인 n채널 실리콘 MOSFET을 고려하자. $V_{SB} = 1\,\text{V}$일 때 문턱전압의 증가량 ΔV_t를 구하라.

풀이

$$\phi_B = V_t \ln\left(\frac{N_a}{n_i}\right) = (0.0259)\ln\left(\frac{2\times10^{16}}{1.5\times10^{10}}\right) = 0.365\,\text{V}$$

$$C_{ox} = \frac{\epsilon_{ox}}{t_{ox}} = \frac{(3.9)(8.85\times10^{-14})}{10\times10^{-7}} = 3.45\times10^{-7}\,\text{F/cm}^2$$

따라서 식 (12.40)으로부터 다음을 얻을 수 있다.

$$\begin{aligned}\triangle V_t &= \frac{\sqrt{2\epsilon_{Si} e N_a}}{C_{ox}}\left[\sqrt{2\phi_B + V_{SB}} - \sqrt{2\phi_B}\right] \\ &= \frac{\sqrt{2(11.7)(8.85\times10^{-14})(1.6\times10^{-19})(2\times10^{16})}}{3.45\times10^{-7}} \times \left[\sqrt{2(0.365)+1} - \sqrt{2(0.365)}\right] \\ &= 0.236(1.315 - 0.854) = 0.109\,\text{V}\end{aligned}$$

12.2.4 이동도와 문턱전압의 측정

$I_D - V_{DS}$ 관계식으로부터 이동도 μ_n과 문턱전압 V_t를 결정할 수 있을까?

$V_{GS} \geq V_t$인 조건에서의 다음 전류-전압 관계식으로부터 이동도 μ_n과 문턱전압 V_t를 결정할 수 있을지 살펴보자.

❶ $0 \leq V_{DS} \leq V_{DS}(sat)$

비포화영역 $$I_D = \frac{W\mu_n C_{ox}}{2L}\left[2(V_{GS} - V_t)V_{DS} - V_{DS}^2\right] \tag{12.25}$$

❷ $V_{DS} \geq V_{DS}(sat)$

포화영역 $$I_D(sat) = \frac{W\mu_n C_{ox}}{2L}(V_{GS} - V_t)^2 \tag{12.29}$$

❶ V_{DS}가 0에 가까운 매우 작은 값을 갖는 경우에 전류-전압 관계식에서 V_{DS}^2 항을 V_{DS} 항과 비교하여 무시할 수 있다. 이때 $I-V$ 관계식은 다음과 같이 쓸 수 있다.

$$I_D = \frac{W\mu_n C_{ox}}{2L}\left[2(V_{GS} - V_t)V_{DS} - V_{DS}^2\right] \simeq \frac{W\mu_n C_{ox}}{L}(V_{GS} - V_t)V_{DS} \tag{12.41}$$

I_D 대 V_{GS}의 그래프를 그리면 **기울기가** $\frac{W\mu_n C_{ox} V_{DS}}{L}$가 된다. 이로부터 **이동도 μ_n**을 구할 수 있고, **가로축 절편**으로부터 **문턱전압 V_t**를 결정할 수 있다.

❷ 식 (12.29)에 제곱근을 취하면 다음과 같다.

$$\sqrt{I_D(sat)} = \sqrt{\frac{W\mu_n C_{ox}}{2L}}(V_{GS} - V_t) \tag{12.42}$$

$\sqrt{I_D(sat)}$ 대 V_{GS}의 그래프를 그리면 **기울기가** $\sqrt{\frac{W\mu_n C_{ox}}{2L}}$가 된다. 이로부터 **이동도 μ_n**을 구할 수 있고, **가로축 절편**으로부터 **문턱전압 V_t**를 결정할 수 있다.

[그림 12-13]의 (a)와 (b)는 각각 식 (12.41)과 (12.42)에 대한 그림을 나타낸 것이다. 이상적인 경우에는 두 그래프로부터 동일한 결과를 얻겠지만, 다음 장에서 알게 되듯이 문턱전압은 **단채널**short channel 소자에서 V_{DS}와 연관되는데, 식 (12.42)는 포화영역에 바이어스된 소자에 적용되기 때문에 일반적으로 **비포화 전류-전압 특성인 식**

(12.41)의 **결과를 더 신뢰**한다.

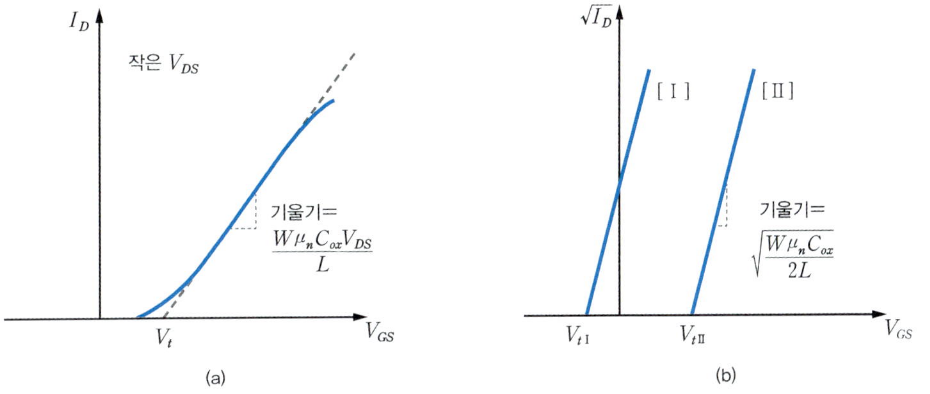

[그림 12-13] (a) V_{DS}가 작을 때 증가형 MOSFET의 $I_D - V_{DS}$ 그래프, (b) 증가형(I)과 공핍형(II)의 n채널 MOSFET에 대한 포화영역에서 $I_D - V_{DS}$ 그래프

식 (12.41)에 의하면 $V_{GS} < V_t$일 경우에 $I_D = 0$이 되어야 하지만, 실제로는 $V_{GS} < V_t$, 즉 **문턱전압 이하**sub-threshold에서도 약간의 전도성이 존재하여 I_D는 흐르게 되고, V_{GS} 값이 큰 경우에는 채널에 게이트 전압과 관련된 수직 전계가 작용하여 표면 산란 효과로 인해 이동도의 감소가 발생하여 I_D가 감소하게 된다. 이 두 효과는 12.3.1절과 12.3.4절에서 각각 다룬다.

12.2.5 p채널 증가형 MOSFET의 전류-전압 특성

p채널 MOSFET 소자의 전류-전압 관계식은 어떻게 구할까?

[그림 12-14]는 p채널 증가형 MOSFET과 n채널 증가형 MOSFET을 비교하여 나타낸 것이다. 기본적으로 n채널 증가형 MOSFET 소자의 경우와 동일한 방식으로 해석하면 된다. 단, 전압의 극성과 전류방향이 n채널 소자와 반대이므로 첨자 표기에 주의해야 한다. 모든 전류의 방향과 전압 극성을 반대로 바꾸면 n채널 증가형 MOSFET 소자에 대한 식의 형태를 그대로 적용할 수 있다. 문턱전압 V_t의 극성 기준도 반대로 잡아야 한다. 즉 n채널 증가형 MOSFET 소자의 경우 문턱전압 V_t의 (−) 극성 기준이 반도체 쪽이고 (+) 극성 기준이 금속 쪽인데, p채널 증가형 MOSFET 소자의 경우 문턱전압 V_t의 (−) 극성 기준이 금속 쪽이고 (+) 극성 기준이 반도체 쪽이 된다.

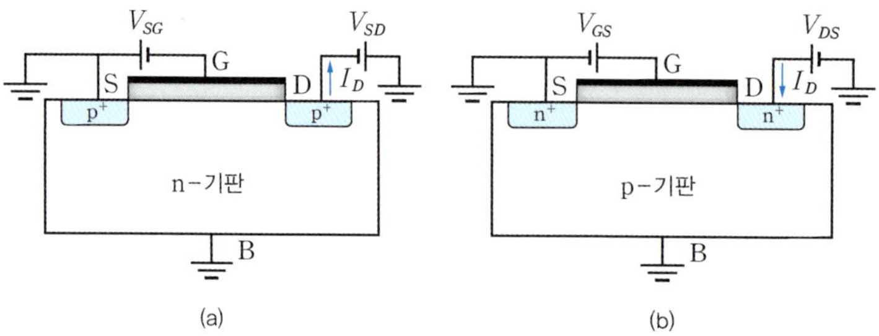

[그림 12-14] (a) p채널 증가형 MOSFET 소자의 전압과 전류 기준, (b) n채널 증가형 MOSFET 소자의 전압과 전류 기준

❶ $0 \leq V_{SD} \leq V_{SD}(sat)$

비포화영역 $$I_D = \frac{W\mu_p C_{ox}}{2L}\left[2(V_{SG} - V_t)V_{SD} - V_{SD}^2\right] \tag{12.43}$$

❷ $V_{SD} \geq V_{SD}(sat)$

포화영역 $$I_D(sat) = \frac{W\mu_p C_{ox}}{2L}(V_{SG} - V_t)^2 \tag{12.44}$$

포화영역에서의 V_{SD}는 다음과 같으며, 여기서 이동도는 정공 반전층 전하에서의 정공의 이동도이다.

$$V_{SD}(sat) = V_{SG} - V_t \tag{12.45}$$

명심할 사항은 V_t의 전압기준이 바뀌었다는 것이며, 바뀐 기준에 의하면 n채널과 동일하게 증가형 p-MOSFET에 대해서는 V_t가 양(+)이고, 공핍형 p-MOSFET에 대해서는 V_t가 음(−)이라는 것이다. p채널 소자의 동작은 전하 캐리어가 정공이고, **전류 방향과 전압극성이 바뀐 것을 제외하고는 n채널 소자와 같다.**

12.2.6 공핍층 폭의 변화 효과

채널의 드레인쪽 공핍층의 폭이 더 넓어져서 공간전하밀도가 증가하면, $I_D - V_{DS}$ 특성 관계식은 어떻게 수정될까?

전류-전압 관계식을 유도할 때 적용한 가정은 식 (12.11) $Q'_m + Q'_{ss} + Q'_n + Q'_{SD}(\max) = 0$에 의해 주어진 전하중성 조건이 채널길이 전체에 대해 적용되며, $Q'_{SD}(\max)$가 x 방향으로 채널길이를 따라 일정하다는 것이었다. 그러나 공핍층 폭은 드레인-소스 전압 때문에 소스와 드레인 사이에서 변하고, $V_{DS} > 0$일 때 드레인 쪽에서 최대가 된다. 이렇게 채널길이 방향으로 공간전하밀도가 변화하면 반전층 전하도 변화하게 되고, 공핍층 폭이 증가하면 반전층 전하는 감소하게 된다. 따라서 이상적인 값들보다 드레인 전류 I_D가 감소하고 드레인-소스 포화전압 $V_{DS}(sat)$이 작아진다. 실제 포화 드레인 전류는 이 벌크전하 효과 때문에 예측되는 값보다 20% 정도 작아질 수 있다.

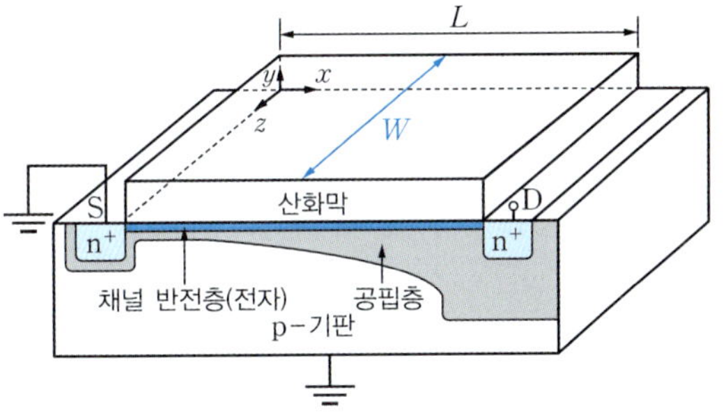

[그림 12-15] 채널을 따라 실제로 변화하는 공핍층 폭

식 (11.41) $-Q_{inv} = C_{ox}(V_{GS} - V_t)$에서, n^+ 폴리실리콘 영역에 형성되는 공핍층의 두께 W_{dpoly}를 감안하고, 유효 반전층의 두께 t_{inv}를 감안하면 산화막의 두께 t_{ox}는 더 두꺼워졌다고 생각할 수 있으므로 C_{ox}를 다음 식으로 대치할 수 있다.

$$C_{oxe} = \frac{\epsilon_{ox}}{t_{oxe}} \tag{12.46}$$

이때

$$t_{oxe} = t_{ox} + \left(\frac{\epsilon_{ox}}{\epsilon_{Si}}\right)W_{dpoly} + \left(\frac{\epsilon_{ox}}{\epsilon_{Si}}\right)t_{inv} = t_{ox} + \frac{W_{dpoly}}{3} + \frac{t_{inv}}{3} \tag{12.47}$$

이므로, C_{oxe}를 다음과 같이 표현할 수 있다.

$$C_{oxe} = \frac{\epsilon_{ox}}{t_{ox} + \left(\frac{\epsilon_{ox}}{\epsilon_{Si}}\right)W_{dpoly} + \left(\frac{\epsilon_{ox}}{\epsilon_{Si}}\right)t_{inv}} = \frac{\epsilon_{ox}}{t_{ox} + \frac{W_{dpoly}}{3} + \frac{t_{inv}}{3}} \tag{12.48}$$

또한 12.2.3절의 기판 바이어스 효과를 고려하면 문턱전압 V_t는 $V_t' = V_t + \frac{C_{dep}'}{C_{oxe}}V_{SB}$로 대치해서 식 (12.34)와 같이 다음 식으로 나타낼 수 있다.

$$-Q_{inv} = C_{oxe}\left[V_{GS} - \left(V_t + \frac{C_{dep}'}{C_{oxe}}V_{SB}\right)\right]$$

이제 x 방향으로 채널길이를 따라 공핍층의 폭이 더 넓어져서 공간전하밀도가 증가함으로 인해 반전층 전자 전하가 감소하는 효과를 반영해보자. 위치 x에서의 채널 전압을 $V_C(x)$라고 하자. 공핍층 폭의 변화를 반영하기 위해서 V_{GS}는

$$V_{GC}(x) = V_{GS} - V_{CS}(x) \tag{12.49}$$

로 대치하고, V_{SB}는

$$V_{CB}(x) = V_{SB} + V_{CS}(x) \tag{12.50}$$

로 대치해야 한다. 따라서 최종적으로 식 (12.51)과 같은 식을 얻을 수 있다.

$$\begin{aligned} Q_{inv}(x) &= -C_{oxe}\{V_{GS} - V_{CS} - V_t - \alpha(V_{SB} + V_{CS})\} \\ &= -C_{oxe}\{V_{GS} - V_{CS} - (V_t + \alpha V_{SB}) - \alpha V_{CS}\} \\ &= -C_{oxe}(V_{GS} - m V_{CS} - V_t') \end{aligned} \tag{12.51}$$

여기서

$$\alpha = \frac{C_{dep}'}{C_{oxe}} \tag{12.52}$$

$$m = 1 + \alpha = 1 + \frac{C_{dep}'}{C_{oxe}} = 1 + \left(\frac{\epsilon_{Si}}{W_{dep}'}\right)\left(\frac{t_{ox}}{\epsilon_{ox}}\right) \tag{12.53}$$

이다. m 값은 보통 1.2 정도이다. 또한

$$V_t' = V_t + \frac{C_{dep}'}{C_{oxe}} V_{SB} = V_t + \alpha V_{SB} \tag{12.54}$$

가 적용되었다. x 방향으로 흐르는 전류는 식 (12.22)에 식 (12.51)을 대입하면

$$I_x = -WQ_{inv}(x)\mu_n \mathcal{E} = -WC_{oxe}(V_{GS} - m V_{CS} - V_t')\mu_n \frac{dV_{CS}}{dx} \tag{12.55}$$

가 된다. 채널을 따라 x 방향으로 이 전류를 적분하면 다음과 같다.

$$\int_0^L I_x\, dx = -W\mu_n C_{oxe} \int_0^{V_{DS}} (V_{GS} - m V_{CS} - V_t')\, dV_{CS} \tag{12.56}$$

이 식을 계산하면 $I_D = -I_x$ 이므로

$$I_D L = W\mu_n C_{oxe}\left(V_{GS} - V_t' - \frac{m}{2}V_{DS}\right)V_{DS}$$

가 되고, 따라서 최종적으로 전류-전압 관계식은 다음과 같이 쓸 수 있다.

$$\text{비포화영역} \qquad I_D = \frac{W\mu_n C_{oxe}}{L}\left(V_{GS} - V_t' - \frac{m}{2}V_{DS}\right)V_{DS} \tag{12.57}$$

이 식은 $V_{GS} \geq V_t'$, $0 \leq V_{DS} \leq V_{DS}(sat)$에 대해 적용될 수 있다. 식 (12.25)에서 **기판 바이어스 효과를 고려하면** V_t를 식 (12.35)인 $V_t' = V_t + \frac{C_{dep}'}{C_{oxe}}V_{SB}$로 대치하면 되고, 다시 **공핍층 폭의 변화 효과를 포함시키면** 이에 추가하여 식 (12.57)에서와 같이 소괄호 안 $-\frac{V_{DS}}{2}$항에 m을 곱하면 된다.

식 (12.57)을 다시 쓰면

$$\begin{aligned} I_D &= \frac{-mW\mu_n C_{oxe}}{2L}\left[V_{DS}^2 - \frac{2}{m}(V_{GS} - V_t')V_{DS}\right] \\ &= \frac{-mW\mu_n C_{oxe}}{2L}\left[V_{DS}^2 - \frac{2}{m}(V_{GS} - V_t')V_{DS} + \frac{1}{m^2}(V_{GS} - V_t')^2 - \frac{1}{m^2}(V_{GS} - V_t')^2\right] \\ &= \frac{-mW\mu_n C_{oxe}}{2L}\left[V_{DS} - \frac{1}{m}(V_{GS} - V_t')\right]^2 + \frac{W\mu_n C_{oxe}}{2mL}(V_{GS} - V_t')^2 \end{aligned} \tag{12.58}$$

이므로, 꼭짓점은 $\left[\frac{V_{GS} - V_t'}{m}, \frac{W\mu_n C_{oxe}}{2mL}(V_{GS} - V_t')^2\right]$이 된다. [그림 12-16]은 $V_t < V_{GS1} < V_{GS2} < V_{GS3}$인 V_{GS} 값들에 대해 $I_D - V_{DS}$의 관계식 (12.57)의 그래프를 그린 것이다.

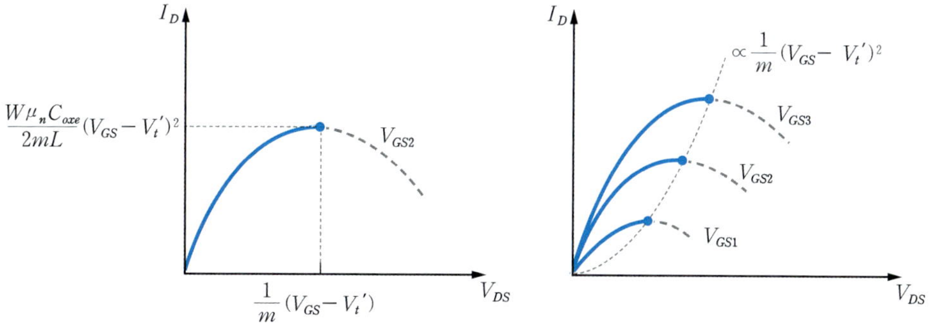

[그림 12-16] 변화하는 V_{GS}에 따라 그린 비포화영역에서의 $I_D - V_{DS}$ 그래프

[그림 12-16]에서

$$V_{DS}(sat) = \frac{V_{GS} - V_t'}{m} \qquad (12.59)$$

이고, $V_{DS} > V_{DS}(sat)$에 대해 드레인 전류 I_D는 다음과 같이 표현된다.

포화영역 $$I_D(sat) = \frac{W\mu_n C_{oxe}}{2mL}(V_{GS} - V_t')^2 \qquad (12.60)$$

이 두 식을 기판 바이어스 효과와 공핍층 폭 변화 효과를 고려하지 않은 경우와 비교해보자. 식 (12.59)를 식 (12.26) $V_{DS}(sat) = V_{GS} - V_t$와 비교하고, 식 (12.60)을 식 (12.27) $I_D(sat) = \frac{W\mu_n C_{ox}}{2L}(V_{GS} - V_t)^2$과 비교하면, 둘 다 $\frac{1}{m}$이 곱해지고 $\boldsymbol{V_t}$ 대신 $\boldsymbol{V_t'}$이 사용되었음을 알 수 있다.

기판 바이어스 효과와 공핍층 폭 변화 효과를 고려하지 않은 경우와 고려한 경우의 $I_D - V_{DS}$ 식을, 비포화영역과 포화영역에 대하여 비교해서 정리하면 [표 12-1]과 같다.

[표 12-1] (a) 기판 바이어스 효과와 공핍층 폭 변화 효과를 고려하지 않은 경우

전압영역	$I_D - V_{DS}$ 식	
$0 \le V_{DS} \le V_{DS}(sat)$	$I_D = \frac{W\mu_n C_{ox}}{2L}\left[2(V_{GS} - V_t)V_{DS} - V_{DS}^2\right]$	(12.25)
$V_{DS} \ge V_{DS}(sat)$	$I_D(sat) = \frac{W\mu_n C_{ox}}{2L}(V_{GS} - V_t)^2$	(12.29)
$V_{DS}(sat) = V_{GS} - V_t$		(12.26), (12.6)

(b) 기판 바이어스 효과와 공핍층 폭 변화 효과를 고려한 경우

전압영역	$I_D - V_{DS}$ 식	
$0 \le V_{DS} \le V_{DS}(sat)$	$I_D = \frac{W\mu_n C_{oxe}}{2L}\left[2(V_{GS} - V_t')V_{DS} - mV_{DS}^2\right]$	(12.57)
$V_{DS} \ge V_{DS}(sat)$	$I_D(sat) = \frac{W\mu_n C_{oxe}}{2mL}(V_{GS} - V_t')^2$	(12.60)
$V_{DS}(sat) = \frac{V_{GS} - V_t'}{m}$, $V_t' = V_t + \frac{C_{dep}'}{C_{oxe}}V_{SB}$, $m = 1 + \frac{C_{dep}'}{C_{oxe}}$		(12.59), (12.54), (12.53)

$V_{DS} = V_{DS}(sat)$일 때 $V_{CS}(x)$, $E_c(x)$ 및 $|Q_{inv}(x)|$의 그래프는 어떻게 될까?

식 $\int_0^L I_D\, dx = WC_{oxe}\mu_n \int_0^{V_{DS}} (V_{GS} - mV_{CS} - V_t)\, dV_{CS}$에서 적분 상한을 x 지점과 V_{CS} 전압으로 바꾸어 대입하면

$$\int_0^x I_D\, dx = WC_{oxe}\mu_n \int_0^{V_{CS}} (V_{GS} - mV_{CS} - V_t)\, dV_{CS} \tag{12.61}$$

가 된다. 여기서 편의상 V_t'를 V_t로 표기하였다. 이 식 (12.61)의 양변을 적분하면

$$I_D\, x = W\mu_n C_{oxe}\left(V_{GS} - V_t - \frac{m}{2}V_{CS}\right)V_{CS} \tag{12.62}$$

가 된다. 이 식 (12.62)를 V_{CS}에 대하여 정리하면

$$\frac{m}{2}V_{CS}^2 - (V_{GS} - V_t)V_{CS} + \frac{I_D x}{W\mu_n C_{oxe}} = 0 \tag{12.63}$$

이 된다. V_{CS}에 대한 이차방정식 (12.63)의 의미 있는 해를 구하면 다음과 같다.

$$\begin{aligned} V_{CS} &= \frac{1}{m}\left[(V_{GS} - V_t) - \sqrt{(V_{GS} - V_t)^2 - \frac{2mI_D x}{W\mu_n C_{oxe}}}\right] \\ &= \frac{V_{GS} - V_t}{m}\left[1 - \sqrt{1 - \frac{2mI_D x}{(V_{GS} - V_t)^2 W\mu_n C_{oxe}}}\right] \end{aligned} \tag{12.64}$$

$I_D(sat) = \dfrac{W\mu_n C_{oxe}}{2mL}(V_{GS} - V_t)^2$에서 $V_{DS} = V_{DS}(sat)$일 때, $I_D = I_D(sat)$이므로

$$(V_{GS} - V_t)^2 W\mu_n C_{oxe} = 2mL\, I_D(sat) \tag{12.65}$$

이고, 식 (12.65)를 식 (12.64)에 대입하면 다음과 같이 된다.

$$V_{CS} = \frac{V_{GS} - V_t}{m}\left[1 - \sqrt{1 - \frac{x}{L}}\right] \tag{12.66}$$

이를 그래프로 나타내면 [그림 12-17(a)]와 같이 된다. 전자에 대한 에너지는 $E = -e \cdot V_{CS}$이므로, 전도대역의 에너지 E_c는 [그림 12-17(b)]와 같다.

반전층의 전하밀도는 식 (12.51) $Q_{inv}=-C_{oxe}(V_{GS}-mV_{CS}-V_t)$에 식 (12.66)을 대입하면

$$|Q_{inv}|=C_{oxe}(V_{GS}-mV_{CS}-V_t)=C_{oxe}(V_{GS}-V_t)\sqrt{1-\frac{x}{L}} \qquad (12.67)$$

이며 [그림 12-17(c)]와 같이 된다.

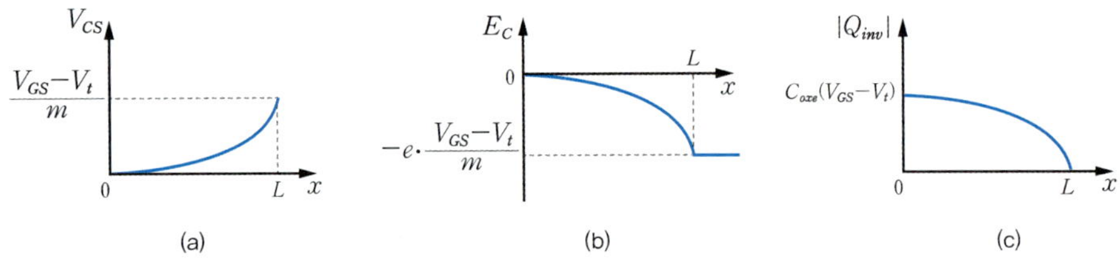

[그림 12-17] $V_{DS}=V_{DS}(sat)$일 때 (a) $V_{CS}(x)$, (b) $E_c(x)$, (c) $|Q_{inv}(x)|$의 그래프

V_{DS}가 $V_{DS}(sat)=\dfrac{V_{GS}-V_t}{m}$이면 드레인 끝의 $x=L$인 지점에서 $V_{CS}=V_{DS}$이므로, $x=L$인 지점에서 반전층의 전하밀도는 $Q_{inv}=-C_{oxe}(V_{GS}-mV_{CS}-V_t)$에서 $Q_{inv}=0$이 된다. 이렇게 반전층이 없어지는 현상을 **핀치오프**pinch-off라고 부른다. 그러나 핀치오프 현상이 드레인 쪽에서 발생하더라도 실제로 $Q_{inv}=0$이 되지 않고, 캐리어의 속도가 v_{sat}으로 포화되어

$$I_D(sat)=WQ_{inv}v_{sat} \qquad (12.68)$$

이 성립하므로, 따라서 식 (12.69)만큼의 반전층 전하가 존재한다.

$$Q_{inv}=\frac{I_D(sat)}{Wv_{sat}} \qquad (12.69)$$

$V_{DS}>V_{DS}(sat)$일 때는 $V_{CS}(x)$, $E_c(x)$ 및 $|Q_{inv}(x)|$의 그래프가 어떻게 달라질까?

$V_{DS}>V_{DS}(sat)$일 때 $V_{CS}(x)$, $E_c(x)$, $|Q_{inv}(x)|$의 그래프는 $0\le x<L$에서는 $V_{DS}=V_{DS}(sat)$일 때와 동일하다. 따라서 V_{DS}가 $V_{DS}(sat)$보다 더 커지더라도 I_D가 $I_D(sat)=\dfrac{W\mu_nC_{oxe}}{2mL}(V_{GS}-V_t)^2$으로 일정한 값으로 포화된다. $V_{DS}>V_{DS}(sat)$일

때와 $V_{DS} = V_{DS}(sat)$와의 차이점은 **$V_{DS} - V_{DS}(sat)$만큼의 전압이 좁은 핀치오프 영역에 걸리게 되는 것**이다. $V_{CS}(x)$를 그림으로 나타내면 [그림 12-18(a)]와 같다.

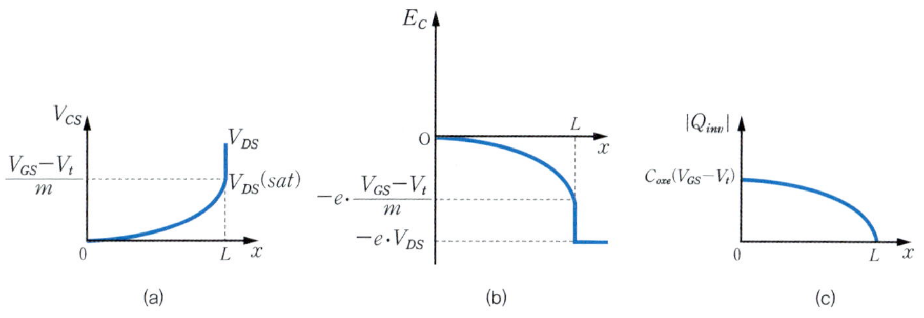

[그림 12-18] $V_{DS} > V_{DS}(sat)$일 때 (a) $V_{CS}(x)$, (b) $E_c(x)$, (c) $|Q_{inv}(x)|$의 그래프

이 좁은 핀치오프 영역에서 반전층 전하밀도는 $Q_{inv} = \dfrac{I_D(sat)}{Wv_{sat}}$가 되고, $|Q_{inv}(x)|$의 그래프는 [그림 12-18(c)]와 같이 $V_{DS} = V_{DS}(sat)$일 때와 동일하다. 이때 전도대역 E_c는 [그림 12-18(b)]에서 볼 수 있듯이 $x = L$에서 급격하게 $(-e)\{V_{DS} - V_{DS}(sat)\}$만큼 떨어진다. 에너지가 급격하게 떨어지더라도 전류에는 영향이 없는 것은, 반전층의 전하량이 $Q_{inv} = \dfrac{I_D(sat)}{Wv_{sat}}$으로 동일하고 속도가 v_{sat}으로 동일하게 포화되기 때문이다. 즉 핀치오프가 발생하기 시작한 지점으로 유입되는 캐리어의 유속[flux]이 일정하고, $V_{DS} - V_{DS}(sat)$의 증가가 더 이상 속도의 증가를 가져오지 못하기 때문이다.

12.2.7 전달 컨덕턴스

MOSFET 전달 컨덕턴스는 얼마일까?

MOSFET 전달 컨덕턴스(트랜지스터 이득)는 게이트 전압 V_{GS}의 변화에 대한 드레인 전류 I_D의 변화로 정의한다. 즉 다음과 같다.

$$g_m = \frac{\partial I_D}{\partial V_{GS}} \tag{12.70}$$

만약 n채널 MOSFET이 비포화영역에서 동작한다면, 식 (12.57)을 사용하여 다음을 얻는다.

$$\text{비포화영역} \qquad g_m = \frac{\partial I_D}{\partial V_{GS}} = \frac{W\mu_n C_{oxe}}{L} V_{DS} \tag{12.71}$$

비포화영역에서 전달 컨덕턴스는 V_{DS}에 대해서는 선형적으로 증가하지만, V_{GS}에는 무관하다.

n채널 MOSFET이 포화영역에서 동작한다면, 식 (12.60)에 의해 전달 컨덕턴스를 계산하면 다음과 같이 된다.

$$\text{포화영역} \qquad g_m = \frac{\partial I_D(sat)}{\partial V_{GS}} = \frac{W\mu_n C_{oxe}}{mL}(V_{GS} - V_t) \tag{12.72}$$

포화영역에서 전달 컨덕턴스는 V_{GS}와 선형적 증가 관계이지만, V_{DS}에는 무관하다. 전달 컨덕턴스는 비율 $\frac{W}{L}$에는 선형적으로 증가하지만, 산화막 두께 t_{ox}에는 반비례하고, 캐리어 이동도 μ_n에 비례하며, 문턱전압의 함수가 된다.

12.3 비이상적인 동작특성

12.3.1 문턱전압 이하 전류

문턱전압 V_t는 어떻게 측정할까?

문턱전압 V_t를 측정하는 방법을 다음의 네 가지로 생각해볼 수 있다.

❶ $C - V_{GS}$ 그래프로부터 측정

[그림 11-19]와 같은 이상적인 $C - V_{GS}(=V_g)$ 그래프에서 커패시턴스 C가 최솟값을 갖기 시작하는 V_{GS} 값을 측정하면 문턱전압 V_t를 측정할 수 있으나, 실제 $C - V_{GS}$ 그래프는 완만하게 변화하여 문턱전압 V_t를 정확히 측정하는 것이 어렵다. 따라서 이 방법은 거의 사용되지 않는다.

❷ 작은 V_{DS} 값에서 $I_D - V_{GS}$ 그래프로부터 측정

작은 값의 V_{DS}일 때 I_D는 다음 식 (12.41)과 같다.

$$I_D = \frac{W\mu_n C_{ox}}{L}(V_{GS} - V_t - V_{DS}/2)V_{DS} \simeq \frac{W\mu_n C_{ox}}{L}(V_{GS} - V_t)V_{DS}$$

I_D가 $V_{GS} - V_t$에 비례하는 특성을 이용해서, [그림 12-13(a)]에서 가로축 절편으로부터 문턱전압 V_t를 측정하는 것이 가능하다.

❸ 포화 상태에서 $\sqrt{I_D(sat)} - V_{GS}$ 그래프로부터 측정

포화 상태에서 $I_D(sat)$은 다음 식 (12.42)와 같다.

$$\sqrt{I_D(sat)} = \sqrt{\frac{W\mu_n C_{ox}}{2L}}(V_{GS} - V_t) \tag{12.42}$$

$\sqrt{I_D(sat)}$가 $V_{GS} - V_t$에 비례하는 특성을 이용하여 [그림 12-13(b)]에서 가로축 절편으로부터 문턱전압 V_t를 측정하는 것이 가능하다.

❹ $I_D = 100\frac{W}{L}[\text{nA}]$가 되는 전압 V_{GS}를 V_t로 정의하여 측정하는 방법

일정한 절대전류 값을 측정하는 것으로 측정이 간단하여, 일반적으로 이 방법을 주로 사용한다.

문턱전압 아래에서는 전류가 전혀 흐르지 않을까?

이상적인 전류-전압 관계식을 유도하는 과정에서 반전층의 전하량은 식 $Q_{inv} = -C_{oxe}(V_{GS} - V_t)$로 표현되고 V_{GS}가 V_t보다 클 때 생성된다고 가정하였다. V_{GS}가 V_t보다 작거나 같을 때 반전층의 전하량은 0이므로 드레인 전류 $I_D = 0$이었다. 그러나 실제로는 [그림 12-19]와 같이 I_D는 $V_{GS} \leq V_t$일 때 0이 아니다. $V_{GS} \leq V_t$인 조건에서도 존재하는 드레인 전류 I_D를 **문턱전압 이하 전류(문턱아래 전류)**sub-threshold current라 부른다.

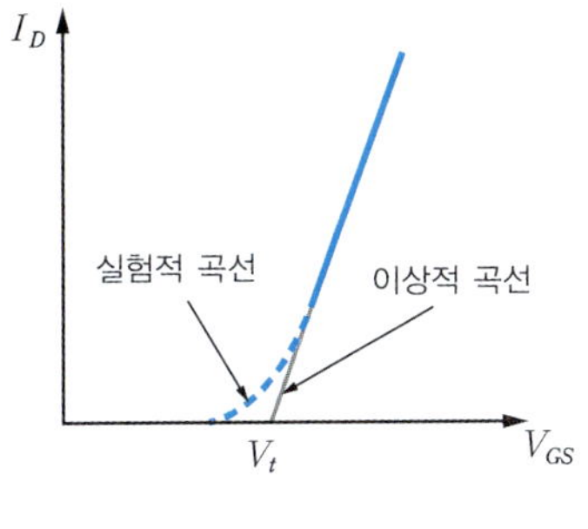

[그림 12-19] V_{DS}가 작을 때 증가형 MOSFET의 $I_D - V_{GS}$ 그래프

문턱전압에서는 $\phi_s = 2\phi_B$가 만족된다. $\phi_s < 2\phi_B$일 때 반전층이 전혀 존재하지 않는다면 문턱아래 전류는 흐르지 않아 드레인 전류 $I_D = 0$이 될 것이다. 그러나 $\phi_B < \phi_s < 2\phi_B$인 경우에 페르미 준위가 가전자 대역보다 전도대역에 더 가까워서 반도체 표면에는 반전 상태가 만들어진다. 즉 문턱전압 때만큼은 아니더라도 낮은 도핑의 n형 반전층이 형성된다. 이러한 상태를 **약반전**weak inversion이라 부르고, 이 약반전층의 전자들로 인한 드레인 전류가 문턱아래 전류를 형성한다.

반도체 경계면에서의 전위 변화 ϕ_s와 공핍층 커패시턴스 C_{dep}를 곱한 크기의 표면전하밀도 $Q_s = C_{dep}\phi_s\,[\mathrm{C/cm^2}]$가 산화막 내부의 전계 $\mathcal{E} = \dfrac{Q_s}{\epsilon_{ox}}$를 형성한다. 따라서 산화막 두께 t_{oxe}를 산화막 내부의 전계 $\mathcal{E}$와 곱하면 산화막 양단의 전위 V_{ox}가 되며, 이는 다음과 같이 된다..

$$V_{ox} = t_{oxe}\mathcal{E} = t_{oxe}\frac{C_{dep}\phi_s}{\epsilon_{ox}} = \frac{C_{dep}}{C_{oxe}}\phi_s \tag{12.73}$$

따라서 게이트-소스 간 전압은

$$\begin{aligned} V_{GS} &= \phi_{ms} + V_{ox} + \phi_s = \phi_{ms} + \frac{C_{dep}}{C_{oxe}}\phi_s + \phi_s \\ &= \phi_{ms} + \left(1 + \frac{C_{dep}}{C_{oxe}}\right)\phi_s = \phi_{ms} + \eta\phi_s \end{aligned} \tag{12.74}$$

가 된다. 여기서

$$\eta = 1 + \frac{C_{dep}}{C_{oxe}} \tag{12.75}$$

이다. 반도체 표면에서의 반전층 전자농도 n_s는 전위 ϕ_s에 지수함수 의존성을 가지므로 $n_s \propto \exp\left(\dfrac{e\phi_s}{kT}\right) \propto \exp\left[\dfrac{e}{kT}\left(\dfrac{V_{GS} - \phi_{ms}}{\eta}\right)\right]$, $\phi_{ms} = V_t - 2\phi_B - \dfrac{\sqrt{2\epsilon_{Si} e N_a 2\phi_B}}{C_{ox}}$이므로

$$I_D \propto n_s \propto \exp\left[\frac{e(V_{GS} - V_t)}{\eta kT}\right] \tag{12.76}$$

가 된다. 일반적으로 $I_{DS} = 100\dfrac{W}{L}\,[\mathrm{nA}]$가 되는 전압 V_{GS}를 V_t로 정의하는 것과, I_D가 $\exp\left[\dfrac{e(V_{GS} - V_t)}{\eta kT}\right]$에 비례함을 합쳐, 문턱아래 전류 $I_D(sub)$에 관한 하나의 식을 표현하면

$$I_D(sub) = \frac{100\,W}{L}\exp\left[\frac{e(V_{GS} - V_t)}{\eta kT}\right]\ [\text{nA}] \tag{12.77}$$

와 같이 쓸 수 있다. 즉 식에서 $V_{GS} = V_t$이면 $I_D(sub) = 100\frac{W}{L}$[nA]를 만족시킨다. $\frac{10I_D(sub)}{I_D(sub)} = \exp\left(\frac{e\,\Delta V_{GS}}{\eta kT}\right)$에서

$$\Delta V_{GS} = \frac{\eta kT}{e}\ln(10) = 60\eta\,[\text{mV}] \tag{12.78}$$

가 되어, 문턱아래 전류 $I_D(sub)$가 10배(1decade당)가 될 때, 이상적으로 대략 60ηmV 정도의 V_{GS} 변화가 발생한다. 식 (12.78)의 값을 **문턱이하 스윙**sub-threshold swing이라고 하고 S로 표기한다. [그림 12-20]은 $\log I_D$ 대 V_{GS}의 그래프를 보여주는데, 여기서 S는 기울기의 역수에 해당한다. 이 그래프를 보면, S 값이 큰 곡선이 직선 영역의 기울기는 낮고, $V_{t1} < V_{t2}$이고 $I_{off1} > I_{off2}$임을 알 수 있다.

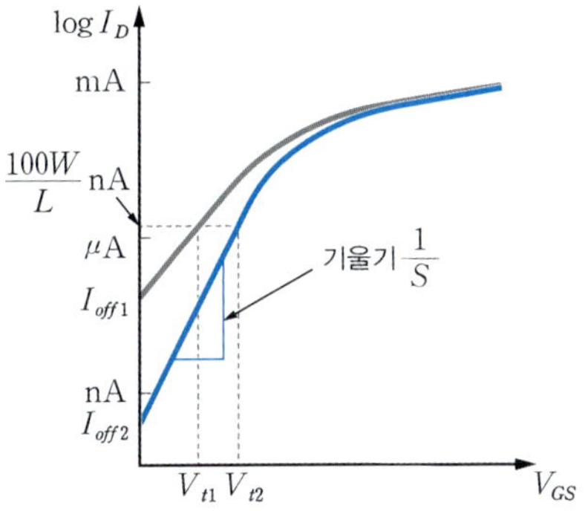

[그림 12-20] $V_{t1} < V_{t2}$인 MOSFET의 $\log I_D$ 대 V_{GS}의 그래프

$I_D(sub) = \frac{100\,W}{L}\exp\left[\frac{e(V_{GS} - V_t)}{\eta kT}\right]$에서 $V_{GS} = 0\,\text{V}$일 때

$$I_D(off) = \frac{100\,W}{L}\exp\left[\frac{-e\,V_t}{\eta kT}\right]\ [\text{nA}] \tag{12.79}$$

이 된다. 이 전류가 작을수록 MOSFET 회로의 전력 소모가 적어진다. 따라서 오프 전류가 작아지려면 게이트의 폭 W가 게이트의 길이 L에 비교하여 작아야 하고, 온도 T와 $\eta = 1 + \frac{C_{dep}}{C_{oxe}}$도 작아야 한다. 즉 t_{oxe}는 얇게, W_{dep}는 크게 해야 한다. 문턱전압 V_t는 커야 오프 전류가 작아지는데, 이는 인버터 회로의 속도를 저하시키기 때문에 문턱전압 V_t를 키우는 것에는 제약이 따른다.

MOSFET이 문턱전압 아래로 바이어스되었다 할지라도 문턱아래 전류가 작지만 존재한다는 것과, 오프 전류가 0이 아니고 존재한다는 것은 대규모 집적회로에서 MOSFET 소자의 개수가 많아진다면 **회로의 전력소비를 크게 증가시킬 수 있음을 유의**한다.

예제 12-3

n채널 증가형 MOSFET에서 전압을 문턱전압 아래로 점점 낮게 인가할 때 $\eta = 1 + \frac{C_{dep}}{C_{oxe}}$ 값은 $m = 1 + \frac{3t_{oxe}}{W_{dMAX}} = 1.2$보다 커지는가 혹은 작아지는가? 또 그 이유는 무엇인가?

풀이

인가한 문턱아래의 전압이 낮아질수록 약하게 반전된 전자층의 두께인 t_{inv}의 값이 커지고, $t_{oxe} = t_{ox} + \frac{W_{dpoly}}{3} + \frac{t_{inv}}{3}$의 크기를 증가시킨다. 따라서 C_{oxe}는 감소하고, η는 m보다 커지며, $\log I_D$ 대 V_{GS}의 그래프의 기울기는 낮아진다.

12.3.2 드레인 전압의 증가로 인한 채널길이 변조

V_{DS}가 증가하면서 채널길이가 짧아지는 효과는 $I_D - V_{DS}$ 그래프에서 어떤 변화를 가져올까?

이상적인 $I_D - V_{DS}$ 관계식을 유도할 때 채널길이 L은 일정하다고 가정했다. 그러나 $V_{DS} - V_{DS}(sat)$이 커지면 커질수록 핀치오프pinch-off가 발생하는 영역의 폭이 증가하기 시작하므로, 채널길이 L은 점점 짧아지게 된다. 체적전하밀도 eN_a가 존재하는 공핍층 폭 W와 공핍영역에 형성된 전위 변화 V와의 관계는 포아송 방정식으로부터

$$W = \sqrt{\frac{2\epsilon_{Si} V}{eN_a}} \tag{12.80}$$

의 관계가 있다. 따라서 드레인-소스 전압의 함수로 드레인-소스 간 채널 공핍층의 폭을 표현할 수 있으며, 짧아진 채널길이 ΔL은 근사적으로 다음 식과 같이 나타낼 수 있다.

$$\Delta L = \sqrt{\frac{2\epsilon_{Si}}{eN_a}} \left[\sqrt{\phi_B + V_{DS}(sat) + \Delta V_{DS}} - \sqrt{\phi_B + V_{DS}(sat)} \right] \tag{12.81}$$

여기서

$$\Delta V_{DS} = V_{DS} - V_{DS}(sat) \tag{12.82}$$

이다. $\phi_B + V_{DS}(sat)$은 $V_{DS} = V_{DS}(sat)$일 때 드레인-소스 간 채널 공핍층의 폭에서 형성된 전위 변화량이다. 드레인 단자는 매우 높게 도핑되어 있어 공핍영역이 주로 채널영역 내로만 확장한다고 볼 수 있다.

드레인 전류는 식 (12.60)으로부터 다음과 같이 나타낼 수 있다.

$$I_D(sat) = \frac{W\mu_n C_{oxe}}{2mL}(V_{GS} - V_t)^2 \tag{12.83}$$

즉 드레인 전류는 채널길이에 반비례한다. 따라서 짧아진 채널길이 ΔL의 효과를 드레인 전류의 비율에 반영하여 다음처럼 쓸 수 있다.

$$\frac{I_D'}{I_D} = \frac{L}{L - \Delta L} \tag{12.84}$$

여기서 I_D'는 짧아진 채널길이 ΔL의 효과가 반영된 실제 드레인 전류이고, I_D는 이상적인 드레인 전류이다. [그림 12-21]은 n채널 MOSFET의 채널길이 변조효과를 보여주는 단면 구조와 $I_D - V_{DS}$ 그래프의 개형이다. 만약 $\Delta L \ll L$이라고 하면

$$\frac{I_D'}{I_D} = \frac{L}{L - \Delta L} = \frac{1}{1 - \frac{\Delta L}{L}} \simeq 1 + \frac{\Delta L}{L} \tag{12.85}$$

이 되고,

$$\frac{\Delta L}{L} = k[V_{DS} - V_{DS}(sat)] \tag{12.86}$$

라고 볼 수 있다면, 식 (12.83)을 수정하여 다음과 같이 쓸 수 있다.

$$I_D = \frac{W\mu_n C_{oxe}}{2mL}(V_{GS} - V_t)^2[1 + k\{V_{DS} - V_{DS}(sat)\}] \tag{12.87}$$

[그림 12-21(b)]에서 트랜지스터가 포화영역에 바이어스되었을 때, 그래프가 수평이 되지 않고 양(+)의 기울기를 갖는 직선이 되는 것은 이러한 채널길이 변조효과가 반

영된 결과이다. $V_{DS} > V_{DS}(sat)$인 영역에서 $I_D - V_{DS}$ 그래프의 양(+)의 기울기 값으로부터 비례상수 k 값을 측정할 수 있다. 소자의 크기가 점점 작아지면 채널길이 ΔL의 변화가 본래 길이 L에 차지하는 비중이 점점 커지므로 채널길이 변조효과는 더욱 심각해진다.

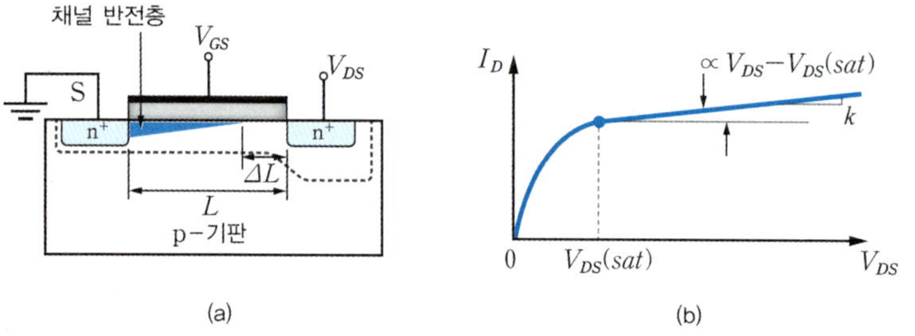

[그림 12-21] 채널길이 변조 효과가 발생했을 때 (a) 단면 구조, (b) $I_D - V_{DS}$ 그래프

12.3.3 캐리어 속도의 포화현상

채널 속 캐리어의 속도 포화현상은 $I_D - V_{DS}$ 그래프에 어떤 변화를 가져올까?

낮은 전계에서는 $v = \mu \mathcal{E}$로 캐리어의 속도 v는 가해준 전계 $\mathcal{E}$에 비례하며, 비례상수인 이동도 μ는 일정한 값을 갖는다. 그러나 전계가 대략 $10^4\,\mathrm{V/cm}$가 되면 캐리어의 속도가 전계에 더 이상 비례하지 않고 v_{sat} 값으로 일정해지는 **속도 포화현상**이 발생하기 시작한다. 소스와 드레인 사이의 수평 전계가 점점 증가하면서 표동속도가 포화되는 현상이 발생할 수 있는데, 이러한 속도 포화는 **단채널**short channel 소자에서 더욱 두드러진다. 만일 채널길이 $L = 1\,\mu\mathrm{m}$인 소자에서 $V_{DS} = 2\,\mathrm{V}$라면 평균전계는 $2 \times 10^4\,\mathrm{V/cm}$가 되어 속도 포화현상이 나타난다.

캐리어의 속도 포화가 발생할 때의 수정된 $I_D(sat)$ 특성은 다음과 같이 쓸 수 있다.

$$I_D(sat) = WC_{ox}(V_{GS} - V_t)v_{sat} \tag{12.88}$$

여기서 v_{sat}은 포화속도로, 실리콘 내 전자인 경우 대략 $8 \times 10^6\,\mathrm{cm/s}$이고, 정공의 경우 $6 \times 10^6\,\mathrm{cm/s}$이다. 게이트로의 수직전계와 표면산란을 고려하면 게이트에 인가한 전압에 의해 포화속도는 더 감소한다. C_{ox}는 단위면적당 산화막 커패시턴스 $C_{ox}[\mathrm{F/cm^2}]$

이다. 속도 포화로 인해 $I_D(sat)$ 값은 이상적인 관계식 (12.83)으로 주어지는 값인 $I_D(sat) = \frac{W\mu_n C_{oxe}}{2mL}(V_{GS} - V_t)^2$보다 더 작아지고, $V_{DS}(sat)$ 또한 식 (12.59) $V_{DS}(sat) = \frac{V_{GS} - V_t}{m}$보다 더 작아진다. $I_D(sat)$ 전류는 이전에 예견했던 이상적인 제곱법칙 식 (12.83)에 의존하기보다는 식 (12.88)과 같이 $V_{GS} - V_t$에 비례하고, 채널길이 L에도 의존하지 않는다.

속도 포화가 일어나는 전계를 $\mathcal{E}_{sat}$이라고 하면, 속도 포화를 고려한 간단한 모델은 다음과 같이 쓸 수 있다.

$$\mathcal{E} < \mathcal{E}_{sat}\text{의 경우} \qquad v = \frac{\mu\mathcal{E}}{1 + \frac{\mathcal{E}}{\mathcal{E}_{sat}}} \tag{12.89}$$

$$\mathcal{E} > \mathcal{E}_{sat}\text{의 경우} \qquad v = v_{sat} \tag{12.90}$$

$\mathcal{E} = \mathcal{E}_{sat}$에서 이 두 식이 같다고 하면 포화속도 v_{sat}는 다음과 같다.

$$v_{sat} = \frac{\mu\mathcal{E}_{sat}}{2} \tag{12.91}$$

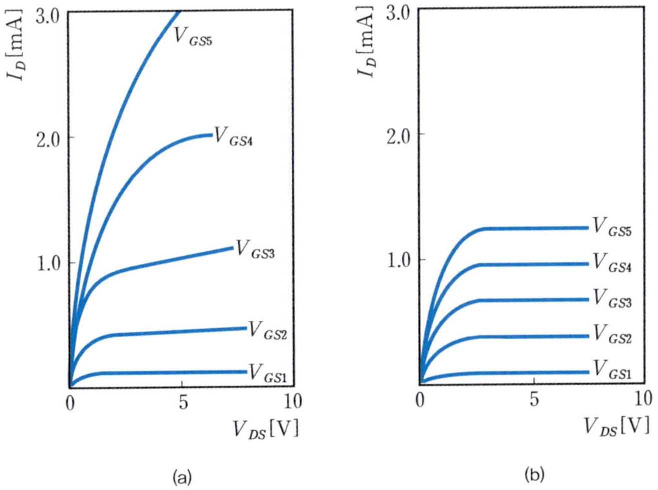

[그림 12-22] (a) 속도 포화가 일어나기 전과 (b) 속도 포화가 일어난 후의 $I_D - V_{DS}$ 그래프 비교

[그림 12-22]는 일정한 이동도를 갖는 경우와 전계에 의한 속도 포화현상이 존재할 경우에 $I_D - V_{DS}$ 그래프를 비교한 것이다. [그림 12-22(a)]에서 일정한 이동도를 갖는 경우에는 $I_D(sat)$ 전류는 $(V_{GS} - V_t)^2$에 비례하는 제곱법칙을 보여주지만, [그림

12-22(b)]에서 속도 포화현상이 존재할 경우에는 $V_{GS}-V_t$에 비례하여 **그래프 선들의 간격이 등간격**으로 나타나게 된다.

속도 포화가 일어났을 때의 전달 컨덕턴스는 다음과 같이 쓸 수 있다.

$$g_m = \frac{\delta I_D(sat)}{\delta V_{GS}} = WC_{ox}v_{sat} \tag{12.92}$$

속도 포화가 일어나면 컨덕턴스는 V_{GS} 및 V_{DS}와 무관하게 된다. 게이트 전압이 2배가 되면 비례하여 채널의 캐리어 농도도 2배로 증가하지만, 속도 포화 효과에 의해 속도의 증분은 발생하지 않으므로 I_D도 같은 2배의 비율로 포화되고 전달 컨덕턴스는 일정하게 된다. 속도 포화가 일어날 때, 차단 주파수는 근사적으로 다음과 같이 주어진다.

$$f_T = \frac{g_m}{2\pi C_G} = \frac{WC_{ox}v_{sat}}{2\pi(C_{ox}WL)} = \frac{v_{sat}}{2\pi L} \tag{12.93}$$

즉 최대 주파수는 채널길이 L을 포화속도 v_{sat}로 이동하는 시간에 반비례하여 의존하게 된다.

예제 12-4

$I_D(sat) = WC_{ox}(V_{GS}-V_t)v_{sat}$임을 유도하라.

풀이

채널을 [그림 12-23]과 같이 전자들로 가득 찬 전하량 상자로 묘사할 수 있다. 여기서 t_c는 채널의 깊이이고, W는 채널의 폭이며, L은 채널의 길이이다.

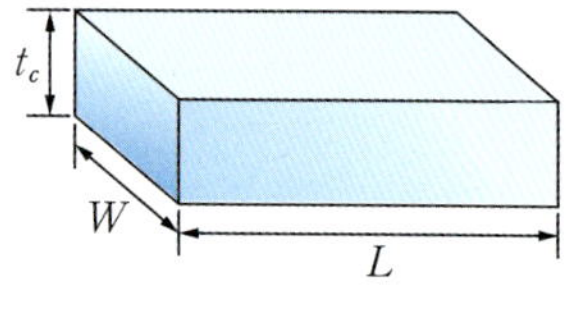

[그림 12-23] 채널의 등가 모형

채널 속 총 전하량을 $-Q$[C]라고 하면, 체적이 $V=t_cWL$이므로 단위체적당 전자의 개수 n은 $n=\dfrac{Q}{e(t_cWL)}$가 되고, 체적전하밀도는 $\rho_v = -en = \dfrac{-Q}{t_cWL}$가 된다. 단위면적당 산화막 커패시턴스 C_{ox}와 커패시턴스 양단 간 전압 $V_{GS}-V_t$를 곱하면 단위면적당 전하량이 된다. 이 값에 면적 WL을 곱하면 채널 속 총 전하량 $-Q$가 되며, 이를 다음과 같이 쓸 수 있다.

$$Q = C_{ox}(V_{GS} - V_t)(WL) \tag{12.94}$$

따라서 체적전하밀도는 다음과 같다.

$$\rho_v = \frac{Q}{V} = \frac{C_{ox}(V_{GS} - V_t)(WL)}{t_c WL} = \frac{C_{ox}(V_{GS} - V_t)}{t_c} \tag{12.95}$$

표동전류밀도는 $J = \rho_v v = \rho_v v_{sat}$이며, $I_D(sat) = \int J dS = J(t_c W)$이므로 다음과 같이 전개할 수 있다.

$$\begin{aligned} I_D(sat) &= J(t_c W) = (\rho_v v_{sat})(t_c W) \\ &= \left[\frac{C_{ox}(V_{GS} - V_t)}{t_c} v_{sat}\right](t_c W) = WC_{ox}(V_{GS} - V_t)v_{sat} \end{aligned}$$

12.3.4 속도 포화와 게이트 전압에 의한 이동도 변화

캐리어의 속도 포화현상과 게이트 전압은 캐리어 이동도에 어떤 영향을 미칠까?

이상적인 전류-전압 관계식을 유도하는 과정에서 이동도가 채널 전체에서 일정하다고 가정했다. 이 가정은 다음의 두 가지 효과에 의해 수정되어야 한다.

❶ 식 (12.89)와 (12.90)과 같이 소스-드레인 방향으로의 수평 전계 $\mathcal{E}$가 증가하면서 다음과 같이 전계 $\mathcal{E}$가 커질수록 수정된 이동도 μ'은 작아진다. 캐리어의 **속도 포화현상이 나타나면 유효 캐리어 이동도는 감소**한다.

$$\mu' = \frac{\mu}{1 + \dfrac{\mathcal{E}}{\mathcal{E}_{sat}}} \tag{12.96}$$

❷ [그림 12-24]와 같이 게이트-기판 방향으로의 수직 전계에 의해 캐리어의 유효 이동도는 감소한다. n채널 MOSFET에서 양(+)의 게이트 전압은 반전층 내의 전자들을 표면으로 향하게 한다. 따라서 채널의 전자들이 드레인으로 이동하면서 표면으로 끌려 **표면산란**surface scattering**을 발생시켜 이동도를 감소**시킨다. 게이트 전압이 증가함에 따라 캐리어 이동도는 훨씬 더 감소하고, 만약 산화막/반도체 계면 근처에 양(+)의 고정 산화막 전하가 존재한다면 이동도는 훨씬 더 감소될

것이다. 유효 반전전하 이동도는 게이트 전압의 함수인 채널 컨덕턴스로부터 결정할 수 있다.

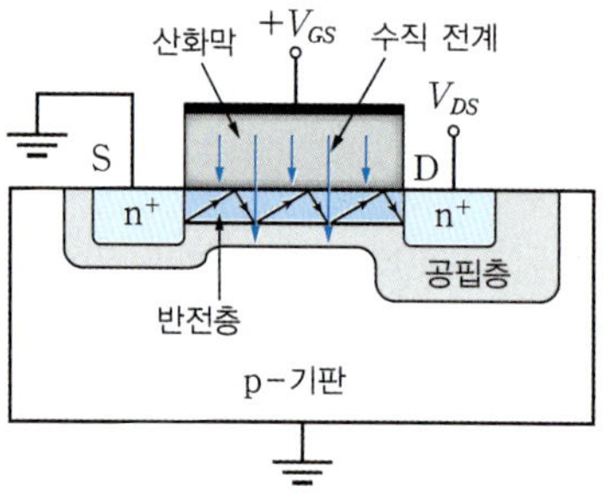

[그림 12-24] 게이트 수직 전계가 반전층 전하의 이동도를 저하시키는 현상

12.3.5 탄도 전송

채널의 길이가 매우 짧아 자유이동경로에 가까워지면 $I_D - V_{DS}$ 그래프에 어떤 변화를 가져올까?

반도체 내에서 캐리어가 움직일 때 이온화 불순물 및 포논에 의해 계속적으로 산란현상이 발생하며, 이러한 산란현상 속에서 캐리어 속도는 평균 속도를 유지한다. 장채널 소자에서는 채널 내에서 많은 산란현상이 발생하여 평균 캐리어 속도가 존재하게 되지만, 채널길이가 감소함에 따라 충돌과 충돌 사이의 평균 자유이동경로mean free path보다 채널길이가 짧게 되면 많은 캐리어들이 소스에서 드레인으로 단 한 번의 산란도 없이 이동하는 것이 가능하다. 이러한 캐리어의 이동을 **탄도 전송**ballistic transport이라 부른다.

탄도 전송은 캐리어들이 평균 표동속도나 포화속도보다 훨씬 더 빨리 이동하는 것을 의미한다. 따라서 소자의 동작속도가 높아지고, 채널길이를 줄여가면 어느 순간 갑자기 드레인 전류가 급상승하는 현상이 발생하게 된다. 채널길이가 서브 마이크론이 되면서 탄도 전송현상이 중요해지고 있다.

12.4 채널길이와 폭에 의한 문턱전압 변화

문턱전압은 MOSFET 동작에서 매우 중요한 파라미터이다. 이 문턱전압이 채널의 길이가 점점 짧아지고 또 좁아지면서 그 크기가 변화한다. 이러한 효과를 살펴보고, 이온 주입에 의한 문턱전압의 조절에 대하여 알아보자.

12.4.1 단채널 효과

채널이 짧아질 때 게이트 전압에 의해 조절되는 반전층 전하량에 어떤 변화가 올까?

단채널short channel **효과**란 채널의 길이가 짧아지면서, 소스와 드레인 접합에서의 채널 공핍층이 문턱전압의 변화에 미치는 영향이 중요해지는 현상을 말한다. 반도체 표면에서 반전층이 형성되기 이전에 공핍층이 먼저 형성된다. [그림 12-25(a)]는 장채널long channel의 경우에 대해 $V_{DS}=0$일 때 MOSFET 소자의 단면 공핍층의 모습을 보여준다. 소스와 드레인 접합에서의 공핍층이 채널 영역으로 확장되지만, 전체 채널 영역과 비교하면 일부분만 차지하고 있어, 소스와 드레인 접합에 의한 채널 공핍층의 효과를 무시할 수 있음을 알 수 있다.

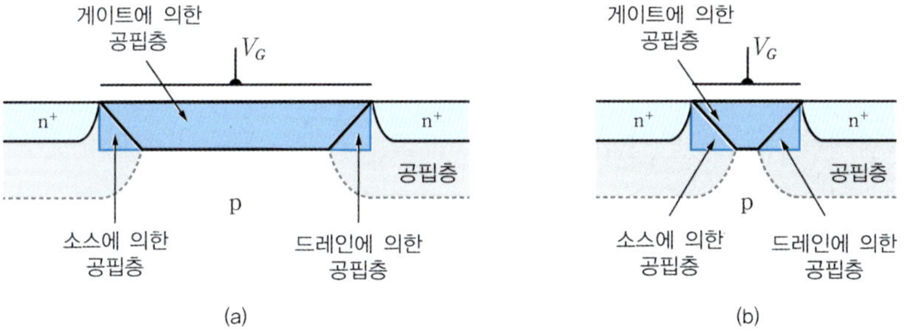

[그림 12-25] (a) 장채널과 (b) 단채널을 갖는 MOSFET의 공핍층 모양

이상적인 MOSFET 동작에서는 채널 중앙부분에서의 MOS 커패시터 구조와 같이, 게이트의 전압에 의해 공핍층과 반전층이 온전하게 조절되고, 게이트의 면적이 채널의 활성면적과 동일하다고 가정했다. 그러나 [그림 12-25(b)]에서 보는 것과 같이 소스 및 드레인의 n형 반도체와 기판의 p형 반도체 접합에 형성된 공핍층의 전하량이 채널의 소스와 드레인 쪽에 존재하며, 이 전하량은 게이트 전압에 의해 유기된 것이 아니다. 즉 그림에서 평행사변형의 공핍층 전하량만이 게이트 전압에 의해 조절된다고 볼 수 있다. 소스와 드레인 쪽에서 활성 채널 영역 내로 확장되는 공핍층 때문에, 반전층을 형성하기 위한 게이트 전압이 덜 요구된다고 볼 수 있으므로 문턱전압은 낮아지게 된다. 이는 회로 설계자의 입장에서는 트랜지스터의 크기나 바이어스 조건에 따라 문턱전압이 변화하지 않는 것을 원하므로, 바람직한 것이 아니다.

단채널 효과가 문턱전압 변화에 어떤 영향을 미칠까?

드레인 전압이 증가하면 드레인 접합에 형성된 역방향 바이어스된 공핍층이 채널 영역 내로 더욱 확장된다. 게이트에 의해 조절되는 채널 영역 내의 전하량 $Q'_{SD}(\max)$는 다음 식과 같이 문턱전압 V_t에 영향을 준다.

$$V_t = |Q'_{SD}(\max)| - Q'_{ss}\left(\frac{t_{ox}}{\epsilon_{ox}}\right) + \phi_{ms} + 2\phi_B \tag{12.97}$$

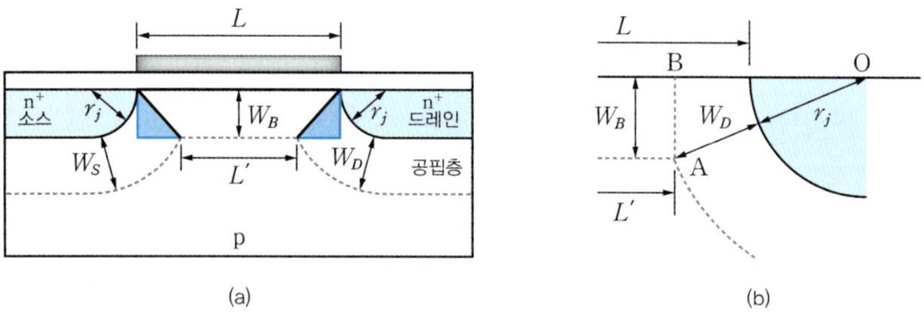

[그림 12-26] (a) 단채널 MOSFET의 단면, (b) 드레인 접합 쪽의 공핍층을 보여주는 단면 구조

[그림 12-26]은 단채널 효과를 살펴보기 위해, 게이트 아래 반도체 내의 공핍층과 소스 및 드레인 접합의 공핍층을 보여주는 단면 구조이다. 소스와 드레인의 확산된 접합 깊이를 r_j라고 하고, 소스와 드레인 접합의 공핍층으로 인해 짧아진 게이트의 길이를 L'이라고 하자. 그림에서 기판 공간전하영역의 폭 W_B는 공핍층 양단의 전위차에 의존하는데, 문턱전압에서 이 전위차는 $2\phi_B$이다. 드레인 접합의 공간전하영역의 폭 W_D도 공핍층 양단의 전위차에 의존하는데, 소스와 드레인 및 기판이 모두 접지되어 있는 경우를 가정하면, 드레인의 내부built-in 전위 장벽높이는 근사적으로 $2\phi_B$라고 볼 수 있으므로 $W_D \simeq W_B$로 쓸 수 있다. 그림에서 직각삼각형 △AOB에 대해 피타고라스 정리를 적용하면

$$W_B^2 + \left[r_j + \left(\frac{L-L'}{2}\right)\right]^2 = (W_D + r_j)^2 \tag{12.98}$$

이 되고, $W_D \simeq W_B$를 대입한 후 정리하면 다음과 같다.

$$\frac{L-L'}{2} = \sqrt{(W_B + r_j)^2 - W_B^2} - r_j = \sqrt{2W_B r_j + r_j^2} - r_j \tag{12.99}$$

게이트 아래 사다리꼴 면적 내의 기판 전하가 게이트에 의해 조절된다고 가정하자. 그러면 게이트의 폭을 W라 할 때, 게이트에 의해 조절되는 총 전하량을 Q_B라고 하면

$Q_B = eN_a W_B\left(\frac{L+L'}{2}\right)W$가 된다. 단위면적당 게이트에 의해 조절되는 총 전하밀도를 Q_B'이라고 하면 이는 다음과 같이 표현된다.

$$Q_B' = \frac{Q_B}{WL} = eN_a W_B\left(\frac{L+L'}{2L}\right) \tag{12.100}$$

문턱전압 표현식에 있는 $|Q'_{SD}(\max)| = eN_a W_B$가 $Q_B' = eN_a W_B \frac{L+L'}{2L}$으로 대치되는 효과가 발생한 것이며, 다음 식이 성립한다.

$$\frac{Q_B'}{|Q_{SD}'(\max)|} = \frac{L+L'}{2L} \tag{12.101}$$

이로 인한 문턱전압의 변화량 ΔV_t는 다음 식을 만족한다.

$$\begin{aligned}\frac{\Delta V_t}{V_t} &= \frac{V_t' - V_t}{V_t} = \frac{V_t'}{V_t} - 1 = \frac{Q_B'}{|Q_{SD}'(\max)|} - 1 \\ &= \frac{L+L'}{2L} - 1 = -\left(\frac{L-L'}{2L}\right)\end{aligned} \tag{12.102}$$

여기서 V_t'은 단채널 효과가 반영된 트랜지스터의 문턱전압이고, V_t는 장채널 트랜지스터의 문턱전압이다. 따라서 식 (12.102)에 식 (12.99)를 대입하면 ΔV_t는 다음과 같이 된다.

$$\Delta V_t = -V_t\left\{\frac{r_j}{L}\left[\sqrt{1+\frac{2W_B}{r_j}}-1\right]\right\} = -\frac{eN_a W_B}{C_{ox}}\left\{\frac{r_j}{L}\left[\sqrt{1+\frac{2W_B}{r_j}}-1\right]\right\} \tag{12.103}$$

여기서 $V_t = \frac{eN_a W_B}{C_{ox}}$이고, 식 (12.103)으로부터 다음과 같은 사실을 확인할 수 있다.

❶ 채널길이가 짧아질수록 분모의 L 값이 작아지고, 단채널 효과는 더 뚜렷해져서 문턱전압의 변화량이 음(−)의 값으로 크기가 커진다. [그림 12-27]에서 V_{DS}가 일정한 상태에서 채널길이가 짧아질수록 문턱전압이 작아짐을 볼 수 있다. 문턱전압이 음수로 되면 n채널 MOSFET은 공핍모드로 변한다.

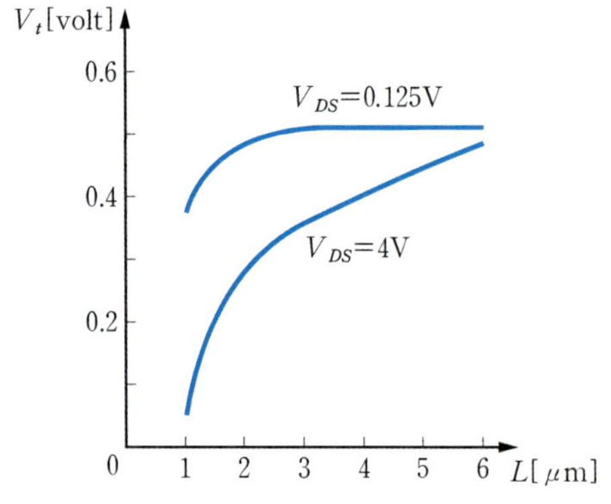

[그림 12-27] V_{DS}에 따른 $V_t - L$ 그래프 변화

❷ 확산깊이 r_j가 작아짐에 따라 문턱전압 변동은 더욱 작아지므로, 매우 얕은 접합을 소스와 드레인이 채널과 만나는 영역에 형성시켜줌으로써 채널길이에 따른 문턱전압 의존도를 감소시킨다. [그림 12-28]과 같이 저농도 도핑된 영역을 소스와 드레인 접합부에 형성시켜줌으로써 확산깊이 r_j를 줄여줄 수 있다. 이러한 구조를 **저도핑된 드레인**(LDD)Lightly Doped Drain **구조**라고 부른다.

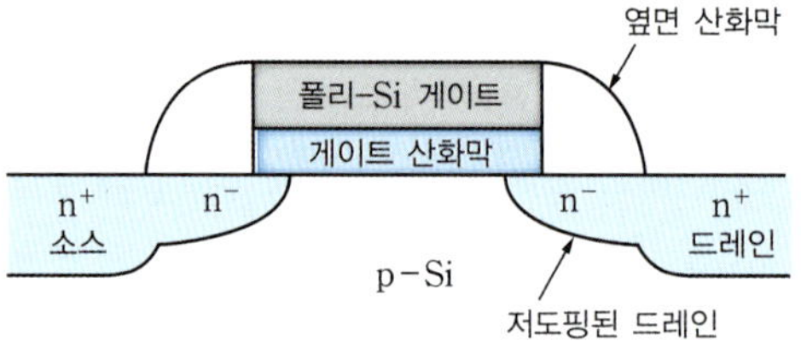

[그림 12-28] 소스와 드레인 접합부에 확산깊이 r_j가 얕은 저농도 도핑영역의 삽입

❸ 기판 도핑이 증가함에 따라 초기 문턱전압이 증가하고 단채널 효과에 의한 문턱전압 이동 또한 더 커지게 된다. 식 (11.39)에 의해 다음과 같이 된다.

$$V_t = V_{fb} + V_{ox} + \phi_{st} = V_{fb} + \frac{eN_a W_{dep}}{C_{ox}} + 2\phi_B$$
$$= V_{fb} + \frac{\sqrt{eN_a 2\epsilon_{Si} 2\phi_B}}{C_{ox}} + 2\phi_B$$

$\phi_B = \dfrac{kT}{e}\ln\left(\dfrac{N_a}{n_i}\right)$이므로 기판 도핑이 증가하면 문턱전압은 증가한다. [그림 12-29]에서 p형 기판 농도 N_a가 증가하면서 문턱전압이 증가하는 것을 볼 수 있다.

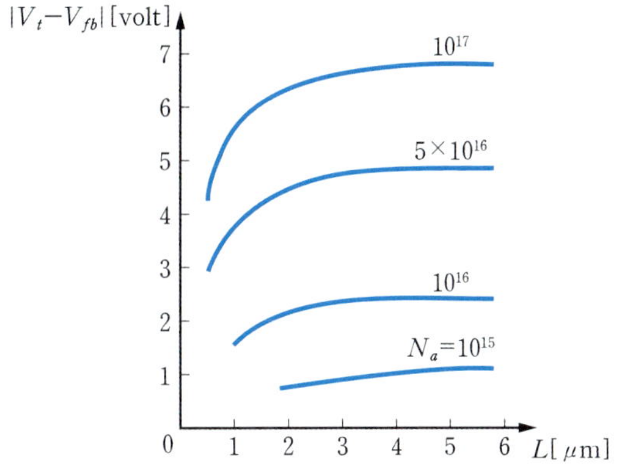

[그림 12-29] $t_{ox} = 50\text{nm}$, $r_j = 0.5\mu\text{m}$, $V_{SB} = 5\text{V}$일 때, 기판 도핑에 따른 $|V_t - V_{fb}|$ 대 L 그래프 변화

❹ 드레인 전압이 증가함에 따라 n채널 MOSFET의 문턱전압은 감소한다. 식 (12.103)은 소스, 채널, 드레인 공핍층 폭들이 모두 같다는 가정으로 유도되었다. 지금 드레인 전압을 가한다면 드레인 단자에서 공핍층 폭이 넓어지고, 이것은 채널길이 L'을 더 작게 만들어, 게이트 전압에 의해 조절되는 기판 전하의 양은 더욱 감소한다. 따라서 [그림 12-27]에서 드레인 전압이 증가함에 따라 채널길이가 짧아지면서 n채널 MOSFET의 문턱전압 감소가 더 두드러짐을 알 수 있다.

❺ 기판 대 소스 전압 V_{SB}가 역방향 바이어스로 증가하면 기판 바이어스 효과로 공간 전하가 증가하여 문턱전압은 더욱 상승한다. [그림 12-30]에서 V_{DS}가 고정된 상태에서, 기판 역 바이어스 전압이 증가할 때 문턱전압이 증가하는 것을 볼 수 있다.

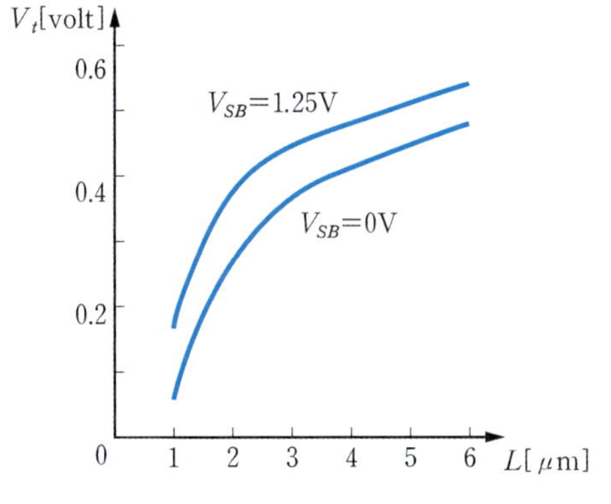

[그림 12-30] $V_{DS} = 4\text{V}$일 때, 기판 바이어스 전압에 따른 V_t-L 그래프 변화

❻ 산화막 커패시턴스 C_{ox}를 증가시키면 문턱전압의 변동을 줄일 수 있다. 따라서 산화막 두께 t_{ox}는 얇아야 하고, 유전율은 커야 한다.

낮게 도핑된 드레인(LDD) 구조의 장점과 단점은 무엇일까?

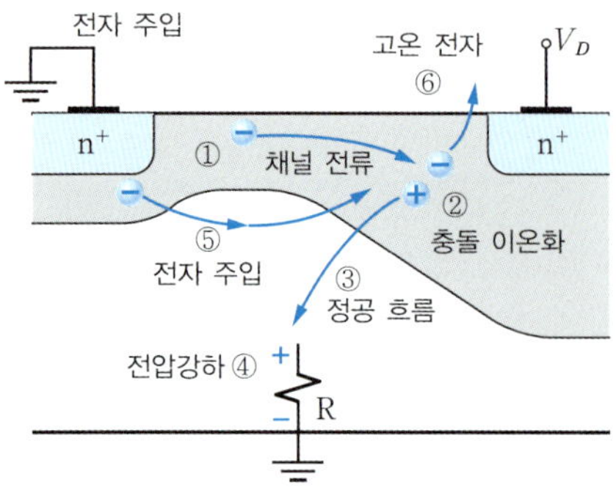

[그림 12-31] 드레인 쪽에서 발생하는 충돌 이온화 현상과 고온 전자 효과

채널을 따라 형성된 전계가 드레인 쪽에서 최대의 크기가 되며 10^6 V/cm 정도가 될 수도 있다. 이러한 높은 전계는 경계면과 기판 영역에 손상을 입히거나, 충돌 이온화 현상에 의한 기판 전류를 야기한다. [그림 12-31]에서 ① 드레인 전류가 흐르면 채널의 전자가 드레인쪽으로 이동하고, ② 이 전자가 드레인 쪽 공핍층에서 충돌 이온화를 야기시키면 정공-전자 쌍이 새롭게 생성되고, ③ 이때 생성된 정공은 드레인의 높은 전압에 밀려 기판 영역으로 흐른다. ④ 따라서 기판의 내부 영역에서 전위가 상승하고, ⑤ 상승된 기판 내부의 전위는 소스 쪽 공핍층에서 추가적으로 전자를 끌어당김으로써, 드레인으로 흐르는 캐리어 흐름을 증가시켜 드레인 전류의 상승을 가져온다. 이에 추가하여 ⑥ 공핍층 내에서 생성된 전자들의 일부는 양(+)의 게이트 전압에 의해 유기된 전계 때문에 산화막 쪽으로 끌린다. 이 전자들은 열평형 값보다 훨씬 큰 에너지를 가지게 되므로 **고온 전자**hot electron라 부른다. 이 전자들은 산화막 내로 터널링할 수도 있고, 산화막에 포획되어서 산화막 내 음(−)의 전하밀도를 형성함으로써 문턱전압을 양(+)의 값으로 이동시킬 수 있다. 또한 이 전자들이 $Si-SiO_2$ 경계면을 지나가면서 추가적인 경계면 상태를 생성시키고, 이 경계면 상태에 전하가 포획됨으로써 문턱전압이 이동되거나, 추가 표면산란으로 인한 이동도의 감소를 야기할 수 있다.

드레인 쪽에서 발생하는 이러한 충돌 이온화 현상과 고온 전자 효과를 줄이기 위해서는 드레인 쪽에서 전계의 크기가 세지 않아야 하는데, 이 전계를 낮추기 위해서는 드레인 영역의 도핑을 낮춰주어야 한다. 드레인 영역의 도핑을 낮추면 고온 전자 효과는 줄어들지만 직렬저항은 증가한다. 따라서 [그림 12-28]과 같이 깊게 확산되어 있는 도핑이 높은 n^+ 드레인 영역에서 게이트 아래로 연장하여, **얕게 확산되고 낮게 도핑된 드레인 영역**을 위치시킴으로써 이 문제를 해결할 수 있다. 낮게 도핑된 영역을 도입함으로써 공핍층 내에 최대 전계가 감소된다. 드레인 접합 쪽에서 최대 전계는 반도체 도핑뿐만 아니라 n^+ 드레인 영역의 곡면과도 관련된다.

또한 단채널 효과를 줄이기 위해 소스와 드레인의 접합 확산 반경 r_j를 줄여야 한다. 얕게 확산되고 낮게 도핑된 드레인 영역의 삽입은 접합 확산 반경 r_j가 작아지는 효과가 있어, 소스와 드레인의 저항을 크게 증가시키지 않으면서 r_j를 줄이는 효과를 만족시켜준다.

LDD 소자의 단점은 공정이 복잡해지는 것과 LDD 영역에서 드레인 저항의 증가로 소자 내의 전력소비가 증가되는 것이다.

펀치스루 현상이란 무엇이며, 드레인 전류에 어떤 영향을 줄까?

채널길이가 점점 짧아지면서 **소스와 드레인이 매우 가깝게 위치**하게 되면, 드레인에 인가한 작은 전압에 의해서도 **소스의 캐리어 장벽이 낮아지는 효과**가 발생하고, 문턱 아래 전류가 증가한다. 전류가 장벽높이에 지수함수적인 관계가 있기 때문에 이러한 준-펀치스루 상태에 도달하면 드레인 전류가 드레인 전압과 함께 갑자기 증가한다.

12.4.2 좁은 채널 효과

좁은 채널 효과는 문턱전압에 어떤 변화를 가져올까?

[그림 12-32]는 n채널 MOSFET이 반전상태로 바이어스된 경우 채널 폭을 따라 단면을 그린 그림이다. 이 그림에서 주시할 사항은 채널 폭의 양쪽 끝에 추가되는 공간전하영역이 존재한다는 점이다. 따라서 게이트 전압에 의해 조절되는 공간전하영역의 전하량이 이 추가된 전하량만큼 더 증가한 셈이 된다. 이는 문턱전압의 상승을 가져오며, 채널의 폭이 좁을수록 그 영향은 증가한다. 이를 **좁은 채널**narrow channel 효과라고 한다.

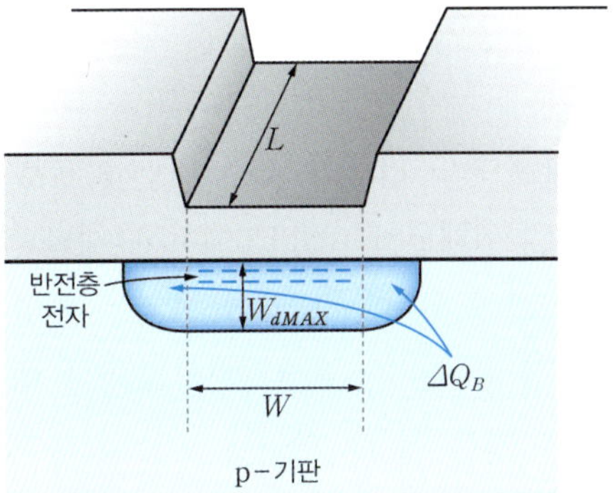

[그림 12-32] n채널 MOSFET의 소자의 폭을 따라 그린 단면

게이트 전압에 의해 제어되는 총 기판 전하 Q_B는 다음처럼 쓸 수 있다.

$$Q_B = Q_{B0} + \Delta Q_B \quad (12.104)$$

여기서 Q_{B0}는 이상적인 기판 전하이고, ΔQ_B는 채널 폭의 양쪽 끝에 추가된 기판 전하이다. 문턱전압에 바이어스되어 있고, 균일하게 도핑된 p형 반도체에 대해 이상적인 기판 전하는

$$|Q_{B0}| = eN_a WLW_{dMAX} \quad (12.105)$$

이다. 그리고 추가 기판 전하는 다음과 같다.

$$\Delta Q_B = eN_a (kW_{dMAX})LW_{dMAX} \quad (12.106)$$

여기서 k는 측면 공핍층 폭을 고려한 **적합 파라미터**fitting parameter이다. 옆면 공핍층 폭은 끝에 있는 두꺼운 필드 산화막과 이온주입에 의해 만들어진 비균일한 반도체 도핑 때문에, 수직 폭 W_{dMAX}와 똑같지는 않다. 끝부분이 반원이라면 $k = \frac{\pi}{2}$이다. 따라서 $|Q_B|$는 다음과 같이 쓸 수 있다.

$$\begin{aligned} |Q_B| = |Q_{B0}| + |\Delta Q_B| &= eN_a WLW_{dMAX} + eN_a (kW_{dMAX})LW_{dMAX} \\ &= eN_a WLW_{dMAX}\left(1 + \frac{kW_{dMAX}}{W}\right) \end{aligned} \quad (12.107)$$

채널 폭 W가 감소함에 따라 kW_{dMAX} 인자가 폭 W에 대해 중요해지므로, 가장자리 공핍층 폭의 효과는 채널 폭 W가 감소함에 따라 크게 나타난다. 이상적인 채널 폭에 추가된 공간전하로 인한 문턱전압에서의 변화는

$$\Delta V_t = \frac{eN_a W_{dMAX}}{C_{ox}}\left(\frac{kW_{dMAX}}{W}\right) \quad (12.108)$$

이다. 좁은 채널로 인한 문턱전압에서의 이동은 n채널 MOSFET인 경우 양(+)의 방향이다. [그림 12-33(a)]와 [그림 12-33(b)]는 각각 n채널 MOSFET에서 단채널과 좁은 채널 효과로 인한 문턱전압의 변화를 정량적으로 보여준다. 단채널 효과는 채널 길이 L이 작아짐에 따라 문턱전압이 작아지는 것을 볼 수 있고, 좁은 채널 효과는 채널 폭 W가 작아짐에 따라 문턱전압이 반대로 커지는 것을 볼 수 있다.

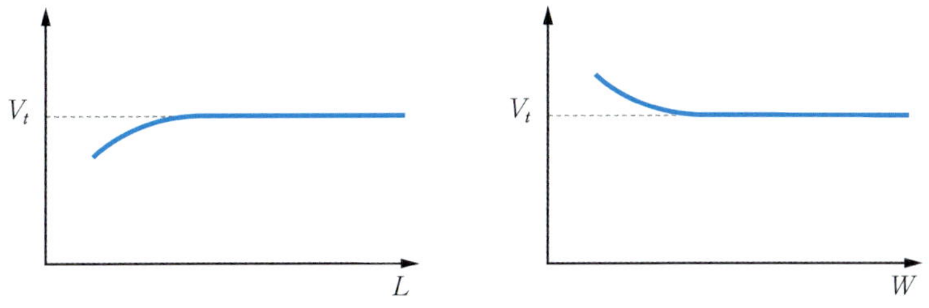

[그림 12-33] (a) 채널길이에 따른 문턱전압의 변화, (b) 채널 폭에 따른 문턱전압의 변화

예제 12-5

채널 폭 $W=5\,\mu\text{m}$, $N_a=5\times10^{16}\text{cm}^{-3}$, $t_{ox}=4\,\text{nm}$인 n채널 MOSFET이 있다. 좁은 채널 효과의 파라미터 $k=\frac{\pi}{2}$라 할 때, 문턱전압 변화 ΔV_t를 계산하라.

풀이

$$C_{ox}=\frac{\epsilon_{ox}}{t_{ox}}=\frac{(3.9)(8.85\times10^{-14})}{4\times10^{-7}}=8.63\times10^{-7}\text{F/cm}^2$$

$$\phi_B=\left(\frac{kT}{e}\right)\ln\left(\frac{N_a}{n_i}\right)=(0.0259)\ln\left(\frac{5\times10^{16}}{1.5\times10^{10}}\right)=0.389\,\text{V}$$

$$W_{dMAX}=\left(\frac{4\epsilon_s\phi_B}{eN_a}\right)^{1/2}=\left\{\frac{4(11.7)(8.85\times10^{-14})(0.389)}{(1.6\times10^{-19})(5\times10^{16})}\right\}^{1/2}=0.142\,\mu\text{m}$$

식 (12.108)에 의해 ΔV_t는 다음과 같다.

$$\Delta V_t=\frac{eN_aW_{dMAX}}{C_{ox}}\left(\frac{kW_{dMAX}}{W}\right)=\frac{(1.6\times10^{-19})(5\times10^{16})\left(\frac{\pi}{2}\right)(0.142\times10^{-4})^2}{(8.63\times10^{-7})(5\times10^{-4})}=5.87\times10^{-3}\text{V}$$

12.4.3 이온주입에 의한 문턱전압 조절

문턱전압을 이온주입에 의해 조절하는 것이 가능할까?

문턱전압은 식 (11.39)에 의해

$$V_t=V_{fb}+V_{ox}+\phi_{st}=V_{fb}+\frac{eN_aW_{dep}}{C_{ox}}+2\phi_B=V_{fb}+\frac{\sqrt{eN_a2\epsilon_{Si}2\phi_B}}{C_{ox}}+2\phi_B$$

로 표시된다. 금속과 반도체 간의 일함수 차, 산화막 두께, 고정 산화막 전하, 그리고 반도체 도핑 등이 문턱전압에 영향을 준다. 이 중에서 산화막/반도체 표면 근처의 기판 도핑을 조정하기 위해 이온주입이 사용될 수 있다. 산화막/반도체 표면의 기판 내 도핑농도가 이온주입에 의해 변화되면 주입된 불순물 원자들이 공핍층 내에 있을 때, 이온화된 불순물 전하들은 최대 공간전하밀도를 변화시킴으로써 문턱전압을 변화시킨다. 기판 내에 억셉터 음(−)이온을 주입하면 문턱전압은 더 양(+)의 값으로 이동하고, 도너 양(+)이온을 주입하면 문턱전압은 더 음(−)의 값으로 이동한다.

n채널 증가형 MOSFET에서 산화막/반도체 경계면에 인접한 p형 기판 내에 단위면적 [cm^2]당 주입된 억셉터 음(−)이온의 농도를 $D_I[\mathrm{cm}^{-2}]$라고 가정하자. 이온주입으로 인한 문턱전압의 이동은

$$\Delta V_t = V_t - V_{t0} = \frac{eD_I}{C_{ox}} \tag{12.109}$$

이다. 여기서 V_{t0}는 이온주입 전의 문턱전압이다. 도너 양(+)이온들이 p형 기판 내에 주입되면 p형 기판 내에 음(−)의 공간전하밀도는 감소하고, 문턱전압은 음의 전압 방향으로 이동할 것이다.

Chapter 12 연습문제

12.1 $W = 10\,\mu\text{m}$, $L = 1\,\mu\text{m}$, $\mu_n = 600\,\text{cm}^2/\text{V}\cdot\text{sec}$, SiO_2의 두께 $t_{ox} = 10\,\text{nm}$, $V_t = 0.5\,\text{V}$인 파라미터를 가진 이상적인 n채널 실리콘 MOSFET을 고려하자. $V_{GS} = 3\,\text{V}$일 때 $I_D(sat)$를 구하라.

12.2 $W = 10\,\mu\text{m}$, $L = 1\,\mu\text{m}$, SiO_2의 두께 $t_{ox} = 10\,\text{nm}$인 이상적인 n채널 실리콘 MOSFET을 고려하자. $V_{DS} = 0.02\,\text{V}$일 때, 비포화영역에서 드레인 전류는 $V_{GS} = 1\,\text{V}$에서 $I_D = 25\,\mu\text{A}$, $V_{GS} = 2\,\text{V}$에서 $I_D = 65\,\mu\text{A}$라고 가정한다. 이 소자에 대한 이동도 μ_n과 문턱전압 V_t를 구하라.

12.3 n채널 MOSFET에서 (a) 축적, (b) 약반전, (c) 문턱전압일 때, [그림 12-34]와 같이 채널길이 AA′을 따라 E_c를 그린 에너지밴드 그림과, 채널에 수직한 BB′ 방향으로의 에너지밴드 다이어그램을 그려라.
또한 전류가 $I_D(sub) \propto \exp\left(\dfrac{eV_{GS}}{kT}\right)$의 의존성을 가짐을 설명하라.

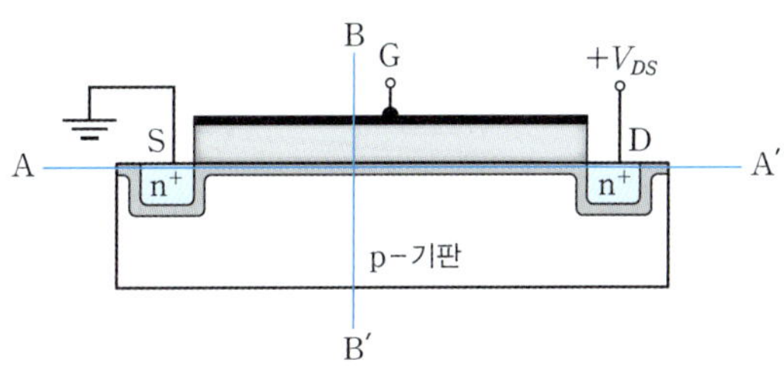

[그림 12-34]

12.4 $N_a = 2\times10^{16}\,\text{cm}^{-3}$이고, $t_{ox} = 4\,\text{nm}$, $L = 1.0\,\mu\text{m}$, $r_j = 0.2\,\mu\text{m}$인 n채널 MOSFET이 있다. 다음을 구하라.

(a) C_{ox}　　(b) ϕ_B　　(c) W_{dMAX}　　(d) ΔV_t

12.5 [연습문제 **12.4**]에서 N_a가 2.5배 상승하여 $N_a = 5 \times 10^{16}\,\text{cm}^{-3}$일 때, ΔV_t를 구하고 상승 전의 값과 비교하라.

12.6 [연습문제 **12.4**]에서 r_j가 2.5배 상승하여 $r_j = 0.5\,\mu\text{m}$일 때, ΔV_t를 구하고 상승 전의 값과 비교하라.

12.7 [연습문제 **12.4**]에서 t_{ox}가 2.5배 상승하여 $t_{ox} = 10\,\text{nm}$일 때, ΔV_t를 구하고 상승 전의 값과 비교하라.

12.8 [그림 12-35]의 (a), (b)는 산화막-기판 경계면을 따라 A와 B, 두 MOSFET의 에너지밴드 다이어그램을 그린 것이고, (c)와 (d)는 두 MOSFET의 V_{DS}에 따른 $I_D - V_{GS}$ 그래프 개형을 그린 것이다. (c)와 (d)의 $I_D - V_{GS}$ 그래프가 A와 B 두 MOSFET 중 어느 것의 그래프인지 연결하고, 그 이유를 설명하라(단, E_{F_S}는 소스의 페르미 에너지이고, E_{F_d}는 드레인의 페르미 에너지이다).

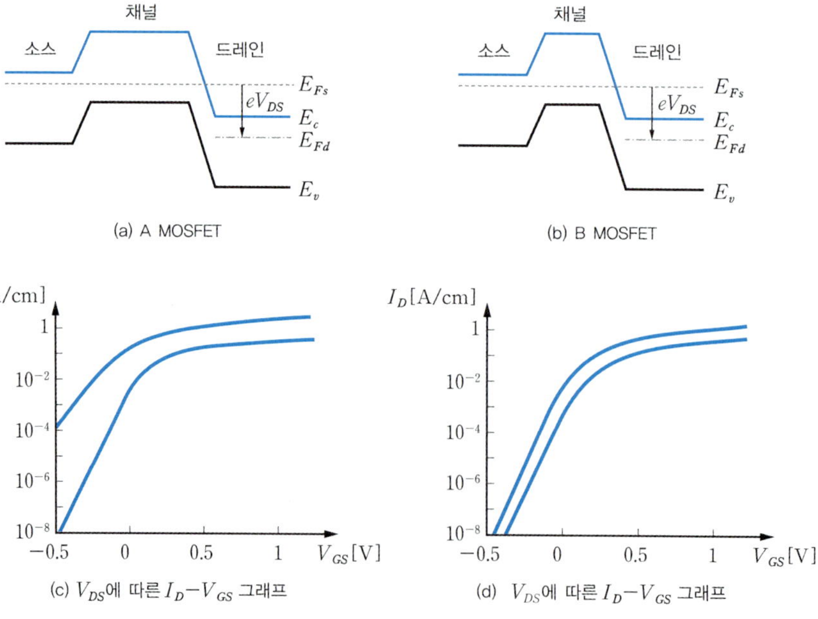

(a) A MOSFET

(b) B MOSFET

(c) V_{DS}에 따른 $I_D - V_{GS}$ 그래프

(d) V_{DS}에 따른 $I_D - V_{GS}$ 그래프

[그림 12-35]

12.9 [그림 12-36]은 n채널 MOSFET의 채널 폭 W가 작아짐에 따라 문턱전압이 상승하는 좁은 채널 효과를 보여준다. (A)와 (B) 두 그래프는 서로 다른 기판 도핑농도 N_a에 대한 그래프이다. 어느 그래프가 도핑농도가 더 큰 경우인지 설명하라.

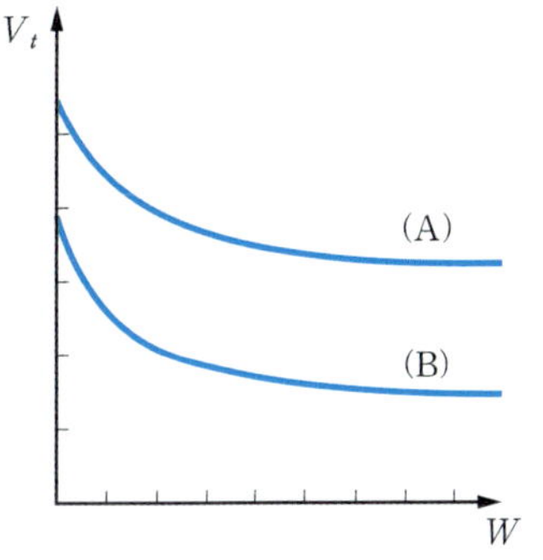

[그림 12-36]

12.10 채널 폭 $W = 1\,\mu\text{m}$, $N_a = 5 \times 10^{16}\,\text{cm}^{-3}$, $t_{ox} = 4\,\text{nm}$인 n채널 MOSFET이 있다. 좁은 채널 효과의 파라미터 $k = \frac{\pi}{2}$라 할 때, 문턱전압 변화 ΔV_t를 계산하라. 채널 폭 $W = 5\,\mu\text{m}$인 [예제 12-5]의 결과와 ΔV_t를 비교하라.

12.11 평탄밴드 전압이 $V_{fb} = -1.0\,\text{V}$이고, $N_a = 5 \times 10^{16}\,\text{cm}^{-3}$, $t_{ox} = 4\,\text{nm}$인 n채널 MOSFET이 있다. 이온주입에 의해 문턱전압을 조정하여 $V_t = 0.3\,\text{V}$가 되도록 하려고 한다면, 이때의 이온주입량을 구하라.

참고문헌

1 Hu, Chenming Calvin, *Modern Semiconductor Devices for Integrated Circuits*, Prentice Hall, 2009.

2 Neamen, Donald A., *Semiconductor Physics and Devices(4th Edition)*, McGraw–Hill College, 2011.

3 Pierret, *Semiconductor Device Fundamentals*, Pearson Group, 1996.

4 Anderson, *Fundamentals of Semiconductor Devices*, McGraw–Hill, 2004.

5 Ben Streetman, Sanjay Banerjee, *Solid State Electronic Devices : Global Edition(7th Edition)*, Pearson Higher Education, 2015.

기타

ㄱㄴ

ㄷㄹ

찾아보기

찾아보기

ㅊ

찾아보기

m.e.m.o

m.e.m.o